JN436742

2022년 전면개정판
최근 철도안전법 개정법률 반영

철도 관련법

(재)한국산업교육원 철도법연구회

◆철도안전법 · 시행령 · 시행규칙
◆철도차량운전규칙
◆도시철도운전규칙
◆광역철도운전취급세칙
◆운전취급규정

◆한국철도공사 · 서울교통공사 · 부산교통공사 시험대비
◆철도차량운전면허 입교시험대비
◆한국교통대학교 · 서울과학기술대학교 · 우송대학교
동양대학교 · 송원대학교 · 경일대학교 · 김포대학교
대원대학교 · 가톨릭상지대학교

독자와 함께 하는 ekoin

도서출판 범 론 사

PREFACE

철도관련법령은 철도에 관한 주요 내용을 담고 있는 법령으로 철도안전법이 그 모법이다. 철도관련 기술이 나날이 발전함에 따라 법령 또한 수시로 개정되고 있으므로 법령을 공부하는 분들은 법률이 개정되는 것에 주의를 기울여야 한다. 특히 행정입법이 되는 시행령과 시행규칙의 개정은 빈번하게 이루어지고 있으므로 각별한 주의가 필요하다.
기존에 나와 있는 교재들은 법령을 조문으로 나열되어 있어 공부하는데 불편하게 되어 있으나 이 교재는 법률과 시행령, 시행규칙을 하나로 묶어 법령을 일목요연하게 볼 수 있게 하였다. 관련서식을 수록한 교재들도 있으나 법령을 공부하는데 필요가 없으므로 과감하게 수록하지 않았다.

이 책의 특징을 보면

첫째, 법률과 시행령, 시행규칙을 하나로 묶어 법령을 일목요연하게 볼 수 있게 하였다.

둘째, 시험 관련 철도안전법과 철도차량운전규칙, 도시철도운전규칙, 광역철도 운전취급 세칙을 수록하였다.

셋째, 시험 대비 적중예상문제를 빠짐없이 수록하여 모든 시험을 포괄할 수 있도록 하였다.

넷째, 문제마다 상세한 해설을 하여 시험에 대비하도록 하였다.

다섯째, 출제가 예상되는 문제를 수록하여 시험 준비에 만전을 기하였다.

모쪼록 본 교재가 철도관련법령을 공부하는 여러분에게 좋은 지침서이기를 바라며 앞날에 행운이 함께 하길 빈다.

CONTENTS

제 1 편
철도안전법

제 2 편
철도차량 운전규칙

제 3 편
도시철도 운전규칙

제 4 편
광역철도 운전취급 세칙

제 5 편
운전취급 규정

철도안전법

제1장 총 칙

1. 목 적

이 법은 철도안전을 확보하기 위하여 필요한 사항을 규정하고 철도안전 관리체계를 확립함으로써 공공복리의 증진에 이바지함을 목적으로 한다(법 제1조).

2. 용어의 정의

(1) 철 도

여객 또는 화물을 운송하는 데 필요한 철도시설과 철도차량 및 이와 관련된 운영・지원체계가 유기적으로 구성된 운송체계를 말한다(법 제2조 제1호, 철도산업발전기본법 제3조 제1호).

(2) 전용철도

다른 사람의 수요에 따른 영업을 목적으로 하지 아니하고 자신의 수요에 따라 특수 목적을 수행하기 위하여 설치하거나 운영하는 철도를 말한다(법 제2조 제1호, 철도사업법 제2조 제5호).

(3) 철도시설(법 제2조 제3호, 철도산업발전기본법 제3조 제2호)

① 철도의 선로(선로에 부대되는 시설을 포함한다), 역시설(물류시설・환승시설 및 편의시설 등을 포함한다) 및 철도운영을 위한 건축물・건축설비
② 선로 및 철도차량을 보수・정비하기 위한 선로보수기지, 차량정비기지 및 차량유치시설
③ 철도의 전철전력설비, 정보통신설비, 신호 및 열차제어설비
④ 철도노선간 또는 다른 교통수단과의 연계운영에 필요한 시설
⑤ 철도기술의 개발・시험 및 연구를 위한 시설
⑥ 철도경영연수 및 철도전문인력의 교육훈련을 위한 시설
⑦ 철도의 건설 및 유지보수에 필요한 자재를 가공・조립・운반 또는 보관하기 위하여 당해 사업기간 중에 사용되는 시설
⑧ 철도의 건설 및 유지보수를 위한 공사에 사용되는 진입도로・주차장・야적장・토석

채취장 및 사토장과 그 설치 또는 운영에 필요한 시설
⑨ 철도의 건설 및 유지보수를 위하여 당해 사업기간중에 사용되는 장비와 그 정비·점검 또는 수리를 위한 시설
⑩ 그 밖에 철도안전관련시설·안내시설 등 철도의 건설·유지보수 및 운영을 위하여 필요한 시설로서 국토교통부장관이 정하는 시설

(4) 철도운영(법 제2조 제4호, 철도산업발전기본법 제3조 제3호)

① 철도 여객 및 화물 운송
② 철도차량의 정비 및 열차의 운행관리
③ 철도시설·철도차량 및 철도부지 등을 활용한 부대사업개발 및 서비스

(5) 철도차량

선로를 운행할 목적으로 제작된 동력차·객차·화차 및 특수차를 말한다(법 제2조 제5호, 철도산업발전기본법 제3조 제4호).

(6) 철도용품

철도시설 및 철도차량 등에 사용되는 부품·기기·장치 등을 말한다(법 제2조 제5의2호).

(7) 열 차

선로를 운행할 목적으로 철도운영자가 편성하여 열차번호를 부여한 철도차량을 말한다(법 제2조 제6호).

(8) 선 로

철도차량을 운행하기 위한 궤도와 이를 받치는 노반(路盤) 또는 인공구조물로 구성된 시설을 말한다(법 제2조 제7호).

(9) 철도운영자

철도운영에 관한 업무를 수행하는 자를 말한다(법 제2조 제8호).

(10) 철도시설관리자

철도시설의 건설 또는 관리에 관한 업무를 수행하는 자를 말한다(법 제2조 제9호).

(11) 철도종사자(법 제2조 제10호)

① 철도차량의 운전업무에 종사하는 사람(운전업무종사자)
② 철도차량의 운행을 집중 제어・통제・감시하는 업무(관제업무)에 종사하는 사람
③ 여객에게 승무 서비스를 제공하는 사람(여객승무원)
④ 여객에게 역무 서비스를 제공하는 사람(여객역무원)
⑤ 철도차량의 운행선로 또는 그 인근에서 철도시설의 건설 또는 관리와 관련한 작업의 협의・지휘・감독・안전관리 등의 업무에 종사하도록 철도운영자 또는 철도시설관리자가 지정한 사람(작업책임자)
⑥ 철도차량의 운행선로 또는 그 인근에서 철도시설의 건설 또는 관리와 관련한 작업의 일정을 조정하고 해당 선로를 운행하는 열차의 운행일정을 조정하는 사람(철도운행안전관리자)
⑦ 그 밖에 철도운영 및 철도시설관리와 관련하여 철도차량의 안전운행 및 질서유지와 철도차량 및 철도시설의 점검・정비 등에 관한 업무에 종사하는 사람으로서 다음에 해당하는 사람(영 제3조)
   ㉠ 철도사고 또는 운행장애(철도사고 등)가 발생한 현장에서 조사・수습・복구 등의 업무를 수행하는 사람
   ㉡ 철도차량의 운행선로 또는 그 인근에서 철도시설의 건설 또는 관리와 관련된 작업의 현장감독업무를 수행하는 사람
   ㉢ 철도시설 또는 철도차량을 보호하기 위한 순회점검업무 또는 경비업무를 수행하는 사람
   ㉣ 정거장에서 철도신호기・선로전환기 또는 조작판 등을 취급하거나 열차의 조성업무를 수행하는 사람
   ㉤ 철도에 공급되는 전력의 원격제어장치를 운영하는 사람
   ㉥ 철도경찰 사무에 종사하는 국가공무원
   ㉦ 철도차량 및 철도시설의 점검・정비 업무에 종사하는 사람

(12) 철도사고

철도운영 또는 철도시설관리와 관련하여 사람이 죽거나 다치거나 물건이 파손되는 사고로 국토교통부령으로 정하는 것을 말한다(법 제2조 제11호).

① 철도교통사고 : 철도차량의 운행과 관련된 사고로서 다음의 어느 하나에 해당하는 사고
  ㉠ 충돌사고 : 철도차량이 다른 철도차량 또는 장애물(동물 및 조류는 제외한다)과 충돌하거나 접촉한 사고
  ㉡ 탈선사고 : 철도차량이 궤도를 이탈하는 사고
  ㉢ 열차화재사고 : 철도차량에서 화재가 발생하는 사고
  ㉣ 기타철도교통사고 : 가목부터 다목까지의 사고에 해당하지 않는 사고로서 철도차량의 운행과 관련된 사고
② 철도안전사고 : 철도시설 관리와 관련된 사고로서 다음의 어느 하나에 해당하는 사고. 다만, 「재난 및 안전관리 기본법」에 따른 자연재난으로 인한 사고는 제외한다.
  ㉠ 철도화재사고 : 철도역사, 기계실 등 철도시설에서 화재가 발생하는 사고
  ㉡ 철도시설파손사고 : 교량·터널·선로, 신호·전기·통신 설비 등의 철도시설이 파손되는 사고
  ㉢ 기타철도안전사고 : 가목 및 나목에 해당하지 않는 사고로서 철도시설 관리와 관련된 사고

(13) 철도준사고

철도안전에 중대한 위해를 끼쳐 철도사고로 이어질 수 있었던 것으로 국토교통부령으로 정하는 것을 말한다(법 제2조 제12호).

① 운행허가를 받지 않은 구간으로 열차가 주행하는 경우
② 열차가 운행하려는 선로에 장애가 있음에도 진행을 지시하는 신호가 표시되는 경우. 다만, 복구 및 유지 보수를 위한 경우로서 관제 승인을 받은 경우에는 제외한다.
③ 열차 또는 철도차량이 승인 없이 정지신호를 지난 경우
④ 열차 또는 철도차량이 역과 역사이로 미끄러진 경우
⑤ 열차운행을 중지하고 공사 또는 보수작업을 시행하는 구간으로 열차가 주행한 경우
⑥ 안전운행에 지장을 주는 레일 파손이나 유지보수 허용범위를 벗어난 선로 뒤틀림이 발생한 경우
⑦ 안전운행에 지장을 주는 철도차량의 차륜, 차축, 차축베어링에 균열 등의 고장이 발생한 경우
⑧ 철도차량에서 화약류 등 「철도안전법 시행령」 제45조에 따른 위험물 또는 제78조 제1항에 따른 위해물품이 누출된 경우
⑨ ①부터 ⑧까지의 준사고에 준하는 것으로서 철도사고로 이어질 수 있는 것

(14) 운행장애

철도사고 및 철도준사고 외에 철도차량의 운행에 지장을 주는 것으로서 국토교통부령으로 정하는 것을 말한다(법 제2조 제13호).

① 관제의 사전승인 없는 정차역 통과

② 다음의 구분에 따른 운행 지연. 다만, 다른 철도사고 또는 운행장애로 인한 운행 지연은 제외한다.

㉠ 고속열차 및 전동열차 : 20분 이상

㉡ 일반여객열차 : 30분 이상

㉢ 화물열차 및 기타열차 : 60분 이상

(15) 철도차량정비

철도차량(철도차량을 구성하는 부품 · 기기 · 장치를 포함한다)을 점검 · 검사, 교환 및 수리하는 행위를 말한다(법 제2조 제14호).

(16) 철도차량정비기술자

철도차량정비에 관한 자격, 경력 및 학력 등을 갖추어 국토교통부장관의 인정을 받은 사람을 말한다(법 제2조 제15호).

(17) 정거장

여객의 승하차(여객 이용시설 및 편의시설을 포함한다), 화물의 적하(積荷), 열차의 조성(組成 : 철도차량을 연결하거나 분리하는 작업을 말한다), 열차의 교차통행 또는 대피를 목적으로 사용되는 장소를 말한다(영 제2조 제1호).

(18) 선로전환기

철도차량의 운행선로를 변경시키는 기기를 말한다(영 제2조 제2호).

3. 다른 법률과의 관계

철도안전에 관하여 다른 법률에 특별한 규정이 있는 경우를 제외하고는 이 법에서 정하는 바에 따른다(법 제3조).

4. 국가 등의 책무

(1) 철도안전시책 추진

국가와 지방자치단체는 국민의 생명·신체 및 재산을 보호하기 위하여 철도안전시책을 마련하여 성실히 추진하여야 한다(법 제4조 제1항).

(2) 철도운영자 및 철도시설관리자의 협조

철도운영자 및 철도시설관리자(철도운영자등)는 철도운영이나 철도시설관리를 할 때에는 법령에서 정하는 바에 따라 철도안전을 위하여 필요한 조치를 하고, 국가나 지방자치단체가 시행하는 철도안전시책에 적극 협조하여야 한다(법 제4조 제2항).

01 다음 중 법의 목적으로 바르지 않은 것은?

㉮ 철도안전의 확보　　㉯ 시민 안전확보
㉰ 철도안전관리체계의 확립　　㉱ 공공복리 증진

|해설|
이 법은 철도안전을 확보하기 위하여 필요한 사항을 규정하고 철도안전 관리체계를 확립함으로써 공공복리의 증진에 이바지함을 목적으로 한다(법 제1조).

02 다음 중 철도안전법의 목적으로서 적당하지 않은 것은?

㉮ 철도안전 확보　　㉯ 철도안전관리체계 확립
㉰ 공공복리의 증진 기여　　㉱ 철도산업의 경제성 증대

|해설|
이 법은 철도안전을 확보하기 위하여 필요한 사항을 규정하고 철도안전 관리체계를 확립함으로써 공공복리의 증진에 이바지함을 목적으로 한다(법 제1조).

03 여객 또는 화물을 운송하는 데 필요한 철도시설과 철도차량 및 이와 관련된 운영·지원체계가 유기적으로 구성된 운송체계는?

㉮ 철도　　㉯ 철도시설
㉰ 철도차량　　㉱ 전용철도

|해설|
철도 : 여객 또는 화물을 운송하는 데 필요한 철도시설과 철도차량 및 이와 관련된 운영·지원체계가 유기적으로 구성된 운송체계를 말한다(법 제2조 제1호, 철도산업발전기본법 제3조 제1호).

Answer 01. ㉯ 02. ㉱ 03. ㉮

04 다른 사람의 수요에 따른 영업을 목적으로 하지 아니하고 자신의 수요에 따라 특수 목적을 수행하기 위하여 설치하거나 운영하는 철도는?

㉮ 철도
㉯ 전용철도
㉰ 사설철도
㉱ 궤도

|해설|

전용철도 : 다른 사람의 수요에 따른 영업을 목적으로 하지 아니하고 자신의 수요에 따라 특수 목적을 수행하기 위하여 설치하거나 운영하는 철도를 말한다(법 제2조 제1호, 철도사업법 제2조 제5호).

05 다음 중 철도시설에 해당하지 않은 것은?

㉮ 철도기술의 개발·시험 및 연구를 위한 시설
㉯ 철도의 전철전력설비, 정보통신설비, 신호 및 열차제어설비
㉰ 철도운영을 위한 건축물·건축설비
㉱ 철도공사의 본사

|해설|

철도시설(법 제2조 제3호, 철도산업발전기본법 제3조 제2호)

1. 철도의 선로(선로에 부대되는 시설을 포함한다), 역시설(물류시설·환승시설 및 편의시설 등을 포함한다) 및 철도운영을 위한 건축물·건축설비
2. 선로 및 철도차량을 보수·정비하기 위한 선로보수기지, 차량정비기지 및 차량유치시설
3. 철도의 전철전력설비, 정보통신설비, 신호 및 열차제어설비
4. 철도노선간 또는 다른 교통수단과의 연계운영에 필요한 시설
5. 철도기술의 개발·시험 및 연구를 위한 시설
6. 철도경영연수 및 철도전문인력의 교육훈련을 위한 시설
7. 철도의 건설 및 유지보수에 필요한 자재를 가공·조립·운반 또는 보관하기 위하여 당해 사업기간 중에 사용되는 시설
8. 철도의 건설 및 유지보수를 위한 공사에 사용되는 진입도로·주차장·야적장·토석채취장 및 사토장과 그 설치 또는 운영에 필요한 시설
9. 철도의 건설 및 유지보수를 위하여 당해 사업기간중에 사용되는 장비와 그 정비·점검 또는 수리를 위한 시설
10. 그 밖에 철도안전관련시설·안내시설 등 철도의 건설·유지보수 및 운영을 위하여 필요한 시설로서 국토교통부장관이 정하는 시설

06 다음 중 철도시설이 아닌 것은?

㉮ 철도전문인력의 교육훈련을 위한 시설

㉯ 철도시설관리자의 휴게시설

㉰ 철도의 선로

㉱ 철도노선간 또는 다른 교통수단과의 연계운영에 필요한 시설

|해설|

철도시설(법 제2조 제3호, 철도산업발전기본법 제3조 제2호)

1. 철도의 선로(선로에 부대되는 시설을 포함한다), 역시설(물류시설 · 환승시설 및 편의시설 등을 포함한다) 및 철도운영을 위한 건축물 · 건축설비
2. 선로 및 철도차량을 보수 · 정비하기 위한 선로보수기지, 차량정비기지 및 차량유치시설
3. 철도의 전철전력설비, 정보통신설비, 신호 및 열차제어설비
4. 철도노선간 또는 다른 교통수단과의 연계운영에 필요한 시설
5. 철도기술의 개발 · 시험 및 연구를 위한 시설
6. 철도경영연수 및 철도전문인력의 교육훈련을 위한 시설
7. 철도의 건설 및 유지보수에 필요한 자재를 가공 · 조립 · 운반 또는 보관하기 위하여 당해 사업기간 중에 사용되는 시설
8. 철도의 건설 및 유지보수를 위한 공사에 사용되는 진입도로 · 주차장 · 야적장 · 토석채취장 및 사토장과 그 설치 또는 운영에 필요한 시설
9. 철도의 건설 및 유지보수를 위하여 당해 사업기간중에 사용되는 장비와 그 정비 · 점검 또는 수리를 위한 시설
10. 그 밖에 철도안전관련시설 · 안내시설 등 철도의 건설 · 유지보수 및 운영을 위하여 필요한 시설로서 국토교통부장관이 정하는 시설

07 다음 중 철도운영에 속하지 않은 것은?

㉮ 철도 여객운송

㉯ 철도차량의 정비

㉰ 여객 휴게실 설치

㉱ 열차의 운행관리

|해설|

철도운영(법 제2조 제4호, 철도산업발전기본법 제3조 제3호)

1. 철도 여객 및 화물 운송
2. 철도차량의 정비 및 열차의 운행관리
3. 철도시설 · 철도차량 및 철도부지 등을 활용한 부대사업개발 및 서비스

Answer 04. ㉯ 05. ㉱ 06. ㉯ 07. ㉰

08 다음 중 철도운영에 해당하지 않은 것은?

㉮ 철도안전관리자를 위한 복지 서비스

㉯ 철도 화물운송

㉰ 철도부지 등을 활용한 부대사업개발

㉱ 철도시설·철도차량 등을 활용한 서비스

|해설|

철도운영(법 제2조 제4호, 철도산업발전기본법 제3조 제3호)

1. 철도 여객 및 화물 운송
2. 철도차량의 정비 및 열차의 운행관리
3. 철도시설·철도차량 및 철도부지 등을 활용한 부대사업개발 및 서비스

09 선로를 운행할 목적으로 제작된 동력차·객차·화차 및 특수차에 해당하는 것은?

㉮ 철도　　㉯ 열차

㉰ 철도용품　　㉱ 철도차량

|해설|

㉮ **철도** : 여객 또는 화물을 운송하는 데 필요한 철도시설과 철도차량 및 이와 관련된 운영·지원체계가 유기적으로 구성된 운송체계

㉯ **열차** : 선로를 운행할 목적으로 철도운영자가 편성하여 열차번호를 부여한 철도차량

㉰ **철도용품** : 철도시설 및 철도차량 등에 사용되는 부품·기기·장치 등

10 다음 중 철도안전법상의 용어의 정의로 잘못된 것은?

㉮ 철도시설관리자라 함은 철도운영에 관한 업무를 수행하는 자를 말한다.

㉯ 철도라 함은 여객 또는 화물을 운송하는 데 필요한 철도시설과 철도차량 및 이와 관련된 운영·지원체계가 유기적으로 구성된 운송체계를 말한다.

㉰ 철도운영 또는 철도시설관리와 관련하여 사람이 죽거나 다치거나 물건이 파손되는 사고로 국토교통부령으로 정하는 것을 말한다.

㉱ 선로라 함은 철도차량을 운행하기 위한 궤도와 이를 받치는 노반 또는 공작물로 구성된 시설을 말한다.

|해설|

철도시설관리자란 철도시설의 건설 또는 관리에 관한 업무를 수행하는 자를 말한다.

11 다음 중 철도운영에 관한 업무를 수행하는 자는?

㉮ 철도종사자　　㉯ 검침원
㉰ 철도운영자　　㉱ 철도시설관리자

|해설|

철도운영자 : 철도운영에 관한 업무를 수행하는 자를 말한다(법 제2조 제8호).

12 철도사고 및 철도준사고 외에 철도차량의 운행에 지장을 주는 것으로서 국토교통부령으로 정하는 것에 해당되는 것은?

㉮ 철도사고　　㉯ 운행장애
㉰ 철도고장　　㉱ 운행사고

|해설|

"운행장애"란 철도사고 및 철도준사고 외에 철도차량의 운행에 지장을 주는 것으로서 국토교통부령으로 정하는 것을 말한다(법 제2조 제13호).

13 다음 중 철도안전법상의 "철도종사자"에 해당하지 않는 자는?

㉮ 철도차량의 운전업무에 종사하는 사람
㉯ 철도차량의 운행을 집중 제어・통제・감시하는 업무에 종사하는 사람
㉰ 여객을 상대로 승무 및 역무서비스를 제공하는 사람
㉱ 철도를 교통의 목적으로 이용하는 사람

|해설|

철도종사자(법 제2조 제10호)
1. 철도차량의 운전업무에 종사하는 사람(운전업무종사자)
2. 철도차량의 운행을 집중 제어・통제・감시하는 업무(관제업무)에 종사하는 사람
3. 여객에게 승무 서비스를 제공하는 사람(여객승무원)
4. 여객에게 역무 서비스를 제공하는 사람(여객역무원)
5. 철도차량의 운행선로 또는 그 인근에서 철도시설의 건설 또는 관리와 관련한 작업의 협의・지휘・감독・안전관리 등의 업무에 종사하도록 철도운영자 또는 철도시설관리자가 지정한 사람(작업책임자)
6. 철도차량의 운행선로 또는 그 인근에서 철도시설의 건설 또는 관리와 관련한 작업의 일정을 조정하고 해당 선로를 운행하는 열차의 운행일정을 조정하는 사람(철도운행안전관리자)

Answer 08. ㉮ 09. ㉱ 10. ㉮ 11. ㉰ 12. ㉯ 13. ㉱

7. 그 밖에 철도운영 및 철도시설관리와 관련하여 철도차량의 안전운행 및 질서유지와 철도차량 및 철도시설의 점검 · 정비 등에 관한 업무에 종사하는 사람으로서 다음에 해당하는 사람(영 제3조)

14 다음 중 열차의 정의로 바른 것은?

㉮ 철도시설 및 철도차량 등에 사용되는 부품 · 기기 · 장치 등

㉯ 선로를 운행할 목적으로 철도운영자가 편성하여 열차번호를 부여한 철도차량

㉰ 철도차량을 운행하기 위한 궤도와 이를 받치는 노반(路盤) 또는 인공구조물로 구성된 시설

㉱ 여객 또는 화물을 운송하는데 필요한 철도시설과 철도차량 및 이와 관련된 운영 · 지원체계가 유기적으로 구성된 운송체계

|해설|

열차 : 선로를 운행할 목적으로 철도운영자가 편성하여 열차번호를 부여한 철도차량을 말한다(법 제2조 제6호).

15 다음 중 철도종사자에 해당하지 않는 자는?

㉮ 철도차량의 운전업무에 종사하는 사람

㉯ 철도차량을 이용하는 사람

㉰ 철도차량의 운행을 집중 제어 · 통제 · 감시하는 업무(관제업무)에 종사하는 사람

㉱ 여객에게 역무(驛務) 서비스를 제공하는 사람

|해설|

철도종사자(법 제2조 제10호)

1. 철도차량의 운전업무에 종사하는 사람(운전업무종사자)
2. 철도차량의 운행을 집중 제어 · 통제 · 감시하는 업무(관제업무)에 종사하는 사람
3. 여객에게 승무 서비스를 제공하는 사람(여객승무원)
4. 여객에게 역무 서비스를 제공하는 사람(여객역무원)
5. 철도차량의 운행선로 또는 그 인근에서 철도시설의 건설 또는 관리와 관련한 작업의 협의 · 지휘 · 감독 · 안전관리 등의 업무에 종사하도록 철도운영자 또는 철도시설관리자가 지정한 사람(작업책임자)
6. 철도차량의 운행선로 또는 그 인근에서 철도시설의 건설 또는 관리와 관련한 작업의 일정을 조정하고 해당 선로를 운행하는 열차의 운행일정을 조정하는 사람(철도운행안전관리자)

7. 그 밖에 철도운영 및 철도시설관리와 관련하여 철도차량의 안전운행 및 질서유지와 철도차량 및 철도시설의 점검 · 정비 등에 관한 업무에 종사하는 사람으로서 다음에 해당하는 사람(영 제3조)

16 다음 철도차량의 운전업무에 종사하는 사람은?

㉮ 관제업무종사자

㉯ 여객역무원

㉰ 여객승무원

㉱ 운전업무종사자

|해설|

철도차량의 운전업무에 종사하는 사람(운전업무종사자)(법 제2조 제10호)

17 다음 중 철도종사자에 해당하지 않는 자는?

㉮ 운전업무종사자

㉯ 관제업무종사자

㉰ 여객을 상대로 승무 및 역무서비스를 제공하는 사람

㉱ 철도경영에 관한 조언업무를 수행하는 사람

|해설|

철도종사자(법 제2조 제10호)

1. 철도차량의 운전업무에 종사하는 사람(운전업무종사자)
2. 철도차량의 운행을 집중 제어 · 통제 · 감시하는 업무(관제업무)에 종사하는 사람
3. 여객에게 승무 서비스를 제공하는 사람(여객승무원)
4. 여객에게 역무 서비스를 제공하는 사람(여객역무원)
5. 철도차량의 운행선로 또는 그 인근에서 철도시설의 건설 또는 관리와 관련한 작업의 협의 · 지휘 · 감독 · 안전관리 등의 업무에 종사하도록 철도운영자 또는 철도시설관리자가 지정한 사람(작업책임자)
6. 철도차량의 운행선로 또는 그 인근에서 철도시설의 건설 또는 관리와 관련한 작업의 일정을 조정하고 해당 선로를 운행하는 열차의 운행일정을 조정하는 사람(철도운행안전관리자)
7. 그 밖에 철도운영 및 철도시설관리와 관련하여 철도차량의 안전운행 및 질서유지와 철도차량 및 철도시설의 점검 · 정비 등에 관한 업무에 종사하는 사람으로서 다음에 해당하는 사람(영 제3조)

Answer 14. ㉯ 15. ㉯ 16. ㉱ 17. ㉱

18 철도운영 및 철도시설관리와 관련하여 철도차량의 안전운행 및 질서유지와 철도차량 및 철도시설의 점검·정비 등에 관한 업무에 종사하는 사람으로서 대통령령으로 정하는 사람도 철도종사자에 해당한다. 다음 중 이러한 사람에 해당하지 않는 사람은?

㉮ 철도사고, 철도준사고 및 운행장애가 발생한 현장에서 조사·수습·복구 등의 업무를 수행하는 사람

㉯ 철도시설 또는 철도차량을 보호하기 위한 순회점검업무 또는 경비업무를 수행하는 사람

㉰ 철도에 공급되는 전력의 원격제어장치를 운영하는 사람

㉱ 철도용품을 생산하는 사람

|해설|

철도종사자 : 철도운영 및 철도시설관리와 관련하여 철도차량의 안전운행 및 질서유지와 철도차량 및 철도시설의 점검·정비 등에 관한 업무에 종사하는 사람으로서 다음에 해당하는 사람(영 제3조)

1. 철도사고, 철도준사고 및 운행장애(철도사고 등)가 발생한 현장에서 조사·수습·복구 등의 업무를 수행하는 사람
2. 철도차량의 운행선로 또는 그 인근에서 철도시설의 건설 또는 관리와 관련된 작업의 현장감독업무를 수행하는 사람
3. 철도시설 또는 철도차량을 보호하기 위한 순회점검업무 또는 경비업무를 수행하는 사람
4. 정거장에서 철도신호기·선로전환기 또는 조작판 등을 취급하거나 열차의 조성업무를 수행하는 사람
5. 철도에 공급되는 전력의 원격제어장치를 운영하는 사람
6. 철도경찰 사무에 종사하는 국가공무원
7. 철도차량 및 철도시설의 점검·정비 업무에 종사하는 사람

19 다음의 철도사고 중 철도교통사고에 해당하지 않는 사고는?

㉮ 철도화재사고　　㉯ 충돌사고

㉰ 열차화재사고　　㉱ 탈선사고

|해설|

철도교통사고 : 철도차량의 운행과 관련된 사고로서 다음의 어느 하나에 해당하는 사고

1. 충돌사고 : 철도차량이 다른 철도차량 또는 장애물(동물 및 조류는 제외한다)과 충돌하거나 접촉한 사고
2. 탈선사고 : 철도차량이 궤도를 이탈하는 사고
3. 열차화재사고 : 철도차량에서 화재가 발생하는 사고
4. 기타철도교통사고 : 1.부터 3.까지의 사고에 해당하지 않는 사고로서 철도차량의 운행과 관련된 사고

철도안전사고 : 철도시설 관리와 관련된 사고로서 다음의 어느 하나에 해당하는 사고. 다만, 「재난 및 안전관리 기본법」에 따른 자연재난으로 인한 사고는 제외한다.
1. 철도화재사고 : 철도역사, 기계실 등 철도시설에서 화재가 발생하는 사고
2. 철도시설파손사고 : 교량 · 터널 · 선로, 신호 · 전기 · 통신 설비 등의 철도시설이 파손되는 사고
3. 기타철도안전사고 : 1. 및 2.에 해당하지 않는 사고로서 철도시설 관리와 관련된 사고

20 다음의 철도사고 중 철도안전사고에 해당하는 사고는?

㉮ 철도시설파손사고 ㉯ 충돌사고
㉰ 열차화재사고 ㉱ 탈선사고

21 다음 중 철도준사고의 범위에 해당하지 않는 사고는?

㉮ 운행허가를 받은 구간으로 열차가 주행하는 경우
㉯ 열차 또는 철도차량이 승인 없이 정지신호를 지난 경우
㉰ 열차 또는 철도차량이 역과 역사이로 미끄러진 경우
㉱ 열차운행을 중지하고 공사 또는 보수작업을 시행하는 구간으로 열차가 주행한 경우

22 다음 중 운행장애의 범위에 속하는 운행 지연과 관련한 연결이 잘못된 것은?

㉮ 고속열차 : 20분 이상 ㉯ 일반여객열차 : 30분 이상
㉰ 화물열차 : 40분 이상 ㉱ 전동열차 : 20분 이상

|해설|
다음 각 목의 구분에 따른 운행 지연. 다만, 다른 철도사고 또는 운행장애로 인한 운행 지연은 제외한다(규칙 제1조의4 제2호).
1. 고속열차 및 전동열차 : 20분 이상
2. 일반여객열차 : 30분 이상
3. 화물열차 및 기타열차 : 60분 이상

Answer 18. ㉱ 19. ㉮ 20. ㉮ 21. ㉮ 22. ㉰

23 다음 철도차량의 운행선로를 변경시키는 기기는?

㉮ 철도차량
㉯ 정거장
㉰ 선로전환기
㉱ 신호기

|해설|
선로전환기 : 철도차량의 운행선로를 변경시키는 기기를 말한다(영 제2조 제2호).

24 다른 사람의 수요에 따른 영업을 목적으로 하지 아니하고 자신의 수요에 따라 특수 목적을 수행하기 위하여 설치하거나 운영하는 철도를 무엇이라 하는가?

㉮ 철도시설
㉯ 철도차량
㉰ 전용철도
㉱ 특수철도

|해설|
전용철도 : 다른 사람의 수요에 따른 영업을 목적으로 하지 아니하고 자신의 수요에 따라 특수 목적을 수행하기 위하여 설치하거나 운영하는 철도를 말한다(철도사업법 제2조 제5호).

25 다음 중 용어의 정의가 잘못된 것은?

㉮ 열차 – 선로를 운행할 목적으로 철도운영자가 편성하여 열차번호를 부여한 철도차량
㉯ 선로 – 철도차량을 운행하기 위한 궤도와 이를 받치는 노반 또는 공작물로 구성된 시설
㉰ 선로전환기 – 철도차량을 운행선로를 변경시키는 기기
㉱ 운행장애 – 철도사고를 포함하여 철도차량의 운행에 지장을 초래하는 것

|해설|
운행장애 : 철도사고 및 철도준사고 외에 철도차량의 운행에 지장을 주는 것으로서 국토교통부령으로 정하는 것(법 제2조 제12호).

26 다음 중 철도안전법상의 용어의 정의로 잘못된 것은?

㉮ 철도사고라 함은 철도운영 또는 철도시설관리와 관련하여 사람이 죽거나 다치거나 물건이 파손되는 사고로 국토교통부령으로 정하는 것을 말한다.

㉯ 운행장애라 함은 철도사고 및 철도준사고 외에 철도차량의 운행에 지장을 주는 것으로서 국토교통부령으로 정하는 것을 말한다.

㉰ 선로라 함은 여객 또는 화물을 운송하는 데 필요한 철도시설과 철도차량 및 이와 관련된 운영・지원체계가 유기적으로 구성된 운송체계를 말한다.

㉱ 철도운영자라 함은 철도운영에 관한 업무를 수행하는 자를 말한다.

|해설|

선로 : 철도차량을 운행하기 위한 궤도와 이를 받치는 노반(路盤) 또는 인공구조물로 구성된 시설을 말한다(법 제2조 제7호).

27 다음 중 정거장의 용도에 해당하지 않는 것은?

㉮ 열차의 교차통행　　㉯ 여객의 대피

㉰ 열차의 조성　　㉱ 화물의 적하

|해설|

정거장 : 여객의 승하차(여객 이용시설 및 편의시설을 포함한다), 화물의 적하(積下), 열차의 조성(組成 : 철도차량을 연결하거나 분리하는 작업을 말한다), 열차의 교차통행 또는 대피를 목적으로 사용되는 장소를 말한다(영 제2조 제1호).

28 여객의 승강, 화물의 적하(積下), 열차의 조성(組成), 열차의 교차통행 또는 대피를 목적으로 사용되는 장소는?

㉮ 정거장　　㉯ 선로전환기

㉰ 승강장　　㉱ 선로

|해설|

정거장 : 여객의 승하차(여객 이용시설 및 편의시설을 포함한다), 화물의 적하(積下), 열차의 조성(組成: 철도차량을 연결하거나 분리하는 작업을 말한다), 열차의 교차통행 또는 대피를 목적으로 사용되는 장소를 말한다(영 제2조 제1호).

Answer 23. ㉰　24. ㉰　25. ㉱　26. ㉰　27. ㉯　28. ㉮

29 다음 철도차량정비의 행위로 볼 수 없는 것은?

㉮ 철도차량 점검·검사
㉯ 철도차량 교환
㉰ 철도차량 수리
㉱ 철도차량 교체

|해설|

철도차량정비 : 철도차량(철도차량을 구성하는 부품·기기·장치를 포함한다)을 점검·검사, 교환 및 수리하는 행위를 말한다(법 제2조 제14호).

30 다음 철도차량정비기술자가 갖추어야 할 요건이 아닌 것은?

㉮ 철도차량정비에 관한 자격
㉯ 철도차량정비에 관한 기능
㉰ 철도차량정비에 관한 경력
㉱ 철도차량정비에 관한 학력

|해설|

철도차량정비기술자는 철도차량정비에 관한 자격, 경력 및 학력 등을 갖추어 국토교통부장관의 인정을 받은 사람을 말한다(법 제2조 제15호).

31 철도안전법에 관해 다른 법률에 특별규정이 있는 경우에 적용되어야 할 법은?

㉮ 양 법 중 신법이 우선 적용된다.
㉯ 철도안전법이 우선 적용된다.
㉰ 다른 법률이 우선 적용된다.
㉱ 양 법이 경합 적용된다.

|해설|

철도안전에 관하여 다른 법률에 특별한 규정이 있는 경우를 제외하고는 이 법에서 정하는 바에 따른다(법 제3조).

32 다음 국민의 생명 · 신체 및 재산을 보호하기 위하여 철도안전시책을 마련하여 성실히 추진하여야 하는 자는?

㉮ 국가와 지방자치단체　　㉯ 국토교통부장관
㉰ 한국철도공사　　㉱ 교통안전공단

|해설|
국가와 지방자치단체는 국민의 생명 · 신체 및 재산을 보호하기 위하여 철도안전시책을 마련하여 성실히 추진하여야 한다(법 제4조 제1항).

33 철도운영이나 철도시설관리를 할 때에 법령에서 정하는 바에 따라 철도안전을 위하여 필요한 조치를 하고, 국가나 지방자치단체가 시행하는 철도안전시책에 적극 협조하여야 하는 자는?

㉮ 한국철도공사　　㉯ 국토교통부장관
㉰ 교통안전공단　　㉱ 철도운영자등

|해설|
철도운영자 및 철도시설관리자(철도운영자등)는 철도운영이나 철도시설관리를 할 때에는 법령에서 정하는 바에 따라 철도안전을 위하여 필요한 조치를 하고, 국가나 지방자치단체가 시행하는 철도안전시책에 적극 협조하여야 한다(법 제4조 제2항).

Answer 29. ㉱ 30. ㉯ 31. ㉰ 32. ㉮ 33. ㉱

제2장 철도안전 관리체계

1. 철도안전 종합계획

(1) 철도안전 종합계획 수립

국토교통부장관은 5년마다 철도안전에 관한 종합계획(철도안전 종합계획)을 수립하여야 한다(법 제5조 제1항).

(2) 철도안전 종합계획에 포함되어야 할 사항(법 제5조 제2항)

① 철도안전 종합계획의 추진 목표 및 방향
② 철도안전에 관한 시설의 확충, 개량 및 점검 등에 관한 사항
③ 철도차량의 정비 및 점검 등에 관한 사항
④ 철도안전 관계 법령의 정비 등 제도개선에 관한 사항
⑤ 철도안전 관련 전문 인력의 양성 및 수급관리에 관한 사항
⑥ 철도종사자의 안전 및 근무환경 향상에 관한 사항
⑦ 철도안전 관련 교육훈련에 관한 사항
⑧ 철도안전 관련 연구 및 기술개발에 관한 사항
⑨ 그 밖에 철도안전에 관한 사항으로서 국토교통부장관이 필요하다고 인정하는 사항

(3) 철도산업위원회 심의

① 국토교통부장관은 철도안전 종합계획을 수립할 때에는 미리 관계 중앙행정기관의 장 및 철도운영자등과 협의한 후 철도산업위원회의 심의를 거쳐야 한다. 수립된 철도안전 종합계획을 변경(경미한 사항의 변경은 제외한다)할 때에도 또한 같다(법 제5조 제3항).

② 철도안전 종합계획의 경미한 변경(영 제4조)

㉠ 철도안전 종합계획(철도안전 종합계획)에서 정한 총사업비를 원래 계획의 100분의 10 이내에서의 변경
㉡ 철도안전 종합계획에서 정한 시행기한 내에 단위사업의 시행시기의 변경
㉢ 법령의 개정, 행정구역의 변경 등과 관련하여 철도안전 종합계획을 변경하는 등 당초 수립된 철도안전 종합계획의 기본방향에 영향을 미치지 아니하는 사항의 변경

(4) 자료제출 요구

국토교통부장관은 철도안전 종합계획을 수립하거나 변경하기 위하여 필요하다고 인정하면 관계 중앙행정기관의 장 또는 특별시장・광역시장・특별자치시장・도지사・특별자치도지사에게 관련 자료의 제출을 요구할 수 있다. 자료 제출 요구를 받은 관계 중앙행정기관의 장 또는 시・도지사는 특별한 사유가 없으면 이에 따라야 한다(법 제5조 제4항).

(5) 관보고시

국토교통부장관은 철도안전 종합계획을 수립하거나 변경하였을 때에는 이를 관보에 고시하여야 한다(법 제5조 제5항).

2. 시행계획

(1) 시행계획 수립・추진

국토교통부장관, 시・도지사 및 철도운영자등은 철도안전 종합계획에 따라 소관별로 철도안전 종합계획의 단계적 시행에 필요한 연차별 시행계획을 수립・추진하여야 한다(법 제6조 제1항).

(2) 시행계획 수립절차 등

① 특별시장・광역시장・특별자치시장・도지사 또는 특별자치도지사와 철도운영자 및 철도시설관리자(철도운영자등)는 다음 연도의 시행계획을 매년 10월 말까지 국토교통부장관에게 제출하여야 한다(영 제5조 제1항).

② 시・도지사 및 철도운영자등은 전년도 시행계획의 추진실적을 매년 2월 말까지 국토교통부장관에게 제출하여야 한다(영 제5조 제2항).

③ 국토교통부장관은 시・도지사 및 철도운영자등이 제출한 다음 연도의 시행계획이 철도안전 종합계획에 위반되거나 철도안전 종합계획을 원활하게 추진하기 위하여 보완이 필요하다고 인정될 때에는 시・도지사 및 철도운영자등에게 시행계획의 수정을 요청할 수 있다(영 제5조 제3항).

④ 수정 요청을 받은 시・도지사 및 철도운영자등은 특별한 사유가 없는 한 이를 시행계획에 반영하여야 한다(영 제5조 제4항).

3. 철도안전투자의 공시

(1) 철도안전투자 공시

철도운영자는 철도차량의 교체, 철도시설의 개량 등 철도안전 분야에 투자하는 예산 규모를 매년 공시하여야 한다(법 제6조의2 제1항).

(2) 철도안전투자의 공시 기준 등

① 철도운영자는 철도안전투자의 예산 규모를 공시하는 경우에는 다음의 기준에 따라야 한다(규칙 제1조의5 제1항).

㉠ 예산 규모에는 다음의 예산이 모두 포함되도록 할 것

ⓐ 철도차량 교체에 관한 예산

ⓑ 철도시설 개량에 관한 예산

ⓒ 안전설비의 설치에 관한 예산

ⓓ 철도안전 교육훈련에 관한 예산

ⓔ 철도안전 연구개발에 관한 예산

ⓕ 철도안전 홍보에 관한 예산

ⓖ 그 밖에 철도안전에 관련된 예산으로서 국토교통부장관이 정해 고시하는 사항

㉡ 다음의 사항이 모두 포함된 예산 규모를 공시할 것

ⓐ 과거 3년간 철도안전투자의 예산 및 그 집행 실적

ⓑ 해당 연도 철도안전투자의 예산

ⓒ 향후 2년간 철도안전투자의 예산

㉢ 국가의 보조금, 지방자치단체의 보조금 및 철도운영자의 자금 등 철도안전투자 예산의 재원을 구분해 공시할 것

㉣ 그 밖에 철도안전투자와 관련된 예산으로서 국토교통부장관이 정해 고시하는 예산을 포함해 공시할 것

② 철도운영자는 철도안전투자의 예산 규모를 매년 5월말까지 공시해야 한다(규칙 제1조의5 제2항).

③ 공시는 구축된 철도안전정보종합관리시스템과 해당 철도운영자의 인터넷 홈페이지에 게시하는 방법으로 한다(규칙 제1조의5 제3항).

④ 철도안전투자의 공시 기준 및 절차 등에 관해 필요한 사항은 국토교통부장관이 정해 고시한다(규칙 제1조의5 제4항).

4. 안전관리체계의 승인

(1) 국토교통부장관의 승인

철도운영자등(전용철도의 운영자는 제외한다.)은 철도운영을 하거나 철도시설을 관리하려는 경우에는 인력, 시설, 차량, 장비, 운영절차, 교육훈련 및 비상대응계획 등 철도 및 철도시설의 안전관리에 관한 유기적 체계(안전관리체계)를 갖추어 국토교통부장관의 승인을 받아야 한다(법 제7조 제1항).

(2) 안전관리체계 승인 신청 절차 등

① 철도운영자 및 철도시설관리자가 안전관리체계를 승인받으려는 경우에는 철도운용 또는 철도시설 관리 개시 예정일 90일 전까지 철도안전관리체계 승인신청서에 다음의 서류를 첨부하여 국토교통부장관에게 제출하여야 한다(규칙 제2조 제1항).

㉠ 철도사업면허증 사본
㉡ 조직·인력의 구성, 업무 분장 및 책임에 관한 서류
㉢ 다음의 사항을 적시한 철도안전관리시스템에 관한 서류
ⓐ 철도안전관리시스템 개요
ⓑ 철도안전경영
ⓒ 문서화
ⓓ 위험관리
ⓔ 요구사항 준수
ⓕ 철도사고 조사 및 보고
ⓖ 내부 점검
ⓗ 비상대응
ⓘ 교육훈련
ⓙ 안전정보
ⓚ 안전문화
㉣ 다음의 사항을 적시한 열차운행체계에 관한 서류
ⓐ 철도운영 개요
ⓑ 철도사업면허
ⓒ 열차운행 조직 및 인력
ⓓ 열차운행 방법 및 절차
ⓔ 열차 운행계획
ⓕ 승무 및 역무

ⓖ 철도관제업무
ⓗ 철도보호 및 질서유지
ⓘ 열차운영 기록관리
ⓙ 위탁 계약자 감독 등 위탁업무 관리에 관한 사항

㉤ 다음의 사항을 적시한 유지관리체계에 관한 서류
ⓐ 유지관리 개요
ⓑ 유지관리 조직 및 인력
ⓒ 유지관리 방법 및 절차[종합시험운행 실시 결과(완료된 결과)를 반영한 유지관리 방법을 포함한다]
ⓓ 유지관리 이행계획
ⓔ 유지관리 기록
ⓕ 유지관리 설비 및 장비
ⓖ 유지관리 부품
ⓗ 철도차량 제작 감독
ⓘ 위탁 계약자 감독 등 위탁업무 관리에 관한 사항

㉥ 종합시험운행 실시 결과 보고서

② 철도운영자등이 승인받은 안전관리체계를 변경하려는 경우에는 변경된 철도운용 또는 철도시설 관리 개시 예정일 30일 전(변경사항의 경우에는 90일 전)까지 철도안전관리체계 변경승인신청서에 다음의 서류를 첨부하여 국토교통부장관에게 제출하여야 한다(규칙 제2조 제2항).
㉠ 안전관리체계의 변경내용과 증빙서류
㉡ 변경 전후의 대비표 및 해설서

③ 철도운영자등이 안전관리체계의 승인 또는 변경승인을 신청하는 경우 서류는 철도운용 또는 철도시설 관리 개시 예정일 14일 전까지 제출할 수 있다(규칙 제2조 제3항).

④ 국토교통부장관은 안전관리체계의 승인 또는 변경승인 신청을 받은 경우에는 15일 이내에 승인 또는 변경승인에 필요한 검사 등의 계획서를 작성하여 신청인에게 통보하여야 한다(규칙 제2조 제4항).

(3) 전용철도 운영자의 의무

전용철도의 운영자는 자체적으로 안전관리체계를 갖추고 지속적으로 유지하여야 한다(법 제7조 제2항).

(4) 국토교통부장관의 변경승인

철도운영자등은 승인받은 안전관리체계를 변경(안전관리기준의 변경에 따른 안전관리체계의 변경을 포함한다.)하려는 경우에는 국토교통부장관의 변경승인을 받아야 한다. 다만, 경미한 사항을 변경하려는 경우에는 국토교통부장관에게 신고하여야 한다(법 제7조 제3항).

① 경미한 사항이란 다음의 어느 하나에 해당하는 사항을 제외한 변경사항을 말한다(규칙 제3조 제1항).
  ㉠ 안전 업무를 수행하는 전담조직의 변경(조직 부서명의 변경은 제외한다)
  ㉡ 열차운행 또는 유지관리 인력의 감소
  ㉢ 철도차량 또는 다음의 어느 하나에 해당하는 철도시설의 증가
    ⓐ 교량, 터널, 옹벽
    ⓑ 선로(레일)
    ⓒ 역사, 기지, 승강장안전문
    ⓓ 전차선로, 변전설비, 수전실, 수・배전선로
    ⓔ 연동장치, 열차제어장치, 신호기장치, 선로전환기장치, 궤도회로장치, 건널목보안장치
    ⓕ 통신선로설비, 열차무선설비, 전송설비
  ㉣ 철도노선의 신설 또는 개량
  ㉤ 사업의 합병 또는 양도・양수
  ㉥ 유지관리 항목의 축소 또는 유지관리 주기의 증가
  ㉦ 위탁 계약자의 변경에 따른 열차운행체계 또는 유지관리체계의 변경

② 철도운영자등은 경미한 사항을 변경하려는 경우에는 철도안전관리체계 변경신고서에 다음의 서류를 첨부하여 국토교통부장관에게 제출하여야 한다(규칙 제3조 제2항).
  ㉠ 안전관리체계의 변경내용과 증빙서류
  ㉡ 변경 전후의 대비표 및 해설서

③ 국토교통부장관은 신고를 받은 때에는 첨부서류를 확인한 후 철도안전관리체계 변경신고확인서를 발급하여야 한다(규칙 제3조 제3항).

(5) 승인 또는 변경승인의 신청여부 결정

① 국토교통부장관은 안전관리체계의 승인 또는 변경승인의 신청을 받은 경우에는 해당 안전관리체계가 안전관리기준에 적합한지를 검사한 후 승인 여부를 결정하여야 한다(법 제7조 제4항).

② 안전관리체계의 승인 방법 및 증명서 발급 등

㉠ 안전관리체계의 승인 또는 변경승인을 위한 검사는 다음에 따른 서류검사와 현장검사로 구분하여 실시한다. 다만, 서류검사만으로 안전관리에 필요한 기술기준에 적합 여부를 판단할 수 있는 경우에는 현장검사를 생략할 수 있다(규칙 제4조 제1항).

ⓐ 서류검사 : 철도운영자등이 제출한 서류가 안전관리기준에 적합한지 검사

ⓑ 현장검사 : 안전관리체계의 이행가능성 및 실효성을 현장에서 확인하기 위한 검사

㉡ 국토교통부장관은 도시철도 또는 도시철도건설사업 또는 도시철도운송사업을 위탁받은 법인이 건설・운영하는 도시철도에 대하여 안전관리체계의 승인 또는 변경승인을 위한 검사를 하는 경우에는 해당 도시철도의 관할 시・도지사와 협의할 수 있다. 이 경우 협의 요청을 받은 시・도지사는 협의를 요청받은 날부터 20일 이내에 의견을 제출하여야 하며, 그 기간 내에 의견을 제출하지 아니하면 의견이 없는 것으로 본다(규칙 제4조 제2항).

㉢ 국토교통부장관은 검사 결과 안전관리기준에 적합하다고 인정하는 경우에는 철도안전관리체계 승인증명서를 신청인에게 발급하여야 한다(규칙 제4조 제3항).

㉣ 검사에 관한 세부적인 기준, 절차 및 방법 등은 국토교통부장관이 정하여 고시한다(규칙 제4조 제4항).

(6) 철도운영 및 철도시설의 안전관리에 필요한 기술기준 고시

① 국토교통부장관은 철도안전경영, 위험관리, 사고 조사 및 보고, 내부점검, 비상대응계획, 비상대응훈련, 교육훈련, 안전정보관리, 운행안전관리, 차량・시설의 유지관리(차량의 기대수명에 관한 사항을 포함한다) 등 철도운영 및 철도시설의 안전관리에 필요한 기술기준을 정하여 고시하여야 한다(법 제7조 제5항).

② 국토교통부장관은 안전관리기준을 정할 때 전문기술적인 사항에 대해 철도기술심의위원회의 심의를 거칠 수 있으며, 안전관리기준을 정한 경우에는 이를 관보에 고시해야 한다(규칙 제5조).

5. 안전관리체계의 유지 등

(1) 안전관리체계 유지

철도운영자등은 철도운영을 하거나 철도시설을 관리하는 경우에는 승인받은 안전관리체계를 지속적으로 유지하여야 한다(법 제8조 제1항).

(2) 정기 또는 수시검사

국토교통부장관은 안전관리체계 위반 여부 확인 및 철도사고 예방 등을 위하여 철도운영자등이 안전관리체계를 지속적으로 유지하는지 다음의 검사를 통해 국토교통부령으로 정하는 바에 따라 점검·확인할 수 있다(법 제8조 제2항).

① 정기검사 : 철도운영자등이 국토교통부장관으로부터 승인 또는 변경승인 받은 안전관리체계를 지속적으로 유지하는지를 점검·확인하기 위하여 정기적으로 실시하는 검사

② 수시검사 : 철도운영자등이 철도사고 및 운행장애 등을 발생시키거나 발생시킬 우려가 있는 경우에 안전관리체계 위반사항 확인 및 안전관리체계 위해요인 사전예방을 위해 수행하는 검사

(3) 시정조치 명령

국토교통부장관은 검사 결과 안전관리체계가 지속적으로 유지되지 아니하거나 그 밖에 철도안전을 위하여 긴급히 필요하다고 인정하는 경우에는 국토교통부령으로 정하는 바에 따라 시정조치를 명할 수 있다(법 제8조 제3항).

(4) 안전관리체계의 유지·검사 등

① 국토교통부장관은 정기검사를 1년마다 1회 실시해야 한다(규칙 제6조 제1항).

② 국토교통부장관은 정기검사 또는 수시검사를 시행하려는 경우에는 검사 시행일 7일 전까지 다음의 내용이 포함된 검사계획을 검사 대상 철도운영자등에게 통보하여야 한다. 다만, 철도사고, 철도준사고 및 운행장애 등의 발생 등으로 긴급히 수시검사를 실시하는 경우에는 사전 통보를 하지 아니할 수 있고, 검사 시작 이후 검사계획을 변경할 사유가 발생한 경우에는 철도운영자등과 협의하여 검사계획을 조정할 수 있다(규칙 제6조 제2항).

㉠ 검사반의 구성
㉡ 검사 일정 및 장소
㉢ 검사 수행 분야 및 검사 항목
㉣ 중점 검사 사항
㉤ 그 밖에 검사에 필요한 사항

③ 국토교통부장관은 다음의 사유로 철도운영자등이 안전관리체계 정기검사의 유예를 요청한 경우에 검사 시기를 유예하거나 변경할 수 있다(규칙 제6조 제3항).

㉠ 검사 대상 철도운영자등이 사법기관 및 중앙행정기관의 조사 및 감사를 받고 있는 경우
㉡ 항공·철도사고조사위원회가 철도사고에 대한 조사를 하고 있는 경우
㉢ 대형 철도사고의 발생, 천재지변, 그 밖의 부득이한 사유가 있는 경우

④ 국토교통부장관은 정기검사 또는 수시검사를 마친 경우에는 다음의 사항이 포함된 검사 결과보고서를 작성하여야 한다(규칙 제6조 제4항).
㉠ 안전관리체계의 검사 개요 및 현황
㉡ 안전관리체계의 검사 과정 및 내용
㉢ 시정조치 사항
㉣ 제출된 시정조치계획서에 따른 시정조치명령의 이행 정도
㉤ 철도사고에 따른 사망자·중상자의 수 및 철도사고 등에 따른 재산피해액

⑤ 국토교통부장관은 철도운영자등에게 시정조치를 명하는 경우에는 시정에 필요한 적정한 기간을 주어야 한다(규칙 제6조 제5항).

⑥ 철도운영자등이 시정조치명령을 받은 경우에 14일 이내에 시정조치계획서를 작성하여 국토교통부장관에게 제출하여야 하고, 시정조치를 완료한 경우에는 지체 없이 그 시정내용을 국토교통부장관에게 통보하여야 한다(규칙 제6조 제6항).

⑦ 정기검사 또는 수시검사에 관한 세부적인 기준·방법 및 절차는 국토교통부장관이 정하여 고시한다(규칙 제6조 제7항).

6. 승인의 취소 등

(1) 승인의 취소 및 업무의 정지

국토교통부장관은 안전관리체계의 승인을 받은 철도운영자등이 다음의 어느 하나에 해당하는 경우에는 그 승인을 취소하거나 6개월 이내의 기간을 정하여 업무의 제한이나 정지를 명할 수 있다. 다만, ①에 해당하는 경우에는 그 승인을 취소하여야 한다(법 제9조 제1항).

① 거짓이나 그 밖의 부정한 방법으로 승인을 받은 경우
② 변경승인을 받지 아니하거나 변경신고를 하지 아니하고 안전관리체계를 변경한 경우
③ 안전관리체계를 지속적으로 유지하지 아니하여 철도운영이나 철도시설의 관리에 중대한 지장을 초래한 경우
④ 시정조치명령을 정당한 사유 없이 이행하지 아니한 경우

(2) 처분기준(규칙 별표1)

안전관리체계 관련 처분기준

1. 일반기준

가. 위반행위의 횟수에 따른 행정처분의 가중된 부과기준은 최근 2년간 같은 위반행위로 행정처분을 받은 경우에 적용한다. 이 경우 기간의 계산은 위반행위에 대하여 행정처분을 받은 날과 그 처분 후 다시 같은 위반행위를 하여 적발된 날을 기준으로 한다.

나. 가목에 따라 가중된 부과처분을 하는 경우 가중처분의 적용 차수는 그 위반행위 전 부과처분 차수(가목에 따른 기간 내에 행정처분이 둘 이상 있었던 경우에는 높은 차수를 말한다)의 다음 차수로 한다.

다. 위반행위가 둘 이상인 경우로서 그에 해당하는 각각의 처분기준이 다른 경우에는 그 중 무거운 처분기준(무거운 처분기준이 같을 때에는 그 중 하나의 처분기준을 말한다)에 따르며, 둘 이상의 처분기준이 같은 업무제한·정지인 경우에는 무거운 처분기준의 2분의 1 범위에서 가중할 수 있되, 각 처분기준을 합산한 기간을 초과할 수 없다.

라. 국토교통부장관은 다음의 어느 하나에 해당하는 경우에는 제2호의 개별기준에 따른 업무제한·정지 기간의 2분의 1 범위에서 그 기간을 줄일 수 있다.

1) 위반행위가 사소한 부주의나 오류로 인한 것으로 인정되는 경우
2) 위반행위자가 법 위반상태를 시정하거나 해소하기 위한 노력이 인정되는 경우
3) 그 밖에 위반행위의 정도, 위반행위의 동기와 그 결과 등을 고려하여 업무제한·정지 기간을 줄일 필요가 있다고 인정되는 경우

마. 국토교통부장관은 다음의 어느 하나에 해당하는 경우에는 제2호의 개별기준에 따른 업무제한·정지 기간의 2분의 1 범위에서 그 기간을 늘릴 수 있다. 다만, 법 제9조 제1항에 따른 업무제한·정지 기간의 상한을 넘을 수 없다.

1) 위반의 내용 및 정도가 중대하여 공중에게 미치는 피해가 크다고 인정되는 경우
2) 법 위반상태의 기간이 6개월 이상인 경우
3) 그 밖에 위반행위의 정도, 위반행위의 동기와 그 결과 등을 고려하여 업무제한·정지 기간을 늘릴 필요가 있다고 인정되는 경우

2. 개별기준

위반행위	근거 법조문	처분 기준
가. 거짓이나 그 밖의 부정한 방법으로 승인을 받은 경우	법 제9조 제1항 제1호	
1) 1차 위반		승인취소
나. 법 제7조 제3항을 위반하여 변경승인을 받지 않고 안전관리체계를 변경한 경우	법 제9조 제1항 제2호	
1) 1차 위반		업무정지(업무제한) 10일
2) 2차 위반		업무정지(업무제한) 20일
3) 3차 위반		업무정지(업무제한) 40일
4) 4차 이상 위반		업무정지(업무제한) 80일

다. 법 제7조 제3항을 위반하여 변경신고를 하지 않고 안전관리체계를 변경한 경우 1) 1차 위반 2) 2차 위반 3) 3차 이상 위반	법 제9조 제1항 제2호	 경고 업무정지(업무제한) 10일 업무정지(업무제한) 20일
라. 법 제8조 제1항을 위반하여 안전관리체계를 지속적으로 유지하지 않아 철도운영이나 철도시설의 관리에 중대한 지장을 초래한 경우 1) 철도사고로 인한 사망자 수 가) 1명 이상 3명 미만 나) 3명 이상 5명 미만 다) 5명 이상 10명 미만 라) 10명 이상 2) 철도사고로 인한 중상자 수 가) 5명 이상 10명 미만 나) 10명 이상 30명 미만 다) 30명 이상 50명 미만 라) 50명 이상 100명 미만 마) 100명 이상 3) 철도사고 또는 운행장애로 인한 재산피해액 가) 5억원 이상 10억원 미만 나) 10억원 이상 20억원 미만 다) 20억원 이상	법 제9조 제1항 제3호	 업무정지(업무제한) 30일 업무정지(업무제한) 60일 업무정지(업무제한) 120일 업무정지(업무제한) 180일 업무정지(업무제한) 15일 업무정지(업무제한) 30일 업무정지(업무제한) 60일 업무정지(업무제한) 120일 업무정지(업무제한) 180일 업무정지(업무제한) 15일 업무정지(업무제한) 30일 업무정지(업무제한) 60일
마. 법 제8조 제3항에 따른 시정조치명령을 정당한 사유 없이 이행하지 않은 경우 1) 1차 위반 2) 2차 위반 3) 3차 위반 4) 4차 이상 위반	법 제9조 제1항 제4호	 업무정지(업무제한) 20일 업무정지(업무제한) 40일 업무정지(업무제한) 80일 업무정지(업무제한) 160일

비고
1. "사망자"란 철도사고가 발생한 날부터 30일 이내에 그 사고로 사망한 경우를 말한다.
2. "중상자"란 철도사고로 인해 부상을 입은 날부터 7일 이내 실시된 의사의 최초 진단결과 24시간 이상 입원 치료가 필요한 상해를 입은 사람(의식불명, 시력상실을 포함)을 말한다.
3. "재산피해액"이란 시설피해액(인건비와 자재비등 포함), 차량피해액(인건비와 자재비등 포함), 운임환불 등을 포함한 직접손실액을 말한다.

7. 과징금

(1) 과징금 부과

국토교통부장관은 철도운영자등에 대하여 업무의 제한이나 정지를 명하여야 하는 경우로서 그 업무의 제한이나 정지가 철도 이용자 등에게 심한 불편을 주거나 그 밖에 공익을 해할 우려가 있는 경우에는 업무의 제한이나 정지를 갈음하여 30억원 이하의 과징금을 부과할 수 있다(법 제9조의2 제1항).

(2) 과징금의 부과기준(영 별표1)

안전관리체계 관련 과징금의 부과기준

1. 일반기준
   가. 위반행위의 횟수에 따른 과징금의 가중된 부과기준은 최근 2년간 같은 위반행위로 과징금 부과처분을 받은 경우에 적용한다. 이 경우 기간의 계산은 위반행위에 대하여 과징금 부과처분을 받은 날과 그 처분 후 다시 같은 위반행위를 하여 적발된 날을 기준으로 한다.
   나. 가목에 따라 가중된 부과처분을 하는 경우 가중처분의 적용 차수는 그 위반행위 전 부과처분 차수(가목에 따른 기간 내에 과징금 부과처분이 둘 이상 있었던 경우에는 높은 차수를 말한다)의 다음 차수로 한다.
   다. 위반행위가 둘 이상인 경우로서 각 처분내용이 모두 업무정지인 경우에는 각 처분기준에 따른 과징금을 합산한 금액을 넘지 않는 범위에서 무거운 처분기준에 해당하는 과징금 금액의 2분의 1의 범위에서 가중할 수 있다.
   라. 국토교통부장관은 다음의 어느 하나에 해당하는 경우에는 제2호의 개별기준에 따른 과징금 금액의 2분의 1 범위에서 그 금액을 줄일 수 있다. 다만, 과징금을 체납하고 있는 위반행위자의 경우에는 그렇지 않다.
      1) 위반행위가 사소한 부주의나 오류로 인한 것으로 인정되는 경우
      2) 위반행위자가 법 위반상태를 시정하거나 해소하기 위한 노력이 인정되는 경우
      3) 그 밖에 사업 규모, 사업 지역의 특수성, 위반행위의 정도, 위반행위의 동기와 그 결과 및 위반 횟수 등을 고려하여 과징금 금액을 줄일 필요가 있다고 인정되는 경우
   마. 국토교통부장관은 다음의 어느 하나에 해당하는 경우에는 제2호의 개별기준에 따른 과징금 금액의 2분의 1 범위에서 그 금액을 늘릴 수 있다. 다만, 법 제9조의2 제1항에 따른 과징금 금액의 상한을 넘을 경우 상한금액으로 한다.
      1) 위반의 내용 및 정도가 중대하여 공중에게 미치는 피해가 크다고 인정되는 경우
      2) 법 위반상태의 기간이 6개월 이상인 경우
      3) 그 밖에 사업 규모, 사업 지역의 특수성, 위반행위의 정도, 위반행위의 동기와 그 결과 및 위반 횟수 등을 고려하여 과징금 금액을 늘릴 필요가 있다고 인정되는 경우

2. 개별기준

(단위 : 백만원)

위반행위	근거 법조문	과징금 금액
가. 법 제7조 제3항을 위반하여 변경승인을 받지 않고 안전관리체계를 변경한 경우		
1) 1차 위반	법 제9조 제1항 제2호	120
2) 2차 위반		240
3) 3차 위반		480
4) 4차 이상 위반		960
나. 법 제7조 제3항을 위반하여 변경신고를 하지 않고 안전관리체계를 변경한 경우		
1) 1차 위반	법 제9조 제1항 제2호	경고
2) 2차 위반		120
3) 3차 이상 위반		240
다. 법 제8조 제1항을 위반하여 안전관리체계를 지속적으로 유지하지 않아 철도운영이나 철도시설의 관리에 중대한 지장을 초래한 경우	법 제9조 제1항 제3호	
1) 철도사고로 인한 사망자 수		
가) 1명 이상 3명 미만		360
나) 3명 이상 5명 미만		720
다) 5명 이상 10명 미만		1,440
라) 10명 이상		2,160
2) 철도사고로 인한 중상자 수		
가) 5명 이상 10명 미만		180
나) 10명 이상 30명 미만		360
다) 30명 이상 50명 미만		720
라) 50명 이상 100명 미만		1,440
마) 100명 이상		2,160
3) 철도사고 또는 운행장애로 인한 재산피해액		
가) 5억원 이상 10억원 미만		180
나) 10억원 이상 20억원 미만		360
다) 20억원 이상		720
라. 법 제8조 제3항에 따른 시정조치명령을 정당한 사유 없이 이행하지 않은 경우		
1) 1차 위반	법 제9조 제1항 제4호	240
2) 2차 위반		480
3) 3차 위반		960
4) 4차 이상 위반		1,920

비고
1. "사망자"란 철도사고가 발생한 날부터 30일 이내에 그 사고로 사망한 사람을 말한다.
2. "중상자"란 철도사고로 인해 부상을 입은 날부터 7일 이내 실시된 의사의 최초 진단결과 24시간 이상 입원 치료가 필요한 상해를 입은 사람(의식불명, 시력상실을 포함)를 말한다.
3. "재산피해액"이란 시설피해액(인건비와 자재비등 포함), 차량피해액(인건비와 자재비등 포함), 운임환불 등을 포함한 직접손실액을 말한다.
4. 위 표의 다목 1)부터 3)까지의 규정에 따른 과징금을 부과하는 경우에 사망자, 중상자, 재산피해가 동시에 발생한 경우는 각각의 과징금을 합산하여 부과한다. 다만, 합산한 금액이 법 제9조의2제1항에 따른 과징금 금액의 상한을 초과하는 경우에는 법 제9조의2제1항에 따른 상한금액을 과징금으로 부과한다.
5. 위 표 및 제4호에 따른 과징금 금액이 해당 철도운영자등의 전년도(위반행위가 발생한 날이 속하는 해의 직전 연도를 말한다) 매출액의 100분의 4를 초과하는 경우에는 전년도 매출액의 100분의 4에 해당하는 금액을 과징금으로 부과한다.

(3) 과징금의 징수

국토교통부장관은 과징금을 내야 할 자가 납부기한까지 과징금을 내지 아니하는 경우에는 국세 체납처분의 예에 따라 징수한다(법 제9조의2 제3항).

(4) 과징금의 부과 및 납부

① 국토교통부장관은 과징금을 부과할 때에는 그 위반행위의 종류와 해당 과징금의 금액을 명시하여 이를 납부할 것을 서면으로 통지하여야 한다(영 제7조 제1항).
② 통지를 받은 자는 통지를 받은 날부터 20일 이내에 국토교통부장관이 정하는 수납기관에 과징금을 내야 한다. 다만, 천재지변이나 그 밖의 부득이한 사유로 그 기간에 과징금을 낼 수 없는 경우에는 그 사유가 없어진 날부터 7일 이내에 내야 한다(영 제7조 제2항).
③ 과징금을 받은 수납기관은 그 과징금을 낸 자에게 영수증을 내주어야 한다(영 제7조 제3항).
④ 과징금의 수납기관은 과징금을 받으면 지체 없이 그 사실을 국토교통부장관에게 통보하여야 한다(영 제7조 제4항).

8. 철도운영자등에 대한 안전관리 수준평가

(1) 안전관리 수준평가

국토교통부장관은 철도운영자등의 자발적인 안전관리를 통한 철도안전 수준의 향상을 위하여 철도운영자등의 안전관리 수준에 대한 평가를 실시할 수 있다(법 제9조의3 제1항).

(2) 미흡한 철도운영자등에 대한 조치

국토교통부장관은 안전관리 수준평가를 실시한 결과 그 평가결과가 미흡한 철도운영자등에 대하여 검사를 시행하거나 시정조치 등 개선을 위하여 필요한 조치를 명할 수 있다(법 제9조의3 제2항).

(3) 철도운영자등에 대한 안전관리 수준평가의 대상 및 기준 등

① 철도운영자등의 안전관리 수준에 대한 평가(안전관리 수준평가)의 대상 및 기준은 다음과 같다. 다만, 철도시설관리자에 대해서 안전관리 수준평가를 하는 경우 ㉡을 제외하고 실시할 수 있다(규칙 제8조 제1항).

㉠ 사고 분야

ⓐ 철도교통사고 건수

ⓑ 철도안전사고 건수

ⓒ 운행장애 건수

ⓓ 사상자 수

㉡ 철도안전투자 분야 : 철도안전투자의 예산 규모 및 집행 실적

㉢ 안전관리 분야

ⓐ 안전성숙도 수준

ⓑ 정기검사 이행실적

㉣ 그 밖에 안전관리 수준평가에 필요한 사항으로서 국토교통부장관이 정해 고시하는 사항

② 국토교통부장관은 매년 3월말까지 안전관리 수준평가를 실시한다(규칙 제8조 제2항).

③ 안전관리 수준평가는 서면평가의 방법으로 실시한다. 다만, 국토교통부장관이 필요하다고 인정하는 경우에는 현장평가를 실시할 수 있다(규칙 제8조 제3항).

④ 국토교통부장관은 안전관리 수준평가 결과를 해당 철도운영자등에게 통보해야 한다. 이 경우 해당 철도운영자등이 지방공사인 경우에는 해당 지방공사의 업무를 관리·감독하는 지방자치단체의 장에게도 함께 통보할 수 있다(규칙 제8조 제4항).

⑤ 안전관리 수준평가의 기준, 방법 및 절차 등에 관해 필요한 사항은 국토교통부장관이 정해 고시한다(규칙 제8조 제5항).

9. 철도안전 우수운영자 지정

(1) 철도안전 우수운영자 지정

국토교통부장관은 안전관리 수준평가 결과에 따라 철도운영자 등을 대상으로 철도안전 우수운영자를 지정할 수 있다(법 제9조의4 제1항).

(2) 우수운영자 표시

철도안전 우수운영자로 지정을 받은 자는 철도차량, 철도시설이나 관련 문서 등에 철도안전 우수운영자로 지정되었음을 나타내는 표시를 할 수 있다(법 제9조의4 제2항).

(3) 우수운영자 유사표시 금지

지정을 받은 자가 아니면 철도차량, 철도시설이나 관련 문서 등에 우수운영자로 지정되었음을 나타내는 표시를 하거나 이와 유사한 표시를 하여서는 아니 된다(법 제9조의4 제3항).

(4) 유사표시에 대한 시정조치

국토교통부장관은 우수운영자로 지정되었음을 나타내는 표시를 하거나 이와 유사한 표시를 한 자에 대하여 해당 표시를 제거하게 하는 등 필요한 시정조치를 명할 수 있다(법 제9조의4 제4항).

(5) 철도안전 우수운영자 지정 대상 등

① 국토교통부장관은 안전관리 수준평가 결과가 최상위 등급인 철도운영자등을 철도안전 우수운영자로 지정하여 철도안전 우수운영자로 지정되었음을 나타내는 표시를 사용하게 할 수 있다(규칙 제9조 제1항).

② 철도안전 우수운영자 지정의 유효기간은 지정받은 날부터 1년으로 한다(규칙 제9조 제2항).

③ 철도안전 우수운영자는 철도안전 우수운영자로 지정되었음을 나타내는 표시를 하려면 국토교통부장관이 정해 고시하는 표시를 사용해야 한다(규칙 제9조 제3항).

④ 국토교통부장관은 철도안전 우수운영자에게 포상 등의 지원을 할 수 있다(규칙 제9조 제4항).

⑤ 철도안전 우수운영자 지정 표시 및 지원 등에 관해 필요한 사항은 국토교통부장관이 정해 고시한다(규칙 제9조 제5항).

10. 우수운영자 지정의 취소

국토교통부장관은 철도안전 우수운영자 지정을 받은 자가 다음의 어느 하나에 해당하는 경우에는 그 지정을 취소할 수 있다. 다만, ① 또는 ②에 해당하는 경우에는 지정을 취소하여야 한다(법 제9조의5, 규칙 제9조의2).

① 거짓이나 그 밖의 부정한 방법으로 철도안전 우수운영자 지정을 받은 경우
② 안전관리체계의 승인이 취소된 경우
③ 지정기준에 부적합하게 되는 등 그 밖에 다음의 사유가 발생한 경우
　㉠ 계산 착오, 자료의 오류 등으로 안전관리 수준평가 결과가 최상위 등급이 아닌 것으로 확인된 경우
　㉡ 국토교통부장관이 정해 고시하는 표시가 아닌 다른 표시를 사용한 경우

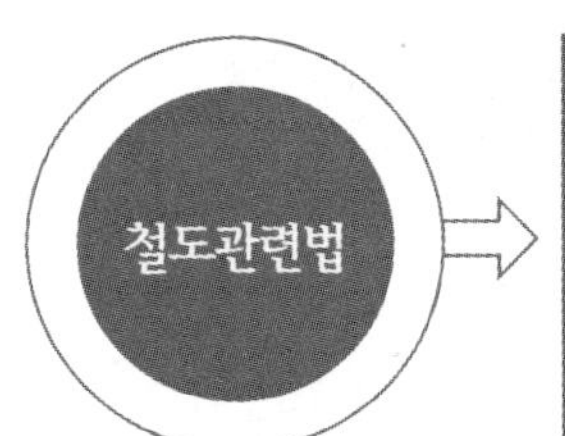

제2장 철도안전 관리체계

기출 및 예상문제

01 국토교통부장관이 철도안전 종합계획을 몇 년마다 수립하여야 하는가?

㉮ 1년 ㉯ 5년

㉰ 10년 ㉱ 20년

|해설|

국토교통부장관은 5년마다 철도안전에 관한 종합계획(철도안전 종합계획)을 수립하여야 한다(법 제5조 제1항).

02 다음 중 철도안전 종합계획에 포함되어야 하는 사항이 아닌 것은?

㉮ 철도안전 종합계획의 추진 목표 및 방향

㉯ 철도안전 관련 교육훈련에 관한 사항

㉰ 철도차량의 정비 및 점검 등에 관한 사항

㉱ 국민의 생명·신체 및 재산을 보호하기 위한 철도안전시책에 관한 사항

|해설|

철도안전 종합계획에 포함되어야 할 사항(법 제5조 제2항)

1. 철도안전 종합계획의 추진 목표 및 방향
2. 철도안전에 관한 시설의 확충, 개량 및 점검 등에 관한 사항
3. 철도차량의 정비 및 점검 등에 관한 사항
4. 철도안전 관계 법령의 정비 등 제도개선에 관한 사항
5. 철도안전 관련 전문 인력의 양성 및 수급관리에 관한 사항
6. 철도종사자의 안전 및 근무환경 향상에 관한 사항
7. 철도안전 관련 교육훈련에 관한 사항
8. 철도안전 관련 연구 및 기술개발에 관한 사항
9. 그 밖에 철도안전에 관한 사항으로서 국토교통부장관이 필요하다고 인정하는 사항

Answer 01. ㉯ 02. ㉱

03 다음 중 철도안전 종합계획에 포함되어야 하는 사항이 아닌 것은?

㉮ 철도 관련 업무종사자의 복지향상에 관한 사항
㉯ 철도안전 관련 연구 및 기술개발에 관한 사항
㉰ 철도안전에 관한 시설의 확충, 개량 및 점검 등에 관한 사항
㉱ 철도안전 관련 전문 인력의 양성 및 수급관리에 관한 사항

|해설|

철도안전 종합계획에 포함되어야 할 사항(법 제5조 제2항)

1. 철도안전 종합계획의 추진 목표 및 방향
2. 철도안전에 관한 시설의 확충, 개량 및 점검 등에 관한 사항
3. 철도차량의 정비 및 점검 등에 관한 사항
4. 철도안전 관계 법령의 정비 등 제도개선에 관한 사항
5. 철도안전 관련 전문 인력의 양성 및 수급관리에 관한 사항
6. 철도종사자의 안전 및 근무환경 향상에 관한 사항
7. 철도안전 관련 교육훈련에 관한 사항
8. 철도안전 관련 연구 및 기술개발에 관한 사항
9. 그 밖에 철도안전에 관한 사항으로서 국토교통부장관이 필요하다고 인정하는 사항

04 다음 철도안전 종합계획을 수립할 경우 심의를 거쳐야 하는 위원회는?

㉮ 국토교통위원회　　㉯ 산업안전심의위원회
㉰ 교통안전심의위원회　　㉱ 철도산업위원회

|해설|

국토교통부장관은 철도안전 종합계획을 수립할 때에는 미리 관계 중앙행정기관의 장 및 철도운영자등과 협의한 후 철도산업위원회의 심의를 거쳐야 한다. 수립된 철도안전 종합계획을 변경(경미한 사항의 변경은 제외한다)할 때에도 또한 같다(법 제5조 제3항).

05 다음 철도안전 종합계획을 수립하여야 하는 자는?

㉮ 철도산업위원회　　㉯ 국토교통부장관
㉰ 한국철도공사　　㉱ 교통안전공단

|해설|

국토교통부장관은 5년마다 철도안전에 관한 종합계획(철도안전 종합계획)을 수립하여야 한다(법 제5조 제1항).

06 국토교통부장관이 철도안전 종합계획을 변경할 때에 철도산업위원회의 심의를 거치지 않아도 되는 경우는?

㉮ 철도안전종합계획에서 정한 총사업비를 원래 계획의 100분의 10 이내에서 변경
㉯ 철도안전종합계획에서 정한 총사업비를 원래 계획의 100분의 20 이내에서 변경
㉰ 철도안전종합계획에서 정한 총사업비를 원래 계획의 100분의 30 이내에서 변경
㉱ 철도안전종합계획에서 정한 총사업비를 원래 계획의 100분의 40 이내에서 변경

|해설|

철도산업위원회의 심의를 거치지 않아도 되는 철도안전 종합계획의 경미한 변경(영 제4조)

1. 철도안전 종합계획(철도안전 종합계획)에서 정한 총사업비를 원래 계획의 100분의 10 이내에서의 변경
2. 철도안전 종합계획에서 정한 시행기한 내에 단위사업의 시행시기의 변경
3. 법령의 개정, 행정구역의 변경 등과 관련하여 철도안전 종합계획을 변경하는 등 당초 수립된 철도안전 종합계획의 기본방향에 영향을 미치지 아니하는 사항의 변경

07 국토교통부장관이 철도안전 종합계획을 변경할 때에 철도산업위원회의 심의를 거치지 않아도 되는 경우는?

㉮ 철도안전종합계획에서 정한 총사업비를 원래 계획의 100분의 10 이내에서 변경
㉯ 철도안전 종합계획에서 정한 시행기한 내에 단위사업의 시행시기의 변경
㉰ 법령의 개정, 행정구역의 변경 등과 관련하여 철도안전 종합계획을 변경하는 등 당초 수립된 철도안전 종합계획의 기본방향에 영향을 미치지 아니하는 사항의 변경
㉱ 철도안전에 관한 시설의 확충, 개량 및 점검 등에 관한 사항의 변경

|해설|

철도산업위원회의 심의를 거치지 않아도 되는 철도안전 종합계획의 경미한 변경(영 제4조)

1. 철도안전 종합계획(철도안전 종합계획)에서 정한 총사업비를 원래 계획의 100분의 10 이내에서의 변경
2. 철도안전 종합계획에서 정한 시행기한 내에 단위사업의 시행시기의 변경
3. 법령의 개정, 행정구역의 변경 등과 관련하여 철도안전 종합계획을 변경하는 등 당초 수립된 철도안전 종합계획의 기본방향에 영향을 미치지 아니하는 사항의 변경

Answer 03. ㉮ 04. ㉱ 05. ㉯ 06. ㉮ 07. ㉱

08 철도안전 종합계획을 수립하거나 변경하기 위하여 필요하다고 인정하면 관계 중앙행정기관의 장 또는 특별시장 · 광역시장 · 특별자치시장 · 도지사 · 특별자치도지사(시 · 도지사)에게 관련 자료의 제출을 요구할 수 있는 자는?

㉮ 한국철도공사 ㉯ 교통안전공단
㉰ 국토교통부장관 ㉱ 철도안전심의회

|해설|
국토교통부장관은 철도안전 종합계획을 수립하거나 변경하기 위하여 필요하다고 인정하면 관계 중앙행정기관의 장 또는 특별시장 · 광역시장 · 특별자치시장 · 도지사 · 특별자치도지사(시 · 도지사)에게 관련 자료의 제출을 요구할 수 있다. 자료 제출 요구를 받은 관계 중앙행정기관의 장 또는 시 · 도지사는 특별한 사유가 없으면 이에 따라야 한다(법 제5조 제4항).

09 철도안전 종합계획에 따라 소관별로 철도안전 종합계획의 단계적 시행에 필요한 연차별 시행계획(시행계획)을 수립 · 추진하여야 하는 자가 아닌 자는?

㉮ 국토교통부장관 ㉯ 시 · 도지사
㉰ 철도운영자등 ㉱ 교통안전공단

|해설|
국토교통부장관, 시 · 도지사 및 철도운영자등은 철도안전 종합계획에 따라 소관별로 철도안전 종합계획의 단계적 시행에 필요한 연차별 시행계획(시행계획)을 수립 · 추진하여야 한다(법 제6조 제1항).

10 다음 연도 시행계획에 대하여 보완이 필요할 경우 시 · 도지사 및 철도운영자등에게 시행계획의 수정을 요청할 수 있는 자는?

㉮ 교통안전공단 ㉯ 한국철도공사
㉰ 철도안전위원회 ㉱ 국토교통부장관

|해설|
국토교통부장관은 시 · 도지사 및 철도운영자등이 제출한 다음 연도의 시행계획이 철도안전 종합계획에 위반되거나 철도안전 종합계획을 원활하게 추진하기 위하여 보완이 필요하다고 인정될 때에는 시 · 도지사 및 철도운영자등에게 시행계획의 수정을 요청할 수 있다(영 제5조 제3항).

11 다음 연도의 시행계획을 매년 언제까지 국토교통부장관에게 제출하여야 하는가?

㉮ 매년 6월 말까지　　㉯ 매년 9월 말까지
㉰ 매년 10월 말까지　　㉱ 매년 12월 말까지

|해설|
특별시장 · 광역시장 · 특별자치시장 · 도지사 또는 특별자치도지사와 철도운영자 및 철도시설관리자(철도운영자등)는 다음 연도의 시행계획을 매년 10월 말까지 국토교통부장관에게 제출하여야 한다(영 제5조 제1항).

12 시 · 도지사 및 철도운영자등이 전년도 시행계획의 추진실적을 매년 언제까지 국토교통부장관에게 제출하여야 하는가?

㉮ 매년 2월 말까지　　㉯ 매년 5월 말까지
㉰ 매년 6월 말까지　　㉱ 매년 12월 말까지

|해설|
시 · 도지사 및 철도운영자등은 전년도 시행계획의 추진실적을 매년 2월 말까지 국토교통부장관에게 제출하여야 한다(영 제5조 제2항).

13 철도안전법상 철도안전 종합계획에 대한 설명으로 틀린 것은?

㉮ 국토교통부장관은 10년마다 철도안전에 관한 철도안전 종합계획을 수립하여야 한다.
㉯ 국토교통부장관은 철도안전종합계획을 수립하는 때에는 미리 관계 중앙행정기관의 장 및 철도운영자 등과 협의한 후 철도산업위원회의 심의를 거쳐야 한다.
㉰ 국토교통부장관은 철도안전 종합계획을 수립하거나 변경하기 위하여 필요하다고 인정하면 관계 중앙행정기관의 장 또는 특별시장 · 광역시장 · 특별자치시장 · 도지사 · 특별자치도지사에게 관련 자료의 제출을 요구할 수 있다.
㉱ 국토교통부장관은 철도안전 종합계획을 수립 또는 변경한 때에는 이를 관보에 고시하여야 한다.

|해설|
국토교통부장관은 5년마다 철도안전에 관한 종합계획을 수립하여야 한다(법 제5조 제1항).

Answer 08. ㉰　09. ㉱　10. ㉱　11. ㉰　12. ㉮　13. ㉮

14 철도차량의 교체, 철도시설의 개량 등 철도안전 분야에 투자하는 예산 규모를 매년 공시하여야 하는 자는?

㉮ 국토교통부장관 ㉯ 관계 지방자치단체장
㉰ 국무총리 ㉱ 철도운영자

|해설|
철도운영자는 철도차량의 교체, 철도시설의 개량 등 철도안전 분야에 투자(철도안전투자)하는 예산 규모를 매년 공시하여야 한다(법 제6조의2 제1항).

15 철도안전투자의 예산 규모에 포함되어야 할 내용으로 적절하지 않은 것은?

㉮ 철도차량 교체에 관한 예산
㉯ 안전요원 확보에 관한 예산
㉰ 철도시설 개량에 관한 예산
㉱ 철도안전 홍보에 관한 예산

|해설|
예산 규모에는 다음의 예산이 모두 포함되도록 할 것(규칙 제1조의2 제1항 제1호)
1. 철도차량 교체에 관한 예산
2. 철도시설 개량에 관한 예산
3. 안전설비의 설치에 관한 예산
4. 철도안전 교육훈련에 관한 예산
5. 철도안전 연구개발에 관한 예산
6. 철도안전 홍보에 관한 예산
7. 그 밖에 철도안전에 관련된 예산으로서 국토교통부장관이 정해 고시하는 사항

16 다음 철도안전투자 예산의 재원을 구분해 공시할 것이 아닌 것은?

㉮ 철도안전 홍보에 관한 예산
㉯ 국가의 보조금
㉰ 지방자치단체의 보조금
㉱ 철도운영자의 자금

|해설|
국가의 보조금, 지방자치단체의 보조금 및 철도운영자의 자금 등 철도안전투자 예산의 재원을 구분해 공시할 것(규칙 제1조의5 제1항 제3호)

17 다음 철도안전투자의 예산 규모에 포함되어야 할 내용으로 바르지 않은 것은?

㉮ 안전설비의 설치에 관한 예산

㉯ 철도안전 연구개발에 관한 예산

㉰ 철도시설 개량에 관한 예산

㉱ 그 밖에 철도안전에 관련된 예산으로서 한국철도공사가 정해 고시하는 사항

| 해설 |

예산 규모에는 다음의 예산이 모두 포함되도록 할 것(규칙 제1조의5 제1항 제1호)

1. 철도차량 교체에 관한 예산
2. 철도시설 개량에 관한 예산
3. 안전설비의 설치에 관한 예산
4. 철도안전 교육훈련에 관한 예산
5. 철도안전 연구개발에 관한 예산
6. 철도안전 홍보에 관한 예산
7. 그 밖에 철도안전에 관련된 예산으로서 국토교통부장관이 정해 고시하는 사항

18 다음 철도안전투자의 예산 규모를 공시할 내용이 아닌 것은?

㉮ 과거 3년간 철도안전투자의 예산 및 그 집행 실적

㉯ 향후 2년간 안전투자에 필요한 인원에 관한 사항

㉰ 향후 2년간 철도안전투자의 예산

㉱ 해당 연도 철도안전투자의 예산

| 해설 |

철도안전투자의 예산 규모를 공시할 내용(규칙 제1조의5 제1항 제2호)

1. 과거 3년간 철도안전투자의 예산 및 그 집행 실적
2. 해당 연도 철도안전투자의 예산
3. 향후 2년간 철도안전투자의 예산

Answer 14. ㉱ 15. ㉯ 16. ㉮ 17. ㉱ 18. ㉯

19 다음 철도안전투자의 공시 기준 등에 관한 내용으로 틀린 것은?

㉮ 철도운영자는 철도안전투자의 예산 규모를 공시하여야 한다.
㉯ 철도운영자는 철도안전투자의 예산 규모를 매년 12월말까지 공시해야 한다.
㉰ 공시는 구축된 철도안전정보종합관리시스템과 해당 철도운영자의 인터넷 홈페이지에 게시하는 방법으로 한다.
㉱ 철도안전투자의 공시 기준 및 절차 등에 관해 필요한 사항은 국토교통부장관이 정해 고시한다.

|해설|
철도운영자는 철도안전투자의 예산 규모를 매년 5월말까지 공시해야 한다(규칙 제1조의5 제2항).

20 철도운영자등이 갖추어야 할 철도 및 철도시설의 안전관리에 관한 유기적 체계(안전관리체계)가 아닌 것은?

㉮ 인력
㉯ 교육훈련
㉰ 비상대응계획
㉱ 예산

|해설|
철도운영자등(전용철도의 운영자는 제외한다.)은 철도운영을 하거나 철도시설을 관리하려는 경우에는 인력, 시설, 차량, 장비, 운영절차, 교육훈련 및 비상대응계획 등 철도 및 철도시설의 안전관리에 관한 유기적 체계(안전관리체계)를 갖추어 국토교통부장관의 승인을 받아야 한다(법 제7조 제1항).

21 철도안전체계에 대한 승인받으려는 경우 국토교통부장관에게 제출해야 하는 기간은?

㉮ 철도시설 관리 개시 예정일 60일 전까지
㉯ 철도시설 관리 개시 예정일 90일 전까지
㉰ 철도시설 관리 개시 예정일 120일 전까지
㉱ 철도시설 관리 개시 예정일 150일 전까지

|해설|
철도운영자 및 철도시설관리자가 안전관리체계를 승인받으려는 경우에는 철도운용 또는 철도시설 관리 개시 예정일 90일 전까지 철도안전관리체계 승인신청서에 필요한 서류를 첨부하여 국토교통부장관에게 제출하여야 한다(규칙 제2조 제1항).

22 철도운영자 및 철도시설관리자가 안전관리체계를 승인받으려는 경우에 철도안전관리체계 승인신청서에 첨부할 서류가 아닌 것은?

㉮ 철도자본형성에 관한 서류

㉯ 철도사업면허증 사본

㉰ 열차운행체계에 관한 서류

㉱ 철도안전관리시스템에 관한 서류

|해설|

철도운영자 및 철도시설관리자가 안전관리체계를 승인받으려는 경우에는 철도운용 또는 철도시설 관리 개시 예정일 90일 전까지 철도안전관리체계 승인신청서에 다음의 서류를 첨부하여 국토교통부장관에게 제출하여야 한다(규칙 제2조 제1항).

1. 철도사업면허증 사본
2. 조직 · 인력의 구성, 업무 분장 및 책임에 관한 서류
3. 철도안전관리시스템에 관한 서류
4. 열차운행체계에 관한 서류
5. 유지관리체계에 관한 서류
6. 종합시험운행 실시 결과 보고서

23 다음 열차운행체계에 관한 서류에 적시하여야 할 내용이 아닌 것은?

㉮ 철도운영 개요

㉯ 승무 및 역무

㉰ 열차 운행계획

㉱ 유지관리 이행계획

|해설|

다음의 사항을 적시한 열차운행체계에 관한 서류(규칙 제2조 제1항 제4호)

1. 철도운영 개요
2. 철도사업면허
3. 열차운행 조직 및 인력
4. 열차운행 방법 및 절차
5. 열차 운행계획
6. 승무 및 역무
7. 철도관제업무
8. 철도보호 및 질서유지
9. 열차운영 기록관리
10. 위탁 계약자 감독 등 위탁업무 관리에 관한 사항

Answer 19. ㉯ 20. ㉱ 21. ㉯ 22. ㉮ 23. ㉱

24 다음 유지관리체계에 관한 서류에 적시하여야 할 내용이 아닌 것은?

㉮ 유지관리 조직 및 인력

㉯ 유지관리 설비 및 장비

㉰ 종합시험운행 실시 결과 보고서

㉱ 철도차량 제작 감독

|해설|

다음의 사항을 적시한 유지관리체계에 관한 서류(규칙 제2조 제1항 제5호)

1. 유지관리 개요
2. 유지관리 조직 및 인력
3. 유지관리 방법 및 절차(종합시험운행 실시 결과(완료된 결과를 말한다.)를 반영한 유지관리 방법을 포함한다)
4. 유지관리 이행계획
5. 유지관리 기록
6. 유지관리 설비 및 장비
7. 유지관리 부품
8. 철도차량 제작 감독
9. 위탁 계약자 감독 등 위탁업무 관리에 관한 사항

25 철도운영자등이 승인받은 안전관리체계를 변경하려는 경우에 국토교통부장관에게 제출하여야 하는 기간은?

㉮ 변경된 철도운용 또는 철도시설 관리 개시 예정일 30일 전까지

㉯ 변경된 철도운용 또는 철도시설 관리 개시 예정일 60일 전까지

㉰ 변경된 철도운용 또는 철도시설 관리 개시 예정일 90일 전까지

㉱ 변경된 철도운용 또는 철도시설 관리 개시 예정일 120일 전까지

|해설|

철도운영자등이 승인받은 안전관리체계를 변경하려는 경우에는 변경된 철도운용 또는 철도시설 관리 개시 예정일 30일 전(변경사항의 경우에는 90일 전)까지 철도안전관리체계 변경승인신청서에 필요한 서류를 첨부하여 국토교통부장관에게 제출하여야 한다(규칙 제2조 제2항).

26 철도운영자등이 승인받은 안전관리체계를 변경하려는 경우에 철도안전관리체계 변경승인신청서에 첨부할 서류가 아닌 것은?

㉮ 안전관리체계의 변경내용
㉯ 안전관리체계의 증빙서류
㉰ 변경 전후의 대비표 및 해설서
㉱ 철도사업면허증 사본

|해설|

철도운영자등이 승인받은 안전관리체계를 변경하려는 경우에는 변경된 철도운용 또는 철도시설 관리 개시 예정일 30일 전(변경사항의 경우에는 90일 전)까지 철도안전관리체계 변경승인신청서에 다음의 서류를 첨부하여 국토교통부장관에게 제출하여야 한다(규칙 제2조 제2항).

1. 안전관리체계의 변경내용과 증빙서류
2. 변경 전후의 대비표 및 해설서

27 다음 철도운영자등이 안전관리체계의 승인 또는 변경승인을 신청하는 경우 서류는 철도운용 또는 철도시설 관리 개시 예정일 며칠 전까지 제출할 수 있는가?

㉮ 7일 전까지
㉯ 14일 전까지
㉰ 15일 전까지
㉱ 30일 전까지

|해설|

철도운영자등이 안전관리체계의 승인 또는 변경승인을 신청하는 경우 서류는 철도운용 또는 철도시설 관리 개시 예정일 14일 전까지 제출할 수 있다(규칙 제2조 제3항).

28 다음 국토교통부장관은 안전관리체계의 승인 또는 변경승인 신청을 받은 경우에 며칠 이내에 승인 또는 변경승인에 필요한 검사 등의 계획서를 작성하여 신청인에게 통보하여야 하는가?

㉮ 7일 이내
㉯ 14일 이내
㉰ 15일 이내
㉱ 30일 이내

|해설|

국토교통부장관은 안전관리체계의 승인 또는 변경승인 신청을 받은 경우에는 15일 이내에 승인 또는 변경승인에 필요한 검사 등의 계획서를 작성하여 신청인에게 통보하여야 한다(규칙 제2조 제4항).

Answer 24. ㉰ 25. ㉮ 26. ㉱ 27. ㉯ 28. ㉰

29 다음 자체적으로 안전관리체계를 갖추고 지속적으로 유지하여야 하는 자는?

㉮ 국토교통부장관
㉯ 한국철도공사
㉰ 교통안전공단
㉱ 전용철도의 운영자

|해설|

전용철도의 운영자는 자체적으로 안전관리체계를 갖추고 지속적으로 유지하여야 한다(법 제7조 제2항).

30 승인받은 안전관리체계를 변경하려는 경우에는 국토교통부장관의 변경승인을 받아야 하는 자는?

㉮ 철도운영자등
㉯ 국토교통부장관
㉰ 한국철도공사
㉱ 교통안전공단

|해설|

철도운영자등은 승인받은 안전관리체계를 변경(안전관리기준의 변경에 따른 안전관리체계의 변경을 포함한다.)하려는 경우에는 국토교통부장관의 변경승인을 받아야 한다. 다만, 경미한 사항을 변경하려는 경우에는 국토교통부장관에게 신고하여야 한다(법 제7조 제3항).

31 철도운영자등이 승인받은 안전관리체계를 변경하려는 경우 경미한 사항인 경우에 하여야 할 사항은?

㉮ 국토교통부장관에게 신고하여야 한다.
㉯ 국토교통부장관에게 통보하여야 한다.
㉰ 국토교통부장관의 인가를 받아야 한다.
㉱ 국토교통부장관의 허가를 받아야 한다.

|해설|

철도운영자등은 승인받은 안전관리체계를 변경(안전관리기준의 변경에 따른 안전관리체계의 변경을 포함한다.)하려는 경우에는 국토교통부장관의 변경승인을 받아야 한다. 다만, 경미한 사항을 변경하려는 경우에는 국토교통부장관에게 신고하여야 한다(법 제7조 제3항).

32 철도운영자등이 승인받은 안전관리체계를 변경하려는 경우 경미한 사항인 것은?

㉮ 안전업무를 수행하는 전담조직의 변경

㉯ 열차운행 또는 유지관리 인력의 감소

㉰ 조직 부서명의 변경

㉱ 새로운 철도노선의 개통

|해설|

경미한 사항이란 다음의 어느 하나에 해당하는 사항을 제외한 변경사항을 말한다(규칙 제3조 제1항).

1. 안전 업무를 수행하는 전담조직의 변경(조직 부서명의 변경은 제외한다)
2. 열차운행 또는 유지관리 인력의 감소
3. 철도차량 또는 다음의 어느 하나에 해당하는 철도시설의 증가
   ⓐ 교량, 터널, 옹벽
   ⓑ 선로(레일)
   ⓒ 역사, 기지, 승강장안전문
   ⓓ 전차선로, 변전설비, 수전실, 수·배전선로
   ⓔ 연동장치, 열차제어장치, 신호기장치, 선로전환기장치, 궤도회로장치, 건널목보안장치
   ⓕ 통신선로설비, 열차무선설비, 전송설비
4. 철도노선의 신설 또는 개량
5. 사업의 합병 또는 양도·양수
6. 유지관리 항목의 축소 또는 유지관리 주기의 증가
7. 위탁 계약자의 변경에 따른 열차운행체계 또는 유지관리체계의 변경

33 철도운영자등이 경미한 사항을 변경하려는 경우에는 철도안전관리체계 변경신고서에 첨부하여 국토교통부장관에게 제출할 서류가 아닌 것은?

㉮ 변경승인에 필요한 검사 등의 계획서

㉯ 안전관리체계의 변경내용과 증빙서류

㉰ 변경 전후의 대비표

㉱ 변경 전후의 해설서

|해설|

철도운영자등은 경미한 사항을 변경하려는 경우에는 철도안전관리체계 변경신고서에 다음의 서류를 첨부하여 국토교통부장관에게 제출하여야 한다(규칙 제3조 제2항).

1. 안전관리체계의 변경내용과 증빙서류
2. 변경 전후의 대비표 및 해설서

Answer 29. ㉱ 30. ㉮ 31. ㉮ 32. ㉰ 33. ㉮

34 다음 철도안전관리체계 변경신고확인서를 발급하여야 하는 자는?

㉮ 한국철도공사　　㉯ 국토교통부장관
㉰ 교통안전공단　　㉱ 철도운영자등

|해설|
국토교통부장관은 신고를 받은 때에는 첨부서류를 확인한 후 철도안전관리체계 변경신고확인서를 발급하여야 한다(규칙 제3조 제3항).

35 다음 안전관리기준에 적합한지를 검사한 후 승인 여부를 결정하는 자는?

㉮ 철도시설관리자　　㉯ 철도심의위원회
㉰ 국토교통부장관　　㉱ 철도운영자등

|해설|
국토교통부장관은 안전관리체계의 승인 또는 변경승인의 신청을 받은 경우에는 해당 안전관리체계가 안전관리기준에 적합한지를 검사한 후 승인 여부를 결정하여야 한다(법 제7조 제4항).

36 안전관리체계의 승인 또는 변경승인을 위한 검사에서 서류검사만으로 안전관리에 필요한 기술기준에 적합 여부를 판단할 수 있는 경우에 생략할 수 있는 검사는?

㉮ 현장검사　　㉯ 현지검사
㉰ 실효검사　　㉱ 유효검사

|해설|
안전관리체계의 승인 또는 변경승인을 위한 검사는 다음에 따른 서류검사와 현장검사로 구분하여 실시한다. 다만, 서류검사만으로 안전관리에 필요한 기술기준에 적합 여부를 판단할 수 있는 경우에는 현장검사를 생략할 수 있다(규칙 제4조 제1항).

37 철도운영 및 철도시설의 안전관리에 관한 심의를 하는 기관은?

㉮ 철도안전심의위원회　　㉯ 국토교통부장관
㉰ 철도기술심의위원회　　㉱ 교통안전공단

|해설|
국토교통부장관은 안전관리기준을 정할 때 전문기술적인 사항에 대해 철도기술심의위원회

의 심의를 거칠 수 있으며, 안전관리기준을 정한 경우에는 이를 관보에 고시해야 한다(규칙 제5조).

38 국토교통부장관의 안전관리체계의 승인 또는 변경승인을 위한 검사를 협의요청을 받은 시·도지사가 요청받은 날부터 며칠 이내에 의견을 제출하여야 하는가?

㉮ 7일 이내 ㉯ 15일 이내
㉰ 20일 이내 ㉱ 30일 이내

|해설|
국토교통부장관은 도시철도 또는 도시철도건설사업 또는 도시철도운송사업을 위탁받은 법인이 건설·운영하는 도시철도에 대하여 안전관리체계의 승인 또는 변경승인을 위한 검사를 하는 경우에는 해당 도시철도의 관할 시·도지사와 협의할 수 있다. 이 경우 협의 요청을 받은 시·도지사는 협의를 요청받은 날부터 20일 이내에 의견을 제출하여야 하며, 그 기간 내에 의견을 제출하지 아니하면 의견이 없는 것으로 본다(규칙 제4조 제2항).

39 다음 철도안전관리체계 승인증명서를 발급하는 자는?

㉮ 한국철도공사 ㉯ 국토교통부장관
㉰ 철도운영자등 ㉱ 관할 시·도지사

|해설|
국토교통부장관은 검사 결과 안전관리기준에 적합하다고 인정하는 경우에는 철도안전관리체계 승인증명서를 신청인에게 발급하여야 한다(규칙 제4조 제3항).

40 다음 안전관리체계의 검사에 관한 세부적인 기준, 절차 및 방법 등을 정하여 고시하는 자는?

㉮ 철도운영자등 ㉯ 관할 시·도지사
㉰ 교통안전공단 ㉱ 국토교통부장관

|해설|
검사에 관한 세부적인 기준, 절차 및 방법 등은 국토교통부장관이 정하여 고시한다(규칙 제4조 제4항).

Answer 34. ㉯ 35. ㉰ 36. ㉮ 37. ㉰ 38. ㉰ 39. ㉯ 40. ㉱

41 국토교통부장관이 고시하는 철도운영 및 철도시설의 안전관리에 필요한 기술기준에 해당하지 않은 것은?

㉮ 종사자의 후생에 관한 사항
㉯ 철도안전경영
㉰ 사고 조사 및 보고
㉱ 운행안전관리

|해설|

국토교통부장관은 철도안전경영, 위험관리, 사고 조사 및 보고, 내부점검, 비상대응계획, 비상대응훈련, 교육훈련, 안전정보관리, 운행안전관리, 차량 · 시설의 유지관리(차량의 기대수명에 관한 사항을 포함한다) 등 철도운영 및 철도시설의 안전관리에 필요한 기술기준을 정하여 고시하여야 한다(법 제7조 제5항).

42 철도운영을 하거나 철도시설을 관리하는 경우에는 승인받은 안전관리체계를 지속적으로 유지하여야 하는 자는?

㉮ 철도시설관리자
㉯ 국토교통부장관
㉰ 철도운영자등
㉱ 교통안전공단

|해설|

철도운영자등은 철도운영을 하거나 철도시설을 관리하는 경우에는 승인받은 안전관리체계를 지속적으로 유지하여야 한다(법 제8조 제1항).

43 다음 철도운영자등이 제출한 서류가 안전관리기준에 적합한지 검사는?

㉮ 현장검사
㉯ 감찰검사
㉰ 실효검사
㉱ 서류검사

|해설|

㉱ 서류검사 : 철도운영자등이 제출한 서류가 안전관리기준에 적합한지 검사(규칙 제4조 제1항)
㉮ 현장검사 : 안전관리체계의 이행가능성 및 실효성을 현장에서 확인하기 위한 검사

44 국토교통부장관의 안전관리체계에 대한 검사가 필요로 하는 사유로 바른 것은?

㉮ 철도운영자등이 안전관리체계를 지속적으로 유지하는지를 점검・확인하기 위하여

㉯ 철도운영자등이 안전관리체계를 위반한 경우 처벌하기 위해서

㉰ 철도운영자등이 안전관리체계를 승인받도록 하기 위해서

㉱ 철도운영자등의 안전관리체계에 대한 승인취소를 하기 위해서

|해설|

국토교통부장관은 안전관리체계 위반 여부 확인 및 철도사고 예방 등을 위하여 철도운영자등이 안전관리체계를 지속적으로 유지하는지 정기 및 수시검사를 통해 국토교통부령으로 정하는 바에 따라 점검・확인할 수 있다(법 제8조 제2항).

45 검사 결과 안전관리체계가 지속적으로 유지되지 아니하거나 그 밖에 철도안전을 위하여 긴급히 필요하다고 인정하는 경우에 시정조치를 명하는 자는?

㉮ 철도시설관리자 ㉯ 한국철도공사

㉰ 국토교통부장관 ㉱ 교통안전공단

|해설|

국토교통부장관은 검사 결과 안전관리체계가 지속적으로 유지되지 아니하거나 그 밖에 철도안전을 위하여 긴급히 필요하다고 인정하는 경우에는 국토교통부령으로 정하는 바에 따라 시정조치를 명할 수 있다(법 제8조 제3항).

46 국토교통부장관이 실시하는 정기검사의 실시주기는?

㉮ 1년 1회 ㉯ 1년 2회

㉰ 2년 1회 ㉱ 3년 1회

|해설|

국토교통부장관은 법 제8조 제2항 제1호에 따른 정기검사를 1년마다 1회 실시해야 한다.(규칙 제6조 제1항).

Answer 41. ㉮ 42. ㉰ 43. ㉱ 44. ㉮ 45. ㉰ 46. ㉮

47 철도운영자등이 철도사고 및 운행장애 등을 발생시키거나 발생시킬 우려가 있는 경우에 안전관리체계 위반사항 확인 및 안전관리체계 위해요인 사전예방을 위해 국토교통부장관이 수행하는 검사는?

㉮ 정기검사 ㉯ 선로검사
㉰ 신호기 검사 ㉱ 수시검사

48 국토교통부장관이 정기검사 또는 수시검사를 시행하려는 경우에 검사 시행일 며칠 전까지 통보하여야 하는가?

㉮ 5일 전까지 ㉯ 7일 전까지
㉰ 15일 전까지 ㉱ 30일 전까지

|해설|
국토교통부장관은 정기검사 또는 수시검사를 시행하려는 경우에는 검사 시행일 7일 전까지 필요한 내용이 포함된 검사계획을 검사 대상 철도운영자등에게 통보하여야 한다(규칙 제6조 제2항).

49 국토교통부장관이 정기검사 또는 수시검사를 할 경우 검사계획에 포함되어야 할 내용이 아닌 것은?

㉮ 검사반의 구성 ㉯ 검사원의 성명
㉰ 검사 일정 및 장소 ㉱ 중점 검사 사항

|해설|
국토교통부장관은 정기검사 또는 수시검사를 시행하려는 경우에는 검사 시행일 7일 전까지 다음의 내용이 포함된 검사계획을 검사 대상 철도운영자등에게 통보하여야 한다. 다만, 철도사고 등의 발생 등으로 긴급히 수시검사를 실시하는 경우에는 사전 통보를 하지 아니할 수 있고, 검사 시작 이후 검사계획을 변경할 사유가 발생한 경우에는 철도운영자등과 협의하여 검사계획을 조정할 수 있다(규칙 제6조 제2항).
1. 검사반의 구성
2. 검사 일정 및 장소
3. 검사 수행 분야 및 검사 항목
4. 중점 검사 사항
5. 그 밖에 검사에 필요한 사항

50 철도운영자등의 안전관리체계검사의 유예요청사유에 해당하지 않는 것은?

㉮ 검사 대상 철도운영자등이 사법기관 및 중앙행정기관의 조사 및 감사를 받고 있는 경우

㉯ 항공·철도사고조사위원회가 철도사고에 대한 조사를 하고 있는 경우

㉰ 철도운영자등이 민형사상의 소송이 계속 중에 있는 경우

㉱ 대형 철도사고의 발생, 천재지변, 그 밖의 부득이한 사유가 있는 경우

|해설|

국토교통부장관은 다음의 사유로 철도운영자등이 안전관리체계 정기검사의 유예를 요청한 경우에 검사 시기를 유예하거나 변경할 수 있다(규칙 제6조 제3항).

1. 검사 대상 철도운영자등이 사법기관 및 중앙행정기관의 조사 및 감사를 받고 있는 경우
2. 항공·철도사고조사위원회가 철도사고에 대한 조사를 하고 있는 경우
3. 대형 철도사고의 발생, 천재지변, 그 밖의 부득이한 사유가 있는 경우

51 다음 정기검사 또는 수시검사를 마친 경우 검사 결과보고서에 포함되어야 할 사항이 아닌 것은?

㉮ 종사자의 징계에 관한 사항

㉯ 안전관리체계의 검사 개요 및 현황

㉰ 안전관리체계의 검사 과정 및 내용

㉱ 시정조치 사항

|해설|

국토교통부장관은 정기검사 또는 수시검사를 마친 경우에는 다음의 사항이 포함된 검사 결과보고서를 작성하여야 한다(규칙 제6조 제4항).

1. 안전관리체계의 검사 개요 및 현황
2. 안전관리체계의 검사 과정 및 내용
3. 시정조치 사항
4. 제출된 시정조치계획서에 따른 시정조치명령의 이행 정도
5. 철도사고에 따른 사망자·중상자의 수 및 철도사고 등에 따른 재산피해액

Answer 47. ㉱ 48. ㉯ 49. ㉯ 50. ㉰ 51. ㉮

52 철도운영자등이 시정조치명령을 받은 경우에 며칠 이내에 시정조치계획서를 작성하여 국토교통부장관에게 제출하여야 하는가?

㉮ 7일 이내　　㉯ 14일 이내
㉰ 30일 이내　　㉱ 90일 이내

|해설|
철도운영자등이 시정조치명령을 받은 경우에 14일 이내에 시정조치계획서를 작성하여 국토교통부장관에게 제출하여야 하고, 시정조치를 완료한 경우에는 지체 없이 그 시정내용을 국토교통부장관에게 통보하여야 한다(규칙 제6조 제6항).

53 다음 정기검사 또는 수시검사에 관한 설명으로 적절하지 않은 것은?

㉮ 국토교통부장관은 다음의 사유로 철도운영자등이 안전관리체계 정기검사의 유예를 요청한 경우에 검사 시기를 유예하거나 변경할 수 있다.
㉯ 국토교통부장관은 정기검사 또는 수시검사를 마친 경우에는 다음의 사항이 포함된 검사 결과보고서를 작성하여야 한다.
㉰ 국토교통부장관은 철도운영자등에게 시정조치를 명하는 경우에는 즉시 시정하도록 하여야 한다.
㉱ 정기검사 또는 수시검사에 관한 세부적인 기준·방법 및 절차는 국토교통부장관이 정하여 고시한다.

|해설|
국토교통부장관은 철도운영자등에게 시정조치를 명하는 경우에는 시정에 필요한 적정한 기간을 주어야 한다(규칙 제6조 제5항).

54 정기검사 또는 수시검사에 관한 세부적인 기준·방법 및 절차를 정하여 고시하는 자는?

㉮ 교통안전공단　　㉯ 관할 시·도지사
㉰ 한국철도공사　　㉱ 국토교통부장관

|해설|
정기검사 또는 수시검사에 관한 세부적인 기준·방법 및 절차는 국토교통부장관이 정하여 고시한다(규칙 제6조 제7항).

55 철도안전관리체계의 승인을 받은 철도운영자등에 대한 필요적 승인취소사유에 해당하는 것은?

㉮ 거짓이나 그 밖의 부정한 방법으로 승인을 받은 경우

㉯ 변경승인을 받지 아니하거나 변경신고를 하지 아니하고 안전관리체계를 변경한 경우

㉰ 안전관리체계를 지속적으로 유지하지 아니하여 철도운영이나 철도시설의 관리에 중대한 지장을 초래한 경우

㉱ 시정조치명령을 정당한 사유 없이 이행하지 아니한 경우

|해설|

국토교통부장관은 안전관리체계의 승인을 받은 철도운영자등이 다음의 어느 하나에 해당하는 경우에는 그 승인을 취소하거나 6개월 이내의 기간을 정하여 업무의 제한이나 정지를 명할 수 있다. 다만, 1.에 해당하는 경우에는 그 승인을 취소하여야 한다(법 제9조 제1항).

1. 거짓이나 그 밖의 부정한 방법으로 승인을 받은 경우
2. 변경승인을 받지 아니하거나 변경신고를 하지 아니하고 안전관리체계를 변경한 경우
3. 안전관리체계를 지속적으로 유지하지 아니하여 철도운영이나 철도시설의 관리에 중대한 지장을 초래한 경우
4. 시정조치명령을 정당한 사유 없이 이행하지 아니한 경우

56 철도안전관리체계의 승인을 받은 철도운영자등에 대하여 승인의 취소 및 업무의 정지를 명할 수 있는 경우가 아닌 것은?

㉮ 거짓이나 그 밖의 부정한 방법으로 승인을 받은 경우

㉯ 변경승인을 받지 아니하거나 변경신고를 하지 아니하고 안전관리체계를 변경한 경우

㉰ 안전관리체계 정기검사의 유예를 요청한 경우

㉱ 시정조치명령을 정당한 사유 없이 이행하지 아니한 경우

|해설|

국토교통부장관은 안전관리체계의 승인을 받은 철도운영자등이 다음의 어느 하나에 해당하는 경우에는 그 승인을 취소하거나 6개월 이내의 기간을 정하여 업무의 제한이나 정지를 명할 수 있다. 다만, 1.에 해당하는 경우에는 그 승인을 취소하여야 한다(법 제9조 제1항).

1. 거짓이나 그 밖의 부정한 방법으로 승인을 받은 경우
2. 변경승인을 받지 아니하거나 변경신고를 하지 아니하고 안전관리체계를 변경한 경우
3. 안전관리체계를 지속적으로 유지하지 아니하여 철도운영이나 철도시설의 관리에 중대한 지장을 초래한 경우
4. 시정조치명령을 정당한 사유 없이 이행하지 아니한 경우

Answer 52. ㉯ 53. ㉰ 54. ㉱ 55. ㉮ 56. ㉰

57 철도안전관리체계의 승인을 받은 철도운영자등에 대하여 업무정지를 명할 수 있는 기간은?

㉮ 6개월 이내 ㉯ 12개월 이내
㉰ 24개월 이내 ㉱ 36개월 이내

|해설|
국토교통부장관은 안전관리체계의 승인을 받은 철도운영자등이 업무정지에 해당하는 경우에는 그 승인을 취소하거나 6개월 이내의 기간을 정하여 업무의 제한이나 정지를 명할 수 있다(법 제9조 제1항).

58 위반행위의 횟수에 따른 행정처분의 가중된 부과기준은 최근 몇 년간 위반행위를 기준으로 하는가?

㉮ 1년간 ㉯ 2년간
㉰ 3년간 ㉱ 5년간

|해설|
위반행위의 횟수에 따른 행정처분의 가중된 부과기준은 최근 2년간 같은 위반행위로 행정처분을 받은 경우에 적용한다(규칙 별표1).

59 행정처분의 가중사유로 가중할 때의 기준은?

㉮ 무거운 처분기준의 2분의 1 범위에서 가중
㉯ 무거운 처분기준의 3분의 1 범위에서 가중
㉰ 무거운 처분기준의 4분의 1 범위에서 가중
㉱ 무거운 처분기준의 5분의 1 범위에서 가중

|해설|
위반행위가 둘 이상인 경우로서 그에 해당하는 각각의 처분기준이 다른 경우에는 그 중 무거운 처분기준(무거운 처분기준이 같을 때에는 그 중 하나의 처분기준을 말한다)에 따르며, 둘 이상의 처분기준이 같은 업무제한 · 정지인 경우에는 무거운 처분기준의 2분의 1 범위에서 가중할 수 있되, 각 처분기준을 합산한 기간을 초과할 수 없다(규칙 별표1).

60 변경승인을 받지 않고 안전관리체계를 변경한 경우 1차 위반한 경우 행정처분은?

㉮ 업무정지(업무제한) 10일　　㉯ 업무정지(업무제한) 20일
㉰ 업무정지(업무제한) 40일　　㉱ 업무정지(업무제한) 80일

|해설|
변경승인을 받지 않고 안전관리체계를 변경한 경우(규칙 별표1)
1. 1차 위반 : 업무정지(업무제한) 10일
2. 2차 위반 : 업무정지(업무제한) 20일
3. 3차 위반 : 업무정지(업무제한) 40일
4. 4차 위반 : 업무정지(업무제한) 80일

61 다음 철도사고로 인한 사망자수가 1명 이상 3명 미만인 경우의 처분기준은?

㉮ 업무정지(업무제한) 30일　　㉯ 업무정지(업무제한) 60일
㉰ 업무정지(업무제한) 120일　　㉱ 업무정지(업무제한) 180일

|해설|
철도사고로 인한 사망자수(규칙 별표1)
1. 1명 이상 3명 미만 : 업무정지(업무제한) 30일
2. 3명 이상 5명 미만 : 업무정지(업무제한) 60일
3. 5명 이상 10명 미만 : 업무정지(업무제한) 120일
4. 10명 이상 : 업무정지(업무제한) 180일

62 다음 철도사고 또는 운행장애로 인한 재산피해액이 5억원 이상 10억원 미만인 경우의 처분기준은?

㉮ 업무정지(업무제한) 5일　　㉯ 업무정지(업무제한) 10일
㉰ 업무정지(업무제한) 15일　　㉱ 업무정지(업무제한) 30일

|해설|
철도사고 또는 운행장애로 인한 재산피해액(규칙 별표1)
1. 5억원 이상 10억원 미만 : 업무정지(업무제한) 15일
2. 10억원 이상 20억원 이상 : 업무정지(업무제한) 30일
3. 20억원 이상 : 업무정지(업무제한) 60일

Answer 57. ㉮ 58. ㉯ 59. ㉮ 60. ㉮ 61. ㉮ 62. ㉰

63 안전관리체계를 지속적으로 유지하지 않아 철도운영이나 철도시설의 관리에 중대한 지장을 초래한 경우로서 재산피해액이 20억원 이상인 경우 업무정지 처분은?

㉮ 업무정지 15일 ㉯ 업무정지 20일
㉰ 업무정지 30일 ㉱ 업무정지 60일

|해설|

철도사고 또는 운행장애로 인한 재산피해액(규칙 별표1)
1. 5억원 이상 10억원 미만 : 업무정지(업무제한) 15일
2. 10억원 이상 20억원 이상 : 업무정지(업무제한) 30일
3. 20억원 이상 : 업무정지(업무제한) 60일

64 국토교통부장관이 업무의 제한이나 정지를 갈음하여 부과할 수 있는 과징금은?

㉮ 5억원 이하 ㉯ 10억원 이하
㉰ 20억원 이하 ㉱ 30억원 이하

|해설|

국토교통부장관은 철도운영자등에 대하여 업무의 제한이나 정지를 명하여야 하는 경우로서 그 업무의 제한이나 정지가 철도 이용자 등에게 심한 불편을 주거나 그 밖에 공익을 해할 우려가 있는 경우에는 업무의 제한이나 정지를 갈음하여 30억원 이하의 과징금을 부과할 수 있다(법 제9조의2 제1항).

65 국토교통부장관이 과징금을 부과할 때 금액을 줄일 수 있는 범위는?

㉮ 과징금 금액의 2분의 1 이내
㉯ 과징금 금액의 3분의 1 이내
㉰ 과징금 금액의 4분의 1 이내
㉱ 과징금 금액의 5분의 1 이내

|해설|

국토교통부장관은 과징금에 해당하는 경우에는 개별기준에 따른 과징금 금액의 2분의 1 범위에서 그 금액을 줄일 수 있다(영 별표1).

66 변경승인을 받지 않고 안전관리체계를 변경한 경우 1차 위반일 때 과징금은?

㉮ 1억 2천만원
㉯ 2억 4천만원
㉰ 4억 8천만원
㉱ 9억 6천만원

|해설|

㉮ 1차 위반
㉯ 2차 위반
㉰ 3차 위반
㉱ 4차 위반

67 철도사고로 인한 사망자 수가 1명 이상 3명 미만일 경우 과징금은?

㉮ 1억원
㉯ 3억 6천만원
㉰ 5억원
㉱ 10억원

|해설|

철도사고로 인한 사망자 수(영 별표1)
1. 1명 이상 3명 미만 : 3억 6천만원
2. 3명 이상 5명 미만 : 7억 2천만원
3. 5명 이상 10명 미만 : 14억 4천만원
4. 10명 이상 : 21억 6천만원

68 철도사고 또는 운행장애로 인한 재산피해액이 20억원 이상일 때 과징금은?

㉮ 1억 8천만원
㉯ 3억 6천만원
㉰ 5억원
㉱ 7억 2천만원

|해설|

철도사고 또는 운행장애로 인한 재산피해액(영 별표1)
1. 5억원 이상 10억원 미만 : 1억 8천만원
2. 10억원 이상 20억원 미만 : 3억 6천만원
3. 20억원 이상 : 7억 2천만원

Answer 63. ㉱ 64. ㉱ 65. ㉮ 66. ㉮ 67. ㉯ 68. ㉱

69 다음 과징금의 통지방법은?

㉮ 서면으로 통지　　㉯ 구두로 통지
㉰ 관보에 게재　　㉱ 메일로 통지

|해설|
국토교통부장관은 과징금을 부과할 때에는 그 위반행위의 종류와 해당 과징금의 금액을 명시하여 이를 납부할 것을 서면으로 통지하여야 한다(영 제7조 제1항).

70 다음 과징금을 부과할 수 있는 자는?

㉮ 관할 시·도지사　　㉯ 국토교통부장관
㉰ 교통안전공단　　㉱ 한국철도공사

|해설|
국토교통부장관은 과징금을 부과할 때에는 그 위반행위의 종류와 해당 과징금의 금액을 명시하여 이를 납부할 것을 서면으로 통지하여야 한다(영 제7조 제1항).

71 다음 과징금을 납부하여야 하는 기간은?

㉮ 통지를 받은 날부터 5일 이내　　㉯ 통지를 받은 날부터 10일 이내
㉰ 통지를 받은 날부터 15일 이내　　㉱ 통지를 받은 날부터 20일 이내

|해설|
통지를 받은 자는 통지를 받은 날부터 20일 이내에 국토교통부장관이 정하는 수납기관에 과징금을 내야 한다(영 제7조 제2항).

72 천재지변이나 그 밖의 부득이한 사유로 그 기간에 과징금을 낼 수 없는 경우에는 그 사유가 없어진 날부터 며칠 이내에 내야 하는가?

㉮ 5일 이내　　㉯ 7일 이내
㉰ 10일 이내　　㉱ 15일 이내

|해설|
통지를 받은 자는 통지를 받은 날부터 20일 이내에 국토교통부장관이 정하는 수납기관에 과징금을 내야 한다. 다만, 천재지변이나 그 밖의 부득이한 사유로 그 기간에 과징금을 낼 수 없는 경우에는 그 사유가 없어진 날부터 7일 이내에 내야 한다(영 제7조 제2항).

73 다음 과징금의 부과 및 납부에 관한 설명으로 틀린 것은?

㉮ 국토교통부장관은 과징금을 부과할 때에는 그 위반행위의 종류와 해당 과징금의 금액을 명시하여 이를 납부할 것을 서면으로 통지하여야 한다.

㉯ 통지를 받은 자는 통지를 받은 날부터 20일 이내에 국토교통부장관이 정하는 수납기관에 과징금을 내야 한다.

㉰ 과징금을 받은 수납기관은 그 과징금을 낸 자에게 영수증을 내주어야 한다.

㉱ 과징금의 수납기관은 과징금을 받으면 지체 없이 그 사실을 관할 시·도지사에게 통보하여야 한다.

|해설|

과징금의 수납기관은 과징금을 받으면 지체 없이 그 사실을 국토교통부장관에게 통보하여야 한다(영 제7조 제4항).

74 다음 철도운영자등에 대한 안전관리 수준평가에 관한 것으로 틀린 것은?

㉮ 국토교통부장관은 철도운영자등의 자발적인 안전관리를 통한 철도안전 수준의 향상을 위하여 철도운영자등의 안전관리 수준에 대한 평가를 하여야 한다.

㉯ 국토교통부장관은 안전관리 수준평가를 실시한 결과 그 평가결과가 미흡한 철도운영자등에 대하여 검사를 시행할 수 있다.

㉰ 국토교통부장관은 안전관리 수준평가를 실시한 결과 그 평가결과가 미흡한 철도운영자등에 대하여 시정조치 등 개선을 위하여 필요한 조치를 명할 수 있다.

㉱ 안전관리 수준평가의 대상, 기준, 방법, 절차 등에 필요한 사항은 국토교통부령으로 정한다.

|해설|

국토교통부장관은 철도운영자등의 자발적인 안전관리를 통한 철도안전 수준의 향상을 위하여 철도운영자등의 안전관리 수준에 대한 평가를 실시할 수 있다(법 제9조의3 제1항).

Answer 69. ㉮ 70. ㉯ 71. ㉱ 72. ㉯ 73. ㉱ 74. ㉮

75 다음 철도운영자등에 대한 안전관리 수준평가를 실시할 수 있는 자는?

㉮ 관할 시·도지사　　㉯ 국토교통부장관
㉰ 한국철도공사　　㉱ 교통안전공단

|해설|
국토교통부장관은 철도운영자등의 자발적인 안전관리를 통한 철도안전 수준의 향상을 위하여 철도운영자등의 안전관리 수준에 대한 평가를 실시할 수 있다(법 제9조의3 제1항).

76 안전관리 수준평가가 미흡한 철도운영자등에 대하여 할 수 있는 것이 아닌 것은?

㉮ 검사시행
㉯ 시정조치
㉰ 개선을 위하여 필요한 조치 명령
㉱ 영업정지

|해설|
국토교통부장관은 안전관리 수준평가를 실시한 결과 그 평가결과가 미흡한 철도운영자등에 대하여 검사를 시행하거나 시정조치 등 개선을 위하여 필요한 조치를 명할 수 있다(법 제9조의3 제2항).

77 철도운영자등의 안전관리 수준에 대한 평가(안전관리 수준평가)의 대상이 아닌 것은?

㉮ 사고 분야
㉯ 철도안전투자 분야
㉰ 종사자의 복지분야
㉱ 안전관리 분야

|해설|
안전관리 수준평가 대상(규칙 제8조 제1항)
1. 사고 분야
2. 철도안전투자 분야 : 철도안전투자의 예산 규모 및 집행 실적
3. 안전관리 분야
4. 그 밖에 안전관리 수준평가에 필요한 사항으로서 국토교통부장관이 정해 고시하는 사항

78 철도시설관리자에 대해서 안전관리 수준평가를 하는 경우에 할 수 없는 분야는?

㉮ 사고 분야

㉯ 철도안전투자 분야

㉰ 그 밖에 안전관리 수준평가에 필요한 사항으로서 국토교통부장관이 정해 고시하는 사항

㉱ 안전관리 분야

|해설|

철도운영자등의 안전관리 수준에 대한 평가(안전관리 수준평가)의 대상 및 기준은 다음과 같다. 다만, 철도시설관리자에 대해서 안전관리 수준평가를 하는 경우 2.를 제외하고 실시할 수 있다(규칙 제8조 제1항).

1. 사고 분야
2. 철도안전투자 분야 : 철도안전투자의 예산 규모 및 집행 실적
3. 안전관리 분야
4. 그 밖에 안전관리 수준평가에 필요한 사항으로서 국토교통부장관이 정해 고시하는 사항

79 다음 철도운영자등의 안전관리 수준평가의 대상 사고분야에 해당하지 않은 것은?

㉮ 철도교통사고 건수　　㉯ 운행장애 건수

㉰ 철도안전사고 건수　　㉱ 사망자 수

|해설|

사고 분야(규칙 제8조 제1항 제1호)

1. 철도교통사고 건수
2. 철도안전사고 건수
3. 운행장애 건수
4. 사상자 수

80 다음 국토교통부장관이 안전관리 수준평가를 실시하는 시기는?

㉮ 매년 3월말까지　　㉯ 매년 6월말까지

㉰ 매년 10월말까지　　㉱ 매년 12월말까지

|해설|

국토교통부장관은 매년 3월말까지 안전관리 수준평가를 실시한다(규칙 제8조 제2항).

Answer 75. ㉯ 76. ㉱ 77. ㉰ 78. ㉯ 79. ㉱ 80. ㉮

81 다음 안전관리 수준평가의 평가방법은?

㉮ 현장평가 ㉯ 이메일 평가
㉰ 서면평가 ㉱ 청문회

|해설|
안전관리 수준평가는 서면평가의 방법으로 실시한다. 다만, 국토교통부장관이 필요하다고 인정하는 경우에는 현장평가를 실시할 수 있다(규칙 제8조 제3항).

82 다음 철도운영자등에 대한 안전관리 수준평가의 대상 및 기준 등에 관한 설명으로 적절하지 않은 것은?

㉮ 안전관리 수준평가는 서면평가의 방법으로 실시한다.
㉯ 국토교통부장관은 안전관리 수준평가 결과를 해당 관할 시・도지사에게 통보해야 한다.
㉰ 국토교통부장관은 매년 3월말까지 안전관리 수준평가를 실시한다.
㉱ 안전관리 수준평가의 기준, 방법 및 절차 등에 관해 필요한 사항은 국토교통부장관이 정해 고시한다.

|해설|
국토교통부장관은 안전관리 수준평가 결과를 해당 철도운영자등에게 통보해야 한다. 이 경우 해당 철도운영자등이 지방공사인 경우에는 해당 지방공사의 업무를 관리・감독하는 지방자치단체의 장에게도 함께 통보할 수 있다(규칙 제8조 제4항).

83 철도안전 우수운영자로 지정되었음을 나타내는 표시를 하거나 이와 유사한 표시를 한 자에 대하여 해당 표시를 제거하게 하는 등 필요한 시정조치를 명하는 자는?

㉮ 한국철도공사 ㉯ 관할 시・도지사
㉰ 국토교통부장관 ㉱ 교통안전공단

|해설|
국토교통부장관은 우수운영자로 지정되었음을 나타내는 표시를 하거나 이와 유사한 표시를 한 자에 대하여 해당 표시를 제거하게 하는 등 필요한 시정조치를 명할 수 있다(법 제9조의4 제4항).

84 다음 철도안전 우수운영자의 지정에 관한 내용으로 틀린 것은?

㉮ 철도안전 우수운영자로 지정을 받은 자는 철도차량, 철도시설이나 관련 문서 등에 철도안전 우수운영자로 지정되었음을 나타내는 표시를 할 수 있다.

㉯ 관할 지방자치단체장은 안전관리 수준평가 결과에 따라 철도운영자등을 대상으로 철도안전 우수운영자를 지정할 수 있다.

㉰ 지정을 받은 자가 아니면 철도차량, 철도시설이나 관련 문서 등에 우수운영자로 지정되었음을 나타내는 표시를 하거나 이와 유사한 표시를 하여서는 아니 된다.

㉱ 국토교통부장관은 우수운영자로 지정되지 않은 자가 우수운영자로 지정되었음을 나타내는 표시를 하거나 이와 유사한 표시를 한 자에 대하여 해당 표시를 제거하게 하는 등 필요한 시정조치를 명할 수 있다.

|해설|

국토교통부장관은 안전관리 수준평가 결과에 따라 철도운영자등을 대상으로 철도안전 우수운영자를 지정할 수 있다(법 제9조의4 제1항).

85 철도안전 우수운영자로 지정을 받은 자가 철도안전 우수운영자로 지정되었음을 나타내는 표시할 수 있는 곳이 아닌 것은?

㉮ 철도차량 ㉯ 철도시설

㉰ 관련 문서 ㉱ 철도종사자의 복장

|해설|

철도안전 우수운영자로 지정을 받은 자는 철도차량, 철도시설이나 관련 문서 등에 철도안전 우수운영자로 지정되었음을 나타내는 표시를 할 수 있다(법 제9조의4 제2항).

86 철도안전 우수운영자 지정의 유효기간은?

㉮ 6개월 ㉯ 1년

㉰ 2년 ㉱ 5년

|해설|

철도안전 우수운영자 지정의 유효기간은 지정받은 날부터 1년으로 한다(규칙 제9조 제2항).

Answer 81. ㉰ 82. ㉯ 83. ㉰ 84. ㉯ 85. ㉱ 86. ㉯

87 다음 철도안전 우수운영자 지정 대상 등에 관한 설명으로 적절하지 않은 것은?

㉮ 국토교통부장관은 안전관리 수준평가 결과가 최상위 등급인 철도운영자등을 철도안전 우수운영자로 지정하여 철도안전 우수운영자로 지정되었음을 나타내는 표시를 사용하게 할 수 있다.

㉯ 철도안전 우수운영자는 철도안전 우수운영자로 지정되었음을 나타내는 표시를 하려면 국토교통부장관이 정해 고시하는 표시를 사용해야 한다.

㉰ 국토교통부장관은 철도안전 우수운영자에게 포상 등의 지원을 하여야 한다.

㉱ 철도안전 우수운영자 지정 표시 및 지원 등에 관해 필요한 사항은 국토교통부장관이 정해 고시한다.

|해설|

국토교통부장관은 철도안전 우수운영자에게 포상 등의 지원을 할 수 있다(규칙 제9조 제4항).

88 다음 철도안전 우수운영자 지정을 취소할 수 있는 경우가 아닌 것은?

㉮ 거짓으로 철도안전 우수운영자 지정을 받은 경우

㉯ 부정한 방법으로 철도안전 우수운영자 지정을 받은 경우

㉰ 철도관련 관리인원이 부족한 경우

㉱ 안전관리체계의 승인이 취소된 경우

|해설|

국토교통부장관은 철도안전 우수운영자 지정을 받은 자가 다음의 어느 하나에 해당하는 경우에는 그 지정을 취소할 수 있다. 다만, 1. 또는 2.에 해당하는 경우에는 지정을 취소하여야 한다(법 제9조의5, 규칙 제9조의2).

1. 거짓이나 그 밖의 부정한 방법으로 철도안전 우수운영자 지정을 받은 경우
2. 안전관리체계의 승인이 취소된 경우
3. 지정기준에 부적합하게 되는 등 그 밖에 다음의 사유가 발생한 경우
   ㉠ 계산 착오, 자료의 오류 등으로 안전관리 수준평가 결과가 최상위 등급이 아닌 것으로 확인된 경우
   ㉡ 국토교통부장관이 정해 고시하는 표시가 아닌 다른 표시를 사용한 경우

89 다음 철도안전 우수운영자 지정을 취소하여야 하는 경우는?

㉮ 거짓으로 철도안전 우수운영자 지정을 받은 경우
㉯ 국토교통부장관이 정해 고시하는 표시가 아닌 다른 표시를 사용한 경우
㉰ 계산 착오로 안전관리 수준평가 결과가 최상위 등급이 아닌 것으로 확인된 경우
㉱ 자료의 오류로 안전관리 수준평가 결과가 최상위 등급이 아닌 것으로 확인된 경우

|해설|

국토교통부장관은 철도안전 우수운영자 지정을 받은 자가 다음의 어느 하나에 해당하는 경우에는 그 지정을 취소할 수 있다. 다만, 1. 또는 2.에 해당하는 경우에는 지정을 취소하여야 한다(법 제9조의5, 규칙 제9조의2).

1. 거짓이나 그 밖의 부정한 방법으로 철도안전 우수운영자 지정을 받은 경우
2. 안전관리체계의 승인이 취소된 경우
3. 지정기준에 부적합하게 되는 등 그 밖에 다음의 사유가 발생한 경우
   ㉠ 계산 착오, 자료의 오류 등으로 안전관리 수준평가 결과가 최상위 등급이 아닌 것으로 확인된 경우
   ㉡ 국토교통부장관이 정해 고시하는 표시가 아닌 다른 표시를 사용한 경우

Answer 87. ㉰ 88. ㉰ 89. ㉮

제3장 철도종사자의 안전관리

1. 철도차량 운전면허

(1) 철도차량 운전면허

① 철도차량을 운전하려는 사람은 국토교통부장관으로부터 철도차량 운전면허를 받아야 한다. 다만, 교육훈련 또는 운전면허시험을 위하여 철도차량을 운전하는 경우 등 대통령령으로 정하는 경우에는 그러하지 아니하다(법 제10조 제1항).

② 운전면허 없이 운전할 수 있는 경우(영 제10조 제1항)

㉠ 철도차량 운전에 관한 전문 교육훈련기관(운전교육훈련기관)에서 실시하는 운전 교육훈련을 받기 위하여 철도차량을 운전하는 경우

㉡ 운전면허시험을 치르기 위하여 철도차량을 운전하는 경우

㉢ 철도차량을 제작・조립・정비하기 위한 공장 안의 선로에서 철도차량을 운전하여 이동하는 경우

㉣ 철도사고 등을 복구하기 위하여 열차운행이 중지된 선로에서 사고복구용 특수차량을 운전하여 이동하는 경우

③ 위 ② ㉠ 또는 ㉡에 해당하는 경우에는 해당 철도차량에 운전교육훈련을 담당하는 사람이나 운전면허시험에 대한 평가를 담당하는 사람을 승차시켜야 하며, 국토교통부령으로 정하는 표지를 해당 철도차량의 앞면 유리에 붙여야 한다(영 제10조 제2항).

(2) 노면전차를 운전하려는 사람이 받아야 하는 운전면허

노면전차를 운전하려는 사람은 운전면허 외에 「도로교통법」에 따른 운전면허를 받아야 한다(법 제10조 제2항).

(3) 운전면허 종류

① 철도차량의 종류별 운전면허(영 제11조 제1항)

㉠ 고속철도차량 운전면허

㉡ 제1종 전기차량 운전면허

㉢ 제2종 전기차량 운전면허

㉣ 디젤차량 운전면허
㉤ 철도장비 운전면허
㉥ 노면전차 운전면허

② 철도차량운전면허 종류별 운전이 가능한 철도차량(영 별표1의2)

운전면허의 종류	운전할 수 있는 철도차량의 종류
고속철도차량 운전면허	○ 고속철도차량 ○ 철도장비 운전면허에 의하여 운전할 수 있는 차량
제1종 전기차량 운전면허	○ 전기기관차 ○ 철도장비 운전면허에 의하여 운전할 수 있는 차량
제2종 전기차량 운전면허	○ 전기동차 ○ 철도장비 운전면허에 의하여 운전할 수 있는 차량
디젤차량운전면허	○ 디젤기관차 ○ 디젤동차 ○ 증기기관차 ○ 철도장비 운전면허에 의하여 운전할 수 있는 차량
철도장비운전면허	○ 철도건설 및 유지보수에 필요한 기계 또는 장비 ○ 철도시설의 검측장비 ○ 철도·도로를 모두 운행할 수 있는 철도복구장비 ○ 전용철도에서 시속 25킬로미터 이하로 운전하는 차량 ○ 사고복구용기중기
노면전차 운전면허	○ 노면전차

[비고]

1. 시속 100킬로미터 이상으로 운행하는 철도시설의 검측장비 운전은 고속철도차량운전면허, 제1종 전기차량운전면허, 제2종 전기차량운전면허, 디젤차량 운전면허 중 어느 하나의 운전면허가 있어야 한다.
2. 선로를 시속 200킬로미터 이상의 최고운행 속도로 주행할 수 있는 철도차량을 고속철도차량으로 구분한다.
3. 동력장치가 집중되어 있는 철도차량을 기관차, 동력장치가 분산되어 있는 철도차량을 동차로 구분한다.
4. 철도차량운전면허(철도장비운전면허를 제외) 소지자는 철도차량 종류에 관계없이 차량기지 내에서 시속 25킬로미터 이하로 운전하는 철도차량을 운전할 수 있다. 이 경우 다른 운전면허의 철도차량을 운전하는 때에는 국토교통부장관이 정하는 교육훈련을 받아야 한다.
5. "전용철도"라 함은 「철도사업법」 제2조 제5호의 규정에 의한 전용철도를 말한다.

2. 운전면허의 결격사유(법 제11조)

① 19세 미만인 사람

② 철도차량 운전상의 위험과 장해를 일으킬 수 있는 정신질환자 또는 뇌전증환자로서 해당 분야 전문의가 정상적인 운전을 할 수 없다고 인정하는 사람
③ 철도차량 운전상의 위험과 장해를 일으킬 수 있는 약물(마약류 및 환각물질을 말한다.) 또는 알코올 중독자로서 해당 분야 전문의가 정상적인 운전을 할 수 없다고 인정하는 사람
④ 두 귀의 청력 또는 두 눈의 시력을 완전히 상실한 사람
⑤ 운전면허가 취소된 날부터 2년이 지나지 아니하였거나 운전면허의 효력정지기간 중인 사람

3. 운전면허의 신체검사

(1) 신체검사 합격

운전면허를 받으려는 사람은 철도차량 운전에 적합한 신체상태를 갖추고 있는지를 판정받기 위하여 국토교통부장관이 실시하는 신체검사에 합격하여야 한다(법 제12조 제1항).

(2) 신체검사 의료기관에서 실시

국토교통부장관은 신체검사를 의료기관에서 실시하게 할 수 있다(법 제12조 제2항).

(3) 신체검사 방법 · 절차 · 합격기준 등

① 운전면허의 신체검사 또는 관제자격증명의 신체검사를 받으려는 사람은 신체검사 판정서에 성명 · 주민등록번호 등 본인의 기록사항을 작성하여 신체검사 실시 의료기관(신체검사의료기관)에 제출하여야 한다(규칙 제12조 제1항).
② 신체검사의료기관은 신체검사 판정서의 각 신체검사 항목별로 신체검사를 실시한 후 합격여부를 기록하여 신청인에게 발급하여야 한다(규칙 제12조 제3항).
③ 그 밖에 신체검사의 방법 및 절차 등에 관하여 필요한 세부사항은 국토교통부장관이 정하여 고시한다(규칙 제12조 제4항).

4. 신체검사 실시 의료기관(법 제13조)

① 의원
② 병원
③ 종합병원

5. 운전적성검사

(1) 운전적성검사

운전면허를 받으려는 사람은 철도차량 운전에 적합한 적성을 갖추고 있는지를 판정받기 위하여 국토교통부장관이 실시하는 적성검사(운전적성검사)에 합격하여야 한다(법 제15조의 제1항).

(2) 운전적성검사를 받을 수 없는 기간

운전적성검사에 불합격한 사람 또는 운전적성검사 과정에서 부정행위를 한 사람은 다음의 구분에 따른 기간 동안 운전적성검사를 받을 수 없다(법 제15조의 제2항).

① **운전적성검사에 불합격한 사람** : 검사일부터 3개월
② **운전적성검사 과정에서 부정행위를 한 사람** : 검사일부터 1년

(3) 적성검사 방법 · 절차 및 합격기준 등

① 운전적성검사 또는 관제적성검사를 받으려는 사람은 적성검사 판정서에 성명 · 주민등록번호 등 본인의 기록사항을 작성하여 운전적성검사기관 또는 관제적성검사기관에 제출하여야 한다(규칙 제16조 제1항).

② **적성검사의 항목 및 불합격기준**(규칙 별표4).

적성검사 항목 및 불합격 기준(제16조 제2항 관련)

검사대상	검사항목		불합격기준
	문답형 검사	반응형 검사	
1. 고속철도차량 · 제1종전기차량 · 제2종전기차량 · 디젤차량 · 노면전차 · 철도장비 운전업무종사자	• 인성 -일반성격 -안전성향	• 주의력 -복합기능 -선택주의 -지속주의 • 인식 및 기억력 -시각변별 -공간지각 • 판단 및 행동력 -추론 -민첩성	• 문답형 검사항목 중 안전성향 검사에서 부적합으로 판정된 사람 • 반응형 검사 평가점수가 30점 미만인 사람

2. 철도교통관제사 자격 증명 응시자	• 인성 -일반성격 -안전성향	• 주의력 -복합기능 -선택주의 • 인식 및 기억력 -시각변별 -공간지각 -작업기억 • 판단 및 행동력 -추론 -민첩성	• 문답형 검사항목 중 안전성향 검사에서 부적합으로 판정된 사람 • 반응형 검사 평가점수가 30점 미만인 사람

[비고]
1. 문답형 검사 판정은 적합 또는 부적합으로 한다.
2. 반응형 검사 점수 합계는 70점으로 한다.
3. 안전성향검사는 전문의(정신건강의학) 진단결과로 대체 할 수 있으며, 부적합 판정을 받은 자에 대해서는 당일 1회에 한하여 재검사를 실시하고 그 재검사 결과를 최종적인 검사결과로 할 수 있다.

③ 운전적성검사기관 또는 관제적성검사기관은 적성검사 판정서의 각 적성검사 항목별로 적성검사를 실시한 후 합격 여부를 기록하여 신청인에게 발급하여야 한다(규칙 제16조 제3항).

④ 그 밖에 운전적성검사 또는 관제적성검사의 방법 · 절차 · 판정기준 및 항목별 배점기준 등에 관하여 필요한 세부사항은 국토교통부장관이 정한다(규칙 제16조 제4항).

(4) 운전적성검사 대행

국토교통부장관은 운전적성검사에 관한 전문기관(운전적성검사기관)을 지정하여 운전적성검사를 하게 할 수 있다(법 제15조의 제4항).

(5) 운전적성검사기관 지정절차

① 운전적성검사에 관한 전문기관(운전적성검사기관)으로 지정을 받으려는 자는 국토교통부장관에게 지정 신청을 하여야 한다(영 제13조 제1항).

② 국토교통부장관은 운전적성검사기관 지정 신청을 받은 경우에는 지정기준을 갖추었는지 여부, 운전적성검사기관의 운영계획, 운전업무종사자의 수급상황 등을 종합적으로 심사한 후 그 지정 여부를 결정하여야 한다(영 제13조 제2항).

③ 국토교통부장관은 운전적성검사기관을 지정한 경우에는 그 사실을 관보에 고시하여야 한다(영 제13조 제3항).
④ 운전적성검사기관 지정절차에 관한 세부적인 사항은 국토교통부령으로 정한다(영 제13조 제4항).

(6) 운전적성검사기관 또는 관제적성검사기관의 지정절차 등

① 운전적성검사기관 또는 관제적성검사기관으로 지정받으려는 자는 적성검사기관 지정신청서에 다음의 서류를 첨부하여 국토교통부장관에게 제출하여야 한다. 이 경우 국토교통부장관은 행정정보의 공동이용을 통하여 법인 등기사항증명서(신청인이 법인인 경우만 해당한다)를 확인하여야 한다(규칙 제17조 제1항).
   ㉠ 운영계획서
   ㉡ 정관이나 이에 준하는 약정(법인 그 밖의 단체만 해당한다)
   ㉢ 운전적성검사 또는 관제적성검사를 담당하는 전문인력의 보유 현황 및 학력·경력·자격 등을 증명할 수 있는 서류
   ㉣ 운전적성검사시설 또는 관제적성검사시설 내역서
   ㉤ 운전적성검사장비 또는 관제적성검사장비 내역서
   ㉥ 운전적성검사기관 또는 관제적성검사기관에서 사용하는 직인의 인영
② 국토교통부장관은 운전적성검사기관 또는 관제적성검사기관의 지정 신청을 받은 경우에는 종합적으로 그 지정여부를 심사한 후 지정에 적합하다고 인정되는 경우 적성검사기관 지정서를 신청인에게 발급하여야 한다(규칙 제17조 제2항).

(7) 운전적성검사기관 지정기준

① **운전적성검사기관의 지정기준**(영 제14조 제1항)
   ㉠ 운전적성검사 업무의 통일성을 유지하고 운전적성검사 업무를 원활히 수행하는데 필요한 상설 전담조직을 갖출 것
   ㉡ 운전적성검사 업무를 수행할 수 있는 전문검사인력을 3명 이상 확보할 것
   ㉢ 운전적성검사 시행에 필요한 사무실, 검사장과 검사 장비를 갖출 것
   ㉣ 운전적성검사기관의 운영 등에 관한 업무규정을 갖출 것
② 운전적성검사기관 지정기준에 관한 세부적인 사항은 국토교통부령으로 정한다(영 제14조 제1항).

(8) 운전적성검사기관 및 관제적성검사기관의 세부 지정기준 등

① 운전적성검사기관 및 관제적성검사기관의 세부지정기준(규칙 별표5)

운전적성검사기관 및 관제적성검사기관의 세부지정기준(규칙 별표5)

1. 검사인력

가. 자격기준

등급	자격자	학력 및 경력자
책임 검사원	1) 정신보건임상심리사 1급 자격을 취득한 사람 2) 정신보건임상심리사 2급 자격을 취득한 사람으로서 2년 이상 적성검사 분야에 근무한 경력이 있는 사람 3) 임상심리사 1급 자격을 취득한 사람 4) 임상심리사 2급 자격을 취득한 사람으로서 2년 이상 적성검사 분야에 근무한 경력이 있는 사람	1) 심리학 관련 분야 박사학위를 취득한 사람 2) 심리학 관련 분야 석사학위 취득한 사람으로서 2년 이상 적성검사 분야에 근무한 경력이 있는 사람 3) 대학을 졸업한 사람(법령에 따라 이와 같은 수준 이상의 학력이 있다고 인정되는 사람을 포함한다)으로서 선임검사원 경력이 2년 이상 있는 사람
선임 검사원	1) 정신보건임상심리사 2급 자격을 취득한 사람 2) 임상심리사 2급 자격을 취득한 사람	1) 심리학 관련 분야 석사학위를 취득한 사람 2) 심리학 관련 분야 학사학위 취득한 사람으로서 2년 이상 적성검사 분야에 근무한 경력이 있는 사람 3) 대학을 졸업한 사람(법령에 따라 이와 같은 수준 이상의 학력이 있다고 인정되는 사람을 포함한다)으로서 검사원 경력이 5년 이상 있는 사람
검사원		학사학위 이상 취득자

나. 보유기준

1) 운전적성검사 또는 관제적성검사(이하 이 표에서 "적성검사"라 한다) 업무를 수행하는 상설 전담조직을 1일 50명을 검사하는 것을 기준으로 하며, 책임검사원과 선임검사원 및 검사원은 각각 1명 이상 보유하여야 한다.

2) 1일 검사인원이 25명 추가될 때마다 적성검사를 진행할 수 있는 검사원을 1명씩 추가로 보유하여야 한다.

2. 시설 및 장비

가. 시설기준

1) 1일 검사능력 50명(1회 25명) 이상의 검사장(70m^2 이상이어야 한다)을 확보하여야 한다. 이 경우 분산된 검사장은 제외한다.

나. 장비기준

1) 속도예측능력, 주의력(선택적 주의력·주의배분능력·지속적 주의력), 거리지각능력, 안정도, 민첩성(적응능력·판단력·동작정확력·정서안전도)을 검사할 수 있는

토치모니터 등 검사장비와 프로그램을 갖추어야 한다.

2) 적성검사기관 공동으로 활용할 수 있는 프로그램(속도예측능력 · 주의력 · 거리지각능력 · 안정도 검사 등)을 개발할 수 있어야 한다.

3. 업무규정
   가. 조직 및 인원
   나. 검사 인력의 업무 및 책임
   다. 검사체제 및 절차
   라. 각종 증명의 발급 및 대장의 관리
   마. 장비운용 · 관리계획
   바. 자료의 관리 · 유지
   사. 수수료 징수기준
   아. 그 밖에 국토교통부장관이 적성검사 업무수행에 필요하다고 인정하는 사항

4. 일반사항
   가. 국토교통부장관은 2개 이상의 운전적성검사기관 또는 관제적성검사기관을 지정한 경우에는 모든 운전적성검사기관 또는 관제적성검사기관에서 실시하는 적성검사의 방법 및 검사항목 등이 동일하게 이루어지도록 필요한 조치를 하여야 한다.
   나. 국토교통부장관은 철도차량운전자 등의 수급계획과 운영계획 및 검사에 필요한 프로그램개발 등을 종합 검토하여 필요하다고 인정하는 경우에는 1개 기관만 지정할 수 있다. 이 경우 전국의 분산된 5개 이상의 장소에서 검사를 할 수 있어야 한다.

② 국토교통부장관은 운전적성검사기관 또는 관제적성검사기관이 지정기준에 적합한지의 여부를 2년마다 심사하여야 한다(규칙 제18조 제2항).

(9) 운전적성검사기관의 변경사항 통지

① 운전적성검사기관은 그 명칭 · 대표자 · 소재지나 그 밖에 운전적성검사 업무의 수행에 중대한 영향을 미치는 사항의 변경이 있는 경우에는 해당 사유가 발생한 날부터 15일 이내에 국토교통부장관에게 그 사실을 알려야 한다(영 제15조 제1항).

② 국토교통부장관은 통지를 받은 때에는 그 사실을 관보에 고시하여야 한다(영 제15조 제2항).

(10) 운전적성검사기관의 의무

운전적성검사기관은 정당한 사유 없이 운전적성검사 업무를 거부하여서는 아니 되고, 거짓이나 그 밖의 부정한 방법으로 운전적성검사 판정서를 발급하여서는 아니 된다(법 제15조의 제6항).

(11) 운전교육훈련기관 지정절차

① 운전교육훈련기관으로 지정을 받으려는 자는 국토교통부장관에게 지정 신청을 하여야 한다(영 제16조 제1항).

② 국토교통부장관은 운전교육훈련기관의 지정 신청을 받은 경우에는 지정기준을 갖추었는지 여부, 운전교육훈련기관의 운영계획 및 운전업무종사자의 수급 상황 등을 종합적으로 심사한 후 그 지정 여부를 결정하여야 한다(영 제16조 제2항).

③ 국토교통부장관은 운전교육훈련기관을 지정한 때에는 그 사실을 관보에 고시하여야 한다(영 제16조 제3항).

④ 운전교육훈련기관의 지정절차에 관한 세부적인 사항은 국토교통부령으로 정한다(영 제16조 제4항).

(12) 운전교육훈련기관 지정기준

① 운전교육훈련기관 지정기준(영 제17조 제1항)

㉠ 운전교육훈련 업무 수행에 필요한 상설 전담조직을 갖출 것

㉡ 운전면허의 종류별로 운전교육훈련 업무를 수행할 수 있는 전문인력을 확보할 것

㉢ 운전교육훈련 시행에 필요한 사무실·교육장과 교육 장비를 갖출 것

㉣ 운전교육훈련기관의 운영 등에 관한 업무규정을 갖출 것

② 운전교육훈련기관의 세부 지정기준

㉠ 운전교육훈련기관의 세부 지정기준(규칙 별표8)

운전교육훈련기관의 세부 지정기준(규칙 별표8)

1. 인력기준

가. 자격기준

등 급	학력 및 경력
책임교수	1) 박사학위 소지자로서 철도교통에 관한 업무에 10년 이상 또는 철도차량 운전 관련 업무에 5년 이상 근무한 경력이 있는 사람 2) 석사학위 소지자로서 철도교통에 관한 업무에 15년 이상 또는 철도차량 운전 관련 업무에 8년 이상 근무한 경력이 있는 사람 3) 학사학위 소지자로서 철도교통에 관한 업무에 20년 이상 또는 철도차량 운전 관련 업무에 10년 이상 근무한 경력이 있는 사람 4) 철도 관련 4급 이상의 공무원 경력 또는 이와 같은 수준 이상의 자격 및 경력이 있는 사람 5) 대학의 철도차량 운전 관련 학과에서 조교수 이상으로 재직한 경력이 있는 사람 6) 선임교수 경력이 3년 이상 있는 사람

선임교수	1) 박사학위 소지자로서 철도교통에 관한 업무에 5년 이상 또는 철도차량 운전 관련 업무에 3년 이상 근무한 경력이 있는 사람 2) 석사학위 소지자로서 철도교통에 관한 업무에 10년 이상 또는 철도차량 운전 관련 업무에 5년 이상 근무한 경력이 있는 사람 3) 학사학위 소지자로서 철도교통에 관한 업무에 15년 이상 또는 철도차량 운전 관련 업무에 8년 이상 근무한 경력이 있는 사람 4) 철도차량 운전업무에 5급 이상의 공무원 경력 또는 이와 같은 수준 이상의 자격 및 경력이 있는 사람 5) 대학의 철도차량 운전 관련 학과에서 전임강사 이상으로 재직한 경력이 있는 사람 6) 교수 경력이 3년 이상 있는 사람
교　　수	1) 학사학위 소지자로서 철도차량 운전업무수행자에 대한 지도교육 경력이 2년 이상 있는 사람 2) 전문학사 소지자로서 철도차량 운전업무수행자에 대한 지도교육 경력이 3년 이상 있는 사람 3) 고등학교 졸업자로서 철도차량 운전업무수행자에 대한 지도교육 경력이 5년 이상 있는 사람 4) 철도차량 운전과 관련된 교육기관에서 강의 경력이 1년 이상 있는 사람

비고 :
1. "철도교통에 관한 업무"란 철도운전 · 안전 · 차량 · 기계 · 신호 · 전기 · 시설에 관한 업무를 말한다.
2. "철도차량운전 관련 업무"란 철도차량 운전업무수행자에 대한 안전관리 · 지도교육 및 관리감독 업무를 말한다.
3. 교수의 경우 해당 철도차량 운전업무 수행경력이 3년 이상인 사람으로서 학력 및 경력의 기준을 갖추어야 한다.
4. 고속철도차량 교수의 경우 종전 철도청에서 실시한 교수요원 양성과정(해외교육 이수자를 포함한다) 이수자 중 학력 및 경력 미달자도 고속철도차량 교수를 할 수 있다.
5. 해당 철도차량 운전업무 수행경력이 있는 사람으로서 현장 지도교육의 경력은 운전업무 수행경력으로 합산할 수 있다.

나. 보유기준

1) 1회 교육생 30명을 기준으로 철도차량 운전면허 종류별 전임 책임교수, 선임교수, 교수를 각 1명 이상 확보하여야 하며, 운전면허 종류별 교육인원이 15명 추가될 때마다 운전면허 종류별 교수 1명 이상을 추가로 확보하여야 한다. 이 경우 추가로 확보하여야 하는 교수는 비전임으로 할 수 있다.

2) 두 종류 이상의 운전면허 교육을 하는 지정기관의 경우 책임교수는 1명만 둘 수 있다.

2. 시설기준

가. 강의실

- 면적은 교육생 30명 이상 한 번에 수용할 수 있어야 한다(60제곱미터 이상). 이 경우 1제곱미터당 수용인원은 1명을 초과하지 아니하여야 한다.

나. 기능교육장

1) 전 기능 모의운전연습기 · 기본기능 모의운전연습기 등을 설치할 수 있는 실습장을 갖추어야 한다.

2) 30명이 동시에 실습할 수 있는 컴퓨터지원시스템 실습장(면적 $90m^2$ 이상)을 갖추어야 한다.

다. 그 밖에 교육훈련에 필요한 사무실·편의시설 및 설비를 갖출 것

3. 장비기준

가. 실제차량

- 철도차량 운전면허별로 교육훈련기관으로 지정받기 위하여 고속철도차량·전기기관차·전기동차·디젤기관차·철도장비·노면전차를 각각 보유하고, 이를 운용할 수 있는 선로, 전기·신호 등의 철도시스템을 갖출 것

나. 모의운전연습기

장 비 명	성능기준	보유기준	비 고
전 기능 모의운전연습기	• 운전실 및 제어용 컴퓨터시스템 • 선로영상시스템 • 음향시스템 • 고장처치시스템 • 교수제어대 및 평가시스템	1대 이상 보유	
	• 플랫홈시스템 • 구원운전시스템 • 진동시스템	권장	
기본기능 모의운전연습기	• 운전실 및 제어용 컴퓨터시스템 • 선로영상시스템 • 음향시스템 • 고장처치시스템	5대 이상 보유	1회 교육수요(10명 이하)가 적어 실제차량으로 대체하는 경우 1대 이상으로 조정할 수 있음
	• 교수제어대 및 평가시스템	권장	

비고 :

1. "전 기능 모의운전연습기"란 실제차량의 운전실과 유사하게 제작한 장비를 말한다.
2. "기본기능 모의운전연습기"란 철도차량의 운전훈련에 꼭 필요한 부분만을 제작한 장비를 말한다.
3. "보유"란 교육훈련을 위하여 설비나 장비를 필수적으로 갖추어야 하는 것을 말한다.
4. "권장"이란 원활한 교육의 진행을 위하여 설비나 장비를 향후 갖추어야 하는 것을 말한다.
5. 교육훈련기관으로 지정받기 위하여 철도차량 운전면허 종류별로 모의운전연습기나 실제차량을 갖추어야 한다. 다만, 부득이한 경우 등 국토교통부장관이 인정하는 경우에는 기본기능 모의운전연습기의 보유기준은 조정할 수 있다.

다. 컴퓨터지원교육시스템

성능기준	보유기준	비 고
• 운전 기기 설명 및 취급법 • 운전 이론 및 규정 • 신호(ATS, ATC, ATO, ATP) 및 제동이론 • 차량의 구조 및 기능 • 고장처치 목록 및 절차 • 비상 시 조치 등	지원교육프로그램 및 컴퓨터 30대 이상 보유	컴퓨터지원교육시스템은 차종별 프로그램만 갖추면 다른 차종과 공유하여 사용할 수 있음

비고 : "컴퓨터지원교육시스템"이란 컴퓨터의 멀티미디어 기능을 활용하여 운전·차량·신호 등을 학습할 수 있도록 제작된 프로그램 및 이를 지원하는 컴퓨터시스템 일체를 말한다.

라. 제1종 전기차량 운전면허 및 제2종 전기차량 운전면허의 경우는 팬터그래프, 변압기, 컨버터, 인버터, 견인전동기, 제동장치에 대한 설비교육이 가능한 실제 장비를 추가로 갖출 것. 다만, 현장교육이 가능한 경우에는 장비를 갖춘 것으로 본다.

4. 국토교통부장관이 정하는 필기시험 출제범위에 적합한 교재를 갖출 것

5. 교육훈련기관 업무규정의 기준
   가. 교육훈련기관의 조직 및 인원
   나. 교육생 선발에 관한 사항
   다. 연간 교육훈련계획: 교육과정 편성, 교수인력의 지정 교과목 및 내용 등
   라. 교육기관 운영계획
   마. 교육생 평가에 관한 사항
   바. 실습설비 및 장비 운용방안
   사. 각종 증명의 발급 및 대장의 관리
   아. 교수인력의 교육훈련
   자. 기술도서 및 자료의 관리·유지
   차. 수수료 징수에 관한 사항
   카. 그 밖에 국토교통부장관이 철도전문인력 교육에 필요하다고 인정하는 사항

㉡ 국토교통부장관은 운전교육훈련기관이 지정기준에 적합한지의 여부를 2년마다 심사하여야 한다(규칙 제22조 제2항).

㉢ 운전교육훈련기관의 변경사항 통지는 별지 제11호의2 서식에 따른다(규칙 제22조 제3항).

(13) 운전교육훈련기관의 변경사항 통지

① 운전교육훈련기관은 그 명칭·대표자·소재지나 그 밖에 운전교육훈련 업무의 수행에 중대한 영향을 미치는 사항의 변경이 있는 경우에는 해당 사유가 발생한 날부터 15일 이내에 국토교통부장관에게 그 사실을 알려야 한다(영 제18조 제1항).

② 국토교통부장관은 통지를 받은 경우에는 그 사실을 관보에 고시하여야 한다(영 제18조 제2항).

6. 운전적성검사기관의 지정취소 및 업무정지

(1) 지정취소

국토교통부장관은 운전적성검사기관이 다음의 어느 하나에 해당할 때에는 지정을 취소하거나 6개월 이내의 기간을 정하여 업무의 정지를 명할 수 있다. 다만, ① 및 ②에 해당할 때에는 지정을 취소하여야 한다(법 제15조의2 제1항).

① 거짓이나 그 밖의 부정한 방법으로 지정을 받았을 때
② 업무정지 명령을 위반하여 그 정지기간 중 운전적성검사 업무를 하였을 때
③ 지정기준에 맞지 아니하게 되었을 때
④ 정당한 사유 없이 운전적성검사 업무를 거부하였을 때
⑤ 거짓이나 그 밖의 부정한 방법으로 운전적성검사 판정서를 발급하였을 때

(2) 지정취소 및 업무정지의 세부기준

지정취소 및 업무정지의 세부기준 등에 관하여 필요한 사항은 국토교통부령으로 정한다(법 제15조의2 제2항).

(3) 운전적성검사기관 및 관제적성검사기관의 지정취소 및 업무정지

① 운전적성검사기관 및 관제적성검사기관의 지정취소 및 업무정지의 기준(규칙 별표6)

위반사항	해당 법조문	처분기준			
		1차 위반	2차 위반	3차 위반	4차 위반
1. 거짓이나 그 밖의 부정한 방법으로 지정을 받은 경우	법 제15조의2 제1항 제1호	지정취소			
2. 업무정지 명령을 위반하여 그 정지기간 중 운전적성검사업무 또는 관제적성검사업무를 한 경우	법 제15조의2 제1항 제2호	지정취소			
3. 법 제15조 제5항 또는 제21조의6 제4항에 따른 지정기준에 맞지 아니하게 된 경우	법 제15조의2 제1항 제3호	경고 또는 보완명령	업무정지 1개월	업무정지 3개월	지정취소
4. 정당한 사유 없이 운전적성검사 업무 또는 관제적성검사업무를 거부한 경우	법 제15조의2 제1항 제4호	경고	업무정지 1개월	업무정지 3개월	지정취소
5. 법 제15조 제6항을 위반하여 거짓이나 그 밖의 부정한 방법으로 운전적성검사 판정서 또는 관제적성검사 판정서를 발급한 경우	법 제15조의2 제1항 제5호	업무정지 1개월	업무정지 3개월	지정취소	

비고 :
1. 위반행위가 둘 이상인 경우로서 그에 해당하는 각각의 처분기준이 다른 경우에는 그 중 무거운 처분기준에 따르며, 위반행위가 둘 이상인 경우로서 그에 해당하는 각각의 처분기준이 같은 경우에는 무거운 처분기준의 2분의 1까지 가중할 수 있되, 각 처분기준을 합산한 기간을 초과할 수 없다.
2. 위반행위의 횟수에 따른 행정처분의 가중된 부과기준은 최근 1년간 같은 위반행위로 행정처분을 받은 경우에 적용한다. 이 경우 기간의 계산은 위반행위에 대하여 행정처분을 받은 날과 그 처분 후 다시 같은 위반행위를 하여 적발된 날을 기준으로 한다.
3. 비고 제2호에 따라 가중된 행정처분을 하는 경우 가중처분의 적용 차수는 그 위반행위 전 부과처분 차수(비고 제2호에 따른 기간 내에 행정처분이 둘 이상 있었던 경우에는 높은 차수를 말한다)의 다음 차수로 한다.
4. 처분권자는 위반행위의 동기·내용 및 위반의 정도 등 다음 각 목에 해당하는 사유를 고려하여 그 처분을 감경할 수 있다. 이 경우 그 처분이 업무정지인 경우에는 그 처분기준의 2분의 1 범위에서 감경할 수 있고, 지정취소인 경우(거짓이나 그 밖의 부정한 방법으로 지정을 받은 경우나 업무정지 명령을 위반하여 그 정지기간 중 적성검사업무를 한 경우는 제외한다)에는 3개월의 업무정지 처분으로 감경할 수 있다.
   가. 위반행위가 고의나 중대한 과실이 아닌 사소한 부주의나 오류로 인한 것으로 인정되는 경우
   나. 위반의 내용·정도가 경미하여 이해관계인에게 미치는 피해가 적다고 인정되는 경우

② 국토교통부장관은 운전적성검사기관 또는 관제적성검사기관의 지정을 취소하거나 업무정지의 처분을 한 경우에는 지체 없이 운전적성검사기관 또는 관제적성검사기관에 지정기관 행정처분서를 통지하고, 그 사실을 관보에 고시하여야 한다(규칙 제19조 제1항).

(4) 운전적성검사기관 지정유예기간

국토교통부장관은 지정이 취소된 운전적성검사기관이나 그 기관의 설립·운영자 및 임원이 그 지정이 취소된 날부터 2년이 지나지 아니하고 설립·운영하는 검사기관을 운전적성검사기관으로 지정하여서는 아니 된다(법 제15조의2 제3항).

7. 운전교육훈련

(1) 운전면허를 받으려는 사람의 운전교육훈련

운전면허를 받으려는 사람은 철도차량의 안전한 운행을 위하여 국토교통부장관이 실시하는 운전에 필요한 지식과 능력을 습득할 수 있는 교육훈련(운전교육훈련)을 받아야 한다(법 제16조 제1항).

(2) 운전교육훈련의 기간 및 방법 등

① 운전교육훈련은 운전면허 종류별로 실제 차량이나 모의운전연습기를 활용하여 실시

한다(규칙 제20조 제1항).

② 운전교육훈련을 받으려는 사람은 운전교육훈련기관에 운전교육훈련을 신청하여야 한다(규칙 제20조 제2항).

③ 운전교육훈련의 과목과 교육훈련시간(규칙 별표7)

운전면허 취득을 위한 교육훈련 과정별 교육시간 및 교육훈련과목(규칙 별표7)

1. 일반응시자

교육과정	교육과목 및 시간	
	이론교육	기능교육
가. 디젤차량 운전면허 (810)	• 철도관련법(50) • 철도시스템 일반(60) • 디젤 차량의 구조 및 기능(170) • 운전이론 일반(30) • 비상시 조치(인적오류 예방 포함) 등(30)	• 현장실습교육 • 운전실무 및 모의운행 훈련 • 비상시 조치 등
	340시간	470시간
나. 제1종 전기 차량 운전면허 (810)	• 철도관련법(50) • 철도시스템 일반(60) • 전기기관차의 구조 및 기능(170) • 운전이론 일반(30) • 비상시 조치(인적오류 예방 포함) 등(30)	• 현장실습교육 • 운전실무 및 모의운행 훈련 • 비상시 조치 등
	340시간	470시간
다. 제2종 전기 차량 운전면허 (680)	• 철도관련법(50) • 도시철도시스템 일반(50) • 전기동차의 구조 및 기능(110) • 운전이론 일반(30) • 비상시 조치(인적오류 예방 포함) 등(30)	• 현장실습교육 • 운전실무 및 모의운행 훈련 • 비상시 조치 등
	270시간	410시간
라. 철도장비 운전면허 (340)	• 철도관련법(50) • 철도시스템 일반(40) • 기계·장비의 구조 및 기능(60) • 비상시 조치(인적오류 예방 포함) 등(20)	• 현장실습교육 • 운전실무 및 모의운행 훈련 • 비상시 조치 등
	170시간	170시간
마. 노면전차 운전면허 (440)	• 철도관련법(50) • 노면전차 시스템 일반(40) • 노면전차의 구조 및 기능(80) • 비상시 조치(인적오류 예방 포함) 등(30)	• 현장실습교육 • 운전실무 및 모의운행 훈련 • 비상시 조치 등
	200시간	240시간

* 이론교육의 과목별 교육시간은 100분의 20 범위 내에서 조정 가능.

2. 운전면허 소지자

( ) : 시간

소지면허	교육과목 및 시간		
	교육과정	이론교육	기능교육
가. 디젤차량운전면허 · 제1종전기차량 운전면허 · 제2종 전기차량 운전면허	고속철도차량 운전면허 (420)	• 고속철도 시스템 일반(15) • 고속전기차량의 구조 및 기능(85) • 고속철도 운전이론 일반(10) • 고속철도 운전관련 규정(20) • 비상시 조치(인적오류 예방 포함) 등(10)	• 현장실습교육 • 운전실무 및 모의운행 훈련 • 비상시 조치 등
		140시간	280시간
나. 디젤차량 운전면허	1) 제1종 전기 차량 운전면허 (85)	• 전기기관차의 구조 및 기능(40) • 비상시 조치(인적오류 예방 포함) 등(10)	• 현장실습교육 • 운전실무 및 모의운행 훈련
		50시간	35시간
	2) 제2종 전기 차량 운전면허 (85)	• 도시철도 시스템 일반(10) • 전기동차의 구조 및 기능(30) • 비상시 조치(인적오류 예방 포함) 등(10)	• 현장실습교육 • 운전실무 및 모의운행 훈련
		50시간	35시간
	3) 노면전차 운전면허 (60)	• 노면전차 시스템 일반(10) • 노면전차의 구조 및 기능(25) • 비상시 조치(인적오류 예방 포함) 등(5)	• 현장실습교육 • 운전실무 및 모의운행 훈련
		40시간	20시간
다. 제1종 전기차량 운전면허	1) 디젤차량 운전면허 (85)	• 디젤 차량의 구조 및 기능(40) • 비상시 조치(인적오류 예방 포함) 등(10)	• 현장실습교육 • 운전실무 및 모의운행 훈련
		50시간	35시간
	2) 제2종 전기 차량 운전면허 (85)	• 도시철도 시스템 일반(10) • 전기동차의 구조 및 기능(30) • 비상시 조치(인적오류 예방 포함) 등(10)	• 현장실습교육 • 운전실무 및 모의운행 훈련
		50시간	35시간
	3) 노면전차 운전면허 (50)	• 노면전차 시스템 일반(10) • 노면전차의 구조 및 기능(15) • 비상시 조치(인적오류 예방 포함) 등(5)	• 현장실습교육 • 운전실무 및 모의운행 훈련
		30시간	20시간

<table>
<tr><td rowspan="6">라. 제2종 전기차량운전면허</td><td rowspan="2">1) 디젤차량 운전면허 (130)</td><td>• 철도시스템 일반(10)
• 디젤 차량의 구조 및 기능(45)
• 비상시 조치(인적오류 예방 포함) 등(5)</td><td>• 현장실습교육
• 운전실무 및 모의운행 훈련</td></tr>
<tr><td>60시간</td><td>70시간</td></tr>
<tr><td rowspan="2">2) 제1종 전기 차량운전면허 (130)</td><td>• 철도시스템 일반(10)
• 전기기관차의 구조 및 기능(45)
• 비상시 조치(인적오류 예방 포함) 등(5)</td><td>• 현장실습교육
• 운전실무 및 모의운행 훈련</td></tr>
<tr><td>60시간</td><td>70시간</td></tr>
<tr><td rowspan="2">3) 노면전차 운전면허 (50)</td><td>• 노면전차 시스템 일반(10)
• 노면전차의 구조 및 기능(15)
• 비상시 조치(인적오류 예방 포함) 등(5)</td><td>• 현장실습교육
• 운전실무 및 모의운행 훈련</td></tr>
<tr><td>30시간</td><td>20시간</td></tr>
<tr><td rowspan="8">마. 철도장비 운전면허</td><td rowspan="2">1) 디젤차량 운전면허 (460)</td><td>• 철도관련법(30)
• 철도시스템 일반(30)
• 디젤차량의 구조 및 기능(100)
• 운전이론(30)
• 비상시 조치(인적오류 예방 포함) 등(10)</td><td>• 현장실습교육
• 운전실무 및 모의운행 훈련
• 비상시 조치 등</td></tr>
<tr><td>200시간</td><td>260시간</td></tr>
<tr><td rowspan="2">2) 제1종 전기 차량 운전면허 (460)</td><td>• 철도관련법(30)
• 철도시스템 일반(30)
• 전기기관차의 구조 및 기능(100)
• 운전이론(30)
• 비상시 조치(인적오류 예방 포함) 등(10)</td><td>• 현장실습교육
• 운전실무 및 모의운행 훈련
• 비상시 조치 등</td></tr>
<tr><td>200시간</td><td>260시간</td></tr>
<tr><td rowspan="2">3) 제2종 전기 차량 운전면허 (340)</td><td>• 철도관련법(30)
• 도시철도시스템 일반(30)
• 전기동차의 구조 및 기능(70)
• 운전이론(30)
• 비상시 조치(인적오류 예방 포함) 등(10)</td><td>• 현장실습교육
• 운전실무 및 모의운행 훈련
• 비상시 조치 등</td></tr>
<tr><td>170시간</td><td>170시간</td></tr>
<tr><td rowspan="2">4) 노면전차 운전면허 (220)</td><td>• 철도관련법(30)
• 노면전차시스템 일반(20)
• 노면전차의 구조 및 기능(60)
• 비상시 조치(인적오류 예방 포함) 등(10)</td><td>• 현장실습교육
• 운전실무 및 모의운행 훈련
• 비상시 조치 등</td></tr>
<tr><td>120시간</td><td>100시간</td></tr>
</table>

바. 노면전차 운전면허	1) 디젤차량 운전면허 (320)	• 철도관련법(30) • 철도시스템 일반(30) • 디젤 차량의 구조 및 기능(100) • 운전이론(30) • 비상시 조치(인적오류 예방 포함) 등(10)	• 현장실습교육 • 운전실무 및 모의운행 훈련 • 비상시 조치 등
		200시간	120시간
	2) 제1종 전기 차량 운전면허 (320)	• 철도관련법(30) • 철도시스템 일반(30) • 전기기관차의 구조 및 기능(100) • 운전이론(30) • 비상시 조치(인적오류 예방 포함) 등(10)	• 현장실습교육 • 운전실무 및 모의운행 훈련 • 비상시 조치 등
		200시간	120시간
	3) 제2종 전기 차량 운전면허 (275)	• 철도관련법(30) • 도시철도시스템 일반(30) • 전기동차의 구조 및 기능(70) • 운전이론(30) • 비상시 조치(인적오류 예방 포함) 등(10)	• 현장실습교육 • 운전실무 및 모의운행 훈련 • 비상시 조치 등
		170시간	105시간
	4) 철도장비 운전면허 (165)	• 철도관련법(30) • 철도시스템 일반(20) • 기계 · 장비의 구조 및 기능(60) • 비상시 조치(인적오류 예방 포함) 등(10)	• 현장실습교육 • 운전실무 및 모의운행 훈련 • 비상시 조치 등
		120시간	45시간

* 이론교육의 과목별 교육시간은 100분의 20 범위 내에서 조정 가능.

3. 철도차량 운전 관련 업무경력자

( ) : 시간

경력	교육과목 및 시간		
	교육과정	이론교육	기능교육
가. 철도차량 운전업무 보조경력 1년 이상(철도장비의 경우 철도장비운전 업무수행경력 3년 이상)	디젤 또는 제1종 차량 운전면허 (290)	• 철도관련법(30) • 철도시스템 일반(20) • 디젤 차량 또는 전기기관차의 구조 및 기능(100) • 운전이론 일반(20) • 비상시 조치(인적오류 예방 포함) 등(20)	• 현장실습교육 • 운전실무 및 모의운행 훈련 • 비상시 조치 등
		190시간	100시간

나. 철도차량 운전업무 보조경력 1년 이상 또는 전동차 차장 경력이 2년 이상	1) 제2종 전기 차량운전면허 (290)	• 철도관련법(30) • 도시철도시스템 일반(30) • 전기동차의 구조 및 기능(90) • 운전이론 일반(30) • 비상시 조치(인적오류 예방 포함) 등(10)	• 현장실습교육 • 운전실무 및 모의운행 훈련 • 비상시 조치 등
		190시간	100시간
	2) 노면전차 운전면허 (140)	• 철도관련법(20) • 노면전차시스템 일반(10) • 노면전차의 구조 및 기능(40) • 비상시 조치(인적오류 예방 포함) 등(10)	• 현장실습교육 • 운전실무 및 모의운행 훈련 • 비상시 조치 등
		80시간	60시간
다. 철도차량 운전업무 보조경력 1년 이상	철도장비 운전면허 (100)	• 철도관련법(20) • 철도시스템 일반(10) • 기계·장비의 구조 및 기능(40) • 비상시 조치(인적오류 예방 포함) 등(10)	• 현장실습교육 • 운전실무 및 모의운행 훈련 • 비상시 조치 등
		80시간	20시간
라. 철도건설 및 유지보수에 필요한 기계 또는 장비 작업경력 1년 이상	철도장비 운전면허 (185)	• 철도관련법(20) • 철도시스템 일반(20) • 기계·장비의 구조 및 기능(70) • 비상시 조치(인적오류 예방 포함) 등(10)	• 현장실습교육 • 운전실무 및 모의운행 훈련 • 비상시 조치 등
		120시간	65시간

* 이론교육의 과목별 교육시간은 100분의 20 범위 내에서 조정 가능.

4. 철도 관련 업무경력자

( ) : 시간

경력	교육과목 및 시간		
	교육과정	이론교육	기능교육
철도운영자에 소속되어 철도관련 업무에 종사한 경력 3년 이상인 사람	1) 디젤 또는 제1종 차량 운전면허 (395)	• 철도관련법(30) • 철도시스템 일반(30) • 디젤 차량 또는 전기기관차의 구조 및 기능(150) • 운전이론 일반(20) • 비상시 조치(인적오류 예방 포함) 등(20)	• 현장실습교육 • 운전실무 및 모의운행 훈련 • 비상시 조치 등
		250시간	145시간

	2) 제2종 전기차량 운전면허 (340)	• 철도관련법(30) • 도시철도시스템 일반(30) • 전기동차의 구조 및 기능(100) • 운전이론 일반(20) • 비상시 조치(인적오류 예방 포함) 등(20)	• 현장실습교육 • 운전실무 및 모의운행 훈련 • 비상시 조치 등
		200시간	140시간
	3) 철도장비 운전면허 (215)	• 철도관련법(30) • 철도시스템 일반(20) • 기계·장비의 구조 및 기능 (70) • 비상시 조치(인적오류 예방 포함) 등(10)	• 현장실습교육 • 운전실무 및 모의운행 훈련 • 비상시 조치 등
		130시간	85시간
	4) 노면전차 운전면허 (215)	• 철도관련법(30) • 노면전차시스템 일반(20) • 노면전차의 구조 및 기능(70) • 비상시 조치(인적오류 예방 포함) 등(10)	• 현장실습교육 • 운전실무 및 모의운행 훈련 • 비상시 조치 등
		130시간	85시간

* 이론교육의 과목별 교육시간은 100분의 20 범위 내에서 조정 가능.

5. 버스 운전 경력자

( ) : 시간

경력	교육과목 및 시간		
	교육과정	이론교육	기능교육
「여객자동차운수사업법 시행령」 제3조 제1호에 따른 노선 여객자동차운송사업에 종사한 경력이 1년 이상인 사람	노면전차 운전면허 (250)	• 철도관련법(30) • 노면전차시스템 일반(20) • 노면전차의 구조 및 기능(70) • 비상시 조치(인적오류 예방 포함) 등(10)	• 현장실습교육 • 운전실무 및 모의운행 훈련 • 비상시 조치 등
		130시간	120시간

* 이론교육의 과목별 교육시간은 100분의 20 범위 내에서 조정 가능.

6. 일반사항

가. 철도관련법은 「철도안전법」과 그 하위법령 및 철도차량운전에 필요한 규정을 말한다.

나. 철도차량 운전면허 소지자가 다른 종류의 철도차량 운전면허를 취득하기 위하여 교육훈련을 받는 경우에는 신체검사와 적성검사를 받은 것으로 본다. 다만, 철도장비 운전면허 소지자가 다른 종류의 철도차량 운전면허를 취득하기 위하여 교육훈련을 받는 경우에는 적성검사를 받아야 한다.

다. 고속철도차량 운전면허를 취득하기 위해 교육훈련을 받으려는 사람은 법 제21조에 따른 디젤차량, 제1종 전기차량 또는 제2종 전기차량의 운전업무 수행경력이 3년 이상 있어야 한다. 이 경우 운전업무 수행경력이란 운전업무종자사로서 운전실에 탑승하여 전방 선로감시 및 운전관련 기기를 실제로 취급한 기간을 말한다.
라. 모의운행훈련은 전(全) 기능 모의운전연습기를 활용한 교육훈련과 병행하여 실시하는 기본기능 모의운전연습기 및 컴퓨터지원교육시스템을 활용한 교육훈련을 포함한다.
마. 노면전차 운전면허를 취득하기 위한 교육훈련을 받으려는 사람은 「도로교통법」 제80조에 따른 운전면허를 소지하여야 한다.
바. 법 제16조 제3항에 따른 운전훈련교육기관으로 지정받은 대학의 장은 해당 대학의 철도운전 관련 학과의 정규과목 이수를 제1호부터 제5호까지의 규정에 따른 이론교육의 과목 이수로 인정할 수 있다.

④ 운전교육훈련기관은 운전교육훈련과정별 교육훈련신청자가 적어 그 운전교육훈련과정의 개설이 곤란한 경우에는 국토교통부장관의 승인을 받아 해당 운전교육훈련과정을 개설하지 아니하거나 운전교육훈련시기를 변경하여 시행할 수 있다(규칙 제20조 제4항).
⑤ 운전교육훈련기관은 운전교육훈련을 수료한 사람에게 운전교육훈련 수료증을 발급하여야 한다(규칙 제20조 제5항).
⑥ 그 밖에 운전교육훈련의 절차·방법 등에 관하여 필요한 세부사항은 국토교통부장관이 정한다(규칙 제20조 제6항).

(3) 운전교육훈련기관의 지정절차 등

① 운전교육훈련기관으로 지정받으려는 자는 운전교육훈련기관 지정신청서에 다음의 서류를 첨부하여 국토교통부장관에게 제출하여야 한다. 이 경우 국토교통부장관은 행정정보의 공동이용을 통하여 법인 등기사항증명서(신청인이 법인인 경우만 해당한다)를 확인하여야 한다(규칙 제21조 제1항).
㉠ 운전교육훈련계획서(운전교육훈련평가계획을 포함한다)
㉡ 운전교육훈련기관 운영규정
㉢ 정관이나 이에 준하는 약정(법인 그 밖의 단체에 한정한다)
㉣ 운전교육훈련을 담당하는 강사의 자격·학력·경력 등을 증명할 수 있는 서류 및 담당업무
㉤ 운전교육훈련에 필요한 강의실 등 시설 내역서
㉥ 운전교육훈련에 필요한 철도차량 또는 모의운전연습기 등 장비 내역서
㉦ 운전교육훈련기관에서 사용하는 직인의 인영
② 국토교통부장관은 운전교육훈련기관의 지정 신청을 받은 때에는 그 지정 여부를 종

합적으로 심사한 후 운전교육훈련기관 지정서를 신청인에게 발급하여야 한다(규칙 제21조 제2항).

(4) 전문 교육훈련기관 지정 등

국토교통부장관은 철도차량 운전에 관한 전문 교육훈련기관(운전교육훈련기관)을 지정하여 운전교육훈련을 실시하게 할 수 있다(법 제16조 제3항).

(5) 운전교육훈련기관의 지정기준, 지정절차

운전교육훈련기관의 지정기준, 지정절차 등에 관하여 필요한 사항은 대통령령으로 정한다(법 제16조 제4항).

(6) 준용규정

운전교육훈련기관의 지정취소 및 업무정지 등에 관하여는 운전면허에 관한 규정을 준용한다. 이 경우 "운전적성검사기관"은 "운전교육훈련기관"으로, "운전적성검사 업무"는 "운전교육훈련 업무"로, "제15조 제5항"은 "제16조 제4항"으로, "운전적성검사 판정서"는 "운전교육훈련 수료증"으로 본다(법 제16조 제5항).

(7) 운전교육훈련기관의 지정취소 및 업무정지 등

① 운전교육훈련기관의 지정취소 및 업무정지의 기준(규칙 별표9)

위반사항	근거 법조문	처분기준			
		1차 위반	2차 위반	3차 위반	4차 위반
1. 거짓이나 그 밖의 부정한 방법으로 지정을 받은 경우	법 제16조 제5항 제1호	지정취소			
2. 업무정지 명령을 위반하여 그 정지기간 중 운전교육훈련업무를 한 경우	법 제16조 제5항 제2호	지정취소			
3. 법 제16조 제4항에 따른 지정기준에 맞지 아니한 경우	법 제16조 제5항 제3호	경고 또는 보완명령	업무정지 1개월	업무정지 3개월	지정취소
4. 정당한 사유 없이 운전교육훈련업무를 거부한 경우	법 제16조 제5항 제4호	경고	업무정지 1개월	업무정지 3개월	지정취소
5. 법 제16조 제5항을 위반하여 거짓이나 그 밖의 부정한 방법으로 운전교육훈련 수료증을 발급한 경우	법 제16조 제5항 제5호	업무정지 1개월	업무정지 3개월	지정취소	

비고 :
1. 위반행위가 둘 이상인 경우로서 그에 해당하는 각각의 처분기준이 다른 경우에는 그 중 무거운 처분기준에 따르며, 위반행위가 둘 이상인 경우로서 그에 해당하는 각각의 처분기준이 같은 경우에는 무거운 처분기준의 2분의 1까지 가중할 수 있되, 각 처분기준을 합산한 기간을 초과할 수 없다.
2. 위반행위의 횟수에 따른 행정처분의 가중된 부과기준은 최근 1년간 같은 위반행위로 행정처분을 받은 경우에 적용한다. 이 경우 기간의 계산은 위반행위에 대하여 행정처분을 받은 날과 그 처분 후 다시 같은 위반행위를 하여 적발된 날을 기준으로 한다.
3. 비고 제2호에 따라 가중된 행정처분을 하는 경우 가중처분의 적용 차수는 그 위반행위 전 부과처분 차수(비고 제2호에 따른 기간 내에 행정처분이 둘 이상 있었던 경우에는 높은 차수를 말한다)의 다음 차수로 한다.
4. 처분권자는 위반행위의 동기·내용 및 위반의 정도 등 다음 각 목에 해당하는 사유를 고려하여 그 처분을 감경할 수 있다. 이 경우 그 처분이 업무정지인 경우에는 그 처분기준의 2분의 1 범위에서 감경할 수 있고, 지정취소인 경우(거짓이나 그 밖의 부정한 방법으로 지정을 받은 경우나 업무정지 명령을 위반하여 정지기간 중 교육훈련업무를 한 경우는 제외한다)에는 3개월의 업무정지 처분으로 감경할 수 있다.
   가. 위반행위가 고의나 중대한 과실이 아닌 사소한 부주의나 오류로 인한 것으로 인정되는 경우
   나. 위반의 내용·정도가 경미하여 이해관계인에게 미치는 피해가 적다고 인정되는 경우

② 국토교통부장관은 운전교육훈련기관의 지정을 취소하거나 업무정지의 처분을 한 경우에는 지체 없이 그 운전교육훈련기관에 지정기관 행정처분서를 통지하고 그 사실을 관보에 고시하여야 한다(규칙 제23조 제2항).

8. 운전면허시험

(1) 운전면허시험 합격

운전면허를 받으려는 사람은 국토교통부장관이 실시하는 철도차량 운전면허시험(운전면허시험)에 합격하여야 한다(법 제17조 제1항).

(2) 운전교육훈련 수료

운전면허시험에 응시하려는 사람은 신체검사 및 운전적성검사에 합격한 후 운전교육훈련을 받아야 한다(법 제17조 제2항).

(3) 운전면허시험의 과목 및 합격기준

① 철도차량 운전면허시험은 운전면허의 종류별로 필기시험과 기능시험으로 구분하여 시행한다. 이 경우 기능시험은 실제차량이나 모의운전연습기를 활용하여 시행한다

(규칙 제24조 제1항).

② 필기시험과 기능시험의 과목 및 합격기준은 별표10과 같다. 이 경우 기능시험은 필기시험을 합격한 경우에만 응시할 수 있다(규칙 제24조 제2항).

철도차량 운전면허시험의 과목 및 합격기준(규칙 별표10)

1. 운전면허 시험의 응시자별 면허시험 과목
   가. 일반응시자·철도차량 운전 관련 업무경력자·철도 관련 업무 경력자·버스 운전 경력자

응시면허	필기시험	기능시험
디젤차량 운전면허	• 철도 관련 법 • 철도시스템 일반 • 디젤차량의 구조 및 기능 • 운전이론 일반 • 비상 시 조치 등	• 준비점검 • 제동취급 • 제동기 외의 기기 취급 • 신호준수, 운전취급, 신호·선로 숙지 • 비상 시 조치 등
제1종 전기차량 운전면허	• 철도 관련 법 • 철도시스템 일반 • 전기기관차의 구조 및 기능 • 운전이론 일반 • 비상 시 조치 등	• 준비점검 • 제동취급 • 제동기 외의 기기 취급 • 신호준수, 운전취급, 신호·선로 숙지 • 비상 시 조치 등
제2종 전기차량 운전면허	• 철도 관련 법 • 도시철도시스템 일반 • 전기동차의 구조 및 기능 • 운전이론 일반 • 비상 시 조치 등	• 준비점검 • 제동취급 • 제동기 외의 기기 취급 • 신호준수, 운전취급, 신호·선로 숙지 • 비상 시 조치 등
철도장비 운전면허	• 철도 관련 법 • 철도시스템 일반 • 기계·장비차량의 구조 및 기능 • 비상 시 조치 등	• 준비점검 • 제동취급 • 제동기 외의 기기 취급 • 신호준수, 운전취급, 신호·선로 숙지 • 비상 시 조치 등
노면전차 운전면허	• 철도 관련 법 • 노면전차 시스템 일반 • 노면전차의 구조 및 기능 • 비상 시 조치 등	• 준비점검 • 제동취급 • 제동기 외의 기기 취급 • 신호준수, 운전취급, 신호·선로 숙지 • 비상 시 조치 등

비고
1. 철도 관련 법은 「철도안전법」과 그 하위규정 및 철도차량 운전에 필요한 규정을 포함한다.
2. 철도차량 운전 관련 업무경력자, 철도 관련 업무 경력자 또는 버스 운전 경력자가 철도차량 운전면허시험에 응시하는 때에는 그 경력을 증명하는 서류를 첨부하여야 한다.

나. 운전면허 소지자

<table>
<tr><th>소지면허</th><th>응시면허</th><th>필기시험</th><th>기능시험</th></tr>
<tr><td rowspan="2">디젤차량 운전면허
제1종 전기차량 운전면허
제2종 전기차량 운전면허</td><td rowspan="2">고속철도 차량 운전면허</td><td>• 고속철도 시스템 일반
• 고속철도차량의 구조 및 기능
• 고속철도 운전이론 일반
• 고속철도 운전 관련 규정
• 비상 시 조치 등</td><td>• 준비점검
• 제동 취급
• 제동기 외의 기기 취급
• 신호 준수, 운전 취급, 신호·선로 숙지
• 비상 시 조치 등</td></tr>
<tr><td colspan="2">주) 고속철도차량 운전면허시험 응시자는 디젤차량, 제1종 전기차량 또는 제2종 전기차량에 대한 운전업무 수행 경력이 3년 이상 있어야 한다.</td></tr>
<tr><td rowspan="6">디젤차량 운전면허</td><td rowspan="2">제1종 전기차량 운전면허</td><td>• 전기기관차의 구조 및 기능</td><td>• 준비점검
• 제동 취급
• 제동기 외의 기기 취급</td></tr>
<tr><td colspan="2">주) 디젤차량 운전업무수행 경력이 2년 이상 있고 별표 7 제2호에 따른 교육훈련을 받은 사람은 필기시험 및 기능시험을 면제한다.</td></tr>
<tr><td rowspan="2">제2종 전기차량 운전면허</td><td>• 도시철도 시스템 일반
• 전기동차의 구조 및 기능</td><td>• 준비점검
• 제동 취급
• 제동기 외의 기기 취급</td></tr>
<tr><td colspan="2">주) 디젤차량 운전업무수행 경력이 2년 이상 있고 별표 7 제2호에 따른 교육훈련을 받은 사람은 필기시험을 면제한다.</td></tr>
<tr><td rowspan="2">노면전차 운전면허</td><td>• 노면전차 시스템 일반
• 노면전차의 구조 및 기능</td><td>• 준비점검
• 제동 취급
• 제동기 외의 기기 취급</td></tr>
<tr><td colspan="2">주) 디젤차량 운전업무수행 경력이 2년 이상 있고 별표 7 제2호에 따른 교육훈련을 받은 사람은 필기시험을 면제한다.</td></tr>
<tr><td rowspan="6">제1종 전기차량 운전면허</td><td rowspan="2">디젤차량 운전면허</td><td>• 디젤차량의 구조 및 기능</td><td>• 준비점검
• 제동 취급
• 제동기 외의 기기 취급</td></tr>
<tr><td colspan="2">주) 제1종 전기차량 운전업무수행 경력이 2년 이상 있고 별표 7 제2호에 따른 교육훈련을 받은 사람은 필기시험 및 기능시험을 면제 한다.</td></tr>
<tr><td rowspan="2">제2종 전기차량 운전면허</td><td>• 도시철도 시스템 일반
• 전기동차의 구조 및 기능</td><td>• 준비점검
• 제동 취급
• 제동기 외의 기기 취급</td></tr>
<tr><td colspan="2">주) 제1종 전기차량 운전업무수행 경력이 2년 이상 있고 별표 7 제2호에 따른 교육훈련을 받은 사람은 필기시험을 면제 한다.</td></tr>
<tr><td rowspan="2">노면전차 운전면허</td><td>• 노면전차 시스템 일반
• 노면전차의 구조 및 기능</td><td>• 준비점검
• 제동 취급
• 제동기 외의 기기 취급</td></tr>
<tr><td colspan="2">주) 제1종 전기차량 운전업무수행 경력이 2년 이상 있고 별표 7 제2호에 따른 교육훈련을 받은 사람은 필기시험을 면제 한다.</td></tr>
</table>

<table>
<tr><td rowspan="6">제2종 전기차량 운전면허</td><td rowspan="2">디젤차량 운전면허</td><td>• 철도시스템 일반
• 디젤차량의 구조 및 기능</td><td>• 준비점검
• 제동 취급
• 제동기 외의 기기 취급</td></tr>
<tr><td colspan="2">주) 제2종 전기차량 운전업무수행 경력이 2년 이상 있고 별표 7 제2호에 따른 교육훈련을 받은 사람은 필기시험을 면제 한다.</td></tr>
<tr><td rowspan="2">제1종 전기차량 운전면허</td><td>• 철도시스템 일반
• 전기기관차의 구조 및 기능</td><td>• 준비점검
• 제동 취급
• 제동기 외의 기기 취급</td></tr>
<tr><td colspan="2">주) 제2종 전기차량 운전업무수행 경력이 2년 이상 있고 별표 7 제2호에 따른 교육훈련을 받은 사람은 필기시험을 면제 한다.</td></tr>
<tr><td rowspan="2">노면전차 운전면허</td><td>• 노면전차 시스템 일반
• 노면전차의 구조 및 기능</td><td>• 준비점검
• 제동 취급
• 제동기 외의 기기 취급</td></tr>
<tr><td colspan="2">주) 제2종 전기차량 운전업무수행 경력이 2년 이상 있고 별표 7 제2호에 따른 교육훈련을 받은 사람은 필기시험을 면제 한다.</td></tr>
<tr><td rowspan="4">철도장비 운전면허</td><td>디젤차량 운전면허</td><td>• 철도 관련 법
• 철도시스템 일반
• 디젤차량의 구조 및 기능</td><td rowspan="4">• 준비점검
• 제동 취급
• 제동기 외의 기기 취급
• 신호 준수, 운전 취급, 신호·선로 숙지
• 비상 시 조치 등</td></tr>
<tr><td>제1종 전기차량 운전면허</td><td>• 철도 관련 법
• 철도시스템 일반
• 전기기관차의 구조 및 기능</td></tr>
<tr><td>제2종 전기차량 운전면허</td><td>• 철도 관련 법
• 도시철도 시스템 일반
• 전기동차의 구조 및 기능</td></tr>
<tr><td>노면전차 운전면허</td><td>• 철도 관련 법
• 노면전차 시스템 일반
• 노면전차의 구조 및 기능</td></tr>
<tr><td rowspan="4">노면전차 운전면허</td><td>디젤차량 운전면허</td><td>• 철도 관련 법
• 철도시스템 일반
• 디젤차량의 구조 및 기능
• 운전이론 일반</td><td rowspan="4">• 준비점검
• 제동 취급
• 제동기 외의 기기 취급
• 신호 준수, 운전 취급, 신호·선로 숙지
• 비상 시 조치 등</td></tr>
<tr><td>제1종 전기차량 운전면허</td><td>• 철도 관련 법
• 철도시스템 일반
• 전기기관차의 구조 및 기능
• 운전이론 일반</td></tr>
<tr><td>제2종 전기차량 운전면허</td><td>• 철도 관련 법
• 도시철도 시스템 일반
• 전기동차의 구조 및 기능
• 운전이론 일반</td></tr>
<tr><td>철도장비 운전면허</td><td>• 철도 관련 법
• 철도시스템 일반
• 기계·장비차량의 구조 및 기능</td></tr>
</table>

비고 : 운전면허 소지자가 다른 종류의 운전면허를 취득하기 위하여 운전면허시험에 응시하는 경우에는 신체검사 및 적성검사의 증명서류를 운전면허증 사본으로 갈음한다. 다만, 철도장비 운전면허 소지자의 경우에는 적성검사 증명서류를 첨부하여야 한다.

2. 철도차량 운전면허 시험의 합격기준은 다음과 같다.
   가. 필기시험 합격기준은 과목당 100점을 만점으로 하여 매 과목 40점 이상(철도 관련 법의 경우 60점 이상), 총점 평균 60점 이상 득점한 사람
   나. 기능시험의 합격기준은 시험 과목당 60점 이상, 총점 평균 80점 이상 득점한 사람

3. 기능시험은 실제차량이나 모의운전연습기를 활용한다.

③ 필기시험에 합격한 사람에 대해서는 필기시험에 합격한 날부터 2년이 되는 날이 속하는 해의 12월 31일까지 실시하는 운전면허시험에 있어 필기시험의 합격을 유효한 것으로 본다(규칙 제24조 제3항).

④ 운전면허시험의 방법·절차, 기능시험 평가위원의 선정 등에 관하여 필요한 세부사항은 국토교통부장관이 정한다(규칙 제24조 제4항).

(4) 운전면허시험 시행계획의 공고

① 한국교통안전공단은 운전면허시험을 실시하려는 때에는 매년 11월 30일까지 필기시험 및 기능시험의 일정·응시과목 등을 포함한 다음 해의 운전면허시험 시행계획을 인터넷 홈페이지 등에 공고하여야 한다(규칙 제25조 제1항).

② 한국교통안전공단은 운전면허시험의 응시 수요 등을 고려하여 필요한 경우에는 공고한 시행계획을 변경할 수 있다. 이 경우 미리 국토교통부장관의 승인을 받아야 하며 변경되기 전의 필기시험일 또는 기능시험일(필기시험일 또는 기능시험일이 앞당겨진 경우에는 변경된 필기시험일 또는 기능시험일을 말한다)의 7일 전까지 그 변경사항을 인터넷 홈페이지 등에 공고하여야 한다(규칙 제25조 제2항).

(5) 운전면허시험 응시원서의 제출 등

① 운전면허시험에 응시하려는 사람은 철도차량 운전면허시험 응시원서에 다음의 서류를 첨부하여 한국교통안전공단에 제출하여야 한다(규칙 제26조 제1항).
   ㉠ 신체검사의료기관이 발급한 신체검사 판정서(운전면허시험 응시원서 접수일 이전 2년 이내인 것에 한정한다)
   ㉡ 운전적성검사기관이 발급한 운전적성검사 판정서(운전면허시험 응시원서 접수일 이전 10년 이내인 것에 한정한다)

㉢ 운전교육훈련기관이 발급한 운전교육훈련 수료증명서
㉣ 운전교육훈련기관으로 지정받은 대학의 장이 발급한 철도운전관련 교육과목 이수증명서(이론교육 과목의 이수로 인정받으려는 경우에만 해당한다)
㉤ 철도차량 운전면허증의 사본(철도차량 운전면허 소지자가 다른 철도차량 운전면허를 취득하고자 하는 경우에 한정한다)
㉥ 운전업무 수행 경력증명서(고속철도차량 운전면허시험에 응시하는 경우에 한정한다)

② 한국교통안전공단은 ①의 서류를 관리하는 정보체계에 따라 확인할 수 있는 경우에는 그 서류를 제출하지 아니하도록 할 수 있다(규칙 제26조 제2항).
③ 한국교통안전공단은 운전면허시험 응시원서를 접수한 때에는 철도차량 운전면허시험 응시원서 접수대장에 기록하고 운전면허시험 응시표를 응시자에게 발급하여야 한다. 다만, 응시원서 접수 사실을 관리하는 정보체계에 따라 관리하는 경우에는 응시원서 접수 사실을 철도차량 운전면허시험 응시원서 접수대장에 기록하지 아니할 수 있다(규칙 제26조 제3항).
④ 한국교통안전공단은 운전면허시험 응시원서 접수마감 7일 이내에 시험일시 및 장소를 한국교통안전공단 게시판 또는 인터넷 홈페이지 등에 공고하여야 한다(규칙 제26조 제4항).

(6) 운전면허시험 응시표의 재발급

운전면허시험 응시표를 발급받은 사람이 응시표를 잃어버리거나 헐어서 못 쓰게 된 경우에는 사진(3.5센티미터×4.5센티미터) 1장을 첨부하여 한국교통안전공단에 재발급을 신청(정보통신망을 이용한 신청을 포함한다)하여야 하고, 한국교통안전공단은 응시원서 접수사실을 확인한 후 운전면허시험 응시표를 신청인에게 재발급하여야 한다(규칙 제27조).

(7) 시험실시결과의 게시 등

① 한국교통안전공단은 운전면허시험을 실시하여 합격자를 결정한 때에는 한국교통안전공단 게시판 또는 인터넷 홈페이지에 게재하여야 한다(규칙 제28조 제1항).
② 한국교통안전공단은 운전면허시험을 실시한 경우에는 운전면허 종류별로 필기시험 및 기능시험 응시자 및 합격자 현황 등의 자료를 국토교통부장관에게 보고하여야 한다(규칙 제28조 제2항).

(8) 운전면허증의 발급 등

① 운전면허시험에 합격한 사람은 한국교통안전공단에 철도차량 운전면허증 (재)발급신

청서를 제출(정보통신망을 이용한 제출을 포함한다)하여야 한다(규칙 제29조 제1항).

② 철도차량 운전면허증 발급 신청을 받은 한국교통안전공단은 철도차량 운전면허증을 발급하여야 한다(규칙 제29조 제2항).

③ 철도차량 운전면허증을 발급받은 사람(운전면허 취득자)이 철도차량 운전면허증을 잃어버렸거나 헐어 못 쓰게 된 때에는 철도차량 운전면허증 (재)발급신청서에 분실사유서나 헐어 못 쓰게 된 운전면허증을 첨부하여 한국교통안전공단에 제출하여야 한다(규칙 제29조 제3항).

④ 한국교통안전공단은 철도차량 운전면허증을 발급이나 재발급한 때에는 철도차량 운전면허증 관리대장에 이를 기록·관리하여야 한다. 다만, 철도차량 운전면허증의 발급이나 재발급 사실을 관리하는 정보체계에 따라 관리하는 경우에는 철도차량 운전면허증 관리대장에 이를 기록·관리하지 아니할 수 있다(규칙 제29조 제4항).

(9) 철도차량 운전면허증 기록사항 변경

① 운전면허 취득자가 주소 등 철도차량 운전면허증의 기록사항을 변경하려는 경우에는 이를 증명할 수 있는 서류를 첨부하여 한국교통안전공단에 기록사항의 변경을 신청하여야 한다. 이 경우 한국교통안전공단은 기록사항을 변경한 때에는 철도차량 운전면허증 관리대장에 이를 기록·관리하여야 한다(규칙 제30조 제1항).

② 철도차량 운전면허증의 기록 사항의 변경을 관리하는 정보체계에 따라 관리하는 경우에는 철도차량 운전면허증 관리대장에 이를 기록·관리하지 아니할 수 있다(규칙 제30조 제2항).

9. 운전면허증의 발급 등

(1) 운전면허증 발급

국토교통부장관은 운전면허시험에 합격하여 운전면허를 받은 사람에게 국토교통부령으로 정하는 바에 따라 철도차량 운전면허증(운전면허증)을 발급하여야 한다(법 제18조 제1항).

(2) 운전면허증의 재발급

운전면허를 받은 사람(운전면허 취득자)이 운전면허증을 잃어버렸거나 운전면허증이 헐어서 쓸 수 없게 되었을 때 또는 운전면허증의 기재사항이 변경되었을 때에는 국토교통부령으로 정하는 바에 따라 운전면허증의 재발급이나 기재사항의 변경을 신청할 수 있다(법 제18조 제2항).

10. 운전면허의 갱신

(1) 운전면허 유효기간

운전면허의 유효기간은 10년으로 한다(법 제19조 제1항).

(2) 운전면허 갱신

운전면허 취득자로서 유효기간 이후에도 그 운전면허의 효력을 유지하려는 사람은 운전면허의 유효기간 만료 전에 국토교통부령으로 정하는 바에 따라 운전면허의 갱신을 받아야 한다(법 제19조 제2항).

(3) 운전면허의 갱신절차

① 철도차량운전면허(운전면허)를 갱신하려는 사람은 운전면허의 유효기간 만료일 전 6개월 이내에 철도차량 운전면허 갱신신청서에 다음의 서류를 첨부하여 한국교통안전공단에 제출하여야 한다(규칙 제31조 제1항).

㉠ 철도차량 운전면허증

㉡ 아래 (4)의 ①②③에 해당함을 증명하는 서류

② 갱신받은 운전면허의 유효기간은 종전 운전면허 유효기간의 만료일 다음 날부터 기산한다(규칙 제31조 제2항).

(4) 운전면허증 갱신발급

국토교통부장관은 운전면허의 갱신을 신청한 사람이 다음의 어느 하나에 해당하는 경우에는 운전면허증을 갱신하여 발급하여야 한다(법 제19조 제3항).

① 운전면허의 갱신을 신청하는 날 전 10년 이내에 운전면허의 유효기간 내에 6개월 이상 해당 철도차량의 운전업무에 종사한 경력이 있거나 다음과 같은 업무에 2년 이상의 경력이 있다고 인정되는 경우(규칙 제32조 제2항)

㉠ 관제업무

㉡ 운전교육훈련기관에서의 운전교육훈련업무

㉢ 철도운영자등에게 소속되어 철도차량 운전자를 지도·교육·관리하거나 감독하는 업무

② 운전교육훈련기관이나 철도운영자등이 실시한 철도차량 운전에 필요한 교육훈련을 운전면허 갱신신청일 전까지 20시간 이상 받은 경우(규칙 제32조 제3항)

③ 경력의 인정, 교육훈련의 내용 등 운전면허 갱신에 필요한 세부사항은 국토교통부장

관이 정하여 고시한다(규칙 제32조 제4항).

(5) 운전면허 효력정지

운전면허 취득자가 운전면허의 갱신을 받지 아니하면 그 운전면허의 유효기간이 만료되는 날의 다음 날부터 그 운전면허의 효력이 정지된다(법 제19조 제4항). 운전면허의 효력이 정지된 사람이 기간 내에 운전면허 갱신을 받은 경우 해당 운전면허의 유효기간은 갱신 받기 전 운전면허의 유효기간 만료일 다음 날부터 기산한다(영 제19조 제1항).

(6) 운전면허 갱신 안내 통지

① 한국교통안전공단은 운전면허의 효력이 정지된 사람이 있는 때에는 해당 운전면허의 효력이 정지된 날부터 30일 이내에 해당 운전면허 취득자에게 이를 통지하여야 한다(규칙 제33조 제1항).
② 한국교통안전공단은 운전면허의 유효기간 만료일 6개월 전까지 해당 운전면허 취득자에게 운전면허 갱신에 관한 내용을 통지하여야 한다(규칙 제33조 제2항).
③ 운전면허 갱신에 관한 통지는 철도차량 운전면허 갱신통지서에 따른다(규칙 제33조 제3항).
④ 통지를 받을 사람의 주소 등을 통상적인 방법으로 확인할 수 없거나 통지서를 송달할 수 없는 경우에는 한국교통안전공단 게시판 또는 인터넷 홈페이지에 14일 이상 공고함으로써 통지에 갈음할 수 있다(규칙 제33조 제4항).

(7) 운전면허 효력상실

운전면허의 효력이 정지된 사람이 6개월의 범위에서 6개월 내에 운전면허의 갱신을 신청하여 운전면허의 갱신을 받지 아니하면 그 기간이 만료되는 날의 다음 날부터 그 운전면허는 효력을 잃는다(법 제19조 제5항).

(8) 운전면허 갱신내용 통지

국토교통부장관은 운전면허 취득자에게 그 운전면허의 유효기간이 만료되기 전에 국토교통부령으로 정하는 바에 따라 운전면허의 갱신에 관한 내용을 통지하여야 한다(법 제19조 제6항).

(9) 일부 면제

국토교통부장관은 운전면허의 효력이 실효된 사람이 운전면허를 다시 받으려는 경우 그 절차의 일부를 면제할 수 있다(법 제19조 제7항).

(10) 운전면허 취득절차의 일부 면제

운전면허의 효력이 실효된 사람이 운전면허가 실효된 날부터 3년 이내에 실효된 운전면허와 동일한 운전면허를 취득하려는 경우에는 다음의 구분에 따라 운전면허 취득절차의 일부를 면제한다(영 제20조 제1항).

① **운전면허 갱신 사유에 해당하지 아니하는 경우** : 운전교육훈련 면제
② **운전면허 갱신 사유에 해당하는 경우** : 운전교육훈련과 운전면허시험 중 필기시험 면제

11. 운전면허증의 대여 금지

누구든지 운전면허증을 다른 사람에게 빌려주거나 빌리거나 이를 알선하여서는 아니 된다(법 제19조의2).

12. 운전면허의 취소 · 정지 등

(1) 운전면허의 효력정지

국토교통부장관은 운전면허 취득자가 다음의 어느 하나에 해당할 때에는 운전면허를 취소하거나 1년 이내의 기간을 정하여 운전면허의 효력을 정지시킬 수 있다. 다만, ①부터 ④까지의 규정에 해당할 때에는 운전면허를 취소하여야 한다(법 제20조 제1항).

① 거짓이나 그 밖의 부정한 방법으로 운전면허를 받았을 때
② 운전적성검사에 불합격한 사람 또는 운전적성검사 과정에서 부정행위에 해당하게 되었을 때
③ 운전면허의 효력정지기간 중 철도차량을 운전하였을 때
④ 운전면허증을 다른 사람에게 빌려주었을 때
⑤ 철도차량을 운전 중 고의 또는 중과실로 철도사고를 일으켰을 때
⑥ 철도종사자의 준수사항을 위반하였을 때
⑦ 술을 마시거나 약물을 사용한 상태에서 철도차량을 운전하였을 때
⑧ 술을 마시거나 약물을 사용한 상태에서 업무를 하였다고 인정할 만한 상당한 이유가 있

음에도 불구하고 국토교통부장관 또는 시·도지사의 확인 또는 검사를 거부하였을 때
⑨ 이 법 또는 이 법에 따라 철도의 안전 및 보호와 질서유지를 위하여 한 명령·처분을 위반하였을 때

(2) 처분의 통지

국토교통부장관이 운전면허의 취소 및 효력정지 처분을 하였을 때에는 국토교통부령으로 정하는 바에 따라 그 내용을 해당 운전면허 취득자와 운전면허 취득자를 고용하고 있는 철도운영자등에게 통지하여야 한다(법 제20조 제2항).

(3) 운전면허의 취소 및 효력정지 처분의 통지 등

① 국토교통부장관은 운전면허의 취소나 효력정지 처분을 한 때에는 철도차량 운전면허 취소·효력정지 처분 통지서를 해당 처분대상자에게 발송하여야 한다(규칙 제34조 제1항).
② 국토교통부장관은 처분대상자가 철도운영자등에게 소속되어 있는 경우에는 철도운영자 등에게 그 처분 사실을 통지하여야 한다(규칙 제34조 제2항).
③ 처분대상자의 주소 등을 통상적인 방법으로 확인할 수 없거나 철도차량 운전면허 취소·효력정지 처분 통지서를 송달할 수 없는 경우에는 운전면허시험기관인 한국교통안전공단 게시판 또는 인터넷 홈페이지에 14일 이상 공고함으로써 통지에 갈음할 수 있다(규칙 제34조 제3항).
④ 운전면허의 취소 또는 효력정지 처분의 통지를 받은 사람은 통지를 받은 날부터 15일 이내에 운전면허증을 한국교통안전공단에 반납하여야 한다(규칙 제34조 제4항).

(4) 운전면허증 반납

운전면허의 취소 또는 효력정지 통지를 받은 운전면허 취득자는 그 통지를 받은 날부터 15일 이내에 운전면허증을 국토교통부장관에게 반납하여야 한다(법 제20조 제3항).

(5) 운전면허증 반환

국토교통부장관은 운전면허의 효력이 정지된 사람으로부터 운전면허증을 반납받았을 때에는 보관하였다가 정지기간이 끝나면 즉시 돌려주어야 한다(법 제20조 제4항).

(6) 운전면허취소 · 효력정지 처분의 세부기준(규칙 별표10의2)

위반사항 및 내용	근거 법조문	처분기준			
		1차 위반	2차 위반	3차 위반	4차 위반
1. 거짓이나 그 밖의 부정한 방법으로 운전면허를 받은 경우	법 제20조 제1항 제1호	면허취소			
2. 법 제11조 제2호부터 제4호까지의 규정에 해당하는 경우 가. 철도차량 운전상의 위험과 장해를 일으킬 수 있는 정신질환자 또는 뇌전증환자로서 해당 분야 전문의가 정상적인 운전을 할 수 없다고 인정하는 사람	법 제20조 제1항 제2호	면허취소			
나. 철도차량 운전상의 위험과 장해를 일으킬 수 있는 약물(「마약류 관리에 관한 법률」 제2조 제1호에 따른 마약류 및 「화학물질관리법」 제22조 제1항에 따른 환각물질을 말한다) 또는 알코올 중독자로서 해당 분야 전문의가 정상적인 운전을 할 수 없다고 인정하는 사람 다. 두 귀의 청력을 완전히 상실한 사람, 두 눈의 시력을 완전히 상실한 사람 라. 말을 하지 못하는 사람 마. 다리·머리·척추 그 밖의 신체장애로 인하여 걷지 못하거나 앉아 있을 수 없는 사람 바. 한쪽 팔이나 한쪽 다리 이상을 쓸 수 없는 사람 사. 한쪽 다리 발목 이상을 잃은 사람 아. 한쪽 손 이상의 엄지손가락을 잃었거나 엄지손가락을 제외한 손가락 3개 이상 잃은 사람	법 제20조 제1항 제2호	면허취소			
3. 운전면허의 효력정지 기간 중 철도차량을 운전한 경우	법 제20조 제1항 제3호	면허취소			
4. 운전면허증을 다른 사람에게 빌려주었을 때	법 제20조 제1항 제4호	면허취소			

5. 철도차량을 운전 중 고의 또는 중과실로 철도사고를 일으킨 경우	사망자가 발생한 경우	법 제20조 제1항 제5호	면허취소			
	부상자가 발생한 경우		효력정지 3개월	면허취소		
	1천만원 이상 물적 피해가 발생한 경우		효력정지 15일	효력정지 3개월	면허취소	
5의2. 법 제40조의2 제1항을 위반한 경우		법 제20조 제1항 제5호의2	경고	효력정지 1개월	효력정지 2개월	효력정지 3개월
5의3. 법 제40조의2 제5항을 위반한 경우		법 제20조 제1항 제5호의2	효력정지 1개월	면허취소		
6. 법 제41조 제1항을 위반하여 술에 만취한 상태(혈중 알코올농도 0.1퍼센트 이상)에서 운전한 경우		법 제20조 제1항 제6호	면허취소			
7. 법 제41조 제1항을 위반하여 술을 마신 상태의 기준(혈중 알코올농도 0.02퍼센트 이상)을 넘어서 운전을 하다가 철도사고를 일으킨 경우		법 제20조 제1항 제6호	면허취소			
8. 법 제41조 제1항을 위반하여 약물을 사용한 상태에서 운전한 경우		법 제20조 제1항 제6호	면허취소			
9. 법 제41조 제1항을 위반하여 술을 마신 상태(혈중 알코올농도 0.02퍼센트 이상 0.1퍼센트 미만)에서 운전한 경우		법 제20조 제1항 제6호	효력정지 3개월	면허취소		
10. 법 제41조 제2항을 위반하여 술을 마시거나 약물을 사용한 상태에서 업무를 하였다고 인정할 만한 상당한 이유가 있음에도 불구하고 확인이나 검사 요구에 불응한 경우		법 제20조 제1항 제7호	면허취소			
11. 철도차량 운전규칙을 위반하여 운전을 하다가 열차운행에 중대한 차질을 초래한 경우		법 제20조 제1항 제8호	효력정지 1개월	효력정지 2개월	효력정지 3개월	면허취소

비고 :

1. 위반행위가 둘 이상인 경우로서 그에 해당하는 각각의 처분기준이 다른 경우에는 그 중 무거운 처분기준에 따르며, 위반행위가 둘 이상인 경우로서 그에 해당하는 각각의 처분기준이 같

은 경우에는 무거운 처분기준의 2분의 1까지 가중할 수 있되, 각 처분기준을 합산한 기간을 초과할 수 없다.

2. 위반행위의 횟수에 따른 행정처분의 기준은 최근 1년간 같은 위반행위로 행정처분을 받은 경우에 적용한다. 이 경우 행정처분 기준의 적용은 같은 위반행위에 대하여 최초로 행정처분을 한 날과 그 처분 후의 위반행위가 다시 적발된 날을 기준으로 한다.

(7) 자료 유지 · 관리

① 국토교통부장관은 국토교통부령으로 정하는 바에 따라 운전면허의 발급, 갱신, 취소 등에 관한 자료를 유지 · 관리하여야 한다(법 제20조 제6항).

② 한국교통안전공단은 운전면허 취득자의 운전면허의 발급 · 갱신 · 취소 등에 관한 사항을 철도차량 운전면허 발급대장에 기록하고 유지 · 관리하여야 한다(규칙 제36조).

13. 운전업무 실무수습

(1) 실무수습

철도차량의 운전업무에 종사하려는 사람은 국토교통부령으로 정하는 바에 따라 실무수습을 이수하여야 한다(법 제21조).

(2) 운전업무 실무수습

철도차량의 운전업무에 종사하려는 사람이 이수하여야 하는 실무수습의 세부기준은 별표 11과 같다(규칙 제37조).

실무수습 · 교육의 세부기준(규칙 별표11)

1. 운전면허취득을 위한 실무수습 · 교육 기준
   가. 철도차량 운전면허 미소지자

면허종별	실무수습 · 교육항목	실무수습 · 교육시간 또는 거리
제1종 전기차량 운전면허	• 선로 · 신호 등 시스템 • 운전취급 관련 규정 • 제동기 취급 • 제동기 외의 기기취급 • 속도관측 • 비상시 조치 등	400시간 이상 또는 8,000킬로미터 이상
디젤차량 운전면허		400시간 이상 또는 8,000킬로미터 이상

제2종 전기차량 운전면허		400시간 이상 또는 6,000킬로미터 이상(단, 무인 운전 구간의 경우 200시간 이상 또는 3,000킬로미터 이상)
철도장비운전면허		300시간 이상 또는 3,000킬로미터 이상
노면전차운전면허		300시간 이상 또는 3,000킬로미터 이상

나. 철도차량 운전면허 소지자

면허종별	실무수습 · 교육항목	실무수습 · 교육시간 또는 거리
고속철도차량 운전면허	• 선로 · 신호 등 시스템 • 운전취급 관련 규정 • 제동기 취급 • 제동기 외의 기기취급 • 속도관측 • 비상시조치 등	200시간 이상 또는 10,000킬로미터 이상
제1종 전기차량 운전면허		200시간 이상 또는 4,000킬로미터 이상
디젤차량 운전면허		200시간 이상 또는 4,000킬로미터 이상
제2종 전기차량 운전면허		200시간 이상 또는 3,000킬로미터 이상(단, 무인 운전 구간의 경우 100시간 이상 또는 1,500킬로미터 이상)
철도장비운전면허		150시간 이상 또는 1,500킬로미터 이상
노면전차운전면허		150시간 이상 또는 1,500킬로미터 이상

2. 철도차량 운행을 위한 실무수습 · 교육 기준
   가. 운전업무종사자가 운전업무 수행경력이 없는 구간을 운전하려는 때에는 60시간 이상 또는 1,200킬로미터 이상의 실무수습 · 교육을 받아야 한다. 다만, 철도장비 운전업무를 수행하는 경우는 30시간 이상 또는 600킬로미터 이상으로 한다.
   나. 운전업무종사자가 기기취급방법, 작동원리, 조작방식 등이 다른 철도차량을 운전하려는 때는 해당 철도차량의 운전면허를 소지하고 30시간 이상 또는 600킬로미터 이상의 실무수습 · 교육을 받아야 한다.
   다. 연장된 신규 노선이나 이설선로의 경우에는 수습구간의 거리에 따라 다음과 같이 실무수습 교육을 실시한다. 다만, 제75조 제10항에 따라 영업시운전을 생략할 수 있는 경우에는 영상자료 등 교육자료를 활용한 선로견습으로 실무수습을 실시할 수 있다.
      1) 수습구간이 10킬로미터 미만 : 1왕복 이상

2) 수습구간이 10킬로미터 이상~20킬로미터 미만 : 2왕복 이상
3) 수습구간이 20킬로미터 이상 : 3왕복 이상

3. 일반사항
가. 제1호 및 제2호에서 운전실무수습·교육의 시간은 교육시간, 준비점검시간 및 차량점검시간과 실제운전시간을 모두 포함한다.
나. 실무수습 교육거리는 선로견습, 시운전, 실제 운전거리를 포함한다.

4. 제1호부터 제3호까지에서 규정한 사항 외에 운전업무 실무수습의 방법·평가 등에 관하여 필요한 세부사항은 국토교통부장관이 정하여 고시한다.

(3) 운전업무 실무수습의 관리 등

철도운영자등은 철도차량의 운전업무에 종사하려는 사람이 운전업무 실무수습을 이수한 경우에는 별지 제24호 서식의 운전업무종사자 실무수습 관리대장에 운전업무 실무수습을 받은 구간 등을 기록하고 그 내용을 한국교통안전공단에 통보해야 한다(규칙 제38조).

14. 무자격자의 운전업무 금지 등

철도운영자등은 운전면허를 받지 아니하거나(운전면허가 취소되거나 그 효력이 정지된 경우를 포함한다) 실무수습을 이수하지 아니한 사람을 철도차량의 운전업무에 종사하게 하여서는 아니 된다(법 제21조의2).

15. 관제자격증명

(1) 관제자격증명

관제업무에 종사하려는 사람은 국토교통부장관으로부터 철도교통관제사 자격증명(관제자격증명)을 받아야 한다(법 제21조의3).

(2) 관제자격증명 갱신 및 취득절차의 일부 면제

철도교통관제사 자격증명의 갱신 및 취득절차의 일부 면제에 관하여는 운전면허 규정을 준용한다. 이 경우 "운전면허"는 "관제자격증명"으로, "운전교육훈련"은 "관제교육훈련"으로, "운전면허시험 중 필기시험"은 "관제자격증명시험 중 학과시험"으로 본다(영 제20조의4).

16. 관제자격증명의 결격사유

관제자격증명의 결격사유에 관하여는 운전면허 규정을 준용한다. 이 경우 “운전면허”는 “관제자격증명”으로, “철도차량 운전”은 “관제업무”로 본다(법 제21조의4).

17. 관제자격증명의 신체검사

(1) 관제자격증명의 신체검사

관제자격증명을 받으려는 사람은 관제업무에 적합한 신체상태를 갖추고 있는지 판정받기 위하여 국토교통부장관이 실시하는 신체검사에 합격하여야 한다(법 제21조의5 제1항).

(2) 운전면허 규정준용

신체검사의 방법 및 절차 등에 관하여는 운전면허 규정을 준용한다. 이 경우 “운전면허”는 “관제자격증명”으로, “철도차량 운전”은 “관제업무”로 본다(법 제21조의5 제2항).

18. 관제적성검사

(1) 관제적성검사 합격

관제자격증명을 받으려는 사람은 관제업무에 적합한 적성을 갖추고 있는지 판정받기 위하여 국토교통부장관이 실시하는 적성검사(관제적성검사)에 합격하여야 한다(법 제21조의6 제1항).

(2) 관제적성검사 방법 및 절차의 준용

관제적성검사의 방법 및 절차 등에 관하여는 운전면허 규정을 준용한다. 이 경우 “운전적성검사”는 “관제적성검사”로 본다(법 제21조의6 제2항).

(3) 관제적성검사기관 지정 및 검사

국토교통부장관은 관제적성검사에 관한 전문기관(관제적성검사기관)을 지정하여 관제적성검사를 하게 할 수 있다(법 제21조의6 제3항).

(4) 관제적성검사기관의 지정절차 등

① 관제적성검사기관의 지정기준 및 지정절차 등에 필요한 사항은 대통령령으로 정한다(법 제21조의6 제4항).

② 관제적성검사에 관한 전문기관(관제적성검사기관)의 지정절차, 지정기준 및 변경사항 통지에 관하여는 운전면허 규정을 준용한다. 이 경우 "운전적성검사기관"은 "관제적성검사기관"으로, "운전업무종사자"는 "관제업무종사자"로, "운전적성검사"는 "관제적성검사"로 본다(영 제20조의2).

(5) 관제적성검사기관의 지정취소 및 업무정지 등

관제적성검사기관의 지정취소 및 업무정지 등에 관하여는 운전면허 규정을 준용한다. 이 경우 "운전적성검사기관"은 "관제적성검사기관"으로, "운전적성검사"는 "관제적성검사"로, "제15조 제5항"은 "제21조의6 제4항"으로 본다(법 제21조의6 제5항).

19. 관제교육훈련

(1) 관제교육훈련

관제자격증명을 받으려는 사람은 관제업무의 안전한 수행을 위하여 국토교통부장관이 실시하는 관제업무에 필요한 지식과 능력을 습득할 수 있는 교육훈련(관제교육훈련)을 받아야 한다. 다만, 다음의 어느 하나에 해당하는 사람에게는 국토교통부령으로 정하는 바에 따라 관제교육훈련의 일부를 면제할 수 있다(법 제21조의7 제1항).

① 학교에서 국토교통부령으로 정하는 관제업무 관련 교과목을 이수한 사람
② 다음의 어느 하나에 해당하는 업무에 대하여 5년 이상의 경력을 취득한 사람
　㉠ 철도차량의 운전업무
　㉡ 철도신호기·선로전환기·조작판의 취급업무

(2) 관제교육훈련의 기간·방법 등

① 관제교육훈련은 모의관제시스템을 활용하여 실시한다(규칙 제38조의2 제1항).

② **관제교육훈련의 과목과 교육훈련시간**(규칙 별표11의2)

관제교육훈련의 과목과 교육훈련시간(규칙 별표11의2)

1. 관제교육훈련의 과목 및 교육훈련시간

관제교육훈련 과목	교육훈련시간
가. 열차운행계획 및 실습 나. 철도관제시스템 운용 및 실습 다. 열차운행선 관리 및 실습 라. 비상 시 조치 등	360시간

2. 관제교육훈련의 일부 면제
   가. 법 제21조의7 제1항 제1호에 따라 「고등교육법」 제2조에 따른 학교에서 제1호에 따른 관제교육훈련 과목 중 어느 하나의 과목과 교육내용이 동일한 교과목을 이수한 사람에게는 해당 관제교육훈련 과목의 교육훈련을 면제한다. 이 경우 교육훈련을 면제받으려는 사람은 해당 교과목의 이수 사실을 증명할 수 있는 서류를 관제교육훈련기관에 제출하여야 한다.
   나. 법 제21조의7 제1항 제2호에 따라 철도차량의 운전업무 또는 철도신호기·선로전환기·조작판의 취급업무에 5년 이상의 경력을 취득한 사람에 대한 교육훈련시간은 105시간으로 한다. 이 경우 교육훈련을 면제받으려는 사람은 해당 경력을 증명할 수 있는 서류를 관제교육훈련기관에 제출하여야 한다.

③ 관제교육훈련기관은 관제교육훈련을 수료한 사람에게 관제교육훈련 수료증을 발급하여야 한다(규칙 제38조의2 제3항).

④ 관제교육훈련의 신청, 관제교육훈련과정의 개설 및 그 밖에 관제교육훈련의 절차·방법 등에 관하여는 운전면허 규정을 준용한다. 이 경우 "운전교육훈련"은 "관제교육훈련"으로, "운전교육훈련기관"은 "관제교육훈련기관"으로 본다(규칙 제38조의2 제4항).

(3) 전문 교육훈련기관 지정

국토교통부장관은 관제업무에 관한 전문 교육훈련기관을 지정하여 관제교육훈련을 실시하게 할 수 있다(법 제21조의7 제3항).

(4) 관제교육훈련기관의 지정절차 등

관제업무에 관한 전문 교육훈련기관의 지정절차, 지정기준 및 변경사항 통지에 관하여는 운전면허 규정을 준용한다. 이 경우 "운전교육훈련기관"은 "관제교육훈련기관"으로, "운전업무종사자"는 "관제업무종사자"로, "운전교육훈련"은 "관제교육훈련"으로 본다(영 제20조의3).

(5) 관제교육훈련기관 지정절차 등

① 관제교육훈련기관으로 지정받으려는 자는 관제교육훈련기관 지정신청서에 다음의 서류를 첨부하여 국토교통부장관에게 제출하여야 한다. 이 경우 국토교통부장관은 행정정보의 공동이용을 통하여 법인 등기사항증명서(신청인이 법인인 경우만 해당한다)를 확인하여야 한다(규칙 제38조의4 제1항).

㉠ 관제교육훈련계획서(관제교육훈련평가계획을 포함한다)

㉡ 관제교육훈련기관 운영규정

㉢ 정관이나 이에 준하는 약정(법인 그 밖의 단체에 한정한다)

㉣ 관제교육훈련을 담당하는 강사의 자격·학력·경력 등을 증명할 수 있는 서류 및 담당업무

㉤ 관제교육훈련에 필요한 강의실 등 시설 내역서

㉥ 관제교육훈련에 필요한 모의관제시스템 등 장비 내역서

㉦ 관제교육훈련기관에서 사용하는 직인의 인영

② 국토교통부장관은 관제교육훈련기관의 지정 신청을 받은 때에는 그 지정 여부를 종합적으로 심사한 후 관제교육훈련기관 지정서를 신청인에게 발급하여야 한다(규칙 제38조의4 제2항).

(6) 관제교육훈련기관의 세부 지정기준 등

① 관제교육훈련기관의 세부 지정기준(규칙 별표11의3)

관제교육훈련기관의 세부 지정기준(규칙 별표11의3)

1. 인력기준

가. 자격기준

등 급	학력 및 경력
책임교수	1) 박사학위 소지자로서 철도교통에 관한 업무에 10년 이상 또는 철도교통관제 업무에 5년 이상 근무한 경력이 있는 사람 2) 석사학위 소지자로서 철도교통에 관한 업무에 15년 이상 또는 철도교통관제 업무에 8년 이상 근무한 경력이 있는 사람 3) 학사학위 소지자로서 철도교통에 관한 업무에 20년 이상 또는 철도교통관제 업무에 10년 이상 근무한 경력이 있는 사람 4) 철도 관련 4급 이상의 공무원 경력 또는 이와 같은 수준 이상의 자격 및 경력이 있는 사람 5) 대학의 철도교통관제 관련 학과에서 조교수 이상으로 재직한 경력이 있는 사람 6) 선임교수 경력이 3년 이상 있는 사람

선임교수	1) 박사학위 소지자로서 철도교통에 관한 업무에 5년 이상 또는 철도교통관제 업무나 철도차량 운전 관련 업무에 3년 이상 근무한 경력이 있는 사람 2) 석사학위 소지자로서 철도교통에 관한 업무에 10년 이상 또는 철도교통관제 업무나 철도차량 운전 관련 업무에 5년 이상 근무한 경력이 있는 사람 3) 학사학위 소지자로서 철도교통에 관한 업무에 15년 이상 또는 철도교통관제 업무나 철도차량 운전 관련 업무에 8년 이상 근무한 경력이 있는 사람 4) 철도 관련 5급 이상의 공무원 경력 또는 이와 같은 수준 이상의 자격 및 경력이 있는 사람 5) 대학의 철도교통관제 관련 학과에서 전임강사 이상으로 재직한 경력이 있는 사람 6) 교수 경력이 3년 이상 있는 사람
교수	철도교통관제 업무에 1년 이상 또는 철도차량 운전업무에 3년 이상 근무한 경력이 있는 사람으로서 다음의 어느 하나에 해당하는 학력 및 경력을 갖춘 사람 1) 학사학위 소지자로서 철도교통관제사나 철도차량 운전업무수행자에 대한 지도교육 경력이 2년 이상 있는 사람 2) 전문학사 소지자로서 철도교통관제사나 철도차량 운전업무수행자에 대한 지도교육 경력이 3년 이상 있는 사람 3) 고등학교 졸업자로서 철도교통관제사나 철도차량 운전업무수행자에 대한 지도교육 경력이 5년 이상 있는 사람 4) 철도교통관제와 관련된 교육기관에서 강의 경력이 1년 이상 있는 사람

비고
1. 철도교통에 관한 업무란 철도운전·신호취급·안전에 관한 업무를 말한다.
2. 철도교통에 관한 업무 경력에는 책임교수의 경우 철도교통관제 업무 3년 이상, 선임교수의 경우 철도교통관제 업무 2년 이상이 포함되어야 한다.
3. 철도차량운전 관련 업무란 철도차량 운전업무수행자에 대한 안전관리·지도교육 및 관리감독 업무를 말한다.
4. 철도차량 운전업무나 철도교통관제 업무 수행경력이 있는 사람으로서 현장 지도교육의 경력은 운전업무나 관제업무 수행경력으로 합산할 수 있다.

나. 보유기준

1회 교육생 30명을 기준으로 철도교통관제 전임 책임교수 1명, 비전임 선임교수, 교수를 각 1명 이상 확보하여야 하며, 교육인원이 15명 추가될 때마다 교수 1명 이상을 추가로 확보하여야 한다. 이 경우 추가로 확보하여야 하는 교수는 비전임으로 할 수 있다.

2. 시설기준

가. 강의실

면적 60제곱미터 이상의 강의실을 갖출 것. 다만, 1제곱미터당 교육인원은 1명을 초과하지 아니하여야 한다.

나. 실기교육장

1) 모의관제시스템을 설치할 수 있는 실습장을 갖출 것
2) 30명이 동시에 실습할 수 있는 면적 90제곱미터 이상의 컴퓨터지원시스템 실습장을 갖출 것

다. 그 밖에 교육훈련에 필요한 사무실·편의시설 및 설비를 갖출 것

3. 장비기준

가. 모의관제시스템

장 비 명	성능기준	보유기준
전 기능 모의관제시스템	• 제어용 서버 시스템 • 대형 표시반 및 Wall Controller 시스템 • 음향시스템 • 관제사 콘솔 시스템 • 교수제어대 및 평가시스템	1대 이상 보유

나. 컴퓨터지원교육시스템

장 비 명	성능기준	보유기준
컴퓨터지원교육시스템	• 열차운행계획 • 철도관제시스템 운용 및 실무 • 열차운행선 관리 • 비상 시 조치 등	관련 프로그램 및 컴퓨터 30대 이상 보유

비고 :

1. 컴퓨터지원교육시스템이란 컴퓨터의 멀티미디어 기능을 활용하여 관제교육훈련을 시행할 수 있도록 제작된 기본기능 모의관제시스템 및 이를 지원하는 컴퓨터시스템 일체를 말한다.
2. 기본기능 모의관제시스템이란 철도 관제교육훈련에 꼭 필요한 부분만을 제작한 시스템을 말한다.

4. 관제교육훈련에 필요한 교재를 갖출 것

5. 다음 각 목의 사항을 포함한 업무규정을 갖출 것

가. 관제교육훈련기관의 조직 및 인원

나. 교육생 선발에 관한 사항

다. 연간 교육훈련계획 : 교육과정 편성, 교수인력의 지정 교과목 및 내용 등

라. 교육기관 운영계획

마. 교육생 평가에 관한 사항

바. 실습설비 및 장비 운용방안

사. 각종 증명의 발급 및 대장의 관리

아. 교수인력의 교육훈련

자. 기술도서 및 자료의 관리·유지

차. 수수료 징수에 관한 사항

카. 그 밖에 국토교통부장관이 관제교육훈련에 필요하다고 인정하는 사항

② 국토교통부장관은 관제교육훈련기관이 지정기준에 적합한지의 여부를 2년마다 심사하여야 한다(규칙 제38조의5 제2항).

③ 관제교육훈련기관의 변경사항 통지에 관하여는 운전면허 규정을 준용한다. 이 경우 "운전교육훈련기관"은 "관제교육훈련기관"으로 본다(규칙 제38조의5 제3항).

(7) 관제교육훈련기관의 지정취소 및 업무정지 등

관제교육훈련기관의 지정취소 및 업무정지 등에 관하여는 운전면허 규정을 준용한다. 이 경우 "운전적성검사기관"은 "관제교육훈련기관"으로, "운전적성검사"는 "관제교육훈련"으로, "제15조 제5항"은 "제21조의7 제4항"으로, "운전적성검사 판정서"는 "관제교육훈련 수료증"으로 본다(법 제21조의7 제5항).

(8) 관제교육훈련기관의 지정취소 · 업무정지 등

① 관제교육훈련기관의 지정취소 및 업무정지의 기준(규칙 별표9)

위반사항	근거 법조문	처분기준			
		1차 위반	2차 위반	3차 위반	4차 위반
1. 거짓이나 그 밖의 부정한 방법으로 지정을 받은 경우	법 제16조 제5항 제1호	지정취소			
2. 업무정지 명령을 위반하여 그 정지기간 중 운전교육훈련업무를 한 경우	법 제16조 제5항 제2호	지정취소			
3. 법 제16조 제4항에 따른 지정기준에 맞지 아니한 경우	법 제16조 제5항 제3호	경고 또는 보완명령	업무정지 1개월	업무정지 3개월	지정취소
4. 정당한 사유 없이 운전교육훈련업무를 거부한 경우	법 제16조 제5항 제4호	경고	업무정지 1개월	업무정지 3개월	지정취소
5. 법 제16조 제5항을 위반하여 거짓이나 그 밖의 부정한 방법으로 운전교육훈련 수료증을 발급한 경우	법 제16조 제5항 제5호	업무정지 1개월	업무정지 3개월	지정취소	

비고 :

1. 위반행위가 둘 이상인 경우로서 그에 해당하는 각각의 처분기준이 다른 경우에는 그 중 무거운 처분기준에 따르며, 위반행위가 둘 이상인 경우로서 그에 해당하는 각각의 처분기준이 같은 경우에는 무거운 처분기준의 2분의 1까지 가중할 수 있되, 각 처분기준을 합산한 기간을 초과할 수 없다.

2. 위반행위의 횟수에 따른 행정처분의 가중된 부과기준은 최근 1년간 같은 위반행위로 행정처분을 받은 경우에 적용한다. 이 경우 기간의 계산은 위반행위에 대하여 행정처분을 받은 날과 그 처분 후 다시 같은 위반행위를 하여 적발된 날을 기준으로 한다.
3. 비고 제2호에 따라 가중된 행정처분을 하는 경우 가중처분의 적용 차수는 그 위반행위 전 부과처분 차수(비고 제2호에 따른 기간 내에 행정처분이 둘 이상 있었던 경우에는 높은 차수를 말한다)의 다음 차수로 한다.
4. 처분권자는 위반행위의 동기·내용 및 위반의 정도 등 다음 각 목에 해당하는 사유를 고려하여 그 처분을 감경할 수 있다. 이 경우 그 처분이 업무정지인 경우에는 그 처분기준의 2분의 1 범위에서 감경할 수 있고, 지정취소인 경우(거짓이나 그 밖의 부정한 방법으로 지정을 받은 경우나 업무정지 명령을 위반하여 정지기간 중 교육훈련업무를 한 경우는 제외한다)에는 3개월의 업무정지 처분으로 감경할 수 있다.
   가. 위반행위가 고의나 중대한 과실이 아닌 사소한 부주의나 오류로 인한 것으로 인정되는 경우
   나. 위반의 내용·정도가 경미하여 이해관계인에게 미치는 피해가 적다고 인정되는 경우

② 관제교육훈련기관 지정취소·업무정지의 통지 등에 관하여는 운전면허 규정을 준용한다. 이 경우 "운전교육훈련기관"은 "관제교육훈련기관"으로 본다(규칙 제38조의6 제2항).

20. 관제자격증명시험

(1) 관제자격증명시험

관제자격증명을 받으려는 사람은 관제업무에 필요한 지식 및 실무역량에 관하여 국토교통부장관이 실시하는 학과시험 및 실기시험(관제자격증명시험)에 합격하여야 한다(법 제21조의8 제1항).

(2) 관제자격증명시험의 과목 및 합격기준

① 관제자격증명시험 중 실기시험은 모의관제시스템을 활용하여 시행한다(규칙 제38조의7 제1항).

② 관제자격증명시험의 과목 및 합격기준은 다음과 같다. 이 경우 실기시험은 학과시험을 합격한 경우에만 응시할 수 있다(규칙 제38조의7 제2항).

관제자격증명시험의 과목 및 합격기준(규칙 별표11의4)

1. 학과시험 및 실기시험 과목

학과시험	실기시험
가. 철도관련법 나. 관제관련규정 다. 철도시스템 일반 라. 철도교통 관제운영 마. 비상 시 조치 등	가. 열차운행계획 나. 철도관제시스템 운용 및 실무 다. 열차운행선 관리 라. 비상 시 조치 등

2. 학과시험의 일부 면제
   가. 법 제21조의8 제3항 제1호에 따라 운전면허를 받은 사람에 대해서는 제1호의 학과시험 과목 중 철도관련법 과목 및 철도시스템 일반 과목을 면제한다.
   나. 법 제21조의8 제3항 제2호에 따라 「국가기술자격법」 제2조 제1호에 따른 국가기술자격으로서 제38조의9에 따른 국가기술자격을 가진 사람에 대해서는 제1호의 학과시험 과목 중 해당 국가기술자격의 시험과목과 동일한 과목을 면제한다.
   다. 법률 제13436호 철도안전법 일부개정법률 부칙 제3조 제5항 단서에 따라 종전의 법 제22조 제1항(법률 제13436호 철도안전법 일부개정법률로 개정되기 전의 것을 말한다)에 따라 실무수습·교육을 이수한 사람에 대해서는 제1호의 학과시험 과목 전부를 면제한다.

비고
1. 철도관련법은 「철도안전법」, 같은 법 시행령 및 시행규칙과 관련 지침을 포함한다.
2. 관제관련규정은 철도차량운전규칙, 철도교통관제 운영규정 등 철도교통 운전 및 관제에 필요한 규정을 말한다.
3. 관제자격증명시험의 합격기준은 다음과 같다.
   가. 학과시험 합격기준은 과목당 100점을 만점으로 하여 시험 과목당 40점 이상(관제관련규정의 경우 60점 이상), 총점 평균 60점 이상 득점한 사람
   나. 실기시험의 합격기준은 시험 과목당 60점 이상, 총점 평균 80점 이상 득점한 사람

③ 관제자격증명시험 중 학과시험에 합격한 사람에 대해서는 학과시험에 합격한 날부터 2년이 되는 날이 속하는 해의 12월 31일까지 실시하는 관제자격증명시험에 있어 학과시험의 합격을 유효한 것으로 본다(규칙 제38조의7 제3항).

④ 관제자격증명시험의 방법·절차, 실기시험 평가위원의 선정 등에 관하여 필요한 세부사항은 국토교통부장관이 정한다(규칙 제38조의7 제4항).

(3) 관제자격증명시험 시행계획의 공고

관제자격증명시험 시행계획의 공고에 관하여는 운전면허 규정을 준용한다. 이 경우 “운

전면허시험"은 "관제자격증명시험"으로, "필기시험 및 기능시험"은 "학과시험 및 실기시험"으로 본다(규칙 제38조의8).

(4) 신체검사와 관제적성검사 합격

관제자격증명시험에 응시하려는 사람은 신체검사와 관제적성검사에 합격한 후 관제교육훈련을 받아야 한다(법 제21조의8 제2항).

(4) 관제자격증명시험 일부면제

국토교통부장관은 다음의 어느 하나에 해당하는 사람에게는 국토교통부령으로 정하는 바에 따라 관제자격증명시험의 일부를 면제할 수 있다(법 제21조의8 제3항).

① 운전면허를 받은 사람
② 국가기술자격으로서 국토교통부령으로 정하는 철도관제 관련 분야의 자격을 가진 사람

(5) 관제자격증명시험의 일부 면제 대상

관제자격증명시험의 학과시험 과목 중 어느 하나의 과목과 동일한 과목을 시험과목으로 하는 국가기술자격을 말한다(규칙 제38조의9).

(6) 관제자격증명시험 응시원서의 제출 등

① 관제자격증명시험에 응시하려는 사람은 관제자격증명시험 응시원서에 다음의 서류를 첨부하여 한국교통안전공단에 제출하여야 한다(규칙 제38조의10 제1항).
  ㉠ 신체검사의료기관이 발급한 신체검사 판정서(관제자격증명시험 응시원서 접수일 이전 2년 이내인 것에 한정한다)
  ㉡ 관제적성검사기관이 발급한 관제적성검사 판정서(관제자격증명시험 응시원서 접수일 이전 10년 이내인 것에 한정한다)
  ㉢ 관제교육훈련기관이 발급한 관제교육훈련 수료증명서
  ㉣ 철도차량 운전면허증의 사본(철도차량 운전면허 소지자에 한정한다)
  ㉤ 국가기술자격의 자격증 사본(국가기술자격을 가진 사람에 한정한다)
② 한국교통안전공단은 ㉠부터 ㉣까지의 서류를 관리하는 정보체계에 따라 확인할 수 있는 경우에는 그 서류를 제출하지 아니하도록 할 수 있다(규칙 제38조의10 제2항).
③ 한국교통안전공단은 관제자격증명시험 응시원서를 접수한 때에는 관제자격증명시험 응시원서 접수대장에 기록하고 관제자격증명시험 응시표를 응시자에게 발급하여야

한다. 다만, 응시원서 접수 사실을 관리하는 정보체계에 따라 관리하는 경우에는 응시원서 접수 사실을 관제자격증명시험 응시원서 접수대장에 기록하지 아니할 수 있다(규칙 제38조의10 제3항).

④ 한국교통안전공단은 관제자격증명시험 응시원서 접수마감 7일 이내에 시험일시 및 장소를 한국교통안전공단 게시판 또는 인터넷 홈페이지 등에 공고하여야 한다(규칙 제38조의10 제4항).

(7) 관제자격증명시험 응시표의 재발급 등

관제자격증명시험 응시표의 재발급 및 관제자격증명시험결과의 게시 등에 관하여는 운전면허 규정을 준용한다. 이 경우 "운전면허시험"은 "관제자격증명시험"으로, "필기시험 및 기능시험"은 "학과시험 및 실기시험"으로 본다(규칙 제38조의11).

(8) 관제자격증명서의 발급 등

① 관제자격증명시험에 합격한 사람은 한국교통안전공단에 관제자격증명서 (재)발급신청서를 제출(정보통신망을 이용한 제출을 포함한다)하여야 한다(규칙 제38조의12 제1항).

② 관제자격증명서 발급 신청을 받은 한국교통안전공단은 철도교통 관제자격증명서를 발급하여야 한다(규칙 제38조의12 제2항).

③ 관제자격증명서를 발급받은 사람(관제자격증명 취득자)이 관제자격증명서를 잃어버렸거나 헐어 못 쓰게 된 때에는 관제자격증명서 (재)발급신청서에 분실사유서나 헐어 못 쓰게 된 관제자격증명서를 첨부하여 한국교통안전공단에 제출하여야 한다(규칙 제38조의12 제3항).

④ 관제자격증명서 재발급 신청을 받은 한국교통안전공단은 철도교통 관제자격증명서를 재발급하여야 한다(규칙 제38조의12 제4항).

⑤ 한국교통안전공단은 관제자격증명서를 발급하거나 재발급한 때에는 관제자격증명서 관리대장에 이를 기록·관리하여야 한다. 다만, 관제자격증명서의 발급이나 재발급 사실을 관리하는 정보체계에 따라 관리하는 경우에는 관제자격증명서 관리대장에 이를 기록·관리하지 아니할 수 있다(규칙 제38조의12 제5항).

(9) 관제자격증명서 기록사항 변경

관제자격증명서의 기록사항 변경에 관하여는 운전면허 규정을 준용한다. 이 경우 "운전면허 취득자"는 "관제자격증명 취득자"로, "철도차량 운전면허증"은 "관제자격증명서"로, "철도차량 운전면허증 관리대장"은 "관제자격증명서 관리대장"으로 본다(규칙 제38조의13).

21. 관제자격증명서의 발급 및 관제자격증명의 갱신 등

(1) 운전면허 규정 준용

관제자격증명서의 발급 및 관제자격증명의 갱신 등에 관하여는 운전면허 규정을 준용한다. 이 경우 "운전면허시험"은 "관제자격증명시험"으로, "운전면허"는 "관제자격증명"으로, "운전면허증"은 "관제자격증명서"로, "철도차량의 운전업무"는 "관제업무"로 본다(법 제21조의9).

(2) 관제자격증명의 갱신절차

① 관제자격증명을 갱신하려는 사람은 관제자격증명의 유효기간 만료일 전 6개월 이내에 관제자격증명 갱신신청서에 다음의 서류를 첨부하여 한국교통안전공단에 제출하여야 한다(규칙 제38조의14 제1항).
   ㉠ 관제자격증명서
   ㉡ 운전면허의 갱신을 신청하는 날 전 10년 이내에 국토교통부령으로 정하는 철도차량의 운전업무에 종사한 경력이 있거나 국토교통부령으로 정하는 바에 따라 이와 같은 수준 이상의 경력이 있다고 인정되는 경우, 국토교통부령으로 정하는 교육훈련을 받은 경우에 해당함을 증명하는 서류

② 갱신받은 관제자격증명의 유효기간은 종전 관제자격증명 유효기간의 만료일 다음 날부터 기산한다(규칙 제38조의14 제2항).

(3) 관제자격증명 갱신에 필요한 경력 등

① 관제자격증명의 유효기간 내에 6개월 이상 관제업무에 종사한 경력을 말한다(규칙 제38조의15 제1항).

② 이와 같은 수준 이상의 경력이란 다음의 어느 하나에 해당하는 업무에 2년 이상 종사한 경력을 말한다(규칙 제38조의15 제2항).
   ㉠ 관제교육훈련기관에서의 관제교육훈련업무
   ㉡ 철도운영자등에게 소속되어 관제업무종사자를 지도・교육・관리하거나 감독하는 업무

③ 국토교통부령으로 정하는 교육훈련을 받은 경우란 관제교육훈련기관이나 철도운영자등이 실시한 관제업무에 필요한 교육훈련을 관제자격증명 갱신신청일 전까지 40시간 이상 받은 경우를 말한다(규칙 제38조의15 제3항).

④ 관제경력의 인정, 교육훈련의 내용 등 관제자격증명 갱신에 필요한 세부사항은 국토교통부장관이 정하여 고시한다(규칙 제38조의15 제4항).

(4) 관제자격증명 갱신 안내 통지

관제자격증명 갱신 안내 통지에 관하여는 운전면허 규정을 준용한다. 이 경우 "운전면허"는 "관제자격증명"으로, "철도차량 운전면허 갱신통지서"는 "관제자격증명 갱신통지서"로 본다(규칙 제38조의16).

(5) 관제자격증명의 취소 및 효력정지 처분의 통지 등

관제자격증명의 취소 및 효력정지 처분의 통지 등에 관하여는 운전면허 규정을 준용한다. 이 경우 "운전면허"는 "관제자격증명"으로, "철도차량 운전면허 취소·효력정지 처분 통지서"는 "관제자격증명 취소·효력정지 처분 통지서"로, "운전면허증"은 "관제자격증명서"로 본다(규칙 제38조의17).

22. 관제자격증명서의 대여 금지

누구든지 관제자격증명서를 다른 사람에게 빌려주거나 빌리거나 이를 알선하여서는 아니 된다(법 제21조의10).

23. 관제자격증명의 취소·정지 등

(1) 관제자격증명의 취소·정지

국토교통부장관은 관제자격증명을 받은 사람이 다음의 어느 하나에 해당할 때에는 관제자격증명을 취소하거나 1년 이내의 기간을 정하여 관제자격증명의 효력을 정지시킬 수 있다. 다만, ①부터 ④까지의 어느 하나에 해당할 때에는 관제자격증명을 취소하여야 한다(법 제21조의11 제1항).

① 거짓이나 그 밖의 부정한 방법으로 관제자격증명을 취득하였을 때
② 운전면허의 결격사유에 해당하게 되었을 때
③ 관제자격증명의 효력정지 기간 중에 관제업무를 수행하였을 때
④ 관제자격증명서를 다른 사람에게 빌려주었을 때
⑤ 관제업무 수행 중 고의 또는 중과실로 철도사고의 원인을 제공하였을 때
⑥ 관제업무 중 준수사항을 위반하였을 때
⑦ 술을 마시거나 약물을 사용한 상태에서 관제업무를 수행하였을 때
⑧ 술을 마시거나 약물을 사용한 상태에서 관제업무를 하였다고 인정할 만한 상당한 이유가 있음에도 불구하고 국토교통부장관 또는 시·도지사의 확인 또는 검사를 거부

하였을 때

(2) 준용규정

관제자격증명의 취소 또는 효력정지의 기준 및 절차 등에 관하여는 운전면허 규정을 준용한다. 이 경우 "운전면허"는 "관제자격증명"으로, "운전면허증"은 "관제자격증명서"로 본다(법 제21조의11 제1항).

(3) 관제자격증명의 취소 또는 효력정지 처분의 세부기준(규칙 별표11의5)

위반사항 및 내용		근거 법조문	처분기준			
			1차위반	2차위반	3차위반	4차위반
1. 거짓이나 그 밖의 부정한 방법으로 관제자격증명을 취득한 경우		법 제21조의11 제1항 제1호	자격증명 취소			
2. 법 제21조의4에서 준용하는 법 제11조 제2호부터 제4호까지의 어느 하나에 해당하게 된 경우		법 제21조의11 제1항 제2호	자격증명 취소			
3. 관제자격증명의 효력정지 기간 중에 관제업무를 수행한 경우		법 제21조의11 제1항 제3호	자격증명 취소			
4. 법 제21조의10을 위반하여 관제자격증명서를 다른 사람에게 대여한 경우		법 제21조의11 제1항 제4호	자격증명 취소			
5. 관제업무 수행 중 고의 또는 중과실로 철도사고의 원인을 제공한 경우	사망자가 발생한 경우	법 제21조의11 제1항 제5호	자격증명 취소			
	부상자가 발생한 경우		효력정지 3개월	자격증명 취소		
	1천만원 이상 물적 피해가 발생한 경우		효력정지 15일	효력정지 3개월	자격증명 취소	
6. 법 제40조의2 제2항 제1호를 위반한 경우		법 제21조의11 제1항 제6호	효력정지 1개월	효력정지 2개월	효력정지 3개월	효력정지 4개월
7. 법 제40조의2 제2항 제2호를 위반한 경우		법 제21조의11 제1항 제6호	효력정지 1개월	자격증명 취소		
8. 법 제41조 제1항을 위반하여 술을 마신 상태(혈중 알코올농도 0.1퍼센트 이상)에서 관제업무를 수행한 경우		법 제21조의11 제1항 제7호	자격증명 취소			

9. 법 제41조 제1항을 위반하여 술을 마신 상태(혈중 알코올농도 0.02퍼센트 이상 0.1퍼센트 미만)에서 관제업무를 수행하다가 철도사고의 원인을 제공한 경우	법 제21조의11 제1항 제7호	자격증명 취소			
10. 법 제41조 제1항을 위반하여 술을 마신 상태(혈중 알코올농도 0.02퍼센트 이상 0.1퍼센트 미만)에서 관제업무를 수행한 경우(제9호의 경우는 제외한다)	법 제21조의11 제1항 제7호	효력정지 3개월	자격증명 취소		
11. 법 제41조 제1항을 위반하여 약물을 사용한 상태에서 관제업무를 수행한 경우	법 제21조의11 제1항 제7호	자격증명 취소			
12. 법 제41조 제2항을 위반하여 술을 마시거나 약물을 사용한 상태에서 관제업무를 하였다고 인정할 만한 상당한 이유가 있음에도 불구하고 국토교통부장관 또는 시·도지사의 확인 또는 검사를 거부한 경우	법 제21조의11 제1항 제8호	자격증명 취소			

비고

1. 위반행위가 둘 이상인 경우로서 그에 해당하는 각각의 처분기준이 다른 경우에는 그 중 무거운 처분기준에 따르며, 위반행위가 둘 이상인 경우로서 그에 해당하는 각각의 처분기준이 같은 경우에는 무거운 처분기준의 2분의 1까지 가중할 수 있되, 각 처분기준을 합산한 기간을 초과할 수 없다.
2. 위반행위의 횟수에 따른 행정처분의 가중된 부과기준은 최근 1년간 같은 위반행위로 행정처분을 받은 경우에 적용한다. 이 경우 기간의 계산은 위반행위에 대하여 행정처분을 받은 날과 그 처분 후 다시 같은 위반행위를 하여 적발된 날을 기준으로 한다.
3. 비고 제2호에 따라 가중된 행정처분을 하는 경우 가중처분의 적용 차수는 그 위반행위 전 부과처분 차수(비고 제2호에 따른 기간 내에 행정처분이 둘 이상 있었던 경우에는 높은 차수를 말한다)의 다음 차수로 한다.

(4) 관제자격증명의 유지·관리

한국교통안전공단은 관제자격증명 취득자의 관제자격증명의 발급·갱신·취소 등에 관한 사항을 관제자격증명서 발급대장에 기록하고 유지·관리하여야 한다(규칙 제38조의19).

24. 관제업무 실무수습

(1) 실무수습 이수

관제업무에 종사하려는 사람은 국토교통부령으로 정하는 바에 따라 실무수습을 이수하여야 한다(법 제22조).

(2) 관제업무 실무수습

① 관제업무에 종사하려는 사람은 다음의 관제업무 실무수습을 모두 이수하여야 한다(규칙 제39조 제1항).
  ㉠ 관제업무를 수행할 구간의 철도차량 운행의 통제·조정 등에 관한 관제업무 실무수습
  ㉡ 관제업무 수행에 필요한 기기 취급방법 및 비상 시 조치방법 등에 대한 관제업무 실무수습
② 철도운영자등은 관제업무 실무수습의 항목 및 교육시간 등에 관한 실무수습 계획을 수립하여 시행하여야 한다. 이 경우 총 실무수습 시간은 100시간 이상으로 하여야 한다(규칙 제39조 제2항).
③ 관제업무 실무수습을 이수한 사람으로서 관제업무를 수행할 구간 또는 관제업무 수행에 필요한 기기의 변경으로 인하여 다시 관제업무 실무수습을 이수하여야 하는 사람에 대해서는 별도의 실무수습 계획을 수립하여 시행할 수 있다(규칙 제39조 제3항).
④ 관제업무 실무수습의 방법·평가 등에 관하여 필요한 세부사항은 국토교통부장관이 정하여 고시한다(규칙 제39조 제4항).

(3) 관제업무 실무수습의 관리 등

① 철도운영자등은 실무수습 계획을 수립한 경우에는 그 내용을 한국교통안전공단에 통보하여야 한다(규칙 제39조의2 제1항).
② 철도운영자등은 관제업무에 종사하려는 사람이 관제업무 실무수습을 이수한 경우에는 관제업무종사자 실무수습 관리대장에 실무수습을 받은 구간 등을 기록하고 그 내용을 한국교통안전공단에 통보하여야 한다(규칙 제39조의2 제2항).
③ 철도운영자등은 관제업무에 종사하려는 사람이 관제업무 실무수습을 받은 구간 외의 다른 구간에서 관제업무를 수행하게 하여서는 아니 된다(규칙 제39조의2 제3항).

25. 무자격자의 관제업무 금지 등

철도운영자등은 관제자격증명을 받지 아니하거나(관제자격증명이 취소되거나 그 효력이 정지된 경우를 포함한다) 실무수습을 이수하지 아니한 사람을 관제업무에 종사하게 하여서는 아니 된다(법 제22조의2).

26. 운전업무종사자 등의 관리

(1) 신체검사와 적성검사

철도차량 운전·관제업무 등 다음으로 정하는 업무에 종사하는 철도종사자는 정기적으로 신체검사와 적성검사를 받아야 한다(법 제23조 제1항, 영 제21조).

① 운전업무종사자
② 관제업무종사자
③ 정거장에서 철도신호기·선로전환기 및 조작판 등을 취급하는 업무를 수행하는 사람

(2) 운전업무종사자 등에 대한 신체검사

① 철도종사자에 대한 신체검사는 다음과 같이 구분하여 실시한다(규칙 제40조 제1항).
　㉠ 최초검사 : 해당 업무를 수행하기 전에 실시하는 신체검사
　㉡ 정기검사 : 최초검사를 받은 후 2년마다 실시하는 신체검사
　㉢ 특별검사 : 철도종사자가 철도사고 등을 일으키거나 질병 등의 사유로 해당 업무를 적절히 수행하기가 어렵다고 철도운영자등이 인정하는 경우에 실시하는 신체검사
② 운전업무종사자 또는 관제업무종사자는 운전면허의 신체검사 또는 관제자격증명의 신체검사를 받은 날에 최초검사를 받은 것으로 본다. 다만, 해당 신체검사를 받은 날부터 2년 이상이 지난 후에 운전업무나 관제업무에 종사하는 사람은 최초검사를 받아야 한다(규칙 제40조 제2항).
③ 정기검사는 최초검사나 정기검사를 받은 날부터 2년이 되는 날(신체검사 유효기간 만료일) 전 3개월 이내에 실시한다. 이 경우 정기검사의 유효기간은 신체검사 유효기간 만료일의 다음날부터 기산한다(규칙 제40조 제3항).
④ 신체검사의 방법 및 절차 등에 관하여는 운전면허 규정을 준용하며, 그 합격기준도 같다(규칙 제40조 제4항).

(3) 운전업무종사자 등에 대한 적성검사

① 철도종사자에 대한 적성검사는 다음과 같이 구분하여 실시한다(규칙 제41조 제1항).
　㉠ 최초검사 : 해당 업무를 수행하기 전에 실시하는 적성검사
　㉡ 정기검사 : 최초검사를 받은 후 10년(50세 이상인 경우에는 5년)마다 실시하는 적성검사
　㉢ 특별검사 : 철도종사자가 철도사고 등을 일으키거나 질병 등의 사유로 해당 업무를

적절히 수행하기 어렵다고 철도운영자등이 인정하는 경우에 실시하는 적성검사

② 운전업무종사자 또는 관제업무종사자는 운전적성검사 또는 관제적성검사를 받은 날에 최초검사를 받은 것으로 본다. 다만, 해당 운전적성검사 또는 관제적성검사를 받은 날부터 10년(50세 이상인 경우에는 5년) 이상이 지난 후에 운전업무나 관제업무에 종사하는 사람은 최초검사를 받아야 한다(규칙 제41조 제2항).

③ 정기검사는 최초검사나 정기검사를 받은 날부터 10년(50세 이상인 경우에는 5년)이 되는 날(적성검사 유효기간 만료일) 전 12개월 이내에 실시한다. 이 경우 정기검사의 유효기간은 적성검사 유효기간 만료일의 다음날부터 기산한다(규칙 제41조 제3항).

④ 적성검사의 방법·절차 등에 관하여는 운전면허 규정을 준용하며, 그 합격기준은 별표13과 같다(규칙 제41조 제4항).

운전업무종사자 등의 적성검사 항목 및 불합격기준(규칙 별표13)

검사대상		검사주기	검사항목		불합격기준
			문답형 검사	반응형 검사	
1. 영 제21조 제1호의 운전업무 종사자	고속철도 차량 · 제1종 전기차량 · 제2종 전기차량 · 디젤차량 · 노면전차 · 철도장비 운전업무 종사자	정기검사	• 인성 –일반성격 –안전성향 –스트레스	• 주의력 –복합기능 –선택주의 –지속주의 • 인식 및 기억력 –시각변별 –공간지각 • 판단 및 행동력 –민첩성	• 문답형 검사항목 중 안전성향 검사에서 부적합으로 판정된 사람 • 반응형 검사 항목 중 부적합(E등급)이 2개 이상인 사람
		특별검사	• 인성 –일반성격 –안전성향 –스트레스	• 주의력 –복합기능 –선택주의 –지속주의 • 인식 및 기억력 –시각변별 –공간지각 • 판단 및 행동력 –추론 –민첩성	• 문답형 검사항목 중 안전성향 검사에서 부적합으로 판정된 사람 • 반응형 검사 항목 중 부적합(E등급)이 2개 이상인 사람

2. 영 제21조 제2호의 관제업무종사자	정기검사	• 인성 –일반성격 –안전성향 –스트레스	• 주의력 –복합기능 –선택주의 • 인식 및 기억력 –시각변별 –공간지각 –작업기억 • 판단 및 행동력 –민첩성	• 문답형 검사항목 중 안전성향 검사에서 부적합으로 판정된 사람 • 반응형 검사 항목 중 부적합(E등급)이 2개 이상인 사람
	특별검사	• 인성 –일반성격 –안전성향 –스트레스	• 주의력 –복합기능 –선택주의 • 인식 및 기억력 –시각변별 –공간지각 –작업기억 • 판단 및 행동력 –추론 –민첩성	• 문답형 검사항목 중 안전성향 검사에서 부적합으로 판정된 사람 • 반응형 검사 항목 중 부적합(E등급)이 2개 이상인 사람
3. 영 제21조 제3호의 정거장에서 철도신호기·선로전환기 및 조작판 등을 취급하는 업무를 수행하는 사람	최초검사	• 인성 –일반성격 –안전성향	• 주의력 –복합기능 –선택주의 • 인식 및 기억력 –시각변별 –공간지각 –작업기억 • 판단 및 행동력 –추론 –민첩성	• 문답형 검사항목 중 안전성향 검사에서 부적합으로 판정된 사람 • 반응형 검사 평가점수가 30점 미만인 사람
	정기검사	• 인성 –일반성격 –안전성향 –스트레스	• 주의력 –복합기능 –선택주의 • 인식 및 기억력 –시각변별 –공간지각 –작업기억 • 판단 및 행동력 –민첩성	• 문답형 검사항목 중 안전성향 검사에서 부적합으로 판정된 사람 • 반응형 검사 항목 중 부적합(E등급)이 2개 이상인 사람

	특별 검사	• 인성 –일반성격 –안전성향 –스트레스	• 주의력 –복합기능 –선택주의 • 인식 및 기억력 –시각변별 –공간지각 –작업기억 • 판단 및 행동력 –추론 –민첩성	• 문답형 검사항목 중 안전성향 검사에서 부적합으로 판정된 사람 • 반응형 검사 항목 중 부적합(E등급)이 2개 이상인 사람 • 품성검사결과 부적합자로 판정된 사람

비고 :
1. 문답형 검사 판정은 적합 또는 부적합으로 한다.
2. 반응형 검사 점수 합계는 70점으로 한다. 다만, 정기검사와 특별검사는 검사항목별 등급으로 평가한다.
3. 특별검사의 복합기능(운전) 및 시각변별(관제/신호) 검사는 시뮬레이터 검사기로 시행한다.
4. 안전성향검사는 전문의(정신건강의학) 진단결과로 대체 할 수 있으며, 부적합 판정을 받은 자에 대해서는 당일 1회에 한하여 재검사를 실시하고 그 재검사 결과를 최종적인 검사결과로 할 수 있다.

(4) 불합격자 종사금지

철도운영자등은 업무에 종사하는 철도종사자가 신체검사·적성검사에 불합격하였을 때에는 그 업무에 종사하게 하여서는 아니 된다(법 제23조 제3항).

(5) 신체검사·적성검사의 위탁

철도운영자등은 신체검사·적성검사를 신체검사 실시 의료기관 및 적성검사기관에 각각 위탁할 수 있다(법 제23조 제4항).

27. 철도종사자에 대한 안전 및 직무교육

(1) 철도안전교육

철도운영자등 또는 철도운영자등과의 계약에 따라 철도운영이나 철도시설 등의 업무에 종사하는 사업주는 자신이 고용하고 있는 철도종사자에 대하여 정기적으로 철도안전에 관한 교육을 실시하여야 한다(법 제24조 제1항).

(2) 직무교육

철도운영자등은 자신이 고용하고 있는 철도종사자가 적정한 직무수행을 할 수 있도록 정기적으로 직무교육을 실시하여야 한다(법 제24조 제2항).

(3) 안전교육의 실시 조치

철도운영자등은 사업주의 안전교육 실시 여부를 확인하여야 하고, 확인 결과 사업주가 안전교육을 실시하지 아니한 경우 안전교육을 실시하도록 조치하여야 한다(법 제24조 제3항).

(4) 철도종사자의 안전교육 대상 등

① 철도운영자등 및 철도운영자등과 계약에 따라 철도운영이나 철도시설 등의 업무에 종사하는 사업주가 철도안전에 관한 교육을 실시하여야 하는 대상은 다음과 같다(규칙 제41조의2 제1항).

㉠ 법 제2조 제10호 가목부터 라목까지에 해당하는 사람

㉡ 영 제3조 제2호부터 제5호까지 및 같은 조 제7호에 해당하는 사람

② 철도운영자등 및 사업주는 철도안전교육을 강의 및 실습의 방법으로 매 분기마다 6시간 이상 실시하여야 한다. 다만, 다른 법령에 따라 시행하는 교육에서 철도안전교육내용의 교육을 받은 경우 그 교육시간은 철도안전교육을 받은 것으로 본다(규칙 제41조의2 제2항).

③ **철도안전교육 내용**(규칙 별표13의2)

교 육 내 용	교육방법
• 철도안전법령 및 안전관련 규정 • 철도운전 및 관제이론 등 분야별 안전업무수행 관련 사항 • 철도사고 사례 및 사고예방대책 • 철도사고 및 운행장애 등 비상 시 응급조치 및 수습복구대책 • 안전관리의 중요성 등 정신교육 • 근로자의 건강관리 등 안전·보건관리에 관한 사항 • 철도안전관리체계 및 철도안전관리시스템(Safety Management System) • 위기대응체계 및 위기대응 매뉴얼 등	강의 및 실습

④ 철도운영자등 및 사업주는 철도안전교육을 안전전문기관 등 안전에 관한 업무를 수행하는 전문기관에 위탁하여 실시할 수 있다(규칙 제41조의2 제4항).

⑤ 철도안전교육의 평가방법 등에 필요한 세부사항은 국토교통부장관이 정하여 고시한다(규칙 제41조의2 제5항).

(5) 철도종사자의 직무교육 등

① 다음의 어느 하나에 해당하는 사람(철도운영자등이 철도직무교육 담당자로 지정한 사람은 제외한다)은 철도운영자등이 실시하는 직무교육을 받아야 한다(규칙 제41조의3 제1항).

㉠ 법 제2조 제10호 가목부터 다목까지에 해당하는 사람

㉡ 영 제3조 제4호부터 제5호까지 및 같은 조 제7호에 해당하는 사람

② **철도직무교육의 내용 · 시간 · 방법**(규칙 별표13의3)

철도직무교육의 내용 · 시간 · 방법 등(규칙 별표13의3)

1. 철도직무교육의 내용 및 시간

가. 법 제2조 제10호 가목에 따른 운전업무종사자

교육내용	교육시간
1) 철도시스템 일반 2) 철도차량의 구조 및 기능 3) 운전이론 4) 운전취급 규정 5) 철도차량 기기취급에 관한 사항 6) 직무관련 기타사항 등	5년마다 35시간 이상

나. 법 제2조 제10호 나목에 따른 관제업무 종사자

교육내용	교육시간
1) 열차운행계획 2) 철도관제시스템 운용 3) 열차운행선 관리 4) 관제 관련 규정 5) 직무관련 기타사항 등	5년마다 35시간 이상

다. 법 제2조 제10호 다목에 따른 여객승무원

교육내용	교육시간
1) 직무관련 규정 2) 여객승무 위기대응 및 비상시 응급조치 3) 통신 및 방송설비 사용법 4) 고객응대 및 서비스 매뉴얼 등 5) 여객승무 직무관련 기타사항 등	5년마다 35시간 이상

라. 영 제3조 제4호에 따른 철도신호기·선로전환기·조작판 취급자

교육내용	교육시간
1) 신호관제 장치 2) 운전취급 일반 3) 전기·신호·통신 장치 실무 4) 선로전환기 취급방법 5) 직무관련 기타사항 등	5년마다 21시간 이상

마. 영 제3조 제4호에 따른 열차의 조성업무 수행자

교육내용	교육시간
1) 직무관련 규정 및 안전관리 2) 무선통화 요령 3) 철도차량 일반 4) 선로, 신호 등 시스템의 이해 5) 열차조성 직무관련 기타사항 등	5년마다 21시간 이상

바. 영 제3조 제5호에 따른 철도에 공급되는 전력의 원격제어장치 운영자

교육내용	교육시간
1) 변전 및 전차선 일반 2) 전력설비 일반 3) 전기·신호·통신 장치 실무 4) 비상전력 운용계획, 전력공급원격제어장치(SCADA) 5) 직무관련 기타사항 등	5년마다 21시간 이상

사. 영 제3조 제7호에 따른 철도차량 점검·정비 업무 종사자

교육내용	교육시간
1) 철도차량 일반 2) 철도시스템 일반 3)「철도안전법」및 철도안전관리체계(철도차량 중심) 4) 철도차량 정비 실무 5) 직무관련 기타사항 등	5년마다 35시간 이상

아. 영 제3조 제7호에 따른 철도시설 중 전기·신호·통신 시설 점검·정비 업무 종사자

교육내용	교육시간
1) 철도전기, 철도신호, 철도통신 일반 2)「철도안전법」및 철도안전관리체계(전기분야 중심) 3) 철도전기, 철도신호, 철도통신 실무 4) 직무관련 기타사항 등	5년마다 21시간 이상

자. 영 제3조 제7호에 따른 철도시설 중 궤도·토목·건축 시설 점검·정비 업무 종사자

교육내용	교육시간
1) 궤도, 토목, 시설, 건축 일반 2) 「철도안전법」 및 철도안전관리체계(시설분야 중심) 3) 궤도, 토목, 시설, 건축 일반 실무 4) 직무관련 기타사항 등	5년마다 21시간 이상

2. 철도직무교육의 주기 및 교육 인정 기준
   가. 철도직무교육의 주기는 철도직무교육 대상자로 신규 채용되거나 전직된 연도의 다음 년도 1월 1일부터 매 5년이 되는 날까지로 한다. 다만, 휴직·파견 등으로 6개월 이상 철도직무를 수행하지 아니한 경우에는 철도직무의 수행이 중단된 연도의 1월 1일부터 철도직무를 다시 시작하게 된 연도의 12월 31일까지의 기간을 제외하고 직무교육의 주기를 계산한다.
   나. 철도직무교육 대상자는 질병이나 자연재해 등 부득이한 사유로 철도직무교육을 제1호에 따른 기간 내에 받을 수 없는 경우에는 철도운영자등의 승인을 받아 철도직무교육을 받을 시기를 연기할 수 있다. 이 경우 철도직무교육 대상자가 승인받은 기간 내에 철도직무교육을 받은 경우에는 제1호에 따른 기간 내에 철도직무교육을 받은 것으로 본다.
   다. 철도운영자등은 철도직무교육 대상자가 다른 법령에서 정하는 철도직무에 관한 교육을 받은 경우에는 해당 교육시간을 제1호에 따른 철도직무교육시간으로 인정할 수 있다.
   라. 철도차량정비기술자가 법 제24조의4에 따라 받은 철도차량정비기술교육훈련은 위 표에 따른 철도직무교육으로 본다.

3. 철도직무교육의 실시방법
   가. 철도운영자등은 업무현장 외의 장소에서 집합교육의 방식으로 철도직무교육을 실시해야 한다. 다만, 철도직무교육시간의 10분의 5의 범위에서 다음의 어느 하나에 해당하는 방법으로 철도직무교육을 실시할 수 있다.
      1) 부서별 직장교육
      2) 사이버교육 또는 화상교육 등 전산망을 활용한 원격교육
   나. 가목에도 불구하고 재해·감염병 발생 등 부득이한 사유가 있는 경우로서 국토교통부장관의 승인을 받은 경우에는 철도직무교육시간의 10분의 5를 초과하여 가목1) 또는 2)에 해당하는 방법으로 철도직무교육을 실시할 수 있다.
   다. 철도운영자등은 가목1)에 따른 부서별 직장교육을 실시하려는 경우에는 매년 12월 31일까지 다음 해에 실시될 부서별 직장교육 실시계획을 수립해야 하고, 교육내용 및 이수현황 등에 관한 사항을 기록·유지해야 한다.
   라. 철도운영자등은 필요한 경우 다음의 어느 하나에 해당하는 기관에게 철도직무교육을 위탁하여 실시할 수 있다.
      1) 다른 철도운영자등의 교육훈련기관

2) 운전 또는 관제 교육훈련기관
3) 철도관련 학회·협회
4) 그 밖에 철도직무교육을 실시할 수 있는 비영리 법인 또는 단체

마. 철도운영자등은 철도직무교육시간의 10분의 3 이하의 범위에서 철도운영기관의 실정에 맞게 교육내용을 변경하여 철도직무교육을 실시할 수 있다.

바. 2가지 이상의 직무에 동시에 종사하는 사람의 교육시간 및 교육내용은 다음과 같이 한다.

1) 교육시간 : 종사하는 직무의 교육시간 중 가장 긴 시간
2) 교육내용 : 종사하는 직무의 교육내용 가운데 전부 또는 일부를 선택

4. 제1호부터 제3호까지에서 규정한 사항 외에 철도직무교육에 필요한 사항은 국토교통부장관이 정하여 고시한다.

28. 철도차량정비기술자의 인정 등

(1) 철도차량정비기술자의 인정신청

철도차량정비기술자로 인정을 받으려는 사람은 국토교통부장관에게 자격 인정을 신청하여야 한다(법 제24조의2 제1항).

(2) 철도차량정비기술자 인정

국토교통부장관은 신청인이 대통령령으로 정하는 자격, 경력 및 학력 등 철도차량정비기술자의 인정 기준에 해당하는 경우에는 철도차량정비기술자로 인정하여야 한다(법 제24조의2 제2항).

철도차량정비기술자의 인정 기준(영 별표1의2)

1. 철도차량정비기술자는 자격, 경력 및 학력에 따라 등급별로 구분하여 인정하되, 등급별 세부기준은 다음 표와 같다.

등급구분	역량지수
1등급 철도차량정비기술자	80점 이상
2등급 철도차량정비기술자	60점 이상 80점 미만
3등급 철도차량정비기술자	40점 이상 60점 미만
4등급 철도차량정비기술자	10점 이상 40점 미만

2. 제1호에 따른 역량지수의 계산식은 다음과 같다.

역량지수 = 자격별 경력점수 + 학력점수

가. 자격별 경력점수

국가기술자격 구분	점수
기술사 및 기능장	10점/년
기 사	8점/년
산업기사	7점/년
기 능 사	6점/년
국가기술자격증이 없는 경우	3점/년

1) 철도차량정비기술자의 자격별 경력에 포함되는 「국가기술자격법」에 따른 국가기술자격의 종목은 국토교통부장관이 정하여 고시한다. 이 경우 둘 이상의 다른 종목 국가기술자격을 보유한 사람의 경우 그 중 점수가 높은 종목의 경력점수만 인정한다.
2) 경력점수는 다음 업무를 수행한 기간에 따른 점수의 합을 말하며, 마) 및 바)의 경력의 경우 100분의 50을 인정한다.
   가) 철도차량의 부품 · 기기 · 장치 등의 마모 · 손상, 변화 상태 및 기능을 확인하는 등 철도차량 점검 및 검사에 관한 업무
   나) 철도차량의 부품 · 기기 · 장치 등의 수리, 교체, 개량 및 개조 등 철도차량 정비 및 유지관리에 관한 업무
   다) 철도차량 정비 및 유지관리 등에 관한 계획수립 및 관리 등에 관한 행정업무
   라) 철도차량의 안전에 관한 계획수립 및 관리, 철도차량의 점검 · 검사, 철도차량에 대한 설계 · 기술검토 · 규격관리 등에 관한 행정업무
   마) 철도차량 부품의 개발 등 철도차량 관련 연구 업무 및 철도관련 학과 등에서의 강의 업무
   바) 그 밖에 기계설비 · 장치 등의 정비와 관련된 업무
3) 2)를 적용할 때 다음의 어느 하나에 해당하는 경력은 제외한다.
   가) 18세 미만인 기간의 경력(국가기술자격을 취득한 이후의 경력은 제외한다)
   나) 주간학교 재학 중의 경력(「직업교육훈련 촉진법」 제9조에 따른 현장실습계약에 따라 산업체에 근무한 경력은 제외한다)
   다) 이중취업으로 확인된 기간의 경력
   라) 철도차량정비업무 외의 경력으로 확인된 기간의 경력
4) 경력점수는 월 단위까지 계산한다. 이 경우 월 단위의 기간으로 산입되지 않는 일수의 합이 30일 이상인 경우 1개월로 본다.

나. 학력점수

학력 구분	점 수	
	철도차량정비 관련 학과	철도차량정비 관련 학과 외의 학과
석사 이상	25점	10점
학　　사	20점	9점
전문학사(3년제)	15점	8점
전문학사(2년제)	10점	7점
고등학교 졸업	5점	

1) “철도차량정비 관련 학과”란 철도차량 유지보수와 관련된 학과 및 기계・전기・전자・통신 관련 학과를 말한다. 다만, 대상이 되는 학력점수가 둘 이상인 경우 그 중 점수가 높은 학력점수에 따른다.
2) 철도차량정비 관련 학과의 학위 취득자 및 졸업자의 학력 인정 범위는 다음과 같다.
   가) 석사 이상
      (1) 「고등교육법」에 따른 학교에서 철도차량정비 관련 학과의 석사 또는 박사 학위과정을 이수하고 졸업한 사람
      (2) 그 밖에 관계 법령에 따라 국내 또는 외국에서 (1)과 같은 수준 이상의 학력이 있다고 인정되는 사람
   나) 학사
      (1) 「고등교육법」에 따른 학교에서 철도차량정비 관련 학과의 학사 학위과정을 이수하고 졸업한 사람
      (2) 그 밖에 관계 법령에 따라 국내 또는 외국에서 (1)과 같은 수준의 학력이 있다고 인정되는 사람
   다) 전문학사(3년제)
      (1) 「고등교육법」에 따른 학교에서 철도차량정비 관련 학과의 전문학사 학위과정을 이수하고 졸업한 사람(철도차량정비 관련 학과의 학위과정 3년을 이수한 사람을 포함한다)
      (2) 그 밖의 관계 법령에 따라 국내 또는 외국에서 (1)과 같은 수준의 학력이 있다고 인정되는 사람
   라) 전문학사(2년제)
      (1) 「고등교육법」에 따른 4년제 대학, 2년제 대학 또는 전문대학에서 2년 이상 철도차량정비 관련 학과의 교육과정을 이수한 사람
      (2) 그 밖에 관계 법령에 따라 국내 또는 외국에서 (1)과 같은 수준의 학력이 있다고 인정되는 사람
   마) 고등학교 졸업
      (1) 「초・중등교육법」에 따른 해당 학교에서 철도차량정비 관련 학과의 고등학교 과정을 이수하고 졸업한 사람

(2) 그 밖에 관계 법령에 따라 국내 또는 외국에서 (1)과 같은 수준의 학력이 있다고 인정되는 사람

3) 철도차량정비 관련 학과 외의 학위 취득자 및 졸업자의 학력 인정 범위는 다음과 같다.

가) 석사 이상

(1) 「고등교육법」에 따른 학교에서 석사 또는 박사 학위과정을 이수하고 졸업한 사람

(2) 그 밖에 관계 법령에 따라 국내 또는 외국에서 (1)과 같은 수준 이상의 학력이 있다고 인정되는 사람

나) 학사

(1) 「고등교육법」에 따른 학교에서 학사 학위과정을 이수하고 졸업한 사람

(2) 그 밖에 관계 법령에 따라 국내 또는 외국에서 (1)과 같은 수준의 학력이 있다고 인정되는 사람

다) 전문학사(3년제)

(1) 「고등교육법」에 따른 학교에서 전문학사 학위과정을 이수하고 졸업한 사람(전문학사 학위과정 3년을 이수한 사람을 포함한다)

(2) 그 밖의 관계 법령에 따라 국내 또는 외국에서 (1)과 같은 수준의 학력이 있다고 인정되는 사람

라) 전문학사(2년제)

(1) 「고등교육법」에 따른 4년제 대학, 2년제 대학 또는 전문대학에서 2년 이상 교육과정을 이수한 사람

(2) 그 밖에 관계 법령에 따라 국내 또는 외국에서 (1)과 같은 수준의 학력이 있다고 인정되는 사람

마) 고등학교 졸업

(1) 「초・중등교육법」에 따른 해당 학교에서 고등학교 과정을 이수하고 졸업한 사람

(2) 그 밖에 관계 법령에 따라 국내 또는 외국에서 (1)과 같은 수준의 학력이 있다고 인정되는 사람

(3) 철도차량정비경력증 발급

국토교통부장관은 신청인을 철도차량정비기술자로 인정하면 철도차량정비기술자로서의 등급 및 경력 등에 관한 증명서(철도차량정비경력증)를 그 철도차량정비기술자에게 발급하여야 한다(법 제24조의2 제3항).

(4) 철도차량정비기술자의 인정 신청

철도차량정비기술자로 인정(등급변경 인정을 포함한다)을 받으려는 사람은 철도차량정

비기술자 인정 신청서에 다음의 서류를 첨부하여 한국교통안전공단에 제출해야 한다(규칙 제42조).

① 철도차량정비업무 경력확인서
② 국가기술자격증 사본(자격별 경력점수에 포함되는 국가기술자격의 종목에 한정한다)
③ 졸업증명서 또는 학위취득서(해당하는 사람에 한정한다)
④ 사진
⑤ 철도차량정비경력증(등급변경 인정 신청의 경우에 한정한다)
⑥ 정비교육훈련 수료증(등급변경 인정 신청의 경우에 한정한다)

(5) 철도차량정비경력증의 발급 및 관리

① 한국교통안전공단은 철도차량정비기술자의 인정(등급변경 인정을 포함한다) 신청을 받으면 철도차량정비기술자 인정 기준에 적합한지를 확인한 후 철도차량정비경력증을 신청인에게 발급해야 한다(규칙 제42조의2 제1항).
② 한국교통안전공단은 철도차량정비기술자의 인정 또는 등급변경을 신청한 사람이 철도차량정비기술자 인정 기준에 부적합하다고 인정한 경우에는 그 사유를 신청인에게 서면으로 통지해야 한다(규칙 제42조의2 제2항).
③ 철도차량정비경력증의 재발급을 받으려는 사람은 철도차량정비경력증 재발급 신청서에 사진을 첨부하여 한국교통안전공단에 제출해야 한다(규칙 제42조의2 제3항).
④ 한국교통안전공단은 철도차량정비경력증 재발급 신청을 받은 경우 특별한 사유가 없으면 신청인에게 철도차량정비경력증을 재발급해야 한다(규칙 제42조의2 제4항).
⑤ 한국교통안전공단은 철도차량정비경력증을 발급 또는 재발급 하였을 때에는 철도차량정비경력증 발급대장에 발급 또는 재발급에 관한 사실을 기록·관리해야 한다. 다만, 철도차량정비경력증의 발급이나 재발급 사실을 정보체계로 관리하는 경우에는 따로 기록·관리하지 않아도 된다(규칙 제42조의2 제5항).
⑥ 한국교통안전공단은 철도차량정비경력증의 발급(재발급을 포함한다) 및 취소 현황을 매 반기의 말일을 기준으로 다음 달 15일까지 국토교통부장관에게 제출해야 한다(규칙 제42조의2 제5항).

29. 철도차량정비기술자의 명의 대여금지 등

(1) 철도차량정비기술자의 명의 대여금지

철도차량정비기술자는 자기의 성명을 사용하여 다른 사람에게 철도차량정비 업무를 수행하게 하거나 철도차량정비경력증을 빌려 주어서는 아니 된다(법 제24조의3 제1항).

(2) 다른 사람 성명사용 금지 등

누구든지 다른 사람의 성명을 사용하여 철도차량정비 업무를 수행하거나 다른 사람의 철도차량정비경력증을 빌려서는 아니 된다(법 제24조의3 제2항).

(3) 알선금지

누구든지 금지된 행위를 알선해서는 아니 된다(법 제24조의3 제3항).

30. 철도차량정비기술교육훈련

(1) 철도차량정비기술자의 정비교육훈련

철도차량정비기술자는 업무 수행에 필요한 소양과 지식을 습득하기 위하여 대통령령으로 정하는 바에 따라 국토교통부장관이 실시하는 교육·훈련(정비교육훈련)을 받아야 한다(법 제24조의4 제1항).

(2) 정비교육훈련 실시

국토교통부장관은 철도차량정비기술자를 육성하기 위하여 철도차량정비 기술에 관한 전문 교육훈련기관(정비교육훈련기관)을 지정하여 정비교육훈련을 실시하게 할 수 있다(법 제24조의4 제2항).

(3) 정비교육훈련 실시기준

① 정비교육훈련의 실시기준(영 제21조의3 제1항)

㉠ 교육내용 및 교육방법 : 철도차량정비에 관한 법령, 기술기준 및 정비기술 등 실무에 관한 이론 및 실습 교육

㉡ 교육시간 : 철도차량정비업무의 수행기간 5년마다 35시간 이상

② 정비교육훈련의 기준 등

㉠ 정비교육훈련의 실시시기 및 시간(규칙 별표13의4)

정비교육훈련의 실시시기 및 시간 등(규칙 별표13의4)

1. 정비교육훈련의 시기 및 시간

교육훈련 시기	교육훈련 시간
기존에 정비 업무를 수행하던 철도차량 차종이 아닌 새로운 철도차량 차종의 정비에 관한 업무를 수행하는 경우 그 업무를 수행하는 날부터 1년 이내	35시간 이상
철도차량정비업무의 수행기간 5년마다	35시간 이상

비고 : 위 표에 따른 35시간 중 인터넷 등을 통한 원격교육은 10시간의 범위에서 인정할 수 있다.

2. 정비교육훈련의 면제 및 연기
   가. 「고등교육법」에 따른 학교, 철도차량 또는 철도용품 제작회사, 「과학기술분야 정부출연연구기관 등의 설립·운영 및 육성에 관한 법률」 등 관계법령에 따라 설립된 연구기관·교육기관 및 주무관청의 허가를 받아 설립된 학회·협회 등에서 철도차량정비와 관련된 교육훈련을 받은 경우 위 표에 따른 정비교육훈련을 받은 것으로 본다. 이 경우 해당 기관으로부터 교육과목 및 교육시간이 명시된 증명서(교육수료증 또는 이수증 등)를 발급 받은 경우에 한정한다.
   나. 철도차량정비기술자는 질병·입대·해외출장 등 불가피한 사유로 정비교육훈련을 받아야 하는 기한까지 정비교육훈련을 받지 못할 경우에는 정비교육훈련을 연기할 수 있다. 이 경우 연기 사유가 없어진 날부터 1년 이내에 정비교육훈련을 받아야 한다.
3. 정비교육훈련은 강의·토론 등으로 진행하는 이론교육과 철도차량정비 업무를 실습하는 실기교육으로 시행하되, 실기교육을 30% 이상 포함해야 한다.
4. 그 밖에 정비교육훈련의 교육과목 및 교육내용, 교육의 신청 방법 및 절차 등에 관한 사항은 국토교통부장관이 정하여 고시한다.

㉡ 철도차량정비기술자가 철도차량정비기술자의 상위 등급으로 등급변경의 인정을 받으려는 경우 정비교육훈련을 받아야 한다(규칙 제42조의3 제2항).

(4) 정비교육훈련기관 지정기준 및 절차

① 정비교육훈련기관의 지정기준(영 제21조의4 제1항)

㉠ 정비교육훈련 업무 수행에 필요한 상설 전담조직을 갖출 것
㉡ 정비교육훈련 업무를 수행할 수 있는 전문인력을 확보할 것
㉢ 정비교육훈련에 필요한 사무실, 교육장 및 교육 장비를 갖출 것
㉣ 정비교육훈련기관의 운영 등에 관한 업무규정을 갖출 것

② 정비교육훈련기관으로 지정을 받으려는 자는 지정기준을 갖추어 국토교통부장관에게 정비교육훈련기관 지정 신청을 해야 한다(영 제21조의4 제2항).

③ 국토교통부장관은 정비교육훈련기관 지정 신청을 받으면 지정기준을 갖추었는지 여부 및 철도차량정비기술자의 수급 상황 등을 종합적으로 심사한 후 그 지정 여부를 결정해야 한다(영 제21조의4 제3항).

④ 국토교통부장관은 정비교육훈련기관을 지정한 때에는 다음의 사항을 관보에 고시해야 한다(영 제21조의4 제4항).

㉠ 정비교육훈련기관의 명칭 및 소재지
㉡ 대표자의 성명
㉢ 그 밖에 정비교육훈련에 중요한 영향을 미친다고 국토교통부장관이 인정하는 사항

⑤ 정비교육훈련기관의 지정기준 및 절차 등에 관한 세부적인 사항은 국토교통부령으로 정한다(영 제21조의4 제5항).

(5) 정비교육훈련기관의 세부 지정기준 등

① 정비교육훈련기관의 세부 지정기준(규칙 별표13의5)

정비교육훈련기관의 세부 지정기준(규칙 별표13의5)

1. 인력기준
   가. 자격기준

등 급	학력 및 경력
책임교수	1) 1등급 철도차량정비경력증 소지자로서 철도교통에 관한 업무에 10년 이상 또는 철도차량정비에 관한 업무에 5년 이상 근무한 경력이 있는 사람 2) 2등급 철도차량정비경력증 소지자로서 철도교통에 관한 업무에 15년 이상 또는 철도차량정비에 관한 업무에 8년 이상 근무한 경력이 있는 사람 3) 3등급 철도차량정비경력증 소지자로서 철도교통에 관한 업무에 20년 이상 또는 철도차량정비에 관한 업무에 10년 이상 근무한 경력이 있는 사람 4) 철도 관련 4급 이상의 공무원 경력 또는 이와 같은 수준 이상의 자격 및 경력이 있는 사람 5) 대학의 철도차량정비 관련 학과에서 조교수 이상으로 재직한 경력이 있는 사람 6) 선임교수 경력이 3년 이상 있는 사람
선임교수	1) 1등급 철도차량정비경력증 소지자로서 철도교통에 관한 업무에 5년 이상 또는 철도차량정비에 관한 업무에 3년 이상 근무한 경력이 있는 사람 2) 2등급 철도차량정비경력증 소지자로서 철도교통에 관한 업무에 10년 이상 또는 철도차량정비에 관한 업무에 5년 이상 근무한 경력이 있는 사람 3) 3등급 철도차량정비경력증 소지자로서 철도교통에 관한 업무에 15년 이상 또는 철도차량정비에 관한 업무에 8년 이상 근무한 경력이 있는 사람

	4) 철도 관련 5급 이상의 공무원 경력 또는 이와 같은 수준 이상의 자격 및 경력이 있는 사람 5) 대학의 철도차량정비 관련 학과에서 전임강사 이상으로 재직한 경력이 있는 사람 6) 교수 경력이 3년 이상 있는 사람
교수	1) 1등급 철도차량정비경력증 소지자로서 철도차량정비 업무에 근무한 경력이 있는 사람 2) 2등급 철도차량정비경력증 소지자로서 철도교통에 관한 업무에 5년 이상 또는 철도차량정비에 관한 업무에 3년 이상 근무한 경력이 있는 사람 3) 3등급 철도차량정비경력증 소지자로서 철도차량 정비업무수행자에 대한 지도교육 경력이 2년 이상 있는 사람 4) 4등급 철도차량정비경력증 소지자로서 철도차량 정비업무수행자에 대한 지도교육 경력이 3년 이상 있는 사람 5) 철도차량 정비와 관련된 교육기관에서 강의 경력이 1년 이상 있는 사람

비고
1. "철도교통에 관한 업무"란 철도안전·기계·신호·전기에 관한 업무를 말한다.
2. 책임교수의 경우 철도차량정비에 관한 업무를 3년 이상, 선임교수의 경우 철도차량정비에 관한 업무를 2년 이상 수행한 경력이 있어야 한다.
3. "철도차량정비에 관한 업무"란 철도차량 정비업무의 수행, 철도차량 정비계획의 수립·관리, 철도차량 정비에 관한 안전관리·지도교육 및 관리·감독 업무를 말한다.
4. "철도차량정비 관련 학과"란 철도차량 유지보수와 관련된 학과 및 기계·전기·전자·통신 관련 학과를 말한다.
5. "철도관련 공무원 경력"이란 「국가공무원법」 제2조에 따른 공무원 신분으로 철도관련 업무를 수행한 경력을 말한다.

나. 보유기준
1. 1회 교육생 30명을 기준으로 상시적으로 철도차량정비에 관한 교육을 전담하는 책임교수와 선임교수 및 교수를 각각 1명 이상 확보해야 하며, 교육인원이 15명 추가될 때마다 교수 1명 이상을 추가로 확보해야 한다. 이 경우 선임교수, 교수 및 추가로 확보해야 하는 교수는 비전임으로 할 수 있다.
2. 1회 교육생이 30명 미만인 경우 책임교수 또는 선임교수 1명 이상을 확보해야 한다.

2. 시설기준
가. 이론교육장 : 기준인원 30명 기준으로 면적 60제곱미터 이상의 강의실을 갖추어야 하며, 기준인원 초과 시 1명마다 2제곱미터씩 면적을 추가로 확보해야 한다. 다만, 1회 교육생이 30명 미만인 경우 교육생 1명마다 2제곱미터 이상의 면적을 확보해야 한다.
나. 실기교육장 : 교육생 1명마다 3제곱미터 이상의 면적을 확보해야 한다. 다만, 교육훈련기관 외의 장소에서 철도차량 등을 직접 활용하여 실습하는 경우에는 제외한다.
다. 그 밖에 교육훈련에 필요한 사무실·편의시설 및 설비를 갖추어야 한다.

3. 장비기준
   가. 컴퓨터지원교육시스템

장 비 명	성능기준	보유기준
컴퓨터지원교육시스템	철도차량정비 관련 프로그램	1명당 컴퓨터 1대

비고 : 컴퓨터지원교육시스템이란 컴퓨터의 멀티미디어 기능을 활용하여 정비교육훈련을 시행할 수 있도록 지원하는 컴퓨터시스템 일체를 말한다.

4. 정비교육훈련에 필요한 교재를 갖추어야 한다.

5. 다음 각 목의 사항을 포함한 업무규정을 갖추어야 한다.
   가. 정비교육훈련기관의 조직 및 인원
   나. 교육생 선발에 관한 사항
   다. 1년간 교육훈련계획: 교육과정 편성, 교수 인력의 지정 교과목 및 내용 등
   라. 교육기관 운영계획
   마. 교육생 평가에 관한 사항
   바. 실습설비 및 장비 운용방안
   사. 각종 증명의 발급 및 대장의 관리
   아. 교수 인력의 교육훈련
   자. 기술도서 및 자료의 관리·유지
   차. 수수료 징수에 관한 사항
   카. 그 밖에 국토교통부장관이 정비교육훈련에 필요하다고 인정하는 사항

② 국토교통부장관은 정비교육훈련기관이 정비교육훈련기관의 지정기준에 적합한지의 여부를 2년마다 심사해야 한다(규칙 제42조의4 제2항).

③ 정비교육훈련기관의 변경사항 통지에 관하여는 운전면허 규정을 준용한다. 이 경우 "운전교육훈련기관"은 "정비교육훈련기관"으로 본다(규칙 제42조의4 제3항).

(6) 정비교육훈련기관의 지정의 신청 등

① 정비교육훈련기관으로 지정을 받으려는 자는 정비교육훈련기관 지정신청서에 다음의 서류를 첨부하여 국토교통부장관에게 제출해야 한다. 이 경우 국토교통부장관은 행정정보의 공동이용을 통하여 법인 등기사항증명서(신청인이 법인이 경우에만 해당한다)를 확인해야 한다(규칙 제42조의5 제1항).
   ㉠ 정비교육훈련계획서(정비교육훈련평가계획을 포함한다)
   ㉡ 정비교육훈련기관 운영규정

㉢ 정관이나 이에 준하는 약정(법인 및 단체에 한정한다)
㉣ 정비교육훈련을 담당하는 강사의 자격·학력·경력 등을 증명할 수 있는 서류 및 담당업무
㉤ 정비교육훈련에 필요한 강의실 등 시설 내역서
㉥ 정비교육훈련에 필요한 실습 시행 방법 및 절차
㉦ 정비교육훈련기관에서 사용하는 직인의 인영(印影 : 도장 찍은 모양)

② 국토교통부장관은 정비교육훈련기관으로 지정한 때에는 정비교육훈련기관 지정서를 신청인에게 발급해야 한다(규칙 제42조의5 제2항).

(7) 정비교육훈련 업무거부 금지 등

정비교육훈련기관은 정당한 사유 없이 정비교육훈련 업무를 거부하여서는 아니 되고, 거짓이나 그 밖의 부정한 방법으로 정비교육훈련 수료증을 발급하여서는 아니 된다(법 제24조의4 제4항).

(8) 정비교육훈련기관의 변경사항 통지 등

① 정비교육훈련기관은 사항이 변경된 때에는 그 사유가 발생한 날부터 15일 이내에 국토교통부장관에게 그 내용을 통지해야 한다(영 제21조의5 제1항).
② 국토교통부장관은 통지를 받은 때에는 그 내용을 관보에 고시해야 한다(영 제21조의5 제2항).

(9) 운전면허 규정

정비교육훈련기관의 지정취소 및 업무정지 등에 관하여는 운전면허의 규정을 준용한다. 이 경우 "운전적성검사기관"은 "정비교육훈련기관"으로, "운전적성검사 업무"는 "정비교육훈련 업무"로, "제15조 제5항"은 "제24조의4 제3항"으로, "제15조 제6항"은 "제24조의4 제4항"으로, "운전적성검사 판정서"는 "정비교육훈련 수료증"으로 본다(법 제24조의4 제5항).

(10) 정비교육훈련기관의 지정취소 등

① 정비교육 훈련기관의 지정취소 및 업무정지의 기준(규칙 별표13의6)

정비교육 훈련기관의 지정취소 및 업무정지의 기준(규칙 별표13의6)

1. 일반기준
   가. 위반행위의 횟수에 따른 행정처분의 가중된 부과기준은 최근 1년간 같은 위반행위로 행정처분을 받은 경우에 적용한다. 이 경우 기간의 계산은 위반행위에 대하여 행정처분을 받은 날과 그 처분 후 다시 같은 위반행위를 하여 적발된 날을 기준으로 한다.
   나. 비고 제1호에 따라 가중된 행정처분을 하는 경우 가중처분의 적용 차수는 그 위반행위 전 부과처분 차수(비고 제1호에 따른 기간 내에 행정처분이 둘 이상 있었던 경우에는 높은 차수를 말한다)의 다음 차수로 한다.
   다. 위반행위가 둘 이상인 경우로서 그에 해당하는 각각의 처분기준이 다른 경우에는 그 중 무거운 처분기준(무거운 처분기준이 같을 때에는 그 중 하나의 처분기준을 말한다)에 따르며, 위반행위가 둘 이상인 경우로서 그에 해당하는 각각의 처분기준이 같은 경우에는 무거운 처분기준의 2분의 1까지 가중할 수 있되, 각 처분기준을 합산한 기간을 초과할 수 없다.
   라. 처분권자는 위반행위의 동기·내용 및 위반의 정도 등 다음 각 목에 해당하는 사유를 고려하여 그 처분을 감경할 수 있다. 이 경우 그 처분이 업무정지인 경우에는 그 처분기준의 2분의 1의 범위에서 감경할 수 있고, 지정취소인 경우(거짓이나 그 밖의 부정한 방법으로 지정을 받은 경우나 업무정지 명령을 위반하여 그 정지기간 중 적성검사업무를 한 경우는 제외한다)에는 3개월의 업무정지 처분으로 감경할 수 있다.
      1) 위반행위가 고의나 중대한 과실이 아닌 사소한 부주의나 오류로 인한 것으로 인정되는 경우
      2) 위반의 내용·정도가 경미하여 이해관계인에게 미치는 피해가 적다고 인정되는 경우

2. 개별기준

위반사항	해당 법조문	처분기준			
		1차 위반	2차 위반	3차 위반	4차 위반
1. 거짓이나 그 밖의 부정한 방법으로 지정을 받은 경우	법 제15조의2 제1항 제1호	지정취소			
2. 업무정지 명령을 위반하여 그 정지기간 중 정비교육훈련업무를 한 경우	법 제15조의2 제1항 제2호	지정취소			
3. 법 제24조의4 제3항에 따른 지정기준에 맞지 않은 경우	법 제15조의2 제1항 제3호	경고 또는 보완명령	업무정지 1개월	업무정지 3개월	지정취소
4. 법 제24조의4 제4항을 위반하여 정당한 사유 없이 정비교육훈련업무를 거부한 경우	법 제15조의2 제1항 제4호	경고	업무정지 1개월	업무정지 3개월	지정취소
5. 법 제24조의4 제4항을 위반하여 거짓이나 그 밖의 부정한 방법으로 정비교육훈련 수료증을 발급한 경우	법 제15조의2 제1항 제5호	업무정지 1개월	업무정지 3개월	지정취소	

② 국토교통부장관은 정비교육훈련기관의 지정을 취소하거나 업무정지의 처분을 한 경우에는 지체 없이 그 정비교육훈련기관에 지정기관 행정처분서를 통지하고 그 사실을 관보에 고시해야 한다(규칙 42조의6 제2항).

31. 철도차량정비기술자의 인정취소 등

(1) 철도차량정비기술자의 인정취소

국토교통부장관은 철도차량정비기술자가 다음의 어느 하나에 해당하는 경우 그 인정을 취소하여야 한다(법 제24조의5 제1항).

① 거짓이나 그 밖의 부정한 방법으로 철도차량정비기술자로 인정받은 경우
② 자격기준에 해당하지 아니하게 된 경우
③ 철도차량정비 업무 수행 중 고의로 철도사고의 원인을 제공한 경우

(2) 철도차량정비기술자의 인정 정지

국토교통부장관은 철도차량정비기술자가 다음의 어느 하나에 해당하는 경우 1년의 범위에서 철도차량정비기술자의 인정을 정지시킬 수 있다(법 제24조의5 제2항).

① 다른 사람에게 철도차량정비경력증을 빌려 준 경우
② 철도차량정비 업무 수행 중 중과실로 철도사고의 원인을 제공한 경우

제3장 철도종사자의 안전관리

기출 및 예상문제

01 다음 운전면허 없이 운전할 수 있는 경우가 아닌 것은?

㉮ 철도차량 운전에 관한 전문 교육훈련기관(운전교육훈련기관)에서 실시하는 운전교육훈련을 받기 위하여 철도차량을 운전하는 경우

㉯ 운전면허시험을 치르기 위하여 철도차량을 운전하는 경우

㉰ 철도차량을 제작・조립・정비하기 위한 공장 안의 선로에서 철도차량을 운전하여 이동하는 경우

㉱ 노면전차를 운전하는 경우

|해설|

운전면허 없이 운전할 수 있는 경우(영 제10조 제1항)

1. 철도차량 운전에 관한 전문 교육훈련기관(운전교육훈련기관)에서 실시하는 운전교육훈련을 받기 위하여 철도차량을 운전하는 경우
2. 운전면허시험을 치르기 위하여 철도차량을 운전하는 경우
3. 철도차량을 제작・조립・정비하기 위한 공장 안의 선로에서 철도차량을 운전하여 이동하는 경우
4. 철도사고 등을 복구하기 위하여 열차운행이 중지된 선로에서 사고복구용 특수차량을 운전하여 이동하는 경우

02 철도차량 운전면허를 발급하는 자는?

㉮ 교통안전공단　　㉯ 국토교통부장관

㉰ 한국철도공사　　㉱ 관할 행정관청

|해설|

철도차량을 운전하려는 사람은 국토교통부장관으로부터 철도차량 운전면허를 받아야 한다. 다만, 교육훈련 또는 운전면허시험을 위하여 철도차량을 운전하는 경우 등 대통령령으로 정하는 경우에는 그러하지 아니하다(법 제10조 제1항).

Answer 01. ㉱　02. ㉯

03 다음 철도차량의 종류별 운전면허에 속하지 않는 것은?

㉮ 디젤차량 운전면허
㉯ 제3종 전기차량 운전면허
㉰ 철도장비 운전면허
㉱ 노면전차 운전면허

|해설|

철도차량의 종류별 운전면허(영 제11조 제1항)
1. 고속철도차량 운전면허
2. 제1종 전기차량 운전면허
3. 제2종 전기차량 운전면허
4. 디젤차량 운전면허
5. 철도장비 운전면허
6. 노면전차 운전면허

04 다음 철도차량의 운전면허에 관한 내용으로 적절하지 않은 것은?

㉮ 철도차량을 운전하려는 사람은 국토교통부장관으로부터 철도차량 운전면허를 받아야 한다.
㉯ 교육훈련 또는 운전면허시험을 위하여 철도차량을 운전하는 경우 노면전차 면허가 있어야 한다.
㉰ 운전면허 없이 운전하는 경우에는 해당 철도차량에 운전교육훈련을 담당하는 사람이나 운전면허시험에 대한 평가를 담당하는 사람을 승차시켜야 하며, 국토교통부령으로 정하는 표지를 해당 철도차량의 앞면 유리에 붙여야 한다.
㉱ 노면전차를 운전하려는 사람은 운전면허 외에 「도로교통법」에 따른 운전면허를 받아야 한다.

|해설|

철도차량을 운전하려는 사람은 국토교통부장관으로부터 철도차량 운전면허를 받아야 한다. 다만, 교육훈련 또는 운전면허시험을 위하여 철도차량을 운전하는 경우 등 대통령령으로 정하는 경우에는 그러하지 아니하다(법 제10조 제1항).

05 다음 철도차량 운전면허를 가진 사람이 도로교통법상의 운전면허가 있어야 하는 사람은?

㉮ 디젤차량을 운전하려는 사람
㉯ 고속철도차량을 운전하려는 사람
㉰ 철도장비를 운전하려는 사람
㉱ 노면전차를 운전하려는 사람

|해설|

노면전차를 운전하려는 사람은 운전면허 외에 「도로교통법」에 따른 운전면허를 받아야 한다(법 제10조 제2항).

06 다음 운전면허와 운전할 수 있는 철도차량의 연결이 바르지 않은 것은?

㉮ 디젤차량 운전면허 – 디젤동차
㉯ 제1종 전기차량 운전면허 – 전기기관차
㉰ 철도장비 운전면허 – 사고복구용 기중기
㉱ 노면전차 운전면허 – 전기동차

|해설|

노면전차 운전면허 – 노면전차(영 별표1의2)

07 다음 디젤차량 운전면허로 운전할 수 없는 것은?

㉮ 사고복구용 기중기
㉯ 디젤기관차
㉰ 디젤동차
㉱ 증기기관차

|해설|

디젤차량 운전면허로 운전이 가능한 철도차량(영 별표1의2)
1. 디젤기관차
2. 디젤동차
3. 증기기관차
4. 철도장비 운전면허에 의하여 운전할 수 있는 차량

Answer 03. ㉯ 04. ㉯ 05. ㉱ 06. ㉱ 07. ㉮

08 운전면허를 받으려는 사람에게 신체검사를 실시하는 사람은?

㉮ 교통안전공단 ㉯ 국토교통부장관
㉰ 한국철도공사 ㉱ 관할 시·도지사

|해설|

운전면허를 받으려는 사람은 철도차량 운전에 적합한 신체상태를 갖추고 있는지를 판정받기 위하여 국토교통부장관이 실시하는 신체검사에 합격하여야 한다(법 제12조 제1항).

09 다음 운전면허의 결격사유에 해당하지 않는 사람은?

㉮ 19세 미만인 사람
㉯ 뇌전증환자로서 해당 분야 전문의가 정상적인 운전을 할 수 없다고 인정하는 사람
㉰ 알코올 중독자로서 해당 분야 전문의가 정상적인 운전을 할 수 없다고 인정하는 사람
㉱ 운전면허가 취소된 날부터 3년이 지나지 아니하였거나 운전면허의 효력정지기간 중인 사람

|해설|

운전면허의 결격사유(법 제11조)

1. 19세 미만인 사람
2. 철도차량 운전상의 위험과 장해를 일으킬 수 있는 정신질환자 또는 뇌전증환자로서 해당 분야 전문의가 정상적인 운전을 할 수 없다고 인정하는 사람
3. 철도차량 운전상의 위험과 장해를 일으킬 수 있는 약물(마약류 및 환각물질을 말한다.) 또는 알코올 중독자로서 해당 분야 전문의가 정상적인 운전을 할 수 없다고 인정하는 사람
4. 두 귀의 청력 또는 두 눈의 시력을 완전히 상실한 사람
5. 운전면허가 취소된 날부터 2년이 지나지 아니하였거나 운전면허의 효력정지기간 중인 사람

10 다음 철도안전법상의 운전면허 결격사유에 해당하는 신체장애인은?

㉮ 다리 · 머리 · 척추 또는 그 밖의 신체장애로 인하여 걷는 것이 불편한 사람
㉯ 두 귀의 청력 또는 두 눈의 시력을 완전히 상실한 사람
㉰ 엄지손가락을 제외한 손가락을 1개 이상 잃은 사람
㉱ 한쪽 손 이상의 검지손가락을 잃은 사람

|해설|

2020년 6월 9일 철도안전법을 일부 개정하여 철도차량 운전면허의 결격사유 중 '그 밖에 대통령령으로 정하는 신체장애인'을 삭제하여 응시 기회를 확대하였다(제11조 제4호).

11 다음 철도장비운전면허로 운전할 수 없는 것은?

㉮ 철도시설의 검측장비
㉯ 철도 · 도로를 모두 운행할 수 있는 철도복구장비
㉰ 고속철도차량
㉱ 철도건설 및 유지보수에 필요한 기계 또는 장비

|해설|

철도장비운전면허로 운전이 가능한 철도차량(영 별표1의2)
1. 철도건설 및 유지보수에 필요한 기계 또는 장비
2. 철도시설의 검측장비
3. 철도 · 도로를 모두 운행할 수 있는 철도복구장비
4. 전용철도에서 시속 25킬로미터 이하로 운전하는 차량
5. 사고복구용기중기

Answer 08. ㉯ 09. ㉱ 10. ㉯ 11. ㉰

12 다음 중 철도종사자의 안전관리에 관한 설명으로 잘못된 것은?

㉮ 노면전차를 운전하려는 사람은 철도차량 운전면허를 받으면 되고 「도로교통법」 제80조에 따른 운전면허를 받을 필요는 없다.

㉯ 운전면허를 받으려는 사람은 철도차량 운전에 적합한 신체상태를 갖추고 있는지를 판정받기 위하여 국토교통부장관이 실시하는 신체검사에 합격하여야 한다.

㉰ 운전면허를 받으려는 사람은 철도차량 운전에 적합한 적성을 갖추고 있는지를 판정받기 위하여 국토교통부장관이 실시하는 적성검사에 합격하여야 한다.

㉱ 운전면허를 받으려는 사람은 철도차량의 안전한 운행을 위하여 국토교통부장관이 실시하는 운전에 필요한 지식과 능력을 습득할 수 있는 교육훈련을 받아야 한다.

|해설|

노면전차를 운전하려는 사람은 운전면허 외에 「도로교통법」에 따른 운전면허를 받아야 한다(법 제10조 제2항).

13 철도종사자의 신체검사 관련 설명 중 잘못된 것은?

㉮ 운전면허를 받으려는 사람은 철도차량 운전에 적합한 신체상태를 갖추고 있는지를 판정받기 위하여 국토교통부장관이 실시하는 신체검사에 합격하여야 한다.

㉯ 국토교통부장관은 신체검사를 의료기관에서 실시하게 할 수 있다.

㉰ 운전면허의 신체검사 또는 관제자격증명의 신체검사를 받으려는 사람은 신체검사 판정서에 성명·주민등록번호 등 본인의 기록사항을 작성하여 국토교통부장관에게 제출하여야 한다.

㉱ 신체검사의료기관은 신체검사 판정서의 각 신체검사 항목별로 신체검사를 실시한 후 합격여부를 기록하여 신청인에게 발급하여야 한다.

|해설|

운전면허의 신체검사 또는 관제자격증명의 신체검사를 받으려는 사람은 신체검사 판정서에 성명·주민등록번호 등 본인의 기록사항을 작성하여 신체검사 실시 의료기관(신체검사의료기관)에 제출하여야 한다(규칙 제12조 제1항).

14 다음 신체검사를 실시할 수 있는 의료기관이 아닌 곳은?

㉮ 의원 ㉯ 병원
㉰ 종합병원 ㉱ 치과의원

|해설|

신체검사 실시 의료기관(법 제13조)
1. 의원
2. 병원
3. 종합병원

15 운전적성검사에 불합격한 사람이 운전적성검사를 받을 수 없는 기간은?

㉮ 검사일부터 1개월
㉯ 검사일부터 3개월
㉰ 검사일부터 6개월
㉱ 검사일부터 12개월

|해설|

운전적성검사에 불합격한 사람이 운전적성검사를 받을 수 없는 기간은 검사일부터 3개월이다(법 제15조의 제2항).

16 운전적성검사 과정에서 부정행위를 한 사람이 운전적성검사를 받을 수 없는 기간은?

㉮ 검사일부터 1년
㉯ 검사일부터 2년
㉰ 검사일부터 3년
㉱ 검사일부터 5년

|해설|

운전적성검사 과정에서 부정행위를 한 사람이 운전적성검사를 받을 수 없는 기간은 검사일부터 1년이다(법 제15조의 제2항).

Answer 12. ㉮ 13. ㉰ 14. ㉱ 15. ㉯ 16. ㉮

17 다음 운전적성검사에 관한 설명으로 적절하지 않은 것은?

㉮ 운전면허를 받으려는 사람은 철도차량 운전에 적합한 적성을 갖추고 있는지를 판정받기 위하여 국토교통부장관이 실시하는 적성검사(운전적성검사)에 합격하여야 한다.

㉯ 운전적성검사에 불합격한 사람 또는 운전적성검사 과정에서 부정행위를 한 사람은 일정 기간 동안 운전적성검사를 받을 수 없다.

㉰ 운전적성검사 또는 관제적성검사를 받으려는 사람은 적성검사 판정서에 성명·주민등록번호 등 본인의 기록사항을 작성하여 국토교통부장관에게 제출하여야 한다.

㉱ 운전적성검사기관 또는 관제적성검사기관은 적성검사 판정서의 각 적성검사 항목별로 적성검사를 실시한 후 합격 여부를 기록하여 신청인에게 발급하여야 한다.

|해설|

운전적성검사 또는 관제적성검사를 받으려는 사람은 적성검사 판정서에 성명·주민등록번호 등 본인의 기록사항을 작성하여 운전적성검사기관 또는 관제적성검사기관에 제출하여야 한다(규칙 제16조 제1항).

18 다음 운전적성검사의 검사항목 중 문답형 검사항목이 아닌 것은?

㉮ 지능　　㉯ 작업태도

㉰ 품성　　㉱ 인성

|해설|

문답형 검사항목 : 지능, 작업태도, 품성(규칙 별표4)

19 운전적성검사 또는 관제적성검사의 방법·절차·판정기준 및 항목별 배점기준 등에 관하여 필요한 세부사항을 정하는 자는?

㉮ 교통안전공단　　㉯ 국토교통부장관

㉰ 철도운영자등　　㉱ 관할 시·도지사

|해설|

운전적성검사 또는 관제적성검사의 방법·절차·판정기준 및 항목별 배점기준 등에 관하여 필요한 세부사항은 국토교통부장관이 정한다(규칙 제16조 제4항).

20 다음 운전적성검사기관 지정절차에 관한 내용으로 적절하지 않은 것은?

㉮ 운전적성검사에 관한 전문기관(운전적성검사기관)으로 지정을 받으려는 자는 국토교통부장관에게 지정 신청을 하여야 한다.

㉯ 국토교통부장관은 운전적성검사기관 지정 신청을 받은 경우에는 지정기준을 갖추었는지 여부, 운전적성검사기관의 운영계획, 운전업무종사자의 수급상황 등을 종합적으로 심사한 후 그 지정 여부를 결정하여야 한다.

㉰ 국토교통부장관은 운전적성검사기관을 지정한 경우에는 그 사실을 관보에 고시하여야 한다.

㉱ 운전적성검사기관 지정절차에 관한 세부적인 사항은 국토교통부장관이 정한다.

|해설|

운전적성검사기관 지정절차에 관한 세부적인 사항은 국토교통부령으로 정한다(영 제13조 제4항).

21 운전적성검사에 관한 전문기관(운전적성검사기관)으로 지정을 받으려는 자는 어디에 지정신청을 하는가?

㉮ 국토교통부장관 ㉯ 교통안전공단

㉰ 한국철도공사 ㉱ 관할 시・도지사

|해설|

운전적성검사에 관한 전문기관(운전적성검사기관)으로 지정을 받으려는 자는 국토교통부장관에게 지정 신청을 하여야 한다(영 제13조 제1항).

22 국토교통부장관은 운전적성검사기관 또는 관제적성검사기관이 지정기준에 적합한지의 여부를 몇 년마다 심사하여야 하는가?

㉮ 1년마다 ㉯ 2년마다

㉰ 3년마다 ㉱ 5년마다

|해설|

국토교통부장관은 운전적성검사기관 또는 관제적성검사기관이 지정기준에 적합한지의 여부를 2년마다 심사하여야 한다(규칙 제18조 제2항).

Answer 17. ㉰ 18. ㉱ 19. ㉯ 20. ㉱ 21. ㉮ 22. ㉯

23 다음 운전적성검사기관 또는 관제적성검사기관의 지정절차 등에 관한 설명으로 적절하지 않은 것은?

㉮ 운전적성검사기관 또는 관제적성검사기관으로 지정받으려는 자는 적성검사기관 지정신청서에 필요한 서류를 첨부하여 국토교통부장관에게 제출하여야 한다.

㉯ 국토교통부장관은 행정정보의 공동이용을 통하여 법인 등기사항증명서(신청인이 법인인 경우만 해당한다)를 확인하여야 한다.

㉰ 관할 시·도지사는 운전적성검사기관 또는 관제적성검사기관의 지정 신청을 받은 경우에는 종합적으로 그 지정여부를 심사한다.

㉱ 국토교통부장관은 운전적성검사기관 또는 관제적성검사기관의 지정 신청을 받은 경우에는 지정에 적합하다고 인정되는 경우 적성검사기관 지정서를 신청인에게 발급하여야 한다.

|해설|

국토교통부장관은 운전적성검사기관 또는 관제적성검사기관의 지정 신청을 받은 경우에는 종합적으로 그 지정여부를 심사한 후 지정에 적합하다고 인정되는 경우 적성검사기관 지정서를 신청인에게 발급하여야 한다(규칙 제17조 제2항).

24 다음 운전적성검사기관 지정기준으로 잘못된 것은?

㉮ 운전적성검사 업무의 통일성을 유지하고 운전적성검사 업무를 원활히 수행하는데 필요한 상설 전담조직을 갖출 것

㉯ 운전적성검사 업무를 수행할 수 있는 전문검사인력을 1명 이상 확보할 것

㉰ 운전적성검사 시행에 필요한 사무실, 검사장과 검사 장비를 갖출 것

㉱ 운전적성검사기관의 운영 등에 관한 업무규정을 갖출 것

|해설|

운전적성검사기관의 지정기준(영 제14조 제1항)

1. 운전적성검사 업무의 통일성을 유지하고 운전적성검사 업무를 원활히 수행하는데 필요한 상설 전담조직을 갖출 것
2. 운전적성검사 업무를 수행할 수 있는 전문검사인력을 3명 이상 확보할 것
3. 운전적성검사 시행에 필요한 사무실, 검사장과 검사 장비를 갖출 것
4. 운전적성검사기관의 운영 등에 관한 업무규정을 갖출 것

25 운전적성검사기관 또는 관제적성검사기관으로 지정받으려는 자는 적성검사기관 지정신청서에 첨부하여야 할 서류가 아닌 것은?

㉮ 운영계획서

㉯ 정관이나 이에 준하는 약정(법인 그 밖의 단체만 해당한다)

㉰ 운전적성검사장비 또는 관제적성검사장비 내역서

㉱ 운영에 필요한 자금의 확보에 관한 서류

|해설|

운전적성검사기관 또는 관제적성검사기관으로 지정받으려는 자는 적성검사기관 지정신청서에 다음의 서류를 첨부하여 국토교통부장관에게 제출하여야 한다. 이 경우 국토교통부장관은 행정정보의 공동이용을 통하여 법인 등기사항증명서(신청인이 법인인 경우만 해당한다)를 확인하여야 한다(규칙 제17조 제1항).

1. 운영계획서
2. 정관이나 이에 준하는 약정(법인 그 밖의 단체만 해당한다)
3. 운전적성검사 또는 관제적성검사를 담당하는 전문인력의 보유 현황 및 학력 · 경력 · 자격 등을 증명할 수 있는 서류
4. 운전적성검사시설 또는 관제적성검사시설 내역서
5. 운전적성검사장비 또는 관제적성검사장비 내역서
6. 운전적성검사기관 또는 관제적성검사기관에서 사용하는 직인의 인영

26 다음 운전적성검사기관에 관한 설명으로 적절하지 않은 것은?

㉮ 운전적성검사기관은 그 명칭 · 대표자 · 소재지나 그 밖에 운전적성검사 업무의 수행에 중대한 영향을 미치는 사항의 변경이 있는 경우에는 해당 사유가 발생한 날부터 15일 이내에 국토교통부장관에게 그 사실을 알려야 한다.

㉯ 국토교통부장관은 운전적성검사기관 또는 관제적성검사기관이 지정기준에 적합한지의 여부를 2년마다 심사하여야 한다.

㉰ 국토교통부장관은 통지를 받은 때에는 그 사실을 관보에 고시하여야 한다.

㉱ 국토교통부장관은 정당한 사유 없이 운전적성검사 업무를 거부하여서는 아니 되고, 거짓이나 그 밖의 부정한 방법으로 운전적성검사 판정서를 발급하여서는 아니 된다.

|해설|

운전적성검사기관은 정당한 사유 없이 운전적성검사 업무를 거부하여서는 아니 되고, 거짓이나 그 밖의 부정한 방법으로 운전적성검사 판정서를 발급하여서는 아니 된다(법 제15조의 제6항).

Answer 23. ㉰ 24. ㉯ 25. ㉱ 26. ㉱

27 운전적성검사기관은 그 명칭·대표자·소재지나 그 밖에 운전적성검사 업무의 수행에 중대한 영향을 미치는 사항의 변경이 있는 경우에는 해당 사유가 발생한 날부터 며칠 이내에 국토교통부장관에게 그 사실을 알려야 하는가?

㉮ 7일 이내 ㉯ 10일 이내
㉰ 15일 이내 ㉱ 30일 이내

|해설|
운전적성검사기관은 그 명칭·대표자·소재지나 그 밖에 운전적성검사 업무의 수행에 중대한 영향을 미치는 사항의 변경이 있는 경우에는 해당 사유가 발생한 날부터 15일 이내에 국토교통부장관에게 그 사실을 알려야 한다(영 제15조 제1항).

28 다음 운전교육훈련기관 지정절차에 관한 내용으로 적절하지 않은 것은?

㉮ 운전교육훈련기관으로 지정을 받으려는 자는 철도운영자등에게 지정 신청을 하여야 한다.
㉯ 국토교통부장관은 운전교육훈련기관의 지정 신청을 받은 경우에는 지정기준을 갖추었는지 여부, 운전교육훈련기관의 운영계획 및 운전업무종사자의 수급 상황 등을 종합적으로 심사한 후 그 지정 여부를 결정하여야 한다.
㉰ 국토교통부장관은 운전교육훈련기관을 지정한 때에는 그 사실을 관보에 고시하여야 한다.
㉱ 운전교육훈련기관의 지정절차에 관한 세부적인 사항은 국토교통부령으로 정한다.

|해설|
운전교육훈련기관으로 지정을 받으려는 자는 국토교통부장관에게 지정 신청을 하여야 한다(영 제16조 제1항).

29 국토교통부장관이 운전교육훈련기관이 지정기준에 적합한지의 여부를 몇 년마다 심사하여야 하는가?

㉮ 1년마다 ㉯ 2년마다
㉰ 3년마다 ㉱ 5년마다

|해설|
국토교통부장관은 운전교육훈련기관이 지정기준에 적합한지의 여부를 2년마다 심사하여야 한다(규칙 제22조 제2항).

30 다음 중 운전교육훈련기관 지정기준으로 적절하지 않은 것은?

㉮ 운전교육훈련 업무 수행에 필요한 상설 전담조직을 갖출 것
㉯ 운전면허의 종류별로 운전교육훈련 업무를 수행할 수 있는 전문인력을 확보할 것
㉰ 운전교육훈련 시행에 필요한 사무실 · 교육장과 교육 장비를 갖출 것
㉱ 운전교육훈련의 전문인력의 복지에 관한 설비를 갖출 것

|해설|

운전교육훈련기관 지정기준(영 제17조 제1항)
1. 운전교육훈련 업무 수행에 필요한 상설 전담조직을 갖출 것
2. 운전면허의 종류별로 운전교육훈련 업무를 수행할 수 있는 전문인력을 확보할 것
3, 운전교육훈련 시행에 필요한 사무실 · 교육장과 교육 장비를 갖출 것
4. 운전교육훈련기관의 운영 등에 관한 업무규정을 갖출 것

31 다음 운전교육훈련기관에 관한 내용으로 적절하지 않은 것은?

㉮ 국토교통부장관은 운전교육훈련기관이 지정기준에 적합한지의 여부를 2년마다 심사하여야 한다.
㉯ 운전교육훈련기관의 변경사항 통지는 별지 제11호의2 서식에 따른다.
㉰ 운전교육훈련기관은 그 명칭 · 대표자 · 소재지나 그 밖에 운전교육훈련 업무의 수행에 중대한 영향을 미치는 사항의 변경이 있는 경우에는 해당 사유가 발생한 날부터 15일 이내에 철도운영자등에게 그 사실을 알려야 한다.
㉱ 국토교통부장관은 통지를 받은 경우에는 그 사실을 관보에 고시하여야 한다.

|해설|

운전교육훈련기관은 그 명칭 · 대표자 · 소재지나 그 밖에 운전교육훈련 업무의 수행에 중대한 영향을 미치는 사항의 변경이 있는 경우에는 해당 사유가 발생한 날부터 15일 이내에 국토교통부장관에게 그 사실을 알려야 한다(영 제18조 제1항).

Answer 27. ㉰ 28. ㉮ 29. ㉯ 30. ㉱ 31. ㉰

32 다음 국토교통부장관이 운전적성검사기관에 대하여 업무의 정지를 명할 수 있는 기간은?

㉮ 3개월 ㉯ 6개월
㉰ 9개월 ㉱ 12개월

|해설|
국토교통부장관은 운전적성검사기관이 지정취소 및 업무정지에 해당할 때에는 지정을 취소하거나 6개월 이내의 기간을 정하여 업무의 정지를 명할 수 있다(법 제15조의2 제1항).

33 다음 중 운전적성검사기관이 지정기준에 맞지 아니하게 되었을 때 1차 위반행위에 대한 행정처분은?

㉮ 경고 또는 보완명령
㉯ 업무정지 1개월
㉰ 업무정지 3개월
㉱ 지정취소

|해설|
지정기준에 맞지 아니하게 되었을 때(규칙 별표6)
1. 1차 위반 : 경고 또는 보완명령
2. 2차 위반 : 업무정지 1개월
3. 3차 위반 : 업무정지 3개월
4. 4차 위반 : 지정취소

34 다음 운전적성검사기관 지정유예기간으로 적절한 것은?

㉮ 1년
㉯ 2년
㉰ 3년
㉱ 5년

|해설|
국토교통부장관은 지정이 취소된 운전적성검사기관이나 그 기관의 설립·운영자 및 임원이 그 지정이 취소된 날부터 2년이 지나지 아니하고 설립·운영하는 검사기관을 운전적성검사기관으로 지정하여서는 아니 된다(법 제15조의2 제3항).

35 다음 중 운전적성검사기관의 필요적 지정취소사유에 해당하는 것은?

㉮ 운전적성검사기관의 지정기준에 맞지 아니하게 되었을 때
㉯ 정당한 사유 없이 운전적성검사 업무를 거부하였을 때
㉰ 업무정지 명령을 위반하여 그 정지기간 중 운전적성검사 업무를 하였을 때
㉱ 거짓이나 그 밖의 부정한 방법으로 운전적성검사 판정서를 발급하였을 때

|해설|

국토교통부장관은 운전적성검사기관이 다음의 어느 하나에 해당할 때에는 지정을 취소하거나 6개월 이내의 기간을 정하여 업무의 정지를 명할 수 있다. 다만, 1. 및 2.에 해당할 때에는 지정을 취소하여야 한다(법 제15조의2 제1항).

1. 거짓이나 그 밖의 부정한 방법으로 지정을 받았을 때
2. 업무정지 명령을 위반하여 그 정지기간 중 운전적성검사 업무를 하였을 때
3. 지정기준에 맞지 아니하게 되었을 때
4. 정당한 사유 없이 운전적성검사 업무를 거부하였을 때
5. 거짓이나 그 밖의 부정한 방법으로 운전적성검사 판정서를 발급하였을 때

36 다음 운전적성검사기관의 지정취소 및 업무정지에 관한 설명으로 적절하지 않은 것은?

㉮ 국토교통부장관은 운전적성검사기관이 지정취소 및 업무정지에 해당할 때에는 지정을 취소하거나 6개월 이내의 기간을 정하여 업무의 정지를 명할 수 있다.
㉯ 지정취소 및 업무정지의 세부기준 등에 관하여 필요한 사항은 국토교통부장관이 정하여 고시한다.
㉰ 국토교통부장관은 운전적성검사기관 또는 관제적성검사기관의 지정을 취소하거나 업무정지의 처분을 한 경우에는 지체 없이 운전적성검사기관 또는 관제적성검사기관에 지정기관 행정처분서를 통지하고, 그 사실을 관보에 고시하여야 한다.
㉱ 국토교통부장관은 지정이 취소된 운전적성검사기관이나 그 기관의 설립·운영자 및 임원이 그 지정이 취소된 날부터 2년이 지나지 아니하고 설립·운영하는 검사기관을 운전적성검사기관으로 지정하여서는 아니 된다.

|해설|

지정취소 및 업무정지의 세부기준 등에 관하여 필요한 사항은 국토교통부령으로 정한다(법 제15조의2 제2항).

Answer 32. ㉯ 33. ㉮ 34. ㉯ 35. ㉰ 36. ㉯

37 다음 운전적성검사기관의 지정취소 및 업무정지의 사유로 적절하지 않은 것은?

㉮ 거짓이나 그 밖의 부정한 방법으로 지정을 받았을 때

㉯ 업무정지 명령을 위반하여 그 정지기간 중 운전적성검사 업무를 하였을 때

㉰ 지정기준에 맞지 아니하게 되었을 때

㉱ 인력이 지정기준을 초과하였을 때

|해설|

운전적성검사기관의 지정취소 및 업무정지 사유(법 제15조의2 제1항)

1. 거짓이나 그 밖의 부정한 방법으로 지정을 받았을 때
2. 업무정지 명령을 위반하여 그 정지기간 중 운전적성검사 업무를 하였을 때
3. 지정기준에 맞지 아니하게 되었을 때
4. 정당한 사유 없이 운전적성검사 업무를 거부하였을 때
5. 거짓이나 그 밖의 부정한 방법으로 운전적성검사 판정서를 발급하였을 때

38 다음 철도장비 운전면허의 교육 과목 중 기능교육 과목이 아닌 것은?

㉮ 이론교육 ㉯ 현장실습교육

㉰ 운전실무 및 모의운행훈련 ㉱ 비상 시 조치 등

|해설|

철도장비 운전면허의 기능교육 과목(규칙 별표7)

1. 현장실습교육 2. 운전실무 및 모의운행훈련 3. 비상 시 조치 등

39 다음 노선 여객자동차운송사업에 종사한 경력이 1년 이상인 사람의 노면전차 운전면허 교육의 총시간은?

㉮ 200시간 ㉯ 250시간

㉰ 280시간 ㉱ 300시간

|해설|

버스 운전 경력자(규칙 별표7)

경 력	교육과목 및 시간		
	교육과정	이론교육	기능교육
「여객자동차운수사업법 시행령」 제3조 제1호에 따른 노선 여객자동차운송사업에 종사한 경력이 1년 이상인 사람	노면전차 운전면허 (250)	• 철도관련법(30) • 노면전차시스템 일반(20) • 노면전차의 구조 및 기능(70) • 비상시 조치(인적오류 예방 포함) 등(10)	• 현장실습교육 • 운전실무 및 모의 운행 훈련 • 비상 시 조치 등
		130시간	120시간

40 다음 운전면허를 받으려는 사람이 철도차량의 안전한 운행을 위하여 받아야 하는 교육훈련은?

㉮ 현장교육훈련 ㉯ 서면교육훈련
㉰ 운전교육훈련 ㉱ 실전교육훈련

|해설|
운전면허를 받으려는 사람은 철도차량의 안전한 운행을 위하여 국토교통부장관이 실시하는 운전에 필요한 지식과 능력을 습득할 수 있는 교육훈련(운전교육훈련)을 받아야 한다(법 제16조 제1항).

41 다음 운전교육훈련의 기간 및 방법 등에 관한 내용으로 적절하지 않은 것은?

㉮ 운전교육훈련은 운전면허 종류별로 실제 차량이나 모의운전연습기를 활용하여 실시한다.
㉯ 운전교육훈련을 받으려는 사람은 운전교육훈련기관에 운전교육훈련을 신청하여야 한다.
㉰ 운전교육훈련기관은 운전교육훈련을 수료한 사람에게 운전교육훈련 수료증을 발급하여야 한다.
㉱ 운전교육훈련기관은 운전교육훈련과정별 교육훈련신청자가 적어 그 운전교육훈련과정의 개설이 곤란한 경우에는 교통안전기관의 승인을 받아 해당 운전교육훈련과정을 개설하지 아니하거나 운전교육훈련시기를 변경하여 시행할 수 있다.

|해설|
운전교육훈련기관은 운전교육훈련과정별 교육훈련신청자가 적어 그 운전교육훈련과정의 개설이 곤란한 경우에는 국토교통부장관의 승인을 받아 해당 운전교육훈련과정을 개설하지 아니하거나 운전교육훈련시기를 변경하여 시행할 수 있다(규칙 제20조 제4항).

42 다음 일반응시자의 교육시간으로 적절하지 않은 것은?

㉮ 디젤차량 운전면허 – 810시간 ㉯ 제1종 전기차량 운전면허 – 810시간
㉰ 철도장비 운전면허 – 300시간 ㉱ 노면전차 운전면허 – 440시간

|해설|
철도장비 운전면허 – 340시간(규칙 별표7)

Answer 37. ㉱ 38. ㉮ 39. ㉯ 40. ㉰ 41. ㉱ 42. ㉰

43 운전교육훈련기관으로 지정받으려는 자가 운전교육훈련기관 지정신청서에 첨부하여야 하는 서류가 아닌 것은?

㉮ 운전교육훈련계획서

㉯ 정관이나 이에 준하는 약정

㉰ 운전교육훈련에 필요한 강의실 등 시설 내역서

㉱ 운전교육훈련에 필요한 강의자료

|해설|

운전교육훈련기관으로 지정받으려는 자는 운전교육훈련기관 지정신청서에 다음의 서류를 첨부하여 국토교통부장관에게 제출하여야 한다. 이 경우 국토교통부장관은 행정정보의 공동이용을 통하여 법인 등기사항증명서(신청인이 법인인 경우만 해당한다)를 확인하여야 한다(규칙 제21조 제1항).

1. 운전교육훈련계획서(운전교육훈련평가계획을 포함한다)
2. 운전교육훈련기관 운영규정
3. 정관이나 이에 준하는 약정(법인 그 밖의 단체에 한정한다)
4. 운전교육훈련을 담당하는 강사의 자격 · 학력 · 경력 등을 증명할 수 있는 서류 및 담당업무
5. 운전교육훈련에 필요한 강의실 등 시설 내역서
6. 운전교육훈련에 필요한 철도차량 또는 모의운전연습기 등 장비 내역서
7. 운전교육훈련기관에서 사용하는 직인의 인영

44 다음 운전교육훈련기관의 지정절차 등에 관한 내용으로 적절하지 않은 것은?

㉮ 운전교육훈련기관으로 지정받으려는 자는 운전교육훈련기관 지정신청서에 필요한 서류를 첨부하여 국토교통부장관에게 제출하여야 한다.

㉯ 국토교통부장관은 운전교육훈련기관의 지정 신청을 받은 때에는 그 지정 여부를 종합적으로 심사한 후 운전교육훈련기관 지정서를 신청인에게 발급하여야 한다.

㉰ 운전교육훈련기관의 지정기준, 지정절차 등에 관하여 필요한 사항은 국토교통부장관이 정한다.

㉱ 국토교통부장관은 철도차량 운전에 관한 전문 교육훈련기관(운전교육훈련기관)을 지정하여 운전교육훈련을 실시하게 할 수 있다.

|해설|

운전교육훈련기관의 지정기준, 지정절차 등에 관하여 필요한 사항은 대통령령으로 정한다(법 제16조 제4항).

45 거짓이나 그 밖의 부정한 방법으로 운전교육훈련 수료증을 발급한 경우 1차 위반한 경우 행정처분은?

㉮ 경고 ㉯ 업무정지 1개월
㉰ 업무정지 3개월 ㉱ 지정취소

|해설|

거짓이나 그 밖의 부정한 방법으로 운전교육훈련 수료증을 발급한 경우(규칙 별표9)
1. 1차 위반 : 업무정지 1개월
2. 2차 위반 : 업무정지 3개월
3. 3차 위반 : 지정취소

46 운전면허시험에 있어 필기시험 합격의 유효한 기간은?

㉮ 합격한 날부터 2년이 되는 날이 속하는 해의 12월 31일까지
㉯ 합격한 날부터 2년이 되는 날이 속하는 해의 6월 31일까지
㉰ 합격한 날부터 3년이 되는 날이 속하는 해의 12월 31일까지
㉱ 합격한 날부터 3년이 되는 날이 속하는 해의 6월 31일까지

|해설|

필기시험에 합격한 사람에 대해서는 필기시험에 합격한 날부터 2년이 되는 날이 속하는 해의 12월 31일까지 실시하는 운전면허시험에 있어 필기시험의 합격을 유효한 것으로 본다(규칙 제24조 제3항).

47 다음 운전면허시험의 과목 및 합격기준에 관한 설명으로 바르지 않은 것은?

㉮ 철도차량 운전면허시험은 운전면허의 종류별로 필기시험과 기능시험으로 구분하여 시행한다.
㉯ 기능시험은 실제차량이나 모의운전연습기를 활용하여 시행한다.
㉰ 기능시험은 필기시험을 합격하기 전에 응시할 수 있다.
㉱ 운전면허시험의 방법・절차, 기능시험 평가위원의 선정 등에 관하여 필요한 세부사항은 국토교통부장관이 정한다.

|해설|

기능시험은 필기시험을 합격한 경우에만 응시할 수 있다(규칙 제24조 제2항).

Answer 43. ㉱ 44. ㉰ 45. ㉯ 46. ㉮ 47. ㉰

48 다음 중 철도차량 운전면허시험에 관한 설명으로 잘못된 것은?

㉮ 운전면허를 받으려는 사람은 국토교통부장관이 실시하는 철도차량 운전면허시험에 합격하여야 한다.

㉯ 국토교통부장관은 운전면허시험에 합격하여 운전면허를 받은 사람에게 국토교통부령으로 정하는 바에 따라 철도차량 운전면허증을 발급하여야 한다.

㉰ 운전면허를 받은 사람은 다른 사람에게 그 운전면허증을 대여하여서는 아니 된다.

㉱ 운전면허시험에 응시하려는 사람은 신체검사 및 운전적성검사에 합격하기 전에 운전교육훈련을 받아야 한다.

|해설|

운전면허시험에 응시하려는 사람은 신체검사 및 운전적성검사에 합격한 후 운전교육훈련을 받아야 한다(법 제17조 제2항).

49 다음 고속철도 차량 운전면허의 필기시험의 과목이 아닌 것은?

㉮ 고속철도 시스템 일반 ㉯ 전기기관차의 구조 및 기능

㉰ 고속철도 운전이론 일반 ㉱ 고속철도 운전 관련 규정

|해설|

고속철도 차량 운전면허의 필기시험의 과목(규칙 별표10)

1. 고속철도 시스템 일반
2. 고속철도차량의 구조 및 기능
3. 고속철도 운전이론 일반
4. 고속철도 운전 관련 규정
5. 비상 시 조치 등

50 한국교통안전공단이 운전면허시험을 실시하려는 때에 언제까지 운전면허시험 시행계획을 인터넷 홈페이지 등에 공고하여야 하는가?

㉮ 매년 1월 31일까지 ㉯ 매년 6월 30일까지

㉰ 매년 11월 30일까지 ㉱ 매년 12월 31일까지

|해설|

한국교통안전공단은 운전면허시험을 실시하려는 때에는 매년 11월 30일까지 필기시험 및 기능시험의 일정 · 응시과목 등을 포함한 다음 해의 운전면허시험 시행계획을 인터넷 홈페이지 등에 공고하여야 한다(규칙 제25조 제1항).

51 다음 공고한 시행계획을 변경할 경우 필기시험일 또는 기능시험일 며칠 전까지 변경사항을 인터넷 홈페이지 등에 공고하여야 하는가?

㉮ 7일 전까지 ㉯ 14일 전까지
㉰ 15일 전까지 ㉱ 30일 전까지

|해설|

한국교통안전공단은 운전면허시험의 응시 수요 등을 고려하여 필요한 경우에는 공고한 시행계획을 변경할 수 있다. 이 경우 미리 국토교통부장관의 승인을 받아야 하며 변경되기 전의 필기시험일 또는 기능시험일(필기시험일 또는 기능시험일이 앞당겨진 경우에는 변경된 필기시험일 또는 기능시험일을 말한다)의 7일 전까지 그 변경사항을 인터넷 홈페이지 등에 공고하여야 한다(규칙 제25조 제2항).

52 운전면허시험에 응시하려는 사람이 철도차량 운전면허시험 응시원서에 첨부할 서류가 아닌 것은?

㉮ 신체검사의료기관이 발급한 신체검사 판정서
㉯ 운전적성검사기관이 발급한 운전적성검사 판정서
㉰ 도로교통 면허증 사본
㉱ 운전교육훈련기관이 발급한 운전교육훈련 수료증명서

|해설|

운전면허시험에 응시하려는 사람은 철도차량 운전면허시험 응시원서에 다음의 서류를 첨부하여 한국교통안전공단에 제출하여야 한다(규칙 제26조 제1항).

1. 신체검사의료기관이 발급한 신체검사 판정서(운전면허시험 응시원서 접수일 이전 2년 이내인 것에 한정한다)
2. 운전적성검사기관이 발급한 운전적성검사 판정서(운전면허시험 응시원서 접수일 이전 10년 이내인 것에 한정한다)
3. 운전교육훈련기관이 발급한 운전교육훈련 수료증명서
4. 운전교육훈련기관으로 지정받은 대학의 장이 발급한 철도운전관련 교육과목 이수 증명서(이론교육 과목의 이수로 인정받으려는 경우에만 해당한다)
5. 철도차량 운전면허증의 사본(철도차량 운전면허 소지자가 다른 철도차량 운전면허를 취득하고자 하는 경우에 한정한다)
6. 운전업무 수행 경력증명서(고속철도차량 운전면허시험에 응시하는 경우에 한정한다)

Answer 48. ㉱ 49. ㉯ 50. ㉰ 51. ㉮ 52. ㉰

53 다음 운전면허시험 응시원서의 제출 등에 관한 설명으로 틀린 것은?

㉮ 운전면허시험에 응시하려는 사람은 철도차량 운전면허시험 응시원서에 다음의 서류를 첨부하여 한국교통안전공단에 제출하여야 한다.

㉯ 한국교통안전공단은 서류를 관리하는 정보체계에 따라 확인할 수 있는 경우에는 그 서류를 제출하지 아니하도록 할 수 있다.

㉰ 한국교통안전공단은 운전면허시험 응시원서를 접수한 때에는 철도차량 운전면허시험 응시원서 접수대장에 기록하고 운전면허시험 응시표를 응시자에게 발급하여야 한다.

㉱ 한국교통안전공단은 운전면허시험 응시원서 접수마감 15일 이내에 시험일시 및 장소를 한국교통안전공단 게시판 또는 인터넷 홈페이지 등에 공고하여야 한다.

|해설|

한국교통안전공단은 운전면허시험 응시원서 접수마감 7일 이내에 시험일시 및 장소를 한국교통안전공단 게시판 또는 인터넷 홈페이지 등에 공고하여야 한다(규칙 제26조 제4항).

54 운전면허시험을 실시하여 합격자를 결정하는 곳은?

㉮ 한국교통안전공단 ㉯ 국토교통부장관

㉰ 관할 행정기관 ㉱ 한국철도공사

|해설|

한국교통안전공단은 운전면허시험을 실시하여 합격자를 결정한 때에는 한국교통안전공단 게시판 또는 인터넷 홈페이지에 게재하여야 한다(규칙 제28조 제1항).

55 다음 철도차량 운전면허증 기록사항을 변경할 경우 기록사항의 변경을 신청하는 곳은?

㉮ 한국교통안전공단 ㉯ 국토교통부장관

㉰ 관할 시·도지사 ㉱ 한국철도공사

|해설|

운전면허 취득자가 주소 등 철도차량 운전면허증의 기록사항을 변경하려는 경우에는 이를 증명할 수 있는 서류를 첨부하여 한국교통안전공단에 기록사항의 변경을 신청하여야 한다. 이 경우 한국교통안전공단은 기록사항을 변경한 때에는 철도차량 운전면허증 관리대장에 이를 기록·관리하여야 한다(규칙 제30조 제1항).

56 다음 운전면허시험 응시표의 재발급에 관한 설명으로 틀린 것은?

㉮ 응시표를 잃어버린 경우 재발급을 신청할 수 있다.

㉯ 응시표가 헐어서 못 쓰게 된 경우에는 재발급을 신청할 수 있다.

㉰ 국토교통부장관에게 재발급을 신청(정보통신망을 이용한 신청을 포함한다)하여야 한다.

㉱ 응시원서 접수 사실을 확인한 후 운전면허시험 응시표를 신청인에게 재발급하여야 한다.

|해설|

운전면허시험 응시표를 발급받은 사람이 응시표를 잃어버리거나 헐어서 못 쓰게 된 경우에는 사진(3.5센티미터×4.5센티미터) 1장을 첨부하여 한국교통안전공단에 재발급을 신청(정보통신망을 이용한 신청을 포함한다)하여야 하고, 한국교통안전공단은 응시원서 접수 사실을 확인한 후 운전면허시험 응시표를 신청인에게 재발급하여야 한다(규칙 제27조).

57 다음 운전면허증의 발급 등에 관한 설명 중 틀린 것은?

㉮ 운전면허시험에 합격한 사람은 한국교통안전공단에 철도차량 운전면허증 (재)발급신청서를 제출(정보통신망을 이용한 제출을 포함한다)하여야 한다.

㉯ 철도차량 운전면허증 발급 신청을 받은 한국교통안전공단은 철도차량 운전면허증을 발급하여야 한다.

㉰ 철도차량 운전면허증을 발급받은 사람(운전면허 취득자)이 철도차량 운전면허증을 잃어버렸거나 헐어 못 쓰게 된 때에는 철도차량 운전면허증 (재)발급신청서에 분실사유서나 헐어 못 쓰게 된 운전면허증을 첨부하여 국토교통부장관에게 제출하여야 한다.

㉱ 한국교통안전공단은 철도차량 운전면허증을 발급이나 재발급한 때에는 철도차량 운전면허증 관리대장에 이를 기록·관리하여야 한다.

|해설|

철도차량 운전면허증을 발급받은 사람(운전면허 취득자)이 철도차량 운전면허증을 잃어버렸거나 헐어 못 쓰게 된 때에는 철도차량 운전면허증 (재)발급신청서에 분실사유서나 헐어 못 쓰게 된 운전면허증을 첨부하여 한국교통안전공단에 제출하여야 한다(규칙 제29조 제3항).

Answer 53. ㉱ 54. ㉮ 55. ㉮ 56. ㉰ 57. ㉰

58 다음 철도차량 운전면허증(운전면허증)을 발급하는 자는?

㉮ 한국교통안전공단 ㉯ 국토교통부장관
㉰ 관할 시·도지사 ㉱ 철도운영자등

|해설|
국토교통부장관은 운전면허시험에 합격하여 운전면허를 받은 사람에게 국토교통부령으로 정하는 바에 따라 철도차량 운전면허증(운전면허증)을 발급하여야 한다(법 제18조 제1항).

59 다음 운전면허증의 재발급 사유에 해당하지 않은 것은?

㉮ 운전면허증 분실
㉯ 운전면허증이 헐어서 쓸 수 없게 되었을 때
㉰ 운전면허증의 기재사항이 변경되었을 때
㉱ 운전면허가 정지된 때

|해설|
운전면허를 받은 사람(운전면허 취득자)이 운전면허증을 잃어버렸거나 운전면허증이 헐어서 쓸 수 없게 되었을 때 또는 운전면허증의 기재사항이 변경되었을 때에는 국토교통부령으로 정하는 바에 따라 운전면허증의 재발급이나 기재사항의 변경을 신청할 수 있다(법 제18조 제2항).

60 다음 운전면허의 갱신에 관한 설명으로 틀린 것은?

㉮ 운전면허의 유효기간은 10년으로 한다.
㉯ 운전면허 취득자로서 유효기간 이후에도 그 운전면허의 효력을 유지하려는 사람은 운전면허의 유효기간 만료 전에 국토교통부령으로 정하는 바에 따라 운전면허의 갱신을 받아야 한다.
㉰ 국토교통부장관은 운전면허의 갱신을 신청한 사람이 갱신사유에 해당하는 경우에는 운전면허증을 갱신하여 발급하여야 한다.
㉱ 운전면허 취득자가 운전면허의 갱신을 받지 아니하면 그 운전면허의 유효기간이 만료되는 날부터 그 운전면허의 효력이 정지된다.

|해설|
운전면허 취득자가 운전면허의 갱신을 받지 아니하면 그 운전면허의 유효기간이 만료되는 날의 다음 날부터 그 운전면허의 효력이 정지된다(법 제19조 제4항).

61 다음 운전면허의 유효기간은?

㉮ 3년 ㉯ 5년
㉰ 10년 ㉱ 20년

|해설|
운전면허의 유효기간은 10년으로 한다(법 제19조 제1항).

62 철도차량운전면허(운전면허)를 갱신하려는 사람이 운전면허 갱신신청서는 어디에 제출하여야 하는가?

㉮ 한국교통안전공단 ㉯ 국토교통부장관
㉰ 한국철도공사 ㉱ 철도운영자등

|해설|
철도차량운전면허(운전면허)를 갱신하려는 사람은 운전면허의 유효기간 만료일 전 6개월 이내에 철도차량 운전면허 갱신신청서에 관련 서류를 첨부하여 한국교통안전공단에 제출하여야 한다(규칙 제31조 제1항).

63 다음 운전면허증 갱신발급에 관한 설명으로 적절하지 않은 것은?

㉮ 국토교통부장관은 운전면허의 갱신을 신청한 사람이 갱신사유에 해당하는 경우에는 운전면허증을 갱신하여 발급하여야 한다.
㉯ 운전면허의 갱신을 신청하는 날 전 10년 이내에 운전면허의 유효기간 내에 6개월 이상 해당 철도차량의 운전업무에 종사한 경력이 있거나 일정 수준 이상의 경력이 있다고 인정되는 경우에 발급하여야 한다.
㉰ 운전교육훈련기관이나 철도운영자등이 실시한 철도차량 운전에 필요한 교육훈련을 운전면허 갱신신청일 전까지 20시간 이상 받은 경우에 발급하여야 한다.
㉱ 경력의 인정, 교육훈련의 내용 등 운전면허 갱신에 필요한 세부사항은 한국교통안전공단이 정하여 고시한다.

|해설|
경력의 인정, 교육훈련의 내용 등 운전면허 갱신에 필요한 세부사항은 국토교통부장관이 정하여 고시한다(규칙 제32조 제4항).

Answer 58. ㉯ 59. ㉱ 60. ㉱ 61. ㉰ 62. ㉮ 63. ㉱

64 운전면허의 갱신을 받지 아니하여 운전면허의 효력이 정지되는 날은?

㉮ 유효기간이 만료되는 날부터
㉯ 유효기간이 만료되는 날의 다음 날부터
㉰ 유효기간이 만료되는 날의 3일 후부터
㉱ 유효기간이 만료되는 날의 5일 후부터

|해설|
운전면허 취득자가 운전면허의 갱신을 받지 아니하면 그 운전면허의 유효기간이 만료되는 날의 다음 날부터 그 운전면허의 효력이 정지된다(법 제19조 제4항).

65 운전면허의 효력이 정지된 사람이 있는 때에 운전면허의 효력이 정지된 날부터 며칠 이내에 해당 운전면허 취득자에게 이를 통지하여야 하는가?

㉮ 운전면허의 효력이 정지된 날부터 30일 이내
㉯ 운전면허의 효력이 정지된 날부터 60일 이내
㉰ 운전면허의 효력이 정지된 날부터 90일 이내
㉱ 운전면허의 효력이 정지된 날부터 180일 이내

|해설|
한국교통안전공단은 운전면허의 효력이 정지된 사람이 있는 때에는 해당 운전면허의 효력이 정지된 날부터 30일 이내에 해당 운전면허 취득자에게 이를 통지하여야 한다(규칙 제33조 제1항).

66 국토교통부장관이 운전면허 취득자가 운전면허의 효력정지에 해당하는 경우 몇 년의 기간을 정하여 운전면허의 효력을 정지시킬 수 있는가?

㉮ 1년 이내 ㉯ 2년 이내
㉰ 3년 이내 ㉱ 5년 이내

|해설|
국토교통부장관은 운전면허 취득자가 운전면허의 효력정지에 해당할 때에는 운전면허를 취소하거나 1년 이내의 기간을 정하여 운전면허의 효력을 정지시킬 수 있다(법 제20조 제1항).

67 다음 운전면허 갱신 안내 통지에 관한 설명으로 틀린 것은?

㉮ 한국교통안전공단은 운전면허의 효력이 정지된 사람이 있는 때에는 해당 운전면허의 효력이 정지된 날부터 30일 이내에 해당 운전면허 취득자에게 이를 통지하여야 한다.

㉯ 한국교통안전공단은 운전면허의 유효기간 만료일 12개월 전까지 해당 운전면허 취득자에게 운전면허 갱신에 관한 내용을 통지하여야 한다.

㉰ 운전면허 갱신에 관한 통지는 철도차량 운전면허 갱신통지서에 따른다.

㉱ 통지를 받을 사람의 주소 등을 통상적인 방법으로 확인할 수 없거나 통지서를 송달할 수 없는 경우에는 한국교통안전공단 게시판 또는 인터넷 홈페이지에 14일 이상 공고함으로써 통지에 갈음할 수 있다.

|해설|

한국교통안전공단은 운전면허의 유효기간 만료일 6개월 전까지 해당 운전면허 취득자에게 운전면허 갱신에 관한 내용을 통지하여야 한다(규칙 제33조 제2항).

68 다음 운전면허에 관한 설명으로 적절하지 않은 것은?

㉮ 운전면허 갱신에 관한 통지는 철도차량 운전면허 갱신통지서에 따른다.

㉯ 운전면허의 효력이 정지된 사람이 6개월의 범위에서 6개월 내에 운전면허의 갱신을 신청하여 운전면허의 갱신을 받지 아니하면 그 기간이 만료되는 날의 다음 날부터 그 운전면허는 효력을 잃는다.

㉰ 국토교통부장관은 운전면허 취득자에게 그 운전면허의 유효기간이 만료되기 전에 국토교통부령으로 정하는 바에 따라 운전면허의 갱신에 관한 내용을 통지하여야 한다.

㉱ 국토교통부장관은 운전면허의 효력이 실효된 사람이 운전면허를 다시 받으려는 경우 그 절차의 전부를 면제할 수 있다.

|해설|

국토교통부장관은 운전면허의 효력이 실효된 사람이 운전면허를 다시 받으려는 경우 그 절차의 일부를 면제할 수 있다(법 제19조 제7항).

Answer 64. ㉯ 65. ㉮ 66. ㉮ 67. ㉯ 68. ㉱

69 다음 괄호에 적절한 내용은?

> 운전면허의 효력이 실효된 사람이 운전면허가 실효된 날부터 3년 이내에 실효된 운전면허와 동일한 운전면허를 취득하려는 경우에는 다음의 구분에 따라 운전면허 취득절차의 일부를 면제한다(영 제20조 제1항).
> ① 운전면허 갱신 사유에 해당하지 아니하는 경우 : (㉠) 면제
> ② 운전면허 갱신 사유에 해당하는 경우 : 운전교육훈련과 운전면허시험 중 (㉡) 면제

㉮ ㉠ 운전교육훈련, ㉡ 운전교육훈련

㉯ ㉠ 운전교육훈련, ㉡ 필기시험

㉰ ㉠ 필기시험, ㉡ 운전교육훈련

㉱ ㉠ 필기시험, ㉡ 필기시험

|해설|

운전면허의 효력이 실효된 사람이 운전면허가 실효된 날부터 3년 이내에 실효된 운전면허와 동일한 운전면허를 취득하려는 경우에는 다음의 구분에 따라 운전면허 취득절차의 일부를 면제한다(영 제20조 제1항).

1. 운전면허 갱신 사유에 해당하지 아니하는 경우 : 운전교육훈련 면제
2. 운전면허 갱신 사유에 해당하는 경우 : 운전교육훈련과 운전면허시험 중 필기시험 면제

70 국토교통부장관이 운전면허의 취소 및 효력정지 처분을 하였을 때에 누구에게 통지하여야 하는가?

㉮ 운전면허 취득자와 운전면허 취득자를 고용하고 있는 철도운영자등

㉯ 한국교통안전공단

㉰ 한국철도공사

㉱ 관할 시·도지사

|해설|

국토교통부장관이 운전면허의 취소 및 효력정지 처분을 하였을 때에는 국토교통부령으로 정하는 바에 따라 그 내용을 해당 운전면허 취득자와 운전면허 취득자를 고용하고 있는 철도운영자등에게 통지하여야 한다(법 제20조 제2항).

71 다음 중 철도차량 운전면허의 필요적 취소사유에 해당하지 않는 것은?

㉮ 거짓이나 그 밖의 부정한 방법으로 운전면허를 받았을 때
㉯ 운전면허의 효력정지기간 중 철도차량을 운전하였을 때
㉰ 운전면허증을 다른 사람에게 빌려주었을 때
㉱ 술을 마시거나 약물을 사용한 상태에서 철도차량을 운전하였을 때

|해설|

국토교통부장관은 운전면허 취득자가 다음 각 호의 어느 하나에 해당할 때에는 운전면허를 취소하거나 1년 이내의 기간을 정하여 운전면허의 효력을 정지시킬 수 있다. 다만, 제1호부터 제4호까지의 규정에 해당할 때에는 운전면허를 취소하여야 한다.

1. 거짓이나 그 밖의 부정한 방법으로 운전면허를 받았을 때
2. 제11조 제2호부터 제4호까지의 규정에 해당하게 되었을 때
3. 운전면허의 효력정지기간 중 철도차량을 운전하였을 때
4. 제19조의2를 위반하여 운전면허증을 다른 사람에게 빌려주었을 때
5. 철도차량을 운전 중 고의 또는 중과실로 철도사고를 일으켰을 때

5의2. 철도종사자의 준수사항을 위반하였을 때

6. 술을 마시거나 약물을 사용한 상태에서 철도차량을 운전하였을 때
7. 술을 마시거나 약물을 사용한 상태에서 업무를 하였다고 인정할 만한 상당한 이유가 있음에도 불구하고 국토교통부장관 또는 시·도지사의 확인 또는 검사를 거부하였을 때
8. 이 법 또는 이 법에 따라 철도의 안전 및 보호와 질서유지를 위하여 한 명령·처분을 위반하였을 때

72 운전업무 실무수습의 항목 및 교육시간 등에 관한 실무수습 계획을 수립하여 시행하여야 하는 자는?

㉮ 철도운영자등
㉯ 한국교통안전공단
㉰ 국토교통부장관
㉱ 관할 시·도지사

|해설|

철도운영자등은 운전업무 실무수습의 항목 및 교육시간 등에 관한 실무수습 계획을 수립하여 시행하여야 한다. 다만, 운전업무 실무수습을 이수한 사람으로서 운전할 구간 또는 철도차량의 변경으로 인하여 다시 운전업무 실무수습을 이수하여야 하는 사람에 대해서는 별도의 실무수습 계획을 수립하여 시행할 수 있다(규칙 제37조 제2항).

Answer 69. ㉯ 70. ㉮ 71. ㉱ 72. ㉮

73 다음 운전면허의 취소 및 효력정지 처분의 통지 등에 관한 설명으로 바르지 않은 것은?

㉮ 국토교통부장관은 운전면허의 취소나 효력정지 처분을 한 때에는 철도차량 운전면허 취소·효력정지 처분 통지서를 해당 처분대상자에게 발송하여야 한다.

㉯ 국토교통부장관은 처분대상자가 철도운영자등에게 소속되어 있는 경우에는 철도운영자 등에게 그 처분 사실을 통지하여야 한다.

㉰ 처분대상자의 주소 등을 통상적인 방법으로 확인할 수 없거나 철도차량 운전면허 취소·효력정지 처분 통지서를 송달할 수 없는 경우에는 운전면허시험기관인 한국교통안전공단 게시판 또는 인터넷 홈페이지에 14일 이상 공고함으로써 통지에 갈음할 수 있다.

㉱ 운전면허의 취소 또는 효력정지 처분의 통지를 받은 사람은 통지를 받은 날부터 15일 이내에 운전면허증을 국토교통부장관에게 반납하여야 한다.

|해설|

운전면허의 취소 또는 효력정지 처분의 통지를 받은 사람은 통지를 받은 날부터 15일 이내에 운전면허증을 한국교통안전공단에 반납하여야 한다(규칙 제34조 제4항).

74 철도차량 운전규칙을 위반하여 운전을 하다가 열차운행에 중대한 차질을 초래한 경우 1차 위반에 대한 처분기준은?

㉮ 효력정지 1개월

㉯ 효력정지 2개월

㉰ 효력정지 3개월

㉱ 면허취소

|해설|

철도차량 운전규칙을 위반하여 운전을 하다가 열차운행에 중대한 차질을 초래한 경우 처분기준(규칙 별표10의2)

1. 1차 위반 : 효력정지 1개월
2. 2차 위반 : 효력정지 2개월
3. 3차 위반 : 효력정지 3개월
4. 4차 위반 : 면허취소

75 운전면허의 취소 또는 효력정지 처분의 통지를 받은 사람은 통지를 받은 날부터 며칠 이내에 운전면허증을 반납하여야 하는가?

㉮ 7일 이내
㉯ 15일 이내
㉰ 20일 이내
㉱ 30일 이내

|해설|
운전면허의 취소 또는 효력정지 처분의 통지를 받은 사람은 통지를 받은 날부터 15일 이내에 운전면허증을 한국교통안전공단에 반납하여야 한다(규칙 제34조 제4항).

76 운전면허의 취소 또는 효력정지 통지를 받은 운전면허 취득자는 그 통지를 받은 날부터 15일 이내에 운전면허증을 누구에게 반납하여야 하는가?

㉮ 철도운영자등
㉯ 한국교통안전공단
㉰ 국토교통부장관
㉱ 관할 시·도지사

|해설|
운전면허의 취소 또는 효력정지 통지를 받은 운전면허 취득자는 그 통지를 받은 날부터 15일 이내에 운전면허증을 국토교통부장관에게 반납하여야 한다(법 제20조 제3항).

77 운전면허의 취소 또는 효력정지 통지를 받은 운전면허 취득자는 그 통지를 받은 날부터 며칠 이내에 운전면허증을 국토교통부장관에게 반납하는가?

㉮ 7일 ㉯ 10일
㉰ 15일 ㉱ 20일

|해설|
운전면허의 취소 또는 효력정지 통지를 받은 운전면허 취득자는 그 통지를 받은 날부터 15일 이내에 운전면허증을 국토교통부장관에게 반납하여야 한다(법 제20조 제3항).

Answer 73. ㉱ 74. ㉮ 75. ㉯ 76. ㉰ 77. ㉰

78 거짓이나 그 밖의 부정한 방법으로 운전면허를 받은 경우 1차 위반에 대한 처분기준은?

㉮ 효력정지 1개월 ㉯ 효력정지 3개월
㉰ 효력정지 6개월 ㉱ 면허취소

|해설|

거짓이나 그 밖의 부정한 방법으로 운전면허를 받은 경우에는 1차 위반이더라도 면허가 취소된다(규칙 별표10의2).

79 운전면허의 발급, 갱신, 취소 등에 관한 자료를 유지·관리하여야 하는 자는?

㉮ 한국교통안전공단
㉯ 철도운영자등
㉰ 국토교통부장관
㉱ 관할 시·도지사

|해설|

국토교통부장관은 국토교통부령으로 정하는 바에 따라 운전면허의 발급, 갱신, 취소 등에 관한 자료를 유지·관리하여야 한다(법 제20조 제6항).

80 다음 철도차량 운전면허 미소지자가 받아야 할 실무수습·교육항목이 아닌 것은?

㉮ 선로·신호 등 시스템
㉯ 제동기 취급
㉰ 속도관측
㉱ 궤도실무

|해설|

철도차량 운전면허 미소지자의 실무수습·교육항목(규칙 별표11)
1. 선로·신호 등 시스템
2. 운전취급 관련 규정
3. 제동기 취급
4. 제동기 외의 기기취급
5. 속도관측
6. 비상시 조치 등

81 운전업무종사자가 운전업무 수행경력이 없는 구간을 운전하려는 때 몇 시간 이상 실무수습·교육을 받아야 하는가?

㉮ 30시간
㉯ 50시간
㉰ 60시간
㉱ 80시간

|해설|
운전업무종사자가 운전업무 수행경력이 없는 구간을 운전하려는 때에는 60시간 이상 또는 1,200킬로미터 이상의 실무수습·교육을 받아야 한다(규칙 별표11).

82 다음 운전업무 실무수습의 관리 등에 관한 설명으로 틀린 것은?

㉮ 철도운영자등은 실무수습 계획을 수립한 경우에는 그 내용을 국토교통부장관에게 통보하여야 한다.
㉯ 철도운영자등은 철도차량의 운전업무에 종사하려는 사람이 운전업무 실무수습을 이수한 경우에는 운전업무종사자 실무수습 관리대장에 운전업무 실무수습을 받은 구간 등을 기록하여야 한다.
㉰ 철도운영자등은 철도차량의 운전업무에 종사하려는 사람이 운전업무 실무수습을 이수한 경우에는 그 내용을 한국교통안전공단에 통보하여야 한다.
㉱ 철도운영자등은 철도차량의 운전업무에 종사하려는 사람이 운전업무 실무수습을 받은 구간 외의 다른 구간에서 운전업무를 수행하게 하여서는 아니 된다.

|해설|
철도운영자등은 실무수습 계획을 수립한 경우에는 그 내용을 한국교통안전공단에 통보하여야 한다(규칙 제38조 제1항).

Answer 78. ㉱ 79. ㉰ 80. ㉱ 81. ㉰ 82. ㉮

83 다음 설명 중 바르지 않은 것은?

㉮ 철도운영자등은 운전면허를 받지 아니하거나(운전면허가 취소되거나 그 효력이 정지된 경우를 포함한다) 실무수습을 이수하지 아니한 사람을 철도차량의 운전업무에 종사하게 하여서는 아니 된다.

㉯ 관제업무에 종사하려는 사람은 한국교통안전공단으로부터 철도교통관제사 자격증명(관제자격증명)을 받아야 한다.

㉰ 철도교통관제사 자격증명의 갱신 및 취득절차의 일부 면제에 관하여는 운전면허 규정을 준용한다.

㉱ 관제자격증명의 결격사유에 관하여는 운전면허 규정을 준용한다.

|해설|

관제업무에 종사하려는 사람은 국토교통부장관으로부터 철도교통관제사 자격증명(관제자격증명)을 받아야 한다(법 제21조의3).

84 다음 관제적성검사를 실시하는 기관은?

㉮ 한국교통안전공단 ㉯ 철도운영자등

㉰ 국토교통부장관 ㉱ 관할 시·도지사

|해설|

관제자격증명을 받으려는 사람은 관제업무에 적합한 적성을 갖추고 있는지 판정받기 위하여 국토교통부장관이 실시하는 적성검사(관제적성검사)에 합격하여야 한다(법 제21조의6 제1항).

85 다음 관제교육훈련의 기간·방법 등에 관한 내용 중 바르지 않은 것은?

㉮ 관제교육훈련은 모의관제시스템을 활용하여 실시한다.

㉯ 관제교육훈련의 교육훈련시간은 240시간이다.

㉰ 관제교육훈련기관은 관제교육훈련을 수료한 사람에게 관제교육훈련 수료증을 발급하여야 한다.

㉱ 관제교육훈련의 신청, 관제교육훈련과정의 개설 및 그 밖에 관제교육훈련의 절차·방법 등에 관하여는 운전면허 규정을 준용한다.

|해설|

관제교육훈련의 교육훈련시간은 360시간이다(규칙 별표11의2).

86 다음 관제적성검사에 관한 설명 중 틀린 것은?

㉮ 관제자격증명을 받으려는 사람은 관제업무에 적합한 적성을 갖추고 있는지 판정받기 위하여 국토교통부장관이 실시하는 적성검사(관제적성검사)에 합격하여야 한다.

㉯ 관제적성검사의 방법 및 절차 등에 관하여는 운전면허 규정을 준용한다.

㉰ 국토교통부장관은 관제적성검사에 관한 전문기관(관제적성검사기관)을 지정하여 관제적성검사를 하게 할 수 있다.

㉱ 관제적성검사기관의 지정기준 및 지정절차 등에 필요한 사항은 국토교통부장관이 정한다.

|해설|

관제적성검사기관의 지정기준 및 지정절차 등에 필요한 사항은 대통령령으로 정한다(법 제21조의6 제4항).

87 다음 관제교육훈련의 일부를 면제받을 수 없는 사람은?

㉮ 학교에서 국토교통부령으로 정하는 관제업무 관련 교과목을 이수한 사람

㉯ 철도안전관리자의 자격을 취득한 사람

㉰ 철도신호기 · 선로전환기 · 조작판의 취급업무에 대하여 5년 이상의 경력을 취득한 사람

㉱ 철도차량의 운전업무에 대하여 5년 이상의 경력을 취득한 사람

|해설|

관제자격증명을 받으려는 사람은 관제업무의 안전한 수행을 위하여 국토교통부장관이 실시하는 관제업무에 필요한 지식과 능력을 습득할 수 있는 교육훈련(관제교육훈련)을 받아야 한다. 다만, 다음의 어느 하나에 해당하는 사람에게는 국토교통부령으로 정하는 바에 따라 관제교육훈련의 일부를 면제할 수 있다(법 제21조의7 제1항).

1. 학교에서 국토교통부령으로 정하는 관제업무 관련 교과목을 이수한 사람
2. 다음의 어느 하나에 해당하는 업무에 대하여 5년 이상의 경력을 취득한 사람
   ㉠ 철도차량의 운전업무
   ㉡ 철도신호기 · 선로전환기 · 조작판의 취급업무

Answer 83. ㉯ 84. ㉰ 85. ㉯ 86. ㉱ 87. ㉯

88 다음 관제교육훈련의 과목으로 바르지 않은 것은?

㉮ 열차운행계획 및 실습
㉯ 철도관제시스템 운용 및 실습
㉰ 열차운행선 관리 및 실습
㉱ 철도관련법규

|해설|

관제교육훈련의 과목 및 교육훈련시간(규칙 별표11의2)

관제교육훈련 과목	교육훈련시간
가. 열차운행계획 및 실습 나. 철도관제시스템 운용 및 실습 다. 열차운행선 관리 및 실습 라. 비상 시 조치 등	360시간

89 관제교육훈련기관으로 지정받으려는 자는 관제교육훈련기관 지정신청서에 첨부할 서류가 아닌 것은?

㉮ 관제교육훈련기관 운영규정
㉯ 관제교육훈련에 필요한 강의실 등 시설 내역서
㉰ 관제교육훈련에 필요한 강의교재
㉱ 관제교육훈련기관에서 사용하는 직인의 인영

|해설|

관제교육훈련기관으로 지정받으려는 자는 관제교육훈련기관 지정신청서에 다음의 서류를 첨부하여 국토교통부장관에게 제출하여야 한다. 이 경우 국토교통부장관은 행정정보의 공동이용을 통하여 법인 등기사항증명서(신청인이 법인인 경우만 해당한다)를 확인하여야 한다(규칙 제38조의4 제1항).

1. 관제교육훈련계획서(관제교육훈련평가계획을 포함한다)
2. 관제교육훈련기관 운영규정
3. 정관이나 이에 준하는 약정(법인 그 밖의 단체에 한정한다)
4. 관제교육훈련을 담당하는 강사의 자격 · 학력 · 경력 등을 증명할 수 있는 서류 및 담당 업무
5. 관제교육훈련에 필요한 강의실 등 시설 내역서
6. 관제교육훈련에 필요한 모의관제시스템 등 장비 내역서
7. 관제교육훈련기관에서 사용하는 직인의 인영

90 다음 관제교육훈련기관 지정절차 등에 관한 설명으로 적절하지 않은 것은?

㉮ 관제교육훈련기관으로 지정받으려는 자는 관제교육훈련기관 지정신청서에 관련 서류를 첨부하여 한국교통안전공단에 제출하여야 한다.

㉯ 국토교통부장관은 행정정보의 공동이용을 통하여 법인 등기사항증명서(신청인이 법인인 경우만 해당한다)를 확인하여야 한다.

㉰ 국토교통부장관은 관제교육훈련기관의 지정 신청을 받은 때에는 그 지정 여부를 종합적으로 심사하여야 한다.

㉱ 국토교통부장관은 관제교육훈련기관의 지정 신청을 받은 때에는 그 지정 여부를 종합적으로 심사한 후 관제교육훈련기관 지정서를 신청인에게 발급하여야 한다.

|해설|

관제교육훈련기관으로 지정받으려는 자는 관제교육훈련기관 지정신청서에 관련 서류를 첨부하여 국토교통부장관에게 제출하여야 한다(규칙 제38조의4 제1항).

91 국토교통부장관은 관제교육훈련기관이 지정기준에 적합한지의 여부를 몇 년마다 심사하여야 하는가?

㉮ 1년마다 ㉯ 2년마다
㉰ 3년마다 ㉱ 5년마다

|해설|

국토교통부장관은 관제교육훈련기관이 지정기준에 적합한 지의 여부를 2년마다 심사하여야 한다(규칙 제38조의5 제2항).

92 거짓이나 그 밖의 부정한 방법으로 관제교육훈련기관 지정을 받은 경우 1차 위반에 대한 처분기준은?

㉮ 업무정지 1개월 ㉯ 업무정지 3개월
㉰ 업무정지 6개월 ㉱ 지정취소

|해설|

거짓이나 그 밖의 부정한 방법으로 관제교육훈련기관 지정을 받은 경우 처분기준은 지정취소이다(규칙 별표9).

Answer 88. ㉱ 89. ㉰ 90. ㉮ 91. ㉯ 92. ㉱

93 다음 관제자격증명시험의 학과시험 과목이 아닌 것은?

㉮ 관제관련규정
㉯ 철도시스템 일반
㉰ 도로교통법
㉱ 철도교통 관제운영

|해설|

학과시험(규칙 별표11의4) : 철도관련법, 관제관련규정, 철도시스템 일반, 철도교통 관제운영, 비상 시 조치 등

94 다음 관제자격증명시험의 실기시험 과목이 아닌 것은?

㉮ 열차홍보계획
㉯ 철도관제시스템 운용 및 실무
㉰ 열차운행선 관리
㉱ 열차운행계획

|해설|

실기시험(규칙 별표11의4) : 열차운행계획, 철도관제시스템 운용 및 실무, 열차운행선 관리, 비상 시 조치 등

95 다음 관제자격증명시험에 응시하려는 사람은 관제자격증명시험 응시원서를 어디에 제출하여야 하는가?

㉮ 한국교통안전공단
㉯ 철도운영자등
㉰ 국토교통부장관
㉱ 관할 시・도지사

|해설|

관제자격증명시험에 응시하려는 사람은 관제자격증명시험 응시원서에 관련 서류를 첨부하여 한국교통안전공단에 제출하여야 한다(규칙 제38조의10 제1항).

96 다음 관제자격증명시험에 관한 설명으로 적절하지 않은 것은?

㉮ 관제자격증명시험 시행계획의 공고에 관하여는 운전면허 규정을 준용한다.

㉯ 관제자격증명시험에 응시하려는 사람은 신체검사와 관제적성검사에 합격한 후 관제교육훈련을 받아야 한다.

㉰ 한국교통안전공단은 운전면허를 받은 사람에게는 국토교통부령으로 정하는 바에 따라 관제자격증명시험의 일부를 면제할 수 있다.

㉱ 관제자격증명시험의 학과시험 과목 중 어느 하나의 과목과 동일한 과목을 시험과목으로 하는 국가기술자격을 말한다.

|해설|

국토교통부장관은 다음의 어느 하나에 해당하는 사람에게는 국토교통부령으로 정하는 바에 따라 관제자격증명시험의 일부를 면제할 수 있다(법 제21조의8 제3항).
1. 운전면허를 받은 사람
2. 국가기술자격으로서 국토교통부령으로 정하는 철도관제 관련 분야의 자격을 가진 사람

97 다음 관제자격증명시험에 관한 내용으로 적절하지 않은 것은?

㉮ 관제자격증명시험 중 실기시험은 모의관제시스템을 활용하여 시행한다.

㉯ 실기시험은 학과시험을 합격한 경우에만 응시할 수 있다.

㉰ 관제자격증명시험 중 학과시험에 합격한 사람에 대해서는 학과시험에 합격한 날부터 5년이 되는 날이 속하는 해의 12월 31일까지 실시하는 관제자격증명시험에 있어 학과시험의 합격을 유효한 것으로 본다.

㉱ 관제자격증명시험의 방법·절차, 실기시험 평가위원의 선정 등에 관하여 필요한 세부사항은 국토교통부장관이 정한다.

|해설|

관제자격증명시험 중 학과시험에 합격한 사람에 대해서는 학과시험에 합격한 날부터 2년이 되는 날이 속하는 해의 12월 31일까지 실시하는 관제자격증명시험에 있어 학과시험의 합격을 유효한 것으로 본다(규칙 제38조의7 제3항).

Answer 93. ㉰ 94. ㉮ 95. ㉮ 96. ㉰ 97. ㉰

98 다음 관제자격증명시험 응시원서의 제출 등에 관한 설명으로 틀린 것은?

㉮ 관제자격증명시험에 응시하려는 사람은 관제자격증명시험 응시원서에 관련 서류를 첨부하여 한국교통안전공단에 제출하여야 한다.

㉯ 한국교통안전공단은 서류를 관리하는 정보체계에 따라 확인할 수 있는 경우에는 그 서류를 제출하지 아니하도록 할 수 있다.

㉰ 한국교통안전공단은 관제자격증명시험 응시원서를 접수한 때에는 관제자격증명시험 응시원서 접수대장에 기록하고 관제자격증명시험 응시표를 응시자에게 발급하여야 한다.

㉱ 한국교통안전공단은 관제자격증명시험 응시원서 접수마감 15일 이내에 시험일시 및 장소를 한국교통안전공단 게시판 또는 인터넷 홈페이지 등에 공고하여야 한다.

|해설|

한국교통안전공단은 관제자격증명시험 응시원서 접수마감 7일 이내에 시험일시 및 장소를 한국교통안전공단 게시판 또는 인터넷 홈페이지 등에 공고하여야 한다(규칙 제38조의10 제4항).

99 관제자격증명시험에 응시하려는 사람이 관제자격증명시험 응시원서에 첨부하여야 할 서류가 아닌 것은?

㉮ 운전면허증 사본

㉯ 관제교육훈련기관이 발급한 관제교육훈련 수료증명서

㉰ 신체검사의료기관이 발급한 신체검사 판정서

㉱ 관제적성검사기관이 발급한 관제적성검사 판정서

|해설|

관제자격증명시험에 응시하려는 사람은 관제자격증명시험 응시원서에 다음의 서류를 첨부하여 한국교통안전공단에 제출하여야 한다(규칙 제38조의10 제1항).

1. 신체검사의료기관이 발급한 신체검사 판정서(관제자격증명시험 응시원서 접수일 이전 2년 이내인 것에 한정한다)
2. 관제적성검사기관이 발급한 관제적성검사 판정서(관제자격증명시험 응시원서 접수일 이전 10년 이내인 것에 한정한다)
3. 관제교육훈련기관이 발급한 관제교육훈련 수료증명서
4. 철도차량 운전면허증의 사본(철도차량 운전면허 소지자에 한정한다)
5. 국가기술자격의 자격증 사본(국가기술자격을 가진 사람에 한정한다)

100 다음 관제자격증명서의 발급 등에 관한 서술로 바르지 않은 것은?

㉮ 관제자격증명시험에 합격한 사람은 한국교통안전공단에 관제자격증명서 (재)발급신청서를 제출(정보통신망을 이용한 제출을 포함한다)하여야 한다.

㉯ 관제자격증명서 발급 신청을 받은 한국교통안전공단은 철도교통 관제자격증명서를 발급하여야 한다.

㉰ 관제자격증명서를 발급받은 사람(관제자격증명 취득자)이 관제자격증명서를 잃어버렸거나 헐어 못 쓰게 된 때에는 관제자격증명서 (재)발급신청서에 분실사유서나 헐어 못 쓰게 된 관제자격증명서를 첨부하여 한국교통안전공단에 제출하여야 한다.

㉱ 관제자격증명서의 발급이나 재발급 사실을 관리하는 정보체계에 따라 관리하는 경우에는 관제자격증명서 관리대장에 이를 기록·관리하여야 한다.

|해설|

한국교통안전공단은 관제자격증명서를 발급하거나 재발급한 때에는 관제자격증명서 관리대장에 이를 기록·관리하여야 한다. 다만, 관제자격증명서의 발급이나 재발급 사실을 관리하는 정보체계에 따라 관리하는 경우에는 관제자격증명서 관리대장에 이를 기록·관리하지 아니할 수 있다(규칙 제38조의12 제5항).

101 관제자격증명을 갱신하려는 사람은 관제자격증명의 유효기간 만료일 전 몇개월 이내에 관제자격증명 갱신신청서를 제출하는가?

㉮ 3개월 이내

㉯ 6개월 이내

㉰ 9개월 이내

㉱ 12개월 이내

|해설|

관제자격증명을 갱신하려는 사람은 관제자격증명의 유효기간 만료일 전 6개월 이내에 관제자격증명 갱신신청서에 관련 서류를 첨부하여 한국교통안전공단에 제출하여야 한다(규칙 제38조의14 제1항).

Answer 98. ㉱ 99. ㉮ 100. ㉱ 101. ㉯

102 다음 관제자격증명 갱신에 필요한 경력 등에 관한 설명으로 바르지 않은 것은?

㉮ 관제자격증명의 유효기간 내에 6개월 이상 관제업무에 종사한 경력을 말한다.

㉯ 수준 이상의 경력이란 관제교육훈련기관에서의 관제교육훈련업무에 2년 이상 종사한 경력을 말한다.

㉰ 국토교통부령으로 정하는 교육훈련을 받은 경우란 관제교육훈련기관이나 철도운영자등이 실시한 관제업무에 필요한 교육훈련을 관제자격증명 갱신신청일 전까지 400시간 이상 받은 경우를 말한다.

㉱ 관제경력의 인정, 교육훈련의 내용 등 관제자격증명 갱신에 필요한 세부사항은 국토교통부장관이 정하여 고시한다.

|해설|

국토교통부령으로 정하는 교육훈련을 받은 경우란 관제교육훈련기관이나 철도운영자등이 실시한 관제업무에 필요한 교육훈련을 관제자격증명 갱신신청일 전까지 40시간 이상 받은 경우를 말한다(규칙 제38조의15 제3항).

103 다음 관제자격증명의 취소·정지 사유에 해당하지 않은 것은?

㉮ 운전면허의 결격사유에 해당하게 되었을 때

㉯ 관제업무 중 준수사항을 위반하였을 때

㉰ 관제업무에 종사하지 않은 때

㉱ 술을 마시거나 약물을 사용한 상태에서 관제업무를 수행하였을 때

|해설|

국토교통부장관은 관제자격증명을 받은 사람이 다음의 어느 하나에 해당할 때에는 관제자격증명을 취소하거나 1년 이내의 기간을 정하여 관제자격증명의 효력을 정지시킬 수 있다. 다만, 1.부터 4.까지의 어느 하나에 해당할 때에는 관제자격증명을 취소하여야 한다(법 제21조의11 제1항).

1. 거짓이나 그 밖의 부정한 방법으로 관제자격증명을 취득하였을 때
2. 운전면허의 결격사유에 해당하게 되었을 때
3. 관제자격증명의 효력정지 기간 중에 관제업무를 수행하였을 때
4. 관제자격증명서를 다른 사람에게 빌려주었을 때
5. 관제업무 수행 중 고의 또는 중과실로 철도사고의 원인을 제공하였을 때
6. 관제업무 중 준수사항을 위반하였을 때
7. 술을 마시거나 약물을 사용한 상태에서 관제업무를 수행하였을 때
8. 술을 마시거나 약물을 사용한 상태에서 관제업무를 하였다고 인정할 만한 상당한 이유가 있음에도 불구하고 국토교통부장관 또는 시·도지사의 확인 또는 검사를 거부하였을 때

104 다음 국토교통부장관이 관제자격증명의 효력을 정지시킬 수 있는 기간은?

㉮ 1년　　㉯ 2년
㉰ 3년　　㉱ 5년

|해설|
국토교통부장관은 관제자격증명을 받은 사람이 관제자격증명의 취소·정지 사유에 해당할 때에는 관제자격증명을 취소하거나 1년 이내의 기간을 정하여 관제자격증명의 효력을 정지시킬 수 있다(법 제21조의11 제1항).

105 다음 관제자격증명의 취소·정지 사유로 반드시 취소하여야 할 사항에 해당하지 않은 것은?

㉮ 거짓이나 그 밖의 부정한 방법으로 관제자격증명을 취득하였을 때
㉯ 술을 마시거나 약물을 사용한 상태에서 관제업무를 수행하였을 때
㉰ 운전면허의 결격사유에 해당하게 되었을 때
㉱ 관제자격증명서를 다른 사람에게 빌려주었을 때

|해설|
국토교통부장관은 관제자격증명을 받은 사람이 다음의 어느 하나에 해당할 때에는 관제자격증명을 취소하거나 1년 이내의 기간을 정하여 관제자격증명의 효력을 정지시킬 수 있다. 다만, 1.부터 4.까지의 어느 하나에 해당할 때에는 관제자격증명을 취소하여야 한다(법 제21조의11 제1항).

1. 거짓이나 그 밖의 부정한 방법으로 관제자격증명을 취득하였을 때
2. 운전면허의 결격사유에 해당하게 되었을 때
3. 관제자격증명의 효력정지 기간 중에 관제업무를 수행하였을 때
4. 관제자격증명서를 다른 사람에게 빌려주었을 때
5. 관제업무 수행 중 고의 또는 중과실로 철도사고의 원인을 제공하였을 때
6. 관제업무 중 준수사항을 위반하였을 때
7. 술을 마시거나 약물을 사용한 상태에서 관제업무를 수행하였을 때
8. 술을 마시거나 약물을 사용한 상태에서 관제업무를 하였다고 인정할 만한 상당한 이유가 있음에도 불구하고 국토교통부장관 또는 시·도지사의 확인 또는 검사를 거부하였을 때

Answer 102. ㉰ 103. ㉰ 104. ㉮ 105. ㉯

106 술을 마신 상태(혈중 알코올농도 0.1퍼센트 이상)에서 관제업무를 수행한 경우 1차 위반한 경우 처분기준은?

㉮ 효력정지 1개월　　㉯ 효력정지 2개월
㉰ 효력정지 3개월　　㉱ 자격증명 취소

|해설|

술을 마신 상태(혈중 알코올농도 0.1퍼센트 이상)에서 관제업무를 수행한 경우에는 자격증명 취소한다(규칙 별표11의5).

107 술을 마시거나 약물을 사용한 상태에서 관제업무를 하였다고 인정할 만한 상당한 이유가 있음에도 불구하고 국토교통부장관 또는 시·도지사의 확인 또는 검사를 거부한 경우 1차 위반한 경우 처분기준은?

㉮ 효력정지 1개월　　㉯ 효력정지 2개월
㉰ 효력정지 3개월　　㉱ 자격증명 취소

|해설|

술을 마시거나 약물을 사용한 상태에서 관제업무를 하였다고 인정할 만한 상당한 이유가 있음에도 불구하고 국토교통부장관 또는 시·도지사의 확인 또는 검사를 거부한 경우에는 자격증명 취소한다(규칙 별표11의5).

108 다음 관제업무 총 실무수습 시간은?

㉮ 50시간 이상　　㉯ 100시간 이상
㉰ 200시간 이상　　㉱ 400시간 이상

|해설|

총 실무수습 시간은 100시간 이상으로 하여야 한다(규칙 제39조 제2항).

109 다음 관제업무에 종사하려는 사람이 이수하여야 하는 것은?

㉮ 실무수습　　㉯ 이론학습
㉰ 법규학습　　㉱ 홍보이론

|해설|

관제업무에 종사하려는 사람은 국토교통부령으로 정하는 바에 따라 실무수습을 이수하여야 한다(법 제22조).

110 다음 관제업무 실무수습에 관한 설명으로 바르지 않은 것은?

㉮ 관제업무에 종사하려는 사람은 다음의 관제업무 실무수습을 모두 이수하여야 한다.

㉯ 한국교통안전공단은 관제업무 실무수습의 항목 및 교육시간 등에 관한 실무수습 계획을 수립하여 시행하여야 한다.

㉰ 관제업무 실무수습을 이수한 사람으로서 관제업무를 수행할 구간 또는 관제업무 수행에 필요한 기기의 변경으로 인하여 다시 관제업무 실무수습을 이수하여야 하는 사람에 대해서는 별도의 실무수습 계획을 수립하여 시행할 수 있다.

㉱ 관제업무 실무수습의 방법·평가 등에 관하여 필요한 세부사항은 국토교통부장관이 정하여 고시한다.

|해설|

철도운영자등은 관제업무 실무수습의 항목 및 교육시간 등에 관한 실무수습 계획을 수립하여 시행하여야 한다. 이 경우 총 실무수습 시간은 100시간 이상으로 하여야 한다(규칙 제39조 제2항).

111 다음 관제업무 실무수습의 관리 등에 관한 서술로 바르지 않은 것은?

㉮ 철도운영자등은 실무수습 계획을 수립한 경우에는 그 내용을 국토교통부장관에게 통보하여야 한다.

㉯ 철도운영자등은 관제업무에 종사하려는 사람이 관제업무 실무수습을 이수한 경우에는 관제업무종사자 실무수습 관리대장에 실무수습을 받은 구간 등을 기록하고 그 내용을 한국교통안전공단에 통보하여야 한다.

㉰ 철도운영자등은 관제업무에 종사하려는 사람이 관제업무 실무수습을 받은 구간 외의 다른 구간에서 관제업무를 수행하게 하여서는 아니 된다.

㉱ 철도운영자등은 관제자격증명을 받지 아니하거나(관제자격증명이 취소되거나 그 효력이 정지된 경우를 포함한다) 실무수습을 이수하지 아니한 사람을 관제업무에 종사하게 하여서는 아니 된다.

|해설|

철도운영자등은 실무수습 계획을 수립한 경우에는 그 내용을 한국교통안전공단에 통보하여야 한다(규칙 제39조의2 제1항).

Answer 106. ㉱ 107. ㉱ 108. ㉯ 109. ㉮ 110. ㉯ 111. ㉮

112 철도종사자는 정기적으로 신체검사와 적성검사를 받아야 한다. 다음 중 이러한 철도종사자에 해당하지 않는 사람은?

㉮ 관제업무종사자
㉯ 운전업무종사자
㉰ 철도운영자등
㉱ 정거장에서 철도신호기 · 선로전환기 및 조작판 등을 취급하는 업무를 수행하는 사람

|해설|

철도차량 운전 · 관제업무 등 다음으로 정하는 업무에 종사하는 철도종사자는 정기적으로 신체검사와 적성검사를 받아야 한다(법 제23조 제1항, 영 제21조).

1. 운전업무종사자
2. 관제업무종사자
3. 정거장에서 철도신호기 · 선로전환기 및 조작판 등을 취급하는 업무를 수행하는 사람

113 해당 업무를 수행하기 전에 실시하는 신체검사는?

㉮ 수시검사 ㉯ 최초검사
㉰ 정기검사 ㉱ 특별검사

|해설|

철도종사자에 대한 신체검사는 다음과 같이 구분하여 실시한다(규칙 제40조 제1항).

1. 최초검사 : 해당 업무를 수행하기 전에 실시하는 신체검사
2. 정기검사 : 최초검사를 받은 후 2년마다 실시하는 신체검사
3. 특별검사 : 철도종사자가 철도사고 등을 일으키거나 질병 등의 사유로 해당 업무를 적절히 수행하기가 어렵다고 철도운영자등이 인정하는 경우에 실시하는 신체검사

114 다음 운전업무종사자 등에 대한 신체검사의 내용이 아닌 것은?

㉮ 수시검사 ㉯ 최초검사
㉰ 정기검사 ㉱ 특별검사

|해설|

철도종사자에 대한 신체검사는 다음과 같이 구분하여 실시한다(규칙 제40조 제1항).

1. 최초검사 : 해당 업무를 수행하기 전에 실시하는 신체검사
2. 정기검사 : 최초검사를 받은 후 2년마다 실시하는 신체검사
3. 특별검사 : 철도종사자가 철도사고 등을 일으키거나 질병 등의 사유로 해당 업무를 적절히 수행하기가 어렵다고 철도운영자등이 인정하는 경우에 실시하는 신체검사

115 다음 운전업무종사자 등에 대한 신체검사에 내용으로 바르지 않은 것은?

㉮ 철도종사자에 대한 신체검사는 구분하여 실시한다.

㉯ 운전업무종사자 또는 관제업무종사자는 운전면허의 신체검사 또는 관제자격증명의 신체검사를 받은 날에 최초검사를 받은 것으로 본다.

㉰ 정기검사는 최초검사나 정기검사를 받은 날부터 5년이 되는 날(신체검사 유효기간 만료일) 전 6개월 이내에 실시한다.

㉱ 신체검사의 방법 및 절차 등에 관하여는 운전면허 규정을 준용하며, 그 합격기준도 같다.

|해설|

정기검사는 최초검사나 정기검사를 받은 날부터 2년이 되는 날(신체검사 유효기간 만료일) 전 3개월 이내에 실시한다. 이 경우 정기검사의 유효기간은 신체검사 유효기간 만료일의 다음날부터 기산한다(규칙 제40조 제3항).

116 다음 운전업무종사자 등에 대한 신체검사 중 정기검사는 몇 년마다 실시하는가?

㉮ 1년마다　　㉯ 2년마다

㉰ 3년마다　　㉱ 5년마다

|해설|

정기검사 : 최초검사를 받은 후 2년마다 실시하는 신체검사(규칙 제40조 제1항 제2호)

117 철도종사자가 최초검사를 받은 후 10년마다 실시하는 적성검사를 무엇이라 하는가?

㉮ 최초검사　　㉯ 정기검사

㉰ 특별검사　　㉱ 통상검사

|해설|

철도종사자에 대한 적성검사는 다음과 같이 구분하여 실시한다(규칙 제41조 제1항).

1. 최초검사 : 해당 업무를 수행하기 전에 실시하는 적성검사
2. 정기검사 : 최초검사를 받은 후 10년(50세 이상인 경우에는 5년)마다 실시하는 적성검사
3. 특별검사 : 철도종사자가 철도사고 등을 일으키거나 질병 등의 사유로 해당 업무를 적절히 수행하기 어렵다고 철도운영자등이 인정하는 경우에 실시하는 적성검사

Answer 112. ㉰ 113. ㉯ 114. ㉮ 115. ㉰ 116. ㉯ 117. ㉯

118 다음 정기검사의 유효기간은 언제부터 기산하는가?

㉮ 적성검사 유효기간 만료일부터
㉯ 적성검사 유효기간 만료일의 다음날부터
㉰ 적성검사 유효기간 만료일의 7일 후부터
㉱ 적성검사 유효기간 만료일의 15일 후부터

|해설|

정기검사의 유효기간은 적성검사 유효기간 만료일의 다음날부터 기산한다(규칙 제41조 제3항).

119 다음 운전업무종사자 등에 대한 적성검사에 관한 서술로 적절하지 않은 것은?

㉮ 철도종사자에 대한 적성검사는 구분하여 실시한다.
㉯ 운전업무종사자 또는 관제업무종사자는 운전적성검사 또는 관제적성검사를 받은 날에 최초검사를 받은 것으로 본다.
㉰ 정기검사는 최초검사나 정기검사를 받은 날부터 5년(50세 이상인 경우에는 10년)이 되는 날(적성검사 유효기간 만료일) 전 12개월 이내에 실시한다.
㉱ 적성검사의 방법·절차 등에 관하여는 운전면허 규정을 준용하며, 그 합격기준은 별표13과 같다.

|해설|

정기검사는 최초검사나 정기검사를 받은 날부터 10년(50세 이상인 경우에는 5년)이 되는 날(적성검사 유효기간 만료일) 전 12개월 이내에 실시한다. 이 경우 정기검사의 유효기간은 적성검사 유효기간 만료일의 다음날부터 기산한다(규칙 제41조 제3항).

120 다음 철도안전교육을 실시하여야 하는 대상이 아닌 사람은?

㉮ 철도종사자에 해당하는 사람
㉯ 안전운행 철도종사자에 해당하는 사람
㉰ 질서유지 철도종사자에 해당하는 사람
㉱ 철도안전법령을 교육하는 사람

|해설|

철도운영자 등이 철도안전에 관한 교육(철도안전교육)을 실시하여야 하는 대상은 다음과 같다(규칙 제41조의2 제1항).

1. 철도종사자에 해당하는 사람
2. 안전운행 또는 질서유지 철도종사자에 해당하는 사람

121 신체검사 · 적성검사를 신체검사 실시 의료기관 및 적성검사기관에 각각 위탁할 수 있는 자는?

㉮ 한국교통안전공단
㉯ 철도운영자등
㉰ 국토교통부장관
㉱ 관할 시 · 도지사

|해설|

철도운영자등은 신체검사 · 적성검사를 신체검사 실시 의료기관 및 적성검사기관에 각각 위탁할 수 있다(법 제23조 제4항).

122 다음 철도안전교육의 실시 시간은?

㉮ 매 분기마다 6시간 이상
㉯ 매 분기마다 12시간 이상
㉰ 매 분기마다 20시간 이상
㉱ 매 분기마다 30시간 이상

|해설|

철도운영자등은 철도안전교육을 강의 및 실습의 방법으로 매 분기마다 6시간 이상 실시하여야 한다(규칙 제41조의2 제2항).

123 다음 철도종사자의 안전교육 대상 등에 관한 설명으로 바르지 않은 것은?

㉮ 철도운영자등은 철도안전교육을 강의 및 실습의 방법으로 매 분기마다 6시간 이상 실시하여야 한다.
㉯ 다른 법령에 따라 시행하는 교육에서 내용의 교육을 받은 경우 그 교육시간은 철도안전교육을 받은 것으로 본다.
㉰ 철도운영자등은 철도안전교육을 안전전문기관 등 안전에 관한 업무를 수행하는 전문기관에 위탁하여 실시할 수 있다.
㉱ 철도안전교육의 평가방법 등에 필요한 세부사항은 철도운영자등이 정하여 고시한다.

|해설|

철도안전교육의 평가방법 등에 필요한 세부사항은 국토교통부장관이 정하여 고시한다(규칙 제41조의2 제5항).

Answer 118. ㉯ 119. ㉰ 120. ㉱ 121. ㉯ 122. ㉮ 123. ㉱

124 다음 철도안전교육 내용이 아닌 것은?

㉮ 철도사고 사례 및 사고예방대책

㉯ 철도안전법령 및 안전관련 규정

㉰ 철도안전에 관한 홍보내용

㉱ 안전관리의 중요성 등 정신교육

|해설|

철도안전교육 내용(규칙 별표13의2)
1. 철도안전법령 및 안전관련 규정
2. 철도운전 및 관제이론 등 분야별 안전업무수행 관련 사항
3. 철도사고 사례 및 사고예방대책
4. 철도사고 및 운행장애 등 비상 시 응급조치 및 수습복구대책
5. 안전관리의 중요성 등 정신교육
6. 근로자의 건강관리 등 안전 · 보건관리에 관한 사항
7. 철도안전관리체계 및 철도안전관리시스템(Safety Management System)
8. 위기대응체계 및 위기대응 매뉴얼 등

125 다음 철도차량정비기술자의 인정 등에 관한 서술로 바르지 않은 것은?

㉮ 철도차량정비기술자로 인정을 받으려는 사람은 한국교통안전공단에 자격 인정을 신청하여야 한다.

㉯ 국토교통부장관은 신청인이 대통령령으로 정하는 자격, 경력 및 학력 등 철도차량정비기술자의 인정 기준에 해당하는 경우에는 철도차량정비기술자로 인정하여야 한다.

㉰ 국토교통부장관은 신청인을 철도차량정비기술자로 인정하면 철도차량정비기술자로서의 등급 및 경력 등에 관한 증명서(철도차량정비경력증)를 그 철도차량정비기술자에게 발급하여야 한다.

㉱ 철도차량정비기술자로 인정(등급변경 인정을 포함한다)을 받으려는 사람은 철도차량정비기술자 인정 신청서에 관련 서류를 첨부하여 한국교통안전공단에 제출해야 한다.

|해설|

철도차량정비기술자로 인정을 받으려는 사람은 국토교통부장관에게 자격 인정을 신청하여야 한다(법 제24조의2 제1항).

126 다음 1등급 철도차량정비기술자의 역량지수는?

㉮ 10점 이상 40점 미만 ㉯ 40점 이상 60점 미만
㉰ 60점 이상 80점 미만 ㉱ 80점 이상

|해설|

철도차량정비기술자의 인정 기준(영 별표1의2)

등급구분	역량지수
1등급 철도차량정비기술자	80점 이상
2등급 철도차량정비기술자	60점 이상 80점 미만
3등급 철도차량정비기술자	40점 이상 60점 미만
4등급 철도차량정비기술자	10점 이상 40점 미만

127 다음은 역량지수의 계산식이다. 괄호에 바른 것은?

역량지수 = 자격별 경력점수 + (   )

㉮ 자격점수 ㉯ 학력점수
㉰ 나이점수 ㉱ 작업점수

|해설|

역량지수(영 별표 1의2) = 자격별 경력점수 + 학력점수

128 다음 철도차량정비경력증을 발급하는 곳은?

㉮ 국토교통부장관 ㉯ 철도운영자등
㉰ 한국교통안전공단 ㉱ 한국철도공사

|해설|

한국교통안전공단은 철도차량정비기술자의 인정(등급변경 인정을 포함한다) 신청을 받으면 철도차량정비기술자 인정 기준에 적합한지를 확인한 후 철도차량정비경력증을 신청인에게 발급해야 한다(규칙 제42조의2 제1항).

Answer 124. ㉰ 125. ㉮ 126. ㉱ 127. ㉯ 128. ㉰

129 다음 철도차량정비기술자로 인정(등급변경 인정을 포함한다)을 받으려는 사람이 철도차량정비기술자 인정 신청서에 첨부할 서류가 아닌 것은?

㉮ 철도차량정비기술자 사본

㉯ 철도차량정비업무 경력확인서

㉰ 졸업증명서

㉱ 사진

|해설|

철도차량정비기술자로 인정(등급변경 인정을 포함한다)을 받으려는 사람은 철도차량정비기술자 인정 신청서에 다음의 서류를 첨부하여 한국교통안전공단에 제출해야 한다(규칙 제42조).

1. 철도차량정비업무 경력확인서
2. 국가기술자격증 사본(자격별 경력점수에 포함되는 국가기술자격의 종목에 한정한다)
3. 졸업증명서 또는 학위취득서(해당하는 사람에 한정한다)
4. 사진
5. 철도차량정비경력증(등급변경 인정 신청의 경우에 한정한다)
6. 정비교육훈련 수료증(등급변경 인정 신청의 경우에 한정한다)

130 한국교통안전공단은 철도차량정비경력증의 발급(재발급을 포함한다) 및 취소 현황을 매 반기의 말일을 기준으로 언제까지 국토교통부장관에게 제출해야 하는가?

㉮ 다음 달 5일까지

㉯ 다음 달 15일까지

㉰ 다음 달 20일까지

㉱ 다음 달 30일까지

|해설|

한국교통안전공단은 철도차량정비경력증의 발급(재발급을 포함한다) 및 취소 현황을 매 반기의 말일을 기준으로 다음 달 15일까지 국토교통부장관에게 제출해야 한다(규칙 제42조의2 제5항).

131 다음 철도차량정비경력증의 발급 및 관리에 관한 내용으로 바르지 않은 것은?

㉮ 한국교통안전공단은 철도차량정비기술자의 인정 또는 등급변경을 신청한 사람이 철도차량정비기술자 인정 기준에 부적합하다고 인정한 경우에는 그 사유를 신청인에게 전자서면으로 통지해야 한다.

㉯ 한국교통안전공단은 철도차량정비경력증을 발급 또는 재발급 하였을 때에는 철도차량정비경력증 발급대장에 발급 또는 재발급에 관한 사실을 기록·관리해야 한다.

㉰ 철도차량정비경력증의 재발급을 받으려는 사람은 철도차량정비경력증 재발급 신청서에 사진을 첨부하여 한국교통안전공단에 제출해야 한다.

㉱ 한국교통안전공단은 철도차량정비경력증 재발급 신청을 받은 경우 특별한 사유가 없으면 신청인에게 철도차량정비경력증을 재발급해야 한다.

|해설|

한국교통안전공단은 철도차량정비기술자의 인정 또는 등급변경을 신청한 사람이 철도차량정비기술자 인정 기준에 부적합하다고 인정한 경우에는 그 사유를 신청인에게 서면으로 통지해야 한다(규칙 제42조의2 제2항).

132 다음 철도차량정비기술자에 대한 설명으로 바르지 않은 것은?

㉮ 철도차량정비기술자는 자기의 성명을 사용하여 다른 사람에게 철도차량정비 업무를 수행하게 하거나 철도차량정비경력증을 빌려 주어서는 아니 된다.

㉯ 다른 사람의 성명을 사용하여 철도차량정비 업무를 수행하거나 다른 사람의 철도차량정비경력증을 빌릴 수 있다.

㉰ 철도차량정비경력증의 발급이나 재발급 사실을 정보체계로 관리하는 경우에는 따로 기록·관리하지 않아도 된다.

㉱ 누구든지 금지된 행위를 알선해서는 아니 된다.

|해설|

누구든지 다른 사람의 성명을 사용하여 철도차량정비 업무를 수행하거나 다른 사람의 철도차량정비경력증을 빌려서는 아니 된다(법 제24조의3 제2항).

Answer 129. ㉮ 130. ㉯ 131. ㉮ 132. ㉯

133 다음 철도차량정비기술교육훈련에 관한 서술로 적절하지 않은 것은?

㉮ 철도차량정비기술자는 업무 수행에 필요한 소양과 지식을 습득하기 위하여 대통령령으로 정하는 바에 따라 국토교통부장관이 실시하는 교육·훈련(정비교육훈련)을 받아야 한다.

㉯ 정비교육훈련의 교육과목 및 교육내용, 교육의 신청 방법 및 절차 등에 관한 사항은 국토교통부장관이 정하여 고시한다.

㉰ 정비교육훈련은 강의·토론 등으로 진행하는 이론교육과 철도차량정비 업무를 실습하는 실기교육으로 시행하되, 실기교육을 30% 이상 포함해야 한다.

㉱ 국토교통부장관은 철도차량정비기술자를 육성하기 위하여 철도차량정비 기술에 관한 전문 교육훈련기관(정비교육훈련기관)을 지정하여 정비교육훈련을 실시하여야 한다.

|해설|

국토교통부장관은 철도차량정비기술자를 육성하기 위하여 철도차량정비 기술에 관한 전문 교육훈련기관(정비교육훈련기관)을 지정하여 정비교육훈련을 실시하게 할 수 있다(법 제24조의4 제2항).

134 다음 기존에 정비 업무를 수행하던 철도차량 차종이 아닌 새로운 철도차량 차종의 정비에 관한 업무를 수행하는 경우의 교육시간으로 바른 것은?

㉮ 그 업무를 수행하는 날부터 5년 이내 35시간 이상

㉯ 그 업무를 수행하는 날부터 3년 이내 35시간 이상

㉰ 그 업무를 수행하는 날부터 2년 이내 35시간 이상

㉱ 그 업무를 수행하는 날부터 1년 이내 35시간 이상

|해설|

기존에 정비 업무를 수행하던 철도차량 차종이 아닌 새로운 철도차량 차종의 정비에 관한 업무를 수행하는 경우 그 업무를 수행하는 날부터 1년 이내 35시간 이상(규칙 별표13의3)

135 다음 정비교육훈련의 교육내용 및 교육방법이 아닌 것은?

㉮ 철도차량정비에 관한 법령
㉯ 기술기준 및 정비기술 등 실무에 관한 이론
㉰ 비상 시 조치 등
㉱ 기술기준 및 정비기술 등 실무에 관한 실습 교육

|해설|

교육내용 및 교육방법(영 제21조의3 제1항) : 철도차량정비에 관한 법령, 기술기준 및 정비기술 등 실무에 관한 이론 및 실습 교육

136 다음 정비교육훈련의 교육시간으로 바른 것은?

㉮ 철도차량정비업무의 수행기간 5년마다 35시간 이상
㉯ 철도차량정비업무의 수행기간 3년마다 35시간 이상
㉰ 철도차량정비업무의 수행기간 2년마다 35시간 이상
㉱ 철도차량정비업무의 수행기간 매년 35시간 이상

|해설|

교육시간(영 제21조의3 제1항) : 철도차량정비업무의 수행기간 5년마다 35시간 이상

137 다음 정비교육훈련기관의 지정기준으로 바르지 않은 것은?

㉮ 정비교육훈련 업무 수행에 필요한 상설 전담조직을 갖출 것
㉯ 정비교육훈련 업무를 수행할 수 있는 전문인력을 확보할 것
㉰ 1회 교육생이 30명 이상일 것
㉱ 정비교육훈련기관의 운영 등에 관한 업무규정을 갖출 것

|해설|

정비교육훈련기관의 지정기준(영 제21조의4 제1항)

1. 정비교육훈련 업무 수행에 필요한 상설 전담조직을 갖출 것
2. 정비교육훈련 업무를 수행할 수 있는 전문인력을 확보할 것
3. 정비교육훈련에 필요한 사무실, 교육장 및 교육 장비를 갖출 것
4. 정비교육훈련기관의 운영 등에 관한 업무규정을 갖출 것

Answer 133. ㉱ 134. ㉱ 135. ㉰ 136. ㉮ 137. ㉰

138 다음 국토교통부장관은 정비교육훈련기관을 지정한 때 관보에 고시해야 할 사항이 아닌 것은?

㉮ 정비교육훈련기관의 명칭 및 소재지
㉯ 정비교육훈련기관의 직원에 관한 사항
㉰ 대표자의 성명
㉱ 그 밖에 정비교육훈련에 중요한 영향을 미친다고 국토교통부장관이 인정하는 사항

|해설|
국토교통부장관은 정비교육훈련기관을 지정한 때에는 다음의 사항을 관보에 고시해야 한다(영 제21조의4 제4항).
1. 정비교육훈련기관의 명칭 및 소재지
2. 대표자의 성명
3. 그 밖에 정비교육훈련에 중요한 영향을 미친다고 국토교통부장관이 인정하는 사항

139 다음 정비교육훈련기관 지정기준 및 절차에 관한 설명으로 틀린 것은?

㉮ 정비교육훈련기관으로 지정을 받으려는 자는 지정기준을 갖추어 한국교통안전공단에 정비교육훈련기관 지정 신청을 해야 한다.
㉯ 국토교통부장관은 정비교육훈련기관 지정 신청을 받으면 지정기준을 갖추었는지 여부 및 철도차량정비기술자의 수급 상황 등을 종합적으로 심사한 후 그 지정 여부를 결정해야 한다.
㉰ 국토교통부장관은 정비교육훈련기관을 지정한 때에는 관보에 고시해야 한다.
㉱ 정비교육훈련기관의 지정기준 및 절차 등에 관한 세부적인 사항은 국토교통부령으로 정한다.

|해설|
정비교육훈련기관으로 지정을 받으려는 자는 지정기준을 갖추어 국토교통부장관에게 정비교육훈련기관 지정 신청을 해야 한다(영 제21조의4 제2항).

140 다음 정비교육훈련기관이 갖추어야 할 업무규정이 아닌 것은?

㉮ 교육생 선발에 관한 사항

㉯ 교육기관 운영계획

㉰ 기술도서 및 자료의 관리·유지

㉱ 직원의 충원에 관한 사항

|해설|

정비교육훈련기관이 갖추어야 할 업무규정(규칙 별표13의5)

1. 정비교육훈련기관의 조직 및 인원
2. 교육생 선발에 관한 사항
3. 1년간 교육훈련계획 : 교육과정 편성, 교수 인력의 지정 교과목 및 내용 등
4. 교육기관 운영계획
5. 교육생 평가에 관한 사항
6. 실습설비 및 장비 운용방안
7. 각종 증명의 발급 및 대장의 관리
8. 교수 인력의 교육훈련
9. 기술도서 및 자료의 관리·유지
10. 수수료 징수에 관한 사항
11. 그 밖에 국토교통부장관이 정비교육훈련에 필요하다고 인정하는 사항

141 다음 정비교육훈련기관의 지정의 신청 등에 관한 내용으로 바르지 않은 것은?

㉮ 정비교육훈련기관으로 지정을 받으려는 자는 정비교육훈련기관 지정신청서에 필요한 서류를 첨부하여 국토교통부장관에게 제출해야 한다.

㉯ 이 경우 국토교통부장관은 행정정보의 공동이용을 통하여 법인 등기사항증명서(신청인이 법인이 경우에만 해당한다)를 확인해야 한다.

㉰ 국토교통부장관은 정비교육훈련기관이 정비교육훈련기관의 지정기준에 적합한지의 여부를 매년 심사해야 한다.

㉱ 국토교통부장관은 정비교육훈련기관으로 지정한 때에는 정비교육훈련기관 지정서를 신청인에게 발급해야 한다.

|해설|

국토교통부장관은 정비교육훈련기관이 정비교육훈련기관의 지정기준에 적합한지의 여부를 2년마다 심사해야 한다(규칙 제42조의4 제2항).

Answer 138. ㉯ 139. ㉮ 140. ㉱ 141. ㉰

142 정비교육훈련기관으로 지정을 받으려는 자가 정비교육훈련기관 지정신청서에 첨부하여야 할 서류가 아닌 것은?

㉮ 정비교육훈련기관의 인력 충원에 관한 계획서

㉯ 정비교육훈련계획서

㉰ 정비교육훈련기관 운영규정

㉱ 정비교육훈련에 필요한 강의실 등 시설 내역서

|해설|

정비교육훈련기관으로 지정을 받으려는 자는 정비교육훈련기관 지정신청서에 다음의 서류를 첨부하여 국토교통부장관에게 제출해야 한다. 이 경우 국토교통부장관은 행정정보의 공동이용을 통하여 법인 등기사항증명서(신청인이 법인이 경우에만 해당한다)를 확인해야 한다(규칙 제42조의5 제1항).

1. 정비교육훈련계획서(정비교육훈련평가계획을 포함한다)
2. 정비교육훈련기관 운영규정
3. 정관이나 이에 준하는 약정(법인 및 단체에 한정한다)
4. 정비교육훈련을 담당하는 강사의 자격 · 학력 · 경력 등을 증명할 수 있는 서류 및 담당 업무
5. 정비교육훈련에 필요한 강의실 등 시설 내역서
6. 정비교육훈련에 필요한 실습 시행 방법 및 절차
7. 정비교육훈련기관에서 사용하는 직인의 인영(印影 : 도장 찍은 모양)

143 다음 정비교육훈련기관에 관한 서술로 바르지 않은 것은?

㉮ 정비교육훈련기관은 정당한 사유 없이 정비교육훈련 업무를 거부하여서는 아니 되고, 거짓이나 그 밖의 부정한 방법으로 정비교육훈련 수료증을 발급하여서는 아니 된다.

㉯ 정비교육훈련기관은 사항이 변경된 때에는 그 사유가 발생한 날부터 30일 이내에 한국교통안전공단에 그 내용을 통지해야 한다.

㉰ 국토교통부장관은 통지를 받은 때에는 그 내용을 관보에 고시해야 한다.

㉱ 정비교육훈련기관의 지정취소 및 업무정지 등에 관하여는 운전면허의 규정을 준용한다.

|해설|

정비교육훈련기관은 사항이 변경된 때에는 그 사유가 발생한 날부터 15일 이내에 국토교통부장관에게 그 내용을 통지해야 한다(영 제21조의5 제1항).

144 다음 정비교육훈련기관이 거짓이나 그 밖의 부정한 방법으로 정비교육훈련 수료증을 발급한 경우 1차 위반 시 처분기준은?

㉮ 경고 ㉯ 업무정지 1개월
㉰ 업무정지 3개월 ㉱ 지정취소

|해설|

정비교육훈련기관이 거짓이나 그 밖의 부정한 방법으로 정비교육훈련 수료증을 발급한 경우 처분기준(규칙 별표13의6)

1. 1차 위반 : 업무정지 1개월
2. 2차 위반 : 업무정지 3개월
3. 3차 위반 : 지정취소

145 다음 철도차량정비기술자의 인정을 취소하는 사유가 아닌 것은?

㉮ 거짓이나 그 밖의 부정한 방법으로 철도차량정비기술자로 인정받은 경우
㉯ 자격기준에 해당하지 아니하게 된 경우
㉰ 철도차량정비 업무 수행 중 고의로 철도사고의 원인을 제공한 경우
㉱ 업무정지 명령을 위반하여 그 정지기간 중 정비교육훈련업무를 한 경우

|해설|

국토교통부장관은 철도차량정비기술자가 다음의 어느 하나에 해당하는 경우 그 인정을 취소하여야 한다(법 제24조의5 제1항).

1. 거짓이나 그 밖의 부정한 방법으로 철도차량정비기술자로 인정받은 경우
2. 자격기준에 해당하지 아니하게 된 경우
3. 철도차량정비 업무 수행 중 고의로 철도사고의 원인을 제공한 경우

146 다음 철도차량정비기술자의 인정을 정지시킬 수 있는 자는?

㉮ 한국교통안전공단 ㉯ 국토교통부장관
㉰ 관할 시·도지사 ㉱ 철도운영자등

|해설|

국토교통부장관은 철도차량정비기술자가 철도차량정비경력증을 빌려 준 경우 등에 해당하는 경우 1년의 범위에서 철도차량정비기술자의 인정을 정지시킬 수 있다(법 제24조의5 제2항).

Answer 142. ㉮ 143. ㉯ 144. ㉯ 145. ㉱ 146. ㉯

147 다음 정비교육훈련기관이 정당한 사유 없이 정비교육훈련업무를 거부한 경우 1차 위반 시 처분기준은?

㉮ 경고
㉯ 업무정지 1개월
㉰ 업무정지 3개월
㉱ 지정취소

|해설|

정비교육훈련기관이 정당한 사유 없이 정비교육훈련업무를 거부한 경우 처분기준(규칙 별표13 의5)

1. 1차 위반 : 경고
2. 2차 위반 : 업무정지 1개월
3. 3차 위반 : 업무정지 3개월
4. 4차 위반 : 지정취소

148 다음 철도차량정비기술자의 인정을 정지시킬 수 있는 경우는?

㉮ 다른 사람에게 철도차량정비경력증을 빌려 준 경우
㉯ 업무를 태만히 한 경우
㉰ 출근이 불성실한 경우
㉱ 취업을 하지 않은 경우

|해설|

국토교통부장관은 철도차량정비기술자가 다음의 어느 하나에 해당하는 경우 1년의 범위에서 철도차량정비기술자의 인정을 정지시킬 수 있다(법 제24조의5 제2항).

1. 다른 사람에게 철도차량정비경력증을 빌려 준 경우
2. 철도차량정비 업무 수행 중 중과실로 철도사고의 원인을 제공한 경우

Answer 147. ㉮ 148. ㉮

제4장 철도시설 및 철도차량의 안전관리

1. 승하차용 출입문 설비의 설치

철도시설관리자는 선로로부터의 수직거리가 1,135mm 이상인 승강장에 열차의 출입문과 연동되어 열리고 닫히는 승하차용 출입문 설비를 설치하여야 한다. 다만, 여러 종류의 철도차량이 함께 사용하는 승강장으로서 철도기술심의위원회에서 승강장에 열차의 출입문과 연동되어 열리고 닫히는 승하차용 출입문 설비를 설치하지 않아도 된다고 심의・의결한 승강장의 경우에는 그러하지 아니하다(법 제25조의2, 규칙 제43조 제2항).

① 여러 종류의 철도차량이 함께 사용하는 승강장으로서 열차 출입문의 위치가 서로 달라 승강장안전문을 설치하기 곤란한 경우
② 열차가 정차하지 않는 선로 쪽 승강장으로서 승객의 선로 추락 방지를 위해 안전난간 등의 안전시설을 설치한 경우
③ 여객의 승하차 인원, 열차의 운행 횟수 등을 고려하였을 때 승강장안전문을 설치할 필요가 없다고 인정되는 경우

2. 철도차량 형식승인

(1) 철도기술심의위원회의 설치

국토교통부장관은 다음의 사항을 심의하게 하기 위하여 철도기술심의위원회를 설치한다(규칙 제44조).

① 기술기준의 제정・개정 또는 폐지
② 형식승인 대상 철도용품의 선정・변경 및 취소
③ 철도차량・철도용품 표준규격의 제정・개정 또는 폐지
④ 철도안전에 관한 전문기관이나 단체의 지정
⑤ 그 밖에 국토교통부장관이 필요로 하는 사항

(2) 철도기술심의위원회의 구성・운영 등

① 기술위원회는 위원장을 포함한 15인 이내의 위원으로 구성하며 위원장은 위원중에서 호선한다(규칙 제45조 제1항).

② 기술위원회에 상정할 안건을 미리 검토하고 기술위원회가 위임한 안건을 심의하기 위하여 기술위원회에 기술분과별 전문위원회(전문위원회)를 둘 수 있다(규칙 제45조 제2항).

③ 기술위원회 및 전문위원회의 구성·운영 등에 관하여 필요한 사항은 국토교통부장관이 정한다(규칙 제45조 제3항).

(3) 형식승인

① 국내에서 운행하는 철도차량을 제작하거나 수입하려는 자는 국토교통부령으로 정하는 바에 따라 해당 철도차량의 설계에 관하여 국토교통부장관의 형식승인을 받아야 한다(법 제26조 제1항).

② 철도차량 형식승인 신청 절차 등

㉠ 철도차량 형식승인을 받으려는 자는 철도차량 형식승인신청서에 다음의 서류를 첨부하여 국토교통부장관에게 제출하여야 한다(규칙 제46조 제1항).

ⓐ 철도차량의 기술기준(철도차량기술기준)에 대한 적합성 입증계획서 및 입증자료

ⓑ 철도차량의 설계도면, 설계 명세서 및 설명서(적합성 입증을 위하여 필요한 부분에 한정한다)

ⓒ 형식승인검사의 면제 대상에 해당하는 경우 그 입증서류

ⓓ 차량형식 시험 절차서

ⓔ 그 밖에 철도차량기술기준에 적합함을 입증하기 위하여 국토교통부장관이 필요하다고 인정하여 고시하는 서류

㉡ 철도차량 형식승인을 받은 사항을 변경하려는 경우에는 철도차량 형식변경승인신청서에 다음의 서류를 첨부하여 국토교통부장관에게 제출하여야 한다(규칙 제46조 제2항).

ⓐ 해당 철도차량의 철도차량 형식승인증명서

ⓑ ㉠의 서류(변경되는 부분 및 그와 연관되는 부분에 한정한다)

ⓒ 변경 전후의 대비표 및 해설서

㉢ 국토교통부장관은 철도차량 형식승인 또는 변경승인 신청을 받은 경우에 15일 이내에 승인 또는 변경승인에 필요한 검사 등의 계획서를 작성하여 신청인에게 통보하여야 한다(규칙 제46조 제3항).

(4) 변경승인

① 형식승인을 받은 자가 승인받은 사항을 변경하려는 경우에는 국토교통부장관의 변경

승인을 받아야 한다. 다만, 국토교통부령으로 정하는 경미한 사항을 변경하려는 경우에는 국토교통부장관에게 신고하여야 한다(법 제26조 제2항).

② 철도차량 형식승인의 경미한 사항 변경

㉠ 국토교통부령으로 정하는 경미한 사항을 변경하려는 경우란 다음의 어느 하나에 해당하는 변경을 말한다(규칙 제47조 제1항).

ⓐ 철도차량의 구조안전 및 성능에 영향을 미치지 아니하는 차체 형상의 변경

ⓑ 철도차량의 안전에 영향을 미치지 아니하는 설비의 변경

ⓒ 중량분포에 영향을 미치지 아니하는 장치 또는 부품의 배치 변경

ⓓ 동일 성능으로 입증할 수 있는 부품의 규격 변경

ⓔ 그 밖에 철도차량의 안전 및 성능에 영향을 미치지 아니한다고 국토교통부장관이 인정하는 사항의 변경

㉡ 경미한 사항을 변경하려는 경우에는 철도차량 형식변경신고서에 다음의 서류를 첨부하여 국토교통부장관에게 제출하여야 한다(규칙 제47조 제2항).

ⓐ 해당 철도차량의 철도차량 형식승인증명서

ⓑ ㉠에 해당함을 증명하는 서류

ⓒ 변경 전후의 대비표 및 해설서

ⓓ 변경 후의 주요 제원

ⓔ 철도차량기술기준에 대한 적합성 입증자료(변경되는 부분 및 그와 연관되는 부분에 한정한다)

㉢ 국토교통부장관은 신고를 받은 때에는 ㉡의 첨부서류를 확인한 후 철도차량 형식변경신고확인서를 발급하여야 한다(규칙 제47조 제3항).

(5) 형식승인검사

① 국토교통부장관은 형식승인 또는 변경승인을 하는 경우에는 해당 철도차량이 국토교통부장관이 정하여 고시하는 철도차량의 기술기준에 적합한지에 대하여 형식승인검사를 하여야 한다(법 제26조 제3항).

② 철도차량 형식승인검사의 방법 및 증명서 발급 등

㉠ 철도차량 형식승인검사는 다음의 구분에 따라 실시한다(규칙 제48조 제1항).

ⓐ 설계적합성 검사 : 철도차량의 설계가 철도차량기술기준에 적합한지 여부에 대한 검사

ⓑ 합치성 검사 : 철도차량이 부품단계, 구성품단계, 완성차단계에서 설계와 합

치하게 제작되었는지 여부에 대한 검사

ⓒ 차량형식 시험 : 철도차량이 부품단계, 구성품단계, 완성차단계, 시운전단계에서 철도차량기술기준에 적합한지 여부에 대한 시험

㉡ 국토교통부장관은 검사 결과 철도차량기술기준에 적합하다고 인정하는 경우에는 철도차량 형식승인증명서 또는 철도차량 형식변경승인증명서에 형식승인자료집을 첨부하여 신청인에게 발급하여야 한다(규칙 제48조 제2항).

㉢ 철도차량 형식승인증명서 또는 철도차량 형식변경승인증명서를 발급받은 자가 해당 증명서를 잃어버렸거나 헐어 못쓰게 되어 재발급을 받으려는 경우에는 철도차량 형식승인증명서 재발급 신청서에 헐어 못쓰게 된 증명서(헐어 못쓰게 된 경우만 해당한다)를 첨부하여 국토교통부장관에게 제출하여야 한다(규칙 제48조 제3항).

㉣ 철도차량 형식승인검사에 관한 세부적인 기준·절차 및 방법은 국토교통부장관이 정하여 고시한다(규칙 제48조 제4항).

(6) 형식승인검사 면제

국토교통부장관은 다음의 어느 하나에 해당하는 경우에는 형식승인검사의 전부 또는 일부를 면제할 수 있다(법 제26조 제4항).

① 시험·연구·개발 목적으로 제작 또는 수입되는 철도차량으로서 대통령령으로 정하는 철도차량에 해당하는 경우

② 수출 목적으로 제작 또는 수입되는 철도차량으로서 대통령령으로 정하는 철도차량에 해당하는 경우

③ 대한민국이 체결한 협정 또는 대한민국이 가입한 협약에 따라 형식승인검사가 면제되는 철도차량의 경우

④ 그 밖에 철도시설의 유지·보수 또는 철도차량의 사고복구 등 특수한 목적을 위하여 제작 또는 수입되는 철도차량으로서 국토교통부장관이 정하여 고시하는 경우

(7) 형식승인검사를 면제할 수 있는 철도차량 등

① 시험·연구·개발 목적으로 제작 또는 수입되는 철도차량이란 여객 및 화물 운송에 사용되지 아니하는 철도차량을 말한다(영 제22조 제1항).

② 수출 목적으로 제작 또는 수입되는 철도차량이란 국내에서 철도운영에 사용되지 아니하는 철도차량을 말한다(영 제22조 제2항).

③ 철도차량별로 형식승인검사를 면제할 수 있는 범위는 다음의 구분과 같다(영 제22조 제3항).

㉠ 시험・연구・개발 목적으로 제작 또는 수입되는 및 수출 목적으로 제작 또는 수입되는 철도차량 : 형식승인검사의 전부

㉡ 대한민국이 체결한 협정 또는 대한민국이 가입한 협약에 따라 형식승인검사가 면제되는 철도차량 : 대한민국이 체결한 협정 또는 대한민국이 가입한 협약에서 정한 면제의 범위

㉢ 철도시설의 유지・보수 또는 철도차량의 사고복구 등 특수한 목적을 위하여 제작 또는 수입되는 철도차량 : 형식승인검사 중 철도차량의 시운전단계에서 실시하는 검사를 제외한 검사로서 국토교통부령으로 정하는 검사

④ 철도차량 형식승인검사의 면제 절차 등

㉠ 국토교통부령으로 정하는 검사란 설계적합성 검사, 합치성 검사 및 차량형식 시험(시운전단계에서의 시험은 제외한다)을 말한다(규칙 제49조 제1항).

㉡ 국토교통부장관은 서류의 검토 결과 해당 철도차량이 형식승인검사의 면제 대상에 해당된다고 인정하는 경우에는 신청인에게 면제사실과 내용을 통보하여야 한다(규칙 제49조 제2항).

(8) 형식승인을 받지 아니한 철도차량 운행금지

누구든지 형식승인을 받지 아니한 철도차량을 운행하여서는 아니 된다(법 제26조 제5항).

(9) 승인방법, 신고절차, 검사절차, 검사방법 및 면제절차 등

승인방법, 신고절차, 검사절차, 검사방법 및 면제절차 등에 관하여 필요한 사항은 국토교통부령으로 정한다(법 제26조 제6항).

3. 형식승인의 취소 등

(1) 형식승인 취소

국토교통부장관은 형식승인을 받은 자가 다음의 어느 하나에 해당하는 경우에는 그 형식승인을 취소할 수 있다. 다만, ①에 해당하는 경우에는 그 형식승인을 취소하여야 한다(법 제26조의2 제1항).

① 거짓이나 그 밖의 부정한 방법으로 형식승인을 받은 경우
② 기술기준에 중대하게 위반되는 경우
③ 변경승인명령을 이행하지 아니한 경우

(2) 변경승인 명령

① 국토교통부장관은 형식승인이 기술기준에 위반된다고 인정하는 경우에는 그 형식승인을 받은 자에게 국토교통부령으로 정하는 바에 따라 변경승인을 받을 것을 명하여야 한다(법 제26조의2 제2항).

② 철도차량 형식 변경승인의 명령 등

㉠ 국토교통부장관은 변경승인을 받을 것을 명하려는 경우에는 그 사유를 명시하여 철도차량 형식승인을 받은 자에게 통보하여야 한다(규칙 제50조 제1항).

㉡ 변경승인 명령을 받은 자는 명령을 통보받은 날부터 30일 이내에 철도차량 형식승인의 변경승인을 신청하여야 한다(규칙 제50조 제2항).

(3) 형식승인이 취소된 경우 형식승인

거짓이나 그 밖의 부정한 방법으로 형식승인을 받은 경우에 해당되는 사유로 형식승인이 취소된 경우에는 그 취소된 날부터 2년간 동일한 형식의 철도차량에 대하여 새로 형식승인을 받을 수 없다(법 제26조의2 제3항).

4. 철도차량 제작자승인

(1) 제작자승인

형식승인을 받은 철도차량을 제작(외국에서 대한민국에 수출할 목적으로 제작하는 경우를 포함한다)하려는 자는 국토교통부령으로 정하는 바에 따라 철도차량의 제작을 위한 인력, 설비, 장비, 기술 및 제작검사 등 철도차량의 적합한 제작을 위한 유기적 체계(철도차량 품질관리체계)를 갖추고 있는지에 대하여 국토교통부장관의 제작자승인을 받아야 한다(법 제26조의3 제1항).

(2) 철도차량 제작자승인의 신청 등

① 철도차량 제작자승인을 받으려는 자는 철도차량 제작자승인신청서에 다음의 서류를 첨부하여 국토교통부장관에게 제출하여야 한다. 다만, 제작자승인이 면제되는 경우에는 ㉣의 서류만 첨부한다(규칙 제51조 제1항).

㉠ 철도차량의 제작관리 및 품질유지에 필요한 기술기준(철도차량제작자승인기준)에 대한 적합성 입증계획서 및 입증자료

㉡ 철도차량 품질관리체계서 및 설명서

ⓒ 철도차량 제작 명세서 및 설명서

ⓔ 제작자승인 또는 제작자승인검사의 면제 대상에 해당하는 경우 그 입증서류

ⓜ 그 밖에 철도차량제작자승인기준에 적합함을 입증하기 위하여 국토교통부장관이 필요하다고 인정하여 고시하는 서류

② 철도차량 제작자승인을 받은 자가 철도차량 제작자승인 받은 사항을 변경하려는 경우에는 철도차량 제작자변경승인신청서에 다음의 서류를 첨부하여 국토교통부장관에게 제출하여야 한다(규칙 제51조 제2항).

ⓐ 해당 철도차량의 철도차량 제작자승인증명서

ⓑ ①의 서류(변경되는 부분 및 그와 연관되는 부분에 한정한다)

ⓒ 변경 전후의 대비표 및 해설서

③ 국토교통부장관은 철도차량 제작자승인 또는 변경승인 신청을 받은 경우에 15일 이내에 승인 또는 변경승인에 필요한 검사 등의 계획서를 작성하여 신청인에게 통보하여야 한다(규칙 제51조 제3항).

(3) 철도차량 제작자승인의 경미한 사항 변경

① 경미한 사항을 변경하려는 경우란 다음의 어느 하나에 해당하는 변경을 말한다(규칙 제52조 제1항).

ⓐ 철도차량 제작자의 조직변경에 따른 품질관리조직 또는 품질관리책임자에 관한 사항의 변경

ⓑ 법령 또는 행정구역의 변경 등으로 인한 품질관리규정의 세부내용 변경

ⓒ 서류간 불일치 사항 및 품질관리규정의 기본방향에 영향을 미치지 아니하는 사항으로서 그 변경근거가 분명한 사항의 변경

② 경미한 사항을 변경하려는 경우에는 철도차량 제작자승인변경신고서에 다음의 서류를 첨부하여 국토교통부장관에게 제출하여야 한다(규칙 제52조 제2항).

ⓐ 해당 철도차량의 철도차량 제작자승인증명서

ⓑ ①에 해당함을 증명하는 서류

ⓒ 변경 전후의 대비표 및 해설서

ⓔ 변경 후의 철도차량 품질관리체계

ⓜ 철도차량제작자승인기준에 대한 적합성 입증자료(변경되는 부분 및 그와 연관되는 부분에 한정한다)

③ 국토교통부장관은 신고를 받은 때에는 첨부서류를 확인한 후 철도차량 제작자승인변경신고확인서를 발급하여야 한다(규칙 제52조 제3항).

(4) 제작자승인검사

국토교통부장관 제작자승인을 하는 경우에는 해당 철도차량 품질관리체계가 국토교통부장관이 정하여 고시하는 철도차량의 제작관리 및 품질유지에 필요한 기술기준에 적합한지에 대하여 국토교통부령으로 정하는 바에 따라 제작자승인검사를 하여야 한다(법 제26조의3 제2항).

(5) 철도차량 제작자승인검사의 방법 및 증명서 발급 등

① 철도차량 제작자승인검사는 다음의 구분에 따라 실시한다(규칙 제53조 제1항).
   ㉠ 품질관리체계 적합성검사 : 해당 철도차량의 품질관리체계가 철도차량제작자승인기준에 적합한지 여부에 대한 검사
   ㉡ 제작검사 : 해당 철도차량에 대한 품질관리체계의 적용 및 유지 여부 등을 확인하는 검사
② 국토교통부장관은 검사 결과 철도차량제작자승인기준에 적합하다고 인정하는 경우에는 다음의 서류를 신청인에게 발급하여야 한다(규칙 제53조 제2항).
   ㉠ 철도차량 제작자승인증명서 또는 철도차량 제작자변경승인증명서
   ㉡ 제작할 수 있는 철도차량의 형식에 대한 목록을 적은 제작자승인지정서
③ 철도차량 제작자승인증명서 또는 철도차량 제작자변경승인증명서를 발급받은 자가 해당 증명서를 잃어버렸거나 헐어 못쓰게 되어 재발급을 받으려는 경우에는 철도차량 제작자승인증명서 재발급 신청서에 헐어 못쓰게 된 증명서(헐어 못쓰게 된 경우만 해당한다)를 첨부하여 국토교통부장관에게 제출하여야 한다(규칙 제53조 제4항).
④ 철도차량 제작자승인검사에 관한 세부적인 기준·절차 및 방법은 국토교통부장관이 정하여 고시한다(규칙 제53조 제4항).

(6) 철도차량 제작자승인 등의 면제 절차

국토교통부장관은 서류의 검토 결과 철도차량이 제작자승인 또는 제작자승인검사의 면제 대상에 해당된다고 인정하는 경우에는 신청인에게 면제사실과 내용을 통보하여야 한다(규칙 제54조).

(7) 제작자승인검사의 면제

국토교통부장관은 대한민국이 체결한 협정 또는 대한민국이 가입한 협약에 따라 제작자승인이 면제되는 경우 등 대통령령으로 정하는 경우에는 제작자승인 대상에서 제외하거

나 제작자승인검사의 전부 또는 일부를 면제할 수 있다(법 제26조의3 제3항).

(8) 철도차량 제작자승인 등을 면제할 수 있는 경우 등

① 대한민국이 체결한 협정 또는 대한민국이 가입한 협약에 따라 제작자승인이 면제되는 경우 등 대통령령으로 정하는 경우란 다음의 어느 하나에 해당하는 경우를 말한다(영 제23조 제1항).

㉠ 대한민국이 체결한 협정 또는 대한민국이 가입한 협약에 따라 제작자승인이 면제되거나 제작자승인검사의 전부 또는 일부가 면제되는 경우

㉡ 철도시설의 유지·보수 또는 철도차량의 사고복구 등 특수한 목적을 위하여 제작 또는 수입되는 철도차량으로서 국토교통부장관이 정하여 고시하는 철도차량에 해당하는 경우

② 제작자승인 또는 제작자승인검사를 면제할 수 있는 범위는 다음의 구분과 같다(영 제23조 제2항).

㉠ 대한민국이 체결한 협정 또는 대한민국이 가입한 협약에 따라 제작자승인이 면제되거나 제작자승인검사의 전부 또는 일부가 면제되는 경우 : 대한민국이 체결한 협정 또는 대한민국이 가입한 협약에서 정한 제작자승인 또는 제작자승인검사의 면제 범위

㉡ 철도시설의 유지·보수 또는 철도차량의 사고복구 등 특수한 목적을 위하여 제작 또는 수입되는 철도차량으로서 국토교통부장관이 정하여 고시하는 철도차량에 해당하는 경우 : 제작자승인검사의 전부

5. 결격사유

다음의 어느 하나에 해당하는 자는 철도차량 제작자승인을 받을 수 없다(법 제26조의4).

① 피성년후견인

② 파산선고를 받고 복권되지 아니한 사람

③ 이 법 또는 다음으로 정하는 철도 관계 법령을 위반하여 징역형의 실형을 선고받고 그 집행이 종료(집행이 종료된 것으로 보는 경우를 포함한다)되거나 집행이 면제된 날부터 2년이 경과되지 아니한 사람(영 제24조)

㉠ 「건널목 개량촉진법」

㉡ 「도시철도법」

㉢ 「철도의 건설 및 철도시설 유지관리에 관한 법률」

㉣ 「철도사업법」
㉤ 「철도산업발전 기본법」
㉥ 「한국철도공사법」
㉦ 「국가철도공단법」
㉧ 「항공·철도 사고조사에 관한 법률」

④ 이 법 또는 ③에서 정하는 철도 관계 법령을 위반하여 징역형의 집행유예 선고를 받고 그 유예기간 중에 있는 사람
⑤ 제작자승인이 취소된 후 2년이 경과되지 아니한 자
⑥ 임원 중에 ①부터 ⑤까지의 어느 하나에 해당하는 사람이 있는 법인

6. 승 계

(1) 제작자승인을 받은 자의 지위승계

철도차량 제작자승인을 받은 자가 그 사업을 양도하거나 사망한 때 또는 법인의 합병이 있는 때에는 양수인, 상속인 또는 합병 후 존속하는 법인이나 합병에 의하여 설립되는 법인은 제작자승인을 받은 자의 지위를 승계한다(법 제26조의5 제1항).

(2) 승계신고

철도차량 제작자승인의 지위를 승계하는 자는 승계일부터 1개월 이내에 국토교통부령으로 정하는 바에 따라 그 승계사실을 국토교통부장관에게 신고하여야 한다(법 제26조의5 제2항).

(3) 지위승계의 신고 등

① 철도차량 제작자승인의 지위를 승계하는 자는 철도차량 제작자승계신고서에 다음의 서류를 첨부하여 국토교통부장관에게 제출하여야 한다(규칙 제55조 제1항).
㉠ 철도차량 제작자승인증명서
㉡ 사업 양도의 경우 : 양도·양수계약서 사본 등 양도 사실을 입증할 수 있는 서류
㉢ 사업 상속의 경우 : 사업을 상속받은 사실을 확인할 수 있는 서류
㉣ 사업 합병의 경우 : 합병계약서 및 합병 후 존속하거나 합병에 따라 신설된 법인의 등기사항증명서

② 국토교통부장관은 신고를 받은 경우에 지위승계 사실을 확인한 후 철도차량 제작자

승인증명서를 지위승계자에게 발급하여야 한다(규칙 제55조 제2항).

(4) 승계하는 자의 지위

제작자승인의 지위를 승계하는 자에 대하여는 결격사유의 규정을 준용한다. 다만, 결격사유의 어느 하나에 해당하는 상속인이 피상속인이 사망한 날부터 3개월 이내에 그 사업을 다른 사람에게 양도한 경우에는 피상속인의 사망일부터 양도일까지의 기간 동안 피상속인의 제작자승인은 상속인의 제작자승인으로 본다(법 제26조의5 제3항).

7. 철도차량 완성검사

(1) 완성검사

철도차량 제작자승인을 받은 자는 제작한 철도차량을 판매하기 전에 해당 철도차량이 형식승인을 받은 대로 제작되었는지를 확인하기 위하여 국토교통부장관이 시행하는 완성검사를 받아야 한다(법 제26조의6 제1항).

(2) 완성검사증명서 발급

국토교통부장관은 철도차량이 완성검사에 합격한 경우에는 철도차량제작자에게 국토교통부령으로 정하는 완성검사증명서를 발급하여야 한다(법 제26조의6 제2항).

(3) 철도차량 완성검사의 신청 등

① 철도차량 완성검사를 받으려는 자는 철도차량 완성검사신청서에 다음의 서류를 첨부하여 국토교통부장관에게 제출하여야 한다(규칙 제56조 제1항).
   ㉠ 철도차량 형식승인증명서
   ㉡ 철도차량 제작자승인증명서
   ㉢ 형식승인된 설계와의 형식동일성 입증계획서 및 입증서류
   ㉣ 주행시험 절차서
   ㉤ 그 밖에 형식동일성 입증을 위하여 국토교통부장관이 필요하다고 인정하여 고시하는 서류

② 국토교통부장관은 완성검사 신청을 받은 경우에 15일 이내에 완성검사의 계획서를 작성하여 신청인에게 통보하여야 한다(규칙 제56조 제2항).

(4) 철도차량 완성검사의 방법 및 검사증명서 발급 등

① 철도차량 완성검사는 다음의 구분에 따라 실시한다(규칙 제57조 제1항).
　㉠ 완성차량검사 : 안전과 직결된 주요 부품의 안전성 확보 등 철도차량이 철도차량 기술기준에 적합하고 형식승인 받은 설계대로 제작되었는지를 확인하는 검사
　㉡ 주행시험 : 철도차량이 형식승인 받은대로 성능과 안전성을 확보하였는지 운행선로 시운전 등을 통하여 최종 확인하는 검사
② 국토교통부장관은 검사 결과 철도차량이 철도차량기술기준에 적합하고 형식승인 받은 설계대로 제작되었다고 인정하는 경우에는 철도차량 완성검사증명서를 신청인에게 발급하여야 한다(규칙 제57조 제2항).
③ 완성검사에 필요한 세부적인 기준·절차 및 방법은 국토교통부장관이 정하여 고시한다(규칙 제57조 제3항).

8. 철도차량 제작자승인의 취소 등

(1) 제작자승인의 취소

국토교통부장관은 철도차량 제작자승인을 받은 자가 다음의 어느 하나에 해당하는 경우에는 그 승인을 취소하거나 6개월 이내의 기간을 정하여 업무의 제한이나 정지를 명할 수 있다. 다만, ① 또는 ⑤에 해당하는 경우에는 제작자승인을 취소하여야 한다(법 제26조의7 제1항).

① 거짓이나 그 밖의 부정한 방법으로 제작자승인을 받은 경우
② 변경승인을 받지 아니하거나 변경신고를 하지 아니하고 철도차량을 제작한 경우
③ 시정조치명령을 정당한 사유 없이 이행하지 아니한 경우
④ 명령을 이행하지 아니하는 경우
⑤ 업무정지 기간 중에 철도차량을 제작한 경우

(2) 철도차량 제작자승인의 취소, 업무의 제한 또는 정지의 기준 및 절차 등

철도차량 제작자승인의 취소, 업무의 제한 또는 정지의 기준 및 절차 등에 관하여 필요한 사항은 국토교통부령으로 정한다(법 제26조의7 제2항).

(3) 철도차량 제작자승인의 취소 또는 업무의 제한·정지 등의 처분기준(규칙 별표14)

철도차량 제작자승인 관련 처분기준(규칙 별표14)

1. 일반기준

가. 위반행위가 둘 이상인 경우로서 그에 해당하는 각각의 처분기준이 다른 경우에는 그 중 무거운 처분기준(무거운 처분기준이 같을 때에는 그 중 하나의 처분기준을 말한다)에 따르며, 둘 이상의 처분기준이 같은 업무제한·정지인 경우에는 무거운 처분기준의 2분의 1의 범위에서 가중할 수 있되, 각 처분기준을 합산한 기간을 초과할 수 없다.

나. 위반행위의 횟수에 따른 행정처분 기준은 최근 2년간 같은 위반행위로 업무정지 처분을 받은 경우에 적용한다. 이 경우 위반횟수는 같은 위반행위에 대하여 최초로 처분을 한 날과 다시 같은 위반행위를 적발한 날을 기준으로 한다.

다. 처분권자는 다음 각 목의 어느 하나에 해당하는 경우에는 업무제한·정지 처분의 2분의 1의 범위에서 감경할 수 있다. 이 경우 그 처분이 업무제한·정지인 경우에는 그 처분기준의 2분의 1의 범위에서 감경할 수 있고, 승인취소인 경우(법 제26조의7 제1항 제1호 또는 제5호에 해당하는 경우는 제외한다)에는 6개월의 업무정지 처분으로 감경할 수 있다.

1) 위반행위가 고의나 중대한 과실이 아닌 사소한 부주의나 오류로 인한 것으로 인정되는 경우
2) 위반상태를 시정하거나 해소하기 위해 노력한 것이 인정되는 경우
3) 그 밖에 위반행위의 정도, 위반행위의 동기와 그 결과 등을 고려하여 업무제한·정지 기간을 줄일 필요가 있다고 인정되는 경우

라. 처분권자는 다음 각 목의 어느 하나에 해당하는 경우에는 업무제한·정지 처분의 2분의 1의 범위에서 가중할 수 있다. 다만, 각 업무정지를 합산한 기간이 법 제9조제1항에서 정한 기간을 초과할 수 없다.

1) 위반의 내용·정도가 중대하여 공중에게 미치는 피해가 크다고 인정되는 경우
2) 그 밖에 위반행위의 정도, 위반행위의 동기와 그 결과 등을 고려하여 가중할 필요가 있다고 인정되는 경우

2. 개별기준

위반사항	근거 법조문	처분기준			
		1차 위반	2차 위반	3차 위반	4차 이상 위반
가. 거짓이나 그 밖의 부정한 방법으로 제작자승인을 받은 경우	법 제26조의7 제1항 제1호	승인취소			
나. 법 제26조의8에서 준용하는 법 제7조 제3항을 위반하여 변경승인을 받지 않고 철도차량을 제작한 경우	법 제26조의7 제1항 제2호	업무정지 (업무제한) 3개월	업무정지 (업무제한) 6개월	승인취소	
다. 법 제26조의8에서 준용하는 법 제7조 제3항을 위반하여 변경신고를 하지 않고 철도차량을 제작한 경우		경고	업무정지 (업무제한) 3개월	업무정지 (업무제한) 6개월	승인취소

라. 법 제26조의8에서 준용하는 법 제8조 제3항에 따른 시정조치명령을 정당한 사유 없이 이행하지 않은 경우	법 제26조의7 제1항 제3호	경고	업무정지(업무제한) 3개월	업무정지(업무제한) 6개월	승인취소
마. 법 제32조 제1항에 따른 명령을 이행하지 않은 경우	법 제26조의7 제1항 제4호	업무정지(업무제한) 3개월	업무정지(업무제한) 6개월	승인취소	
바. 업무정지 기간 중에 철도차량을 제작한 경우	법 제26조의7 제1항 제5호	승인취소			

9. 준용규정

(1) 준용규정

철도차량 제작자승인의 변경, 철도차량 품질관리체계의 유지·검사 및 시정조치, 과징금의 부과·징수 등에 관하여는 안전관리체계의 변경승인, 안전관리체계의 유지 등, 승인의 취소 등 및 과징금의 규정을 준용한다. 이 경우 "안전관리체계"는 "철도차량 품질관리체계"로 본다(법 제26조의8).

(2) 철도차량 제작자승인 관련 과징금의 부과기준(영 별표2)

철도차량 제작자승인 관련 과징금의 부과기준(영 별표2)

위반행위	근거 법조문	과징금 금액(단위 : 백만원)	
		업무정지(업무제한) 3개월	업무정지(업무제한) 6개월
1. 법 제26조의8에서 준용하는 법 제7조 제3항을 위반하여 변경승인을 받지 않고 철도차량을 제작한 경우	법 제26조의7 제1항 제2호	30	60
2. 법 제26조의8에서 준용하는 법 제7조 제3항을 위반하여 변경신고를 하지 않고 철도차량을 제작한 경우		30	60
3. 법 제26조의8에서 준용하는 법 제8조 제3항에 따른 시정조치명령을 정당한 사유 없이 이행하지 않은 경우	법 제26조의7 제1항 제3호	30	60
4. 법 제32조 제1항에 따른 명령을 이행하지 않은 경우	법 제26조의7 제1항 제4호	30	60

(3) 철도차량 품질관리체계의 유지 등

① 국토교통부장관은 철도차량 품질관리체계에 대하여 1년마다 1회의 정기검사를 실시하고, 철도차량의 안전 및 품질 확보 등을 위하여 필요하다고 인정하는 경우에는 수시로 검사할 수 있다(규칙 제59조 제1항).

② 국토교통부장관은 정기검사 또는 수시검사를 시행하려는 경우에는 검사 시행일 15일 전까지 다음의 내용이 포함된 검사계획을 철도차량 제작자승인을 받은 자에게 통보하여야 한다(규칙 제59조 제2항).

㉠ 검사반의 구성
㉡ 검사 일정 및 장소
㉢ 검사 수행 분야 및 검사 항목
㉣ 중점 검사 사항
㉤ 그 밖에 검사에 필요한 사항

③ 국토교통부장관은 정기검사 또는 수시검사를 마친 경우에는 다음의 사항이 포함된 검사 결과보고서를 작성하여야 한다(규칙 제59조 제3항).

㉠ 철도차량 품질관리체계의 검사 개요 및 현황
㉡ 철도차량 품질관리체계의 검사 과정 및 내용
㉢ 안전관리체계의 유지 등에 따른 시정조치 사항

④ 국토교통부장관은 철도차량 제작자승인을 받은 자에게 시정조치를 명하는 경우에는 시정에 필요한 적정한 기간을 주어야 한다(규칙 제59조 제4항).

⑤ 시정조치명령을 받은 철도차량 제작자승인을 받은 자는 시정조치를 완료한 경우에는 지체 없이 그 시정내용을 국토교통부장관에게 통보하여야 한다(규칙 제59조 제5항).

⑥ 정기검사 또는 수시검사에 관한 세부적인 기준·방법 및 절차는 국토교통부장관이 정하여 고시한다(규칙 제59조 제6항).

10. 철도용품 형식승인

(1) 철도용품 형식승인

국토교통부장관이 정하여 고시하는 철도용품을 제작하거나 수입하려는 자는 국토교통부령으로 정하는 바에 따라 해당 철도용품의 설계에 대하여 국토교통부장관의 형식승인을 받아야 한다(법 제27조 제1항).

(2) 철도용품 형식승인 신청 절차 등

① 철도용품 형식승인을 받으려는 자는 철도용품 형식승인신청서에 다음의 서류를 첨부하여 국토교통부장관에게 제출하여야 한다(규칙 제60조 제1항).

㉠ 철도용품의 기술기준(철도용품기술기준)에 대한 적합성 입증계획서 및 입증자료

㉡ 철도용품의 설계도면, 설계 명세서 및 설명서

㉢ 형식승인검사의 면제 대상에 해당하는 경우 그 입증서류

㉣ 용품형식 시험 절차서

㉤ 그 밖에 철도용품기술기준에 적합함을 입증하기 위하여 국토교통부장관이 필요하다고 인정하여 고시하는 서류

② 철도용품 형식승인 받은 사항을 변경하려는 경우에는 철도용품 형식변경승인신청서에 다음의 서류를 첨부하여 국토교통부장관에게 제출하여야 한다(규칙 제60조 제2항).

㉠ 해당 철도용품의 철도용품 형식승인증명서

㉡ 철도용품 형식승인을 받으려는 서류(변경되는 부분 및 그와 연관되는 부분에 한정한다)

㉢ 변경 전후의 대비표 및 해설서

③ 국토교통부장관은 철도용품 형식승인 또는 변경승인 신청을 받은 경우에 15일 이내에 승인 또는 변경승인에 필요한 검사 등의 계획서를 작성하여 신청인에게 통보하여야 한다(규칙 제60조 제3항).

(3) 형식승인검사

국토교통부장관은 형식승인을 하는 경우에는 해당 철도용품이 국토교통부장관이 정하여 고시하는 철도용품의 기술기준에 적합한지에 대하여 국토교통부령으로 정하는 바에 따라 형식승인검사를 하여야 한다(법 제27조 제2항).

(4) 철도용품 형식승인의 경미한 사항 변경

① 경미한 사항을 변경하려는 경우란 다음의 어느 하나에 해당하는 변경을 말한다(규칙 제61조 제1항).

㉠ 철도용품의 안전 및 성능에 영향을 미치지 아니하는 형상 변경

㉡ 철도용품의 안전에 영향을 미치지 아니하는 설비의 변경

㉢ 중량분포 및 크기에 영향을 미치지 아니하는 장치 또는 부품의 배치 변경

㉣ 동일 성능으로 입증할 수 있는 부품의 규격 변경

㉤ 그 밖에 철도용품의 안전 및 성능에 영향을 미치지 아니한다고 국토교통부장관이

인정하는 사항의 변경

② 경미한 사항을 변경하려는 경우에는 철도용품 형식변경신고서에 다음의 서류를 첨부하여 국토교통부장관에게 제출하여야 한다(규칙 제61조 제2항).
  ㉠ 해당 철도용품의 철도용품 형식승인증명서
  ㉡ ①에 해당함을 증명하는 서류
  ㉢ 변경 전후의 대비표 및 해설서
  ㉣ 변경 후의 주요 제원
  ㉤ 철도용품기술기준에 대한 적합성 입증자료(변경되는 부분 및 그와 연관되는 부분에 한정한다)

③ 국토교통부장관은 신고를 받은 때에는 첨부서류를 확인한 후 철도용품 형식변경신고확인서를 발급하여야 한다(규칙 제61조 제3항).

(5) 철도용품 형식승인검사의 방법 및 증명서 발급 등

① 철도용품 형식승인검사는 다음의 구분에 따라 실시한다(규칙 제62조 제1항).
  ㉠ 설계적합성 검사 : 철도용품의 설계가 철도용품기술기준에 적합한지 여부에 대한 검사
  ㉡ 합치성 검사 : 철도용품이 부품단계, 구성품단계, 완성품단계에서 설계와 합치하게 제작되었는지 여부에 대한 검사
  ㉢ 용품형식 시험 : 철도용품이 부품단계, 구성품단계, 완성품단계, 시운전단계에서 철도용품기술기준에 적합한지 여부에 대한 시험

② 국토교통부장관은 검사 결과 철도용품기술기준에 적합하다고 인정하는 경우에는 철도용품 형식승인증명서 또는 철도용품 형식변경승인증명서에 형식승인자료집을 첨부하여 신청인에게 발급하여야 한다(규칙 제62조 제2항).

③ 국토교통부장관은 철도용품 형식승인증명서 또는 철도용품 형식변경승인증명서를 발급할 때에는 해당 철도용품이 장착될 철도차량 또는 철도시설을 지정할 수 있다(규칙 제62조 제3항).

④ 철도용품 형식승인증명서 또는 철도용품 형식변경승인증명서를 발급받은 자가 해당 증명서를 잃어버렸거나 헐어 못쓰게 되어 재발급 받으려는 경우에는 철도용품 형식승인증명서 재발급 신청서에 헐어 못쓰게 된 증명서(헐어 못쓰게 된 경우만 해당한다)를 첨부하여 국토교통부장관에게 제출하여야 한다(규칙 제62조 제4항).

⑤ 철도용품 형식승인검사에 관한 세부적인 기준·절차 및 방법은 국토교통부장관이 정하여 고시한다(규칙 제62조 제5항).

(6) 철도용품 형식승인검사의 면제 절차

국토교통부장관은 서류의 검토 결과 해당 철도용품이 형식승인검사의 면제 대상에 해당된다고 인정하는 경우에는 신청인에게 면제사실과 내용을 통보하여야 한다(규칙 제63조).

(7) 형식승인을 받지 아니한 철도용품 사용금지

누구든지 형식승인을 받지 아니한 철도용품(국토교통부장관이 정하여 고시하는 철도용품만 해당한다)을 철도시설 또는 철도차량 등에 사용하여서는 아니 된다(법 제27조 제3항).

(8) 철도용품 형식승인 등의 준용

철도용품 형식승인의 변경, 형식승인검사의 면제, 형식승인의 취소, 변경승인명령 및 형식승인의 금지기간 등에 관하여는 철도차량 형식승인의 규정을 준용한다. 이 경우 "철도차량"은 "철도용품"으로 본다(법 제27조 제4항).

(9) 형식승인검사를 면제할 수 있는 철도용품

① 형식승인검사를 면제할 수 있는 철도용품은 다음의 어느 하나에 해당하는 경우로 한다(영 제26조 제1항).
  ㉠ 시험·연구·개발 목적으로 제작 또는 수입되는 철도차량으로서 대통령령으로 정하는 철도차량에 해당하는 경우
  ㉡ 수출 목적으로 제작 또는 수입되는 철도차량으로서 대통령령으로 정하는 철도차량에 해당하는 경우
  ㉢ 대한민국이 체결한 협정 또는 대한민국이 가입한 협약에 따라 형식승인검사가 면제되는 철도차량의 경우

② 철도차량 또는 철도시설에 사용되지 아니하는 철도용품을 말한다(영 제26조 제2항).

③ 국내에서 철도운영에 사용되지 아니하는 철도용품을 말한다(영 제26조 제3항).

④ 철도용품별로 형식승인검사를 면제할 수 있는 범위는 다음의 구분과 같다(영 제26조 제4항).
  ㉠ 시험·연구·개발 목적으로 제작 또는 수입되는 철도차량 및 수출 목적으로 제작 또는 수입되는 철도차량에 해당하는 철도용품 : 형식승인검사의 전부
  ㉡ 대한민국이 체결한 협정 또는 대한민국이 가입한 협약에 따라 형식승인검사가 면제되는 철도차량에 해당하는 철도용품 : 대한민국이 체결한 협정 또는 대한민국이 가입한 협약에서 정한 면제의 범위

11. 철도용품 제작자승인

(1) 제작자승인

형식승인을 받은 철도용품을 제작(외국에서 대한민국에 수출할 목적으로 제작하는 경우를 포함한다)하려는 자는 국토교통부령으로 정하는 바에 따라 철도용품의 제작을 위한 인력, 설비, 장비, 기술 및 제작검사 등 철도용품의 적합한 제작을 위한 유기적 체계(철도용품 품질관리체계)를 갖추고 있는지에 대하여 국토교통부장관으로부터 제작자승인을 받아야 한다(법 제27조의2 제1항).

(2) 철도용품 제작자승인의 신청 등

① 철도용품 제작자승인을 받으려는 자는 철도용품 제작자승인신청서에 다음의 서류를 첨부하여 국토교통부장관에게 제출하여야 한다. 다만, 제작자승인이 면제되는 경우에는 ㉣의 서류만 첨부한다(규칙 제64조 제1항).
  ㉠ 철도용품의 제작관리 및 품질유지에 필요한 기술기준에 대한 적합성 입증계획서 및 입증자료
  ㉡ 철도용품 품질관리체계서 및 설명서
  ㉢ 철도용품 제작 명세서 및 설명서
  ㉣ 제작자승인 또는 제작자승인검사의 면제 대상에 해당하는 경우 그 입증서류
  ㉤ 그 밖에 철도용품제작자승인기준에 적합함을 입증하기 위하여 국토교통부장관이 필요하다고 인정하여 고시하는 서류

② 철도용품 제작자승인을 받은 자가 철도용품 제작자승인 받은 사항을 변경하려는 경우에는 철도용품 제작자변경승인신청서에 다음의 서류를 첨부하여 국토교통부장관에게 제출하여야 한다(규칙 제64조 제2항).
  ㉠ 해당 철도용품의 철도용품 제작자승인증명서
  ㉡ ①의 서류(변경되는 부분 및 그와 연관되는 부분에 한정한다)
  ㉢ 변경 전후의 대비표 및 해설서

③ 국토교통부장관은 철도용품 제작자승인 또는 변경승인 신청을 받은 경우에 15일 이내에 승인 또는 변경승인에 필요한 검사 등의 계획서를 작성하여 신청인에게 통보하여야 한다(규칙 제64조 제3항).

(3) 철도용품 제작자승인검사

국토교통부장관은 제작자승인을 하는 경우에는 해당 철도용품 품질관리체계가 국토교통

부장관이 정하여 고시하는 철도용품의 제작관리 및 품질유지에 필요한 기술기준에 적합한지에 대하여 국토교통부령으로 정하는 바에 따라 철도용품 제작자승인검사를 하여야 한다(법 제27조의2 제2항).

(4) 형식승인표시

제작자승인을 받은 자는 해당 철도용품에 대하여 국토교통부령으로 정하는 바에 따라 형식승인을 받은 철도용품임을 나타내는 형식승인표시를 하여야 한다(법 제27조의2 제3항).

(5) 철도용품 제작자승인 관련 과징금의 부과기준(영 별표3)

철도용품 제작자승인 관련 과징금의 부과기준(영 별표3)

위반행위	근거 법조문	과징금 금액(단위: 백만원)	
		업무정지(업무제한) 3개월	업무정지(업무제한) 6개월
1. 법 제27조의2 제4항에서 준용하는 법 제7조 제3항을 위반하여 변경승인을 받지 않고 철도용품을 제작한 경우	법 제27조의2 제4항에서 준용하는 법 제26조의7 제1항 제2호	10	20
2. 법 제27조의2 제4항에서 준용하는 법 제7조 제3항을 위반하여 변경신고를 하지 않고 철도용품을 제작한 경우		10	20
3. 법 제27조의2 제4항에서 준용하는 법 제8조 제3항에 따른 시정조치 명령을 정당한 사유 없이 이행하지 않은 경우	법 제27조의2 제4항에서 준용하는 법 제26조의7 제1항 제3호	10	20
4. 법 제32조 제1항에 따른 명령을 이행하지 않은 경우	법 제27조의2 제4항에서 준용하는 법 제26조의7 제1항 제4호	10	20

(6) 철도용품 제작자승인 등을 면제할 수 있는 경우 등

① 대한민국이 체결한 협정 또는 대한민국이 가입한 협약에 따라 제작자승인이 면제되

는 경우 등 대통령령으로 정하는 경우란 대한민국이 체결한 협정 또는 대한민국이 가입한 협약에 따라 제작자승인이 면제되거나 제작자승인검사의 전부 또는 일부가 면제되는 경우를 말한다(영 제28조 제1항).

② 제작자승인 또는 제작자승인검사를 면제할 수 있는 범위는 대한민국이 체결한 협정 또는 대한민국이 가입한 협약에서 정한 면제의 범위에 따른다(영 제28조 제2항).

(7) 준용규정

철도용품 제작자승인의 변경, 철도용품 품질관리체계의 유지・검사 및 시정조치, 과징금의 부과・징수, 제작자승인 등의 면제, 제작자승인의 결격사유 및 지위승계, 제작자승인의 취소, 업무의 제한・정지 등에 관하여는 안전관리체계의 변경승인, 안전관리체계의 유지 등, 승인의 취소 등, 과징금, 철도차량 제작자승인검사, 결격사유, 승계 및 철도차량 제작자승인의 취소 등의 규정을 준용한다. 이 경우 "안전관리체계"는 "철도용품 품질관리체계"로, "철도차량"은 "철도용품"으로 본다(법 제27조의2 제4항).

(8) 철도용품 제작자승인의 경미한 사항 변경

① 경미한 사항을 변경하는 경우란 다음의 어느 하나에 해당하는 경우를 말한다(규칙 제65조 제1항).

㉠ 철도용품 제작자의 조직변경에 따른 품질관리조직 또는 품질관리책임자에 관한 사항의 변경

㉡ 법령 또는 행정구역의 변경 등으로 인한 품질관리규정의 세부내용의 변경

㉢ 서류간 불일치 사항 및 품질관리규정의 기본방향에 영향을 미치지 아니하는 사항으로써 그 변경근거가 분명한 사항의 변경

② 경미한 사항을 변경하려는 경우에는 철도용품 제작자변경신고서에 다음의 서류를 첨부하여 국토교통부장관에게 제출하여야 한다(규칙 제65조 제2항).

㉠ 해당 철도용품의 철도용품 제작자승인증명서

㉡ ①에 해당함을 증명하는 서류

㉢ 변경 전후의 대비표 및 해설서

㉣ 변경 후의 철도용품 품질관리체계

㉤ 철도용품제작자승인기준에 대한 적합성 입증자료(변경되는 부분 및 그와 연관되는 부분에 한정한다)

③ 국토교통부장관은 신고를 받은 때에는 첨부서류를 확인한 후 철도용품 제작자승인변경신고확인서를 발급하여야 한다(규칙 제65조 제3항).

(9) 철도용품 제작자승인검사의 방법 및 증명서 발급 등

① 철도용품 제작자승인검사는 다음의 구분에 따라 실시한다(규칙 제66조 제1항).
   ㉠ 품질관리체계의 적합성검사 : 해당 철도용품의 품질관리체계가 철도용품제작자승인기준에 적합한지 여부에 대한 검사
   ㉡ 제작검사 : 해당 철도용품에 대한 품질관리체계 적용 및 유지 여부 등을 확인하는 검사

② 국토교통부장관은 검사 결과 철도용품제작자승인기준에 적합하다고 인정하는 경우에는 다음의 서류를 신청인에게 발급하여야 한다(규칙 제66조 제2항).
   ㉠ 철도용품 제작자승인증명서 또는 철도용품 제작자변경승인증명서
   ㉡ 제작할 수 있는 철도용품의 형식에 대한 목록을 적은 제작자승인지정서

③ 철도용품 제작자승인증명서 또는 철도용품 제작자변경승인증명서를 발급받은 자가 해당 증명서를 잃어버렸거나 헐어 못쓰게 되어 재발급 받으려는 경우에는 철도용품 제작자승인증명서 재발급 신청서에 헐어 못쓰게 된 증명서(헐어 못쓰게 된 경우만 해당한다)를 첨부하여 국토교통부장관에게 제출하여야 한다(규칙 제66조 제3항).

④ 철도용품 제작자승인검사에 관한 세부적인 기준·절차 및 방법은 국토교통부장관이 정하여 고시한다(규칙 제66조 제4항).

(10) 철도용품 제작자승인 등의 면제 절차

국토교통부장관은 서류의 검토 결과 철도용품이 제작자승인 또는 제작자승인검사의 면제 대상에 해당된다고 인정하는 경우에는 신청인에게 면제사실과 내용을 통보하여야 한다(규칙 제67조).

(11) 형식승인을 받은 철도용품의 표시

① 철도용품 제작자승인을 받은 자는 해당 철도용품에 다음의 사항을 포함하여 형식승인을 받은 철도용품임을 나타내는 표시를 하여야 한다(규칙 제68조 제1항).
   ㉠ 형식승인품명 및 형식승인번호
   ㉡ 형식승인품명의 제조일
   ㉢ 형식승인품의 제조자명(제조자임을 나타내는 마크 또는 약호를 포함한다)
   ㉣ 형식승인기관의 명칭

② 형식승인품의 표시는 국토교통부장관이 정하여 고시하는 표준도안에 따른다(규칙 제68조 제2항).

(12) 지위승계의 신고 등

① 철도용품 제작자승인의 지위를 승계하는 자는 철도용품 제작자승계신고서에 다음의 서류를 첨부하여 국토교통부장관에게 제출하여야 한다(규칙 제69조 제1항).

㉠ 철도용품 제작자승인증명서

㉡ 사업 양도의 경우 : 양도·양수계약서 사본 등 양도 사실을 입증할 수 있는 서류

㉢ 사업 상속의 경우 : 사업을 상속받은 사실을 확인할 수 있는 서류

㉣ 사업 합병의 경우 : 합병계약서 및 합병 후 존속하거나 합병에 따라 신설된 법인의 등기사항증명서

② 국토교통부장관은 신고를 받은 경우에 지위승계 사실을 확인한 후 철도용품 제작자승인증명서를 지위승계자에게 발급하여야 한다(규칙 제69조 제2항).

(13) 철도용품 제작자승인의 취소 등 처분기준(규칙 별표15)

철도용품 제작자승인 관련 처분기준(규칙 별표15)

1. 일반기준

가. 위반행위가 둘 이상인 경우로서 그에 해당하는 각각의 처분기준이 다른 경우에는 그 중 무거운 처분기준(무거운 처분기준이 같을 때에는 그 중 하나의 처분기준을 말한다)에 따르며, 둘 이상의 처분기준이 같은 업무제한·정지인 경우에는 무거운 처분기준의 2분의 1의 범위에서 가중할 수 있되, 각 처분기준을 합산한 기간을 초과할 수 없다.

나. 위반행위의 횟수에 따른 행정처분 기준은 최근 2년간 같은 위반행위로 업무제한·정지 처분을 받은 경우에 적용한다. 이 경우 위반횟수는 같은 위반행위에 대하여 최초로 처분을 한 날과 다시 같은 위반행위를 적발한 날을 기준으로 한다.

다. 처분권자는 다음 각 목의 어느 하나에 해당하는 경우에는 업무제한·정지 처분의 2분의 1의 범위에서 감경할 수 있다. 이 경우 그 처분이 업무제한·정지인 경우에는 그 처분기준의 2분의 1의 범위에서 감경할 수 있고, 승인취소인 경우(법 제27조의2 제4항에 따라 준용되는 법 제26조의7 제1항 제1호 또는 제5호에 해당하는 경우는 제외한다)에는 6개월의 업무정지 처분으로 감경할 수 있다.

1) 위반행위가 고의나 중대한 과실이 아닌 사소한 부주의나 오류로 인한 것으로 인정되는 경우

2) 위반상태를 시정하거나 해소하기 위해 노력한 것이 인정되는 경우

3) 그 밖에 위반행위의 정도, 위반행위의 동기와 그 결과 등을 고려하여 업무제한·정지 기간을 줄일 필요가 있다고 인정되는 경우

라. 처분권자는 다음 각 목의 어느 하나에 해당하는 경우에는 업무제한·정지 처분의 2분의 1의 범위에서 가중할 수 있다. 다만, 각 업무정지를 합산한 기간이 법 제9조 제1항에서 정한 기간을 초과할 수 없다.

1) 위반의 내용·정도가 중대하여 공중에게 미치는 피해가 크다고 인정되는 경우

2) 그 밖에 위반행위의 정도, 위반행위의 동기와 그 결과 등을 고려하여 가중할 필요가 있다고 인정되는 경우

2. 개별기준

위반사항	근거 법조문	처분기준			
		1차 위반	2차 위반	3차 위반	4차 이상 위반
가. 거짓이나 그 밖의 부정한 방법으로 제작자승인을 받은 경우	법 제27조의2 제4항	승인취소			
나. 법 제27조의2에서 준용하는 법 제7조제3항을 위반하여 변경승인을 받지 않고 철도차량을 제작한 경우	법 제27조의2 제4항	업무정지(업무제한) 3개월	업무정지(업무제한) 6개월	승인취소	
다. 법 제27조의2에서 준용하는 법 제7조 제3항을 위반하여 변경신고를 하지 않고 철도차량을 제작한 경우	법 제27조의2 제4항	경고	업무정지(업무제한) 3개월	업무정지(업무제한) 6개월	승인취소
라. 법 제27조의2 제4항에서 준용하는 법 제8조 제3항에 따른 시정조치명령을 정당한 사유 없이 이행하지 않은 경우	법 제27조의2 제4항	경고	업무정지(업무제한) 3개월	업무정지(업무제한) 6개월	승인취소
마. 법 제32조 제1항에 따른 명령을 이행하지 않은 경우	법 제27조의2 제4항	업무정지(업무제한) 3개월	업무정지(업무제한) 6개월	승인취소	
바. 업무정지 기간 중에 철도용품을 제작한 경우	법 제27조의2 제4항	승인취소			

(14) 철도용품 품질관리체계의 유지 등

① 국토교통부장관은 철도용품 품질관리체계에 대하여 1년마다 1회의 정기검사를 실시하고, 철도용품의 안전 및 품질 확보 등을 위하여 필요하다고 인정하는 경우에는 수시로 검사할 수 있다(규칙 제71조 제1항).

② 국토교통부장관은 정기검사 또는 수시검사를 시행하려는 경우에는 검사 시행일 15일 전까지 다음의 내용이 포함된 검사계획을 철도용품 제작자승인을 받은 자에게 통보하여야 한다(규칙 제71조 제2항).

㉠ 검사반의 구성
㉡ 검사 일정 및 장소
㉢ 검사 수행 분야 및 검사 항목
㉣ 중점 검사 사항
㉤ 그 밖에 검사에 필요한 사항

③ 국토교통부장관은 정기검사 또는 수시검사를 마친 경우에는 다음의 사항이 포함된 검사 결과보고서를 작성하여야 한다(규칙 제71조 제3항).
㉠ 철도용품 품질관리체계의 검사 개요 및 현황
㉡ 철도용품 품질관리체계의 검사 과정 및 내용
㉢ 시정조치 사항

④ 국토교통부장관은 철도용품 제작자승인을 받은 자에게 시정조치를 명하는 경우에는 시정에 필요한 적정한 기간을 주어야 한다(규칙 제71조 제4항).

⑤ 시정조치명령을 받은 철도용품 제작자승인을 받은 자는 시정조치를 완료한 경우에는 지체 없이 그 시정내용을 국토교통부장관에게 통보하여야 한다(규칙 제71조 제5항).

⑥ 정기검사 또는 수시검사에 관한 세부적인 기준·방법 및 절차는 국토교통부장관이 정하여 고시한다(규칙 제71조 제6항).

12. 검사 업무의 위탁

국토교통부장관은 다음 각 호의 업무를 대통령령으로 정하는 바에 따라 관련 기관 또는 단체에 위탁할 수 있다(법 제27조의3).

① 제26조 제3항에 따른 철도차량 형식승인검사
② 제26조의3 제2항에 따른 철도차량 제작자승인검사
③ 제26조의6 제1항에 따른 철도차량 완성검사
④ 제27조 제2항에 따른 철도용품 형식승인검사
⑤ 제27조의2 제2항에 따른 철도용품 제작자승인검사

13. 형식승인 등의 사후관리

(1) 형식승인에 대한 관리

국토교통부장관은 형식승인을 받은 철도차량 또는 철도용품의 안전 및 품질의 확인·점검을 위하여 필요하다고 인정하는 경우에는 소속 공무원으로 하여금 다음의 조치를 하게 할 수 있다(법 제31조 제1항).

① 철도차량 또는 철도용품이 기술기준에 적합한지에 대한 조사
② 철도차량 또는 철도용품 형식승인 및 제작자승인을 받은 자의 관계 장부 또는 서류의 열람·제출
③ 철도차량 또는 철도용품에 대한 수거·검사
④ 철도차량 또는 철도용품의 안전 및 품질에 대한 전문연구기관에의 시험·분석 의뢰
⑤ 그 밖에 철도차량 또는 철도용품의 안전 및 품질에 대한 긴급한 조사를 위하여 다음으로 정하는 사항(규칙 제72조)
  ㉠ 사고가 발생한 철도차량 또는 철도용품에 대한 철도운영 적합성 조사
  ㉡ 장기 운행한 철도차량 또는 철도용품에 대한 철도운영 적합성 조사
  ㉢ 철도차량 또는 철도용품에 결함이 있는지의 여부에 대한 조사
  ㉣ 그 밖에 철도차량 또는 철도용품의 안전 및 품질에 관하여 국토교통부장관이 필요하다고 인정하여 고시하는 사항

(2) 조사 등에 대한 거부·방해·기피금지

철도차량 또는 철도용품 형식승인 및 제작자승인을 받은 자와 철도차량 또는 철도용품의 소유자·점유자·관리인 등은 정당한 사유 없이 조사·열람·수거 등을 거부·방해·기피하여서는 아니 된다(법 제31조 제2항).

(3) 증표제시

조사·열람 또는 검사 등을 하는 공무원은 그 권한을 표시하는 증표를 지니고 이를 관계인에게 내보여야 한다. 이 경우 그 증표에 관하여 필요한 사항은 국토교통부령으로 정한다(법 제31조 제3항).

(4) 철도차량 완성검사를 받은 자의 조치

철도차량 완성검사를 받은 자가 해당 철도차량을 판매하는 경우 다음의 조치를 하여야 한다(법 제31조 제4항).

① 철도차량정비에 필요한 부품을 공급할 것
② 철도차량을 구매한 자에게 철도차량정비에 필요한 기술지도·교육과 정비매뉴얼 등 정비 관련 자료를 제공할 것

(5) 철도차량 부품의 안정적 공급 등

① 철도차량 완성검사를 받아 해당 철도차량을 판매한 자는 그 철도차량의 완성검사를 받은 날부터 20년 이상 다음에 따른 부품을 해당 철도차량을 구매한 자(해당 철도차량을 구매한 자와 계약에 따라 해당 철도차량을 정비하는 자를 포함한다.)에게 공급해야 한다. 다만, 철도차량 판매자가 철도차량 구매자와 협의하여 철도차량 판매자가 공급하는 부품 외의 다른 부품의 사용이 가능하다고 약정하는 경우에는 철도차량 판매자는 해당 부품을 철도차량 구매자에게 공급하지 않을 수 있다(규칙 제72조의2 제1항).

㉠ 국토교통부장관이 형식승인 대상으로 고시하는 철도용품

㉡ 철도차량의 동력전달장치(엔진, 변속기, 감속기, 견인전동기 등), 주행·제동장치 또는 제어장치 등이 고장난 경우 해당 철도차량 자력(自力)으로 계속 운행이 불가능하여 다른 철도차량의 견인을 받아야 운행할 수 있는 부품

㉢ 그 밖에 철도차량 판매자와 철도차량 구매자의 계약에 따라 공급하기로 약정한 부품

② 철도차량 판매자가 철도차량 구매자에게 제공하는 부품의 형식 및 규격은 철도차량 판매자가 판매한 철도차량과 일치해야 한다(규칙 제72조의2 제2항).

③ 철도차량 판매자는 자신이 판매 또는 공급하는 부품의 가격을 결정할 때 해당 부품의 제조원가(개발비용을 포함한다) 등을 고려하여 신의성실의 원칙에 따라 합리적으로 결정해야 한다(규칙 제72조의2 제3항).

(6) 자료제공·기술지도 및 교육의 시행

① 철도차량 판매자는 해당 철도차량의 구매자에게 다음의 자료를 제공해야 한다(규칙 제72조의3 제1항).

㉠ 해당 철도차량이 최적의 상태로 운용되고 유지보수 될 수 있도록 철도차량시스템 및 각 장치의 개별부품에 대한 운영 및 정비 방법 등에 관한 유지보수 기술문서

㉡ 철도차량 운전 및 주요 시스템의 작동방법, 응급조치 방법, 안전규칙 및 절차 등에 대한 설명서 및 고장수리 절차서

㉢ 철도차량 판매자 및 철도차량 구매자의 계약에 따라 공급하기로 약정하는 각종 기술문서

㉣ 해당 철도차량에 대한 고장진단기(고장진단기의 원활한 작동을 위한 소프트웨어를 포함한다) 및 그 사용 설명서

㉤ 철도차량의 정비에 필요한 특수공기구 및 시험기와 그 사용 설명서

㉥ 그 밖에 철도차량 판매자와 철도차량 구매자의 계약에 따라 제공하기로 한 자료

② **유지보수 기술문서에 포함되어야 할 사항**(규칙 제72조의3 제2항)

㉠ 부품의 재고관리, 주요 부품의 교환주기, 기록관리 사항

㉡ 유지보수에 필요한 설비 또는 장비 등의 현황

㉢ 유지보수 공정의 계획 및 내용(일상 유지보수, 정기 유지보수, 비정기 유지보수 등)

㉣ 철도차량이 최적의 상태를 유지할 수 있도록 유지보수 단계별로 필요한 모든 기능 및 조치를 상세하게 적은 기술문서

③ 철도차량 판매자는 철도차량 구매자에게 다음에 따른 방법으로 기술지도 또는 교육을 시행해야 한다(규칙 제72조의3 제3항).

㉠ 시디(CD), 디브이디(DVD) 등 영상녹화물의 제공을 통한 시청각 교육

㉡ 교재 및 참고자료의 제공을 통한 서면 교육

㉢ 그 밖에 철도차량 판매자와 철도차량 구매자의 계약 또는 협의에 따른 방법

④ 철도차량 판매자는 다음의 어느 하나에 해당하는 경우에는 해당 철도차량 구매자에게 집합교육 또는 현장교육을 실시해야 한다. 이 경우 철도차량 판매자와 철도차량 구매자는 집합교육 또는 현장교육의 시기, 대상, 기간, 내용 및 비용 등을 협의해야 한다(규칙 제72조의3 제4항).

㉠ 철도차량 판매자가 해당 철도차량 정비기술의 효과적인 보급을 위하여 필요하다고 인정하는 경우

㉡ 철도차량 구매자가 해당 철도차량 정비기술을 효과적으로 배우기 위해 집합교육 또는 현장교육이 필요하다고 요청하는 경우

⑤ 철도차량 판매자는 철도차량 구매자에게 해당 철도차량의 인도예정일 3개월 전까지 자료를 제공하고 교육을 시행해야 한다. 다만, 철도차량 구매자가 따로 요청하거나 철도차량 판매자와 철도차량 구매자가 합의하는 경우에는 기술지도 또는 교육의 시기, 기간 및 방법 등을 따로 정할 수 있다(규칙 제72조의3 제5항).

⑥ 철도차량 판매자가 해당 철도차량 구매자에게 고장진단기 등 장비·기구 등의 제공 및 기술지도·교육을 유상으로 시행하는 경우에는 유사 장비·물품의 가격 및 유사 교육비용 등을 기초로 하여 합리적인 기준에 따라 비용을 결정해야 한다(규칙 제72조의3 제6항).

(7) 관련 자료의 종류 및 제공 방법 등

정비에 필요한 부품의 종류 및 공급하여야 하는 기간, 기술지도·교육 대상과 방법, 철도차량정비 관련 자료의 종류 및 제공 방법 등에 필요한 사항은 국토교통부령으로 정한다(법 제31조 제5항).

(8) 이행명령

① 국토교통부장관은 철도차량 완성검사를 받아 해당 철도차량을 판매한 자가 조치를 이행하지 아니한 경우에는 그 이행을 명할 수 있다(법 제31조 제6항).

② 철도차량 판매자에 대한 이행명령

㉠ 국토교통부장관은 철도차량 판매자에게 이행명령을 하려면 해당 철도차량 판매자가 이행해야 할 구체적인 조치사항 및 이행 기간 등을 명시하여 서면(전자문서를 포함한다)으로 통지해야 한다(규칙 제72조의4 제1항).

㉡ 국토교통부장관은 이행명령을 통지하기 전에 철도차량 판매자와 해당 철도차량 구매자 간의 분쟁 조정 등을 위하여 철도차량 부품 제작업체, 철도차량 정밀안전진단 기관 또는 학계 등 관련분야 전문가의 의견을 들을 수 있다(규칙 제72조의4 제2항).

14. 제작 또는 판매 중지 등

(1) 제작·수입·판매 또는 사용중지 등

국토교통부장관은 형식승인을 받은 철도차량 또는 철도용품이 다음의 어느 하나에 해당하는 경우에는 그 철도차량 또는 철도용품의 제작·수입·판매 또는 사용의 중지를 명할 수 있다. 다만, ①에 해당하는 경우에는 제작·수입·판매 또는 사용의 중지를 명하여야 한다(법 제32조 제1항).

① 형식승인이 취소된 경우
② 변경승인 이행명령을 받은 경우
③ 완성검사를 받지 아니한 철도차량을 판매한 경우(판매 또는 사용의 중지명령만 해당한다)
④ 형식승인을 받은 내용과 다르게 철도차량 또는 철도용품을 제작·수입·판매한 경우

(2) 시정조치

중지명령을 받은 철도차량 또는 철도용품의 제작자는 국토교통부령으로 정하는 바에 따라 해당 철도차량 또는 철도용품의 회수 및 환불 등에 관한 시정조치계획을 작성하여 국토교통부장관에게 제출하고 이 계획에 따른 시정조치를 하여야 한다. 다만, 변경승인 이행명령을 받은 경우 및 완성검사를 받지 아니한 철도차량을 판매한 경우에 해당하는 경우로서 그 위반경위, 위반정도 및 위반효과 등이 국토교통부령으로 정하는 경미한 경우에는 그러하지 아니하다(법 제32조 제2항).

(3) 시정조치계획의 제출 및 보고 등

① 중지명령을 받은 철도차량 또는 철도용품의 제작자는 다음의 사항이 포함된 시정조치계획서를 국토교통부장관에게 제출하여야 한다(규칙 제73조 제1항).
㉠ 해당 철도차량 또는 철도용품의 명칭, 형식승인번호 및 제작연월일
㉡ 해당 철도차량 또는 철도용품의 위반경위, 위반정도 및 위반결과
㉢ 해당 철도차량 또는 철도용품의 제작 수 및 판매 수
㉣ 해당 철도차량 또는 철도용품의 회수, 환불, 교체, 보수 및 개선 등 시정계획
㉤ 해당 철도차량 또는 철도용품의 소유자・점유자・관리자 등에 대한 통지문 또는 공고문

② 경미한 경우란 다음의 어느 하나에 해당하는 경우를 말한다(규칙 제73조 제2항).
㉠ 구조안전 및 성능에 영향을 미치지 아니하는 형상의 변경 위반
㉡ 안전에 영향을 미치지 아니하는 설비의 변경 위반
㉢ 중량분포에 영향을 미치지 아니하는 장치 또는 부품의 배치 변경 위반
㉣ 동일 성능으로 입증할 수 있는 부품의 규격 변경 위반
㉤ 안전, 성능 및 품질에 영향을 미치지 아니하는 제작과정의 변경 위반
㉥ 그 밖에 철도차량 또는 철도용품의 안전 및 성능에 영향을 미치지 아니한다고 국토교통부장관이 인정하여 고시하는 경우

③ 철도차량 또는 철도용품 제작자가 시정조치를 하는 경우에는 시정조치가 완료될 때까지 매 분기마다 분기 종료 후 20일 이내에 국토교통부장관에게 시정조치의 진행상황을 보고하여야 하고, 시정조치를 완료한 경우에는 완료 후 20일 이내에 그 시정내용을 국토교통부장관에게 보고하여야 한다(규칙 제73조 제3항).

(4) 시정조치의 면제신청

① 시정조치의 면제를 받으려는 제작자는 대통령령으로 정하는 바에 따라 국토교통부장관에게 그 시정조치의 면제를 신청하여야 한다(법 제32조 제3항).

② 시정조치의 면제 신청 등
㉠ 시정조치의 면제를 받으려는 제작자는 중지명령을 받은 날부터 15일 이내에 경미한 경우에 해당함을 증명하는 서류를 국토교통부장관에게 제출하여야 한다(영 제29조 제1항).
㉡ 국토교통부장관은 서류를 제출받은 경우에 시정조치의 면제 여부를 결정하고 결정이유, 결정기준과 결과를 신청자에게 통지하여야 한다(영 제29조 제2항).

(5) 국토교통부장관에게 보고

철도차량 또는 철도용품의 제작자는 시정조치를 하는 경우에는 국토교통부령으로 정하는 바에 따라 해당 시정조치의 진행 상황을 국토교통부장관에게 보고하여야 한다(법 제32조 제4항).

15. 표준화

(1) 표준규격 권고

국토교통부장관은 철도의 안전과 호환성의 확보 등을 위하여 철도차량 및 철도용품의 표준규격을 정하여 철도운영자등 또는 철도차량을 제작·조립 또는 수입하려는 자 등(차량제작자 등)에게 권고할 수 있다. 다만, 한국산업표준이 제정되어 있는 사항에 대하여는 그 표준에 따른다(법 제34조 제1항).

(2) 철도표준규격의 제정 등

① 국토교통부장관은 철도차량이나 철도용품의 표준규격을 제정·개정하거나 폐지하려는 경우에는 기술위원회의 심의를 거쳐야 한다(규칙 제74조 제1항).

② 국토교통부장관은 철도표준규격을 제정·개정하거나 폐지하는 경우에 필요한 경우에는 공청회 등을 개최하여 이해관계인의 의견을 들을 수 있다(규칙 제74조 제2항).

③ 국토교통부장관은 철도표준규격을 제정한 경우에는 해당 철도표준규격의 명칭·번호 및 제정 연월일 등을 관보에 고시하여야 한다. 고시한 철도표준규격을 개정하거나 폐지한 경우에도 또한 같다(규칙 제74조 제3항).

④ 국토교통부장관은 철도표준규격을 고시한 날부터 3년마다 타당성을 확인하여 필요한 경우에는 철도표준규격을 개정하거나 폐지할 수 있다. 다만, 철도기술의 향상 등으로 인하여 철도표준규격을 개정하거나 폐지할 필요가 있다고 인정하는 때에는 3년 이내에도 철도표준규격을 개정하거나 폐지할 수 있다(규칙 제74조 제4항).

⑤ 철도표준규격의 제정·개정 또는 폐지에 관하여 이해관계가 있는 자는 철도표준규격 제정·개정·폐지 의견서에 다음의 서류를 첨부하여 한국철도기술연구원에 제출할 수 있다(규칙 제74조 제5항).

㉠ 철도표준규격의 제정·개정 또는 폐지안

㉡ 철도표준규격의 제정·개정 또는 폐지안에 대한 의견서

⑥ 의견서를 받은 한국철도기술연구원은 이를 검토한 후 그 검토 결과를 해당 이해관계인에게 통보하여야 한다(규칙 제74조 제6항).

⑦ 철도표준규격의 관리 등에 필요한 세부사항은 국토교통부장관이 정하여 고시한다(규칙 제74조 제7항).

16. 종합시험운행

(1) 종합시험운행 보고

철도운영자등은 철도노선을 새로 건설하거나 기존노선을 개량하여 운영하려는 경우에는 정상운행을 하기 전에 종합시험운행을 실시한 후 그 결과를 국토교통부장관에게 보고하여야 한다(법 제38조 제1항).

(2) 안전성 여부, 적절성 여부 등 검토

국토교통부장관은 보고를 받은 경우에는 「철도의 건설 및 철도시설 유지관리에 관한 법률」에 따른 기술기준에의 적합 여부, 철도시설 및 열차운행체계의 안전성 여부, 정상운행 준비의 적절성 여부 등을 검토하여 필요하다고 인정하는 경우에는 개선·시정할 것을 명할 수 있다(법 제38조 제2항).

(3) 종합시험운행의 시기·절차 등

① 철도운영자등이 실시하는 종합시험운행은 해당 철도노선의 영업을 개시하기 전에 실시한다(규칙 제75조 제1항).
② 종합시험운행은 철도운영자와 합동으로 실시한다. 이 경우 철도운영자는 종합시험운행의 원활한 실시를 위하여 철도시설관리자로부터 철도차량, 소요인력 등의 지원 요청이 있는 경우 특별한 사유가 없는 한 이에 응하여야 한다(규칙 제75조 제2항).
③ 철도시설관리자는 종합시험운행을 실시하기 전에 철도운영자와 협의하여 다음의 사항이 포함된 종합시험운행계획을 수립하여야 한다(규칙 제75조 제3항).
㉠ 종합시험운행의 방법 및 절차
㉡ 평가항목 및 평가기준 등
㉢ 종합시험운행의 일정
㉣ 종합시험운행의 실시 조직 및 소요인원
㉤ 종합시험운행에 사용되는 시험기기 및 장비
㉥ 종합시험운행을 실시하는 사람에 대한 교육훈련계획
㉦ 안전관리조직 및 안전관리계획
㉧ 비상대응계획

㉫ 그 밖에 종합시험운행의 효율적인 실시와 안전 확보를 위하여 필요한 사항

④ 철도시설관리자는 종합시험운행을 실시하기 전에 철도운영자와 합동으로 해당 철도노선에 설치된 철도시설물에 대한 기능 및 성능 점검결과를 설명한 서류에 대한 검토 등 사전검토를 하여야 한다(규칙 제75조 제4항).

⑤ 종합시험운행은 다음의 절차로 구분하여 순서대로 실시한다(규칙 제75조 제5항).

㉠ 시설물검증시험 : 해당 철도노선에서 허용되는 최고속도까지 단계적으로 철도차량의 속도를 증가시키면서 철도시설의 안전상태, 철도차량의 운행적합성이나 철도시설물과의 연계성(Interface), 철도시설물의 정상 작동 여부 등을 확인·점검하는 시험

㉡ 영업시운전 : 시설물검증시험이 끝난 후 영업 개시에 대비하기 위하여 열차운행계획에 따른 실제 영업상태를 가정하고 열차운행체계 및 철도종사자의 업무숙달 등을 점검하는 시험

⑥ 철도시설관리자는 기존 노선을 개량한 철도노선에 대한 종합시험운행을 실시하는 경우에는 철도운영자와 협의하여 종합시험운행 일정을 조정하거나 그 절차의 일부를 생략할 수 있다(규칙 제75조 제6항).

⑦ 철도시설관리자는 종합시험운행을 실시하는 경우에는 철도운영자와 합동으로 종합시험운행의 실시내용·실시결과 및 조치내용 등을 확인하고 이를 기록·관리하여야 하며, 그 결과를 국토교통부장관에게 보고하여야 한다(규칙 제75조 제7항).

⑧ 철도운영자등은 철도시설의 개선·시정명령을 받은 경우나 열차운행체계 또는 운행준비에 대한 개선·시정명령을 받은 경우에는 이를 개선·시정하여야 하고, 개선·시정을 완료한 후에는 종합시험운행을 다시 실시하여 국토교통부장관에게 그 결과를 보고하여야 한다. 이 경우 ⑤의 종합시험운행절차 중 일부를 생략할 수 있다(규칙 제75조 제8항).

⑨ 철도운영자등이 종합시험운행을 실시하는 때에는 안전관리책임자를 지정하여 다음의 업무를 수행하도록 하여야 한다(규칙 제75조 제9항).

㉠ 「산업안전보건법」 등 관련 법령에서 정한 안전조치사항의 점검·확인

㉡ 종합시험운행을 실시하기 전의 안전점검 및 종합시험운행 중 안전관리 감독

㉢ 종합시험운행에 사용되는 철도차량에 대한 안전 통제

㉣ 종합시험운행에 사용되는 안전장비의 점검·확인

㉤ 종합시험운행 참여자에 대한 안전교육

⑩ 그 밖에 종합시험운행의 세부적인 절차·방법 등에 관하여 필요한 사항은 국토교통부장관이 정하여 고시한다(규칙 제75조 제10항).

(4) 종합시험운행 결과의 검토 및 개선명령 등

① 실시되는 종합시험운행의 결과에 대한 검토는 다음의 절차로 구분하여 순서대로 실시한다(규칙 제75조의2 제1항).
   ㉠ 「철도의 건설 및 철도시설 유지관리에 관한 법률」에 따른 기술기준에의 적합여부 검토
   ㉡ 철도시설 및 열차운행체계의 안전성 여부 검토
   ㉢ 정상운행 준비의 적절성 여부 검토

② 국토교통부장관은 도시철도 또는 도시철도건설사업 또는 도시철도운송사업을 위탁받은 법인이 건설·운영하는 도시철도에 대하여 검토를 하는 경우에는 해당 도시철도의 관할 시·도지사와 협의할 수 있다. 이 경우 협의 요청을 받은 시·도지사는 협의를 요청받은 날부터 7일 이내에 의견을 제출하여야 하며, 그 기간 내에 의견을 제출하지 아니하면 의견이 없는 것으로 본다(규칙 제75조의2 제2항).

③ 국토교통부장관은 검토 결과 해당 철도시설의 개선·보완이 필요하거나 열차운행체계 또는 운행준비에 대한 개선·보완이 필요한 경우에는 철도운영자등에게 이를 개선·시정할 것을 명할 수 있다(규칙 제75조의2 제3항).

④ 종합시험운행의 결과 검토에 대한 세부적인 기준·절차 및 방법에 관하여 필요한 사항은 국토교통부장관이 정하여 고시한다(규칙 제75조의2 제4항).

17. 철도차량의 개조 등

(1) 철도차량의 개조 등

철도차량을 소유하거나 운영하는 자(소유자 등)는 철도차량 최초 제작 당시와 다르게 구조, 부품, 장치 또는 차량성능 등에 대한 개량 및 변경 등(개조)을 임의로 하고 운행하여서는 아니 된다(법 제38조의2 제1항).

(2) 개조승인

소유자 등이 철도차량을 개조하여 운행하려면 철도차량의 기술기준에 적합한지에 대하여 국토교통부령으로 정하는 바에 따라 국토교통부장관의 승인(개조승인)을 받아야 한다. 다만, 국토교통부령으로 정하는 경미한 사항을 개조하는 경우에는 국토교통부장관에게 신고(개조신고)하여야 한다(법 제38조의2 제2항).

(3) 철도차량 개조승인의 신청 등

① 철도차량을 소유하거나 운영하는 자는 철도차량 개조승인을 받으려면 따른 철도차량 개조승인신청서에 다음의 서류를 첨부하여 국토교통부장관에게 제출하여야 한다(규칙 제75조의3 제1항).

㉠ 개조 대상 철도차량 및 수량에 관한 서류

㉡ 개조의 범위, 사유 및 작업 일정에 관한 서류

㉢ 개조 전·후 사양 대비표

㉣ 개조에 필요한 인력, 장비, 시설 및 부품 또는 장치에 관한 서류

㉤ 개조작업수행 예정자의 조직·인력 및 장비 등에 관한 현황과 개조작업수행에 필요한 부품, 구성품 및 용역의 내용에 관한 서류. 다만, 개조작업수행 예정자를 선정하기 전인 경우에는 개조작업수행 예정자 선정기준에 관한 서류

㉥ 개조 작업지시서

㉦ 개조하고자 하는 사항이 철도차량기술기준에 적합함을 입증하는 기술문서

② 국토교통부장관은 철도차량 개조승인 신청을 받은 경우에는 그 신청서를 받은 날부터 15일 이내에 개조승인에 필요한 검사내용, 시기, 방법 및 절차 등을 적은 개조검사 계획서를 신청인에게 통지하여야 한다(규칙 제75조의3 제2항).

(4) 철도차량의 경미한 개조

① 경미한 사항을 개조하는 경우(규칙 제75조의4 제1항)

㉠ 차체구조 등 철도차량 구조체의 개조로 인하여 해당 철도차량의 허용 적재하중 등 철도차량의 강도가 100분의 5 미만으로 변동되는 경우

㉡ 설비의 변경 또는 교체에 따라 해당 철도차량의 중량 및 중량분포가 다음에 따른 기준 이하로 변동되는 경우

ⓐ 고속철도차량 및 일반철도차량의 동력차(기관차) : 100분의 2

ⓑ 고속철도차량 및 일반철도차량의 객차·화차·전기동차·디젤동차 : 100분의 4

ⓒ 도시철도차량 : 100분의 5

㉢ 다음의 어느 하나에 해당하지 아니하는 장치 또는 부품의 개조 또는 변경

ⓐ 주행장치 중 주행장치틀, 차륜 및 차축

ⓑ 제동장치 중 제동제어장치 및 제어기

ⓒ 추진장치 중 인버터 및 컨버터

ⓓ 보조전원장치

ⓔ 차상신호장치(지상에 설치된 신호장치로부터 열차의 운행조건 등에 관한 정보

를 수신하여 철도차량의 운전실에 속도감속 또는 정지 등 철도차량의 운전에 필요한 정보를 제공하기 위하여 철도차량에 설치된 장치를 말한다)

ⓕ 차상통신장치

ⓖ 종합제어장치

ⓗ 철도차량기술기준에 따른 화재시험 대상인 부품 또는 장치. 다만, 「화재예방, 소방시설 설치·유지 및 안전관리에 관한 법률」에 따른 화재안전기준을 충족하는 부품 또는 장치는 제외한다.

㉣ 국토교통부장관으로부터 철도용품 형식승인을 받은 용품으로 변경하는 경우(㉠ 및 ㉡에 따른 요건을 모두 충족하는 경우로서 소유자등이 지상에 설치되어 있는 설비와 철도차량의 부품·구성품 등이 상호 접속되어 원활하게 그 기능이 확보되는지에 대하여 확인한 경우에 한한다)

㉤ 철도차량 제작자와 철도차량 구매자의 계약에 따른 하자보증 또는 성능개선 등을 위한 장치 또는 부품의 변경

㉥ 철도차량 개조의 타당성 및 적합성 등에 관한 검토·시험을 위한 대표편성 철도차량의 개조에 대하여 한국철도기술연구원의 승인을 받은 경우

㉦ 철도차량의 장치 또는 부품을 개조한 이후 개조 전의 장치 또는 부품과 비교하여 철도차량의 고장 또는 운행장애가 증가하여 개조 전의 장치 또는 부품으로 긴급히 교체하는 경우

㉧ 그 밖에 철도차량의 안전, 성능 등에 미치는 영향이 미미하다고 국토교통부장관으로부터 인정을 받은 경우

② 경미한 개조를 적용할 때 다음의 어느 하나에 해당하는 경우에는 철도차량의 개조로 보지 아니한다(규칙 제75조의4 제2항).

㉠ 철도차량의 유지보수(점검 또는 정비 등) 계획에 따라 일상적·반복적으로 시행하는 부품이나 구성품의 교체·교환

㉡ 차량 내·외부 도색 등 미관이나 내구성 향상을 위하여 시행하는 경우

㉢ 승객의 편의성 및 쾌적성 제고와 청결·위생·방역을 위한 차량 유지관리

㉣ 다음의 장치와 관련되지 아니한 소프트웨어의 수정

ⓐ 견인장치

ⓑ 제동장치

ⓒ 차량의 안전운행 또는 승객의 안전과 관련된 제어장치

ⓓ 신호 및 통신 장치

㉤ 차체 형상의 개선 및 차내 설비의 개선

㉥ 철도차량 장치나 부품의 배치위치 변경

ⓢ 기존 부품과 동등 수준 이상의 성능임을 제시하거나 입증할 수 있는 부품의 규격 수정

ⓞ 소유자등이 철도차량 개조의 타당성 등에 관한 사전 검토를 위하여 여객 또는 화물 운송을 목적으로 하지 아니하고 철도차량의 시험운행을 위한 전용선로 또는 영업 중인 선로에서 영업운행 종료 이후 30분이 경과된 시점부터 다음 영업운행 개시 30분 전까지 해당 철도차량을 운행하는 경우(소유자등이 안전운행 확보방안을 수립하여 시행하는 경우에 한한다)

ⓩ 전용철도 노선에서만 운행하는 철도차량에 대한 개조

ⓒ 그 밖에 ㉠부터 ⓢ까지에 준하는 사항으로 국토교통부장관으로부터 인정을 받은 경우

③ 소유자 등이 경미한 사항의 철도차량 개조신고를 하려면 해당 철도차량에 대한 개조작업 시작예정일 10일 전까지 철도차량 개조신고서에 다음의 서류를 첨부하여 국토교통부장관에게 제출하여야 한다(규칙 제75조의4 제3항).

㉠ ①의 어느 하나에 해당함을 증명하는 서류

㉡ ㉠과 관련된 철도차량 개조승인의 신청 등의 서류

④ 국토교통부장관은 소유자등이 제출한 철도차량 개조신고서를 검토한 후 적합하다고 판단하는 경우에는 철도차량 개조신고확인서를 발급하여야 한다(규칙 제75조의4 제4항).

(5) 자가 개조작업 수행

① 소유자등이 철도차량을 개조하여 개조승인을 받으려는 경우에는 국토교통부령으로 정하는 바에 따라 적정 개조능력이 있다고 인정되는 자가 개조 작업을 수행하도록 하여야 한다(법 제38조의2 제3항).

② **철도차량 개조능력이 있다고 인정되는 자** : 적정 개조능력이 있다고 인정되는 자란 다음의 어느 하나에 해당하는 자를 말한다(규칙 제75조의5).

㉠ 개조 대상 철도차량 또는 그와 유사한 성능의 철도차량을 제작한 경험이 있는 자

㉡ 개조 대상 부품 또는 장치 등을 제작하여 납품한 실적이 있는 자

㉢ 개조 대상 부품·장치 또는 그와 유사한 성능의 부품·장치 등을 1년 이상 정비한 실적이 있는 자

㉣ 인증정비조직

㉤ 개조 전의 부품 또는 장치 등과 동등 수준 이상의 성능을 확보할 수 있는 부품 또는 장치 등의 신기술을 개발하여 해당 부품 또는 장치를 철도차량에 설치 또는 개량하는 자

(6) 개조승인검사

국토교통부장관은 개조승인을 하려는 경우에는 해당 철도차량이 고시하는 철도차량의 기술기준에 적합한지에 대하여 개조승인검사를 하여야 한다(법 제38조의2 제4항).

(7) 개조승인 검사 등

① 개조승인 검사는 다음의 구분에 따라 실시한다(규칙 제75조의6 제1항).
   ㉠ 개조적합성 검사 : 철도차량의 개조가 철도차량기술기준에 적합한지 여부에 대한 기술문서 검사
   ㉡ 개조합치성 검사 : 해당 철도차량의 대표편성에 대한 개조작업이 기술문서와 합치하게 시행되었는지 여부에 대한 검사
   ㉢ 개조형식시험 : 철도차량의 개조가 부품단계, 구성품단계, 완성차단계, 시운전단계에서 철도차량기술기준에 적합한지 여부에 대한 시험
② 국토교통부장관은 개조승인 검사 결과 철도차량기술기준에 적합하다고 인정하는 경우에는 철도차량 개조승인증명서에 철도차량 개조승인 자료집을 첨부하여 신청인에게 발급하여야 한다(규칙 제75조의6 제2항).
③ 개조승인의 절차 및 방법 등에 관한 세부사항은 국토교통부장관이 정하여 고시한다(규칙 제75조의6 제3항).

18. 철도차량의 운행제한

(1) 철도차량의 운행제한 명령

국토교통부장관은 다음의 어느 하나에 해당하는 사유가 있다고 인정되면 소유자등에게 철도차량의 운행제한을 명할 수 있다(법 제38조의3 제1항).

① 소유자등이 개조승인을 받지 아니하고 임의로 철도차량을 개조하여 운행하는 경우
② 철도차량이 철도차량의 기술기준에 적합하지 아니한 경우

(2) 소유자 등에게 통보

국토교통부장관은 운행제한을 명하는 경우 사전에 그 목적, 기간, 지역, 제한내용 및 대상 철도차량의 종류와 그 밖에 필요한 사항을 해당 소유자 등에게 통보하여야 한다(법 제38조의3 제2항).

(3) 철도차량의 운행제한 처분기준(규칙 별표16)

철도차량의 운행제한 처분기준(규칙 별표16)

1. 일반기준
   가. 위반행위의 횟수에 따른 행정처분의 가중된 부과기준은 최근 2년 동안 같은 위반행위로 행정처분을 받은 경우에 적용한다. 이 경우 기간의 계산은 위반행위에 대하여 행정처분을 받은 날과 그 처분 후 다시 같은 위반행위를 하여 적발된 날을 기준으로 한다.
   나. 가목에 따라 가중된 부과처분을 하는 경우 가중처분의 적용 차수는 그 위반행위 전 부과처분 차수(가목에 따른 기간 내에 행정처분이 둘 이상 있었던 경우에는 높은 차수를 말한다)의 다음 차수로 한다.
   다. 위반행위가 둘 이상인 경우로서 각 처분내용이 모두 운행제한·정지인 경우에는 그 중 무거운 처분기준에 해당하는 운행제한·정지 기간의 2분의 1의 범위에서 가중할 수 있다. 다만, 가중하는 경우에도 각 처분기준에 따른 운행제한·정지 기간을 합산한 기간 및 6개월을 넘을 수 없다.
   라. 국토교통부장관은 다음의 어느 하나에 해당하는 경우에는 제2호의 개별기준에 따른 운행제한·정지 기간의 2분의 1 범위에서 그 기간을 줄일 수 있다.
      1) 위반행위가 사소한 부주의나 오류로 인한 것으로 인정되는 경우
      2) 위반행위자가 법 위반상태를 시정하거나 해소하기 위한 노력이 인정되는 경우
      3) 그 밖에 위반행위의 정도, 위반행위의 동기와 그 결과 등을 고려하여 운행제한·정지 기간을 줄일 필요가 있다고 인정되는 경우
   마. 국토교통부장관은 다음의 어느 하나에 해당하는 경우에는 제2호의 개별기준에 따른 운행제한·정지 기간의 2분의 1 범위에서 그 기간을 늘릴 수 있다. 다만, 늘리는 경우에도 6개월을 넘을 수 없다.
      1) 위반의 내용 및 정도가 중대하여 공중에게 미치는 피해가 크다고 인정되는 경우
      2) 법 위반상태의 기간이 6개월 이상인 경우
      3) 그 밖에 위반행위의 정도, 위반행위의 동기와 그 결과 등을 고려하여 운행제한·정지 기간을 늘릴 필요가 있다고 인정되는 경우

2. 개별기준

위반 행위	근거 법조문	처 분 기 준			
		1차 위반	2차 위반	3차 위반	4차 위반
가. 철도차량이 법 제26조 제3항에 따른 철도차량의 기술기준에 적합하지 않은 경우	법 제38조의3 제1항 제2호	시정명령	해당 철도차량 운행정지 1개월	해당 철도차량 운행정지 2개월	해당 철도차량 운행정지 4개월
나. 소유자등이 법 제38조의2 제2항 본문을 위반하여 개조승인을 받지 않고 임의로 철도차량을 개조하여 운행하는 경우	법 제38조의3 제1항 제1호	해당 철도차량 운행정지 1개월	해당 철도차량 운행정지 2개월	해당 철도차량 운행정지 4개월	해당 철도차량 운행정지 6개월

19. 준용규정

(1) 과징금 규정준용

철도차량 운행제한에 대한 과징금의 부과·징수에 관하여는 과징금의 규정을 준용한다. 이 경우 "철도운영자등"은 "소유자등"으로, "업무의 제한이나 정지"는 "철도차량의 운행제한"으로 본다(법 제38조의4).

(2) 철도차량 운행제한 관련 과징금의 부과기준(영 별표4)

철도차량 운행제한 관련 과징금의 부과기준(영 별표4)

1. 일반기준
   가. 위반행위의 횟수에 따른 과징금의 가중된 부과기준은 최근 2년간 같은 위반행위로 과징금 부과처분을 받은 경우에 적용한다. 이 경우 기간의 계산은 위반행위에 대하여 과징금 부과처분을 받은 날과 그 처분 후 다시 같은 위반행위를 하여 적발된 날을 기준으로 한다.
   나. 가목에 따라 가중된 부과처분을 하는 경우 가중처분의 적용 차수는 그 위반행위 전 부과처분 차수(가목에 따른 기간 내에 과징금 부과처분이 둘 이상 있었던 경우에는 높은 차수를 말한다)의 다음 차수로 한다.
   다. 위반행위가 둘 이상인 경우로서 각 처분내용이 모두 운행제한인 경우에는 각 처분기준에 따른 과징금을 합산한 금액을 넘지 않는 범위에서 무거운 처분기준에 해당하는 과징금 금액의 2분의 1의 범위에서 가중할 수 있다.
   라. 국토교통부장관은 다음의 어느 하나에 해당하는 경우에는 제2호의 개별기준에 따른 과징금 금액의 2분의 1 범위에서 그 금액을 줄일 수 있다. 다만, 과징금을 체납하고 있는 위반행위자의 경우에는 그렇지 않다.
      1) 위반행위가 사소한 부주의나 오류로 인한 것으로 인정되는 경우
      2) 위반행위자가 법 위반상태를 시정하거나 해소하기 위한 노력이 인정되는 경우
      3) 그 밖에 위반행위의 정도, 위반행위의 동기와 그 결과 등을 고려하여 과징금을 줄일 필요가 있다고 인정되는 경우
   마. 국토교통부장관은 다음의 어느 하나에 해당하는 경우에는 제2호의 개별기준에 따른 과징금 금액의 2분의 1 범위에서 그 금액을 늘릴 수 있다. 다만, 법 제9조의2 제1항에 따른 과징금 금액의 상한을 넘을 수 없다.
      1) 위반의 내용 및 정도가 중대하여 공중에게 미치는 피해가 크다고 인정되는 경우
      2) 법 위반상태의 기간이 6개월 이상인 경우
      3) 그 밖에 위반행위의 정도, 위반행위의 동기와 그 결과 등을 고려하여 과징금을 늘릴 필요가 있다고 인정되는 경우

2. 개별기준

위반행위	근거 법조문	과징금 금액(단위: 백만원)			
		1차 위반	2차 위반	3차 위반	4차 이상 위반
가. 철도차량이 법 제26조 제3항에 따른 철도차량의 기술기준에 적합하지 않은 경우	법 제38조의3 제1항 제2호	-	5	15	30
나. 법 제38조의2 제2항 본문을 위반하여 소유자등이 개조승인을 받지 않고 임의로 철도차량을 개조하여 운행하는 경우	법 제38조의3 제1항 제1호	5	15	30	50

20. 철도차량의 이력관리

(1) 철도차량의 이력관리

소유자등은 보유 또는 운영하고 있는 철도차량과 관련한 제작, 운용, 철도차량정비 및 폐차 등 이력을 관리하여야 한다(법 제38조의5 제1항).

(2) 필요한 사항 고시

이력을 관리하여야 할 철도차량, 이력관리 항목, 전산망 등 관리체계, 방법 및 절차 등에 필요한 사항은 국토교통부장관이 정하여 고시한다(법 제38조의5 제2항).

(3) 철도차량 이력에 대한 금지행위

누구든지 관리하여야 할 철도차량의 이력에 대하여 다음의 행위를 하여서는 아니 된다(법 제38조의5 제3항).

① 이력사항을 고의 또는 과실로 입력하지 아니하는 행위
② 이력사항을 위조·변조하거나 고의로 훼손하는 행위
③ 이력사항을 무단으로 외부에 제공하는 행위

(4) 정기적 보고

소유자등은 이력을 국토교통부장관에게 정기적으로 보고하여야 한다(법 제38조의5 제4항).

(5) 이력관리

국토교통부장관은 보고된 철도차량과 관련한 제작, 운용, 철도차량정비 및 폐차 등 이력을 체계적으로 관리하여야 한다(법 제38조의5 제5항).

21. 철도차량정비 등

(1) 철도차량정비가 된 철도차량운행

철도운영자등은 운행하려는 철도차량의 부품, 장치 및 차량성능 등이 안전한 상태로 유지될 수 있도록 철도차량정비가 된 철도차량을 운행하여야 한다(법 제38조의6 제1항).

(2) 철도차량정비기술기준 고시

국토교통부장관은 철도차량을 운행하기 위하여 철도차량을 정비하는 때에 준수하여야 할 항목, 주기, 방법 및 절차 등에 관한 기술기준(철도차량정비기술기준)을 정하여 고시하여야 한다(법 제38조의6 제2항).

(3) 철도차량정비 또는 원상복구 명령

국토교통부장관은 철도차량이 다음의 어느 하나에 해당하는 경우에 철도운영자등에게 해당 철도차량에 대하여 국토교통부령으로 정하는 바에 따라 철도차량정비 또는 원상복구를 명할 수 있다. 다만, ② 또는 ③에 해당하는 경우에는 국토교통부장관은 철도운영자 등에게 철도차량정비 또는 원상복구를 명하여야 한다(법 제38조의6 제3항).

① 철도차량기술기준에 적합하지 아니하거나 안전운행에 지장이 있다고 인정되는 경우
② 소유자등이 개조승인을 받지 아니하고 철도차량을 개조한 경우
③ 국토교통부령으로 정하는 철도사고 또는 운행장애 등이 발생한 경우

(4) 철도차량정비 또는 원상복구 명령 등

① 국토교통부장관은 철도운영자등에게 철도차량정비 또는 원상복구를 명하는 경우에는 그 시정에 필요한 기간을 주어야 한다(규칙 제75조의8 제1항).
② 국토교통부장관은 철도운영자등에게 철도차량정비 또는 원상복구를 명하는 경우 대상 철도차량 및 사유 등을 명시하여 서면(전자문서를 포함한다.)으로 통지해야 한다(규칙 제75조의8 제2항).

③ 철도운영자등은 국토교통부장관으로부터 철도차량정비 또는 원상복구 명령을 받은 경우에는 그 명령을 받은 날부터 14일 이내에 시정조치계획서를 작성하여 서면으로 국토교통부장관에게 제출해야 하고, 시정조치를 완료한 경우에는 지체 없이 그 시정내용을 국토교통부장관에게 서면으로 통지해야 한다(규칙 제75조의8 제3항).

④ 철도사고 또는 운행장애 등(규칙 제75조의8 제4항)

㉠ 철도차량의 고장 등 철도차량 결함으로 인해 보고대상이 되는 열차사고 또는 위험사고가 발생한 경우
㉡ 철도차량의 고장 등 철도차량 결함에 따른 철도사고로 사망자가 발생한 경우
㉢ 동일한 부품·구성품 또는 장치 등의 고장으로 인해 보고대상이 되는 지연운행이 1년에 3회 이상 발생한 경우
㉣ 그 밖에 철도 운행안전 확보 등을 위해 국토교통부장관이 정하여 고시하는 경우

22. 철도차량 정비조직인증

(1) 철도차량 정비조직인증

철도차량정비를 하려는 자는 철도차량정비에 필요한 인력, 설비 및 검사체계 등에 관한 기준(정비조직인증기준)을 갖추어 국토교통부장관으로부터 인증을 받아야 한다. 다만, 국토교통부령으로 정하는 경미한 사항의 경우에는 그러하지 아니하다(법 제38조의7 제1항).

(2) 정비조직인증의 신청 등

① 정비조직인증기준(규칙 제75조의9 제1항)

㉠ 정비조직의 업무를 적절하게 수행할 수 있는 인력을 갖출 것
㉡ 정비조직의 업무범위에 적합한 시설·장비 등 설비를 갖출 것
㉢ 정비조직의 업무범위에 적합한 철도차량 정비매뉴얼, 검사체계 및 품질관리체계 등을 갖출 것

② 철도차량 정비조직의 인증을 받으려는 자는 철도차량 정비업무 개시예정일 60일 전까지 철도차량 정비조직인증 신청서에 정비조직인증기준을 갖추었음을 증명하는 자료를 첨부하여 국토교통부장관에게 제출해야 한다(규칙 제75조의9 제2항).

③ 철도차량 정비조직의 인증을 받은 자가 인증정비조직의 변경인증을 받으려면 변경내용의 적용 예정일 30일 전까지 인증정비조직 변경인증 신청서에 다음의 서류를 첨부하여 국토교통부장관에게 제출해야 한다(규칙 제75조의9 제3항).

㉠ 변경하고자 하는 내용과 증명서류

㉡ 변경 전후의 대비표 및 설명서

④ 정비조직인증에 관한 세부적인 기준·방법 및 절차 등은 국토교통부장관이 정하여 고시한다(규칙 제75조의9 제4항).

(3) 정비조직인증서의 발급 등

① 국토교통부장관은 철도차량 정비조직인증 또는 변경인증의 신청을 받으면 정비조직 인증기준에 적합한지 여부를 확인해야 한다(규칙 제75의10 제1항).

② 국토교통부장관은 확인 결과 정비조직인증기준에 적합하다고 인정하는 경우에는 철도차량 정비조직인증서에 철도차량정비의 종류·범위·방법 및 품질관리절차 등을 정한 운영기준을 첨부하여 신청인에게 발급해야 한다(규칙 제75의10 제2항).

③ 인증정비조직은 정비조직운영기준에 따라 정비조직을 운영해야 한다(규칙 제75의10 제3항).

④ 세부적인 기준, 절차 및 방법과 정비조직운영기준 등에 관한 세부 사항은 국토교통부장관이 정하여 고시한다(규칙 제75의10 제4항).

⑤ 국토교통부장관은 철도차량 정비조직인증서를 발급한 때에는 그 사실을 관보에 고시해야 한다(규칙 제75의10 제5항).

(4) 변경인증

정비조직의 인증을 받은 자(인증정비조직)가 인증받은 사항을 변경하려는 경우에는 국토교통부장관의 변경인증을 받아야 한다. 다만, 국토교통부령으로 정하는 경미한 사항을 변경하는 경우에는 국토교통부장관에게 신고하여야 한다(법 제38조의7 제2항).

(5) 정비조직인증기준의 경미한 변경 등

① 경미한 사항이란 다음의 어느 하나에 해당하는 정비조직을 말한다(규칙 제75조의11 제1항).

㉠ 철도차량 정비업무에 상시 종사하는 사람이 50명 미만의 조직

㉡ 소기업 중 해당 기업의 주된 업종이 운수 및 창고업에 해당하는 기업(통계청장이 고시하는 한국표준산업분류의 대분류에 따른 운수 및 창고업을 말한다)

㉢ 전용철도 노선에서만 운행하는 철도차량을 정비하는 조직

② 경미한 사항의 변경이란 다음의 어느 하나에 해당하는 사항의 변경을 말한다(규칙 제75조의11 제2항).

㉠ 철도차량 정비를 위한 사업장을 기준으로 철도차량 정비와 관련된 업무를 수행하는 인력의 100분의 10 이하 범위에서의 변경

㉡ 철도차량 정비를 위한 사업장을 기준으로 철도차량 정비에 직접 사용되는 토지 면적의 1만제곱미터 이하 범위에서의 변경
㉢ 그 밖에 철도차량 정비의 안전 및 품질 등에 중대한 영향을 초래하지 않는 설비 또는 장비 등의 변경

③ 인증정비조직은 다음의 어느 하나에 해당하는 경우 정비조직인증의 변경에 관한 신고를 하지 않을 수 있다(규칙 제75조의11 제3항).
㉠ 철도차량 정비를 위한 사업장을 기준으로 철도차량 정비와 관련된 업무를 수행하는 인력이 100분의 5 이하 범위에서 변경되는 경우
㉡ 철도차량 정비를 위한 사업장을 기준으로 철도차량 정비에 직접 사용되는 면적이 3천제곱미터 이하 범위에서 변경되는 경우
㉢ 철도차량 정비를 위한 설비 또는 장비 등의 교체 또는 개량
㉣ 그 밖에 철도차량 정비의 안전 및 품질 등에 영향을 초래하지 않는 사항의 변경

④ 인증정비조직은 인증정비조직의 경미한 사항의 변경에 관한 신고를 하려면 인증정비조직 변경신고서에 다음의 서류를 첨부하여 국토교통부장관에게 제출해야 한다(규칙 제75조의11 제4항).
㉠ 변경 예정인 내용과 증명서류
㉡ 변경 전후의 대비표 및 설명서

⑤ 국토교통부장관은 인증정비조직 변경신고서를 받은 때에는 정비조직인증기준에 적합한지 여부를 확인한 후 인증정비조직 변경신고확인서를 발급해야 한다(규칙 제75조의11 제5항).

⑥ 인증변경신고에 관한 세부적인 방법 및 절차 등은 국토교통부장관이 정하여 고시한다(규칙 제75조의11 제6항).

(6) 정비조직 인증

국토교통부장관은 정비조직을 인증하려는 경우에는 국토교통부령으로 정하는 바에 따라 철도차량정비의 종류·범위·방법 및 품질관리절차 등을 정한 세부 운영기준(정비조직운영기준)을 해당 정비조직에 발급하여야 한다(법 제38조의7 제3항).

(7) 국토교통부령으로 규정

정비조직인증기준, 인증절차, 변경인증절차 및 정비조직운영기준 등에 필요한 사항은 국토교통부령으로 정한다(법 제38조의7 제4항).

23. 결격사유

다음의 어느 하나에 해당하는 자는 정비조직의 인증을 받을 수 없다. 법인인 경우에는 임원 중 다음의 어느 하나에 해당하는 사람이 있는 경우에도 또한 같다(법 제38조의8).

① 피성년후견인 및 피한정후견인
② 파산선고를 받은 자로서 복권되지 아니한 자
③ 정비조직의 인증이 취소(인증이 취소된 경우는 제외한다)된 후 2년이 지나지 아니한 자
④ 이 법을 위반하여 징역 이상의 실형을 선고받고 그 집행이 끝나거나 그 집행이 면제된 날부터 2년이 지나지 아니한 사람
⑤ 이 법을 위반하여 징역 이상의 형의 집행유예를 선고받고 그 유예기간 중에 있는 사람

24. 인증정비조직의 준수사항

❄ **인증정비조직의 준수사항**(법 제38조의9)

① 철도차량정비기술기준을 준수할 것
② 정비조직인증기준에 적합하도록 유지할 것
③ 정비조직운영기준을 지속적으로 유지할 것
④ 중고 부품을 사용하여 철도차량정비를 할 경우 그 적정성 및 이상 여부를 확인할 것
⑤ 철도차량정비가 완료되지 않은 철도차량은 운행할 수 없도록 관리할 것

25. 인증정비조직의 인증 취소 등

(1) 인증 취소

국토교통부장관은 인증정비조직이 다음의 어느 하나에 해당하면 인증을 취소하거나 6개월 이내의 기간을 정하여 업무의 제한이나 정지를 명할 수 있다. 다만, ①, ②(고의에 의한 경우로 한정한다) 및 ④에 해당하는 경우에는 그 인증을 취소하여야 한다(법 제38조의10 제1항).

① 거짓이나 그 밖의 부정한 방법으로 인증을 받은 경우
② 고의 또는 중대한 과실로 국토교통부령으로 정하는 철도사고 및 중대한 운행장애를 발생시킨 경우
③ 변경인증을 받지 아니하거나 변경신고를 하지 아니하고 인증받은 사항을 변경한 경우

④ 결격사유에 해당하게 된 경우
⑤ 준수사항을 위반한 경우

(2) 인증정비조직의 인증 취소 등

① (1)의 ②에서 국토교통부령으로 정하는 철도사고 및 중대한 운행장애란 다음의 어느 하나에 해당하는 경우를 말한다(규칙 제75조의12 제1항).
㉠ 철도사고로 사망자가 발생한 경우
㉡ 철도사고 또는 운행장애로 5억원 이상의 재산피해가 발생한 경우

② **정비조직인증의 취소, 업무의 제한 또는 정지 등 처분기준**(규칙 별표17)

인증정비조직 관련 처분기준(규칙 별표17)

1. 일반기준
가. 위반행위의 횟수에 따른 행정처분의 가중된 부과기준은 최근 2년간 같은 위반행위로 행정처분을 받은 경우에 적용한다. 이 경우 기간의 계산은 위반행위에 대하여 행정처분을 받은 날과 그 처분 후 다시 같은 위반행위를 하여 적발된 날을 기준으로 한다.
나. 가목에 따라 가중된 부과처분을 하는 경우 가중처분의 적용 차수는 그 위반행위 전 부과처분 차수(가목에 따른 기간 내에 행정처분이 둘 이상 있었던 경우에는 높은 차수를 말한다)의 다음 차수로 한다.
다. 위반행위가 둘 이상인 경우로서 그에 해당하는 각각의 처분기준이 다른 경우에는 그 중 무거운 처분기준(무거운 처분기준이 같을 때에는 그 중 하나의 처분기준을 말한다)에 따르며, 둘 이상의 처분기준이 같은 업무제한·정지인 경우에는 무거운 처분기준의 2분의 1의 범위에서 가중할 수 있되, 각 처분기준을 합산한 기간을 초과할 수 없다.
라. 국토교통부장관은 다음의 어느 하나에 해당하는 경우에는 제2호의 개별기준에 따른 업무제한·정지 기간의 2분의 1의 범위에서 그 기간을 줄일 수 있다.
1) 위반행위가 사소한 부주의나 오류로 인한 것으로 인정되는 경우
2) 위반행위자가 법 위반상태를 시정하거나 해소하기 위한 노력이 인정되는 경우
3) 그 밖에 위반행위의 정도, 위반행위의 동기와 그 결과 등을 고려하여 업무제한·정지 기간을 줄일 필요가 있다고 인정되는 경우
마. 국토교통부장관은 다음의 어느 하나에 해당하는 경우에는 제2호의 개별기준에 따른 업무제한·정지 기간의 2분의 1의 범위에서 그 기간을 늘릴 수 있다. 다만, 법 제38조10 제1항에 따른 업무제한·정지 기간의 상한을 넘을 수 없다.
1) 위반의 내용 및 정도가 중대하여 공중에게 미치는 피해가 크다고 인정되는 경우
2) 법 위반상태의 기간이 6개월 이상인 경우
3) 그 밖에 위반행위의 정도, 위반행위의 동기와 그 결과 등을 고려하여 업무제한·정지 기간을 늘릴 필요가 있다고 인정되는 경우

2. 개별기준

가. 법 제38조의10 제1항 제1호, 제3호, 제4호 및 제5호 관련

위반행위	근거 법조문	처 분 기 준			
		1차 위반	2차 위반	3차 위반	4차 이상 위반
1) 거짓이나 그 밖의 부정한 방법으로 인증을 받은 경우	법 제38조의10 제1항 제1호	인증 취소	-	-	-
2) 법 제38조의7 제2항을 위반하여 변경인증을 받지 않거나 변경신고를 하지 않고 인증받은 사항을 변경한 경우	법 제38조의10 제1항 제3호	업무정지(업무제한) 1개월	업무정지(업무제한) 2개월	업무정지(업무제한) 4개월	업무정지(업무제한) 6개월
3) 법 제38조의8 제1호 및 제2호에 따른 결격사유에 해당하게 된 경우	법 제38조의10 제1항 제4호	인증 취소	-	-	-
4) 법 제38조의9에 따른 준수사항을 위반한 경우	법 제38조의10 제1항 제5호	업무정지(업무제한) 1개월	업무정지(업무제한) 2개월	업무정지(업무제한) 4개월	업무정지(업무제한) 6개월

나. 법 제38조의10 제1항 제2호 관련

위반행위	근거 법조문	처분기준
1) 인증정비조직의 고의에 따른 철도사고로 사망자가 발생하거나 운행장애로 5억원 이상의 재산피해가 발생한 경우	법 제38조의10 제1항 제2호	인증 취소
2) 인증정비조직의 중대한 과실로 철도사고 및 운행장애를 발생시킨 경우	법 제38조의10 제1항 제2호	
가) 철도사고로 인한 사망자 수		
(1) 1명 이상 3명 미만		업무정지(업무제한) 1개월
(2) 3명 이상 5명 미만		업무정지(업무제한) 2개월
(3) 5명 이상 10명 미만		업무정지(업무제한) 4개월
(4) 10명 이상		업무정지(업무제한) 6개월
나) 철도사고 또는 운행장애로 인한 재산피해액		
(1) 5억원 이상 10억원 미만		업무정지(업무제한) 15일
(2) 10억원 이상 20억원 미만		업무정지(업무제한) 1개월
(3) 20억원 이상		업무정지(업무제한) 2개월

③ 국토교통부장관은 처분을 한 경우에는 지체 없이 그 인증정비조직에 지정기관 행정 처분서를 통지하고 그 사실을 관보에 고시해야 한다(규칙 제75조의12 제3항).

(3) 국토교통부령으로 규정

정비조직인증의 취소, 업무의 제한 또는 정지의 기준 및 절차 등에 필요한 사항은 국토교통부령으로 정한다(법 제38조의10 제2항).

26. 준용규정

인증정비조직에 대한 과징금의 부과·징수에 관하여는 과징금 규정을 준용한다. 이 경우 "제9조 제1항"은 "제38조의10 제1항"으로, "철도운영자 등"은 "인증정비조직"으로 본다(법 제38조의11).

27. 인증정비조직 관련 과징금의 부과기준(영 별표 4조의 2)

인증정비조직 관련 과징금의 부과기준(영 별표 4조의 2)

1. 일반기준
   가. 위반행위의 횟수에 따른 과징금의 가중된 부과기준은 최근 2년간 같은 위반행위로 과징금 부과처분을 받은 경우에 적용한다. 이 경우 기간의 계산은 위반행위에 대하여 과징금 부과처분을 받은 날과 그 처분 후 다시 같은 위반행위를 하여 적발된 날을 기준으로 한다.
   나. 가목에 따라 가중된 부과처분을 하는 경우 가중처분의 적용 차수는 그 위반행위 전 부과처분 차수(가목에 따른 기간 내에 과징금 부과처분이 둘 이상 있었던 경우에는 높은 차수를 말한다)의 다음 차수로 한다.
   다. 위반행위가 둘 이상인 경우로서 각 처분내용이 업무정지에 갈음하여 부과하는 과징금인 경우에는 각 처분기준에 따른 과징금을 합산한 금액을 넘지 않는 범위에서 가장 무거운 처분기준에 해당하는 과징금 금액의 2분의 1의 범위까지 늘릴 수 있다.
   라. 국토교통부장관은 다음의 어느 하나에 해당하는 경우에는 제2호의 개별기준에 따른 과징금 금액의 2분의 1의 범위에서 그 금액을 줄일 수 있다. 다만, 과징금을 체납하고 있는 위반행위자의 경우에는 그렇지 않다.
      1) 위반행위가 사소한 부주의나 오류로 인한 것으로 인정되는 경우
      2) 위반행위자가 법 위반상태를 시정하거나 해소하기 위한 노력이 인정되는 경우
      3) 그 밖에 위반행위의 정도, 위반행위의 동기와 그 결과 등을 고려하여 과징금을 줄일 필요가 있다고 인정되는 경우

마. 국토교통부장관은 다음의 어느 하나에 해당하는 경우에는 제2호의 개별기준에 따른 과징금 금액의 2분의 1의 범위에서 그 금액을 늘릴 수 있다. 다만, 법 제9조의2제1항에 따른 과징금 금액의 상한을 넘을 수 없다.
1) 위반의 내용 및 정도가 중대하여 공중에게 미치는 피해가 크다고 인정되는 경우
2) 법 위반상태의 기간이 6개월 이상인 경우
3) 그 밖에 위반행위의 정도, 위반행위의 동기와 그 결과 등을 고려하여 과징금을 늘릴 필요가 있다고 인정되는 경우

2. 개별기준

가. 법 제38조의10 제1항 제2호 관련

위반행위	근거 법조문	과징금 금액
인증정비조직의 중대한 과실로 철도사고 및 중대한 운행장애를 발생시킨 경우	법 제38조의10 제1항 제2호	
1) 철도사고로 인하여 다음의 인원이 사망한 경우		
가) 1명 이상 3명 미만		2억원
나) 3명 이상 5명 미만		6억원
다) 5명 이상 10명 미만		12억원
라) 10명 이상		20억원
2) 철도사고 또는 운행장애로 인하여 다음의 재산피해액이 발생한 경우		
가) 5억원 이상 10억원 미만		1억원
나) 10억원 이상 20억원 미만		2억원
다) 20억원 이상		6억원

나. 법 제38조의10 제1항 제3호 및 제5호 관련

위반행위	근거 법조문	과징금 금액(단위: 백만원)			
		1차 위반	2차 위반	3차 위반	4차 이상 위반
1) 법 제38조의7 제2항을 위반하여 변경인증을 받지 않거나 변경신고를 하지 않고 인증받은 사항을 변경한 경우	법 제38조의10 제1항 제3호	5	15	30	50
2) 법 제38조의9에 따른 준수사항을 위반한 경우	법 제38조의10 제1항 제5호	5	15	30	50

28. 철도차량 정밀안전진단

(1) 정밀안전진단

소유자 등은 철도차량이 제작된 시점(완성검사필증을 발급받은 날부터 기산한다)부터 국토교통부령으로 정하는 일정기간 또는 일정주행거리가 경과하여 노후된 철도차량을 운행하려는 경우 일정기간마다 물리적 사용가능 여부 및 안전성능 등에 대한 진단(정밀안전진단)을 받아야 한다(법 제38조의12 제1항).

(2) 정밀안전진단의 시행시기

① 소유자 등은 다음의 구분에 따른 기간이 경과하기 전에 해당 철도차량의 물리적 사용가능 여부 및 안전성능 등에 대한 정밀안전진단(최초 정밀안전진단)을 받아야 한다. 다만, 잦은 고장·화재·충돌 등으로 다음 구분에 따른 기간이 도래하기 이전에 정밀안전진단을 받은 경우에는 그 정밀안전진단을 최초 정밀안전진단으로 본다(규칙 제75조의13 제1항).

㉠ 2014년 3월 19일 이후 구매계약을 체결한 철도차량 : 철도차량 완성검사필증을 발급받은 날부터 20년

㉡ 2014년 3월 18일까지 구매계약을 체결한 철도차량 : 영업시운전을 시작한 날부터 20년

② 국토교통부장관은 철도차량의 정비주기·방법 등 철도차량 정비의 특수성을 고려하여 최초 정밀안전진단 시기 및 방법 등을 따로 정할 수 있고, 사고복구용·작업용·시험용 철도차량 등 철도차량과 전용철도 노선에서만 운행하는 철도차량은 해당 철도차량의 제작설명서 또는 구매계약서에 명시된 기대수명 전까지 최초 정밀안전진단을 받을 수 있다(규칙 제75조의13 제2항).

③ 소유자 등은 정밀안전진단 결과 계속 사용할 수 있다고 인정을 받은 철도차량에 대하여 기간을 기준으로 5년마다 해당 철도차량의 물리적 사용가능 여부 및 안전성능 등에 대하여 다시 정밀안전진단을 받아야 하며, 정기 정밀안전진단 결과 계속 사용할 수 있다고 인정을 받은 경우에도 또한 같다. 다만, 국토교통부장관은 철도차량의 정비주기·방법 등 철도차량 정비의 특수성을 고려하여 정기 정밀안전진단 시기 및 방법 등을 따로 정할 수 있다(규칙 제75조의13 제3항).

④ 최초 정밀안전진단 또는 정기 정밀안전진단 후 운행 중 충돌·추돌·탈선·화재 등 중대한 사고가 발생되어 철도차량의 안전성 또는 성능 등에 대한 정밀안전진단이 필요한 철도차량에 대하여는 해당 철도차량을 운행하기 전에 정밀안전진단을 받아야 한다. 이 경우 정기 정밀안전진단 시기는 직전의 정기 정밀안전진단 결과 계속

사용이 적합하다고 인정을 받은 날을 기준으로 산정한다(규칙 제75조의13 제4항).

⑤ 최초 정밀안전진단 또는 정기 정밀안전진단 후 전기·전자장치 또는 그 부품의 전기특성·기계적 특성에 따른 반복적 고장이 3회 이상 발생(실제 운행편성 단위를 기준으로 한다)한 철도차량은 반복적 고장이 3회 발생한 날부터 1년 이내에 해당 철도차량의 고장특성에 따른 상태 평가 및 안전성 평가를 시행해야 한다(규칙 제75조의13 제5항).

(3) 정밀안전진단의 신청 등

① 소유자등은 정밀안전진단 대상 철도차량의 정밀안전진단 완료 시기가 도래하기 60일 전까지 철도차량 정밀안전진단 신청서에 다음의 사항을 증명하거나 참고할 수 있는 서류를 첨부하여 국토교통부장관이 지정한 정밀안전진단기관에 제출해야 한다(규칙 제75조의14 제1항).

㉠ 정밀안전진단 계획서
㉡ 정밀안전진단 판정을 위한 제작사양, 도면 및 검사성적서 등의 기술자료
㉢ 철도차량의 중대한 사고 내역(해당되는 경우에 한정한다)
㉣ 철도차량의 주요 부품의 교체 내역(해당되는 경우에 한정한다)
㉤ 정밀안전진단 대상 항목의 개조 및 수리 내역(해당되는 경우에 한정한다)
㉥ 전기특성검사 및 전선열화검사(電線劣化檢査 : 전선을 대상으로 외부적·내부적 영향에 따른 화학적·물리적 변화를 측정하는 검사) 시험성적서(해당되는 경우에 한정한다)

② **정밀안전진단 계획서에 포함되어야 할 사항**(규칙 제75조의14 제2항)

㉠ 정밀안전진단 대상 차량 및 수량
㉡ 정밀안전진단 대상 차종별 대상항목
㉢ 정밀안전진단 일정·장소
㉣ 안전관리계획
㉤ 정밀안전진단에 사용될 장비 등의 사용에 관한 사항
㉥ 그 밖에 정밀안전진단에 필요한 참고자료

③ 정밀안전진단기관은 소유자 등으로부터 제출 받은 정밀안전진단 신청서의 보완을 요청할 수 있다(규칙 제75조의14 제3항).

④ 정밀안전진단기관은 철도차량 정밀안전진단의 신청을 받은 때에는 제출된 서류를 검토한 후 신청인과 협의하여 정밀안전진단 계획서를 확정하고 신청인에게 이를 통보해야 한다(규칙 제75조의14 제4항).

⑤ 정밀안전진단 신청인은 정밀안전진단 계획서의 변경이 필요한 경우 정밀안전진단기관에게 다음의 서류를 제출하여 변경을 요청할 수 있다. 이 경우 요청을 받은 정밀안전진단기관은 변경되는 사항의 안전상의 영향 등을 검토하여 적합하다고 인정되는 경우에는 정밀안전진단 계획서를 변경할 수 있다(규칙 제75조의14 제5항).
㉠ 변경하고자 하는 내용
㉡ 변경하고자 하는 사유 및 설명자료

(4) 정밀안전진단 명령

국토교통부장관은 철도사고 및 중대한 운행장애 등이 발생된 철도차량에 대하여는 소유자 등에게 정밀안전진단을 받을 것을 명할 수 있다. 이 경우 소유자등은 특별한 사유가 없으면 이에 따라야 한다(법 제38조의12 제2항).

(5) 기간연장 및 유예

국토교통부장관은 정밀안전진단 대상이 특정 시기에 집중되는 경우나 그 밖의 부득이한 사유로 소유자 등이 정밀안전진단을 받을 수 없다고 인정될 때에는 그 기간을 연장하거나 유예할 수 있다(법 제38조의12 제3항).

(6) 철도차량 정밀안전진단의 연장 또는 유예

① 소유자등은 정밀안전진단 대상 철도차량이 특정 시기에 집중되거나 그 밖의 부득이한 사유로 국토교통부장관으로부터 철도차량 정밀안전진단 기간의 연장 또는 유예를 받고자 하는 경우 정밀안전진단 시기가 도래하기 5년 전까지 정밀안전진단 기간의 연장 또는 유예를 받고자 하는 철도차량의 종류, 수량, 연장 또는 유예하고자 하는 기간 및 그 사유를 명시하여 국토교통부장관에게 신청해야 한다. 다만, 긴급한 사유 등이 있는 경우 정밀안전진단 기간이 도래하기 1년 이전에 신청할 수 있다(규칙 제75조의15 제1항).

② 국토교통부장관은 소유자등으로부터 정밀안전진단 기간의 연장 또는 유예의 신청을 받은 경우 열차운행계획, 정밀안전진단과 유사한 성격의 점검 또는 정비 시행여부, 정밀안전진단 시행 여건 및 철도차량의 안전성 등에 관한 타당성을 검토하여 해당 철도차량에 대한 정밀안전진단 기간의 연장 또는 유예를 할 수 있다(규칙 제75조의15 제2항).

(7) 부적합 차량운행 금지

소유자등은 정밀안전진단 대상이 정밀안전진단을 받지 아니하거나 정밀안전진단 결과 계속 사용이 적합하지 아니하다고 인정되는 경우에는 해당 철도차량을 운행해서는 아니 된다(법 제38조의12 제4항).

(8) 정밀안전진단

소유자등은 국토교통부장관이 지정한 전문기관(정밀안전진단기관)으로부터 정밀안전진단을 받아야 한다(법 제38조의12 제5항).

(9) 철도차량 정밀안전진단의 방법 등

① 정밀안전진단은 다음의 구분에 따라 시행한다(규칙 제75조의16 제1항).
   ㉠ 상태 평가 : 철도차량의 치수 및 외관검사
   ㉡ 안전성 평가 : 결함검사, 전기특성검사 및 전선열화검사
   ㉢ 성능 평가 : 역행시험, 제동시험, 진동시험 및 승차감시험
② 정밀안전진단의 시기, 기준, 방법 및 절차 등에 관하여 필요한 사항은 국토교통부장관이 정하여 고시한다(규칙 제75조의16 제2항).

(10) 기준·방법·절차 등

정밀안전진단 등의 기준·방법·절차 등에 필요한 사항은 국토교통부령으로 정한다(법 제38조의12 제6항).

29. 정밀안전진단기관의 지정 등

(1) 정밀안전진단기관 지정

국토교통부장관은 원활한 정밀안전진단 업무 수행을 위하여 정밀안전진단기관을 지정하여야 한다(법 제38조의13 제1항).

(2) 지정기준, 지정절차 등

정밀안전진단기관의 지정기준, 지정절차 등에 필요한 사항은 국토교통부령으로 정한다(법 제38조의13 제2항).

(3) 정밀안전진단기관의 지정기준 및 절차 등

① 정밀안전진단기관으로 지정을 받으려는 자는 철도차량 정밀안전진단기관 지정신청서에 다음의 서류를 첨부하여 국토교통부장관에게 제출해야 한다(규칙 제75조의17 제1항).

㉠ 운영계획서

㉡ 정관이나 이에 준하는 약정(법인이나 단체의 경우만 해당한다)

㉢ 정밀안전진단을 담당하는 전문 인력의 보유 현황 및 기술 인력의 자격・학력・경력 등을 증명할 수 있는 서류

㉣ 정밀안전진단업무규정

㉤ 정밀안전진단에 필요한 시설 및 장비 내역서

㉥ 정밀안전진단기관에서 사용하는 직인의 인영

② **정밀안전진단기관의 지정기준**(규칙 제75조의17 제2항)

㉠ 정밀안전진단업무를 수행할 수 있는 상설 전담조직을 갖출 것

㉡ 정밀안전진단업무를 수행할 수 있는 기술 인력을 확보할 것

㉢ 정밀안전진단업무를 수행하기 위한 설비와 장비를 갖출 것

㉣ 정밀안전진단기관의 운영 등에 관한 업무규정을 갖출 것

㉤ 지정 신청일 1년 이내에 정밀안전진단기관 지정취소 또는 업무정지를 받은 사실이 없을 것

㉥ 정밀안전진단 외의 업무를 수행하고 있는 경우 그 업무를 수행함으로 인하여 정밀안전진단업무가 불공정하게 수행될 우려가 없을 것

㉦ 철도차량을 제조 또는 판매하는 자가 아닐 것

㉧ 그 밖에 국토교통부장관이 정하여 고시하는 정밀안전진단기관의 지정 세부기준에 맞을 것

③ 정밀안전진단기관의 지정 신청을 받은 국토교통부장관은 지정기준에 따라 지정 여부를 심사한 후 적합하다고 인정되는 경우에는 철도차량 정밀안전진단기관 지정서를 그 신청인에게 발급해야 한다(규칙 제75조의17 제3항).

④ 국토교통부장관은 정밀안전진단기관이 지정기준에 적합한 지의 여부를 매년 심사해야 한다(규칙 제75조의17 제4항).

⑤ 국토교통부장관으로부터 정밀안전진단기관으로 지정 받은 자가 그 명칭・대표자・소재지나 그 밖에 정밀안전진단 업무의 수행에 중대한 영향을 미치는 사항의 변경이 있는 경우에는 그 사유가 발생한 날부터 15일 이내에 국토교통부장관에게 그 사실을 통보해야 한다(규칙 제75조의17 제5항).

⑥ 국토교통부장관은 정밀안전진단기관을 지정하거나 통보를 받은 경우에는 지체 없이

관보에 고시해야 한다. 다만, 국토교통부장관이 정하여 고시하는 경미한 사항은 제외한다(규칙 제75조의17 제6항).

⑦ 그 밖에 정밀안전진단기관의 지정기준 및 지정절차 등에 관하여 필요한 사항은 국토교통부장관이 정하여 고시한다(규칙 제75조의17 제7항).

(4) 정밀안전진단기관의 업무

※ **정밀안전진단기관의 업무 범위**(규칙 제75조의18)

① 해당 업무분야의 철도차량에 대한 정밀안전진단 시행
② 정밀안전진단의 항목 및 기준에 대한 조사·검토
③ 정밀안전진단의 항목 및 기준에 대한 제정·개정 요청
④ 정밀안전진단의 기록 보존 및 보호에 관한 업무
⑤ 그 밖에 국토교통부장관이 필요하다고 인정하는 업무

(5) 업무의 전부 또는 일부의 정지명령

국토교통부장관은 정밀안전진단기관이 다음의 어느 하나에 해당하는 경우에 그 지정을 취소하거나 6개월 이내의 기간을 정하여 그 업무의 전부 또는 일부의 정지를 명할 수 있다. 다만, ①부터 ③까지의 어느 하나에 해당하는 경우에는 그 지정을 취소하여야 한다(법 제38조의13 제3항).

① 거짓이나 그 밖의 부정한 방법으로 지정을 받은 경우
② 업무정지명령을 위반하여 업무정지 기간 중에 정밀안전진단 업무를 한 경우
③ 정밀안전진단 업무와 관련하여 부정한 금품을 수수하거나 그 밖의 부정한 행위를 한 경우
④ 정밀안전진단 결과를 조작한 경우
⑤ 정밀안전진단 결과를 거짓으로 기록하거나 고의로 결과를 기록하지 아니한 경우
⑥ 성능검사 등을 받지 아니한 검사용 기계·기구를 사용하여 정밀안전진단을 한 경우

(6) 정밀안전진단기관의 지정취소 등

① 정밀안전진단기관의 지정취소 및 업무정지의 기준(규칙 별표18)

정밀안전진단기관의 지정취소 및 업무정지의 기준(규칙 별표18)

1. 일반기준
   가. 위반행위의 횟수에 따른 행정처분의 가중된 부과기준은 최근 2년간 같은 위반행위로 행정처분을 받은 경우에 적용한다. 이 경우 기간의 계산은 위반행위에 대하여 행정처분을 받은 날과 그 처분 후 다시 같은 위반행위를 하여 적발된 날을 기준으로 한다.
   나. 가목에 따라 가중된 부과처분을 하는 경우 가중처분의 적용 차수는 그 위반행위 전 부과처분 차수(가목에 따른 기간 내에 행정처분이 둘 이상 있었던 경우에는 높은 차수를 말한다)의 다음 차수로 한다.
   다. 위반행위가 둘 이상인 경우로서 그에 해당하는 각각의 처분기준이 다른 경우에는 그 중 무거운 처분기준(무거운 처분기준이 같을 때에는 그 중 하나의 처분기준을 말한다)에 따르며, 위반행위가 둘 이상인 경우로서 그에 해당하는 각각의 처분기준이 같은 경우에는 처분기준의 2분의 1까지 가중할 수 있되, 각 처분기준을 합산한 기간을 초과할 수 없다.
   라. 국토교통부장관은 위반행위의 동기·내용 및 위반의 정도 등 다음의 어느 하나에 해당하는 사유를 고려하여 그 처분을 감경할 수 있다. 이 경우 그 처분이 업무정지인 경우에는 그 처분기준의 2분의 1의 범위에서 감경할 수 있고, 지정취소인 경우(법 제38조의13 제3항 제1호부터 제3호까지에 해당하는 경우는 제외한다)에는 6개월의 업무정지 처분으로 감경할 수 있다.
      1) 위반행위가 고의나 중대한 과실이 아닌 사소한 부주의나 오류로 인한 것으로 인정되는 경우
      2) 위반의 내용·정도가 경미하여 이해관계인에게 미치는 피해가 적다고 인정되는 경우

2. 개별기준

위반사항	근거 법조문	처 분 기 준			
		1차 위반	2차 위반	3차 위반	4차 이상 위반
1. 거짓이나 그 밖의 부정한 방법으로 지정을 받은 경우	법 제38조의13 제3항 제1호	지정취소			
2. 업무정지명령을 위반하여 업무정지 기간 중에 정밀안전진단 업무를 한 경우	법 제38조의13 제3항 제2호	지정취소			
3. 정밀안전진단 업무와 관련하여 부정한 금품을 수수하거나 그 밖의 부정한 행위를 한 경우	법 제38조의13 제3항 제3호	지정취소			
4. 정밀안전진단 결과를 조작한 경우	법 제38조의13 제3항 제4호	업무정지 2개월	업무정지 6개월	지정취소	
5. 정밀안전진단 결과를 거짓으로 기록하거나 고의로 결과를 기록하지 않은 경우	법 제38조의13 제3항 제5호	업무정지 2개월	업무정지 6개월	지정취소	

6. 성능검사 등을 받지 않은 검사용 기계·기구를 사용하여 정밀안전진단을 한 경우	법 제38조의13 제3항 제6호	업무정지 1개월	업무정지 2개월	업무정지 4개월	업무정지 6개월

② 국토교통부장관은 정밀안전진단기관의 지정을 취소하거나 업무정지의 처분을 한 경우에는 지체 없이 그 정밀안전진단기관에 정밀안전진단기관 행정처분서를 통지하고 그 사실을 관보에 고시해야 한다(규칙 제75조의19 제2항).

30. 준용규정

(1) 준용규정

정밀안전진단기관에 대한 과징금의 부과·징수에 관하여는 과징금의 규정을 준용한다. 이 경우 "제9조 제1항"은 "제38조의13 제3항"으로, "철도운영자 등"은 "정밀안전진단기관"으로 본다(법 제38조의14).

(2) 정밀안전진단기관 관련 과징금의 부과기준(영 별표4의3)

정밀안전진단기관 관련 과징금의 부과기준(영 별표4의3)

1. 일반기준
   가. 위반행위의 횟수에 따른 과징금의 가중된 부과기준은 최근 2년간 같은 위반행위로 과징금 부과처분을 받은 경우에 적용한다. 이 경우 기간의 계산은 위반행위에 대하여 과징금 부과처분을 받은 날과 그 처분 후 다시 같은 위반행위를 하여 적발된 날을 기준으로 한다.
   나. 가목에 따라 가중된 부과처분을 하는 경우 가중처분의 적용 차수는 그 위반행위 전 부과처분 차수(가목에 따른 기간 내에 과징금 부과처분이 둘 이상 있었던 경우에는 높은 차수를 말한다)의 다음 차수로 한다.
   다. 위반행위가 둘 이상인 경우로서 각 처분내용이 업무정지에 갈음하여 부과하는 과징금인 경우에는 각 처분기준에 따른 과징금을 합산한 금액을 넘지 않는 범위에서 가장 무거운 처분기준에 해당하는 과징금 금액의 2분의 1의 범위까지 늘릴 수 있다.
   라. 국토교통부장관은 다음의 어느 하나에 해당하는 경우에는 제2호의 개별기준에 따른 과징금 금액의 2분의 1의 범위에서 그 금액을 줄일 수 있다. 다만, 과징금을 체납하고 있는 위반행위자의 경우에는 그렇지 않다.
      1) 위반행위가 사소한 부주의나 오류로 인한 것으로 인정되는 경우
      2) 위반행위자가 법 위반상태를 시정하거나 해소하기 위한 노력이 인정되는 경우

3) 그 밖에 위반행위의 정도, 위반행위의 동기와 그 결과 등을 고려하여 과징금을 줄일 필요가 있다고 인정되는 경우

마. 국토교통부장관은 다음의 어느 하나에 해당하는 경우에는 제2호의 개별기준에 따른 과징금 금액의 2분의 1의 범위에서 그 금액을 늘릴 수 있다. 다만, 법 제9조의2제1항에 따른 과징금 금액의 상한을 넘을 수 없다.
1) 위반의 내용 및 정도가 중대하여 공중에게 미치는 피해가 크다고 인정되는 경우
2) 법 위반상태의 기간이 6개월 이상인 경우
3) 그 밖에 위반행위의 정도, 위반행위의 동기와 그 결과 등을 고려하여 과징금을 늘릴 필요가 있다고 인정되는 경우

2. 개별기준

위반행위	근거 법조문	과징금 금액(단위 : 백만원)			
		1차 위반	2차 위반	3차 위반	4차 이상 위반
1) 법 제38조의13 제3항 제4호를 위반하여 정밀안전진단 결과를 조작한 경우	법 제38조의13 제3항 제4호	15	50		
2) 법 제38조의13 제3항 제5호를 위반하여 정밀안전진단 결과를 거짓으로 기록하거나 고의로 결과를 기록하지 않은 경우	법 제38조의13 제3항 제5호	15	50		
3) 법 제38조의13 제3항 제6호를 위반하여 성능검사 등을 받지 않은 검사용 기계·기구를 사용하여 정밀안전진단을 한 경우	법 제38조의13 제3항 제6호	5	15	30	50

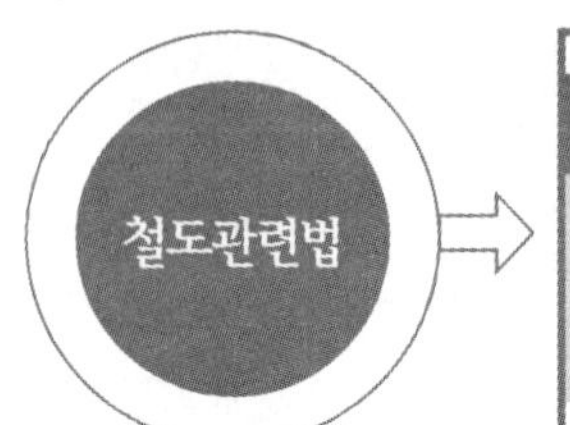

제4장 철도시설 및 철도차량의 안전관리

기출 및 예상문제

01 철도시설관리자가 열차의 출입문과 연동되어 열리고 닫히는 승하차용 출입문 설비를 설치하여야 승강장은?

㉮ 선로로부터의 수직거리가 1,135mm 이상인 승강장
㉯ 선로로부터의 수직거리가 1,000mm 이상인 승강장
㉰ 선로로부터의 수직거리가 935mm 이상인 승강장
㉱ 선로로부터의 수직거리가 830mm 이상인 승강장

|해설|
철도시설관리자는 선로로부터의 수직거리가 1,135밀리미터 이상인 승강장에 열차의 출입문과 연동되어 열리고 닫히는 승하차용 출입문 설비를 설치하여야 한다(법 제25조의2).

02 다음 철도기술심의위원회의 심의사항이 아닌 것은?

㉮ 기술기준의 제정・개정 또는 폐지
㉯ 형식승인 대상 철도용품의 선정・변경 및 취소
㉰ 철도관련 법규의 제정・개정
㉱ 철도안전에 관한 전문기관이나 단체의 지정

|해설|
국토교통부장관은 다음의 사항을 심의하게 하기 위하여 철도기술심의위원회를 설치한다(규칙 제44조).
1. 기술기준의 제정・개정 또는 폐지
2. 형식승인 대상 철도용품의 선정・변경 및 취소
3. 철도차량・철도용품 표준규격의 제정・개정 또는 폐지
4. 철도안전에 관한 전문기관이나 단체의 지정
5. 그 밖에 국토교통부장관이 필요로 하는 사항

03 선로로부터의 수직거리가 1,135밀리미터 이상인 승강장에 열차의 출입문과 연동되어 열리고 닫히는 승하차용 출입문 설비를 설치하여야 하는 경우는?

㉮ 여러 종류의 철도차량이 함께 사용하는 승강장으로서 열차 출입문의 위치가 서로 달라 승강장안전문을 설치하기 곤란한 경우

㉯ 열차가 정차하지 않는 선로 쪽 승강장으로서 승객의 선로 추락방지를 위해 안전난간 등의 안전시설을 설치한 경우

㉰ 여객의 승하차 인원, 열차의 운행 횟수 등을 고려하였을 때 승강장안전문을 설치할 필요가 없다고 인정되는 경우

㉱ 여객의 승하차 인원이 너무 많아 승강장안전문을 설치하면 승하차에 어려움을 발생하는 경우

| 해설 |

철도시설관리자는 선로로부터의 수직거리가 1,135밀리미터 이상인 승강장에 열차의 출입문과 연동되어 열리고 닫히는 승하차용 출입문 설비를 설치하여야 한다. 다만, 여러 종류의 철도차량이 함께 사용하는 승강장 등 다음으로 정하는 승강장의 경우에는 그러하지 아니하다(법 제25조의2, 규칙 제43조 제2항).

1. 여러 종류의 철도차량이 함께 사용하는 승강장으로서 열차 출입문의 위치가 서로 달라 승강장안전문을 설치하기 곤란한 경우
2. 열차가 정차하지 않는 선로 쪽 승강장으로서 승객의 선로 추락 방지를 위해 안전난간 등의 안전시설을 설치한 경우
3. 여객의 승하차 인원, 열차의 운행 횟수 등을 고려하였을 때 승강장안전문을 설치할 필요가 없다고 인정되는 경우

04 다음 철도기술심의위원회의 구성·운영 등에 관한 설명 중 틀린 것은?

㉮ 기술위원회는 위원장을 포함한 15인 이내의 위원으로 구성한다.

㉯ 위원장은 위원 중에서 연장자가 된다.

㉰ 기술위원회에 상정할 안건을 미리 검토하고 기술위원회가 위임한 안건을 심의하기 위하여 기술위원회에 기술분과별 전문위원회(전문위원회)를 둘 수 있다.

㉱ 기술위원회 및 전문위원회의 구성·운영 등에 관하여 필요한 사항은 국토교통부장관이 정한다.

| 해설 |

기술위원회는 위원장을 포함한 15인 이내의 위원으로 구성하며 위원장은 위원 중에서 호선한다(규칙 제45조 제1항).

Answer 01. ㉮ 02. ㉰ 03. ㉱ 04. ㉯

05 다음 철도기술심의위원회를 설치하는 자는?

㉮ 한국교통안전공단 ㉯ 국토교통부장관
㉰ 관할 시·도지사 ㉱ 철도운영자등

|해설|
국토교통부장관은 다음의 사항을 심의하게 하기 위하여 철도기술심의위원회(기술위원회)를 설치한다(규칙 제44조).

06 다음 기술위원회의 위원의 수는?

㉮ 위원장을 포함한 5인 이내의 위원
㉯ 위원장을 포함한 7인 이내의 위원
㉰ 위원장을 포함한 10인 이내의 위원
㉱ 위원장을 포함한 15인 이내의 위원

|해설|
기술위원회는 위원장을 포함한 15인 이내의 위원으로 구성하며 위원장은 위원 중에서 호선한다(규칙 제45조 제1항).

07 다음 철도차량의 형식승인에 관한 서술로 틀린 것은?

㉮ 국내에서 운행하는 철도차량을 제작하거나 수입하려는 자는 국토교통부령으로 정하는 바에 따라 해당 철도차량의 설계에 관하여 국토교통부장관의 형식승인을 받아야 한다.
㉯ 철도차량 형식승인을 받으려는 자는 철도차량 형식승인신청서에 필요한 서류를 첨부하여 국토교통부장관에게 제출하여야 한다.
㉰ 철도차량 형식승인을 받은 사항을 변경하려는 경우에는 철도차량 형식변경승인신청서에 필요한 서류를 첨부하여 국토교통부장관에게 제출하여야 한다.
㉱ 국토교통부장관은 철도차량 형식승인 또는 변경승인 신청을 받은 경우에 1년 이내에 승인 또는 변경승인에 필요한 검사 등의 계획서를 작성하여 신청인에게 통보하여야 한다.

|해설|
국토교통부장관은 철도차량 형식승인 또는 변경승인 신청을 받은 경우에 15일 이내에 승인 또는 변경승인에 필요한 검사 등의 계획서를 작성하여 신청인에게 통보하여야 한다(규칙 제46조 제3항).

08 철도차량 형식승인을 받으려는 자가 철도차량 형식승인신청서에 첨부할 서류가 아닌 것은?

㉮ 변경 전후의 대비표 및 해설서

㉯ 차량형식 시험 절차서

㉰ 형식승인검사의 면제 대상에 해당하는 경우 그 입증서류

㉱ 철도차량의 기술기준(철도차량기술기준)에 대한 적합성 입증계획서 및 입증자료

|해설|

철도차량 형식승인을 받으려는 자는 철도차량 형식승인신청서에 다음의 서류를 첨부하여 국토교통부장관에게 제출하여야 한다(규칙 제46조 제1항).

1. 철도차량의 기술기준(철도차량기술기준)에 대한 적합성 입증계획서 및 입증자료
2. 철도차량의 설계도면, 설계 명세서 및 설명서(적합성 입증을 위하여 필요한 부분에 한정한다)
3. 형식승인검사의 면제 대상에 해당하는 경우 그 입증서류
4. 차량형식 시험 절차서
5. 그 밖에 철도차량기술기준에 적합함을 입증하기 위하여 국토교통부장관이 필요하다고 인정하여 고시하는 서류

09 철도차량의 변경승인에 관한 내용으로 바르지 않은 것은?

㉮ 형식승인을 받은 자가 승인받은 사항을 변경하려는 경우에는 국토교통부장관의 변경승인을 받아야 한다.

㉯ 경미한 사항을 변경하려는 경우에는 국토교통부장관에게 통보하여야 한다.

㉰ 경미한 사항을 변경하려는 경우에는 철도차량 형식변경신고서에 필요한 서류를 첨부하여 국토교통부장관에게 제출하여야 한다.

㉱ 국토교통부장관은 신고를 받은 때에는 첨부서류를 확인한 후 철도차량 형식변경신고확인서를 발급하여야 한다.

|해설|

형식승인을 받은 자가 승인받은 사항을 변경하려는 경우에는 국토교통부장관의 변경승인을 받아야 한다. 다만, 국토교통부령으로 정하는 경미한 사항을 변경하려는 경우에는 국토교통부장관에게 신고하여야 한다(법 제26조 제2항).

Answer 05. ㉯ 06. ㉱ 07. ㉱ 08. ㉮ 09. ㉯

10 다음 철도차량 형식승인의 경미한 사항 변경에 해당하지 않은 것은?

㉮ 철도차량의 구조안전 및 성능에 영향을 미치지 아니하는 차체 형상의 변경

㉯ 철도차량의 안전에 영향을 미치지 아니하는 설비의 변경

㉰ 중량분포에 영향을 미치는 장치 또는 부품의 배치 변경

㉱ 동일 성능으로 입증할 수 있는 부품의 규격 변경

|해설|

경미한 사항을 변경하려는 경우란 다음의 어느 하나에 해당하는 변경을 말한다(규칙 제47조 제1항).

1. 철도차량의 구조안전 및 성능에 영향을 미치지 아니하는 차체 형상의 변경
2. 철도차량의 안전에 영향을 미치지 아니하는 설비의 변경
3. 중량분포에 영향을 미치지 아니하는 장치 또는 부품의 배치 변경
4. 동일 성능으로 입증할 수 있는 부품의 규격 변경
5. 그 밖에 철도차량의 안전 및 성능에 영향을 미치지 아니한다고 국토교통부장관이 인정하는 사항의 변경

11 경미한 사항을 변경하려는 경우 철도차량 형식변경신고서에 첨부할 서류가 아닌 것은?

㉮ 해당 철도차량의 철도차량 형식승인증명서

㉯ 경미한 사항을 변경하려는 경우에 해당함을 증명하는 서류

㉰ 변경 전후의 대비표 및 해설서

㉱ 변경 전의 주요 제원

|해설|

경미한 사항을 변경하려는 경우에는 철도차량 형식변경신고서에 다음의 서류를 첨부하여 국토교통부장관에게 제출하여야 한다(규칙 제47조 제2항).

1. 해당 철도차량의 철도차량 형식승인증명서
2. 경미한 사항을 변경하려는 경우에 해당함을 증명하는 서류
3. 변경 전후의 대비표 및 해설서
4. 변경 후의 주요 제원
5. 철도차량기술기준에 대한 적합성 입증자료(변경되는 부분 및 그와 연관되는 부분에 한정한다)

12 다음 철도차량 형식승인검사의 방법 및 증명서 발급 등에 관한 내용으로 바르지 않은 것은?

㉮ 국토교통부장관은 형식승인 또는 변경승인을 하는 경우에는 해당 철도차량이 국토교통부장관이 정하여 고시하는 철도차량의 기술기준에 적합한지에 대하여 형식승인검사를 하여야 한다.

㉯ 국토교통부장관은 검사 결과 철도차량기술기준에 적합하다고 인정하는 경우에는 철도차량 형식승인증명서 또는 철도차량 형식변경승인증명서에 형식승인자료집을 첨부하여 신청인에게 발급하여야 한다.

㉰ 철도차량 형식승인증명서 또는 철도차량 형식변경승인증명서를 발급받은 자가 해당 증명서를 잃어버렸거나 헐어 못쓰게 되어 재발급을 받으려는 경우에는 철도차량 형식승인증명서 재발급 신청서에 헐어 못쓰게 된 증명서를 첨부하여 국토교통부장관에게 제출하여야 한다.

㉱ 철도차량 형식승인검사에 관한 세부적인 기준·절차 및 방법은 국토교통부령으로 정한다.

|해설|

철도차량 형식승인검사에 관한 세부적인 기준·절차 및 방법은 국토교통부장관이 정하여 고시한다(규칙 제48조 제4항).

13 다음 철도차량 형식승인검사의 방법이 아닌 것은?

㉮ 합법성 검사　　㉯ 설계적합성 검사

㉰ 합치성 검사　　㉱ 차량형식 시험

|해설|

철도차량 형식승인검사의 방법(규칙 제48조 제1항) : 설계적합성 검사, 합치성 검사, 차량형식 시험

14 다음 철도차량의 설계가 철도차량기술기준에 적합한지 여부에 대한 검사는?

㉮ 합법성 검사　　㉯ 설계적합성 검사

㉰ 합치성 검사　　㉱ 차량형식 시험

Answer 10. ㉰ 11. ㉱ 12. ㉱ 13. ㉮ 14. ㉯

|해설|

설계적합성 검사(규칙 제48조 제1항) : 철도차량의 설계가 철도차량기술기준에 적합한지 여부에 대한 검사

15 다음 철도차량이 부품단계, 구성품단계, 완성차단계, 시운전단계에서 철도차량기술기준에 적합한지 여부에 대한 시험은?

㉮ 합법성 시험
㉯ 설계적합성 시험
㉰ 합치성 시험
㉱ 차량형식 시험

|해설|

차량형식 시험(규칙 제48조 제1항) : 철도차량이 부품단계, 구성품단계, 완성차단계, 시운전단계에서 철도차량기술기준에 적합한지 여부에 대한 시험

16 다음 형식승인검사의 전부 또는 일부를 면제할 수 있는 경우가 아닌 것은?

㉮ 시험 · 연구 · 개발 목적으로 제작 또는 수입되는 철도차량으로서 대통령령으로 정하는 철도차량에 해당하는 경우
㉯ 수입 목적으로 제작 또는 수출되는 철도차량에 해당하는 경우
㉰ 대한민국이 체결한 협정 또는 대한민국이 가입한 협약에 따라 형식승인검사가 면제되는 철도차량의 경우
㉱ 그 밖에 철도시설의 유지 · 보수 또는 철도차량의 사고복구 등 특수한 목적을 위하여 제작 또는 수입되는 철도차량으로서 국토교통부장관이 정하여 고시하는 경우

|해설|

국토교통부장관은 다음의 어느 하나에 해당하는 경우에는 형식승인검사의 전부 또는 일부를 면제할 수 있다(법 제26조 제4항).

1. 시험 · 연구 · 개발 목적으로 제작 또는 수입되는 철도차량으로서 대통령령으로 정하는 철도차량에 해당하는 경우
2. 수출 목적으로 제작 또는 수입되는 철도차량으로서 대통령령으로 정하는 철도차량에 해당하는 경우
3. 대한민국이 체결한 협정 또는 대한민국이 가입한 협약에 따라 형식승인검사가 면제되는 철도차량의 경우
4. 그 밖에 철도시설의 유지 · 보수 또는 철도차량의 사고복구 등 특수한 목적을 위하여 제작 또는 수입되는 철도차량으로서 국토교통부장관이 정하여 고시하는 경우

17 다음 형식승인검사를 면제할 수 있는 철도차량 등에 관한 서술로 틀린 것은?

㉮ 시험·연구·개발 목적으로 제작 또는 수입되는 철도차량이란 여객 및 화물 운송에 사용되지 아니하는 철도차량을 말한다.

㉯ 국토교통부령으로 정하는 검사란 설계적합성 검사, 합치성 검사 및 차량형식 시험(시운전단계에서의 시험은 제외한다)을 말한다.

㉰ 국토교통부장관은 서류의 검토 결과 해당 철도차량이 형식승인검사의 면제 대상에 해당된다고 인정하는 경우에는 신청인에게 면제사실과 내용을 통보하여야 한다.

㉱ 수출 목적으로 제작 또는 수입되는 철도차량이란 국내에서 철도운영에 사용하는 철도차량을 말한다.

|해설|

수출 목적으로 제작 또는 수입되는 철도차량이란 국내에서 철도운영에 사용되지 아니하는 철도차량을 말한다(영 제22조 제2항).

18 다음 형식승인을 취소할 수 있는 자는?

㉮ 한국교통안전공단
㉯ 관할 시·도지사
㉰ 국토교통부장관
㉱ 철도기술심의위원회

|해설|

국토교통부장관은 형식승인을 받은 자가 취소할 수 있는 사유에 해당하는 경우에는 그 형식승인을 취소할 수 있다(법 제26조의2 제1항).

19 다음 형식승인을 받은 자에게 변경승인을 받을 것을 명하는 자는?

㉮ 한국교통안전공단
㉯ 철도운영자등
㉰ 국토교통부장관
㉱ 철도기술심의위원회

|해설|

국토교통부장관은 형식승인이 기술기준에 위반된다고 인정하는 경우에는 그 형식승인을 받은 자에게 국토교통부령으로 정하는 바에 따라 변경승인을 받을 것을 명하여야 한다(법 제26조의2 제2항).

Answer 15. ㉱ 16. ㉯ 17. ㉱ 18. ㉰ 19. ㉰

20 다음 형식승인을 취소할 수 있는 경우가 아닌 경우는?

㉮ 형식승인을 받지 않은 경우

㉯ 거짓이나 그 밖의 부정한 방법으로 형식승인을 받은 경우

㉰ 기술기준에 중대하게 위반되는 경우

㉱ 변경승인명령을 이행하지 아니한 경우

|해설|

국토교통부장관은 형식승인을 받은 자가 다음의 어느 하나에 해당하는 경우에는 그 형식승인을 취소할 수 있다. 다만, 1.에 해당하는 경우에는 그 형식승인을 취소하여야 한다(법 제26조의2 제1항).

1. 거짓이나 그 밖의 부정한 방법으로 형식승인을 받은 경우
2. 기술기준에 중대하게 위반되는 경우
3. 변경승인명령을 이행하지 아니한 경우

21 다음 철도차량 형식 변경승인의 명령 등에 관한 서술로 바르지 않은 것은?

㉮ 국토교통부장관은 형식승인이 기술기준에 위반된다고 인정하는 경우에는 그 형식승인을 받은 자에게 국토교통부령으로 정하는 바에 따라 변경승인을 받을 것을 명하여야 한다.

㉯ 국토교통부장관은 변경승인을 받을 것을 명하려는 경우에는 그 사유를 명시하여 철도차량 형식승인을 받은 자에게 통보하여야 한다.

㉰ 변경승인 명령을 받은 자는 명령을 통보받은 날부터 30일 이내에 철도차량 형식승인의 변경승인을 신청하여야 한다.

㉱ 거짓이나 그 밖의 부정한 방법으로 형식승인을 받은 경우에 해당되는 사유로 형식승인이 취소된 경우에는 그 취소된 날부터 10년간 동일한 형식의 철도차량에 대하여 새로 형식승인을 받을 수 없다.

|해설|

거짓이나 그 밖의 부정한 방법으로 형식승인을 받은 경우에 해당되는 사유로 형식승인이 취소된 경우에는 그 취소된 날부터 2년간 동일한 형식의 철도차량에 대하여 새로 형식승인을 받을 수 없다(법 제26조의2 제3항).

22 다음 국토교통부장관의 제작자승인을 받아야 하는 자는?

㉮ 철도차량을 제작하려는 자
㉯ 철도차량을 수입하려는 자
㉰ 철도차량을 수출하려는 자
㉱ 철도차량을 수선하려는 자

|해설|

형식승인을 받은 철도차량을 제작(외국에서 대한민국에 수출할 목적으로 제작하는 경우를 포함한다)하려는 자는 국토교통부령으로 정하는 바에 따라 철도차량의 제작을 위한 인력, 설비, 장비, 기술 및 제작검사 등 철도차량의 적합한 제작을 위한 유기적 체계(철도차량 품질관리체계)를 갖추고 있는지에 대하여 국토교통부장관의 제작자승인을 받아야 한다(법 제26조의3 제1항).

23 다음 철도차량 제작자승인의 신청 등에 관한 내용으로 바르지 않은 것은?

㉮ 철도차량 제작자승인을 받으려는 자는 철도차량 제작자승인신청서에 필요한 서류를 첨부하여 국토교통부장관에게 제출하여야 한다.
㉯ 제작자승인이 면제되는 경우에는 제작자승인 또는 제작자승인검사의 면제 대상에 해당하는 경우 그 입증서류만 첨부한다.
㉰ 철도차량 제작자승인을 받은 자가 철도차량 제작자승인 받은 사항을 변경하려는 경우에는 철도차량 제작자변경승인신청서에 필요한 서류를 첨부하여 국토교통부장관에게 제출하여야 한다.
㉱ 국토교통부장관은 철도차량 제작자승인 또는 변경승인 신청을 받은 경우에 30일 이내에 승인 또는 변경승인에 필요한 검사 등의 계획서를 작성하여 신청인에게 통보하여야 한다.

|해설|

국토교통부장관은 철도차량 제작자승인 또는 변경승인 신청을 받은 경우에 15일 이내에 승인 또는 변경승인에 필요한 검사 등의 계획서를 작성하여 신청인에게 통보하여야 한다(규칙 제51조 제3항).

Answer 20. ㉮ 21. ㉱ 22. ㉮ 23. ㉱

24 철도차량 제작자승인을 받으려는 자는 철도차량 제작자승인신청서에 첨부하여야 할 서류가 아닌 것은?

㉮ 철도차량 품질관리체계서 및 설명서

㉯ 철도차량 제작 명세서 및 설명서

㉰ 해당 철도차량의 철도차량 제작자승인증명서

㉱ 제작자승인 또는 제작자승인검사의 면제 대상에 해당하는 경우 그 입증서류

|해설|

철도차량 제작자승인을 받으려는 자는 철도차량 제작자승인신청서에 다음의 서류를 첨부하여 국토교통부장관에게 제출하여야 한다. 다만, 제작자승인이 면제되는 경우에는 4.의 서류만 첨부한다(규칙 제51조 제1항).

1. 철도차량의 제작관리 및 품질유지에 필요한 기술기준(철도차량제작자승인기준)에 대한 적합성 입증계획서 및 입증자료
2. 철도차량 품질관리체계서 및 설명서
3. 철도차량 제작 명세서 및 설명서
4. 제작자승인 또는 제작자승인검사의 면제 대상에 해당하는 경우 그 입증서류
5. 그 밖에 철도차량제작자승인기준에 적합함을 입증하기 위하여 국토교통부장관이 필요하다고 인정하여 고시하는 서류

25 철도차량 제작자승인을 받은 자가 철도차량 제작자승인 받은 사항을 변경하려는 경우에는 철도차량 제작자변경승인신청서에 첨부하여야 할 서류가 아닌 것은?

㉮ 해당 철도차량의 철도차량 제작자승인증명서

㉯ 변경 후의 주요 제원

㉰ 변경 전후의 대비표

㉱ 변경 전후의 해설서

|해설|

철도차량 제작자승인을 받은 자가 철도차량 제작자승인 받은 사항을 변경하려는 경우에는 철도차량 제작자변경승인신청서에 다음의 서류를 첨부하여 국토교통부장관에게 제출하여야 한다(규칙 제51조 제2항).

1. 해당 철도차량의 철도차량 제작자승인증명서
2. 제작자승인을 받으려는 서류(변경되는 부분 및 그와 연관되는 부분에 한정한다)
3. 변경 전후의 대비표 및 해설서

26 다음 철도차량 제작자승인검사의 방법 및 증명서 발급 등에 관한 내용으로 바르지 않은 것은?

㉮ 철도차량 제작자승인검사는 품질검사, 승인검사의 구분에 따라 실시한다.

㉯ 국토교통부장관은 검사 결과 철도차량제작자승인기준에 적합하다고 인정하는 경우에는 관련 서류를 신청인에게 발급하여야 한다.

㉰ 철도차량 제작자승인증명서 또는 철도차량 제작자변경승인증명서를 발급받은 자가 해당 증명서를 잃어버렸거나 헐어 못쓰게 되어 재발급을 받으려는 경우에는 철도차량 제작자승인증명서 재발급 신청서에 헐어 못쓰게 된 증명서를 첨부하여 국토교통부장관에게 제출하여야 한다.

㉱ 철도차량 제작자승인검사에 관한 세부적인 기준·절차 및 방법은 국토교통부장관이 정하여 고시한다.

|해설|

철도차량 제작자승인검사는 다음의 구분에 따라 실시한다(규칙 제53조 제1항).

1. 품질관리체계 적합성검사 : 해당 철도차량의 품질관리체계가 철도차량제작자승인기준에 적합한지 여부에 대한 검사
2. 제작검사 : 해당 철도차량에 대한 품질관리체계의 적용 및 유지 여부 등을 확인하는 검사

27 다음 철도차량 제작자승인 등에 관한 서술로 틀린 것은?

㉮ 국토교통부장관은 서류의 검토 결과 철도차량이 제작자승인 또는 제작자승인검사의 면제 대상에 해당된다고 인정하는 경우에는 신청인에게 면제사실과 내용을 통보하여야 한다.

㉯ 국토교통부장관은 대한민국이 체결한 협정 또는 대한민국이 가입한 협약에 따라 제작자승인이 면제되는 경우 등 대통령령으로 정하는 경우에는 제작자승인 대상에서 제외하거나 제작자승인검사의 전부 또는 일부를 면제하여야 한다.

㉰ 철도차량 제작자승인검사에 관한 세부적인 기준·절차 및 방법은 국토교통부장관이 정하여 고시한다.

㉱ 국토교통부장관은 신고를 받은 때에는 첨부서류를 확인한 후 철도차량 제작자승인변경신고확인서를 발급하여야 한다.

Answer 24. ㉰ 25. ㉯ 26. ㉮ 27. ㉯

|해설|

국토교통부장관은 대한민국이 체결한 협정 또는 대한민국이 가입한 협약에 따라 제작자승인이 면제되는 경우 등 대통령령으로 정하는 경우에는 제작자승인 대상에서 제외하거나 제작자승인검사의 전부 또는 일부를 면제할 수 있다(법 제26조의3 제3항).

28 다음 해당 철도차량에 대한 품질관리체계의 적용 및 유지 여부 등을 확인하는 검사는?

㉮ 합법성 검사

㉯ 품질관리체계 적합성검사

㉰ 제작검사

㉱ 적정성 검사

|해설|

제작검사(규칙 제53조 제1항) : 해당 철도차량에 대한 품질관리체계의 적용 및 유지 여부 등을 확인하는 검사

29 다음 철도차량 제작자승인을 받을 수 있는 사람은?

㉮ 피성년후견인

㉯ 파산선고를 받고 복권되지 아니한 사람

㉰ 제작자승인이 취소된 후 5년이 경과된 자

㉱ 철도 관계 법령을 위반하여 징역형의 집행유예 선고를 받고 그 유예기간 중에 있는 사람

|해설|

철도차량 제작자승인을 받을 수 없는 사람(법 제26조의4).

1. 피성년후견인
2. 파산선고를 받고 복권되지 아니한 사람
3. 이 법 또는 다음으로 정하는 철도 관계 법령을 위반하여 징역형의 실형을 선고받고 그 집행이 종료(집행이 종료된 것으로 보는 경우를 포함한다)되거나 집행이 면제된 날부터 2년이 경과되지 아니한 사람
4. 이 법 또는 철도 관계 법령을 위반하여 징역형의 집행유예 선고를 받고 그 유예기간 중에 있는 사람
5. 제작자승인이 취소된 후 2년이 경과되지 아니한 자
6. 임원 중에 1.부터 5.까지의 어느 하나에 해당하는 사람이 있는 법인

30 다음 철도차량 제작자승인의 승계에 관한 설명으로 바르지 않은 것은?

㉮ 철도차량 제작자승인을 받은 자가 그 사업을 양도하거나 사망한 때 또는 법인의 합병이 있는 때에는 양수인, 상속인 또는 합병 후 존속하는 법인이나 합병에 의하여 설립되는 법인은 제작자승인을 받은 자의 지위를 승계한다.

㉯ 철도차량 제작자승인의 지위를 승계하는 자는 승계일부터 6개월 이내에 국토교통부령으로 정하는 바에 따라 그 승계사실을 한국교통안전공단에 신고하여야 한다.

㉰ 국토교통부장관은 신고를 받은 경우에 지위승계 사실을 확인한 후 철도차량 제작자승인증명서를 지위승계자에게 발급하여야 한다.

㉱ 제작자승인의 지위를 승계하는 자에 대하여는 결격사유의 규정을 준용한다.

|해설|

철도차량 제작자승인의 지위를 승계하는 자는 승계일부터 1개월 이내에 국토교통부령으로 정하는 바에 따라 그 승계사실을 국토교통부장관에게 신고하여야 한다(법 제26조의5 제2항).

31 철도차량 제작자승인의 지위를 승계하는 자가 철도차량 제작자승계신고서에 사업 상속의 경우에 제출할 서류는?

㉮ 철도차량 제작자승인증명서

㉯ 양도·양수계약서 사본 등 양도 사실을 입증할 수 있는 서류

㉰ 사업을 상속받은 사실을 확인할 수 있는 서류

㉱ 합병계약서 및 합병 후 존속하거나 합병에 따라 신설된 법인의 등기사항증명서

|해설|

철도차량 제작자승인의 지위를 승계하는 자는 철도차량 제작자승계신고서에 다음의 서류를 첨부하여 국토교통부장관에게 제출하여야 한다(규칙 제55조 제1항).

1. 철도차량 제작자승인증명서
2. 사업 양도의 경우 : 양도·양수계약서 사본 등 양도 사실을 입증할 수 있는 서류
3. 사업 상속의 경우 : 사업을 상속받은 사실을 확인할 수 있는 서류
4. 사업 합병의 경우 : 합병계약서 및 합병 후 존속하거나 합병에 따라 신설된 법인의 등기사항증명서

Answer 28. ㉰ 29. ㉰ 30. ㉯ 31. ㉰

32 다음 철도차량 완성검사에 관한 설명으로 틀린 것은?

㉮ 철도차량 제작자승인을 받은 자는 제작한 철도차량을 판매하기 전에 해당 철도차량이 형식승인을 받은대로 제작되었는지를 확인하기 위하여 국토교통부장관이 시행하는 완성검사를 받아야 한다.

㉯ 국토교통부장관은 철도차량이 완성검사에 합격한 경우에는 철도차량제작자에게 국토교통부령으로 정하는 완성검사필증을 발급하여야 한다.

㉰ 철도차량 완성검사를 받으려는 자는 철도차량 완성검사신청서에 필요한 서류를 첨부하여 국토교통부장관에게 제출하여야 한다.

㉱ 국토교통부장관은 완성검사 신청을 받은 경우에 6개월 이내에 완성검사의 계획서를 작성하여 신청인에게 통보하여야 한다.

|해설|

국토교통부장관은 완성검사 신청을 받은 경우에 15일 이내에 완성검사의 계획서를 작성하여 신청인에게 통보하여야 한다(규칙 제56조 제2항).

33 철도차량 완성검사를 받으려는 자가 철도차량 완성검사신청서에 첨부할 서류가 아닌 것은?

㉮ 제작자승인지정서

㉯ 철도차량 형식승인증명서

㉰ 철도차량 제작자승인증명서

㉱ 주행시험 절차서

|해설|

철도차량 완성검사를 받으려는 자는 철도차량 완성검사신청서에 다음의 서류를 첨부하여 국토교통부장관에게 제출하여야 한다(규칙 제56조 제1항).

1. 철도차량 형식승인증명서
2. 철도차량 제작자승인증명서
3. 형식승인된 설계와의 형식동일성 입증계획서 및 입증서류
4. 주행시험 절차서

34 다음 철도차량 완성검사의 방법 및 검사증명서 발급 등에 관한 설명 중 틀린 것은?

㉮ 철도차량 완성검사는 완성차량검사, 주행시험의 구분에 따라 실시한다.

㉯ 국토교통부장관은 검사 결과 철도차량이 철도차량기술기준에 적합하고 형식승인 받은 설계대로 제작되었다고 인정하는 경우에는 철도차량 완성검사증명서를 신청인에게 발급하여야 한다.

㉰ 완성검사에 필요한 세부적인 기준·절차 및 방법은 한국교통안전공단이 정하여 고시한다.

㉱ 완성차량검사는 안전과 직결된 주요 부품의 안전성 확보 등 철도차량이 철도차량기술기준에 적합하고 형식승인 받은 설계대로 제작되었는지를 확인하는 검사이다.

|해설|

완성검사에 필요한 세부적인 기준·절차 및 방법은 국토교통부장관이 정하여 고시한다(규칙 제57조 제3항).

35 철도차량이 형식승인 받은 대로 성능과 안전성을 확보하였는지 운행선로 시운전 등을 통하여 최종 확인하는 검사는?

㉮ 완성차량검사 ㉯ 주행시험

㉰ 완성검사 ㉱ 안전검사

|해설|

주행시험(규칙 제57조 제1항) : 철도차량이 형식승인 받은 대로 성능과 안전성을 확보하였는지 운행선로 시운전 등을 통하여 최종 확인하는 검사

36 국토교통부장관이 철도차량 제작자승인을 받은 자에 대하여 업무정지를 명할 수 있는데 그 기간은?

㉮ 1개월 이내 ㉯ 3개월 이내

㉰ 6개월 이내 ㉱ 12개월 이내

|해설|

국토교통부장관은 철도차량 제작자승인을 받은 자가 업무정지의 어느 하나에 해당하는 경우에는 그 승인을 취소하거나 6개월 이내의 기간을 정하여 업무의 제한이나 정지를 명할 수 있다(법 제26조의7 제1항).

Answer 32. ㉱ 33. ㉮ 34. ㉰ 35. ㉯ 36. ㉰

37 다음 철도차량 제작자승인의 취소 등에 관한 설명으로 바르지 않은 것은?

㉮ 국토교통부장관은 철도차량 제작자승인을 받은 자가 다음의 어느 하나에 해당하는 경우에는 그 승인을 취소하거나 6개월 이내의 기간을 정하여 업무의 제한이나 정지를 명할 수 있다.

㉯ 거짓이나 그 밖의 부정한 방법으로 제작자승인을 받은 경우 제작자승인을 취소하여야 한다.

㉰ 명령을 이행하지 아니하는 경우 취소할 수 있다.

㉱ 철도차량 제작자승인의 취소, 업무의 제한 또는 정지의 기준 및 절차 등에 관하여 필요한 사항은 국토교통부장관이 정하여 고시한다.

|해설|

철도차량 제작자승인의 취소, 업무의 제한 또는 정지의 기준 및 절차 등에 관하여 필요한 사항은 국토교통부령으로 정한다(법 제26조의7 제2항).

38 업무정지 기간 중에 철도차량을 제작한 경우의 1차 위반 시 처분기준은?

㉮ 경고 ㉯ 업무정지 3개월

㉰ 업무정지 6개월 ㉱ 승인취소

|해설|

업무정지 기간 중에 철도차량을 제작한 경우(규칙 별표14) : 승인취소

39 변경승인을 받지 않고 철도차량을 제작한 경우의 1차 위반 시 처분기준은?

㉮ 경고 ㉯ 업무정지 3개월

㉰ 업무정지 6개월 ㉱ 승인취소

|해설|

변경승인을 받지 않고 철도차량을 제작한 경우(규칙 별표14)

1. 1차 위반 : 업무정지 3개월
2. 2차 위반 : 업무정지 6개월
3. 3차 위반 : 승인취소

40 철도차량 제작자변경승인을 받지 않고 철도차량을 제작한 경우 업무정지 3개월에 대한 과징금은?

㉮ 1,000만원　　㉯ 2,000만원
㉰ 3,000만원　　㉱ 6,000만원

|해설|
철도차량 제작자변경승인을 받지 않고 철도차량을 제작한 경우 업무정지 3개월에 대한 과징금은 3,000만원이다(영 별표2).

41 국토교통부장관이 철도차량 품질관리체계에 대하여 실시하는 정기검사 횟수는?

㉮ 1년마다 1회　　㉯ 1년마다 2회
㉰ 2년마다 1회　　㉱ 5년마다 1회

|해설|
국토교통부장관은 철도차량 품질관리체계에 대하여 1년마다 1회의 정기검사를 실시하고, 철도차량의 안전 및 품질 확보 등을 위하여 필요하다고 인정하는 경우에는 수시로 검사할 수 있다(규칙 제59조 제1항).

42 국토교통부장관이 철도차량 품질관리체계에 대하여 수시검사를 할 수 있는 경우는?

㉮ 철도신호기의 품질 확보
㉯ 철도차량의 품질향상
㉰ 철도선로의 품질향상
㉱ 철도차량의 안전 및 품질 확보 등

|해설|
국토교통부장관은 철도차량 품질관리체계에 대하여 1년마다 1회의 정기검사를 실시하고, 철도차량의 안전 및 품질 확보 등을 위하여 필요하다고 인정하는 경우에는 수시로 검사할 수 있다(규칙 제59조 제1항).

Answer　37. ㉱　38. ㉱　39. ㉯　40. ㉰　41. ㉮　42. ㉱

43 다음 철도차량 품질관리체계의 유지 등에 관한 내용으로 바르지 않은 것은?

㉮ 국토교통부장관은 정기검사 또는 수시검사를 시행하려는 경우에는 검사 시행일 15일 전까지 검사계획을 철도차량 제작자승인을 받은 자에게 통보하여야 한다.

㉯ 국토교통부장관은 정기검사 또는 수시검사를 마친 경우에는 검사 결과보고서를 작성하여야 한다.

㉰ 국토교통부장관은 철도차량 제작자승인을 받은 자에게 시정조치를 명하는 경우에는 즉시 시정하도록 하여야 한다.

㉱ 시정조치명령을 받은 철도차량 제작자승인을 받은 자는 시정조치를 완료한 경우에는 지체 없이 그 시정내용을 국토교통부장관에게 통보하여야 한다.

|해설|

국토교통부장관은 철도차량 제작자승인을 받은 자에게 시정조치를 명하는 경우에는 시정에 필요한 적정한 기간을 주어야 한다(규칙 제59조 제4항).

44 국토교통부장관이 정기검사 또는 수시검사를 시행하려는 경우에 철도차량 제작자승인을 받은 자에게 통보하여야 할 내용이 아닌 것은?

㉮ 검사 대상

㉯ 검사반의 구성

㉰ 검사일정 및 장소

㉱ 중점 검사 사항

|해설|

국토교통부장관은 정기검사 또는 수시검사를 시행하려는 경우에는 검사 시행일 15일 전까지 다음의 내용이 포함된 검사계획을 철도차량 제작자승인을 받은 자에게 통보하여야 한다(규칙 제59조 제2항).

1. 검사반의 구성
2. 검사일정 및 장소
3. 검사 수행 분야 및 검사 항목
4. 중점 검사 사항
5. 그 밖에 검사에 필요한 사항

45 국토교통부장관이 정기검사 또는 수시검사를 마친 경우에 검사 결과보고서에 포함할 내용이 아닌 것은?

㉮ 철도차량 품질관리체계의 검사 개요 및 현황

㉯ 철도차량 품질관리체계의 검사 과정 및 내용

㉰ 검사요원별로 작성한 검사내용

㉱ 안전관리체계의 유지 등에 따른 시정조치 사항

|해설|

국토교통부장관은 정기검사 또는 수시검사를 마친 경우에는 다음의 사항이 포함된 검사 결과보고서를 작성하여야 한다(규칙 제59조 제3항).

1. 철도차량 품질관리체계의 검사 개요 및 현황
2. 철도차량 품질관리체계의 검사 과정 및 내용
3. 안전관리체계의 유지 등에 따른 시정조치 사항

46 다음 철도용품 형식승인에 관한 설명으로 틀린 것은?

㉮ 국토교통부장관이 정하여 고시하는 철도용품을 제작하거나 수입하려는 자는 국토교통부령으로 정하는 바에 따라 해당 철도용품의 설계에 대하여 국토교통부장관의 형식승인을 받아야 한다.

㉯ 철도용품 형식승인을 받으려는 자는 철도용품 형식승인신청서를 국토교통부장관에게 제출하여야 한다.

㉰ 철도용품 형식승인 받은 사항을 변경하려는 경우에는 철도용품 형식변경승인신청서를 국토교통부장관에게 제출하여야 한다.

㉱ 국토교통부장관은 철도용품 형식승인 또는 변경승인 신청을 받은 경우에 30일 이내에 승인 또는 변경승인에 필요한 검사 등의 계획서를 작성하여 철도운영자등에게 통보하여야 한다.

|해설|

국토교통부장관은 철도용품 형식승인 또는 변경승인 신청을 받은 경우에 15일 이내에 승인 또는 변경승인에 필요한 검사 등의 계획서를 작성하여 신청인에게 통보하여야 한다(규칙 제60조 제3항).

Answer 43. ㉰ 44. ㉮ 45. ㉰ 46. ㉱

47 철도용품 형식승인을 받으려는 자가 철도용품 형식승인신청서에 첨부하여야 할 서류가 아닌 것은?

㉮ 형식승인된 설계와의 형식동일성 입증계획서 및 입증서류

㉯ 철도용품의 설계도면, 설계 명세서 및 설명서

㉰ 형식승인검사의 면제 대상에 해당하는 경우 그 입증서류

㉱ 용품형식 시험 절차서

|해설|

철도용품 형식승인을 받으려는 자는 철도용품 형식승인신청서에 다음의 서류를 첨부하여 국토교통부장관에게 제출하여야 한다(규칙 제60조 제1항).

1. 철도용품의 기술기준(철도용품기술기준)에 대한 적합성 입증계획서 및 입증자료
2. 철도용품의 설계도면, 설계 명세서 및 설명서
3. 형식승인검사의 면제 대상에 해당하는 경우 그 입증서류
4. 용품형식 시험 절차서
5. 그 밖에 철도용품기술기준에 적합함을 입증하기 위하여 국토교통부장관이 필요하다고 인정하여 고시하는 서류

48 철도용품 형식승인 받은 사항을 변경하려는 경우 철도용품 형식변경승인신청서에 첨부하여야 할 서류가 아닌 것은?

㉮ 해당 철도용품의 철도용품 형식승인증명서

㉯ 철도용품 형식승인을 받으려는 서류

㉰ 형식동일성 입증을 위하여 국토교통부장관이 필요하다고 인정하여 고시하는 서류

㉱ 변경 전후의 대비표 및 해설서

|해설|

철도용품 형식승인 받은 사항을 변경하려는 경우에는 철도용품 형식변경승인신청서에 다음의 서류를 첨부하여 국토교통부장관에게 제출하여야 한다(규칙 제60조 제2항).

1. 해당 철도용품의 철도용품 형식승인증명서
2. 철도용품 형식승인을 받으려는 서류(변경되는 부분 및 그와 연관되는 부분에 한정한다)
3. 변경 전후의 대비표 및 해설서

49 다음 철도용품 형식승인의 경미한 사항 변경이 아닌 것은?

㉮ 철도용품의 안전 및 성능에 영향을 미치지 아니하는 형상 변경

㉯ 중량분포 및 크기에 영향을 미치지 아니하는 장치 또는 부품의 배치 변경

㉰ 동일 성능으로 입증할 수 있는 부품의 규격 변경

㉱ 철도용품의 안전에 영향을 미칠 수 있는 설비의 변경

|해설|

경미한 사항을 변경하려는 경우란 다음의 어느 하나에 해당하는 변경을 말한다(규칙 제61조 제1항).

1. 철도용품의 안전 및 성능에 영향을 미치지 아니하는 형상 변경
2. 철도용품의 안전에 영향을 미치지 아니하는 설비의 변경
3. 중량분포 및 크기에 영향을 미치지 아니하는 장치 또는 부품의 배치 변경
4. 동일 성능으로 입증할 수 있는 부품의 규격 변경
5. 그 밖에 철도용품의 안전 및 성능에 영향을 미치지 아니한다고 국토교통부장관이 인정하는 사항의 변경

50 경미한 사항을 변경하려는 경우 철도용품 형식변경신고서에 첨부할 서류가 아닌 것은?

㉮ 해당 철도용품의 철도용품 형식승인증명서

㉯ 변경 전의 주요 제원

㉰ 변경 전후의 대비표 및 해설서

㉱ 경미한 사항 변경에 해당함을 증명하는 서류

|해설|

경미한 사항을 변경하려는 경우에는 철도용품 형식변경신고서에 다음의 서류를 첨부하여 국토교통부장관에게 제출하여야 한다(규칙 제61조 제2항).

1. 해당 철도용품의 철도용품 형식승인증명서
2. 경미한 사항 변경에 해당함을 증명하는 서류
3. 변경 전후의 대비표 및 해설서
4. 변경 후의 주요 제원
5. 철도용품기술기준에 대한 적합성 입증자료(변경되는 부분 및 그와 연관되는 부분에 한정한다)

Answer 47. ㉮ 48. ㉰ 49. ㉱ 50. ㉯

51 다음 철도용품에 대하여 형식승인검사를 하는 자는?

㉮ 국토교통부장관
㉯ 한국교통안전공단
㉰ 철도운영자등
㉱ 관할 시·도지사

|해설|
국토교통부장관은 형식승인을 하는 경우에는 해당 철도용품이 국토교통부장관이 정하여 고시하는 철도용품의 기술기준에 적합한지에 대하여 국토교통부령으로 정하는 바에 따라 형식승인검사를 하여야 한다(법 제27조 제2항).

52 다음 철도용품 형식승인검사의 방법 및 증명서 발급 등에 관한 내용으로 바르지 않은 것은?

㉮ 한국교통안전공단은 검사 결과 철도용품기술기준에 적합하다고 인정하는 경우에는 철도용품 형식승인증명서 또는 철도용품 형식변경승인증명서에 형식승인자료집을 첨부하여 신청인에게 발급하여야 한다.
㉯ 국토교통부장관은 철도용품 형식승인증명서 또는 철도용품 형식변경승인증명서를 발급할 때에는 해당 철도용품이 장착될 철도차량 또는 철도시설을 지정할 수 있다.
㉰ 철도용품 형식승인증명서 또는 철도용품 형식변경승인증명서를 발급받은 자가 해당 증명서를 잃어버렸거나 헐어 못쓰게 되어 재발급 받으려는 경우에는 철도용품 형식승인증명서 재발급 신청서에 헐어 못쓰게 된 증명서를 첨부하여 국토교통부장관에게 제출하여야 한다.
㉱ 철도용품 형식승인검사에 관한 세부적인 기준·절차 및 방법은 국토교통부장관이 정하여 고시한다.

|해설|
국토교통부장관은 검사 결과 철도용품기술기준에 적합하다고 인정하는 경우에는 철도용품 형식승인증명서 또는 철도용품 형식변경승인증명서에 형식승인자료집을 첨부하여 신청인에게 발급하여야 한다(규칙 제62조 제2항).

53 다음 철도용품 형식승인검사의 구분이 아닌 것은?

㉮ 설계적합성 검사 ㉯ 합치성 검사
㉰ 합법성 검사 ㉱ 용품형식 시험

|해설|

철도용품 형식승인검사의 방법(규칙 제62조 제1항) : 설계적합성 검사, 합치성 검사, 용품형식 시험

54 철도용품이 부품단계, 구성품단계, 완성품단계에서 설계와 합치하게 제작되었는지 여부에 대한 검사는?

㉮ 설계적합성 검사 ㉯ 합치성 검사
㉰ 합법성 검사 ㉱ 용품형식 검사

|해설|

합치성 검사 : 철도용품이 부품단계, 구성품단계, 완성품단계에서 설계와 합치하게 제작되었는지 여부에 대한 검사(규칙 제62조 제1항)

55 다음 철도용품의 형식승인에 관한 설명으로 틀린 것은?

㉮ 철도용품 형식승인검사에 관한 세부적인 기준·절차 및 방법은 국토교통부장관이 정하여 고시한다.
㉯ 국토교통부장관은 서류의 검토 결과 해당 철도용품이 형식승인검사의 면제대상에 해당된다고 인정하는 경우에는 신청인에게 면제사실과 내용을 통보하여야 한다.
㉰ 형식승인을 받지 아니한 철도용품도 철도시설 또는 철도차량 등을 사용할 수 있다.
㉱ 철도용품 형식승인의 변경, 형식승인검사의 면제, 형식승인의 취소, 변경승인명령 및 형식승인의 금지기간 등에 관하여는 철도차량 형식승인의 규정을 준용한다.

|해설|

누구든지 형식승인을 받지 아니한 철도용품(국토교통부장관이 정하여 고시하는 철도용품만 해당한다)을 철도시설 또는 철도차량 등에 사용하여서는 아니 된다(법 제27조 제3항).

Answer 51. ㉮ 52. ㉮ 53. ㉰ 54. ㉯ 55. ㉰

56 다음 철도용품 제작자승인에 관한 설명으로 틀린 것은?

㉮ 형식승인을 받은 철도용품을 제작(외국에서 대한민국에 수출할 목적으로 제작하는 경우를 포함한다)하려는 자는 철도용품의 제작을 위한 인력, 설비, 장비, 기술 및 제작검사 등 철도용품의 적합한 제작을 위한 유기적 체계(철도용품 품질관리체계)를 갖추고 있는지에 대하여 국토교통부장관으로부터 제작자승인을 받아야 한다.

㉯ 철도용품 제작자승인을 받으려는 자는 철도용품 제작자승인신청서를 한국교통안전공단에 제출하여야 한다.

㉰ 철도용품 제작자승인을 받은 자가 철도용품 제작자승인 받은 사항을 변경하려는 경우에는 철도용품 제작자변경승인신청서를 국토교통부장관에게 제출하여야 한다.

㉱ 국토교통부장관은 철도용품 제작자승인 또는 변경승인 신청을 받은 경우에 15일 이내에 승인 또는 변경승인에 필요한 검사 등의 계획서를 작성하여 신청인에게 통보하여야 한다.

|해설|

철도용품 제작자승인을 받으려는 자는 철도용품 제작자승인신청서를 국토교통부장관에게 제출하여야 한다(규칙 제64조 제1항).

57 철도용품 제작자승인을 받은 자가 철도용품 제작자승인 받은 사항을 변경하려는 경우 철도용품 제작자변경승인신청서에 첨부할 서류가 아닌 것은?

㉮ 해당 철도용품의 철도용품 제작자승인증명서

㉯ 변경 후의 주요 제원

㉰ 변경 전후의 대비표

㉱ 변경 전후의 해설서

|해설|

철도용품 제작자승인을 받은 자가 철도용품 제작자승인 받은 사항을 변경하려는 경우에는 철도용품 제작자변경승인신청서에 다음의 서류를 첨부하여 국토교통부장관에게 제출하여야 한다(규칙 제64조 제2항).

1. 해당 철도용품의 철도용품 제작자승인증명서
2. 철도용품 제작자승인을 받으려는 서류(변경되는 부분 및 그와 연관되는 부분에 한정한다)
3. 변경 전후의 대비표 및 해설서

58 철도용품 제작자승인을 받으려는 자가 철도용품 제작자승인신청서에 첨부할 서류가 아닌 것은?

㉮ 철도용품의 제작관리 및 품질유지에 필요한 기술기준에 대한 적합성 입증계획서 및 입증자료
㉯ 철도용품 품질관리체계서 및 설명서
㉰ 철도용품 제작 명세서 및 설명서
㉱ 해당 철도용품의 철도용품 제작자승인증명서

|해설|

철도용품 제작자승인을 받으려는 자는 철도용품 제작자승인신청서에 다음의 서류를 첨부하여 국토교통부장관에게 제출하여야 한다. 다만, 제작자승인이 면제되는 경우에는 4.의 서류만 첨부한다(규칙 제64조 제1항).

1. 철도용품의 제작관리 및 품질유지에 필요한 기술기준에 대한 적합성 입증계획서 및 입증자료
2. 철도용품 품질관리체계서 및 설명서
3. 철도용품 제작 명세서 및 설명서
4. 제작자승인 또는 제작자승인검사의 면제 대상에 해당하는 경우 그 입증서류
5. 그 밖에 철도용품제작자승인기준에 적합함을 입증하기 위하여 국토교통부장관이 필요하다고 인정하여 고시하는 서류

59 다음 형식승인검사를 면제할 수 있는 철도용품에 관한 설명으로 틀린 것은?

㉮ 철도차량 또는 철도시설에 사용되지 아니하는 철도용품을 말한다.
㉯ 국내에서 철도운영에 사용되지 아니하는 철도용품을 말한다.
㉰ 시험 · 연구 · 개발 목적으로 제작 또는 수입되는 철도차량으로서 대통령령으로 정하는 철도차량에 해당하는 경우 형식승인검사를 면제할 수 있다.
㉱ 수출 목적으로 제작 또는 수입되는 철도차량으로서 대통령령으로 정하는 철도차량에 해당하는 경우는 형식승인검사를 받아야 한다.

|해설|

형식승인검사를 면제할 수 있는 철도용품은 다음의 어느 하나에 해당하는 경우로 한다(영 제26조 제1항).

1. 시험 · 연구 · 개발 목적으로 제작 또는 수입되는 철도차량으로서 대통령령으로 정하는 철도차량에 해당하는 경우
2. 수출 목적으로 제작 또는 수입되는 철도차량으로서 대통령령으로 정하는 철도차량에 해당하는 경우

Answer 56. ㉯ 57. ㉯ 58. ㉱ 59. ㉱

3. 대한민국이 체결한 협정 또는 대한민국이 가입한 협약에 따라 형식승인검사가 면제되는 철도차량의 경우

60 다음 철도용품 제작자승인 등에 관한 설명으로 틀린 것은?

㉮ 국토교통부장관은 제작자승인을 하는 경우에는 해당 철도용품 품질관리체계가 국토교통부장관이 정하여 고시하는 철도용품의 제작관리 및 품질유지에 필요한 기술기준에 적합한지에 대하여 국토교통부령으로 정하는 바에 따라 철도용품 제작자승인검사를 하여야 한다.

㉯ 제작자승인을 받은 자는 해당 철도용품에 대하여 국토교통부령으로 정하는 바에 따라 형식승인을 받은 철도용품임을 나타내는 형식승인표시를 할 수 있다.

㉰ 대한민국이 체결한 협정 또는 대한민국이 가입한 협약에 따라 제작자승인이 면제되는 경우 등 대통령령으로 정하는 경우란 대한민국이 체결한 협정 또는 대한민국이 가입한 협약에 따라 제작자승인이 면제되거나 제작자승인검사의 전부 또는 일부가 면제되는 경우를 말한다.

㉱ 제작자승인 또는 제작자승인검사를 면제할 수 있는 범위는 대한민국이 체결한 협정 또는 대한민국이 가입한 협약에서 정한 면제의 범위에 따른다.

|해설|

제작자승인을 받은 자는 해당 철도용품에 대하여 국토교통부령으로 정하는 바에 따라 형식승인을 받은 철도용품임을 나타내는 형식승인표시를 하여야 한다(법 제27조의2 제3항).

61 철도용품 제작자승인변경신고확인서를 발급하는 자는?

㉮ 국토교통부장관

㉯ 한국교통안전공단

㉰ 철도운영자등

㉱ 관할 시·도지사

|해설|

국토교통부장관은 신고를 받은 때에는 첨부서류를 확인한 후 철도용품 제작자승인변경신고확인서를 발급하여야 한다(규칙 제65조 제3항).

62 다음 철도용품 제작자승인의 경미한 사항 변경에 해당하지 않은 것은?

㉮ 철도용품 제작자의 조직변경에 따른 품질관리조직 또는 품질관리책임자에 관한 사항의 변경

㉯ 법령 또는 행정구역의 변경 등으로 인한 품질관리규정의 세부내용의 변경

㉰ 서류간 불일치 사항 및 품질관리규정의 기본방향에 영향을 미치지 아니하는 사항으로써 그 변경근거가 분명한 사항의 변경

㉱ 철도용품의 안전 및 성능에 영향을 미치지 아니하는 형상 변경

|해설|

경미한 사항을 변경하는 경우란 다음의 어느 하나에 해당하는 경우를 말한다(규칙 제65조 제1항).

1. 철도용품 제작자의 조직변경에 따른 품질관리조직 또는 품질관리책임자에 관한 사항의 변경
2. 법령 또는 행정구역의 변경 등으로 인한 품질관리규정의 세부내용의 변경
3. 서류간 불일치 사항 및 품질관리규정의 기본방향에 영향을 미치지 아니하는 사항으로써 그 변경근거가 분명한 사항의 변경

63 경미한 사항을 변경하려는 경우 철도용품 제작자변경신고서에 첨부할 서류가 아닌 것은?

㉮ 해당 철도용품의 철도용품 제작자승인증명서

㉯ 변경 전후의 대비표 및 해설서

㉰ 철도용품 제작 명세서 및 설명서

㉱ 변경 후의 철도용품 품질관리체계

|해설|

경미한 사항을 변경하려는 경우에는 철도용품 제작자변경신고서에 다음의 서류를 첨부하여 국토교통부장관에게 제출하여야 한다(규칙 제65조 제2항).

1. 해당 철도용품의 철도용품 제작자승인증명서
2. 철도용품 제작자승인의 경미한 사항 변경에 해당함을 증명하는 서류
3. 변경 전후의 대비표 및 해설서
4. 변경 후의 철도용품 품질관리체계
5. 철도용품제작자승인기준에 대한 적합성 입증자료(변경되는 부분 및 그와 연관되는 부분에 한정한다)

Answer 60. ㉯ 61. ㉮ 62. ㉱ 63. ㉰

64 다음 철도용품 제작자승인검사의 방법 및 증명서 발급 등에 관한 설명으로 틀린 것은?

㉮ 철도용품 제작자승인검사는 승인검사, 제작검사의 구분에 따라 실시한다.
㉯ 국토교통부장관은 검사 결과 철도용품제작자승인기준에 적합하다고 인정하는 경우에는 필요한 서류를 신청인에게 발급하여야 한다.
㉰ 철도용품 제작자승인증명서 또는 철도용품 제작자변경승인증명서를 발급받은 자가 해당 증명서를 잃어버렸거나 헐어 못쓰게 되어 재발급 받으려는 경우에는 철도용품 제작자승인증명서 재발급 신청서에 헐어 못쓰게 된 증명서를 첨부하여 국토교통부장관에게 제출하여야 한다.
㉱ 철도용품 제작자승인검사에 관한 세부적인 기준·절차 및 방법은 국토교통부장관이 정하여 고시한다.

|해설|
철도용품 제작자승인검사는 다음의 구분에 따라 실시한다(규칙 제66조 제1항).
1. 품질관리체계의 적합성검사
2. 제작검사

65 다음 철도용품 제작자승인 등에 관한 설명 중 틀린 것은?

㉮ 국토교통부장관은 서류의 검토 결과 철도용품이 제작자승인 또는 제작자승인검사의 면제 대상에 해당된다고 인정하는 경우에는 신청인에게 면제사실과 내용을 통보하여야 한다.
㉯ 철도용품 제작자승인을 받은 자는 해당 철도용품에 형식승인을 받은 철도용품임을 나타내는 표시를 하여야 한다.
㉰ 형식승인품의 표시는 교통안전공단이 정하여 고시한다.
㉱ 국토교통부장관은 신고를 받은 경우에 지위승계 사실을 확인한 후 철도용품 제작자승인증명서를 지위승계자에게 발급하여야 한다.

|해설|
형식승인품의 표시는 국토교통부장관이 정하여 고시하는 표준도안에 따른다(규칙 제68조 제2항).

66 해당 철도용품의 품질관리체계가 철도용품제작자승인기준에 적합한지 여부에 대한 검사는?

㉮ 제작검사 ㉯ 적합성 검사
㉰ 품질관리체계의 적합성검사 ㉱ 합법성 검사

|해설|

품질관리체계의 적합성검사(규칙 제66조 제1항) : 해당 철도용품의 품질관리체계가 철도용품제작자승인기준에 적합한지 여부에 대한 검사

67 철도용품 제작자승인의 지위를 승계하는 자가 철도용품 제작자승계신고서에 첨부할 서류가 아닌 것은?

㉮ 철도용품 제작자승인증명서
㉯ 양도・양수계약서 사본 등 양도 사실을 입증할 수 있는 서류
㉰ 사업을 상속받은 사실을 확인할 수 있는 서류
㉱ 철도용품제작자승인기준에 대한 적합성 입증자료

|해설|

철도용품 제작자승인의 지위를 승계하는 자는 철도용품 제작자승계신고서에 다음의 서류를 첨부하여 국토교통부장관에게 제출하여야 한다(규칙 제69조 제1항).
1. 철도용품 제작자승인증명서
2. 사업 양도의 경우 : 양도・양수계약서 사본 등 양도 사실을 입증할 수 있는 서류
3. 사업 상속의 경우 : 사업을 상속받은 사실을 확인할 수 있는 서류
4. 사업 합병의 경우 : 합병계약서 및 합병 후 존속하거나 합병에 따라 신설된 법인의 등기사항증명서

68 변경승인을 받지 않고 철도차량을 제작한 경우 1차 위반 시 처분기준은?

㉮ 경고 ㉯ 업무정지 3개월
㉰ 업무정지 6개월 ㉱ 승인취소

|해설|

변경승인을 받지 않고 철도차량을 제작한 경우(규칙 별표15)
1. 1차 위반 : 업무정지 3개월
2. 2차 위반 : 업무정지 6개월
3. 3차 위반 : 승인취소

Answer 64. ㉮ 65. ㉰ 66. ㉰ 67. ㉱ 68. ㉯

69 철도용품 제작자승인을 받은 자가 형식승인을 받은 철도용품임을 나타내는 표시에 포함하여야 할 사항이 아닌 것은?

㉮ 형식승인기관의 명칭
㉯ 대표자의 성명
㉰ 형식승인품명의 제조일
㉱ 형식승인품명 및 형식승인번호

|해설|

철도용품 제작자승인을 받은 자는 해당 철도용품에 다음의 사항을 포함하여 형식승인을 받은 철도용품임을 나타내는 표시를 하여야 한다(규칙 제68조 제1항).

1. 형식승인품명 및 형식승인번호
2. 형식승인품명의 제조일
3. 형식승인품의 제조자명(제조자임을 나타내는 마크 또는 약호를 포함한다)
4. 형식승인기관의 명칭

70 업무정지 기간 중에 철도용품을 제작한 경우 1차 위반 시 처분기준은?

㉮ 승인취소
㉯ 경고
㉰ 업무정지 3개월
㉱ 업무정지 6개월

|해설|

업무정지 기간 중에 철도용품을 제작한 경우(규칙 별표15) : 승인취소

71 국토교통부장관이 철도용품 품질관리체계에 대하여 실시하는 정기검사는?

㉮ 1년마다 1회
㉯ 1년마다 2회
㉰ 2년마다 1회
㉱ 3년마다 1회

|해설|

국토교통부장관은 철도용품 품질관리체계에 대하여 1년마다 1회의 정기검사를 실시하고, 철도용품의 안전 및 품질 확보 등을 위하여 필요하다고 인정하는 경우에는 수시로 검사할 수 있다(규칙 제71조 제1항).

72 다음 철도용품 품질관리체계의 유지 등에 관한 내용 중 틀린 것은?

㉮ 국토교통부장관은 철도용품 품질관리체계에 대하여 1년마다 1회의 정기검사를 실시하고, 철도용품의 안전 및 품질 확보 등을 위하여 필요하다고 인정하는 경우에는 수시로 검사할 수 있다.

㉯ 국토교통부장관은 철도용품 제작자승인을 받은 자에게 시정조치를 명하는 경우에는 시정에 필요한 적정한 기간을 주어야 한다.

㉰ 시정조치명령을 받은 철도용품 제작자승인을 받은 자는 시정조치를 완료한 경우에는 6개월 이내에 그 시정내용을 국토교통부장관에게 통보하여야 한다.

㉱ 정기검사 또는 수시검사에 관한 세부적인 기준·방법 및 절차는 국토교통부장관이 정하여 고시한다.

|해설|

시정조치명령을 받은 철도용품 제작자승인을 받은 자는 시정조치를 완료한 경우에는 지체 없이 그 시정내용을 국토교통부장관에게 통보하여야 한다(규칙 제71조 제5항).

73 국토교통부장관이 정기검사 또는 수시검사를 시행하려는 경우 검사계획에 포함되어야 할 사항이 아닌 것은?

㉮ 시정조치 사항 ㉯ 검사반의 구성

㉰ 중점 검사 사항 ㉱ 검사 일정 및 장소

|해설|

국토교통부장관은 정기검사 또는 수시검사를 시행하려는 경우에는 검사 시행일 15일 전까지 다음의 내용이 포함된 검사계획을 철도용품 제작자승인을 받은 자에게 통보하여야 한다(규칙 제71조 제2항).

1. 검사반의 구성
2. 검사 일정 및 장소
3. 검사 수행 분야 및 검사 항목
4. 중점 검사 사항
5. 그 밖에 검사에 필요한 사항

Answer 69. ㉯ 70. ㉮ 71. ㉮ 72. ㉰ 73. ㉮

74 국토교통부장관이 정기검사 또는 수시검사를 시행하려는 경우에 검사 시행일 며일 전까지 철도용품 제작자승인을 받은 자에게 통보하여야 하는가?

㉮ 검사 시행일 7일 전까지
㉯ 검사 시행일 15일 전까지
㉰ 검사 시행일 20일 전까지
㉱ 검사 시행일 30일 전까지

|해설|

국토교통부장관은 정기검사 또는 수시검사를 시행하려는 경우에는 검사 시행일 15일 전까지 철도용품 제작자승인을 받은 자에게 통보하여야 한다(규칙 제71조 제2항).

75 국토교통부장관이 정기검사 또는 수시검사를 마친 경우 검사 결과보고서에 포함되어야 할 사항이 아닌 것은?

㉮ 철도용품 품질관리체계의 검사 개요 및 현황
㉯ 철도용품 품질관리체계의 검사 과정 및 내용
㉰ 시정조치 사항
㉱ 검사에 필요한 사항

|해설|

국토교통부장관은 정기검사 또는 수시검사를 마친 경우에는 다음의 사항이 포함된 검사 결과보고서를 작성하여야 한다(규칙 제71조 제3항).
1. 철도용품 품질관리체계의 검사 개요 및 현황
2. 철도용품 품질관리체계의 검사 과정 및 내용
3. 시정조치 사항

76 철도차량 완성검사를 받아 해당 철도차량을 판매한 자는 해당 부품을 몇 년간 철도차량을 구매한 자에게 공급해야 하는가?

㉮ 5년 이상　　㉯ 10년 이상
㉰ 15년 이상　　㉱ 20년 이상

|해설|

철도차량 완성검사를 받아 해당 철도차량을 판매한 자는 그 철도차량의 완성검사를 받은 날부터 20년 이상 부품을 해당 철도차량을 구매한 자(해당 철도차량을 구매한 자와 계약에 따라 해당 철도차량을 정비하는 자를 포함한다.)에게 공급해야 한다(규칙 제72조의2 제1항).

77 다음 형식승인 등의 사후관리에 관한 설명 중 틀린 것은?

㉮ 국토교통부장관은 형식승인을 받은 철도차량 또는 철도용품의 안전 및 품질의 확인·점검을 위하여 필요하다고 인정하는 경우에는 소속 공무원으로 하여금 필요한 조치를 하게 할 수 있다.

㉯ 철도차량 또는 철도용품 형식승인 및 제작자승인을 받은 자와 철도차량 또는 철도용품의 소유자·점유자·관리인 등은 정당한 사유 없이 조사·열람·수거 등을 거부·방해·기피하여서는 아니 된다.

㉰ 조사·열람 또는 검사 등을 하는 공무원은 그 권한을 표시하는 증표를 지니고 이를 관계인에게 주어야 한다.

㉱ 철도차량 완성검사를 받은 자가 해당 철도차량을 판매하는 경우 철도차량정비에 필요한 부품을 공급할 것 등의 조치를 하여야 한다.

|해설|

조사·열람 또는 검사 등을 하는 공무원은 그 권한을 표시하는 증표를 지니고 이를 관계인에게 내보여야 한다. 이 경우 그 증표에 관하여 필요한 사항은 국토교통부령으로 정한다(법 제31조 제3항).

78 철도차량 완성검사를 받은 자가 해당 철도차량을 판매하는 경우 취하여야 할 조치는?

㉮ 철도차량정비에 필요한 부품을 공급할 것

㉯ 철도용품에 결함이 있는지의 여부에 대한 조사할 것

㉰ 철도용품에 대한 철도운영 적합성을 조사할 것

㉱ 철도용품에 대한 수거·검사를 할 것

|해설|

철도차량 완성검사를 받은 자가 해당 철도차량을 판매하는 경우 다음의 조치를 하여야 한다(법 제31조 제4항).

1. 철도차량정비에 필요한 부품을 공급할 것
2. 철도차량을 구매한 자에게 철도차량정비에 필요한 기술지도·교육과 정비매뉴얼 등 정비 관련 자료를 제공할 것

Answer 74. ㉯ 75. ㉱ 76. ㉱ 77. ㉰ 78. ㉮

79 국토교통부장관이 형식승인을 받은 철도차량 또는 철도용품의 안전 및 품질의 확인·점검을 위하여 필요하다고 인정하는 경우에 소속 공무원으로 하여금 취할 수 있는 조치가 아닌 것은?

㉮ 철도차량 또는 철도용품이 기술기준에 적합한지에 대한 조사

㉯ 철도차량 또는 철도용품 형식승인 및 제작자승인을 받은 자의 관계 장부 또는 서류의 압수·수색

㉰ 철도차량 또는 철도용품에 대한 수거·검사

㉱ 철도차량 또는 철도용품의 안전 및 품질에 대한 전문연구기관에의 시험·분석 의뢰

|해설|

국토교통부장관은 형식승인을 받은 철도차량 또는 철도용품의 안전 및 품질의 확인·점검을 위하여 필요하다고 인정하는 경우에는 소속 공무원으로 하여금 다음의 조치를 하게 할 수 있다(법 제31조 제1항).

1. 철도차량 또는 철도용품이 기술기준에 적합한지에 대한 조사
2. 철도차량 또는 철도용품 형식승인 및 제작자승인을 받은 자의 관계 장부 또는 서류의 열람·제출
3. 철도차량 또는 철도용품에 대한 수거·검사
4. 철도차량 또는 철도용품의 안전 및 품질에 대한 전문연구기관에의 시험·분석 의뢰
5. 그 밖에 철도차량 또는 철도용품의 안전 및 품질에 대한 긴급한 조사를 위하여 다음으로 정하는 사항(규칙 제72조)
   ㉠ 사고가 발생한 철도차량 또는 철도용품에 대한 철도운영 적합성 조사
   ㉡ 장기 운행한 철도차량 또는 철도용품에 대한 철도운영 적합성 조사
   ㉢ 철도차량 또는 철도용품에 결함이 있는지의 여부에 대한 조사
   ㉣ 그 밖에 철도차량 또는 철도용품의 안전 및 품질에 관하여 국토교통부장관이 필요하다고 인정하여 고시하는 사항

80 다음 철도차량 부품의 안정적 공급 등에 관한 설명으로 틀린 것은?

㉮ 철도차량 완성검사를 받아 해당 철도치량올 판매한 자는 ㅗ 철도차량의 완성검사를 받은 날부터 20년 이상 부품을 해당 철도차량을 구매한 자에게 공급해야 한다.

㉯ 철도차량 판매자가 철도차량 구매자와 협의하여 철도차량 판매자가 공급하는 부품 외의 다른 부품의 사용이 가능하다고 약정하는 경우에는 철도차량 판매자는 해당 부품을 철도차량 구매자에게 공급하지 않을 수 있다.

㉰ 철도차량 판매자가 철도차량 구매자에게 제공하는 부품의 형식 및 규격

은 철도차량 판매자가 판매한 철도차량과 반드시 일치하여야 하는 것은 아니다.

㉣ 철도차량 판매자는 자신이 판매 또는 공급하는 부품의 가격을 결정할 때 해당 부품의 제조원가 등을 고려하여 신의성실의 원칙에 따라 합리적으로 결정해야 한다.

|해설|

철도차량 판매자가 철도차량 구매자에게 제공하는 부품의 형식 및 규격은 철도차량 판매자가 판매한 철도차량과 일치해야 한다(규칙 제72조의2 제2항).

81 다음 자료제공·기술지도 및 교육의 시행에 관한 설명 중 틀린 것은?

㉮ 철도차량 판매자는 필요한 경우에는 해당 철도차량 구매자에게 집합교육 또는 현장교육을 실시해야 한다.

㉯ 이 경우 철도차량 판매자와 철도차량 구매자는 집합교육 또는 현장교육의 시기, 대상, 기간, 내용 및 비용 등을 협의해야 한다.

㉰ 철도차량 판매자는 철도차량 구매자에게 해당 철도차량의 인도예정일 6개월 전까지 자료를 제공하고 교육을 시행할 수 있다.

㉱ 철도차량 판매자가 해당 철도차량 구매자에게 고장진단기 등 장비·기구 등의 제공 및 기술지도·교육을 유상으로 시행하는 경우에는 유사 장비·물품의 가격 및 유사 교육비용 등을 기초로 하여 합리적인 기준에 따라 비용을 결정해야 한다.

|해설|

철도차량 판매자는 철도차량 구매자에게 해당 철도차량의 인도예정일 3개월 전까지 자료를 제공하고 교육을 시행해야 한다. 다만, 철도차량 구매자가 따로 요청하거나 철도차량 판매자와 철도차량 구매자가 합의하는 경우에는 기술지도 또는 교육의 시기, 기간 및 방법 등을 따로 정할 수 있다(규칙 제72조의3 제5항).

Answer 79. ㉯ 80. ㉰ 81. ㉰

82 철도차량 판매자가 철도차량의 구매자에게 제공하여야 할 자료가 아닌 것은?

㉮ 철도차량의 정비에 필요한 특수공기구 및 시험기와 그 사용 설명서

㉯ 철도운영과 관련되는 각종 법령

㉰ 해당 철도차량이 최적의 상태로 운용되고 유지보수 될 수 있도록 철도차량시스템 및 각 장치의 개별부품에 대한 운영 및 정비 방법 등에 관한 유지보수 기술문서

㉱ 철도차량 판매자 및 철도차량 구매자의 계약에 따라 공급하기로 약정하는 각종 기술문서

|해설|

철도차량 판매자는 해당 철도차량의 구매자에게 다음의 자료를 제공해야 한다(규칙 제72조의3 제1항).

1. 해당 철도차량이 최적의 상태로 운용되고 유지보수 될 수 있도록 철도차량시스템 및 각 장치의 개별부품에 대한 운영 및 정비 방법 등에 관한 유지보수 기술문서
2. 철도차량 운전 및 주요 시스템의 작동방법, 응급조치 방법, 안전규칙 및 절차 등에 대한 설명서 및 고장수리 절차서
3. 철도차량 판매자 및 철도차량 구매자의 계약에 따라 공급하기로 약정하는 각종 기술문서
4. 해당 철도차량에 대한 고장진단기(고장진단기의 원활한 작동을 위한 소프트웨어를 포함한다) 및 그 사용 설명서
5. 철도차량의 정비에 필요한 특수공기구 및 시험기와 그 사용 설명서
6. 그 밖에 철도차량 판매자와 철도차량 구매자의 계약에 따라 제공하기로 한 자료

83 다음 유지보수 기술문서에 포함되어야 할 사항이 아닌 것은?

㉮ 철도차량의 정비에 필요한 특수공기구 및 시험기와 그 사용 설명서

㉯ 부품의 재고관리, 주요 부품의 교환주기, 기록관리 사항

㉰ 유지보수에 필요한 설비 또는 장비 등의 현황

㉱ 유지보수 공정의 계획 및 내용(일상 유지보수, 정기 유지보수, 비정기 유지보수 등)

|해설|

유지보수 기술문서에 포함되어야 할 사항(규칙 제72조의3 제2항)

1. 부품의 재고관리, 주요 부품의 교환주기, 기록관리 사항
2. 유지보수에 필요한 설비 또는 장비 등의 현황
3. 유지보수 공정의 계획 및 내용(일상 유지보수, 정기 유지보수, 비정기 유지보수 등)
4. 철도차량이 최적의 상태를 유지할 수 있도록 유지보수 단계별로 필요한 모든 기능 및 조치를 상세하게 적은 기술문서

84 국토교통부장관이 철도차량 또는 철도용품의 제작·수입·판매 또는 사용의 중지를 명할 수 있는 경우가 아닌 것은?

㉮ 형식승인이 취소된 경우

㉯ 완성검사를 기간이 지나서 받은 경우

㉰ 변경승인 이행명령을 받은 경우

㉱ 형식승인을 받은 내용과 다르게 철도차량 또는 철도용품을 제작·수입·판매한 경우

|해설|

국토교통부장관은 형식승인을 받은 철도차량 또는 철도용품이 다음의 어느 하나에 해당하는 경우에는 그 철도차량 또는 철도용품의 제작·수입·판매 또는 사용의 중지를 명할 수 있다. 다만, 1.에 해당하는 경우에는 제작·수입·판매 또는 사용의 중지를 명하여야 한다(법 제32조 제1항).

1. 형식승인이 취소된 경우
2. 변경승인 이행명령을 받은 경우
3. 완성검사를 받지 아니한 철도차량을 판매한 경우(판매 또는 사용의 중지명령만 해당한다)
4. 형식승인을 받은 내용과 다르게 철도차량 또는 철도용품을 제작·수입·판매한 경우

85 다음 설명 중 바르지 않은 것은?

㉮ 정비에 필요한 부품의 종류 및 공급하여야 하는 기간, 기술지도·교육 대상과 방법, 철도차량정비 관련 자료의 종류 및 제공 방법 등에 필요한 사항은 국토교통부령으로 정한다.

㉯ 국토교통부장관은 철도차량 완성검사를 받아 해당 철도차량을 판매한 자가 조치를 이행하지 아니한 경우에는 그 이행을 명할 수 있다.

㉰ 국토교통부장관은 철도차량 판매자에게 이행명령을 하려면 해당 철도차량 판매자가 이행해야 할 구체적인 조치사항 및 이행 기간 등을 명시하여 구두로 통지한다.

㉱ 국토교통부장관은 이행명령을 통지하기 전에 철도차량 판매자와 해당 철도차량 구매자 간의 분쟁 조정 등을 위하여 철도차량 부품 제작업체, 철도차량 정밀안전진단기관 또는 학계 등 관련분야 전문가의 의견을 들을 수 있다.

|해설|

국토교통부장관은 철도차량 판매자에게 이행명령을 하려면 해당 철도차량 판매자가 이행해야 할 구체적인 조치사항 및 이행 기간 등을 명시하여 서면(전자문서를 포함한다)으로 통지해야 한다(규칙 제72조의4 제1항).

Answer 82. ㉯ 83. ㉮ 84. ㉯ 85. ㉰

86 다음 철도차량의 제작 또는 판매 중지 등에 관한 내용으로 틀린 것은?

㉮ 국토교통부장관은 형식승인을 받은 철도차량 또는 철도용품이 형식승인이 취소된 경우에 해당하는 경우에는 그 철도차량 또는 철도용품의 제작·수입·판매 또는 사용의 중지를 명할 수 있다.

㉯ 중지명령을 받은 철도차량 또는 철도용품의 제작자는 국토교통부령으로 정하는 바에 따라 해당 철도차량 또는 철도용품의 회수 및 환불 등에 관한 시정조치계획을 작성하여 국토교통부장관에게 제출하고 이 계획에 따른 시정조치를 하여야 한다.

㉰ 변경승인 이행명령을 받은 경우 및 완성검사를 받지 아니한 철도차량을 판매한 경우에 해당하는 경우로서 그 위반경위, 위반정도 및 위반효과 등이 국토교통부령으로 정하는 경미한 경우에는 그러하지 아니하다.

㉱ 철도차량 또는 철도용품 제작자가 시정조치를 하는 경우에는 시정조치가 완료될 때까지 매 분기마다 분기 종료 후 6개월 이내에 국토교통부장관에게 시정조치의 진행상황을 보고하여야 하고, 시정조치를 완료한 경우에는 완료 후 6개월 이내에 그 시정내용을 국토교통부장관에게 보고하여야 한다.

|해설|

철도차량 또는 철도용품 제작자가 시정조치를 하는 경우에는 시정조치가 완료될 때까지 매 분기마다 분기 종료 후 20일 이내에 국토교통부장관에게 시정조치의 진행상황을 보고하여야 하고, 시정조치를 완료한 경우에는 완료 후 20일 이내에 그 시정내용을 국토교통부장관에게 보고하여야 한다(규칙 제73조 제3항).

87 철도의 안전과 호환성의 확보 등을 위하여 철도차량 및 철도용품의 표준규격을 정하여 철도운영자등 또는 철도차량을 제작·조립 또는 수입하려는 자 등에게 권고할 수 있는 자는?

㉮ 한국교통안전공단　　㉯ 국토교통부장관

㉰ 한국철도공사　　㉱ 관할 시·도지사

|해설|

국토교통부장관은 철도의 안전과 호환성의 확보 등을 위하여 철도차량 및 철도용품의 표준규격을 정하여 철도운영자등 또는 철도차량을 제작·조립 또는 수입하려는 자 등(차량제작자 등)에게 권고할 수 있다. 다만, 한국산업표준이 제정되어 있는 사항에 대하여는 그 표준에 따른다(법 제34조 제1항).

88 중지명령을 받은 철도차량 또는 철도용품의 제작자의 시정조치계획서에 포함되어야 할 사항이 아닌 것은?

㉮ 해당 철도차량 또는 철도용품의 폐기에 관한 계획

㉯ 해당 철도차량 또는 철도용품의 위반경위, 위반정도 및 위반결과

㉰ 해당 철도차량 또는 철도용품의 제작 수 및 판매 수

㉱ 해당 철도차량 또는 철도용품의 회수, 환불, 교체, 보수 및 개선 등 시정계획

|해설|

중지명령을 받은 철도차량 또는 철도용품의 제작자는 다음의 사항이 포함된 시정조치계획서를 국토교통부장관에게 제출하여야 한다(규칙 제73조 제1항).

1. 해당 철도차량 또는 철도용품의 명칭, 형식승인번호 및 제작연월일
2. 해당 철도차량 또는 철도용품의 위반경위, 위반정도 및 위반결과
3. 해당 철도차량 또는 철도용품의 제작 수 및 판매 수
4. 해당 철도차량 또는 철도용품의 회수, 환불, 교체, 보수 및 개선 등 시정계획
5. 해당 철도차량 또는 철도용품의 소유자 · 점유자 · 관리자 등에 대한 통지문 또는 공고문

89 다음 시정조치의 면제신청 등에 관한 내용으로 틀린 것은?

㉮ 시정조치의 면제를 받으려는 제작자는 대통령령으로 정하는 바에 따라 국토교통부장관에게 그 시정조치의 면제를 신청하여야 한다.

㉯ 시정조치의 면제를 받으려는 제작자는 중지명령을 받은 날부터 15일 이내에 경미한 경우에 해당함을 증명하는 서류를 국토교통부장관에게 제출하여야 한다.

㉰ 국토교통부장관은 서류를 제출받은 경우에 시정조치의 면제 여부를 결정하고 결정이유, 결정기준과 결과를 신청자에게 통지하여야 한다.

㉱ 철도차량 또는 철도용품의 제작자는 시정조치를 하는 경우에는 국토교통부령으로 정하는 바에 따라 해당 시정조치의 진행 상황을 한국교통안전공단에 통지하여야 한다.

|해설|

철도차량 또는 철도용품의 제작자는 시정조치를 하는 경우에는 국토교통부령으로 정하는 바에 따라 해당 시정조치의 진행 상황을 국토교통부장관에게 보고하여야 한다(법 제32조 제4항).

Answer 86. ㉱ 87. ㉯ 88. ㉮ 89. ㉱

90 철도차량 판매자가 철도차량 구매자에게 기술지도 또는 교육방법이 아닌 것은?

㉮ 시디(CD), 디브이디(DVD) 등 영상녹화물의 제공을 통한 시청각 교육

㉯ 철도전문기관에 위탁교육

㉰ 교재 및 참고자료의 제공을 통한 서면 교육

㉱ 그 밖에 철도차량 판매자와 철도차량 구매자의 계약 또는 협의에 따른 방법

|해설|

철도차량 판매자는 철도차량 구매자에게 다음에 따른 방법으로 기술지도 또는 교육을 시행해야 한다(규칙 제72조의3 제3항).

1. 시디(CD), 디브이디(DVD) 등 영상녹화물의 제공을 통한 시청각 교육
2. 교재 및 참고자료의 제공을 통한 서면 교육
3. 그 밖에 철도차량 판매자와 철도차량 구매자의 계약 또는 협의에 따른 방법

91 다음 철도표준규격의 제정 등에 관한 서술로 틀린 것은?

㉮ 국토교통부장관은 철도차량이나 철도용품의 표준규격을 제정·개정하거나 폐지하려는 경우에는 기술위원회의 심의를 거쳐야 한다.

㉯ 국토교통부장관은 철도표준규격을 제정·개정하거나 폐지하는 경우에 필요한 경우에는 공청회 등을 개최하여 이해관계인의 의견을 들을 수 있다.

㉰ 국토교통부장관은 철도표준규격을 제정한 경우에는 해당 철도표준규격의 명칭·번호 및 제정 연월일 등을 관보에 고시하여야 한다.

㉱ 국토교통부장관은 철도표준규격을 고시한 날부터 10년마다 타당성을 확인하여 필요한 경우에는 철도표준규격을 개정하거나 폐지할 수 있다.

|해설|

국토교통부장관은 철도표준규격을 고시한 날부터 3년마다 타당성을 확인하여 필요한 경우에는 철도표준규격을 개정하거나 폐지할 수 있다(규칙 제74조 제4항).

92 다음 철도표준규격의 제정 등에 관한 설명이 바르지 않은 것은?

㉮ 고시한 철도표준규격을 개정하거나 폐지한 경우에는 서면(전자문서 포함)으로 철도운영자등에게 보내야 한다.

㉯ 철도기술의 향상 등으로 인하여 철도표준규격을 개정하거나 폐지할 필요가 있다고 인정하는 때에는 3년 이내에도 철도표준규격을 개정하거나 폐지할 수 있다.

㉰ 의견서를 받은 한국철도기술연구원은 이를 검토한 후 그 검토 결과를 해당 이해관계인에게 통보하여야 한다.

㉱ 철도표준규격의 관리 등에 필요한 세부사항은 국토교통부장관이 정하여 고시한다.

|해설|

국토교통부장관은 철도표준규격을 제정한 경우에는 해당 철도표준규격의 명칭 · 번호 및 제정 연월일 등을 관보에 고시하여야 한다. 고시한 철도표준규격을 개정하거나 폐지한 경우에도 또한 같다(규칙 제74조 제3항).

93 다음 중 종합시험운행에 대한 설명으로 잘못된 것은?

㉮ 철도운영자등은 철도노선을 새로 건설하거나 기존노선을 개량하여 운영하려는 경우에는 정상운행을 하기 전에 종합시험운행을 실시한 후 그 결과를 국토교통부장관에게 보고하여야 한다.

㉯ 철도운영자등이 실시하는 종합시험운행은 해당 철도노선의 영업을 개시한 후에 실시한다.

㉰ 종합시험운행은 철도운영자와 합동으로 실시한다.

㉱ 도시설관리자는 종합시험운행을 실시하기 전에 철도운영자와 합동으로 해당 철도노선에 설치된 철도시설물에 대한 기능 및 성능 점검결과를 설명한 서류에 대한 검토 등 사전검토를 하여야 한다.

|해설|

철도운영자등이 실시하는 종합시험운행은 해당 철도노선의 영업을 개시하기 전에 실시한다(규칙 제75조 제1항).

Answer 90. ㉯ 91. ㉱ 92. ㉮ 93. ㉯

94 다음 중 종합시험운행계획에 포함될 사항이 아닌 것은?

㉮ 종합시험운행의 일정

㉯ 비상대응계획

㉰ 철도시설물에 대한 기능 및 성능 점검결과

㉱ 평가항목 및 평가기준 등

|해설|

철도시설관리자는 종합시험운행을 실시하기 전에 철도운영자와 협의하여 다음의 사항이 포함된 종합시험운행계획을 수립하여야 한다(규칙 제75조 제3항).

1. 종합시험운행의 방법 및 절차
2. 평가항목 및 평가기준 등
3. 종합시험운행의 일정
4. 종합시험운행의 실시 조직 및 소요인원
5. 종합시험운행에 사용되는 시험기기 및 장비
6. 종합시험운행을 실시하는 사람에 대한 교육훈련계획
7. 안전관리조직 및 안전관리계획
8. 비상대응계획
9. 그 밖에 종합시험운행의 효율적인 실시와 안전 확보를 위하여 필요한 사항

95 다음 종합시험운행의 시기·절차 등에 관한 내용으로 틀린 것은?

㉮ 철도운영자등이 실시하는 종합시험운행은 해당 철도노선의 영업을 개시하기 전에 실시한다.

㉯ 종합시험운행은 철도운영자와 별도로 실시한다.

㉰ 철도운영자는 종합시험운행의 원활한 실시를 위하여 철도시설관리자로부터 철도차량, 소요인력 등의 지원 요청이 있는 경우 특별한 사유가 없는 한 이에 응하여야 한다.

㉱ 철도시설관리자는 종합시험운행을 실시하기 전에 철도운영자와 협의하여 다음의 사항이 포함된 종합시험운행계획을 수립하여야 한다.

|해설|

종합시험운행은 철도운영자와 합동으로 실시한다. 이 경우 철도운영자는 종합시험운행의 원활한 실시를 위하여 철도시설관리자로부터 철도차량, 소요인력 등의 지원 요청이 있는 경우 특별한 사유가 없는 한 이에 응하여야 한다(규칙 제75조 제2항).

96 다음 종합시험운행의 시기·절차 등에 관한 설명이 바르지 않은 것은?

㉮ 철도운영자등은 종합시험운행을 실시하기 전에 철도운영자와 합동으로 해당 철도노선에 설치된 철도시설물에 대한 기능 및 성능 점검결과를 설명한 서류에 대한 검토 등 사전검토를 하여야 한다.

㉯ 철도시설관리자는 기존 노선을 개량한 철도노선에 대한 종합시험운행을 실시하는 경우에는 철도운영자와 협의하여 종합시험운행 일정을 조정하거나 그 절차의 일부를 생략할 수 있다.

㉰ 철도시설관리자는 종합시험운행을 실시하는 경우에는 철도운영자와 합동으로 종합시험운행의 실시내용·실시결과 및 조치내용 등을 확인하고 이를 기록·관리하여야 하며, 그 결과를 국토교통부장관에게 보고하여야 한다.

㉱ 철도운영자등은 철도시설의 개선·시정명령을 받은 경우나 열차운행체계 또는 운행준비에 대한 개선·시정명령을 받은 경우에는 이를 개선·시정하여야 하고, 개선·시정을 완료한 후에는 종합시험운행을 다시 실시하여 국토교통부장관에게 그 결과를 보고하여야 한다.

|해설|

철도시설관리자는 종합시험운행을 실시하기 전에 철도운영자와 합동으로 해당 철도노선에 설치된 철도시설물에 대한 기능 및 성능 점검결과를 설명한 서류에 대한 검토 등 사전검토를 하여야 한다(규칙 제75조 제4항).

97 철도운영자등이 종합시험운행을 실시하는 때 안전관리책임자의 업무가 아닌 것은?

㉮ 종합시험운행에 사용되는 안전장비의 점검·확인

㉯ 종합시험운행을 실시하는 사람에 대한 교육훈련계획서 작성

㉰ 종합시험운행에 사용되는 철도차량에 대한 안전 통제

㉱ 종합시험운행을 실시하기 전의 안전점검 및 종합시험운행 중 안전관리 감독

|해설|

철도운영자등이 종합시험운행을 실시하는 때에는 안전관리책임자를 지정하여 다음의 업무를 수행하도록 하여야 한다(규칙 제75조 제9항).

1. 「산업안전보건법」 등 관련 법령에서 정한 안전조치사항의 점검·확인
2. 종합시험운행을 실시하기 전의 안전점검 및 종합시험운행 중 안전관리 감독
3. 종합시험운행에 사용되는 철도차량에 대한 안전 통제
4. 종합시험운행에 사용되는 안전장비의 점검·확인
5. 종합시험운행 참여자에 대한 안전교육

Answer 94. ㉰ 95. ㉯ 96. ㉮ 97. ㉯

98 다음 종합시험운행 결과의 검토 및 개선명령 등에 관한 내용으로 틀린 것은?

㉮ 국토교통부장관은 도시철도 또는 도시철도건설사업 또는 도시철도운송사업을 위탁받은 법인이 건설·운영하는 도시철도에 대하여 검토를 하는 경우에는 해당 도시철도의 관할 시·도지사와 협의할 수 있다.

㉯ 협의 요청을 받은 시·도지사는 협의를 요청받은 날부터 7일 이내에 의견을 제출하여야 하며, 그 기간 내에 의견을 제출하지 아니하면 의견이 없는 것으로 본다.

㉰ 국토교통부장관은 검토 결과 해당 철도시설의 개선·보완이 필요하거나 열차운행체계 또는 운행준비에 대한 개선·보완이 필요한 경우에는 철도운영자등에게 이를 개선·시정할 것을 명할 수 있다.

㉱ 종합시험운행의 결과 검토에 대한 세부적인 기준·절차 및 방법에 관하여 필요한 사항은 철도시설관리자가 정하여 고시한다.

|해설|

종합시험운행의 결과 검토에 대한 세부적인 기준·절차 및 방법에 관하여 필요한 사항은 국토교통부장관이 정하여 고시한다(규칙 제75조의2 제4항).

99 실시되는 종합시험운행의 결과에 대한 검토순서를 바르게 나열한 것은?

㉠ 「철도의 건설 및 철도시설 유지관리에 관한 법률」에 따른 기술기준에의 적합여부 검토 ㉡ 철도시설 및 열차운행체계의 안전성 여부 검토 ㉢ 정상운행 준비의 적절성 여부 검토

㉮ ㉠ → ㉡ → ㉢　　㉯ ㉡ → ㉠ → ㉢

㉰ ㉠ → ㉢ → ㉡　　㉱ ㉢ → ㉠ → ㉡

|해설|

실시되는 종합시험운행의 결과에 대한 검토는 다음의 절차로 구분하여 순서대로 실시한다(규칙 제75조의2 제1항).

1. 「철도의 건설 및 철도시설 유지관리에 관한 법률」에 따른 기술기준에의 적합여부 검토
2. 철도시설 및 열차운행체계의 안전성 여부 검토
3. 정상운행 준비의 적절성 여부 검토

100 철도차량을 소유하거나 운영하는 자가 철도차량 개조승인을 받으려면 철도차량 개조승인신청서에 첨부하여야 할 서류가 아닌 것은?

㉮ 개조에 필요한 경비에 관한 서류

㉯ 개조 대상 철도차량 및 수량에 관한 서류

㉰ 개조의 범위, 사유 및 작업 일정에 관한 서류

㉱ 개조에 필요한 인력, 장비, 시설 및 부품 또는 장치에 관한 서류

|해설|

철도차량을 소유하거나 운영하는 자는 철도차량 개조승인을 받으려면 철도차량 개조승인신청서에 다음의 서류를 첨부하여 국토교통부장관에게 제출하여야 한다(규칙 제75조의3 제1항).

1. 개조 대상 철도차량 및 수량에 관한 서류
2. 개조의 범위, 사유 및 작업 일정에 관한 서류
3. 개조 전 · 후 사양 대비표
4. 개조에 필요한 인력, 장비, 시설 및 부품 또는 장치에 관한 서류
5. 개조작업수행 예정자의 조직 · 인력 및 장비 등에 관한 현황과 개조작업수행에 필요한 부품, 구성품 및 용역의 내용에 관한 서류. 다만, 개조작업수행 예정자를 선정하기 전인 경우에는 개조작업수행 예정자 선정기준에 관한 서류
6. 개조 작업지시서
7. 개조하고자 하는 사항이 철도차량기술기준에 적합함을 입증하는 기술문서

101 다음 철도차량의 경미한 개조에 관한 내용으로 바르지 않은 것은?

㉮ 소유자등이 경미한 사항의 철도차량 개조신고를 하려면 해당 철도차량에 대한 개조작업 시작예정일 30일 전까지 철도차량 개조신고서에 관련 서류를 첨부하여 한국교통안전공단에 제출하여야 한다.

㉯ 국토교통부장관은 소유자등이 제출한 철도차량 개조신고서를 검토한 후 적합하다고 판단하는 경우에는 철도차량 개조신고확인서를 발급하여야 한다.

㉰ 소유자등이 철도차량을 개조하여 개조승인을 받으려는 경우에는 국토교통부령으로 정하는 바에 따라 적정 개조능력이 있다고 인정되는 자가 개조 작업을 수행하도록 하여야 한다.

㉱ 국토교통부장관은 개조승인을 하려는 경우에는 해당 철도차량이 고시하는 철도차량의 기술기준에 적합한지에 대하여 개조승인검사를 하여야 한다.

Answer 98. ㉱ 99. ㉮ 100. ㉮ 101. ㉮

|해설|

소유자등이 경미한 사항의 철도차량 개조신고를 하려면 해당 철도차량에 대한 개조작업 시작예정일 10일 전까지 철도차량 개조신고서에 관련 서류를 첨부하여 국토교통부장관에게 제출하여야 한다(규칙 제75조의4 제3항).

102 다음 철도차량의 개조 등에 관한 설명 중 틀린 것은?

㉮ 철도차량을 소유하거나 운영하는 자는 철도차량 최초 제작 당시와 다르게 구조, 부품, 장치 또는 차량성능 등에 대한 개량 및 변경 등을 임의로 하고 운행하여서는 아니 된다.

㉯ 소유자 등이 철도차량을 개조하여 운행하려면 철도차량의 기술기준에 적합한지에 대하여 국토교통부령으로 정하는 바에 따라 국토교통부장관의 승인을 받아야 한다.

㉰ 국토교통부령으로 정하는 경미한 사항을 개조하는 경우에는 철도운영자등에게 신고하여야 한다.

㉱ 철도차량을 소유하거나 운영하는 자는 철도차량 개조승인을 받으려면 따른 철도차량 개조승인신청서를 국토교통부장관에게 제출하여야 한다.

|해설|

소유자 등이 철도차량을 개조하여 운행하려면 철도차량의 기술기준에 적합한지에 대하여 국토교통부령으로 정하는 바에 따라 국토교통부장관의 승인(개조승인)을 받아야 한다. 다만, 국토교통부령으로 정하는 경미한 사항을 개조하는 경우에는 국토교통부장관에게 신고(개조신고)하여야 한다(법 제38조의2 제2항).

103 다음 철도차량의 경미한 개조에 해당하지 않은 것은?

㉮ 도시철도차량 : 100분의 5

㉯ 고속철도차량 및 일반철도차량의 동력차(기관차) : 100분의 2

㉰ 고속철도차량 및 일반철도차량의 객차·화차·전기동차·디젤동차 : 100분의 4

㉱ 차체구조 등 철도차량 구조체의 개조로 인하여 해당 철도차량의 허용 적재하중 등 철도차량의 강도가 100분의 10 미만으로 변동되는 경우

|해설|

경미한 사항을 개조하는 경우(규칙 제75조의4 제1항) : 차체구조 등 철도차량 구조체의 개조로 인하여 해당 철도차량의 허용 적재하중 등 철도차량의 강도가 100분의 5 미만으로 변동되는 경우

104 철도차량의 개조가 철도차량기술기준에 적합한지 여부에 대한 기술문서 검사는?

㉮ 개조적합성 검사　　　㉯ 개조합치성 검사
㉰ 개조형식시험　　　㉱ 개조형식검사

|해설|
개조승인 검사는 다음의 구분에 따라 실시한다(규칙 제75조의6 제1항).
1. 개조적합성 검사 : 철도차량의 개조가 철도차량기술기준에 적합한지 여부에 대한 기술문서 검사
2. 개조합치성 검사 : 해당 철도차량의 대표편성에 대한 개조작업이 기술문서와 합치하게 시행되었는지 여부에 대한 검사
3. 개조형식시험 : 철도차량의 개조가 부품단계, 구성품단계, 완성차단계, 시운전단계에서 철도차량기술기준에 적합한지 여부에 대한 시험

105 국토교통부장관이 소유자등에게 철도차량의 운행제한을 명할 수 있는 경우는?

㉮ 철도운영자등이 교육을 이수하지 아니한 경우
㉯ 소유자등이 교육을 이수하지 아니한 경우
㉰ 철도차량이 철도차량의 기술기준에 적합하지 아니한 경우
㉱ 소유자등이 개조승인을 받고 개조하여 운행한 경우

|해설|
국토교통부장관은 다음의 어느 하나에 해당하는 사유가 있다고 인정되면 소유자등에게 철도차량의 운행제한을 명할 수 있다(법 제38조의3 제1항).
1. 소유자등이 개조승인을 받지 아니하고 임의로 철도차량을 개조하여 운행하는 경우
2. 철도차량이 철도차량의 기술기준에 적합하지 아니한 경우

106 다음 철도차량의 기술기준에 적합하지 않은 경우 1차 위반 시 처분기준은?

㉮ 시정명령　　　㉯ 해당 철도차량 운행정지 1개월
㉰ 해당 철도차량 운행정지 2개월　　　㉱ 해당 철도차량 운행정지 4개월

|해설|
철도차량의 기술기준에 적합하지 않은 경우 처분기준(규칙 별표16)
1. 1차 위반 : 시정명령
2. 2차 위반 : 해당 철도차량 운행정지 1개월
3. 3차 위반 : 해당 철도차량 운행정지 2개월
4. 4차 위반 : 해당 철도차량 운행정지 4개월

Answer 102. ㉰　103. ㉱　104. ㉮　105. ㉰　106. ㉮

107 다음 철도차량 개조능력이 있다고 인정되는 자에 해당하지 않는 자는?

㉮ 개조 대상 철도차량 또는 그와 유사한 성능의 철도차량을 제작한 경험이 있는 자

㉯ 개조 대상 부품 또는 장치 등을 제작하여 납품한 실적이 있는 자

㉰ 개조 대상 부품·장치 또는 그와 유사한 성능의 부품·장치 등을 6개월 이상 정비한 실적이 있는 자

㉱ 인증정비조직

|해설|

철도차량 개조능력이 있다고 인정되는 자 : 적정 개조능력이 있다고 인정되는 자란 다음의 어느 하나에 해당하는 자를 말한다(규칙 제75조의5).

1. 개조 대상 철도차량 또는 그와 유사한 성능의 철도차량을 제작한 경험이 있는 자
2. 개조 대상 부품 또는 장치 등을 제작하여 납품한 실적이 있는 자
3. 개조 대상 부품·장치 또는 그와 유사한 성능의 부품·장치 등을 1년 이상 정비한 실적이 있는 자
4. 인증정비조직
5. 개조 전의 부품 또는 장치 등과 동등 수준 이상의 성능을 확보할 수 있는 부품 또는 장치 등의 신기술을 개발하여 해당 부품 또는 장치를 철도차량에 설치 또는 개량하는 자

108 다음 개조승인 검사 등에 관한 내용으로 틀린 것은?

㉮ 국토교통부장관은 개조승인을 하려는 경우에는 해당 철도차량이 고시하는 철도차량의 기술기준에 적합한지에 대하여 개조승인검사를 하여야 한다.

㉯ 개조승인 검사는 개조적합성 검사, 개조합치성 검사, 개조형식시험의 구분에 따라 실시한다.

㉰ 국토교통부장관은 개조승인 검사 결과 철도차량기술기준에 적합하다고 인정하는 경우에는 철도차량 개조승인증명서에 철도차량 개조승인 자료집을 첨부하여 신청인에게 발급하여야 한다.

㉱ 개조승인의 절차 및 방법 등에 관한 세부사항은 국토교통부령으로 정한다.

|해설|

개조승인의 절차 및 방법 등에 관한 세부사항은 국토교통부장관이 정하여 고시한다(규칙 제75조의6 제3항).

109 다음 개조승인을 받지 않고 임의로 철도차량을 개조하여 운행하는 경우 1차 위반 시 처분기준은?

㉮ 시정명령　　㉯ 해당 철도차량 운행정지 1개월
㉰ 해당 철도차량 운행정지 4개월　　㉱ 해당 철도차량 운행정지 6개월

|해설|

철도차량의 기술기준에 적합하지 않은 경우 처분기준(규칙 별표16)
1. 1차 위반 : 해당 철도차량 운행정지 1개월
2. 2차 위반 : 해당 철도차량 운행정지 2개월
3. 3차 위반 : 해당 철도차량 운행정지 4개월
4. 4차 위반 : 해당 철도차량 운행정지 6개월

110 다음 철도차량의 기술기준에 적합하지 않은 경우 1차 위반 시 과징금은?

㉮ 없음　　㉯ 500만원
㉰ 1,500만원　　㉱ 3,000만원

|해설|

철도차량의 기술기준에 적합하지 않은 경우 과징금(영 별표4)
1. 1차 위반 : 없음
2. 2차 위반 : 500만원
3. 3차 위반 : 1,500만원
4. 4차 위반 : 3,000만원

111 다음 개조승인을 받지 않고 임의로 철도차량을 개조하여 운행하는 경우 1차 위반 시 과징금은?

㉮ 없음　　㉯ 500만원
㉰ 3,000만원　　㉱ 5,000만원

|해설|

철도차량의 기술기준에 적합하지 않은 경우 과징금(영 별표4)
1. 1차 위반 : 500만원
2. 2차 위반 : 1,500만원
3. 3차 위반 : 3,000만원
4. 4차 위반 : 5,000만원

Answer 107. ㉰　108. ㉱　109. ㉯　110. ㉮　111. ㉯

112 다음 철도차량의 이력관리에 관한 설명으로 틀린 것은?

㉮ 소유자등은 보유 또는 운영하고 있는 철도차량과 관련한 제작, 운용, 철도차량정비 및 폐차 등 이력을 관리하여야 한다.

㉯ 이력을 관리하여야 할 철도차량, 이력관리 항목, 전산망 등 관리체계, 방법 및 절차 등에 필요한 사항은 국토교통부장관이 정하여 고시한다.

㉰ 소유자등은 이력을 철도운영자등에게 정기적으로 보고하여야 한다.

㉱ 국토교통부장관은 보고된 철도차량과 관련한 제작, 운용, 철도차량정비 및 폐차 등 이력을 체계적으로 관리하여야 한다.

|해설|

소유자등은 이력을 국토교통부장관에게 정기적으로 보고하여야 한다(법 제38조의5 제4항).

113 다음 철도차량정비 등에 관한 내용으로 바르지 않은 것은?

㉮ 철도운영자등은 운행하려는 철도차량의 부품, 장치 및 차량성능 등이 안전한 상태로 유지될 수 있도록 철도차량정비가 된 철도차량을 운행하여야 한다.

㉯ 국토교통부장관은 철도차량을 운행하기 위하여 철도차량을 정비하는 때에 준수하여야 할 항목, 주기, 방법 및 절차 등에 관한 기술기준(철도차량정비 기술기준)을 정하여 고시하여야 한다.

㉰ 국토교통부장관은 철도차량이 안전운행에 지장이 있다고 인정되는 경우에 철도운영자등에게 해당 철도차량에 대하여 철도차량정비 또는 원상복구를 명하여야 한다.

㉱ 운행장애 등이 발생한 경우 국토교통부장관은 철도운영자 등에게 철도차량정비 또는 원상복구를 명하여야 한다.

|해설|

국토교통부징관은 철도차량이 안전운행에 지장이 있다고 인정되는 경우에 철도운영자등에게 해당 철도차량에 대하여 국토교통부령으로 정하는 바에 따라 철도차량정비 또는 원상복구를 명할 수 있다(법 제38조의6 제3항).

114 다음 철도사고 또는 운행장애 등에 해당하지 않은 것은?

㉮ 동일한 부품·구성품 또는 장치 등의 고장으로 인해 보고대상이 되는 지연운행이 5년에 1회 이상 발생한 경우

㉯ 철도차량의 고장 등 철도차량 결함에 따른 철도사고로 사망자가 발생한 경우

㉰ 철도차량의 고장 등 철도차량 결함으로 인해 보고대상이 되는 열차사고 또는 위험사고가 발생한 경우

㉱ 그 밖에 철도 운행안전 확보 등을 위해 국토교통부장관이 정하여 고시하는 경우

|해설|

철도사고 또는 운행장애 등(규칙 제75조의8 제4항)

1. 철도차량의 고장 등 철도차량 결함으로 인해 보고대상이 되는 열차사고 또는 위험사고가 발생한 경우
2. 철도차량의 고장 등 철도차량 결함에 따른 철도사고로 사망자가 발생한 경우
3. 동일한 부품·구성품 또는 장치 등의 고장으로 인해 보고대상이 되는 지연운행이 1년에 3회 이상 발생한 경우
4. 그 밖에 철도 운행안전 확보 등을 위해 국토교통부장관이 정하여 고시하는 경우

115 국토교통부장관이 철도운영자등에게 철도차량정비 또는 원상복구를 명할 수 있는 경우가 아닌 것은?

㉮ 철도차량기술기준에 적합하지 아니하거나 안전운행에 지장이 있다고 인정되는 경우

㉯ 소유자등이 과징금을 납부하지 아니한 경우

㉰ 소유자등이 개조승인을 받지 아니하고 철도차량을 개조한 경우

㉱ 국토교통부령으로 정하는 철도사고 또는 운행장애 등이 발생한 경우

|해설|

국토교통부장관은 철도차량이 다음의 어느 하나에 해당하는 경우에 철도운영자등에게 해당 철도차량에 대하여 국토교통부령으로 정하는 바에 따라 철도차량정비 또는 원상복구를 명할 수 있다. 다만, 2. 또는 3.에 해당하는 경우에는 국토교통부장관은 철도운영자 등에게 철도차량정비 또는 원상복구를 명하여야 한다(법 제38조의6 제3항).

1. 철도차량기술기준에 적합하지 아니하거나 안전운행에 지장이 있다고 인정되는 경우
2. 소유자등이 개조승인을 받지 아니하고 철도차량을 개조한 경우
3. 국토교통부령으로 정하는 철도사고 또는 운행장애 등이 발생한 경우

Answer 112. ㉰ 113. ㉰ 114. ㉮ 115. ㉯

116 다음 철도차량정비 또는 원상복구 명령 등에 관한 설명으로 틀린 것은?

㉮ 국토교통부장관은 철도운영자등에게 철도차량정비 또는 원상복구를 명하는 경우에는 그 시정에 필요한 기간을 주어야 한다.

㉯ 국토교통부장관은 철도운영자등에게 철도차량정비 또는 원상복구를 명하는 경우 대상 철도차량 및 사유 등을 명시하여 서면(전자문서를 포함한다.)으로 통지해야 한다.

㉰ 철도운영자등은 국토교통부장관으로부터 철도차량정비 또는 원상복구 명령을 받은 경우에는 그 명령을 받은 날부터 30일 이내에 시정조치계획서를 작성하여 서면으로 국토교통부장관에게 보고하여야 한다.

㉱ 철도운영자등은 시정조치를 완료한 경우에는 지체 없이 그 시정내용을 국토교통부장관에게 서면으로 통지해야 한다.

|해설|

철도운영자등은 국토교통부장관으로부터 철도차량정비 또는 원상복구 명령을 받은 경우에는 그 명령을 받은 날부터 14일 이내에 시정조치계획서를 작성하여 서면으로 국토교통부장관에게 제출해야 하고, 시정조치를 완료한 경우에는 지체 없이 그 시정내용을 국토교통부장관에게 서면으로 통지해야 한다(규칙 제75조의8 제3항).

117 다음 철도차량 이력에 대한 금지행위가 아닌 것은?

㉮ 이력사항을 고의 또는 과실로 입력하지 아니하는 행위

㉯ 이력사항을 위조·변조하거나 고의로 훼손하는 행위

㉰ 이력사항을 무단으로 외부에 제공하는 행위

㉱ 이력사항을 국토교통부장관에게 정기적으로 보고하지 아니한 행위

|해설|

누구든지 관리하여야 할 철도차량의 이력에 대하여 다음의 행위를 하여서는 아니 된다(법 제38조의5 제3항).

1. 이력사항을 고의 또는 과실로 입력하지 아니하는 행위
2. 이력사항을 위조·변조하거나 고의로 훼손하는 행위
3. 이력사항을 무단으로 외부에 제공하는 행위

118 다음 철도차량 정비조직인증은 누구에게 받아야 하는가?

㉮ 철도기술위위원회

㉯ 국토교통부장관

㉰ 한국교통안전공단

㉱ 철도운영자등

|해설|

철도차량정비를 하려는 자는 철도차량정비에 필요한 인력, 설비 및 검사체계 등에 관한 기준(정비조직인증기준)을 갖추어 국토교통부장관으로부터 인증을 받아야 한다. 다만, 국토교통부령으로 정하는 경미한 사항의 경우에는 그러하지 아니하다(법 제38조의7 제1항).

119 다음 철도차량 정비조직인증에 관한 내용으로 바르지 않은 것은?

㉮ 철도차량정비를 하려는 자는 철도차량정비에 필요한 인력, 설비 및 검사체계 등에 관한 기준(정비조직인증기준)을 갖추어 국토교통부장관으로부터 인증을 받아야 한다.

㉯ 철도차량 정비조직의 인증을 받으려는 자는 철도차량 정비업무 개시예정일 60일 전까지 철도차량 정비조직인증 신청서에 정비조직인증기준을 갖추었음을 증명하는 자료를 첨부하여 국토교통부장관에게 제출해야 한다.

㉰ 철도차량 정비조직의 인증을 받은 자가 인증정비조직의 변경인증을 받으려면 변경내용의 적용 예정일 30일 전까지 인증정비조직 변경인증 신청서를 국토교통부장관에게 제출해야 한다.

㉱ 정비조직인증에 관한 세부적인 기준·방법 및 절차 등은 철도기술위위원회에서 정하여 고시한다.

|해설|

정비조직인증에 관한 세부적인 기준·방법 및 절차 등은 국토교통부장관이 정하여 고시한다(규칙 제75조의9 제4항).

Answer 116. ㉰ 117. ㉱ 118. ㉯ 119. ㉱

120 다음 정비조직인증기준으로 적합하지 않은 것은?

㉮ 정비조직의 업무를 적절하게 수행할 수 있는 자본력을 갖출 것

㉯ 정비조직의 업무를 적절하게 수행할 수 있는 인력을 갖출 것

㉰ 정비조직의 업무범위에 적합한 시설·장비 등 설비를 갖출 것

㉱ 정비조직의 업무범위에 적합한 철도차량 정비매뉴얼, 검사체계 및 품질관리 체계 등을 갖출 것

|해설|

정비조직인증기준(규칙 제75조의9 제1항)

1. 정비조직의 업무를 적절하게 수행할 수 있는 인력을 갖출 것
2. 정비조직의 업무범위에 적합한 시설·장비 등 설비를 갖출 것
3. 정비조직의 업무범위에 적합한 철도차량 정비매뉴얼, 검사체계 및 품질관리체계 등을 갖출 것

121 철도차량 정비조직의 인증을 받은 자가 인증정비조직의 변경인증을 받으려면 인증정비조직 변경인증 신청서에 첨부할 서류가 아닌 것은?

㉮ 변경하고자 하는 내용과 증명서류

㉯ 변경 전후의 대비표

㉰ 변경 전후의 설명서

㉱ 철도차량 및 수량에 관한 서류

|해설|

철도차량 정비조직의 인증을 받은 자가 인증정비조직의 변경인증을 받으려면 변경내용의 적용 예정일 30일 전까지 인증정비조직 변경인증 신청서에 다음의 서류를 첨부하여 국토교통부장관에게 제출해야 한다(규칙 제75조의9 제3항).

1. 변경하고자 하는 내용과 증명서류
2. 변경 전후의 대비표 및 설명서

122 다음 정비조직인증서의 발급 등에 관한 내용으로 바르지 않은 것은?

㉮ 국토교통부장관은 철도차량 정비조직인증 또는 변경인증의 신청을 받으면 철도기술위위원회로 하여금 정비조직인증기준에 적합한지 여부를 확인해야 한다.

㉯ 인증정비조직은 정비조직운영기준에 따라 정비조직을 운영해야 한다.

㉰ 세부적인 기준, 절차 및 방법과 정비조직운영기준 등에 관한 세부 사항은 국토교통부장관이 정하여 고시한다.

㉱ 국토교통부장관은 철도차량 정비조직인증서를 발급한 때에는 그 사실을 관보에 고시해야 한다.

|해설|

국토교통부장관은 철도차량 정비조직인증 또는 변경인증의 신청을 받으면 정비조직인증기준에 적합한지 여부를 확인해야 한다(규칙 제75의10 제1항).

123 다음 정비조직인증기준의 경미한 변경 등에 관한 서술로 바르지 않은 것은?

㉮ 인증정비조직은 철도차량 정비를 위한 설비 또는 장비 등의 교체 또는 개량 등에 해당하는 경우 정비조직인증의 변경에 관한 신고를 하지 않을 수 있다.

㉯ 인증정비조직은 인증정비조직의 경미한 사항의 변경에 관한 신고를 하려면 인증정비조직 변경신고서를 국토교통부장관에게 제출해야 한다.

㉰ 국토교통부장관은 인증정비조직 변경신고서를 받은 때에는 정비조직인증기준에 적합한지 여부를 확인한 후 인증정비조직 변경신고확인서를 발급해야 한다.

㉱ 인증변경신고에 관한 세부적인 방법 및 절차 등은 철도기술위위원 또는 한국교통안전공단이 정하여 고시한다.

|해설|

인증변경신고에 관한 세부적인 방법 및 절차 등은 국토교통부장관이 정하여 고시한다(규칙 제75조의11 제6항).

Answer 120. ㉮ 121. ㉱ 122. ㉮ 123. ㉱

124 다음 정비조직인증기준의 경미한 사항에 해당하지 않은 것은?

㉮ 소기업 중 해당 기업의 주된 업종이 창고업에 해당하는 기업

㉯ 철도차량 정비업무에 상시 종사하는 사람이 100명 미만의 조직

㉰ 소기업 중 해당 기업의 주된 업종이 운수업에 해당하는 기업

㉱ 전용철도 노선에서만 운행하는 철도차량을 정비하는 조직

|해설|

경미한 사항이란 다음의 어느 하나에 해당하는 정비조직을 말한다(규칙 제75조의11 제1항).

1. 철도차량 정비업무에 상시 종사하는 사람이 50명 미만의 조직
2. 소기업 중 해당 기업의 주된 업종이 운수 및 창고업에 해당하는 기업(통계청장이 고시하는 한국표준산업분류의 대분류에 따른 운수 및 창고업을 말한다)
3. 전용철도 노선에서만 운행하는 철도차량을 정비하는 조직

125 다음 정비조직인증기준의 경미한 변경에 해당하지 않은 것은?

㉮ 철도차량 정비를 위한 사업장을 기준으로 철도차량 정비와 관련된 업무를 수행하는 인력의 100분의 10 이하 범위에서의 변경

㉯ 철도차량 정비를 위한 사업장을 기준으로 철도차량 정비에 직접 사용되는 토지 면적의 $1m^2$ 이하 범위에서의 변경

㉰ 철도차량 제작자와 철도차량 구매자의 계약에 따른 하자보증 또는 성능개선 등을 위한 장치 또는 부품의 변경

㉱ 그 밖에 철도차량 정비의 안전 및 품질 등에 중대한 영향을 초래하지 않는 설비 또는 장비 등의 변경

|해설|

경미한 사항의 변경이란 다음의 어느 하나에 해당하는 사항의 변경을 말한다(규칙 제75조의11 제2항).

1. 철도차량 정비를 위한 사업장을 기준으로 철도차량 정비와 관련된 업무를 수행하는 인력의 100분의 10 이하 범위에서의 변경
2. 철도차량 정비를 위한 사업장을 기준으로 철도차량 정비에 직접 사용되는 토지 면적의 1만제곱미터 이하 범위에서의 변경
3. 그 밖에 철도차량 정비의 안전 및 품질 등에 중대한 영향을 초래하지 않는 설비 또는 장비 등의 변경

126 다음 정비조직인증의 변경에 관한 신고를 하지 않을 수 있는 경우가 아닌 것은?

㉮ 철도차량 정비를 위한 사업장을 기준으로 철도차량 정비와 관련된 업무를 수행하는 인력이 100분의 55 이하 범위에서 변경되는 경우

㉯ 철도차량 정비를 위한 사업장을 기준으로 철도차량 정비에 직접 사용되는 면적이 $3m^2$ 이하 범위에서 변경되는 경우

㉰ 철도차량 정비를 위한 설비 또는 장비 등의 교체 또는 개량

㉱ 그 밖에 철도차량 정비의 안전 및 품질 등에 영향을 초래하지 않는 사항의 변경

|해설|

인증정비조직은 다음의 어느 하나에 해당하는 경우 정비조직인증의 변경에 관한 신고를 하지 않을 수 있다(규칙 제75조의11 제3항).

1. 철도차량 정비를 위한 사업장을 기준으로 철도차량 정비와 관련된 업무를 수행하는 인력이 100분의 5 이하 범위에서 변경되는 경우
2. 철도차량 정비를 위한 사업장을 기준으로 철도차량 정비에 직접 사용되는 면적이 3천 제곱미터 이하 범위에서 변경되는 경우
3. 철도차량 정비를 위한 설비 또는 장비 등의 교체 또는 개량
4. 그 밖에 철도차량 정비의 안전 및 품질 등에 영향을 초래하지 않는 사항의 변경

127 인증정비조직의 경미한 사항의 변경에 관한 신고를 하려면 인증정비조직 변경신고서에 첨부하여야 할 서류가 아닌 것은?

㉮ 변경 예정인 내용과 증명서류

㉯ 변경 전후의 대비표

㉰ 변경 전후의 설명서

㉱ 변경 전·후 사양 대비표

|해설|

인증정비조직은 인증정비조직의 경미한 사항의 변경에 관한 신고를 하려면 인증정비조직 변경신고서에 다음의 서류를 첨부하여 국토교통부장관에게 제출해야 한다(규칙 제75조의11 제4항).

1. 변경 예정인 내용과 증명서류
2. 변경 전후의 대비표 및 설명서

Answer 124. ㉯ 125. ㉰ 126. ㉮ 127. ㉱

128 다음 철도차량 정비조직인증에 관한 내용으로 틀린 것은?

㉮ 철도차량정비를 하려는 자는 철도차량정비에 필요한 인력, 설비 및 검사체계 등에 관한 기준을 갖추어 국토교통부장관으로부터 인증을 받아야 한다.

㉯ 국토교통부장관은 확인 결과 정비조직인증기준에 적합하다고 인정하는 경우에는 철도차량 정비조직인증서에 철도차량정비의 종류·범위·방법 및 품질관리절차 등을 정한 운영기준을 첨부하여 신청인에게 발급해야 한다.

㉰ 국토교통부장관은 정비조직을 인증하려는 경우에는 국토교통부령으로 정하는 바에 따라 철도차량정비의 종류·범위·방법 및 품질관리절차 등을 정한 세부 운영기준을 해당 정비조직에 발급하여야 한다.

㉱ 정비조직인증기준, 인증절차, 변경인증절차 및 정비조직운영기준 등에 필요한 사항은 철도기술위원회에서 정한다.

|해설|

정비조직인증기준, 인증절차, 변경인증절차 및 정비조직운영기준 등에 필요한 사항은 국토교통부령으로 정한다(법 제38조의7 제4항).

129 다음 정비조직의 인증을 받을 수 있는 자는?

㉮ 피한정후견인

㉯ 파산선고를 받은 자로서 복권되지 아니한 자

㉰ 정비조직의 인증이 취소(인증이 취소된 경우는 제외한다)된 후 5년이 지난 자

㉱ 이 법을 위반하여 징역 이상의 형의 집행유예를 선고받고 그 유예기간 중에 있는 사람

|해설|

다음의 어느 하나에 해당하는 자는 정비조직의 인증을 받을 수 없다. 법인인 경우에는 임원 중 다음의 어느 하나에 해당하는 사람이 있는 경우에도 또한 같다(법 제38조의8).

1. 피성년후견인 및 피한정후견인
2. 파산선고를 받은 자로서 복권되지 아니한 자
3. 정비조직의 인증이 취소(인증이 취소된 경우는 제외한다)된 후 2년이 지나지 아니한 자
4. 이 법을 위반하여 징역 이상의 실형을 선고받고 그 집행이 끝나거나 그 집행이 면제된 날부터 2년이 지나지 아니한 사람
5. 이 법을 위반하여 징역 이상의 형의 집행유예를 선고받고 그 유예기간 중에 있는 사람

130 다음 인증정비조직의 준수사항이 아닌 것은?

㉮ 철도차량정비를 일정 수량이상을 유지하고 있을 것

㉯ 철도차량정비기술기준을 준수할 것

㉰ 정비조직인증기준에 적합하도록 유지할 것

㉱ 정비조직운영기준을 지속적으로 유지할 것

|해설|

인증정비조직의 준수사항(법 제38조의9)

1. 철도차량정비기술기준을 준수할 것
2. 정비조직인증기준에 적합하도록 유지할 것
3. 정비조직운영기준을 지속적으로 유지할 것
4. 중고 부품을 사용하여 철도차량정비를 할 경우 그 적정성 및 이상 여부를 확인할 것
5. 철도차량정비가 완료되지 않은 철도차량은 운행할 수 없도록 관리할 것

131 다음 인증정비조직의 인증 취소 등에 관한 서술로 바르지 않은 것은?

㉮ 국토교통부장관은 인증정비조직이 준수사항을 위반한 경우 등에 해당하면 인증을 취소하거나 6개월 이내의 기간을 정하여 업무의 제한이나 정지를 명할 수 있다.

㉯ 거짓이나 그 밖의 부정한 방법으로 인증을 받은 경우에는 그 인증을 취소하여야 한다.

㉰ 국토교통부장관은 처분을 한 경우에는 지체 없이 그 철도운영자등에게 지정기관 행정처분서를 통지하고 그 사실을 관보에 고시해야 한다.

㉱ 정비조직인증의 취소, 업무의 제한 또는 정지의 기준 및 절차 등에 필요한 사항은 국토교통부령으로 정한다.

|해설|

국토교통부장관은 처분을 한 경우에는 지체 없이 그 인증정비조직에 지정기관 행정처분서를 통지하고 그 사실을 관보에 고시해야 한다(규칙 제75조의12 제3항).

Answer 128. ㉱ 129. ㉰ 130. ㉮ 131. ㉰

132 다음 인증정비조직의 인증 취소 사유에 해당하지 않은 것은?

㉮ 거짓이나 그 밖의 부정한 방법으로 인증을 받은 경우

㉯ 결격사유에 해당하게 된 경우

㉰ 준수사항을 위반한 경우

㉱ 정비조직의 인원이 부족한 경우

|해설|

국토교통부장관은 인증정비조직이 다음의 어느 하나에 해당하면 인증을 취소하거나 6개월 이내의 기간을 정하여 업무의 제한이나 정지를 명할 수 있다. 다만, 1., 2.(고의에 의한 경우로 한정한다) 및 4.에 해당하는 경우에는 그 인증을 취소하여야 한다(법 제38조의10 제1항).

1. 거짓이나 그 밖의 부정한 방법으로 인증을 받은 경우
2. 고의 또는 중대한 과실로 국토교통부령으로 정하는 철도사고 및 중대한 운행장애를 발생시킨 경우
3. 변경인증을 받지 아니하거나 변경신고를 하지 아니하고 인증받은 사항을 변경한 경우
4. 결격사유에 해당하게 된 경우
5. 준수사항을 위반한 경우

133 다음 인증정비조직의 인증취소에 해당하는 철도사고 및 중대한 운행장애에 해당하지 않은 것은?

㉮ 철도사고로 사망자가 발생한 경우

㉯ 철도사고로 5억원 이상의 재산피해가 발생한 경우

㉰ 운행장애로 5억원 이상의 재산피해가 발생한 경우

㉱ 철도차량이 선로를 벗어나는 사고가 발생한 경우

|해설|

인증정비조직의 인증취소에 해당하는 철도사고 및 중대한 운행장애란 다음의 어느 하나에 해당하는 경우를 말한다(규칙 제75조의12 제1항).

1. 철도사고로 사망자가 발생한 경우
2. 철도사고 또는 운행장애로 5억원 이상의 재산피해가 발생한 경우

134 다음 인증정비조직이 변경인증을 받지 않거나 변경신고를 하지 않고 인증받은 사항을 변경한 경우 1차 위반에 대한 처분기준은?

㉮ 업무정지 1개월　　㉯ 업무정지 2개월
㉰ 업무정지 4개월　　㉱ 업무정지 6개월

|해설|

인증정비조직이 변경인증을 받지 않거나 변경신고를 하지 않고 인증받은 사항을 변경한 경우 처분기준(규칙 별표17)
1. 1차 위반 : 업무정지 1개월
2. 2차 위반 : 업무정지 2개월
3. 3차 위반 : 업무정지 4개월
4. 4차 위반 : 업무정지 6개월

135 다음 인증정비조직이 결격사유에 해당하게 된 경우 1차 위반에 대한 처분기준은?

㉮ 인증취소　　㉯ 업무정지 1개월
㉰ 업무정지 2개월　　㉱ 업무정지 4개월

|해설|

인증정비조직이 결격사유에 해당하게 된 경우 처분기준(규칙 별표17) : 인증취소

136 다음 철도사고로 사망자 수가 1명 이상 3명 미만인 경우 처분기준은?

㉮ 인증취소　　㉯ 업무정지 1개월
㉰ 업무정지 2개월　　㉱ 업무정지 4개월

|해설|

철도사고로 인한 사망자 수별 처분기준(규칙 별표17)
1. 1명 이상 3명 미만 : 업무정지 1개월
2. 3명 이상 5명 미만 : 업무정지 2개월
3. 5명 이상 10명 미만 : 업무정지 4개월
4. 10명 이상 : 업무정지 6개월

Answer 132. ㉱ 133. ㉱ 134. ㉮ 135. ㉮ 136. ㉯

137 다음 철도사고 또는 운행장애로 인한 재산피해액이 5억원 이상 10억원 미만일 때 경우 처분기준은?

㉮ 인증취소
㉯ 업무정지 5일
㉰ 업무정지 15일
㉱ 업무정지 1개월

|해설|

철도사고 또는 운행장애로 인한 재산피해액별 처분기준(규칙 별표17)
1. 5억원 이상 10억원 미만 : 업무정지 15일
2. 10억원 이상 20억원 미만 : 업무정지 1개월
3. 20억원 이상 : 업무정지 2개월

138 다음 철도차량 정밀안전진단에 관한 서술로 바르지 않은 것은?

㉮ 소유자 등은 철도차량이 제작된 시점(완성검사필증을 발급받은 날부터 기산한다)부터 국토교통부령으로 정하는 일정기간 또는 일정주행거리가 경과하여 노후된 철도차량을 운행하려는 경우 일정기간마다 물리적 사용가능 여부 및 안전성능 등에 대한 진단(정밀안전진단)을 받아야 한다.
㉯ 소유자 등은 다음의 구분에 따른 기간이 경과하기 전에 해당 철도차량의 물리적 사용가능 여부 및 안전성능 등에 대한 정밀안전진단(최초 정밀안전진단)을 받아야 한다.
㉰ 국토교통부장관은 철도사고 및 중대한 운행장애 등이 발생된 철도차량에 대하여는 소유자 등에게 정밀안전진단을 받을 것을 권장할 수 있다.
㉱ 국토교통부장관은 정밀안전진단 대상이 특정 시기에 집중되는 경우나 그 밖의 부득이한 사유로 소유자 등이 정밀안전진단을 받을 수 없다고 인정될 때에는 그 기간을 연장하거나 유예할 수 있다.

|해설|

국토교통부장관은 철도사고 및 중대한 운행장애 등이 발생된 철도차량에 대하여는 소유자등에게 정밀안전진단을 받을 것을 명할 수 있다. 이 경우 소유자등은 특별한 사유가 없으면 이에 따라야 한다(법 제38조의12 제2항).

139 다음 소유자등이 개조승인을 받지 않고 임의로 철도차량을 개조하여 운행하는 경우 1차 위반 시에 부과하는 과징금은?

㉮ 500만원　　㉯ 1,500만원
㉰ 3,000만원　　㉱ 5,000만원

|해설|

소유자등이 개조승인을 받지 않고 임의로 철도차량을 개조하여 운행하는 경우의 과징금(규칙 별표17)
1. 1차 위반 : 500만원
2. 2차 위반 : 1,500만원
3. 3차 위반 : 3,000만원
4. 4차 위반 : 5,000만원

140 다음 2014년 3월 19일 이후 구매계약을 체결한 철도차량의 정밀안전진단 시행시기는?

㉮ 철도차량 완성검사필증을 발급받은 날부터 5년
㉯ 철도차량 완성검사필증을 발급받은 날부터 10년
㉰ 철도차량 완성검사필증을 발급받은 날부터 15년
㉱ 철도차량 완성검사필증을 발급받은 날부터 20년

|해설|

2014년 3월 19일 이후 구매계약을 체결한 철도차량 : 철도차량 완성검사필증을 발급받은 날부터 20년(규칙 제75조의13 제1항)

141 다음 2014년 3월 18일까지 구매계약을 체결한 철도차량의 정밀안전진단 시행시기는?

㉮ 영업시운전을 시작한 날부터 10년
㉯ 영업시운전을 시작한 날부터 15년
㉰ 영업시운전을 시작한 날부터 20년
㉱ 영업시운전을 시작한 날부터 30년

|해설|

2014년 3월 18일까지 구매계약을 체결한 철도차량 : 영업시운전을 시작한 날부터 20년(규칙 제75조의13 제1항)

Answer 137. ㉰ 138. ㉰ 139. ㉮ 140. ㉱ 141. ㉰

142 다음 정밀안전진단의 시행시기에 관한 내용으로 틀린 것은?

㉮ 소유자 등은 다음의 구분에 따른 기간이 경과하기 전에 해당 철도차량의 물리적 사용가능 여부 및 안전성능 등에 대한 정밀안전진단(최초 정밀안전진단)을 받아야 한다.

㉯ 국토교통부장관은 철도차량의 정비주기·방법 등 철도차량 정비의 특수성을 고려하여 최초 정밀안전진단 시기 및 방법 등을 따로 정할 수 있다.

㉰ 소유자 등은 정밀안전진단 결과 계속 사용할 수 있다고 인정을 받은 철도차량에 대하여 기간을 기준으로 5년마다 해당 철도차량의 물리적 사용가능 여부 및 안전성능 등에 대하여 다시 정밀안전진단을 받아야 하며, 정기 정밀안전진단 결과 계속 사용할 수 있다고 인정을 받은 경우에도 또한 같다.

㉱ 국토교통부장관은 철도차량의 정비주기·방법 등 철도차량 정비의 특수성을 고려하여 정기 정밀안전진단 시기 및 방법 등은 국토교통부령으로 정한다.

|해설|

소유자 등은 정밀안전진단 결과 계속 사용할 수 있다고 인정을 받은 철도차량에 대하여 기간을 기준으로 5년마다 해당 철도차량의 물리적 사용가능 여부 및 안전성능 등에 대하여 다시 정밀안전진단을 받아야 하며, 정기 정밀안전진단 결과 계속 사용할 수 있다고 인정을 받은 경우에도 또한 같다. 다만, 국토교통부장관은 철도차량의 정비주기·방법 등 철도차량 정비의 특수성을 고려하여 정기 정밀안전진단 시기 및 방법 등을 따로 정할 수 있다(규칙 제75조의13 제3항).

143 다음 철도차량의 정밀안전진단의 신청시기는?

㉮ 정밀안전진단 완료 시기가 도래하기 30일 전까지

㉯ 정밀안전진단 완료 시기가 도래하기 40일 전까지

㉰ 정밀안전진단 완료 시기가 도래하기 60일 전까지

㉱ 정밀안전진단 완료 시기가 도래하기 90일 전까지

|해설|

소유자등은 정밀안전진단 대상 철도차량의 정밀안전진단 완료 시기가 도래하기 60일 전까지 철도차량 정밀안전진단 신청서에 증명하거나 참고할 수 있는 서류를 첨부하여 국토교통부장관이 지정한 정밀안전진단기관에 제출해야 한다(규칙 제75조의14 제1항).

144 소유자등이 정밀안전진단 대상 철도차량의 정밀안전진단 완료 시기가 도래하기 60일 전까지 철도차량 정밀안전진단 신청서에 첨부할 서류가 아닌 것은?

㉮ 철도차량 개조승인의 신청 등의 서류

㉯ 정밀안전진단 계획서

㉰ 정밀안전진단 판정을 위한 제작사양, 도면 및 검사성적서 등의 기술자료

㉱ 철도차량의 중대한 사고 내역

|해설|

소유자등은 정밀안전진단 대상 철도차량의 정밀안전진단 완료 시기가 도래하기 60일 전까지 철도차량 정밀안전진단 신청서에 다음의 사항을 증명하거나 참고할 수 있는 서류를 첨부하여 국토교통부장관이 지정한 정밀안전진단기관에 제출해야 한다(규칙 제75조의14 제1항).

1. 정밀안전진단 계획서
2. 정밀안전진단 판정을 위한 제작사양, 도면 및 검사성적서 등의 기술자료
3. 철도차량의 중대한 사고 내역(해당되는 경우에 한정한다)
4. 철도차량의 주요 부품의 교체 내역(해당되는 경우에 한정한다)
5. 정밀안전진단 대상 항목의 개조 및 수리 내역(해당되는 경우에 한정한다)
6. 전기특성검사 및 전선열화검사(電線劣化檢査 : 전선을 대상으로 외부적 · 내부적 영향에 따른 화학적 · 물리적 변화를 측정하는 검사) 시험성적서(해당되는 경우에 한정한다)

145 다음 정밀안전진단 계획서에 포함되어야 할 사항이 아닌 것은?

㉮ 정밀안전진단 대상 차량 및 수량

㉯ 정밀안전진단 대상 차종별 대상항목

㉰ 정밀안전진단 인력

㉱ 정밀안전진단 일정 · 장소

|해설|

정밀안전진단 계획서에 포함되어야 할 사항(규칙 제75조의14 제2항)

1. 정밀안전진단 대상 차량 및 수량
2. 정밀안전진단 대상 차종별 대상항목
3. 정밀안전진단 일정 · 장소
4. 안전관리계획
5. 정밀안전진단에 사용될 장비 등의 사용에 관한 사항
6. 그 밖에 정밀안전진단에 필요한 참고자료

Answer 142. ㉱ 143. ㉰ 144. ㉮ 145. ㉰

146 다음 정밀안전진단의 신청 등에 관한 내용으로 틀린 것은?

㉮ 소유자등은 정밀안전진단 대상 철도차량의 정밀안전진단 완료 시기가 도래하기 60일 전까지 철도차량 정밀안전진단 신청서에 증명하거나 참고할 수 있는 서류를 첨부하여 국토교통부장관이 지정한 철도기술위원회에 제출해야 한다.

㉯ 정밀안전진단기관은 소유자 등으로부터 제출 받은 정밀안전진단 신청서의 보완을 요청할 수 있다.

㉰ 정밀안전진단기관은 철도차량 정밀안전진단의 신청을 받은 때에는 제출된 서류를 검토한 후 신청인과 협의하여 정밀안전진단 계획서를 확정하고 신청인에게 이를 통보해야 한다.

㉱ 정밀안전진단 신청인은 정밀안전진단 계획서의 변경이 필요한 경우 정밀안전진단기관에게 변경하고자 하는 내용의 서류를 제출하여 변경을 요청할 수 있다.

|해설|

소유자등은 정밀안전진단 대상 철도차량의 정밀안전진단 완료 시기가 도래하기 60일 전까지 철도차량 정밀안전진단 신청서에 증명하거나 참고할 수 있는 서류를 첨부하여 국토교통부장관이 지정한 정밀안전진단기관에 제출해야 한다(규칙 제75조의14 제1항).

147 정밀안전진단 신청인이 정밀안전진단 계획서의 변경이 필요한 경우 정밀안전진단기관에게 변경을 요청할 때 제출하는 서류가 아닌 것은?

㉮ 변경하고자 하는 내용

㉯ 변경하고자 하는 사유

㉰ 변경하고자 하는 조직

㉱ 변경하고자 하는 설명자료

|해설|

정밀안전진단 신청인은 정밀안전진단 계획서의 변경이 필요한 경우 정밀안전진단기관에게 다음의 서류를 제출하여 변경을 요청할 수 있다. 이 경우 요청을 받은 정밀안전진단기관은 변경되는 사항의 안전상의 영향 등을 검토하여 적합하다고 인정되는 경우에는 정밀안전진단 계획서를 변경할 수 있다(규칙 제75조의14 제5항).

1. 변경하고자 하는 내용
2. 변경하고자 하는 사유 및 설명자료

148 다음 철도차량 정밀안전진단에 관한 서술로 바르지 않은 것은?

㉮ 정밀안전진단 등의 기준·방법·절차 등에 필요한 사항은 국토교통부령으로 정한다.

㉯ 정밀안전진단의 시기, 기준, 방법 및 절차 등에 관하여 필요한 사항은 정밀안전진단기관이 정하여 고시한다.

㉰ 소유자등은 국토교통부장관이 지정한 전문기관(정밀안전진단기관)으로부터 정밀안전진단을 받아야 한다.

㉱ 소유자등은 정밀안전진단 대상이 정밀안전진단을 받지 아니하거나 정밀안전진단 결과 계속 사용이 적합하지 아니하다고 인정되는 경우에는 해당 철도차량을 운행해서는 아니 된다.

|해설|

정밀안전진단의 시기, 기준, 방법 및 절차 등에 관하여 필요한 사항은 국토교통부장관이 정하여 고시한다(규칙 제75조의16 제2항).

149 다음 철도차량 정밀안전진단의 방법이 아닌 것은?

㉮ 상태 평가　　㉯ 안전성 평가
㉰ 성능 평가　　㉱ 기관 평가

|해설|

철도차량 정밀안전진단의 방법(규칙 제75조의16 제1항) : 상태 평가, 안전성 평가, 성능 평가

150 다음 철도차량 정밀안전진단의 방법 중 결함검사, 전기특성검사 및 전선열화검사와 관련이 있는 것은?

㉮ 상태 평가　　㉯ 안전성 평가
㉰ 성능 평가　　㉱ 적정성 평가

|해설|

정밀안전진단은 다음의 구분에 따라 시행한다(규칙 제75조의16 제1항).
1. 상태 평가 : 철도차량의 치수 및 외관검사
2. 안전성 평가 : 결함검사, 전기특성검사 및 전선열화검사
3. 성능 평가 : 역행시험, 제동시험, 진동시험 및 승차감시험

Answer 146. ㉮ 147. ㉰ 148. ㉯ 149. ㉱ 150. ㉯

151 다음 정밀안전진단기관의 지정 등에 관한 내용으로 바르지 않은 것은?

㉮ 국토교통부장관은 원활한 정밀안전진단 업무 수행을 위하여 정밀안전진단기관을 지정할 수 있다.

㉯ 정밀안전진단기관의 지정기준, 지정절차 등에 필요한 사항은 국토교통부령으로 정한다.

㉰ 정밀안전진단기관의 지정기준 및 지정절차 등에 관하여 필요한 사항은 국토교통부장관이 정하여 고시한다.

㉱ 국토교통부장관은 정밀안전진단기관의 지정을 취소하거나 업무정지의 처분을 한 경우에는 지체 없이 그 정밀안전진단기관에 정밀안전진단기관 행정처분서를 통지하고 그 사실을 관보에 고시해야 한다.

|해설|

국토교통부장관은 원활한 정밀안전진단 업무 수행을 위하여 정밀안전진단기관을 지정하여야 한다(법 제38조의13 제1항).

152 정밀안전진단기관으로 지정을 받으려는 자가 정밀안전진단기관 지정신청서에 첨부할 서류가 아닌 것은?

㉮ 정밀안전진단업무규정

㉯ 운영확인서

㉰ 정밀안전진단에 필요한 시설 및 장비 내역서

㉱ 정밀안전진단기관에서 사용하는 직인의 인영

|해설|

정밀안전진단기관으로 지정을 받으려는 자는 철도차량 정밀안전진단기관 지정신청서에 다음의 서류를 첨부하여 국토교통부장관에게 제출해야 한다(규칙 제75조의17 제1항).

1. 운영계획서
2. 정관이나 이에 준하는 약정(법인이나 단체의 경우만 해당한다)
3. 정밀안전진단을 담당하는 전문 인력의 보유 현황 및 기술 인력의 자격 · 학력 · 경력 등을 증명할 수 있는 서류
4. 정밀안전진단업무규정
5. 정밀안전진단에 필요한 시설 및 장비 내역서
6. 정밀안전진단기관에서 사용하는 직인의 인영

153 다음 정밀안전진단기관의 지정기준이 아닌 것은?

㉮ 정밀안전진단업무를 수행할 수 있는 상설 전담조직을 갖출 것

㉯ 정밀안전진단업무를 수행하기 위한 설비와 장비를 갖출 것

㉰ 정밀안전진단업무를 수행할 수 있는 충분한 자본력을 갖출 것

㉱ 정밀안전진단기관의 운영 등에 관한 업무규정을 갖출 것

|해설|

정밀안전진단기관의 지정기준(규칙 제75조의17 제2항)

1. 정밀안전진단업무를 수행할 수 있는 상설 전담조직을 갖출 것
2. 정밀안전진단업무를 수행할 수 있는 기술 인력을 확보할 것
3. 정밀안전진단업무를 수행하기 위한 설비와 장비를 갖출 것
4. 정밀안전진단기관의 운영 등에 관한 업무규정을 갖출 것
5. 지정 신청일 1년 이내에 정밀안전진단기관 지정취소 또는 업무정지를 받은 사실이 없을 것
6. 정밀안전진단 외의 업무를 수행하고 있는 경우 그 업무를 수행함으로 인하여 정밀안전진단업무가 불공정하게 수행될 우려가 없을 것
7. 철도차량을 제조 또는 판매하는 자가 아닐 것
8. 그 밖에 국토교통부장관이 정하여 고시하는 정밀안전진단기관의 지정 세부기준에 맞을 것

154 다음 정밀안전진단기관의 지정기준 및 절차 등에 관한 서술로 바르지 않은 것은?

㉮ 정밀안전진단기관의 지정 신청을 받은 국토교통부장관은 지정기준에 따라 지정 여부를 심사한 후 적합하다고 인정되는 경우에는 철도차량 정밀안전진단기관 지정서를 그 신청인에게 발급해야 한다.

㉯ 국토교통부장관은 정밀안전진단기관이 지정기준에 적합한 지의 여부를 5년마다 심사해야 한다.

㉰ 국토교통부장관으로부터 정밀안전진단기관으로 지정 받은 자가 그 명칭·대표자·소재지나 그 밖에 정밀안전진단 업무의 수행에 중대한 영향을 미치는 사항의 변경이 있는 경우에는 그 사유가 발생한 날부터 15일 이내에 국토교통부장관에게 그 사실을 통보해야 한다.

㉱ 국토교통부장관은 정밀안전진단기관을 지정하거나 통보를 받은 경우에는 지체 없이 관보에 고시해야 한다.

|해설|

국토교통부장관은 정밀안전진단기관이 지정기준에 적합한지의 여부를 매년 심사해야 한다(규칙 제75조의17 제4항).

Answer 151. ㉮ 152. ㉯ 153. ㉰ 154. ㉯

155 다음 정밀안전진단기관의 업무 범위에 해당하지 않은 것은?

㉮ 해당 업무분야의 철도차량에 대한 정밀안전진단 시행

㉯ 정밀안전진단의 항목 및 기준에 대한 조사・검토

㉰ 정밀안전진단의 항목 및 기준에 대한 제정・개정 요청

㉱ 철도기술위원회에서 요청하는 업무

|해설|

정밀안전진단기관의 업무 범위(규칙 제75조의18)
1. 해당 업무분야의 철도차량에 대한 정밀안전진단 시행
2. 정밀안전진단의 항목 및 기준에 대한 조사 · 검토
3. 정밀안전진단의 항목 및 기준에 대한 제정 · 개정 요청
4. 정밀안전진단의 기록 보존 및 보호에 관한 업무
5. 그 밖에 국토교통부장관이 필요하다고 인정하는 업무

156 다음 국토교통부장관이 정밀안전진단기관에 대하여 업무의 전부 또는 일부의 정지를 명할 수 있는 사유가 아닌 것은?

㉮ 정밀안전진단 업무를 태만히 한 경우

㉯ 업무정지명령을 위반하여 업무정지 기간 중에 정밀안전진단 업무를 한 경우

㉰ 거짓이나 그 밖의 부정한 방법으로 지정을 받은 경우

㉱ 정밀안전진단 결과를 조작한 경우

|해설|

국토교통부장관은 정밀안전진단기관이 다음의 어느 하나에 해당하는 경우에 그 지정을 취소하거나 6개월 이내의 기간을 정하여 그 업무의 전부 또는 일부의 정지를 명할 수 있다. 다만, 1.부터 3.까지의 어느 하나에 해당하는 경우에는 그 지정을 취소하여야 한다(법 제38조의13 제3항).
1. 거짓이나 그 밖의 부정한 방법으로 지정을 받은 경우
2. 업무정지명령을 위반하여 업무정지 기간 중에 정밀안전진단 업무를 한 경우
3. 정밀안전진단 업무와 관련하여 부정한 금품을 수수하거나 그 밖의 부정한 행위를 한 경우
4. 정밀안전진단 결과를 조작한 경우
5. 정밀안전진단 결과를 거짓으로 기록하거나 고의로 결과를 기록하지 아니한 경우
6. 성능검사 등을 받지 아니한 검사용 기계 · 기구를 사용하여 정밀안전진단을 한 경우

157 다음 정밀안전진단 업무와 관련하여 부정한 금품을 수수하거나 그 밖의 부정한 행위를 한 경우 1차 위반에 대한 처분기준은?

㉮ 지정취소　　㉯ 업무정지 1개월
㉰ 업무정지 2개월　　㉱ 업무정지 6개월

|해설|

정밀안전진단 업무와 관련하여 부정한 금품을 수수하거나 그 밖의 부정한 행위를 한 경우(규칙 별표18) : 지정취소

158 다음 성능검사 등을 받지 않은 검사용 기계・기구를 사용하여 정밀안전진단을 한 경우 1차 위반에 대한 처분기준은?

㉮ 지정취소　　㉯ 업무정지 1개월
㉰ 업무정지 4개월　　㉱ 업무정지 6개월

|해설|

성능검사 등을 받지 않은 검사용 기계・기구를 사용하여 정밀안전진단을 한 경우(규칙 별표18)
1. 1차 위반 : 업무정지 1개월
2. 2차 위반 : 업무정지 2개월
3. 3차 위반 : 업무정지 4개월
4. 4차 위반 : 업무정지 6개월

159 다음 정밀안전진단 결과를 조작한 경우 1차 위반 시 과징금은?

㉮ 500만원　　㉯ 1,500만원
㉰ 3,000만원　　㉱ 5,000만원

|해설|

정밀안전진단 결과를 조작한 경우(영 별표4의3)
1. 1차 위반 : 1,500만원
2. 2차 위반 : 5,000만원

Answer 155. ㉱　156. ㉮　157. ㉮　158. ㉯　159. ㉯

160 다음 성능검사 등을 받지 않은 검사용 기계 · 기구를 사용하여 정밀안전진단을 한 경우 1차 위반 시 과징금은?

㉮ 500만원 ㉯ 1,500만원

㉰ 3,000만원 ㉱ 5,000만원

|해설|

성능검사 등을 받지 않은 검사용 기계 · 기구를 사용하여 정밀안전진단을 한 경우(영 별표4의3)

1. 1차 위반 : 500만원
2. 2차 위반 : 1,500만원
3. 3차 위반 : 3,000만원
4. 4차 위반 : 5,000만원

Answer 160. ㉮

제5장 철도차량 운행안전 및 철도 보호

1. 철도차량의 운행

열차의 편성, 철도차량 운전 및 신호방식 등 철도차량의 안전운행에 필요한 사항은 국토교통부령으로 정한다(법 제39조).

2. 철도교통관제

(1) 운행 기준·방법·절차 및 순서 등

철도차량을 운행하는 자는 국토교통부장관이 지시하는 이동·출발·정지 등의 명령과 운행 기준·방법·절차 및 순서 등에 따라야 한다(법 제39조의2 제1항).

(2) 철도종사자 또는 철도운영자등에게 조언과 정보제공

국토교통부장관은 철도차량의 안전하고 효율적인 운행을 위하여 철도시설의 운용상태 등 철도차량의 운행과 관련된 조언과 정보를 철도종사자 또는 철도운영자등에게 제공할 수 있다(법 제39조의2 제2항).

(3) 안전조치

국토교통부장관은 철도차량의 안전한 운행을 위하여 철도시설 내에서 사람, 자동차 및 철도차량의 운행제한 등 필요한 안전조치를 취할 수 있다(법 제39조의2 제3항).

(4) 업무의 대상, 내용 및 절차 등

국토교통부장관이 행하는 업무의 대상, 내용 및 절차 등에 관하여 필요한 사항은 국토교통부령으로 정한다(법 제39조의2 제4항).

(5) 철도교통관제업무의 대상 및 내용 등

① 다음의 어느 하나에 해당하는 경우에는 국토교통부장관이 행하는 철도교통관제업무(관제업무)의 대상에서 제외한다(규칙 제76조 제1항).
   ㉠ 정상운행을 하기 전의 신설선 또는 개량선에서 철도차량을 운행하는 경우

㉡ 철도차량을 보수·정비하기 위한 차량정비기지 및 차량유치시설에서 철도차량을 운행하는 경우

② 국토교통부장관이 행하는 관제업무의 내용(규칙 제76조 제2항)

㉠ 철도차량의 운행에 대한 집중 제어·통제 및 감시

㉡ 철도시설의 운용상태 등 철도차량의 운행과 관련된 조언과 정보의 제공 업무

㉢ 철도보호지구에서의 행위제한 등의 어느 하나에 해당하는 행위를 할 경우 열차운행 통제 업무

㉣ 철도사고 등의 발생 시 사고복구, 긴급구조·구호 지시 및 관계 기관에 대한 상황 보고·전파 업무

㉤ 그 밖에 국토교통부장관이 철도차량의 안전운행 등을 위하여 지시한 사항

③ 철도운영자등은 철도사고 등이 발생하거나 철도시설 또는 철도차량 등이 정상적인 상태에 있지 아니하다고 의심되는 경우에는 이를 신속히 국토교통부장관에 통보하여야 한다(규칙 제76조 제3항).

④ 관제업무에 관한 세부적인 기준·절차 및 방법은 국토교통부장관이 정하여 고시한다(규칙 제76조 제4항).

3. 영상기록장치의 설치·운영 등

(1) 영상기록장치 설치

철도운영자등은 철도차량의 운행상황 기록, 교통사고 상황 파악, 안전사고 방지, 범죄 예방 등을 위하여 다음의 철도차량 또는 철도시설에 영상기록장치를 설치·운영하여야 한다. 이 경우 영상기록장치의 설치 기준, 방법 등은 대통령령으로 정한다.

① 철도차량 중 대통령령으로 정하는 동력차 및 객차

② 승강장 등 대통령령으로 정하는 안전사고의 우려가 있는 역 구내

③ 대통령령으로 정하는 차량정비기지

④ 변전소 등 대통령령으로 정하는 안전확보가 필요한 철도시설

(2) 영상기록장치 설치대상

① 대통령령으로 정하는 동력차 및 객차란 다음의 동력차 및 객차를 말한다(영 제30조 제1항).

㉠ 열차의 맨 앞에 위치한 동력차로서 운전실 또는 운전설비가 있는 동력차

㉡ 승객 설비를 갖추고 여객을 수송하는 객차

② 승강장 등 대통령령으로 정하는 안전사고의 우려가 있는 역 구내란 승강장, 대합실 및 승강설비를 말한다(영 제30조 제2항).

③ 대통령령으로 정하는 차량정비기지란 다음의 차량정비기지를 말한다(영 제30조 제3항).

㉠ 고속철도차량을 정비하는 차량정비기지

㉡ 철도차량을 중정비(철도차량을 완전히 분해하여 검수·교환하거나 탈선·화재 등으로 중대하게 훼손된 철도차량을 정비하는 것을 말한다)하는 차량정비기지

㉢ 대지면적이 3천제곱미터 이상인 차량정비기지

④ 변전소 등 대통령령으로 정하는 안전확보가 필요한 철도시설이란 다음의 철도시설을 말한다(영 제30조 제4항).

㉠ 변전소(구분소를 포함한다), 무인기능실(전철전력설비, 정보통신설비, 신호 또는 열차 제어설비 운영과 관련된 경우만 해당한다)

㉡ 노선이 분기되는 구간에 설치된 분기기(선로전환기를 포함한다), 역과 역 사이에 설치된 건넘선

㉢ 국가중요시설로 지정된 교량 및 터널

㉣ 고속철도에 설치된 길이 1킬로미터 이상의 터널

⑤ 영상기록장치의 설치 기준 및 방법(영 제30조의2)

영상기록장치의 설치 기준 및 방법(영 별표 4의4)

1. 법 제39조의3 제1항 제1호에 따른 동력차에는 다음 각 목의 기준에 따라 영상기록장치를 설치해야 한다.
   가. 다음의 상황을 촬영할 수 있는 영상기록장치를 각각 설치할 것
      1) 선로변을 포함한 철도차량 전방의 운행 상황
      2) 운전실의 운전조작 상황
   나. 가목에도 불구하고 다음의 어느 하나에 해당하는 철도차량의 경우에는 같은 목 2)의 상황을 촬영할 수 있는 영상기록장치는 설치하지 않을 수 있다.
      1) 운행정보의 기록장치 등을 통해 철도차량의 운전조작 상황을 파악할 수 있는 철도차량
      2) 무인운전 철도차량
      3) 전용철도의 철도차량

2. 법 제39조의3 제1항 제1호에 따른 객차에는 다음 각 목의 기준에 따라 영상기록장치를 설치해야 한다.
   가. 영상기록장치의 해상도는 범죄 예방 및 범죄 상황 파악 등에 지장이 없는 정도일 것
   나. 객차 내에 사각지대가 없도록 설치할 것
   다. 여객 등이 영상기록장치를 쉽게 인식할 수 있는 위치에 설치할 것

3. 법 제39조의3 제1항 제2호부터 제4호까지의 규정에 따른 시설에는 다음 각 목의 기준에 따라 영상기록장치를 설치해야 한다.
   가. 다음의 상황을 촬영할 수 있는 영상기록장치를 모두 설치할 것
      1) 여객의 대기·승하차 및 이동 상황
      2) 철도차량의 진출입 및 운행 상황
      3) 철도시설의 운영 및 현장 상황
   나. 철도차량 또는 철도시설이 충격을 받거나 화재가 발생한 경우 등 정상적이지 않은 환경에서도 영상기록장치가 최대한 보호될 수 있을 것

(3) 영상기록장치의 설치 기준 및 방법

① 철도운영자등은 영상기록장치를 설치하는 경우 선로변을 포함한 철도차량 전방의 운행 상황 및 운전실의 운전조작 상황에 관한 영상이 촬영될 수 있는 위치에 각각 설치하여야 한다. 다만, 다음의 어느 하나에 해당하는 철도차량의 경우에는 운전실의 운전조작 상황에 관한 영상이 촬영될 수 있는 위치에는 설치하지 아니할 수 있다(규칙 제76조의2 제1항).
   ㉠ 무인운전 철도차량
   ㉡ 다른 대체수단을 통하여 철도차량의 운전조작 상황이 파악 가능한 철도차량
   ㉢ 전용철도의 철도차량

② 철도운영자등은 법 제39조의3 제1항 제2호부터 제4호까지의 규정에 따른 영상기록장치는 다음의 요건에 적합하게 설치하여야 한다(규칙 제76조의2 제2항).
   ㉠ 다음의 상황에 대한 영상이 모두 촬영될 수 있을 것
      ⓐ 여객의 대기·승하차 및 이동 상황
      ⓑ 철도차량의 진출입 및 운행 상황
      ⓒ 철도시설의 운영 및 현장 상황
      ⓓ 철도차량 검수사항
   ㉡ 철도차량 또는 철도시설이 충격을 받거나 화재가 발생한 경우 등 정상적이지 않은 환경에서도 영상기록장치가 최대한 보호될 수 있을 것

(4) 안내판 설치 등

철도운영자등은 영상기록장치를 설치하는 경우 운전업무종사자, 여객 등이 쉽게 인식할 수 있도록 대통령령으로 정하는 바에 따라 안내판 설치 등 필요한 조치를 하여야 한다(법 제39조의3 제2항).

(5) 영상기록장치 설치 안내

철도운영자등은 운전실 출입문 등 운전업무종사자 등 「개인정보 보호법」 제2조 제3호에 따른 정보주체가 쉽게 인식할 수 있는 곳에 다음의 사항이 표시된 안내판을 설치해야 한다(영 제31조).

① 영상기록장치의 설치 목적
② 영상기록장치의 설치 위치, 촬영 범위 및 촬영 시간
③ 영상기록장치 관리 책임 부서, 관리책임자의 성명 및 연락처
④ 그 밖에 철도운영자등이 필요하다고 인정하는 사항

(6) 영상기록장치 임의조작 금지

철도운영자등은 설치 목적과 다른 목적으로 영상기록장치를 임의로 조작하거나 다른 곳을 비추어서는 아니 되며, 운행기간 외에는 영상기록(음성기록을 포함한다.)을 하여서는 아니 된다(법 제39조의3 제3항).

(7) 영상기록 목적 외 사용금지

철도운영자등은 다음의 어느 하나에 해당하는 경우 외에는 영상기록을 이용하거나 다른 자에게 제공하여서는 아니 된다(법 제39조의3 제4항).

① 교통사고 상황 파악을 위하여 필요한 경우
② 범죄의 수사와 공소의 제기 및 유지에 필요한 경우
③ 법원의 재판업무수행을 위하여 필요한 경우

(8) 영상기록장치의 운영·관리 지침 마련

철도운영자등은 영상기록장치에 기록된 영상이 분실·도난·유출·변조 또는 훼손되지 아니하도록 대통령령으로 정하는 바에 따라 영상기록장치의 운영·관리 지침을 마련하여야 한다(법 제39조의3 제5항).

(9) 영상기록장치의 운영·관리 지침

철도운영자등은 영상기록장치에 기록된 영상이 분실·도난·유출·변조 또는 훼손되지 않도록 다음의 사항이 포함된 영상기록장치 운영·관리 지침을 마련해야 한다(영 제32조).

① 영상기록장치의 설치 근거 및 설치 목적

② 영상기록장치의 설치 대수, 설치 위치 및 촬영 범위
③ 관리책임자, 담당 부서 및 영상기록에 대한 접근 권한이 있는 사람
④ 영상기록의 촬영 시간, 보관기간, 보관장소 및 처리방법
⑤ 철도운영자등의 영상기록 확인 방법 및 장소
⑥ 정보주체의 영상기록 열람 등 요구에 대한 조치
⑦ 영상기록에 대한 접근 통제 및 접근 권한의 제한 조치
⑧ 영상기록을 안전하게 저장・전송할 수 있는 암호화 기술의 적용 또는 이에 상응하는 조치
⑨ 영상기록 침해사고 발생에 대응하기 위한 접속기록의 보관 및 위조・변조 방지를 위한 조치
⑩ 영상기록에 대한 보안프로그램의 설치 및 갱신
⑪ 영상기록의 안전한 보관을 위한 보관시설의 마련 또는 잠금장치의 설치 등 물리적 조치
⑫ 그 밖에 영상기록장치의 설치・운영 및 관리에 필요한 사항

(10) 영상기록의 보관기준 및 보관기간

① 철도운영자등은 영상기록장치에 기록된 영상기록을 영상기록장치 운영・관리 지침에서 정하는 보관기간 동안 보관하여야 한다. 이 경우 보관기간은 3일 이상의 기간이어야 한다(규칙 제76조의3 제1항).
② 철도운영자등은 보관기간이 지난 영상기록을 삭제하여야 한다. 다만, 보관기간 내에 영상기록에 대한 제공을 요청 받은 경우에는 해당 영상기록을 제공하기 전까지는 영상기록을 삭제해서는 아니 된다(규칙 제76조의3 제2항).

(11) 영상기록의 이용・제공 등

영상기록장치의 설치・관리 및 영상기록의 이용・제공 등은 「개인정보 보호법」에 따라야 한다(법 제39조의3 제6항).

(12) 영상기록의 보관 등

영상기록의 제공과 그 밖에 영상기록의 보관 등에 필요한 사항은 국토교통부령으로 정한다(법 제39조의3 제7항).

4. 열차운행의 일시 중지

① 철도운영자는 다음의 어느 하나에 해당하는 경우로서 열차의 안전운행에 지장이 있

다고 인정하는 경우에는 열차운행을 일시 중지할 수 있다(법 제40조 제1항).

㉠ 지진, 태풍, 폭우, 폭설 등 천재지변 또는 악천후로 인하여 재해가 발생하였거나 재해가 발생할 것으로 예상되는 경우

㉡ 그 밖에 열차운행에 중대한 장애가 발생하였거나 발생할 것으로 예상되는 경우

② 철도종사자는 철도사고 및 운행장애의 징후가 발견되거나 발생 위험이 높다고 판단되는 경우에는 관제업무종사자에게 열차운행을 일시 중지할 것을 요청할 수 있다. 이 경우 요청을 받은 관제업무종사자는 특별한 사유가 없으면 즉시 열차운행을 중지하여야 한다(법 제40조 제2항).

③ 철도종사자는 제2항에 따른 열차운행의 중지 요청과 관련하여 고의 또는 중대한 과실이 없는 경우에는 민사상 책임을 지지 아니한다(법 제40조 제3항).

④ 누구든지 열차운행의 중지를 요청한 철도종사자에게 이를 이유로 불이익한 조치를 하여서는 아니 된다(법 제40조 제4항).

5. 철도종사자의 준수사항

(1) 운전업무종사자의 준수사항

운전업무종사자는 철도차량의 운전업무 수행 중 다음의 사항을 준수하여야 한다(법 제40조의2 제1항).

① 철도차량 출발 전 국토교통부령으로 정하는 조치 사항을 이행할 것

② 국토교통부령으로 정하는 철도차량 운행에 관한 안전 수칙을 준수할 것

(2) 운전업무종사자의 준수사항의 구체적 내용

① 철도차량 출발 전 국토교통부령으로 정하는 조치사항이란 다음을 말한다(규칙 제76조의4 제1항).

㉠ 철도차량이 차량정비기지에서 출발하는 경우 다음의 기능에 대하여 이상 여부를 확인할 것

ⓐ 운전제어와 관련된 장치의 기능

ⓑ 제동장치 기능

ⓒ 그 밖에 운전 시 사용하는 각종 계기판의 기능

㉡ 철도차량이 역시설에서 출발하는 경우 여객의 승하차 여부를 확인할 것. 다만, 여객승무원이 대신하여 확인하는 경우에는 그러하지 아니하다.

② 철도차량 운행에 관한 안전 수칙이란 다음을 말한다(규칙 제76조의4 제2항).

㉠ 철도신호에 따라 철도차량을 운행할 것
㉡ 철도차량의 운행 중에 휴대전화 등 전자기기를 사용하지 아니할 것. 다만, 다음의 어느 하나에 해당하는 경우로서 철도운영자가 운행의 안전을 저해하지 아니하는 범위에서 사전에 사용을 허용한 경우에는 그러하지 아니하다.
ⓐ 철도사고 등 또는 철도차량의 기능장애가 발생하는 등 비상상황이 발생한 경우
ⓑ 철도차량의 안전운행을 위하여 전자기기의 사용이 필요한 경우
ⓒ 그 밖에 철도운영자가 철도차량의 안전운행에 지장을 주지 아니한다고 판단하는 경우
㉢ 철도운영자가 정하는 구간별 제한속도에 따라 운행할 것
㉣ 열차를 후진하지 아니할 것. 다만, 비상상황 발생 등의 사유로 관제업무종사자의 지시를 받는 경우에는 그러하지 아니하다.
㉤ 정거장 외에는 정차를 하지 아니할 것. 다만, 정지신호의 준수 등 철도차량의 안전운행을 위하여 정차를 하여야 하는 경우에는 그러하지 아니하다.
㉥ 운행구간의 이상이 발견된 경우 관제업무종사자에게 즉시 보고할 것
㉦ 관제업무종사자의 지시를 따를 것

(3) 관제업무종사자 준수사항

관제업무종사자는 관제업무 수행 중 다음의 사항을 준수하여야 한다(법 제40조의2 제2항).

① 국토교통부령으로 정하는 바에 따라 운전업무종사자 등에게 열차 운행에 관한 정보를 제공할 것
② 철도사고, 철도준사고 및 운행장애(철도사고, 철도준사고 등) 발생 시 국토교통부령으로 정하는 조치 사항을 이행할 것

(4) 관제업무종사자 준수사항의 구체적 내용

① 관제업무종사자는 다음의 정보를 운전업무종사자, 여객승무원 또는 사람에게 제공하여야 한다(규칙 제76조의5 제1항).
㉠ 열차의 출발, 정차 및 노선변경 등 열차 운행의 변경에 관한 정보
㉡ 열차 운행에 영향을 줄 수 있는 다음의 정보
ⓐ 철도차량이 운행하는 선로 주변의 공사·작업의 변경 정보
ⓑ 철도사고 등에 관련된 정보
ⓒ 재난 관련 정보
ⓓ 테러 발생 등 그 밖의 비상상황에 관한 정보

② 철도사고 및 운행장애(철도사고 등) 발생 시 조치사항이란 다음을 말한다(규칙 제76조의5 제2항).

㉠ 철도사고 등이 발생하는 경우 여객 대피 및 철도차량 보호 조치 여부 등 사고현장 현황을 파악할 것

㉡ 철도사고등의 수습을 위하여 필요한 경우 다음의 조치를 할 것

ⓐ 사고현장의 열차운행 통제

ⓑ 의료기관 및 소방서 등 관계기관에 지원 요청

ⓒ 사고 수습을 위한 철도종사자의 파견 요청

ⓓ 2차 사고 예방을 위하여 철도차량이 구르지 아니하도록 하는 조치 지시

ⓔ 안내방송 등 여객 대피를 위한 필요한 조치 지시

ⓕ 전차선(電車線, 선로를 통하여 철도차량에 전기를 공급하는 장치를 말한다)의 전기공급 차단 조치

ⓖ 구원(救援)열차 또는 임시열차의 운행 지시

ⓗ 열차의 운행간격 조정

㉢ 철도사고등의 발생사유, 지연시간 등을 사실대로 기록하여 관리할 것

(5) 철도시설의 건설 또는 관리와 관련된 준수사항

작업책임자는 철도차량의 운행선로 또는 그 인근에서 철도시설의 건설 또는 관리와 관련된 작업 수행 중 다음의 사항을 준수하여야 한다(법 제40조의2 제3항).

① 작업 수행 전에 작업원을 대상으로 안전교육을 실시할 것

② 작업안전에 관한 조치 사항을 이행할 것

(6) 작업책임자의 구체적인 준수사항

① 작업책임자는 작업 수행 전에 작업원을 대상으로 다음의 사항이 포함된 안전교육을 실시해야 한다(규칙 제76조의6 제1항).

㉠ 해당 작업일의 작업계획(작업량, 작업일정, 작업순서, 작업방법, 작업원별 임무 및 작업장 이동방법 등을 포함한다)

㉡ 안전장비 착용 등 작업원 보호에 관한 사항

㉢ 작업특성 및 현장여건에 따른 위험요인에 대한 안전조치 방법

㉣ 작업책임자와 작업원의 의사소통 방법, 작업통제 방법 및 그 준수에 관한 사항

㉤ 건설기계 등 장비를 사용하는 작업의 경우에는 철도사고 예방에 관한 사항

㉥ 그 밖에 안전사고 예방을 위해 필요한 사항으로서 국토교통부장관이 정해 고시하

는 사항

② 작업책임자의 작업안전에 관한 조치 사항이란 다음을 말한다(규칙 제76조의6 제2항).
  ㉠ 조정 내용에 따라 작업계획 등의 조정・보완
  ㉡ 작업 수행 전 다음의 조치
    ⓐ 작업원의 안전장비 착용상태 점검
    ⓑ 작업에 필요한 안전장비・안전시설의 점검
    ⓒ 그 밖에 작업 수행 전에 필요한 조치로서 국토교통부장관이 정해 고시하는 조치
  ㉢ 작업시간 내 작업현장 이탈 금지
  ㉣ 작업 중 비상상황 발생 시 열차방호 등의 조치
  ㉤ 해당 작업으로 인해 열차운행에 지장이 있는지 여부 확인
  ㉥ 작업완료 시 상급자에게 보고
  ㉦ 그 밖에 작업안전에 필요한 사항으로서 국토교통부장관이 정해 고시하는 사항

(7) 철도운행안전관리자 준수사항

철도운행안전관리자는 철도차량의 운행선로 또는 그 인근에서 철도시설의 건설 또는 관리와 관련된 작업 수행 중 다음의 사항을 준수하여야 한다(법 제40조의2 제4항).

① 작업일정 및 열차의 운행일정을 작업수행 전에 조정할 것
② 작업일정 및 열차의 운행일정을 작업과 관련하여 관할 역의 관리책임자(정거장에서 철도신호기・선로전환기 또는 조작판 등을 취급하는 사람을 포함한다) 및 관제업무 종사자와 협의하여 조정할 것
③ 열차운행 및 작업안전에 관한 조치 사항을 이행할 것(규칙 제76조의7)
  ㉠ 조정 내용을 작업책임자에게 통지
  ㉡ 철도운행안전관리자의 업무
  ㉢ 작업 수행 전 다음의 조치
    ⓐ 배치한 열차운행감시인의 안전장비 착용상태 및 휴대물품 현황 점검
    ⓑ 그 밖에 작업 수행 전에 필요한 조치로서 국토교통부장관이 정해 고시하는 조치
  ㉣ 관할 역의 관리책임자(정거장에서 철도신호기・선로전환기 또는 조작판 등을 취급하는 사람을 포함한다) 및 작업책임자와의 연락체계 구축
  ㉤ 작업시간 내 작업현장 이탈 금지
  ㉥ 작업이 지연되거나 작업 중 비상상황 발생 시 작업일정 및 열차의 운행일정 재조정 등에 관한 조치
  ㉦ 그 밖에 열차운행 및 작업안전에 필요한 사항으로서 국토교통부장관이 정해 고시

하는 사항

(8) 철도사고 등의 현장 이탈금지

철도사고 등이 발생하는 경우 해당 철도차량의 운전업무종사자와 여객승무원은 철도사고 등의 현장을 이탈하여서는 아니 되며, 철도차량 내 안전 및 질서유지를 위하여 승객 구호조치 등 국토교통부령으로 정하는 후속조치를 이행하여야 한다. 다만, 의료기관으로의 이송이 필요한 경우 등 국토교통부령으로 정하는 경우에는 그러하지 아니하다(법 제40조의2 제5항).

(9) 철도사고 등의 발생 시 후속조치 등

① 운전업무종사자와 여객승무원은 다음의 후속조치를 이행하여야 한다. 이 경우 운전업무종사자와 여객승무원은 후속조치에 대하여 각각의 역할을 분담하여 이행할 수 있다(규칙 제76조의8 제1항).

㉠ 관제업무종사자 또는 인접한 역시설의 철도종사자에게 철도사고등의 상황을 전파할 것

㉡ 철도차량 내 안내방송을 실시할 것. 다만, 방송장치로 안내방송이 불가능한 경우에는 확성기 등을 사용하여 안내하여야 한다.

㉢ 여객의 안전을 확보하기 위하여 필요한 경우 철도차량 내 여객을 대피시킬 것

㉣ 2차 사고 예방을 위하여 철도차량이 구르지 아니하도록 하는 조치를 할 것

㉤ 여객의 안전을 확보하기 위하여 필요한 경우 철도차량의 비상문을 개방할 것

㉥ 사상자 발생 시 응급환자를 응급처치하거나 의료기관에 긴급히 이송되도록 지원할 것

② 의료기관으로의 이송이 필요한 경우란 다음의 어느 하나에 해당하는 경우를 말한다(규칙 제76조의8 제2항).

㉠ 운전업무종사자 또는 여객승무원이 중대한 부상 등으로 인하여 의료기관으로의 이송이 필요한 경우

㉡ 관제업무종사자 또는 철도사고 등의 관리책임자로부터 철도사고 등의 현장 이탈이 가능하다고 통보받은 경우

㉢ 여객을 안전하게 대피시킨 후 운전업무종사자와 여객승무원의 안전을 위하여 현장을 이탈하여야 하는 경우

6. 철도종사자의 음주 제한 등

(1) 음주상태 업무금지

다음의 어느 하나에 해당하는 철도종사자(실무수습 중인 사람을 포함한다)는 술(주류를 말한다.)을 마시거나 약물을 사용한 상태에서 업무를 하여서는 아니 된다(법 제41조 제1항).

① 운전업무종사자
② 관제업무종사자
③ 여객승무원
④ 작업책임자
⑤ 철도운행안전관리자
⑥ 정거장에서 철도신호기·선로전환기 및 조작판 등을 취급하거나 열차의 조성(組成 : 철도차량을 연결하거나 분리하는 작업을 말한다)업무를 수행하는 사람
⑦ 철도차량 및 철도시설의 점검·정비 업무에 종사하는 사람

(2) 술을 마셨거나 약물을 사용하였는지 확인 또는 검사

국토교통부장관 또는 시·도지사(도시철도 및 지방자치단체로부터 도시철도의 건설과 운영의 위탁을 받은 법인이 건설·운영하는 도시철도만 해당한다.)는 철도안전과 위험방지를 위하여 필요하다고 인정하거나 철도종사자가 술을 마시거나 약물을 사용한 상태에서 업무를 하였다고 인정할 만한 상당한 이유가 있을 때에는 철도종사자에 대하여 술을 마셨거나 약물을 사용하였는지 확인 또는 검사할 수 있다. 이 경우 그 철도종사자는 국토교통부장관 또는 시·도지사의 확인 또는 검사를 거부하여서는 아니 된다(법 제41조 제2항).

(3) 철도종사자의 음주 등에 대한 확인 또는 검사

① 술을 마셨는지에 대한 확인 또는 검사는 호흡측정기 검사의 방법으로 실시하고, 검사 결과에 불복하는 사람에 대해서는 그 철도종사자의 동의를 받아 혈액 채취 등의 방법으로 다시 측정할 수 있다(영 제43조의2 제2항).
② 약물을 사용하였는지에 대한 확인 또는 검사는 소변 검사 또는 모발 채취 등의 방법으로 실시한다(영 제43조의2 제3항).
③ 확인 또는 검사의 세부절차와 방법 등 필요한 사항은 국토교통부장관이 정한다(영 제43조의2 제4항).

(4) 술을 마시거나 약물을 사용하였다고 판단하는 기준

확인 또는 검사 결과 철도종사자가 술을 마시거나 약물을 사용하였다고 판단하는 기준은 다음의 구분과 같다(법 제41조 제3항).

① 술 : 혈중 알코올농도가 0.02퍼센트[(1)의 ④부터 ⑥까지의 철도종사자는 0.03퍼센트] 이상인 경우
② 약물 : 양성으로 판정된 경우

(5) 확인 또는 검사의 방법·절차 등

확인 또는 검사의 방법·절차 등에 관하여 필요한 사항은 대통령령으로 정한다(법 제41조 제4항).

7. 위해물품의 휴대 금지

(1) 위해물품의 휴대 및 적재금지

누구든지 무기, 화약류, 유해화학물질 또는 인화성이 높은 물질 등 공중이나 여객에게 위해를 끼치거나 끼칠 우려가 있는 물건 또는 물질(위해물품)을 열차에서 휴대하거나 적재할 수 없다. 다만, 국토교통부장관 또는 시·도지사의 허가를 받은 경우 또는 특정한 직무를 수행하기 위한 경우에는 그러하지 아니하다(법 제42조 제1항).

(2) 위해물품 휴대금지 예외

특정한 직무를 수행하기 위한 경우란 다음의 사람이 직무를 수행하기 위하여 위해물품을 휴대·적재하는 경우를 말한다(규칙 제77조).

① 철도공안 사무에 종사하는 국가공무원
② 경찰관 직무를 수행하는 사람
③ 경비원
④ 위험물품을 운송하는 군용열차를 호송하는 군인

(3) 위해물품의 안전조치 등

위해물품의 종류, 휴대 또는 적재 허가를 받은 경우의 안전조치 등에 관하여 필요한 세부사항은 국토교통부령으로 정한다(법 제42조 제2항).

(4) 위해물품의 종류 등

① 위해물품의 종류(규칙 제78조 제1항)

㉠ 화약류 : 화약·폭약·화공품과 그 밖에 폭발성이 있는 물질

㉡ 고압가스 : 섭씨 50도 미만의 임계온도를 가진 물질, 섭씨 50도에서 300킬로파스칼을 초과하는 절대압력(진공을 0으로 하는 압력을 말한다.)을 가진 물질, 섭씨 21.1도에서 280킬로파스칼을 초과하거나 섭씨 54.4도에서 730킬로파스칼을 초과하는 절대압력을 가진 물질이나, 섭씨 37.8도에서 280킬로파스칼을 초과하는 절대가스압력(진공을 0으로 하는 가스압력을 말한다)을 가진 액체상태의 인화성 물질

㉢ 인화성 액체 : 밀폐식 인화점 측정법에 따른 인화점이 섭씨 60.5도 이하인 액체나 개방식 인화점 측정법에 따른 인화점이 섭씨 65.6도 이하인 액체

㉣ 가연성 물질류 : 다음에서 정하는 물질

ⓐ 가연성고체 : 화기 등에 의하여 용이하게 점화되며 화재를 조장할 수 있는 가연성 고체

ⓑ 자연발화성 물질 : 통상적인 운송상태에서 마찰·습기흡수·화학변화 등으로 인하여 자연발열하거나 자연발화하기 쉬운 물질

ⓒ 그 밖의 가연성물질 : 물과 작용하여 인화성 가스를 발생하는 물질

㉤ 산화성 물질류 : 다음에서 정하는 물질

ⓐ 산화성 물질 : 다른 물질을 산화시키는 성질을 가진 물질로서 유기과산화물 외의 것

ⓑ 유기과산화물 : 다른 물질을 산화시키는 성질을 가진 유기물질

㉥ 독물류 : 다음에서 정하는 물질

ⓐ 독물 : 사람이 흡입·접촉하거나 체내에 섭취한 경우에 강력한 독작용이나 자극을 일으키는 물질

ⓑ 병독을 옮기기 쉬운 물질 : 살아 있는 병원체 및 살아 있는 병원체를 함유하거나 병원체가 부착되어 있다고 인정되는 물질

㉦ 방사성 물질 : 「원자력안전법」 제2조에 따른 핵물질 및 방사성물질이나 이로 인하여 오염된 물질로서 방사능의 농도가 킬로그램당 74킬로베크렐(그램당 0.002마이크로큐리) 이상인 것

㉧ 부식성 물질 : 생물체의 조직에 접촉한 경우 화학반응에 의하여 조직에 심한 위해를 주는 물질이나 열차의 차체·적하물 등에 접촉한 경우 물질적 손상을 주는 물질

㉨ 마취성 물질 : 객실승무원이 정상근무를 할 수 없도록 극도의 고통이나 불편함을

발생시키는 마취성이 있는 물질이나 그와 유사한 성질을 가진 물질

㉧ 총포·도검류 등 : 총포·도검 및 이에 준하는 흉기류

㉨ 그 밖의 유해물질 : ㉠부터 ㉧까지 외의 것으로서 화학변화 등에 의하여 사람에게 위해를 주거나 열차 안에 적재된 물건에 물질적인 손상을 줄 수 있는 물질

② 철도운영자등은 위해물품에 대하여 휴대나 적재의 적정성, 포장 및 안전조치의 적정성 등을 검토하여 휴대나 적재를 허가할 수 있다. 이 경우 해당 위해물품이 위해물품임을 나타낼 수 있는 표지를 포장 바깥면 등 잘 보이는 곳에 붙여야 한다(규칙 제78조 제2항).

8. 위험물의 운송위탁 및 운송 금지

(1) 위험물의 운송위탁 및 운송 금지

누구든지 점화류(點火類) 또는 점폭약류(點爆藥類)를 붙인 폭약, 니트로글리세린, 건조한 기폭약, 뇌홍질화연(雷汞窒化鉛)에 속하는 것 등 대통령령으로 정하는 위험물의 운송을 위탁할 수 없으며, 철도운영자는 이를 철도로 운송할 수 없다(법 제43조).

(2) 운송위탁 및 운송 금지 위험물 등

점화류 또는 점폭약류(點爆藥類)를 붙인 폭약, 니트로글리세린, 건조한 기폭약, 뇌홍질화연(雷汞窒化鉛)에 속하는 것 등 대통령령으로 정하는 위험물이란 다음의 위험물을 말한다(영 제44조).

① 점화 또는 점폭약류를 붙인 폭약
② 니트로글리세린
③ 건조한 기폭약
④ 뇌홍질화연에 속하는 것
⑤ 그 밖에 사람에게 위해를 주거나 물건에 손상을 줄 수 있는 물질로서 국토교통부장관이 정하여 고시하는 위험물

9. 위험물의 운송

(1) 안전하게 포장·적재하고 운송

위험물을 철도로 운송하려는 철도운영자는 국토교통부령으로 정하는 바에 따라 운송 중의 위험 방지 및 인명 보호를 위하여 안전하게 포장·적재하고 운송하여야 한다(법 제44조 제1항).

(2) 운송취급주의 위험물(영 제45조)

① 철도운송 중 폭발할 우려가 있는 것
② 마찰·충격·흡습(吸濕) 등 주위의 상황으로 인하여 발화할 우려가 있는 것
③ 인화성·산화성 등이 강하여 그 물질 자체의 성질에 따라 발화할 우려가 있는 것
④ 용기가 파손될 경우 내용물이 누출되어 철도차량·레일·기구 또는 다른 화물 등을 부식시키거나 침해할 우려가 있는 것
⑤ 유독성 가스를 발생시킬 우려가 있는 것
⑥ 그 밖에 화물의 성질상 철도시설·철도차량·철도종사자·여객 등에 위해나 손상을 끼칠 우려가 있는 것

(3) 철도운영자의 안전조치 등

위험물의 운송을 위탁하여 철도로 운송하려는 자는 위험물을 안전하게 운송하기 위하여 철도운영자의 안전조치 등에 따라야 한다(법 제44조 제2항).

10. 철도보호지구에서의 행위제한 등

(1) 철도보호지구에서의 행위제한

철도경계선(가장 바깥쪽 궤도의 끝선을 말한다)으로부터 30미터 이내[도시철도 중 노면전차의 경우에는 10미터 이내]의 지역(철도보호지구)에서 다음의 어느 하나에 해당하는 행위를 하려는 자는 국토교통부장관 또는 시·도지사에게 신고하여야 한다(법 제45조 제1항).

① 토지의 형질변경 및 굴착
② 토석, 자갈 및 모래의 채취
③ 건축물의 신축·개축·증축 또는 인공구조물의 설치
④ 나무의 식재(대통령령으로 정하는 경우만 해당한다)
⑤ 그 밖에 철도시설을 파손하거나 철도차량의 안전운행을 방해할 우려가 있는 행위로서 대통령령으로 정하는 행위(영 제48조)
  ㉠ 폭발물이나 인화물질 등 위험물을 제조·저장하거나 전시하는 행위
  ㉡ 철도차량 운전자 등이 선로나 신호기를 확인하는 데 지장을 주거나 줄 우려가 있는 시설이나 설비를 설치하는 행위
  ㉢ 철도신호등으로 오인할 우려가 있는 시설물이나 조명 설비를 설치하는 행위
  ㉣ 전차선로에 의하여 감전될 우려가 있는 시설이나 설비를 설치하는 행위
  ㉤ 시설 또는 설비가 선로의 위나 밑으로 횡단하거나 선로와 나란히 되도록 설치하

는 행위

ⓑ 그 밖에 열차의 안전운행과 철도 보호를 위하여 필요하다고 인정하여 국토교통부장관이 정하여 고시하는 행위

(2) 철도보호지구에서의 행위 신고절차

① 신고하려는 자는 해당 행위의 목적, 공사기간 등이 기재된 신고서에 설계도서(필요한 경우에 한정한다) 등을 첨부하여 국토교통부장관 또는 시·도지사에게 제출하여야 한다. 신고한 사항을 변경하는 경우에도 또한 같다(영 제46조 제1항).

② 국토교통부장관 또는 시·도지사는 신고나 변경신고를 받은 경우에는 신고인에게 행위의 금지 또는 제한을 명령하거나 안전조치를 명령할 필요성이 있는지를 검토하여야 한다(영 제46조 제2항).

③ 국토교통부장관 또는 시·도지사는 검토 결과 안전조치 등을 명령할 필요가 있는 경우에는 신고를 받은 날부터 30일 이내에 신고인에게 그 이유를 분명히 밝히고 안전조치 등을 명하여야 한다(영 제46조 제3항).

④ 철도보호지구에서의 행위에 대한 신고와 안전조치 등에 관하여 필요한 세부적인 사항은 국토교통부장관이 정하여 고시한다(영 제46조 제4항).

(3) 철도보호지구에서의 국토교통부장관 또는 시·도지사에게 신고하여야 하는 나무 식재(영 제47조)

① 철도차량 운전자의 전방 시야 확보에 지장을 주는 경우

② 나뭇가지가 전차선이나 신호기 등을 침범하거나 침범할 우려가 있는 경우

③ 호우나 태풍 등으로 나무가 쓰러져 철도시설물을 훼손시키거나 열차의 운행에 지장을 줄 우려가 있는 경우

(4) 안전운행을 방해할 우려가 있는 행위 신고

노면전차 철도보호지구의 바깥쪽 경계선으로부터 20미터 이내의 지역에서 굴착, 인공구조물의 설치 등 철도시설을 파손하거나 철도차량의 안전운행을 방해할 우려가 있는 행위로서 대통령령으로 정하는 행위를 하려는 자는 국토교통부장관 또는 시·도지사에게 신고하여야 한다(법 제45조 제2항).

(5) 노면전차의 안전운행 저해행위 등

① 안전운행을 방해할 우려가 있는 행위란 다음의 어느 하나에 해당하는 행위를 말한다(영 제48조의2 제1항).

㉠ 깊이 10미터 이상의 굴착

㉡ 다음 각 목의 어느 하나에 해당하는 것을 설치하는 행위

ⓐ 「건설기계관리법」 제2조 제1항 제1호에 따른 건설기계 중 최대높이가 10미터 이상인 건설기계

ⓑ 높이가 10미터 이상인 인공구조물

㉢ 「위험물안전관리법」 제2조 제1항 제1호에 따른 위험물을 같은 항 제2호에 따른 지정수량 이상 제조·저장하거나 전시하는 행위

② 신고절차에 관하여는 철도보호지구에서의 행위 신고절차의 규정을 준용한다. 이 경우 "철도보호지구"는 "노면전차 철도보호지구의 바깥쪽 경계선으로부터 20미터 이내의 지역"으로 본다(영 제48조의2 제2항).

(6) 행위의 금지 또는 제한명령

국토교통부장관 또는 시·도지사는 철도차량의 안전운행 및 철도 보호를 위하여 필요하다고 인정할 때에는 행위를 하는 자에게 그 행위의 금지 또는 제한을 명령하거나 대통령령으로 정하는 필요한 조치를 하도록 명령할 수 있다(법 제45조 제3항).

(7) 철도 보호를 위한 안전조치(영 제49조)

① 공사로 인하여 약해질 우려가 있는 지반에 대한 보강대책 수립·시행

② 선로 옆의 제방 등에 대한 흙막이공사 시행

③ 굴착공사에 사용되는 장비나 공법 등의 변경

④ 지하수나 지표수 처리대책의 수립·시행

⑤ 시설물의 구조 검토·보강

⑥ 먼지나 티끌 등이 발생하는 시설·설비나 장비를 운용하는 경우 방진막, 물을 뿌리는 설비 등 분진방지시설 설치

⑦ 신호기를 가리거나 신호기를 보는데 지장을 주는 시설이나 설비 등의 철거

⑧ 안전울타리나 안전통로 등 안전시설의 설치

⑨ 그 밖에 철도시설의 보호 또는 철도차량의 안전운행을 위하여 필요한 안전조치

(8) 조치명령

국토교통부장관 또는 시 · 도지사는 철도차량의 안전운행 및 철도 보호를 위하여 필요하다고 인정할 때에는 토지, 나무, 시설, 건축물, 그 밖의 공작물(시설 등)의 소유자나 점유자에게 다음의 조치를 하도록 명령할 수 있다(법 제45조 제4항).

① 시설 등이 시야에 장애를 주면 그 장애물을 제거할 것
② 시설 등이 붕괴하여 철도에 위해를 끼치거나 끼칠 우려가 있으면 그 위해를 제거하고 필요하면 방지시설을 할 것
③ 철도에 토사 등이 쌓이거나 쌓일 우려가 있으면 그 토사 등을 제거하거나 방지시설을 할 것

(9) 행위 금지 · 제한 또는 조치명령 요청

철도운영자등은 철도차량의 안전운행 및 철도 보호를 위하여 필요한 경우 국토교통부장관 또는 시 · 도지사에게 해당 행위 금지 · 제한 또는 조치 명령을 할 것을 요청할 수 있다(법 제45조 제5항).

11. 손실보상

(1) 손실보상

국토교통부장관, 시 · 도지사 또는 철도운영자등은 행위의 금지 · 제한 또는 조치 명령으로 인하여 손실을 입은 자가 있을 때에는 그 손실을 보상하여야 한다(법 제46조 제1항).

(2) 손실의 협의

손실의 보상에 관하여는 국토교통부장관, 시 · 도지사 또는 철도운영자 등이 그 손실을 입은 자와 협의하여야 한다(법 제46조 제2항).

(3) 재결신청

협의가 성립되지 아니하거나 협의를 할 수 없을 때에는 대통령령으로 정하는 바에 따라 관할 토지수용위원회에 재결을 신청할 수 있다(법 제46조 제3항).

(4) 재결에 대한 이의신청

재결에 대한 이의신청에 관하여는 「공익사업을 위한 토지 등의 취득 및 보상에 관한 법

률」 제83조부터 제86조까지의 규정을 준용한다(법 제46조 제4항).

12. 여객열차에서의 금지행위

(1) 여객열차에서의 금지행위

여객은 여객열차에서 다음의 어느 하나에 해당하는 행위를 하여서는 아니 된다(법 제47조 제1항).

① 정당한 사유 없이 국토교통부령으로 정하는 여객출입 금지장소에 출입하는 행위
② 정당한 사유 없이 운행 중에 비상정지버튼을 누르거나 철도차량의 옆면에 있는 승강용 출입문을 여는 등 철도차량의 장치 또는 기구 등을 조작하는 행위
③ 여객열차 밖에 있는 사람을 위험하게 할 우려가 있는 물건을 여객열차 밖으로 던지는 행위
④ 흡연하는 행위
⑤ 철도종사자와 여객 등에게 성적 수치심을 일으키는 행위
⑥ 술을 마시거나 약물을 복용하고 다른 사람에게 위해를 주는 행위
⑦ 그 밖에 공중이나 여객에게 위해를 끼치는 행위로서 다음으로 정하는 행위(규칙 제80조)
  ㉠ 여객에게 위해를 끼칠 우려가 있는 동식물을 안전조치 없이 여객열차에 동승하거나 휴대하는 행위
  ㉡ 타인에게 전염의 우려가 있는 법정 감염병자가 철도종사자의 허락 없이 여객열차에 타는 행위
  ㉢ 철도종사자의 허락 없이 여객에게 기부를 부탁하거나 물품을 판매·배부하거나 연설·권유 등을 하여 여객에게 불편을 끼치는 행위

(2) 여객출입 금지장소(규칙 제79조)

① 운전실
② 기관실
③ 발전실
④ 방송실

(3) 여객승무원 또는 여객역무원의 조치

운전업무종사자, 여객승무원 또는 여객역무원은 금지행위를 한 사람에 대하여 필요한 경우 다음의 조치를 할 수 있다(법 제47조 제2항).

① 금지행위의 제지
② 금지행위의 녹음·녹화 또는 촬영

(4) 여객열차에서의 금지행위

철도운영자는 국토교통부령으로 정하는 바에 따라 제1항 각 호에 따른 여객열차에서의 금지행위에 관한 사항을 여객에게 안내하여야 한다.

13. 철도보호 및 질서유지를 위한 금지행위

(1) 철도보호 및 질서유지를 위한 금지행위

누구든지 정당한 사유 없이 철도보호 및 질서유지를 해치는 다음의 어느 하나에 해당하는 행위를 하여서는 아니 된다(법 제48조).

① 철도시설 또는 철도차량을 파손하여 철도차량 운행에 위험을 발생하게 하는 행위
② 철도차량을 향하여 돌이나 그 밖의 위험한 물건을 던져 철도차량 운행에 위험을 발생하게 하는 행위
③ 궤도의 중심으로부터 양측으로 폭 3미터 이내의 장소에 철도차량의 안전 운행에 지장을 주는 물건을 방치하는 행위
④ 철도교량 등 국토교통부령으로 정하는 시설 또는 구역에 국토교통부령으로 정하는 폭발물 또는 인화성이 높은 물건 등을 쌓아 놓는 행위
⑤ 선로(철도와 교차된 도로는 제외한다) 또는 국토교통부령으로 정하는 철도시설에 철도운영자등의 승낙 없이 출입하거나 통행하는 행위
⑥ 역시설 등 공중이 이용하는 철도시설 또는 철도차량에서 폭언 또는 고성방가 등 소란을 피우는 행위
⑦ 철도시설에 국토교통부령으로 정하는 유해물 또는 열차운행에 지장을 줄 수 있는 오물을 버리는 행위
⑧ 역시설 또는 철도차량에서 노숙하는 행위
⑨ 열차운행 중에 타고 내리거나 정당한 사유 없이 승강용 출입문의 개폐를 방해하여 열차운행에 지장을 주는 행위
⑩ 정당한 사유 없이 열차 승강장의 비상정지버튼을 작동시켜 열차운행에 지장을 주는 행위
⑪ 그 밖에 철도시설 또는 철도차량에서 공중의 안전을 위하여 질서유지가 필요하다고 인정되어 국토교통부령으로 정하는 금지행위

(2) 폭발물 등 적치금지 구역(규칙 제81조)

① 정거장 및 선로(정거장 또는 선로를 지지하는 구조물 및 그 주변지역을 포함한다)
② 철도 역사
③ 철도 교량
④ 철도 터널

(3) 적치금지 폭발물 등

위험물로서 주변의 물건을 손괴할 수 있는 폭발력을 지니거나 화재를 유발하거나 유해한 연기를 발생하여 여객이나 일반대중에게 위해를 끼칠 우려가 있는 물건이나 물질을 말한다(규칙 제82조).

(4) 출입금지 철도시설(규칙 제83조)

① 위험물을 적하하거나 보관하는 장소
② 신호·통신기기 설치장소 및 전력기기·관제설비 설치장소
③ 철도운전용 급유시설물이 있는 장소
④ 철도차량 정비시설

(5) 열차운행에 지장을 줄 수 있는 유해물

철도시설이나 철도차량을 훼손하거나 정상적인 기능·작동을 방해하여 열차운행에 지장을 줄 수 있는 산업폐기물·생활폐기물을 말한다(규칙 제84조).

(6) 질서유지를 위한 금지행위(규칙 제85조)

① 흡연이 금지된 철도시설이나 철도차량 안에서 흡연하는 행위
② 철도종사자의 허락 없이 철도시설이나 철도차량에서 광고물을 붙이거나 배포하는 행위
③ 역시설에서 철도종사자의 허락 없이 기부를 부탁하거나 물품을 판매·배부하거나 연설·권유를 하는 행위
④ 철도종사자의 허락 없이 선로변에서 총포를 이용하여 수렵하는 행위

14. 여객 등의 안전 및 보안

(1) 신체 · 휴대물품 및 수하물에 대한 보안검색

국토교통부장관은 철도차량의 안전운행 및 철도시설의 보호를 위하여 필요한 경우에는 철도특별사법경찰관리로 하여금 여객열차에 승차하는 사람의 신체 · 휴대물품 및 수하물에 대한 보안검색을 실시하게 할 수 있다(법 제48조의2 제1항).

(2) 철도보안정보체계 구축 · 운영

국토교통부장관은 보안검색 정보 및 그 밖의 철도보안 · 치안 관리에 필요한 정보를 효율적으로 활용하기 위하여 철도보안정보체계를 구축 · 운영하여야 한다(법 제48조의2 제2항).

(3) 차량 운행정보 등 요구

국토교통부장관은 철도보안 · 치안을 위하여 필요하다고 인정하는 경우에는 차량 운행정보 등을 철도운영자에게 요구할 수 있고, 철도운영자는 정당한 사유 없이 그 요구를 거절할 수 없다(법 제48조의2 제3항).

(4) 최소한의 정보만 수집 · 관리

국토교통부장관은 철도보안정보체계를 운영하기 위하여 철도차량의 안전운행 및 철도시설의 보호에 필요한 최소한의 정보만 수집 · 관리하여야 한다(법 제48조의2 제4항).

(5) 보안검색의 실시방법과 절차 및 보안검색장비 종류 등

보안검색의 실시방법과 절차 및 보안검색장비 종류 등에 필요한 사항과 철도보안정보체계 및 정보 확인 등에 필요한 사항은 국토교통부령으로 정한다(법 제48조의2 제5항).

(6) 보안검색의 실시 방법 및 절차 등

① 실시하는 보안검색의 실시 범위는 다음의 구분에 따른다(규칙 제85조의2 제1항).
  ㉠ 전부검색 : 국가의 중요 행사 기간이거나 국가 정보기관으로부터 테러 위험 등의 정보를 통보받은 경우 등 국토교통부장관이 보안검색을 강화하여야 할 필요가 있다고 판단하는 경우에 국토교통부장관이 지정한 보안검색 대상 역에서 보안검색 대상 전부에 대하여 실시
  ㉡ 일부검색 : 휴대 · 적재 금지 위해물품을 휴대 · 적재하였다고 판단되는 사람과 물

건에 대하여 실시하거나 ㉠에 따른 전부검색으로 시행하는 것이 부적합하다고 판단되는 경우에 실시

② 위해물품을 탐지하기 위한 보안검색은 보안검색장비를 사용하여 검색한다. 다만, 다음의 어느 하나에 해당하는 경우에는 여객의 동의를 받아 직접 신체나 물건을 검색하거나 특정 장소로 이동하여 검색을 할 수 있다(규칙 제85조의2 제2항).

㉠ 보안검색장비의 경보음이 울리는 경우

㉡ 위해물품을 휴대하거나 숨기고 있다고 의심되는 경우

㉢ 보안검색장비를 통한 검색 결과 그 내용물을 판독할 수 없는 경우

㉣ 보안검색장비의 오류 등으로 제대로 작동하지 아니하는 경우

㉤ 보안의 위협과 관련한 정보의 입수에 따라 필요하다고 인정되는 경우

③ 국토교통부장관은 보안검색을 실시하게 하려는 경우에 사전에 철도운영자등에게 보안검색 실시계획을 통보하여야 한다. 다만, 범죄가 이미 발생하였거나 발생할 우려가 있는 경우 등 긴급한 보안검색이 필요한 경우에는 사전 통보를 하지 아니할 수 있다(규칙 제85조의2 제3항).

④ 보안검색 실시계획을 통보받은 철도운영자 등은 여객이 해당 실시계획을 알 수 있도록 보안검색 일정·장소·대상 및 방법 등을 안내문에 게시하여야 한다(규칙 제85조의2 제4항).

⑤ 철도특별사법경찰관리가 보안검색을 실시하는 경우에는 검색 대상자에게 자신의 신분증을 제시하면서 소속과 성명을 밝히고 그 목적과 이유를 설명하여야 한다. 다만, 다음의 어느 하나에 해당하는 경우에는 사전 설명 없이 검색할 수 있다(규칙 제85조의2 제5항).

㉠ 보안검색 장소의 안내문 등을 통하여 사전에 보안검색 실시계획을 안내한 경우

㉡ 의심물체 또는 장시간 방치된 수하물로 신고된 물건에 대하여 검색하는 경우

(7) 보안검색장비의 종류

보안검색장비의 종류는 다음의 구분에 따른다(규칙 제85조의3 제1항).

① 위해물품을 검색·탐지·분석하기 위한 장비 : 엑스선 검색장비, 금속탐지장비(문형 금속탐지장비와 휴대용 금속탐지장비를 포함한다), 폭발물 탐지장비, 폭발물흔적탐지장비, 액체폭발물탐지장비 등

② 보안검색 시 안전을 위하여 착용·휴대하는 장비 : 방검복, 방탄복, 방폭 담요 등

(8) 철도보안정보체계의 구축 · 운영 등

① 국토교통부장관은 철도보안정보체계를 구축 · 운영하기 위한 철도보안정보시스템을 구축 · 운영해야 한다(규칙 제85조의4 제1항).

② 국토교통부장관이 철도운영자에게 요구할 수 있는 정보는 다음과 같다(규칙 제85조의4 제2항).

㉠ 보안검색 관련 통계(보안검색 횟수 및 보안검색 장비 사용 내역 등을 포함한다)

㉡ 보안검색을 실시하는 직원에 대한 교육 등에 관한 정보

㉢ 철도차량 운행에 관한 정보

㉣ 그 밖에 철도보안 · 치안을 위해 필요한 정보로서 국토교통부장관이 정해 고시하는 정보

③ 국토교통부장관은 철도보안정보체계를 구축 · 운영하기 위해 관계 기관과 필요한 정보를 공유하거나 관련 시스템을 연계할 수 있다(규칙 제85조의4 제3항).

15. 보안검색장비의 성능인증 등

(1) 성능인증을 받은 보안검색장비 사용

보안검색을 하는 경우에는 국토교통부장관으로부터 성능인증을 받은 보안검색장비를 사용하여야 한다(법 제48조의3 제1항).

(2) 성능인증을 위한 기준 · 방법 · 절차 등

성능인증을 위한 기준 · 방법 · 절차 등 운영에 필요한 사항은 국토교통부령으로 정한다(법 제48조의3 제2항).

(3) 보안검색장비의 성능인증 기준

보안검색장비의 성능인증 기준은 다음과 같다(규칙 제85조의5).

① 국제표준화기구(ISO)에서 정한 품질경영시스템을 갖출 것

② 그 밖에 국토교통부장관이 정하여 고시하는 성능, 기능 및 안전성 등을 갖출 것

(4) 보안검색장비의 성능인증 신청 등

① 보안검색장비의 성능인증을 받으려는 자는 철도보안검색장비 성능인증 신청서에 다음의 서류를 첨부하여 한국철도기술연구원에 제출해야 한다. 이 경우 한국철도기술

연구원은 행정정보의 공동이용을 통해서 법인 등기사항증명서(신청인이 법인인 경우만 해당한다)를 확인해야 한다(규칙 제85조의6 제1항).

㉠ 사업자등록증 사본
㉡ 대리인임을 증명하는 서류(대리인이 신청하는 경우에 한정한다)
㉢ 보안검색장비의 성능 제원표 및 시험용 물품(테스트 키트)에 관한 서류
㉣ 보안검색장비의 구조・외관도
㉤ 보안검색장비의 사용・운영방법・유지관리 등에 대한 설명서
㉥ 성능인증기준을 갖추었음을 증명하는 서류

② 한국철도기술연구원은 신청을 받으면 시험기관에 보안검색장비의 성능을 평가하는 시험(성능시험)을 요청해야 한다. 다만, 성능인증기준을 갖추었음을 증명하는 서류로 성능인증 기준을 충족하였다고 인정하는 경우에는 해당 부분에 대한 성능시험을 요청하지 않을 수 있다(규칙 제85조의6 제2항).
③ 시험기관은 성능시험 계획서를 작성하여 성능시험을 실시하고, 철도보안검색장비 성능시험 결과서를 한국철도기술연구원에 제출해야 한다(규칙 제85조의6 제3항).
④ 한국철도기술연구원은 성능시험 결과가 성능인증 기준 등에 적합하다고 인정하는 경우에는 철도보안검색장비 성능인증서를 신청인에게 발급해야 하며, 적합하지 않은 경우에는 그 결과를 신청인에게 통지해야 한다(규칙 제85조의6 제4항).
⑤ 한국철도기술연구원은 성능인증 기준에 적합여부 등을 심의하기 위하여 성능인증심사위원회를 구성・운영할 수 있다(규칙 제85조의6 제5항).
⑥ 성능시험 요청 및 성능인증심사위원회의 구성・운영 등에 필요한 세부사항은 국토교통부장관이 정하여 고시한다(규칙 제85조의6 제6항).

(5) 보안검색장비의 성능점검

한국철도기술연구원은 보안검색장비가 운영 중에 계속하여 성능을 유지하고 있는지를 확인하기 위해 다음의 구분에 따른 점검을 실시해야 한다(규칙 제85조의7).

① **정기점검** : 매년 1회
② **수시점검** : 보안검색장비의 성능유지 등을 위하여 필요하다고 인정하는 때

(6) 시험기관의 지정 등

① **시험기관의 지정기준**(규칙 별표19)

시험기관의 지정기준(규칙 별표19)

1. 다음 각 목의 요건을 모두 갖춘 법인 또는 단체일 것
   가. 「공공기관의 운영에 관한 법률」 제4조에 따른 공공기관일 것
   나. 「보안업무규정」 제10조에 따른 비밀취급 인가를 받은 기관일 것
   다. 「국가표준기본법」 제23조 및 같은 법 시행령 제16조 제2항에 따른 인정기구(이하 "인정기구"라 한다)에서 인정받은 시험기관일 것
2. 다음 각 목의 요건을 갖춘 기술인력을 보유할 것. 다만, 나목 또는 다목의 인력이 라목에 따른 위험물안전관리자의 자격을 보유한 경우에는 라목의 기준을 갖춘 것으로 본다.
   가. 「보안업무규정」 제8조에 따른 비밀취급 인가를 받은 인력을 보유할 것
   나. 인정기구에서 인정받은 시험기관에서 시험업무 경력이 3년 이상인 사람 2명 이상
   다. 보안검색에 사용하는 장비의 시험·평가 또는 관련 연구 경력이 3년 이상인 사람 2명 이상
   라. 「위험물안전관리법」 제15조 제1항에 따른 위험물안전관리자 자격 보유자 1명 이상
3. 다음 각 목의 시설 및 장비를 모두 갖출 것
   가. 다음의 시설을 모두 갖춘 시험실
      1) 항온항습 시설
      2) 철도보안검색장비 성능시험 시설
      3) 화학물질 보관 및 취급을 위한 시설
      4) 그 밖에 국토교통부장관이 정하여 고시하는 시설
   나. 엑스선검색장비 이미지품질평가용 시험용 장비(테스트 키트)
   다. 엑스선검색장비 표면방사선량률 측정장비
   라. 엑스선검색장비 연속동작시험용 시설
   마. 엑스선검색장비 등 대형장비용 온도·습도시험실(장비)
   바. 폭발물검색장비·액체폭발물검색장비·폭발물흔적탐지장비 시험용 유사폭발물 시료
   사. 문형금속탐지장비·휴대용금속탐지장비·시험용 금속물질 시료
   아. 휴대용 금속탐지장비 및 시험용 낙하시험 장비
   자. 시험데이터 기록 및 저장 장비
   차. 그 밖에 국토교통부장관이 정하여 고시하는 장비

② 시험기관으로 지정을 받으려는 자는 철도보안검색장비 시험기관 지정 신청서에 다음의 서류를 첨부하여 국토교통부장관에게 제출해야 한다. 이 경우 국토교통부장관은 행정정보의 공동이용을 통해서 법인 등기사항증명서(신청인이 법인인 경우만 해당한다)를 확인해야 한다(규칙 제85조의8 제2항).

㉠ 사업자등록증 및 인감증명서(법인인 경우에 한정한다)
㉡ 법인의 정관 또는 단체의 규약
㉢ 성능시험을 수행하기 위한 조직·인력, 시험설비 등을 적은 사업계획서

㉣ 국제표준화기구(ISO) 또는 국제전기기술위원회(IEC)에서 정한 국제기준에 적합한 품질관리규정

㉤ 시험기관 지정기준을 갖추었음을 증명하는 서류

③ 국토교통부장관은 시험기관 지정신청을 받은 때에는 현장평가 등이 포함된 심사계획서를 작성하여 신청인에게 통지하고 그 심사계획에 따라 심사해야 한다(규칙 제85조의8 제3항).

④ 국토교통부장관은 심사 결과 지정기준을 갖추었다고 인정하는 때에는 철도보안검색장비 시험기관 지정서를 발급하고 다음의 사항을 관보에 고시해야 한다(규칙 제85조의8 제4항).

㉠ 시험기관의 명칭

㉡ 시험기관의 소재지

㉢ 시험기관 지정일자 및 지정번호

㉣ 시험기관의 업무수행 범위

⑤ 시험기관으로 지정된 기관은 다음의 사항이 포함된 시험기관 운영규정을 국토교통부장관에게 제출해야 한다(규칙 제85조의8 제5항).

㉠ 시험기관의 조직 · 인력 및 시험설비

㉡ 시험접수 · 수행 절차 및 방법

㉢ 시험원의 임무 및 교육훈련

㉣ 시험원 및 시험과정 등의 보안관리

⑥ 국토교통부장관은 심사를 위해 필요한 경우 시험기관지정심사위원회를 구성 · 운영할 수 있다(규칙 제85조의8 제6항).

(7) 시험기관의 지정취소 등

① 시험기관의 지정취소 또는 업무정지의 기준(규칙 별표20)

시험기관의 지정취소 또는 업무정지의 기준(규칙 별표20)

1. 일반기준
   가. 위반행위가 둘 이상인 경우 또는 한 개의 위반행위가 둘 이상의 처분기준에 해당하는 경우에는 그 중 무거운 처분기준을 적용한다.
   나. 위반행위의 횟수에 따른 행정처분의 기준은 최근 3년 동안 같은 위반행위로 처분을 받은 경우에 적용한다. 이 경우 기간의 계산은 위반행위에 대해서 처분을 받은 날과 그 처분 후 다시 같은 위반행위를 해서 적발된 날을 기준으로 한다.
   다. 나목에 따라 가중된 행정처분을 하는 경우 가중처분의 적용 차수는 그 위반행위 전 처분 차수(나목에 따른 기간 내에 행정처분이 둘 이상 있었던 경우에는 높은 차수를

말한다)의 다음 차수로 한다.

라. 국토교통부장관은 다음의 어느 하나에 해당하는 경우에는 제2호의 개별기준에 따른 업무정지 기간의 2분의 1의 범위에서 그 기간을 줄일 수 있다.
   1) 위반행위가 사소한 부주의나 오류로 인한 것으로 인정되는 경우
   2) 위반행위자의 법 위반상태를 시정하거나 해소하기 위한 노력이 인정되는 경우
   3) 그 밖에 위반행위의 정도, 위반행위의 동기와 그 결과 등을 고려해서 처분기간을 감경할 필요가 있다고 인정되는 경우

마. 국토교통부장관은 다음의 어느 하나에 해당하는 경우에는 제2호의 개별기준에 따른 업무정지 기간의 2분의 1의 범위에서 그 기간을 늘릴 수 있다.
   1) 위반의 내용 및 정도가 중대해서 공중에게 미치는 피해가 크다고 인정되는 경우
   2) 법 위반 상태의 기간이 3개월 이상인 경우
   3) 그 밖에 위반행위의 정도, 위반행위의 동기와 그 결과 등을 고려해서 업무정지 기간을 늘릴 필요가 있다고 인정되는 경우

2. 개별기준

위반행위 또는 사유	근거 법조문	처분기준		
		1차 위반	2차 위반	3차 이상 위반
가. 거짓이나 그 밖의 부정한 방법을 사용해서 시험기관으로 지정을 받은 경우	법 제48조의4 제3항 제1호	지정취소		
나. 업무정지 명령을 받은 후 그 업무정지 기간에 성능시험을 실시한 경우	법 제48조의4 제3항 제2호	지정취소		
다. 정당한 사유 없이 성능시험을 실시하지 않은 경우	법 제48조의4 제3항 제3호	업무정지 (30일)	업무정지 (60일)	지정취소
라. 법 제48조의3 제2항에 따른 기준·방법·절차 등을 위반하여 성능시험을 실시한 경우	법 제48조의4 제3항 제4호	업무정지 (60일)	업무정지 (120일)	지정취소
마. 법 제48조의4 제2항에 따른 시험기관 지정기준을 충족하지 못하게 된 경우	법 제48조의4 제3항 제5호	경고	경고	지정취소
바. 성능시험 결과를 거짓으로 조작해서 수행한 경우	법 제48조의4 제3항 제6호	업무정지 (90일)	지정 취소	

② 국토교통부장관은 시험기관의 지정을 취소하거나 업무의 정지를 명한 경우에는 그 사실을 해당시험 기관에 통지하고 지체 없이 관보에 고시해야 한다(규칙 제85조의9 제2항).

③ 시험기관의 지정취소 또는 업무정지 통지를 받은 시험기관은 그 통지를 받은 날부터 15일 이내에 철도보안검색장비 시험기관 지정서를 국토교통부장관에게 반납해야 한다(규칙 제85조의9 제3항).

(8) 직무장비의 사용기준

철도특별사법경찰관리가 사용하는 직무장비의 사용기준은 다음과 같다(규칙 제85조의10).

① **가스분사기 · 가스발사총(고무탄은 제외한다)의 경우** : 범인의 체포 또는 도주방지, 타인 또는 철도특별사법경찰관리의 생명 · 신체에 대한 방호, 공무집행에 대한 항거의 억제를 위해 필요한 경우에 최소한의 범위에서 사용하되, 1미터 이내의 거리에서 상대방의 얼굴을 향해 발사하지 말 것

② **전자충격기의 경우** : 14세 미만의 사람이나 임산부에게 사용해서는 안 되며, 전극침(電極針) 발사장치가 있는 전자충격기를 사용하는 경우에는 상대방의 얼굴을 향해 전극침을 발사하지 말 것

③ **경비봉의 경우** : 타인 또는 철도특별사법경찰관리의 생명 · 신체의 위해와 공공시설 · 재산의 위험을 방지하기 위해 필요한 경우에 최소한의 범위에서 사용할 수 있으며, 인명 또는 신체에 대한 위해를 최소화하도록 할 것

④ **수갑 · 포승의 경우** : 체포영장 · 구속영장의 집행, 신체의 자유를 제한하는 판결 또는 처분을 받은 사람을 법률에서 정한 절차에 따라 호송 · 수용하거나, 범인, 술에 취한 사람, 정신착란자의 자살 또는 자해를 방지하기 위해 필요한 경우에 최소한의 범위에서 사용할 것

(9) 보안검색장비 기준고시

국토교통부장관은 성능인증을 받은 보안검색장비의 운영, 유지관리 등에 관한 기준을 정하여 고시하여야 한다(법 제48조의3 제3항).

(10) 보안검색장비 수시점검

국토교통부장관은 성능인증을 받은 보안검색장비가 운영 중에 계속하여 성능을 유지하고 있는지를 확인하기 위하여 국토교통부령으로 정하는 바에 따라 정기적으로 또는 수시로 점검을 실시하여야 한다(법 제48조의3 제4항).

(11) 인증취소

국토교통부장관은 성능인증을 받은 보안검색장비가 다음의 어느 하나에 해당하는 경우에는 그 인증을 취소할 수 있다. 다만, ①에 해당하는 때에는 그 인증을 취소하여야 한다(법 제48조의3 제5항).

① 거짓이나 그 밖의 부정한 방법으로 인증을 받은 경우

② 보안검색장비가 성능인증 기준에 적합하지 아니하게 된 경우

16. 시험기관의 지정 등

(1) 시험기관 지정

국토교통부장관은 성능인증을 위하여 보안검색장비의 성능을 평가하는 시험(성능시험)을 실시하는 기관(시험기관)을 지정할 수 있다(법 제48조의4 제1항).

(2) 지정신청

시험기관의 지정을 받으려는 법인이나 단체는 국토교통부령으로 정하는 지정기준을 갖추어 국토교통부장관에게 지정신청을 하여야 한다(법 제48조의4 제2항).

(3) 지정취소 및 정지

국토교통부장관은 시험기관으로 지정받은 법인이나 단체가 다음의 어느 하나에 해당하는 경우에는 그 지정을 취소하거나 1년 이내의 기간을 정하여 그 업무의 전부 또는 일부의 정지를 명할 수 있다. 다만, ① 또는 ②에 해당하는 때에는 그 지정을 취소하여야 한다(법 제48조의4 제3항).

① 거짓이나 그 밖의 부정한 방법을 사용하여 시험기관으로 지정을 받은 경우
② 업무정지 명령을 받은 후 그 업무정지 기간에 성능시험을 실시한 경우
③ 정당한 사유 없이 성능시험을 실시하지 아니한 경우
④ 기준·방법·절차 등을 위반하여 성능시험을 실시한 경우
⑤ 시험기관 지정기준을 충족하지 못하게 된 경우
⑥ 성능시험 결과를 거짓으로 조작하여 수행한 경우

(4) 인증기관에 위탁

국토교통부장관은 인증업무의 전문성과 신뢰성을 확보하기 위하여 보안검색장비의 성능인증 및 점검 업무를 대통령령으로 정하는 기관(인증기관)에 위탁할 수 있다(법 제48조의4 제4항).

(5) 인증업무의 위탁

국토교통부장관은 보안검색장비의 성능 인증 및 점검 업무를 한국철도기술연구원에 위탁한다(영 제50조의2).

17. 직무장비의 휴대 및 사용 등

(1) 직무장비 사용

철도특별사법경찰관리는 이 법 및 「사법경찰관리의 직무를 수행할 자와 그 직무범위에 관한 법률」에 따른 직무를 수행하기 위하여 필요하다고 인정되는 상당한 이유가 있을 때에는 합리적으로 판단하여 필요한 한도에서 직무장비를 사용할 수 있다(법 제48조의5 제1항).

(2) 직무장비

직무장비란 철도특별사법경찰관리가 휴대하여 범인검거와 피의자 호송 등의 직무수행에 사용하는 수갑, 포승, 가스분사기, 전자충격기, 경비봉을 말한다(법 제48조의5 제2항).

(3) 안전교육과 안전검사를 받은 후 사용

철도특별사법경찰관리가 직무수행 중 직무장비를 사용함에 있어 사람의 생명이나 신체에 위해를 끼칠 수 있는 직무장비(전자충격기 및 가스분사기를 말한다)를 사용하는 경우에는 사전에 필요한 안전교육과 안전검사를 받은 후 사용하여야 한다(법 제48조의5 제3항).

18. 철도종사자의 직무상 지시 준수

(1) 철도종사자의 직무상 지시에 복종

열차 또는 철도시설을 이용하는 사람은 이 법에 따라 철도의 안전·보호와 질서유지를 위하여 하는 철도종사자의 직무상 지시에 따라야 한다(법 제49조 제1항).

(2) 철도종사자의 직무집행 방해금지

누구든지 폭행·협박으로 철도종사자의 직무집행을 방해하여서는 아니 된다(법 제49조 제2항).

(3) 철도종사자의 권한표시

① 철도종사자는 복장·모자·완장·증표 등으로 그가 직무상 지시를 할 수 있는 사람임을 표시하여야 한다(영 제51조 제1항).

② 철도운영자등은 철도종사자가 표시를 할 수 있도록 복장·모자·완장·증표 등의 지급 등 필요한 조치를 하여야 한다(영 제51조 제2항).

19. 사람 또는 물건에 대한 퇴거 조치 등

(1) 사람 또는 물건에 대한 퇴거 조치 등

철도종사자는 다음의 어느 하나에 해당하는 사람 또는 물건을 열차 밖이나 대통령령으로 정하는 지역 밖으로 퇴거시키거나 철거할 수 있다(법 제50조).

① 여객열차에서 위해물품을 휴대한 사람 및 그 위해물품
② 운송 금지 위험물을 탁송하거나 운송하는 자 및 그 위험물
③ 행위 금지·제한 또는 조치 명령에 따르지 아니하는 사람 및 그 물건
④ 여객열차에서의 금지행위를 한 사람 및 그 물건
⑤ 철도 보호 및 질서유지를 위한 금지행위를 한 사람 및 그 물건
⑥ 보안검색에 따르지 아니한 사람
⑦ 철도종사자의 직무상 지시를 따르지 아니하거나 직무집행을 방해하는 사람

(2) 퇴거지역의 범위(영 제52조)

① 정거장
② 철도신호기·철도차량정비소·통신기기·전력설비 등의 설비가 설치되어 있는 장소의 담장이나 경계선 안의 지역
③ 화물을 적하하는 장소의 담장이나 경계선 안의 지역

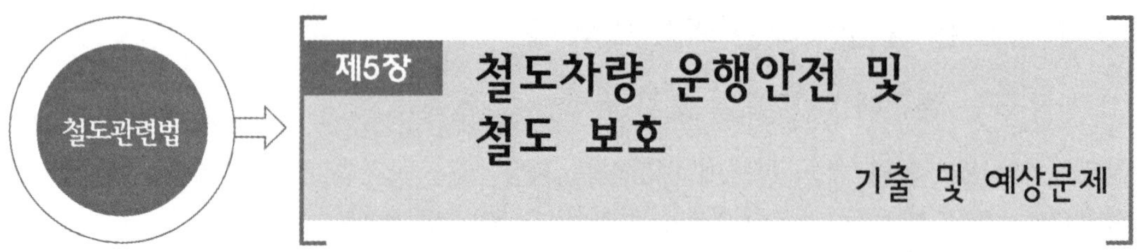

01 열차의 편성, 철도차량 운전 및 신호방식 등 철도차량의 안전운행에 필요한 사항을 정하고 있는 것은?

㉮ 철도안전법
㉯ 대통령령
㉰ 국토교통부령
㉱ 국토교통부 사무규칙

|해설|
열차의 편성, 철도차량 운전 및 신호방식 등 철도차량의 안전운행에 필요한 사항은 국토교통부령으로 정한다(법 제39조).

02 다음 철도교통관제에 관한 내용으로 틀린 것은?

㉮ 철도차량을 운행하는 자는 국토교통부장관이 지시하는 이동·출발·정지 등의 명령과 운행 기준·방법·절차 및 순서 등에 따라야 한다.
㉯ 국토교통부장관은 철도차량의 안전하고 효율적인 운행을 위하여 철도시설의 운용상태 등 철도차량의 운행과 관련된 조언과 정보를 철도종사자 또는 철도운영자등에게 제공할 수 있다.
㉰ 국토교통부장관은 철도차량의 안전한 운행을 위하여 철도시설 내에서 사람, 자동차 및 철도차량의 운행제한 등 필요한 안전조치를 취할 수 있다.
㉱ 국토교통부장관이 행하는 업무의 대상, 내용 및 절차 등에 관하여 필요한 사항은 한국교통안전공단이 정한다.

|해설|
국토교통부장관이 행하는 업무의 대상, 내용 및 절차 등에 관하여 필요한 사항은 국토교통부령으로 정한다(법 제39조의2 제4항).

03 다음 철도교통관제업무의 대상 및 내용 등에 관한 서술로 바르지 않은 것은?

㉮ 정상운행을 하기 전의 개량선에서 철도차량을 운행하는 경우 등은 국토교통부장관이 행하는 철도교통관제업무(관제업무)의 대상에서 제외한다.

㉯ 국토교통부장관이 행하는 관제업무의 내용은 철도차량의 운행에 대한 집중 제어·통제 및 감시 등이 있다.

㉰ 철도운영자등은 철도사고 등이 발생하거나 철도시설 또는 철도차량 등이 정상적인 상태에 있지 아니하다고 의심되는 경우에는 30일 이내에 국토교통부장관에 통보하여야 한다.

㉱ 관제업무에 관한 세부적인 기준·절차 및 방법은 국토교통부장관이 정하여 고시한다.

|해설|

철도운영자등은 철도사고 등이 발생하거나 철도시설 또는 철도차량 등이 정상적인 상태에 있지 아니하다고 의심되는 경우에는 이를 신속히 국토교통부장관에 통보하여야 한다(규칙 제76조 제3항).

04 다음 철도교통관제업무(관제업무)의 대상에서 제외하는 경우가 아닌 것은?

㉮ 정상운행을 하기 전의 신설선에서 철도차량을 운행하는 경우

㉯ 정상운행을 하기 전의 개량선에서 철도차량을 운행하는 경우

㉰ 철도차량을 보수·정비하기 위한 차량정비기지 및 차량유치시설에서 철도차량을 운행하는 경우

㉱ 전용철도에서 열차를 운행하는 경우

|해설|

다음의 어느 하나에 해당하는 경우에는 국토교통부장관이 행하는 철도교통관제업무(관제업무)의 대상에서 제외한다(규칙 제76조 제1항).

1. 정상운행을 하기 전의 신설선 또는 개량선에서 철도차량을 운행하는 경우
2. 철도차량을 보수·정비하기 위한 차량정비기지 및 차량유치시설에서 철도차량을 운행하는 경우

Answer 01. ㉰ 02. ㉱ 03. ㉰ 04. ㉱

05 다음 국토교통부장관이 행하는 관제업무의 내용이 아닌 것은?

㉮ 철도운영자등의 보고에 대한 감사

㉯ 철도차량의 운행에 대한 집중 제어·통제 및 감시

㉰ 철도시설의 운용상태 등 철도차량의 운행과 관련된 조언과 정보의 제공 업무

㉱ 철도사고 등의 발생 시 사고복구, 긴급구조·구호 지시 및 관계 기관에 대한 상황 보고·전파 업무

|해설|

국토교통부장관이 행하는 관제업무의 내용(규칙 제76조 제2항)

1. 철도차량의 운행에 대한 집중 제어·통제 및 감시
2. 철도시설의 운용상태 등 철도차량의 운행과 관련된 조언과 정보의 제공 업무
3. 철도보호지구에서의 행위제한 등의 어느 하나에 해당하는 행위를 할 경우 열차운행 통제 업무
4. 철도사고 등의 발생 시 사고복구, 긴급구조·구호 지시 및 관계 기관에 대한 상황 보고·전파 업무
5. 그 밖에 국토교통부장관이 철도차량의 안전운행 등을 위하여 지시한 사항

06 다음 영상기록장치의 설치·운영 등에 관한 내용으로 바르지 않은 것은?

㉮ 철도운영자등은 철도차량의 운행상황 기록, 교통사고 상황 파악, 안전사고 방지 등을 위하여 다음의 철도차량 또는 철도시설에 영상기록장치를 설치·운영하여야 한다.

㉯ 영상기록장치의 설치 기준, 방법 등은 한국교통안전공단에서 정하여 고시한다.

㉰ 철도운영자등은 영상기록장치를 설치하는 경우 선로변을 포함한 철도차량 전방의 운행 상황 및 운전실의 운전조작 상황에 관한 영상이 촬영될 수 있는 위치에 각각 설치하여야 한다.

㉱ 철도운영자등은 영상기록장치를 설치하는 경우 운전업무종사자 등이 쉽게 인식할 수 있도록 대통령령으로 정하는 바에 따라 안내판 설치 등 필요한 조치를 하여야 한다.

|해설|

철도운영자등은 철도차량의 운행상황 기록, 교통사고 상황 파악, 안전사고 방지 등을 위하여 다음의 철도차량 또는 철도시설에 영상기록장치를 설치·운영하여야 한다. 이 경우 영상기록장치의 설치 기준, 방법 등은 국토교통부령으로 정한다(법 제39조의3 제1항).

1. 철도차량 중 대통령령으로 정하는 동력차 및 객차
2. 승강장 등 대통령령으로 정하는 안전사고의 우려가 있는 역 구내
3. 대통령령으로 정하는 차량정비기지
4. 변전소 등 대통령령으로 정하는 안전확보가 필요한 철도시설

07 운전실의 운전조작 상황에 관한 영상이 촬영될 수 있는 위치에는 설치하지 아니할 수 있는 철도차량이 아닌 것은?

㉮ 무인운전 철도차량

㉯ 다른 대체수단을 통하여 철도차량의 운전조작 상황이 파악 가능한 철도차량

㉰ 전용철도의 철도차량

㉱ 개량선에서 운행하는 철도차량

|해설|

철도운영자등은 영상기록장치를 설치하는 경우 선로변을 포함한 철도차량 전방의 운행 상황 및 운전실의 운전조작 상황에 관한 영상이 촬영될 수 있는 위치에 각각 설치하여야 한다. 다만, 다음의 어느 하나에 해당하는 철도차량의 경우에는 운전실의 운전조작 상황에 관한 영상이 촬영될 수 있는 위치에는 설치하지 아니할 수 있다(규칙 제76조의2 제1항).

1. 무인운전 철도차량
2. 다른 대체수단을 통하여 철도차량의 운전조작 상황이 파악 가능한 철도차량
3. 전용철도의 철도차량

08 다음 영상기록장치에 관한 설명으로 틀린 것은?

㉮ 철도운영자등은 영상기록장치를 설치하는 경우 운전업무종사자 등이 쉽게 인식할 수 있도록 대통령령으로 정하는 바에 따라 안내판 설치 등 필요한 조치를 하여야 한다.

㉯ 철도운영자등은 설치 목적과 다른 목적으로 영상기록장치를 임의로 조작하지 못하지만 다른 곳을 비출 수 있다.

㉰ 철도운영자등은 필요한 경우 외에는 영상기록을 이용하거나 다른 자에게 제공하여서는 아니 된다.

㉱ 철도운영자등은 영상기록장치에 기록된 영상이 분실·도난·유출·변조 또는 훼손되지 아니하도록 대통령령으로 정하는 바에 따라 영상기록장치의 운영·관리 지침을 마련하여야 한다.

|해설|

철도운영자등은 설치 목적과 다른 목적으로 영상기록장치를 임의로 조작하거나 다른 곳을 비추어서는 아니 되며, 운행기간 외에는 영상기록(음성기록을 포함한다.)을 하여서는 아니 된다(법 제39조의3 제3항).

Answer 05. ㉮ 06. ㉯ 07. ㉱ 08. ㉯

09 영상기록장치를 설치하는 경우 운전업무종사자 등이 쉽게 인식할 수 있도록 안내판 설치 등 필요한 조치를 하여야 하는 자는?

㉮ 철도운영자등　　㉯ 국토교통부장관
㉰ 소유자등　　㉱ 한국교통안전공단

|해설|

철도운영자등은 영상기록장치를 설치하는 경우 운전업무종사자 등이 쉽게 인식할 수 있도록 대통령령으로 정하는 바에 따라 안내판 설치 등 필요한 조치를 하여야 한다(법 제39조의3 제2항).

10 다음 영상기록장치 안내 표지판에 표시할 사항이 아닌 것은?

㉮ 영상기록장치의 설치 목적
㉯ 영상기록장치의 설치 위치, 촬영 범위 및 촬영 시간
㉰ 개인정보제공 동의서
㉱ 영상기록장치 관리 책임 부서, 관리책임자의 성명 및 연락처

|해설|

철도운영자등은 운전실 출입문 등 운전업무종사자 등 정보주체가 쉽게 인식할 수 있는 곳에 다음의 사항이 표시된 안내판을 설치하여야 한다(영 제31조).

1. 영상기록장치의 설치 목적
2. 영상기록장치의 설치 위치, 촬영 범위 및 촬영 시간
3. 영상기록장치 관리 책임 부서, 관리책임자의 성명 및 연락처
4. 그 밖에 철도운영자등이 필요하다고 인정하는 사항

11 다음 영상기록의 이용용도가 아닌 것은?

㉮ 교통사고 상황 파악을 위하여 필요한 경우
㉯ 범죄의 수사와 공소의 제기 및 유지에 필요한 경우
㉰ 교통사고 당사자가 요구하는 경우
㉱ 법원의 재판업무수행을 위하여 필요한 경우

|해설|

철도운영자등은 다음의 어느 하나에 해당하는 경우 외에는 영상기록을 이용하거나 다른 자에게 제공하여서는 아니 된다(법 제39조의3 제4항).

1. 교통사고 상황 파악을 위하여 필요한 경우
2. 범죄의 수사와 공소의 제기 및 유지에 필요한 경우
3. 법원의 재판업무수행을 위하여 필요한 경우

12 다음 영상기록장치의 운영 · 관리 지침에 포함되어야 할 사항이 아닌 것은?

㉮ 영상기록장치의 설치 근거 및 설치 목적
㉯ 영상기록장치의 설치 대수, 설치 위치 및 촬영 범위
㉰ 영상기록의 촬영 시간, 보관기간, 보관장소 및 처리방법
㉱ 영상기록의 삭제에 관한 방법

|해설|

철도운영자등은 영상기록장치에 기록된 영상이 분실 · 도난 · 유출 · 변조 또는 훼손되지 않도록 다음의 사항이 포함된 영상기록장치 운영 · 관리 지침을 마련해야 한다(영 제32조).

1. 영상기록장치의 설치 근거 및 설치 목적
2. 영상기록장치의 설치 대수, 설치 위치 및 촬영 범위
3. 관리책임자, 담당 부서 및 영상기록에 대한 접근 권한이 있는 사람
4. 영상기록의 촬영 시간, 보관기간, 보관장소 및 처리방법
5. 철도운영자등의 영상기록 확인 방법 및 장소
6. 정보주체의 영상기록 열람 등 요구에 대한 조치
7. 영상기록에 대한 접근 통제 및 접근 권한의 제한 조치
8. 영상기록을 안전하게 저장 · 전송할 수 있는 암호화 기술의 적용 또는 이에 상응하는 조치
9. 영상기록 침해사고 발생에 대응하기 위한 접속기록의 보관 및 위조 · 변조 방지를 위한 조치
10. 영상기록에 대한 보안프로그램의 설치 및 갱신
11. 영상기록의 안전한 보관을 위한 보관시설의 마련 또는 잠금장치의 설치 등 물리적 조치
12. 그 밖에 영상기록장치의 설치 · 운영 및 관리에 필요한 사항

13 다음 영상기록의 보관기간은?

㉮ 1일 이상　　㉯ 3일 이상
㉰ 5일 이상　　㉱ 10일 이상

|해설|

철도운영자등은 영상기록장치에 기록된 영상기록을 영상기록장치 운영 · 관리 지침에서 정하는 보관기간 동안 보관하여야 한다. 이 경우 보관기간은 3일 이상의 기간이어야 한다(규칙 제76조의3 제1항).

Answer 09. ㉮ 10. ㉰ 11. ㉰ 12. ㉱ 13. ㉯

14 다음 영상기록의 보관기준 및 보관기간에 관한 설명으로 틀린 것은?

㉮ 철도운영자등은 보관기간이 지난 영상기록은 별도로 보관하여야 한다.

㉯ 보관기간 내에 영상기록에 대한 제공을 요청 받은 경우에는 해당 영상기록을 제공하기 전까지는 영상기록을 삭제해서는 아니 된다.

㉰ 영상기록장치의 설치·관리 및 영상기록의 이용·제공 등은 「개인정보 보호법」에 따라야 한다.

㉱ 영상기록의 제공과 그 밖에 영상기록의 보관 등에 필요한 사항은 국토교통부령으로 정한다.

|해설|

철도운영자등은 보관기간이 지난 영상기록을 삭제하여야 한다. 다만, 보관기간 내에 영상기록에 대한 제공을 요청 받은 경우에는 해당 영상기록을 제공하기 전까지는 영상기록을 삭제해서는 아니 된다(규칙 제76조의3 제2항).

15 철도운영자가 열차운행을 일시 중지할 수 있는 경우가 아닌 것은?

㉮ 지진, 태풍, 폭우, 폭설 등 천재지변 또는 악천후로 인하여 재해가 발생하였을 경우

㉯ 지진, 태풍, 폭우, 폭설 등 천재지변 또는 악천후로 인하여 재해가 발생할 것으로 예상되는 경우

㉰ 여객의 급한 용무로 인한 경우

㉱ 그 밖에 열차운행에 중대한 장애가 발생하였거나 발생할 것으로 예상되는 경우

|해설|

철도운영자는 다음의 어느 하나에 해당하는 경우로서 열차의 안전운행에 지장이 있다고 인정하는 경우에는 열차운행을 일시 중지할 수 있다(법 제40조 제1항).

1. 지진, 태풍, 폭우, 폭설 등 천재지변 또는 악천후로 인하여 재해가 발생하였거나 재해가 발생할 것으로 예상되는 경우
2. 그 밖에 열차운행에 중대한 장애가 발생하였거나 발생할 것으로 예상되는 경우

16 다음 철도차량 출발 전 국토교통부령으로 정하는 조치사항이 아닌 것은?

㉮ 운전제어와 관련된 장치의 기능

㉯ 제동장치 기능

㉰ 철도차량이 역시설에서 출발하는 경우 여객의 승하차 여부를 확인할 것

㉱ 관제업무종사자의 지시를 따를 것

|해설|

철도차량 출발 전 국토교통부령으로 정하는 조치사항(규칙 제76조의4 제1항)

1. 철도차량이 차량정비기지에서 출발하는 경우 다음의 기능에 대하여 이상 여부를 확인할 것
   ㉠ 운전제어와 관련된 장치의 기능
   ㉡ 제동장치 기능
   ㉢ 그 밖에 운전 시 사용하는 각종 계기판의 기능
2. 철도차량이 역시설에서 출발하는 경우 여객의 승하차 여부를 확인할 것. 다만, 여객승무원이 대신하여 확인하는 경우에는 그러하지 아니하다.

17 다음 관제업무종사자가 운전업무종사자, 여객승무원 또는 사람에게 제공하여야 하는 정보가 아닌 것은?

㉮ 열차의 출발, 정차 및 노선변경 등 열차 운행의 변경에 관한 정보

㉯ 철도차량이 운행하는 선로 주변의 공사·작업의 변경 정보

㉰ 영상기록의 활용 정보

㉱ 재난 관련 정보

|해설|

관제업무종사자는 다음의 정보를 운전업무종사자, 여객승무원 또는 사람에게 제공하여야 한다(규칙 제76조의5 제1항).

1. 열차의 출발, 정차 및 노선변경 등 열차 운행의 변경에 관한 정보
2. 열차 운행에 영향을 줄 수 있는 다음의 정보
   ㉠ 철도차량이 운행하는 선로 주변의 공사·작업의 변경 정보
   ㉡ 철도사고 등에 관련된 정보
   ㉢ 재난 관련 정보
   ㉣ 테러 발생 등 그 밖의 비상상황에 관한 정보

Answer 14. ㉮ 15. ㉰ 16. ㉱ 17. ㉰

18 다음 관제업무종사자의 관제업무 수행 중 준수사항이 아닌 것은?

㉮ 철도운영자가 정하는 구간별 제한속도에 따라 운행할 것

㉯ 국토교통부령으로 정하는 바에 따라 운전업무종사자 등에게 열차 운행에 관한 정보를 제공할 것

㉰ 운행장애 발생 시 국토교통부령으로 정하는 조치 사항을 이행할 것

㉱ 철도사고 발생 시 국토교통부령으로 정하는 조치 사항을 이행할 것

|해설|

관제업무종사자 준수사항

관제업무종사자는 관제업무 수행 중 다음의 사항을 준수하여야 한다(법 제40조의2 제2항).

1. 국토교통부령으로 정하는 바에 따라 운전업무종사자 등에게 열차 운행에 관한 정보를 제공할 것
2. 철도사고 및 운행장애(철도사고 등) 발생 시 국토교통부령으로 정하는 조치 사항을 이행할 것

19 다음 철도사고 및 운행장애(철도사고 등) 발생 시 조치사항이 아닌 것은?

㉮ 철도사고 등이 발생하는 경우 여객 대피 및 철도차량 보호 조치 여부 등 사고현장 현황을 파악할 것

㉯ 사고현장의 열차운행 통제

㉰ 사고 수습을 위한 철도종사자의 파견 요청

㉱ 관제업무종사자의 지시를 따를 것

|해설|

철도사고 및 운행장애(철도사고 등) 발생 시 조치사항이란 다음을 말한다(규칙 제76조의5 제2항).

1. 철도사고 등이 발생하는 경우 여객 대피 및 철도차량 보호 조치 여부 등 사고현장 현황을 파악할 것
2. 철도사고 등의 수습을 위하여 필요한 경우 다음의 조치를 할 것
   ㉠ 사고현장의 열차운행 통제
   ㉡ 의료기관 및 소방서 등 관계기관에 지원 요청
   ㉢ 사고 수습을 위한 철도종사자의 파견 요청
   ㉣ 2차 사고 예방을 위하여 철도차량이 구르지 아니하도록 하는 조치 지시
   ㉤ 안내방송 등 여객 대피를 위한 필요한 조치 지시
   ㉥ 전차선(電車線, 선로를 통하여 철도차량에 전기를 공급하는 장치를 말한다)의 전기공급 차단 조치
   ㉦ 구원(救援)열차 또는 임시열차의 운행 지시
   ㉧ 열차의 운행간격 조정
3. 철도사고등의 발생사유, 지연시간 등을 사실대로 기록하여 관리할 것

20 다음 철도차량 운행에 관한 안전 수칙이 아닌 것은?

㉮ 정거장 외에는 정차를 하지 아니할 것
㉯ 철도차량이 차량정비기지에서 출발하는 경우 기능에 대하여 이상 여부를 확인할 것
㉰ 관제업무종사자의 지시를 따를 것
㉱ 운행구간의 이상이 발견된 경우 관제업무종사자에게 즉시 보고할 것

|해설|

철도차량 운행에 관한 안전 수칙(규칙 제76조의4 제2항)

1. 철도신호에 따라 철도차량을 운행할 것
2. 철도차량의 운행 중에 휴대전화 등 전자기기를 사용하지 아니할 것. 다만, 다음의 어느 하나에 해당하는 경우로서 철도운영자가 운행의 안전을 저해하지 아니하는 범위에서 사전에 사용을 허용한 경우에는 그러하지 아니하다.
   ㉠ 철도사고 등 또는 철도차량의 기능장애가 발생하는 등 비상상황이 발생한 경우
   ㉡ 철도차량의 안전운행을 위하여 전자기기의 사용이 필요한 경우
   ㉢ 그 밖에 철도운영자가 철도차량의 안전운행에 지장을 주지 아니한다고 판단하는 경우
3. 철도운영자가 정하는 구간별 제한속도에 따라 운행할 것
4. 열차를 후진하지 아니할 것. 다만, 비상상황 발생 등의 사유로 관제업무종사자의 지시를 받는 경우에는 그러하지 아니하다.
5. 정거장 외에는 정차를 하지 아니할 것. 다만, 정지신호의 준수 등 철도차량의 안전운행을 위하여 정차를 하여야 하는 경우에는 그러하지 아니하다.
6. 운행구간의 이상이 발견된 경우 관제업무종사자에게 즉시 보고할 것
7. 관제업무종사자의 지시를 따를 것

21 운전업무종사자가 철도차량의 운전업무 수행 중 준수하여야 할 사항인 것은?

㉮ 철도차량 출발 전 국토교통부령으로 정하는 조치 사항을 이행할 것
㉯ 영상기록장치의 보호
㉰ 철도운영자의 지시에 따라 운행할 것
㉱ 소유자등의 지시에 따라 운행할 것

|해설|

운전업무종사자는 철도차량의 운전업무 수행 중 다음의 사항을 준수하여야 한다(법 제40조의2 제1항).

1. 철도차량 출발 전 국토교통부령으로 정하는 조치 사항을 이행할 것
2. 국토교통부령으로 정하는 철도차량 운행에 관한 안전 수칙을 준수할 것

Answer 18. ㉮ 19. ㉱ 20. ㉯ 21. ㉮

22 다음 작업책임자의 작업안전에 관한 조치 사항이 아닌 것은?

㉮ 조정 내용에 따라 작업계획 등의 조정 · 보완

㉯ 작업원의 안전장비 착용상태 점검

㉰ 작업시간 내 작업현장 이탈 금지

㉱ 의료기관 및 소방서 등 관계기관에 지원 요청

|해설|

작업책임자의 작업안전에 관한 조치 사항이란 다음을 말한다(규칙 제76조의6 제2항).

1. 조정 내용에 따라 작업계획 등의 조정 · 보완
2. 작업 수행 전 다음의 조치
   ㉠ 작업원의 안전장비 착용상태 점검
   ㉡ 작업에 필요한 안전장비 · 안전시설의 점검
   ㉢ 그 밖에 작업 수행 전에 필요한 조치로서 국토교통부장관이 정해 고시하는 조치
3. 작업시간 내 작업현장 이탈 금지
4. 작업 중 비상상황 발생 시 열차방호 등의 조치
5. 해당 작업으로 인해 열차운행에 지장이 있는지 여부 확인
6. 작업완료 시 상급자에게 보고
7. 그 밖에 작업안전에 필요한 사항으로서 국토교통부장관이 정해 고시하는 사항

23 다음 철도운행안전관리자의 철도차량의 운행선로 또는 그 인근에서 철도시설의 건설 또는 관리와 관련된 작업 수행 중 준수사항이 아닌 것은?

㉮ 작업일정 및 열차의 운행일정을 작업수행 전에 조정할 것

㉯ 작업일정 및 열차의 운행일정을 작업과 관련하여 관할 역의 관리책임자(정거장에서 철도신호기 · 선로전환기 또는 조작판 등을 취급하는 사람을 포함한다) 및 관제업무종사자와 협의하여 조정할 것

㉰ 열차의 출발, 정차 및 노선변경 등 열차 운행의 변경에 관한 정보를 제공할 것

㉱ 열차운행 및 작업안전에 관한 조치 사항을 이행할 것

|해설|

철도운행안전관리자는 철도차량의 운행선로 또는 그 인근에서 철도시설의 건설 또는 관리와 관련된 작업 수행 중 다음의 사항을 준수하여야 한다(법 제40조의2 제4항).

1. 작업일정 및 열차의 운행일정을 작업수행 전에 조정할 것
2. 작업일정 및 열차의 운행일정을 작업과 관련하여 관할 역의 관리책임자(정거장에서 철도신호기 · 선로전환기 또는 조작판 등을 취급하는 사람을 포함한다) 및 관제업무종사자와 협의하여 조정할 것
3. 열차운행 및 작업안전에 관한 조치 사항을 이행할 것

24 다음 작업책임자의 철도시설의 건설 또는 관리와 관련된 작업 수행 중 준수사항은?

㉮ 작업안전에 관한 조치 사항을 이행할 것

㉯ 임시열차의 운행 지시

㉰ 사고현장의 열차운행 통제

㉱ 안내방송 등

|해설|

작업책임자는 철도차량의 운행선로 또는 그 인근에서 철도시설의 건설 또는 관리와 관련된 작업 수행 중 다음의 사항을 준수하여야 한다(법 제40조의2 제3항).

1. 작업 수행 전에 작업원을 대상으로 안전교육을 실시할 것
2. 작업안전에 관한 조치 사항을 이행할 것

25 작업책임자가 작업 수행 전에 작업원을 대상으로 실시하는 안전교육에 포함되어야 할 사항이 아닌 것은?

㉮ 안전장비 착용 등 작업원 보호에 관한 사항

㉯ 열차의 운행간격 조정에 관한 사항

㉰ 작업특성 및 현장여건에 따른 위험요인에 대한 안전조치 방법

㉱ 건설기계 등 장비를 사용하는 작업의 경우에는 철도사고 예방에 관한 사항

|해설|

작업책임자는 작업 수행 전에 작업원을 대상으로 다음의 사항이 포함된 안전교육을 실시해야 한다(규칙 제76조의6 제1항).

1. 해당 작업일의 작업계획(작업량, 작업일정, 작업순서, 작업방법, 작업원별 임무 및 작업장 이동방법 등을 포함한다)
2. 안전장비 착용 등 작업원 보호에 관한 사항
3. 작업특성 및 현장여건에 따른 위험요인에 대한 안전조치 방법
4. 작업책임자와 작업원의 의사소통 방법, 작업통제 방법 및 그 준수에 관한 사항
5. 건설기계 등 장비를 사용하는 작업의 경우에는 철도사고 예방에 관한 사항
6. 그 밖에 안전사고 예방을 위해 필요한 사항으로서 국토교통부장관이 정해 고시하는 사항

Answer 22. ㉱ 23. ㉰ 24. ㉮ 25. ㉯

26 다음 운전업무종사자와 여객승무원의 철도사고 등의 발생 시 후속조치가 아닌 것은?

㉮ 작업일정 및 열차의 운행일정 재조정 등에 관한 조치를 할 것

㉯ 철도차량 내 안내방송을 실시할 것

㉰ 2차 사고예방을 위하여 철도차량이 구르지 아니하도록 하는 조치를 할 것

㉱ 여객의 안전을 확보하기 위하여 필요한 경우 철도차량의 비상문을 개방할 것

|해설|

운전업무종사자와 여객승무원은 다음의 후속조치를 이행하여야 한다. 이 경우 운전업무종사자와 여객승무원은 후속조치에 대하여 각각의 역할을 분담하여 이행할 수 있다(규칙 제76조의8 제1항).

1. 관제업무종사자 또는 인접한 역시설의 철도종사자에게 철도사고 등의 상황을 전파할 것
2. 철도차량 내 안내방송을 실시할 것. 다만, 방송장치로 안내방송이 불가능한 경우에는 확성기 등을 사용하여 안내하여야 한다.
3. 여객의 안전을 확보하기 위하여 필요한 경우 철도차량 내 여객을 대피시킬 것
4. 2차 사고예방을 위하여 철도차량이 구르지 아니하도록 하는 조치를 할 것
5. 여객의 안전을 확보하기 위하여 필요한 경우 철도차량의 비상문을 개방할 것
6. 사상자 발생 시 응급환자를 응급처치하거나 의료기관에 긴급히 이송되도록 지원할 것

27 철도사고 등의 발생 시 의료기관으로의 이송이 필요한 경우 등에 해당하지 않은 경우는?

㉮ 운전업무종사자 또는 여객승무원이 중대한 부상 등으로 인하여 의료기관으로의 이송이 필요한 경우

㉯ 철도차량의 기능장애가 발생하는 등 비상상황이 발생한 경우

㉰ 관제업무종사자 또는 철도사고 등의 관리책임자로부터 철도사고 등의 현장 이탈이 가능하다고 통보받은 경우

㉱ 여객을 안전하게 대피시킨 후 운전업무종사자와 여객승무원의 안전을 위하여 현장을 이탈하여야 하는 경우

|해설|

의료기관으로의 이송이 필요한 경우란 다음의 어느 하나에 해당하는 경우를 말한다(규칙 제76조의8 제2항).

1. 운전업무종사자 또는 여객승무원이 중대한 부상 등으로 인하여 의료기관으로의 이송이 필요한 경우
2. 관제업무종사자 또는 철도사고 등의 관리책임자로부터 철도사고 등의 현장 이탈이 가능하다고 통보받은 경우
3. 여객을 안전하게 대피시킨 후 운전업무종사자와 여객승무원의 안전을 위하여 현장을 이탈하여야 하는 경우

28 다음 철도종사자의 음주 제한 등에 관한 내용으로 틀린 것은?

㉮ 철도종사자(실무수습 중인 사람을 포함한다)는 술(주류를 말한다.)을 마시거나 약물을 사용한 상태에서 업무를 하여서는 아니 된다.

㉯ 국토교통부장관 또는 시·도지사(도시철도 및 지방자치단체로부터 도시철도의 건설과 운영의 위탁을 받은 법인이 건설·운영하는 도시철도만 해당한다.)는 철도안전과 위험방지를 위하여 필요하다고 인정하거나 철도종사자가 술을 마시거나 약물을 사용한 상태에서 업무를 하였다고 인정할 만한 상당한 이유가 있을 때에는 철도종사자에 대하여 술을 마셨거나 약물을 사용하였는지 확인 또는 검사할 수 있다.

㉰ 술을 마셨는지에 대한 확인 또는 검사는 호흡측정기 검사의 방법으로 실시하고, 검사 결과에 불복하는 사람에 대해서는 그 철도종사자의 동의를 받아 혈액 채취 등의 방법으로 다시 측정할 수 있다.

㉱ 약물을 사용하였는지에 대한 확인 또는 검사는 소변 검사로 실시한다.

|해설|

약물을 사용하였는지에 대한 확인 또는 검사는 소변 검사 또는 모발 채취 등의 방법으로 실시한다(영 제43조의2 제3항).

29 술(주류를 말한다.)을 마시거나 약물을 사용한 상태에서 업무를 하여서는 아니되는 자에 해당하지 않는 자는?

㉮ 철도운행안전관리자　　㉯ 운전업무종사자

㉰ 여객　　㉱ 작업책임자

|해설|

다음의 어느 하나에 해당하는 철도종사자(실무수습 중인 사람을 포함한다)는 술(주류를 말한다.)을 마시거나 약물을 사용한 상태에서 업무를 하여서는 아니 된다(법 제41조 제1항).

1. 운전업무종사자
2. 관제업무종사자
3. 여객승무원
4. 작업책임자
5. 철도운행안전관리자
6. 정거장에서 철도신호기·선로전환기 및 조작판 등을 취급하거나 열차의 조성(組成 : 철도차량을 연결하거나 분리하는 작업을 말한다)업무를 수행하는 사람
7. 철도차량 및 철도시설의 점검·정비 업무에 종사하는 사람

Answer 26. ㉮　27. ㉯　28. ㉱　29. ㉰

30 다음 철도종사자의 음주 제한 등에 관한 서술로 바르지 않은 것은?

㉮ 약물을 사용하였는지에 대한 확인 또는 검사는 소변 검사 또는 모발 채취 등의 방법으로 실시한다.

㉯ 확인 또는 검사의 세부절차와 방법 등 필요한 사항은 국토교통부령으로 정하여 고시한다.

㉰ 확인 또는 검사의 방법·절차 등에 관하여 필요한 사항은 대통령령으로 정한다.

㉱ 철도종사자는 술을 마셨거나 약물을 사용하였는지 확인 또는 검사에 대하여 국토교통부장관 또는 시·도지사의 확인 또는 검사를 거부하여서는 아니 된다.

|해설|

확인 또는 검사의 세부절차와 방법 등 필요한 사항은 국토교통부장관이 정한다(영 제43조의2 제4항).

31 다음 위해물품의 휴대 금지에 관한 내용으로 틀린 것은?

㉮ 누구든지 무기, 화약류, 유해화학물질 또는 인화성이 높은 물질 등 공중이나 여객에게 위해를 끼치거나 끼칠 우려가 있는 물건 또는 물질(위해물품)을 열차에서 휴대하거나 적재할 수 없다.

㉯ 국토교통부장관 또는 시·도지사의 허가를 받은 경우 또는 특정한 직무를 수행하기 위한 경우에는 휴대할 수 있다.

㉰ 위해물품의 종류, 휴대 또는 적재 허가를 받은 경우의 안전조치 등에 관하여 필요한 세부사항은 국토교통부령으로 정한다.

㉱ 국토교통부장관은 위해물품에 대하여 휴대나 적재의 적정성, 포장 및 안전조치의 적정성 등을 검토하여 휴대나 적재를 허가할 수 있다.

|해설|

철도운영자등은 위해물품에 대하여 휴대나 적재의 적정성, 포장 및 안전조치의 적정성 등을 검토하여 휴대나 적재를 허가할 수 있다. 이 경우 해당 위해물품이 위해물품임을 나타낼 수 있는 표지를 포장 바깥면 등 잘 보이는 곳에 붙여야 한다(규칙 제78조 제2항).

32 다음 철도종사자가 술을 마셨다고 판단하는 기준은?

㉮ 혈중 알코올농도가 0.02퍼센트 이상인 경우
㉯ 혈중 알코올농도가 0.01퍼센트 이상인 경우
㉰ 혈중 알코올농도가 0.009퍼센트 이상인 경우
㉱ 혈중 알코올농도가 0.008퍼센트 이상인 경우

|해설|

술 : 혈중 알코올농도가 0.02퍼센트 이상인 경우(법 제41조 제3항)

33 직무를 수행하기 위하여 위해물품을 휴대·적재하는 사람이 아닌 사람은?

㉮ 철도공안 사무에 종사하는 국가공무원
㉯ 응급구조사의 자격을 가진 사람
㉰ 경찰관 직무를 수행하는 사람
㉱ 위험물품을 운송하는 군용열차를 호송하는 군인

|해설|

특정한 직무를 수행하기 위한 경우란 다음의 사람이 직무를 수행하기 위하여 위해물품을 휴대·적재하는 경우를 말한다(규칙 제77조).

1. 철도공안 사무에 종사하는 국가공무원
2. 경찰관 직무를 수행하는 사람
3. 경비원
4. 위험물품을 운송하는 군용열차를 호송하는 군인

34 다음 위해물품에 해당하지 않은 것은?

㉮ 방사성 물질　　㉯ 화약류
㉰ 과도　　㉱ 인화성 액체

|해설|

위해물품의 종류(규칙 제78조 제1항) : 화약류, 고압가스, 인화성 액체, 가연성고체, 자연발화성 물질, 물과 작용하여 인화성 가스를 발생하는 물질, 산화성 물질, 유기과산화물, 독물, 병독을 옮기기 쉬운 물질, 방사성 물질, 부식성 물질, 마취성 물질, 총포·도검 및 이에 준하는 흉기류 등

Answer 30. ㉯ 31. ㉱ 32. ㉮ 33. ㉯ 34. ㉰

35 다음 운송위탁 및 운송 금지 위험물이 아닌 것은?

㉮ 부식성 물질

㉯ 니트로글리세린

㉰ 점화 또는 점폭약류를 붙인 폭약

㉱ 건조한 기폭약

|해설|

점화류 또는 점폭약류(點爆藥類)를 붙인 폭약, 니트로글리세린, 건조한 기폭약, 뇌홍질화연(雷汞窒化鉛)에 속하는 것 등 대통령령으로 정하는 위험물이란 다음의 위험물을 말한다(영 제44조).

1. 점화 또는 점폭약류를 붙인 폭약
2. 니트로글리세린
3. 건조한 기폭약
4. 뇌홍질화연에 속하는 것
5. 그 밖에 사람에게 위해를 주거나 물건에 손상을 줄 수 있는 물질로서 국토교통부장관이 정하여 고시하는 위험물

36 다음 위험물의 운송에 관한 내용으로 바르지 않은 것은?

㉮ 위험물을 철도로 운송하려는 철도운영자는 국토교통부령으로 정하는 바에 따라 운송 중의 위험 방지 및 인명 보호를 위하여 안전하게 포장·적재하고 운송하여야 한다.

㉯ 철도운송 중 폭발할 우려가 있는 것은 운송취급주의 위험물이다.

㉰ 유독성 가스를 발생시킬 우려가 있는 것은 운송취급주의 위험물에 해당한다.

㉱ 위험물의 운송을 위탁하여 철도로 운송하려는 자는 위험물을 안전하게 운송하기 위하여 국토교통부장관이 정하는 안전조치 등에 따라야 한다.

|해설|

위험물의 운송을 위탁하여 철도로 운송하려는 자는 위험물을 안전하게 운송하기 위하여 철도운영자의 안전조치 등에 따라야 한다(법 제44조 제2항).

37 철도경계선(가장 바깥쪽 궤도의 끝선을 말한다)으로부터 몇 m 이내에 굴착을 할 때 국토교통부장관 또는 시·도지사에게 신고하여야 하는가?

㉮ 10m 이내
㉯ 20m 이내
㉰ 30m 이내
㉱ 50m 이내

|해설|

철도경계선(가장 바깥쪽 궤도의 끝선을 말한다)으로부터 30미터 이내[도시철도 중 노면전차의 경우에는 10미터 이내]의 지역(철도보호지구)에서 굴착 등의 행위를 하려는 자는 국토교통부장관 또는 시·도지사에게 신고하여야 한다(법 제45조 제1항).

38 철도보호지구에서 국토교통부장관 또는 시·도지사에게 신고하여야 할 행위가 아닌 것은?

㉮ 도로의 개설
㉯ 토지의 형질변경 및 굴착
㉰ 토석, 자갈 및 모래의 채취
㉱ 건축물의 신축·개축·증축 또는 인공구조물의 설치

|해설|

철도경계선(가장 바깥쪽 궤도의 끝선을 말한다)으로부터 30미터 이내[도시철도 중 노면전차의 경우에는 10미터 이내]의 지역(철도보호지구)에서 다음의 어느 하나에 해당하는 행위를 하려는 자는 국토교통부장관 또는 시·도지사에게 신고하여야 한다(법 제45조 제1항).

1. 토지의 형질변경 및 굴착
2. 토석, 자갈 및 모래의 채취
3. 건축물의 신축·개축·증축 또는 인공구조물의 설치
4. 나무의 식재(대통령령으로 정하는 경우만 해당한다)
5. 그 밖에 철도시설을 파손하거나 철도차량의 안전운행을 방해할 우려가 있는 행위로서 대통령령으로 정하는 행위(영 제48조)
   ㉠ 폭발물이나 인화물질 등 위험물을 제조·저장하거나 전시하는 행위
   ㉡ 철도차량 운전자 등이 선로나 신호기를 확인하는 데 지장을 주거나 줄 우려가 있는 시설이나 설비를 설치하는 행위
   ㉢ 철도신호등으로 오인할 우려가 있는 시설물이나 조명 설비를 설치하는 행위
   ㉣ 전차선로에 의하여 감전될 우려가 있는 시설이나 설비를 설치하는 행위
   ㉤ 시설 또는 설비가 선로의 위나 밑으로 횡단하거나 선로와 나란히 되도록 설치하는 행위
   ㉥ 그 밖에 열차의 안전운행과 철도 보호를 위하여 필요하다고 인정하여 국토교통부장관이 정하여 고시하는 행위

Answer 35. ㉮ 36. ㉱ 37. ㉰ 38. ㉮

39 다음 철도보호지구에서의 행위 신고절차에 관한 내용으로 틀린 것은?

㉮ 신고하려는 자는 해당 행위의 목적, 공사기간 등이 기재된 신고서에 설계도서(필요한 경우에 한정한다) 등을 첨부하여 국토교통부장관 또는 시·도지사에게 제출하여야 한다.

㉯ 국토교통부장관 또는 시·도지사는 신고나 변경신고를 받은 경우에는 신고인에게 행위의 금지 또는 제한을 명령하거나 안전조치를 명령할 필요성이 있는지를 검토하여야 한다.

㉰ 국토교통부장관 또는 시·도지사는 검토 결과 안전조치 등을 명령할 필요가 있는 경우에는 신고를 받은 날부터 30일 이내에 신고인에게 그 이유를 분명히 밝히고 안전조치 등을 명하여야 한다.

㉱ 철도보호지구에서의 행위에 대한 신고와 안전조치 등에 관하여 필요한 세부적인 사항은 국토교통부장관 또는 시·도지사가 정하여 고시한다.

|해설|

철도보호지구에서의 행위에 대한 신고와 안전조치 등에 관하여 필요한 세부적인 사항은 국토교통부장관이 정하여 고시한다(영 제46조 제4항).

40 철도보호지구에서의 국토교통부장관 또는 시·도지사에게 신고하여야 하는 나무 식재가 아닌 것은?

㉮ 철도차량 운전자의 전방 시야 확보에 지장을 주는 경우

㉯ 전방 시야 확보에 지장을 주지 않는 나무를 식재하는 경우

㉰ 나뭇가지가 전차선이나 신호기 등을 침범하거나 침범할 우려가 있는 경우

㉱ 호우나 태풍 등으로 나무가 쓰러져 철도시설물을 훼손시키거나 열차의 운행에 지장을 줄 우려가 있는 경우

|해설|

철도보호지구에서의 국토교통부장관 또는 시·도지사에게 신고하여야 하는 나무 식재(영 제47조)

1. 철도차량 운전자의 전방 시야 확보에 지장을 주는 경우
2. 나뭇가지가 전차선이나 신호기 등을 침범하거나 침범할 우려가 있는 경우
3. 호우나 태풍 등으로 나무가 쓰러져 철도시설물을 훼손시키거나 열차의 운행에 지장을 줄 우려가 있는 경우

41 철도차량의 안전운행 및 철도 보호를 위하여 행위의 금지 또는 제한을 명령할 수 있는 자는?

㉮ 한국교통안전공단
㉯ 철도안전기술위원회
㉰ 국토교통부장관 또는 시・도지사
㉱ 한국철도공사

|해설|
국토교통부장관 또는 시 · 도지사는 철도차량의 안전운행 및 철도 보호를 위하여 필요하다고 인정할 때에는 행위를 하는 자에게 그 행위의 금지 또는 제한을 명령하거나 대통령령으로 정하는 필요한 조치를 하도록 명령할 수 있다(법 제45조 제3항).

42 철도의 안전운행을 방해할 우려가 있는 행위를 신고할 경우 노면전차 철도보호지구의 바깥쪽 경계선으로부터 몇 m 이내의 지역인가?

㉮ 20m 이내　　㉯ 30m 이내
㉰ 40m 이내　　㉱ 50m 이내

|해설|
노면전차 철도보호지구의 바깥쪽 경계선으로부터 20미터 이내의 지역에서 굴착, 인공구조물의 설치 등 철도시설을 파손하거나 철도차량의 안전운행을 방해할 우려가 있는 행위로서 대통령령으로 정하는 행위를 하려는 자는 국토교통부장관 또는 시 · 도지사에게 신고하여야 한다(법 제45조 제2항).

43 철도차량의 안전운행 및 철도 보호를 위하여 필요한 경우 국토교통부장관 또는 시・도지사에게 해당 행위 금지・제한 또는 조치 명령을 할 것을 요청할 수 있는 자는?

㉮ 한국철도공사　　㉯ 철도시설안전관리자
㉰ 소유자등　　㉱ 철도운영자등

|해설|
철도운영자등은 철도차량의 안전운행 및 철도 보호를 위하여 필요한 경우 국토교통부장관 또는 시 · 도지사에게 해당 행위 금지 · 제한 또는 조치 명령을 할 것을 요청할 수 있다(법 제45조 제5항).

Answer 39. ㉱ 40. ㉯ 41. ㉰ 42. ㉮ 43. ㉱

44 다음 철도 보호를 위한 안전조치가 아닌 것은?

㉮ 선로 옆의 제방 등에 대한 흙막이공사 시행

㉯ 시설물의 구조 검토・보강

㉰ 선로 옆 전화선의 설치

㉱ 안전울타리나 안전통로 등 안전시설의 설치

|해설|

철도 보호를 위한 안전조치(영 제49조)

1. 공사로 인하여 약해질 우려가 있는 지반에 대한 보강대책 수립・시행
2. 선로 옆의 제방 등에 대한 흙막이공사 시행
3. 굴착공사에 사용되는 장비나 공법 등의 변경
4. 지하수나 지표수 처리대책의 수립・시행
5. 시설물의 구조 검토・보강
6. 먼지나 티끌 등이 발생하는 시설・설비나 장비를 운용하는 경우 방진막, 물을 뿌리는 설비 등 분진방지시설 설치
7. 신호기를 가리거나 신호기를 보는데 지장을 주는 시설이나 설비 등의 철거
8. 안전울타리나 안전통로 등 안전시설의 설치
9. 그 밖에 철도시설의 보호 또는 철도차량의 안전운행을 위하여 필요한 안전조치

45 국토교통부장관 또는 시・도지사가 철도차량의 안전운행 및 철도 보호를 위하여 공작물(시설 등)의 소유자나 점유자에게 조치명령을 할 수 있는 것이 아닌 것은?

㉮ 시설 등이 시야에 장애를 주면 그 장애물을 제거할 것

㉯ 신호기를 가리거나 신호기를 보는데 지장을 주는 시설이나 설비 등의 철거

㉰ 시설 등이 붕괴하여 철도에 위해를 끼치거나 끼칠 우려가 있으면 그 위해를 제거하고 필요하면 방지시설을 할 것

㉱ 철도에 토사 등이 쌓이거나 쌓일 우려가 있으면 그 토사 등을 제거하거나 방지시설을 할 것

|해설|

국토교통부장관 또는 시・도지사는 철도차량의 안전운행 및 철도 보호를 위하여 필요하다고 인정할 때에는 토지, 나무, 시설, 건축물, 그 밖의 공작물(시설 등)의 소유자나 점유자에게 다음의 조치를 하도록 명령할 수 있다(법 제45조 제4항).

1. 시설 등이 시야에 장애를 주면 그 장애물을 제거할 것
2. 시설 등이 붕괴하여 철도에 위해를 끼치거나 끼칠 우려가 있으면 그 위해를 제거하고 필요하면 방지시설을 할 것
3. 철도에 토사 등이 쌓이거나 쌓일 우려가 있으면 그 토사 등을 제거하거나 방지시설을 할 것

46 다음 이 법에 의한 행위의 금지·제한 또는 조치 명령으로 인하여 손실을 입은 자가 있을 때에는 그 손실을 보상하여야 하는 자가 아닌 자는?

㉮ 국토교통부장관 ㉯ 소유자등
㉰ 시·도지사 ㉱ 철도운영자등

|해설|
국토교통부장관, 시·도지사 또는 철도운영자등은 행위의 금지·제한 또는 조치 명령으로 인하여 손실을 입은 자가 있을 때에는 그 손실을 보상하여야 한다(법 제46조 제1항).

47 다음 손실보상에 관한 내용으로 바르지 않은 것은?

㉮ 국토교통부장관, 시·도지사 또는 철도운영자등은 행위의 금지·제한 또는 조치 명령으로 인하여 손실을 입은 자가 있을 때에는 그 손실을 보상하여야 한다.
㉯ 손실의 보상에 관하여는 국토교통부장관, 시·도지사 또는 철도운영자등이 그 손실을 입은 자와 협의하여야 한다.
㉰ 협의가 성립되지 아니하거나 협의를 할 수 없을 때에는 대통령령으로 정하는 바에 따라 관할 법원에 재결을 신청할 수 있다.
㉱ 재결에 대한 이의신청에 관하여는 「공익사업을 위한 토지 등의 취득 및 보상에 관한 법률」 제83조부터 제86조까지의 규정을 준용한다.

|해설|
협의가 성립되지 아니하거나 협의를 할 수 없을 때에는 대통령령으로 정하는 바에 따라 관할 토지수용위원회에 재결을 신청할 수 있다(법 제46조 제3항).

48 다음 여객의 금지행위에 관하여 조치를 취할 수 있는 사람이 아닌 사람은?

㉮ 승객인 경찰관 ㉯ 운전업무종사자
㉰ 여객승무원 ㉱ 여객역무원

|해설|
운전업무종사자, 여객승무원 또는 여객역무원은 금지행위를 한 사람에 대하여 필요한 경우 금지행위의 제지 등의 조치를 할 수 있다(법 제47조 제2항).

Answer 44. ㉰ 45. ㉯ 46. ㉯ 47. ㉰ 48. ㉮

49 다음 여객의 금지행위에 관하여 조치를 취할 수 있는 내용이 아닌 것은?

㉮ 금지행위의 제지　　㉯ 금지행위의 녹음 · 녹화

㉰ 승객 체포　　㉱ 금지행위의 촬영

|해설|

운전업무종사자, 여객승무원 또는 여객역무원은 금지행위를 한 사람에 대하여 필요한 경우 다음의 조치를 할 수 있다(법 제47조 제2항).

1. 금지행위의 제지
2. 금지행위의 녹음 · 녹화 또는 촬영

50 다음 철도보호 및 질서유지를 위한 금지행위가 아닌 것은?

㉮ 역시설 또는 철도차량에서 노숙하는 행위

㉯ 열차 여행 중에 잠을 자는 행위

㉰ 철도차량을 파손하여 철도차량 운행에 위험을 발생하게 하는 행위

㉱ 열차운행에 지장을 줄 수 있는 오물을 버리는 행위

|해설|

철도보호 및 질서유지를 위한 금지행위

누구든지 정당한 사유 없이 철도보호 및 질서유지를 해치는 다음의 어느 하나에 해당하는 행위를 하여서는 아니 된다(법 제48조).

1. 철도시설 또는 철도차량을 파손하여 철도차량 운행에 위험을 발생하게 하는 행위
2. 철도차량을 향하여 돌이나 그 밖의 위험한 물건을 던져 철도차량 운행에 위험을 발생하게 하는 행위
3. 궤도의 중심으로부터 양측으로 폭 3미터 이내의 장소에 철도차량의 안전 운행에 지장을 주는 물건을 방치하는 행위
4. 철도교량 등 국토교통부령으로 정하는 시설 또는 구역에 국토교통부령으로 정하는 폭발물 또는 인화성이 높은 물건 등을 쌓아 놓는 행위
5. 선로(철도와 교차된 도로는 제외한다) 또는 국토교통부령으로 정하는 철도시설에 철도운영자등의 승낙 없이 출입하거나 통행하는 행위
6. 역시설 등 공중이 이용하는 철도시설 또는 철도차량에서 폭언 또는 고성방가 등 소란을 피우는 행위
7. 철도시설에 국토교통부령으로 정하는 유해물 또는 열차운행에 지장을 줄 수 있는 오물을 버리는 행위
8. 역시설 또는 철도차량에서 노숙하는 행위
9. 열차운행 중에 타고 내리거나 정당한 사유 없이 승강용 출입문의 개폐를 방해하여 열차운행에 지장을 주는 행위
10. 정당한 사유 없이 열차 승강장의 비상정지버튼을 작동시켜 열차운행에 지장을 주는 행위
11. 그 밖에 철도시설 또는 철도차량에서 공중의 안전을 위하여 질서유지가 필요하다고 인정되어 국토교통부령으로 정하는 금지행위

51 다음 여객이 여객열차에서의 금지행위가 아닌 행위는?

㉮ 정당한 사유 없이 국토교통부령으로 정하는 여객출입 금지장소에 출입하는 행위

㉯ 정당한 사유 없이 책을 읽는 행위

㉰ 술을 마시거나 약물을 복용하고 다른 사람에게 위해를 주는 행위

㉱ 철도종사자와 여객 등에게 성적 수치심을 일으키는 행위

|해설|

여객은 여객열차에서 다음의 어느 하나에 해당하는 행위를 하여서는 아니 된다(법 제47조 제1항).

1. 정당한 사유 없이 국토교통부령으로 정하는 여객출입 금지장소에 출입하는 행위
2. 정당한 사유 없이 운행 중에 비상정지버튼을 누르거나 철도차량의 옆면에 있는 승강용 출입문을 여는 등 철도차량의 장치 또는 기구 등을 조작하는 행위
3. 여객열차 밖에 있는 사람을 위험하게 할 우려가 있는 물건을 여객열차 밖으로 던지는 행위
4. 흡연하는 행위
5. 철도종사자와 여객 등에게 성적 수치심을 일으키는 행위
6. 술을 마시거나 약물을 복용하고 다른 사람에게 위해를 주는 행위
7. 그 밖에 공중이나 여객에게 위해를 끼치는 행위로서 다음의 행위(규칙 제80조)
   ㉠ 여객에게 위해를 끼칠 우려가 있는 동식물을 안전조치 없이 여객열차에 동승하거나 휴대하는 행위
   ㉡ 타인에게 전염의 우려가 있는 법정 감염병자가 철도종사자의 허락 없이 여객열차에 타는 행위
   ㉢ 철도종사자의 허락 없이 여객에게 기부를 부탁하거나 물품을 판매 · 배부하거나 연설 · 권유 등을 하여 여객에게 불편을 끼치는 행위

52 다음 열차 내 여객의 출입금지 장소가 아닌 곳은?

㉮ 운전실 ㉯ 발전실

㉰ 방송실 ㉱ 화장실

|해설|

여객출입 금지장소(규칙 제79조)

1. 운전실
2. 기관실
3. 발전실
4. 방송실

49. ㉰ 50. ㉯ 51. ㉯ 52. ㉱

53 다음 폭발물 등 적치금지 구역이 아닌 곳은?

㉮ 정거장 및 선로 ㉯ 철도 역사
㉰ 철도 터널 ㉱ 적치장

|해설|

폭발물 등 적치금지 구역(규칙 제81조)
1. 정거장 및 선로(정거장 또는 선로를 지지하는 구조물 및 그 주변지역을 포함한다)
2. 철도 역사
3. 철도 교량
4. 철도 터널

54 다음 출입금지 철도시설이 아닌 곳은?

㉮ 유실물을 보관하는 장소
㉯ 위험물을 적하하거나 보관하는 장소
㉰ 철도운전용 급유시설물이 있는 장소
㉱ 철도차량 정비시설

|해설|

출입금지 철도시설(규칙 제83조)
1. 위험물을 적하하거나 보관하는 장소
2. 신호·통신기기 설치장소 및 전력기기·관제설비 설치장소
3. 철도운전용 급유시설물이 있는 장소
4. 철도차량 정비시설

55 다음 위해물품을 검색·탐지·분석하기 위한 장비가 아닌 것은?

㉮ 엑스선 검색장비 ㉯ 폭발물 탐지장비
㉰ 방탄복 ㉱ 액체폭발물탐지장비

|해설|

위해물품을 검색·탐지·분석하기 위한 장비(규칙 제85조의3 제1항) : 엑스선 검색장비, 금속탐지장비(문형 금속탐지장비와 휴대용 금속탐지장비를 포함한다), 폭발물 탐지장비, 폭발물흔적탐지장비, 액체폭발물탐지장비 등

56 다음 질서유지를 위한 금지행위가 아닌 행위는?

㉮ 흡연이 금지된 철도시설이나 철도차량 안에서 흡연하는 행위
㉯ 역사 내에서 물품을 무료로 나누어 주는 행위
㉰ 철도종사자의 허락 없이 철도시설이나 철도차량에서 광고물을 붙이거나 배포하는 행위
㉱ 철도종사자의 허락 없이 선로변에서 총포를 이용하여 수렵하는 행위

|해설|

질서유지를 위한 금지행위(규칙 제85조)

1. 흡연이 금지된 철도시설이나 철도차량 안에서 흡연하는 행위
2. 철도종사자의 허락 없이 철도시설이나 철도차량에서 광고물을 붙이거나 배포하는 행위
3. 역시설에서 철도종사자의 허락 없이 기부를 부탁하거나 물품을 판매 · 배부하거나 연설 · 권유를 하는 행위
4. 철도종사자의 허락 없이 선로변에서 총포를 이용하여 수렵하는 행위

57 다음 여객 등의 안전 및 보안에 관한 내용으로 틀린 것은?

㉮ 국토교통부장관은 철도차량의 안전운행 및 철도시설의 보호를 위하여 필요한 경우에는 철도특별사법경찰관리로 하여금 여객열차에 승차하는 사람의 신체 · 휴대물품 및 수하물에 대한 보안검색을 실시하게 할 수 있다.
㉯ 국토교통부장관은 보안검색 정보 및 그 밖의 철도보안 · 치안 관리에 필요한 정보를 효율적으로 활용하기 위하여 철도보안정보체계를 구축 · 운영하여야 한다.
㉰ 국토교통부장관은 철도보안 · 치안을 위하여 필요하다고 인정하는 경우에는 차량 운행정보 등을 철도운영자에게 요구할 수 있고, 철도운영자는 정당한 사유 없이 그 요구를 거절할 수 없다.
㉱ 국토교통부장관은 철도보안정보체계를 운영하기 위하여 철도차량의 안전운행 및 철도시설의 보호에 필요한 다양한 정보를 수집할 수 있다.

|해설|

국토교통부장관은 철도보안정보체계를 운영하기 위하여 철도차량의 안전운행 및 철도시설의 보호에 필요한 최소한의 정보만 수집 · 관리하여야 한다(법 제48조의2 제4항).

Answer 53. ㉱ 54. ㉮ 55. ㉰ 56. ㉯ 57. ㉱

58 다음 보안검색의 실시 방법 및 절차 등에 관한 설명으로 틀린 것은?

㉮ 실시하는 보안검색의 실시 범위는 전부검색, 일부검색으로 구분하여 한다.

㉯ 위해물품을 탐지하기 위한 보안검색은 소지품 검사를 통하여 검색한다.

㉰ 국토교통부장관은 보안검색을 실시하게 하려는 경우에 사전에 철도운영자등에게 보안검색 실시계획을 통보하여야 한다.

㉱ 보안검색 실시계획을 통보받은 철도운영자 등은 여객이 해당 실시계획을 알 수 있도록 보안검색 일정·장소·대상 및 방법 등을 안내문에 게시하여야 한다.

|해설|

위해물품을 탐지하기 위한 보안검색은 검색장비를 사용하여 검색한다(규칙 제85조의2 제2항).

59 여객의 동의를 받아 직접 신체나 물건을 검색하거나 특정 장소로 이동하여 검색을 할 수 있는 경우가 아닌 것은?

㉮ 검색장비의 검색을 거부하는 경우

㉯ 검색장비의 경보음이 울리는 경우

㉰ 위해물품을 휴대하거나 숨기고 있다고 의심되는 경우

㉱ 검색장비를 통한 검색 결과 그 내용물을 판독할 수 없는 경우

|해설|

위해물품을 탐지하기 위한 보안검색은 검색장비를 사용하여 검색한다. 다만, 다음의 어느 하나에 해당하는 경우에는 여객의 동의를 받아 직접 신체나 물건을 검색하거나 특정 장소로 이동하여 검색을 할 수 있다(규칙 제85조의2 제2항).

1. 검색장비의 경보음이 울리는 경우
2. 위해물품을 휴대하거나 숨기고 있다고 의심되는 경우
3. 검색장비를 통한 검색 결과 그 내용물을 판독할 수 없는 경우
4. 검색장비의 오류 등으로 제대로 작동하지 아니하는 경우
5. 보안의 위협과 관련한 정보의 입수에 따라 필요하다고 인정되는 경우

60 다음 보안검색 시 안전을 위하여 착용·휴대하는 장비가 아닌 것은?

㉮ 방검복　　㉯ 방탄복

㉰ 방폭 담요　　㉱ 폭발물흔적탐지장비

|해설|

보안검색 시 안전을 위하여 착용·휴대하는 장비(규칙 제85조의3 제1항) : 방검복, 방탄복, 방폭 담요 등

61 다음 국토교통부장관이 철도운영자에게 요구할 수 있는 정보가 아닌 것은?

㉮ 철도종사자의 정원이 관한 정보

㉯ 철도차량 운행에 관한 정보

㉰ 보안검색을 실시하는 직원에 대한 교육 등에 관한 정보

㉱ 보안검색 관련 통계

|해설|

국토교통부장관이 철도운영자에게 요구할 수 있는 정보는 다음과 같다(규칙 제85조의4 제2항).

1. 보안검색 관련 통계(보안검색 횟수 및 보안검색 장비 사용 내역 등을 포함한다)
2. 보안검색을 실시하는 직원에 대한 교육 등에 관한 정보
3. 철도차량 운행에 관한 정보
4. 그 밖에 철도보안·치안을 위해 필요한 정보로서 국토교통부장관이 정해 고시하는 정보

62 다음 보안검색장비의 성능인증 기준으로 바르지 않은 것은?

㉮ 철도안전기술위원회의 인증을 받을 것

㉯ 국제표준화기구(ISO)에서 정한 품질경영시스템을 갖출 것

㉰ 국토교통부장관이 정하여 고시하는 성능을 갖출 것

㉱ 국토교통부장관이 정하여 고시하는 기능 및 안전성 등을 갖출 것

|해설|

보안검색장비의 성능인증 기준은 다음과 같다(규칙 제85조의5).

1. 국제표준화기구(ISO)에서 정한 품질경영시스템을 갖출 것
2. 그 밖에 국토교통부장관이 정하여 고시하는 성능, 기능 및 안전성 등을 갖출 것

Answer 58. ㉯ 59. ㉮ 60. ㉱ 61. ㉮ 62. ㉮

63 다음 설명이 바르지 않은 것은?

㉮ 국토교통부장관은 철도보안정보체계를 구축・운영하기 위한 철도보안정보시스템을 구축・운영해야 한다.

㉯ 국토교통부장관이 철도운영자에게 요구할 수 있는 정보는 철도차량 운행에 관한 정보 등이 있다.

㉰ 국토교통부장관은 철도보안정보체계를 구축・운영하기 위해 관계 기관과 필요한 정보를 공유하고 관련 시스템을 연계하여 운영하여야 한다.

㉱ 보안검색 장비의 사용기준 등은 항공보안장비의 사용기준에 따른다.

|해설|

국토교통부장관은 철도보안정보체계를 구축・운영하기 위해 관계 기관과 필요한 정보를 공유하거나 관련 시스템을 연계할 수 있다(규칙 제85조의4 제3항).

64 다음 보안검색장비의 성능인증 등에 관한 내용으로 틀린 것은?

㉮ 보안검색을 하는 경우에는 국토교통부장관으로부터 성능인증을 받은 보안검색장비를 사용하여야 한다.

㉯ 성능인증을 위한 기준・방법・절차 등 운영에 필요한 사항은 국토교통부장관이 정하여 고시하여야 한다.

㉰ 국토교통부장관은 성능인증을 받은 보안검색장비의 운영, 유지관리 등에 관한 기준을 정하여 고시하여야 한다.

㉱ 국토교통부장관은 성능인증을 받은 보안검색장비가 운영 중에 계속하여 성능을 유지하고 있는지를 확인하기 위하여 국토교통부령으로 정하는 바에 따라 정기적으로 또는 수시로 점검을 실시하여야 한다.

|해설|

성능인증을 위한 기준・방법・절차 등 운영에 필요한 사항은 국토교통부령으로 정한다(법 제48조의3 제2항).

65 보안검색장비의 성능인증을 받으려는 자가 철도보안검색장비 성능인증 신청서에 첨부할 서류가 아닌 것은?

㉮ 보안검색장비의 성능 제원표 및 시험용 물품(테스트 키트)에 관한 서류

㉯ 보안검색장비의 구조 · 외관도

㉰ 성능인증기준을 갖추었음을 증명하는 서류

㉱ 보안검색장비가 위해하지 않음을 증명하는 서류

|해설|

보안검색장비의 성능인증을 받으려는 자는 철도보안검색장비 성능인증 신청서에 다음의 서류를 첨부하여 한국철도기술연구원에 제출해야 한다. 이 경우 한국철도기술연구원은 행정정보의 공동이용을 통해서 법인 등기사항증명서(신청인이 법인인 경우만 해당한다)를 확인해야 한다(규칙 제85조의6 제1항).

1. 사업자등록증 사본
2. 대리인임을 증명하는 서류(대리인이 신청하는 경우에 한정한다)
3. 보안검색장비의 성능 제원표 및 시험용 물품(테스트 키트)에 관한 서류
4. 보안검색장비의 구조 · 외관도
5. 보안검색장비의 사용 · 운영방법 · 유지관리 등에 대한 설명서
6. 성능인증기준을 갖추었음을 증명하는 서류

66 보안검색장비의 성능인증 신청 등에 관한 설명으로 틀린 것은?

㉮ 보안검색장비의 성능인증을 받으려는 자는 철도보안검색장비 성능인증 신청서에 관련 서류를 첨부하여 한국철도기술연구원에 제출해야 한다.

㉯ 한국철도기술연구원은 성능인증 기준에 적합여부 등을 심의하기 위하여 성능인증심사위원회를 구성 · 운영하여야 한다.

㉰ 시험기관은 성능시험 계획서를 작성하여 성능시험을 실시하고, 철도보안검색장비 성능시험 결과서를 한국철도기술연구원에 제출해야 한다.

㉱ 한국철도기술연구원은 신청을 받으면 시험기관에 보안검색장비의 성능을 평가하는 시험(성능시험)을 요청해야 한다.

|해설|

한국철도기술연구원은 성능인증 기준에 적합여부 등을 심의하기 위하여 성능인증심사위원회를 구성 · 운영할 수 있다(규칙 제85조의6 제5항).

Answer 63. ㉰ 64. ㉯ 65. ㉱ 66. ㉯

67 다음 보안검색장비의 성능점검을 실시하는 곳은?

㉮ 국토교통부장관 ㉯ 철도기술심의회
㉰ 한국철도기술연구원 ㉱ 한국교통안전공단

|해설|

한국철도기술연구원은 보안검색장비가 운영 중에 계속하여 성능을 유지하고 있는지를 확인하기 위해 정기점검, 수기점검의 구분에 따른 점검을 실시해야 한다(규칙 제85조의7).

68 다음 보안검색장비의 정기점검 주기는?

㉮ 매년 1회 ㉯ 매년 2회
㉰ 분기별 1회 ㉱ 2년마다 1회

|해설|

한국철도기술연구원은 보안검색장비가 운영 중에 계속하여 성능을 유지하고 있는지를 확인하기 위해 다음의 구분에 따른 점검을 실시해야 한다(규칙 제85조의7).

1. 정기점검 : 매년 1회
2. 수시점검 : 보안검색장비의 성능유지 등을 위하여 필요하다고 인정하는 때

69 시험기관으로 지정을 받으려는 자가 철도보안검색장비 시험기관 지정 신청서에 첨부할 서류가 아닌 것은?

㉮ 사업자등록증
㉯ 법인의 정관 또는 단체의 규약
㉰ 성능시험을 수행하기 위한 조직·인력, 시험설비 등을 적은 사업계획서
㉱ 시험기관 지정기준을 갖출 수 있음을 증명하는 서류

|해설|

시험기관으로 지정을 받으려는 자는 철도보안검색장비 시험기관 지정 신청서에 다음의 서류를 첨부하여 국토교통부장관에게 제출해야 한다. 이 경우 국토교통부장관은 행정정보의 공동이용을 통해서 법인 등기사항증명서(신청인이 법인인 경우만 해당한다)를 확인해야 한다(규칙 제85조의8 제2항).

1. 사업자등록증 및 인감증명서(법인인 경우에 한정한다)
2. 법인의 정관 또는 단체의 규약
3. 성능시험을 수행하기 위한 조직·인력, 시험설비 등을 적은 사업계획서
4. 국제표준화기구(ISO) 또는 국제전기기술위원회(IEC)에서 정한 국제기준에 적합한 품질관리규정
5. 시험기관 지정기준을 갖추었음을 증명하는 서류

70 시험기관의 지정 등에 관한 설명으로 틀린 것은?

㉮ 시험기관으로 지정을 받으려는 자는 철도보안검색장비 시험기관 지정 신청서에 관련 서류를 첨부하여 국토교통부장관에게 제출해야 한다.

㉯ 국토교통부장관은 행정정보의 공동이용을 통해서 법인 등기사항증명서(신청인이 법인인 경우만 해당한다)를 확인해야 한다.

㉰ 한국철도기술연구원은 시험기관 지정신청을 받은 때에는 현장평가 등이 포함된 심사계획서를 작성하여 신청인에게 통지하고 그 심사계획에 따라 심사해야 한다.

㉱ 국토교통부장관은 심사 결과 지정기준을 갖추었다고 인정하는 때에는 철도보안검색장비 시험기관 지정서를 발급하고 관보에 고시해야 한다.

|해설|

국토교통부장관은 시험기관 지정신청을 받은 때에는 현장평가 등이 포함된 심사계획서를 작성하여 신청인에게 통지하고 그 심사계획에 따라 심사해야 한다(규칙 제85조의8 제3항).

71 국토교통부장관이 심사 결과 지정기준을 갖추었다고 인정하는 때에는 철도보안검색장비 시험기관 지정서를 발급하고 관보에 고시해야 할 사항이 아닌 것은?

㉮ 시험기관의 직원 성명

㉯ 시험기관의 명칭

㉰ 시험기관의 소재지

㉱ 시험기관 지정일자 및 지정번호

|해설|

국토교통부장관은 심사 결과 지정기준을 갖추었다고 인정하는 때에는 철도보안검색장비 시험기관 지정서를 발급하고 다음의 사항을 관보에 고시해야 한다(규칙 제85조의8 제4항).

1. 시험기관의 명칭
2. 시험기관의 소재지
3. 시험기관 지정일자 및 지정번호
4. 시험기관의 업무수행 범위

Answer 67. ㉰ 68. ㉮ 69. ㉱ 70. ㉰ 71. ㉮

72 시험기관으로 지정된 기관이 국토교통부장관에게 제출해야 할 시험기관 운영 규정에 포함되어야 할 사항이 아닌 것은?

㉮ 시험기관의 조직·인력 및 시험설비
㉯ 시험접수·수행 절차 및 방법
㉰ 시험원의 임무 및 교육훈련
㉱ 시험기관의 인력의 복지에 관한 사항

|해설|

시험기관으로 지정된 기관은 다음의 사항이 포함된 시험기관 운영규정을 국토교통부장관에게 제출해야 한다(규칙 제85조의8 제5항).
1. 시험기관의 조직·인력 및 시험설비
2. 시험접수·수행 절차 및 방법
3. 시험원의 임무 및 교육훈련
4. 시험원 및 시험과정 등의 보안관리

73 거짓이나 그 밖의 부정한 방법을 사용해서 시험기관으로 지정을 받은 경우 1차 위반 시 처분기준은?

㉮ 지정취소
㉯ 업무정지 30일
㉰ 업무정지 60일
㉱ 업무정지 90일

|해설|

거짓이나 그 밖의 부정한 방법을 사용해서 시험기관으로 지정을 받은 경우 1차 위반 시 처분기준(규칙 별표20) : 지정취소

74 시험기관 지정기준을 충족하지 못하게 된 경우 1차 위반 시 처분기준은?

㉮ 지정취소
㉯ 업무정지 30일
㉰ 업무정지 60일
㉱ 경고

|해설|

시험기관 지정기준을 충족하지 못하게 된 경우(규칙 별표20)
1. 1차 위반 : 경고
2. 2차 위반 : 경고
3. 3차 위반 : 지정취소

75 다음 철도특별사법경찰관리가 사용하는 직무장비의 사용기준으로 틀린 것은?

㉮ 가스분사기·가스발사총(고무탄은 제외한다)의 경우 : 범인의 체포 또는 도주방지, 타인 또는 철도특별사법경찰관리의 생명·신체에 대한 방호, 공무집행에 대한 항거의 억제를 위해 필요한 경우에 최소한의 범위에서 사용하되, 1미터 이내의 거리에서 상대방의 얼굴을 향해 발사하지 말 것

㉯ 전자충격기의 경우 : 14세 미만의 사람이나 임산부에게 사용해서는 안 되며, 전극침(電極針) 발사장치가 있는 전자충격기를 사용하는 경우에는 상대방의 얼굴을 향해 전극침을 발사하지 말 것

㉰ 권총의 경우 : 타인 또는 철도특별사법경찰관리의 생명·신체의 위해와 공공시설·재산의 위험을 방지하기 위해 필요한 경우에 최소한의 범위에서 사용할 수 있으며, 인명 또는 신체에 대한 위해를 최소화하도록 할 것

㉱ 수갑·포승의 경우 : 체포영장·구속영장의 집행, 신체의 자유를 제한하는 판결 또는 처분을 받은 사람을 법률에서 정한 절차에 따라 호송·수용하거나, 범인, 술에 취한 사람, 정신착란자의 자살 또는 자해를 방지하기 위해 필요한 경우에 최소한의 범위에서 사용할 것

|해설|

경비봉의 경우(규칙 제85조의10) : 타인 또는 철도특별사법경찰관리의 생명·신체의 위해와 공공시설·재산의 위험을 방지하기 위해 필요한 경우에 최소한의 범위에서 사용할 수 있으며, 인명 또는 신체에 대한 위해를 최소화하도록 할 것

76 다음 국토교통부장관이 성능인증을 받은 보안검색장비에 대하여 인증취소를 할 수 있는 경우가 아닌 것은?

㉮ 거짓으로 인증을 받은 경우

㉯ 부정한 방법으로 인증을 받은 경우

㉰ 보안검색장비가 성능인증 기준에 적합하지 아니하게 된 경우

㉱ 보안검색장비의 가격이 비싼 경우

|해설|

국토교통부장관은 성능인증을 받은 보안검색장비가 다음의 어느 하나에 해당하는 경우에는 그 인증을 취소할 수 있다. 다만, 1.에 해당하는 때에는 그 인증을 취소하여야 한다(법 제48조의3 제5항).

1. 거짓이나 그 밖의 부정한 방법으로 인증을 받은 경우
2. 보안검색장비가 성능인증 기준에 적합하지 아니하게 된 경우

Answer 72. ㉱ 73. ㉮ 74. ㉱ 75. ㉰ 76. ㉱

77 시험기관의 지정취소 등에 관한 서술로 틀린 것은?

㉮ 위반행위가 둘 이상인 경우 또는 한 개의 위반행위가 둘 이상의 처분기준에 해당하는 경우에는 그 중 무거운 처분기준을 적용한다.

㉯ 위반행위의 횟수에 따른 행정처분의 기준은 최근 10년 동안 같은 위반행위로 처분을 받은 경우에 적용한다.

㉰ 국토교통부장관은 시험기관의 지정을 취소하거나 업무의 정지를 명한 경우에는 그 사실을 해당시험 기관에 통지하고 지체 없이 관보에 고시해야 한다.

㉱ 시험기관의 지정취소 또는 업무정지 통지를 받은 시험기관은 그 통지를 받은 날부터 15일 이내에 철도보안검색장비 시험기관 지정서를 국토교통부장관에게 반납해야 한다.

|해설|

위반행위의 횟수에 따른 행정처분의 기준은 최근 3년 동안 같은 위반행위로 처분을 받은 경우에 적용한다(규칙 별표20).

78 다음 시험기관의 지정 등에 관한 내용으로 바르지 않은 것은?

㉮ 국토교통부장관은 성능인증을 위하여 보안검색장비의 성능을 평가하는 시험(성능시험)을 실시하는 기관(시험기관)을 지정할 수 있다.

㉯ 시험기관의 지정을 받으려는 법인이나 단체는 지정기준을 갖추어 관할 시·도지사를 거쳐 국토교통부장관에게 지정신청을 하여야 한다.

㉰ 국토교통부장관은 시험기관으로 지정받은 법인이나 단체가 거짓이나 그 밖의 부정한 방법을 사용하여 시험기관으로 지정을 받은 경우 등에 해당하는 경우에는 그 지정을 취소하거나 1년 이내의 기간을 정하여 그 업무의 전부 또는 일부의 정지를 명할 수 있다.

㉱ 국토교통부장관은 인증업무의 전문성과 신뢰성을 확보하기 위하여 보안검색장비의 성능 인증 및 점검 업무를 대통령령으로 정하는 기관(인증기관)에 위탁할 수 있다.

|해설|

시험기관의 지정을 받으려는 법인이나 단체는 국토교통부령으로 정하는 지정기준을 갖추어 국토교통부장관에게 지정신청을 하여야 한다(법 제48조의4 제2항).

79 다음 직무장비가 아닌 것은?

㉮ 권총
㉯ 가스분사기
㉰ 전자충격기
㉱ 수갑

|해설|
직무장비란 철도특별사법경찰관리가 휴대하여 범인검거와 피의자 호송 등의 직무수행에 사용하는 수갑, 포승, 가스분사기, 전자충격기, 경비봉을 말한다(법 제48조의5 제2항).

80 다음 직무장비의 휴대 및 사용 등에 관한 설명으로 틀린 것은?

㉮ 철도특별사법경찰관리는 「경찰관직무집행법」 및 「형법」에 따른 직무를 수행하기 위하여 필요하다고 인정되는 상당한 이유가 있을 때에는 합리적으로 판단하여 필요한 한도에서 직무장비를 사용할 수 있다.
㉯ 직무장비란 철도특별사법경찰관리가 휴대하여 범인검거와 피의자 호송 등의 직무수행에 사용하는 수갑, 포승, 가스분사기, 전자충격기, 경비봉을 말한다.
㉰ 철도특별사법경찰관리가 직무수행 중 직무장비를 사용함에 있어 사람의 생명이나 신체에 위해를 끼칠 수 있는 직무장비(전자충격기 및 가스분사기를 말한다)를 사용하는 경우에는 사전에 필요한 안전교육과 안전검사를 받은 후 사용하여야 한다.
㉱ 국토교통부장관은 인증업무의 전문성과 신뢰성을 확보하기 위하여 보안검색장비의 성능 인증 및 점검 업무를 인증기관에 위탁할 수 있다.

|해설|
철도특별사법경찰관리는 이 법 및 「사법경찰관리의 직무를 수행할 자와 그 직무범위에 관한 법률」에 따른 직무를 수행하기 위하여 필요하다고 인정되는 상당한 이유가 있을 때에는 합리적으로 판단하여 필요한 한도에서 직무장비를 사용할 수 있다(법 제48조의5 제1항).

Answer 77. ㉯ 78. ㉯ 79. ㉮ 80. ㉮

81 다음 철도종사자의 직무상 지시의 준수에 관한 내용으로 틀린 것은?

㉮ 누구든지 폭행·협박으로 철도종사자의 직무집행을 방해하여서는 아니 된다.

㉯ 철도종사자는 이 법에 따라 철도의 안전·보호와 질서유지를 위하여 하는 철도운영자등의 직무상 지시에 따라야 한다.

㉰ 철도종사자는 복장·모자·완장·증표 등으로 그가 직무상 지시를 할 수 있는 사람임을 표시하여야 한다.

㉱ 철도운영자등은 철도종사자가 표시를 할 수 있도록 복장·모자·완장·증표 등의 지급 등 필요한 조치를 하여야 한다.

|해설|

열차 또는 철도시설을 이용하는 사람은 이 법에 따라 철도의 안전·보호와 질서유지를 위하여 하는 철도종사자의 직무상 지시에 따라야 한다(법 제49조 제1항).

82 다음 철도종사자가 사람 또는 물건을 열차 밖이나 지역 밖으로 퇴거시키거나 철거할 수 있는 것이 아닌 것은?

㉮ 여객열차에서 위해물품을 휴대한 사람 및 그 위해물품

㉯ 보안검색에 따르지 아니한 사람

㉰ 운송 금지 위험물을 탁송하거나 운송하는 자 및 그 위험물

㉱ 여객열차에서 여객이 너무 많은 물품을 소지한 경우 그 물품

|해설|

철도종사자는 다음의 어느 하나에 해당하는 사람 또는 물건을 열차 밖이나 대통령령으로 정하는 지역 밖으로 퇴거시키거나 철거할 수 있다(법 제50조).

1. 여객열차에서 위해물품을 휴대한 사람 및 그 위해물품
2. 운송 금지 위험물을 탁송하거나 운송하는 자 및 그 위험물
3. 행위 금지·제한 또는 조치 명령에 따르지 아니하는 사람 및 그 물건
4. 여객열차에서의 금지행위를 한 사람 및 그 물건
5. 철도 보호 및 질서유지를 위한 금지행위를 한 사람 및 그 물건
6. 보안검색에 따르지 아니한 사람
7. 철도종사자의 직무상 지시를 따르지 아니하거나 직무집행을 방해하는 사람

83 다음 사람 또는 물건에 대한 퇴거지역의 범위가 아닌 것은?

㉮ 정거장

㉯ 철도신호기 · 철도차량정비소 · 통신기기 · 전력설비 등의 설비가 설치되어 있는 장소의 담장이나 경계선 안의 지역

㉰ 대합실

㉱ 화물을 적하하는 장소의 담장이나 경계선 안의 지역

|해설|

퇴거지역의 범위(영 제52조)

1. 정거장
2. 철도신호기 · 철도차량정비소 · 통신기기 · 전력설비 등의 설비가 설치되어 있는 장소의 담장이나 경계선 안의 지역
3. 화물을 적하하는 장소의 담장이나 경계선 안의 지역

Answer 81. ㉯ 82. ㉱ 83. ㉰

제6장 철도사고조사 · 처리

1. 철도사고 등의 발생 시 조치

(1) 철도사고 등의 발생 시 조치

철도운영자 등은 철도사고 등이 발생하였을 때에는 사상자 구호, 유류품 관리, 여객 수송 및 철도시설 복구 등 인명피해 및 재산피해를 최소화하고 열차를 정상적으로 운행할 수 있도록 필요한 조치를 하여야 한다(법 제60조 제1항).

(2) 사상자 구호, 여객 수송 및 철도시설 복구 등

철도사고 등이 발생하였을 때의 사상자 구호, 여객 수송 및 철도시설 복구 등에 필요한 사항은 대통령령으로 정한다(법 제60조 제2항).

(3) 철도사고 등의 발생 시 조치사항

철도사고 등이 발생한 경우 철도운영자등이 준수하여야 하는 사항은 다음과 같다(영 제56조).

① 사고수습이나 복구작업을 하는 경우에는 인명의 구조와 보호에 가장 우선순위를 둘 것
② 사상자가 발생한 경우에는 안전관리체계에 포함된 비상대응계획에서 정한 절차(비상대응절차)에 따라 응급처치, 의료기관으로 긴급이송, 유관기관과의 협조 등 필요한 조치를 신속히 할 것
③ 철도차량 운행이 곤란한 경우에는 비상대응절차에 따라 대체교통수단을 마련하는 등 필요한 조치를 할 것

(4) 사고 수습 등에 관하여 필요한 지시

국토교통부장관은 사고 보고를 받은 후 필요하다고 인정하는 경우에는 철도운영자등에게 사고 수습 등에 관하여 필요한 지시를 할 수 있다. 이 경우 지시를 받은 철도운영자등은 특별한 사유가 없으면 지시에 따라야 한다(법 제60조 제3항).

2. 철도사고 등 의무보고

(1) 철도사고 등 의무보고

철도운영자등은 사상자가 많은 사고 등 대통령령으로 정하는 철도사고 등이 발생하였을 때에는 국토교통부령으로 정하는 바에 따라 즉시 국토교통부장관에게 보고하여야 한다(법 제61조 제1항).

(2) 국토교통부장관에게 즉시 보고하여야 하는 철도사고 등(영 제57조)

① 열차의 충돌이나 탈선사고
② 철도차량이나 열차에서 화재가 발생하여 운행을 중지시킨 사고
③ 철도차량이나 열차의 운행과 관련하여 3명 이상 사상자가 발생한 사고
④ 철도차량이나 열차의 운행과 관련하여 5천만원 이상의 재산피해가 발생한 사고

(3) 철도사고 등의 보고

① 철도운영자등은 철도사고 등이 발생한 때에는 다음의 사항을 국토교통부장관에게 즉시 보고하여야 한다(규칙 제86조 제1항).
  ㉠ 사고 발생 일시 및 장소
  ㉡ 사상자 등 피해사항
  ㉢ 사고 발생 경위
  ㉣ 사고 수습 및 복구 계획 등
② 철도운영자등은 철도사고 등이 발생한 때에는 다음의 구분에 따라 국토교통부장관에게 이를 보고하여야 한다(규칙 제86조 제2항).
  ㉠ 초기보고 : 사고발생현황 등
  ㉡ 중간보고 : 사고수습·복구상황 등
  ㉢ 종결보고 : 사고수습·복구결과 등
③ 보고의 절차 및 방법 등에 관한 세부적인 사항은 국토교통부장관이 정하여 고시한다(규칙 제86조 제3항).

(4) 사고내용 조사 및 보고

철도운영자등은 (1)의 철도사고 등을 제외한 철도사고 등이 발생하였을 때에는 국토교통부령으로 정하는 바에 따라 사고 내용을 조사하여 그 결과를 국토교통부장관에게 보고하여야 한다(법 제61조 제2항).

3. 철도차량 등에 발생한 고장 등 보고 의무

(1) 철도차량 또는 철도용품 설계 또는 제작의 결함 보고

철도차량 또는 철도용품에 대하여 형식승인을 받거나 철도차량 또는 철도용품에 대하여 제작자승인을 받은 자는 그 승인받은 철도차량 또는 철도용품이 설계 또는 제작의 결함으로 인하여 국토교통부령으로 정하는 고장, 결함 또는 기능장애가 발생한 것을 알게 된 경우에는 국토교통부령으로 정하는 바에 따라 국토교통부장관에게 그 사실을 보고하여야 한다(법 제61조의2 제1항).

(2) 철도차량을 운영하거나 정비하는 중 고장, 결함 또는 기능장애 보고

철도차량 정비조직인증을 받은 자가 철도차량을 운영하거나 정비하는 중에 국토교통부령으로 정하는 고장, 결함 또는 기능장애가 발생한 것을 알게 된 경우에는 국토교통부령으로 정하는 바에 따라 국토교통부장관에게 그 사실을 보고하여야 한다(법 제61조의2 제2항).

4. 철도안전 자율보고

(1) 철도안전위험요인의 발생 예상보고

철도안전을 해치거나 해칠 우려가 있는 사건·상황·상태 등(철도안전위험요인)을 발생시켰거나 철도안전위험요인이 발생한 것을 안 사람 또는 철도안전위험요인이 발생할 것이 예상된다고 판단하는 사람은 국토교통부장관에게 그 사실을 보고할 수 있다(법 제61조의3 제1항).

(2) 자율보고의 다른 목적 사용금지

국토교통부장관은 보고(철도안전 자율보고)를 한 사람의 의사에 반하여 보고자의 신분을 공개해서는 아니 되며, 철도안전 자율보고를 사고예방 및 철도안전 확보 목적 외의 다른 목적으로 사용해서는 아니 된다(법 제61조의3 제2항).

(3) 불이익한 조치 금지

누구든지 철도안전 자율보고를 한 사람에 대하여 이를 이유로 신분이나 처우와 관련하여 불이익한 조치를 하여서는 아니 된다(법 제61조의3 제3항).

(4) 철도안전 자율보고에 포함되어야 할 사항, 보고 방법 및 절차

철도안전 자율보고에 포함되어야 할 사항, 보고 방법 및 절차는 국토교통부령으로 정한다(법 제61조의3 제4항).

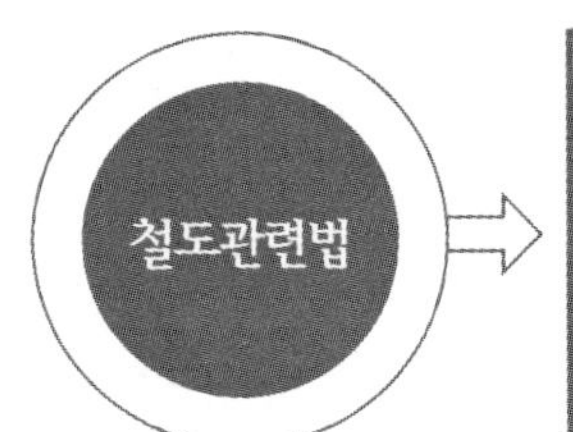

제6장 철도사고조사·처리

기출 및 예상문제

01 다음 철도사고 등의 발생 시 조치에 관한 설명으로 틀린 것은?

㉮ 철도운영자 등은 철도사고 등이 발생하였을 때에는 사상자 구호, 유류품 관리, 여객 수송 및 철도시설 복구 등 인명피해 및 재산피해를 최소화하고 열차를 정상적으로 운행할 수 있도록 필요한 조치를 하여야 한다.

㉯ 철도사고 등이 발생하였을 때의 사상자 구호, 여객 수송 및 철도시설 복구 등에 필요한 사항은 대통령령으로 정한다.

㉰ 국토교통부장관은 사고 보고를 받은 후 필요하다고 인정하는 경우에는 한국교통안전공단, 한국철도공사에게 사고 수습 등에 관하여 필요한 지시를 할 수 있다.

㉱ 지시를 받은 철도운영자 등은 특별한 사유가 없으면 지시에 따라야 한다.

|해설|

국토교통부장관은 사고 보고를 받은 후 필요하다고 인정하는 경우에는 철도운영자등에게 사고 수습 등에 관하여 필요한 지시를 할 수 있다. 이 경우 지시를 받은 철도운영자 등은 특별한 사유가 없으면 지시에 따라야 한다(법 제60조 제3항).

02 철도운영자등이 철도사고 등이 발생한 때에 국토교통부장관에게 초기보고할 내용은?

㉮ 수습대책 등

㉯ 사고발생현황 등

㉰ 사고수습·복구상황 등

㉱ 사고수습·복구결과 등

|해설|

철도운영자등은 철도사고 등이 발생한 때에는 다음의 구분에 따라 국토교통부장관에게 이를 보고하여야 한다(규칙 제86조 제2항).

1. 초기보고 : 사고발생현황 등
2. 중간보고 : 사고수습·복구상황 등
3. 종결보고 : 사고수습·복구결과 등

Answer 01. ㉰ 02. ㉯

03 다음 철도사고 등 의무보고에 관한 내용으로 바르지 않은 것은?

㉮ 철도운영자등은 사상자가 많은 사고 등 대통령령으로 정하는 철도사고 등이 발생하였을 때에는 국토교통부령으로 정하는 바에 따라 즉시 국토교통부장관에게 보고하여야 한다.

㉯ 철도운영자등은 철도사고 등이 발생한 때에는 국토교통부장관에게 30일 이내에 보고하여야 한다.

㉰ 보고의 절차 및 방법 등에 관한 세부적인 사항은 국토교통부장관이 정하여 고시한다.

㉱ 철도운영자등은 사상자가 많은 철도사고 등을 제외한 철도사고 등이 발생하였을 때에는 국토교통부령으로 정하는 바에 따라 사고 내용을 조사하여 그 결과를 국토교통부장관에게 보고하여야 한다.

|해설|

철도운영자등은 철도사고 등이 발생한 때에는 사고 발생 일시 및 장소 등의 사항을 국토교통부장관에게 즉시 보고하여야 한다(규칙 제86조 제1항).

04 다음 국토교통부장관에게 즉시 보고하여야 하는 철도사고가 아닌 것은?

㉮ 열차의 충돌이나 탈선사고

㉯ 철도차량이나 열차에서 화재가 발생하여 운행을 중지시킨 사고

㉰ 철도차량이나 열차의 운행과 관련하여 3명 이상 사상자가 발생한 사고

㉱ 철도차량이나 열차의 운행과 관련하여 1천만원 이상의 재산피해가 발생한 사고

|해설|

국토교통부장관에게 즉시 보고하여야 하는 철도사고 등(영 제57조)

1. 열차의 충돌이나 탈선사고
2. 철도차량이나 열차에서 화재가 발생하여 운행을 중지시킨 사고
3. 철도차량이나 열차의 운행과 관련하여 3명 이상 사상자가 발생한 사고
4. 철도차량이나 열차의 운행과 관련하여 5천만원 이상의 재산피해가 발생한 사고

05 철도운영자등이 철도사고 등이 발생한 때에 국토교통부장관에게 즉시 보고하여야 할 사항이 아닌 것은?

㉮ 사상자의 인적 사항
㉯ 사고 발생 일시 및 장소
㉰ 사상자 등 피해사항
㉱ 사고 발생 경위

|해설|

철도운영자등은 철도사고 등이 발생한 때에는 다음의 사항을 국토교통부장관에게 즉시 보고하여야 한다(규칙 제86조 제1항).

1. 사고 발생 일시 및 장소
2. 사상자 등 피해사항
3. 사고 발생 경위
4. 사고 수습 및 복구 계획 등

06 다음 철도안전의 자율보고에 관한 설명으로 틀린 것은?

㉮ 철도안전을 해치거나 해칠 우려가 있는 사건·상황·상태 등을 발생시켰거나 철도안전위험요인이 발생한 것을 안 사람 또는 철도안전위험요인이 발생할 것이 예상된다고 판단하는 사람은 국토교통부장관에게 그 사실을 보고할 수 있다.
㉯ 국토교통부장관은 보고를 한 사람의 의사에 반하여 보고자의 신분을 공개해서는 아니 되며, 철도안전 자율보고를 사고예방 및 철도안전 확보 목적 외의 다른 목적으로 사용해서는 아니 된다.
㉰ 누구든지 철도안전 자율보고를 한 사람에 대하여 이를 이유로 신분이나 처우와 관련하여 불이익한 조치를 하여서는 아니 된다.
㉱ 철도안전 자율보고에 포함되어야 할 사항, 보고 방법 및 절차는 국토교통부장관이 정하여 고시한다.

|해설|

철도안전 자율보고에 포함되어야 할 사항, 보고 방법 및 절차는 국토교통부령으로 정한다(제61조의3 제4항).

Answer 03. ㉯ 04. ㉱ 05. ㉮ 06. ㉱

제7장 철도안전기반 구축

1. 철도안전기술의 진흥

국토교통부장관은 철도안전에 관한 기술의 진흥을 위하여 연구·개발의 촉진 및 그 성과의 보급 등 필요한 시책을 마련하여 추진하여야 한다(법 제68조).

2. 철도안전 전문기관 등의 육성

(1) 철도안전 전문기관 등의 육성

국토교통부장관은 철도안전에 관한 전문기관 또는 단체를 지도·육성하여야 한다(법 제69조 제1항).

(2) 철도안전 전문인력 확보

국토교통부장관은 철도시설의 건설, 운영 및 관리와 관련된 안전점검업무 등 대통령령으로 정하는 철도안전업무에 종사하는 전문인력(철도안전 전문인력)을 원활하게 확보할 수 있도록 시책을 마련하여 추진하여야 한다(법 제69조 제2항).

(3) 철도안전 전문인력의 구분

① **철도안전업무에 종사하는 전문인력**(영 제59조 제1항)

㉠ 철도운행안전관리자

㉡ 철도안전전문기술자

ⓐ 전기철도 분야 철도안전전문기술자

ⓑ 철도신호 분야 철도안전전문기술자

ⓒ 철도궤도 분야 철도안전전문기술자

ⓓ 철도차량 분야 철도안전전문기술자

② **철도안전 전문인력의 업무 범위**(영 제59조 제2항)

㉠ 철도운행안전관리자의 업무

ⓐ 철도차량의 운행선로나 그 인근에서 철도시설의 건설 또는 관리와 관련한 작업을 수행하는 경우에 작업일정의 조정 또는 작업에 필요한 안전장비·안전

시설 등의 점검

ⓑ 작업이 수행되는 선로를 운행하는 열차가 있는 경우 해당 열차의 운행일정 조정

ⓒ 열차접근경보시설이나 열차접근감시인의 배치에 관한 계획 수립·시행과 확인

ⓓ 철도차량 운전자나 관제업무종사자와 연락체계 구축 등

㉡ 철도안전전문기술자의 업무

ⓐ 전기철도 분야, 철도신호 분야, 철도궤도 분야의 철도안전전문기술자 : 해당 철도시설의 건설이나 관리와 관련된 설계·시공·감리·안전점검 업무나 레일용접 등의 업무

ⓑ 철도차량 분야의 철도안전전문기술자 : 철도차량의 설계·제작·개조·시험검사·정밀안전진단·안전점검 등에 관한 품질관리 및 감리 등의 업무

(4) 철도안전 전문인력의 분야별 자격부여

국토교통부장관은 철도안전 전문인력의 분야별 자격을 다음과 같이 구분하여 부여할 수 있다(법 제69조 제3항).

① 철도운행안전관리자

② 철도안전전문기술자

(5) 분야별 자격기준, 자격부여 절차 및 자격

철도안전 전문인력의 분야별 자격기준, 자격부여 절차 및 자격을 받기 위한 안전교육훈련 등에 관하여 필요한 사항은 대통령령으로 정한다(법 제69조 제4항).

(6) 철도안전 전문인력의 자격기준

① 철도운행안전관리자의 자격을 부여받으려는 사람은 국토교통부장관이 인정한 교육훈련기관에서 국토교통부령으로 정하는 교육훈련을 수료하여야 한다(영 제60조 제1항).

② **철도안전전문기술자의 자격기준**(영 별표5)

구분	자격 부여 범위
1. 특급	가. 「전력기술관리법」, 「전기공사업법」, 「정보통신공사업법」이나 「건설기술 진흥법」(이하 "관계법령"이라 한다)에 따른 특급기술자·특급기술인·특급감리원·수석감리사 또는 특급전기공사기술자로서 다음의 어느 하나에 해당하는 사람 1) 「국가기술자격법」에 따른 철도의 해당 기술 분야의 기술사 또는 기사자격 취득자 2) 3년 이상 철도의 해당 기술 분야에 종사한 경력이 있는 사람 나. 별표 1의2에 따른 1등급 철도차량정비기술자로서 경력에 포함되는 기술자격의 종목과 관련된 기술사, 기능장 또는 기사자격 취득자
2. 고급	가. 관계법령에 따른 특급기술자·특급기술인·특급감리원·수석감리사 또는 특급공사기술자로서 1년 6개월 이상 철도의 해당 기술 분야에 종사한 경력이 있는 사람 나. 관계법령에 따른 고급기술자·고급기술인·고급감리원·감리사 또는 고급전기공사기술자로서 다음의 어느 하나에 해당하는 사람 1) 「국가기술자격법」에 따른 철도의 해당 기술 분야의 기사 또는 산업기사 자격 취득자 2) 3년 이상 철도의 해당 기술 분야에 종사한 경력이 있는 사람 다. 별표 1의2에 따른 2등급 철도차량정비기술자로서 경력에 포함되는 기술자격의 종목과 관련된 기사 또는 산업기사 자격 취득자
3. 중급	가. 관계법령에 따른 고급기술자·고급기술인·고급감리원·감리사 또는 고급전기공사기술자로서 1년 6개월 이상 철도의 해당 기술 분야에 종사한 경력이 있는 사람 나. 관계법령에 따른 중급기술자·중급기술인·중급감리원 또는 중급전기공사기술자로서 다음의 어느 하나에 해당하는 사람 1) 「국가기술자격법」에 따른 철도의 해당 기술 분야의 기사, 산업기사 또는 기능사 자격 취득자 2) 3년 이상 철도의 해당 기술 분야에 종사한 경력이 있는 사람 다. 별표 1의2에 따른 3등급 철도차량정비기술자로서 경력에 포함되는 기술자격의 종목과 관련된 기사, 산업기사 또는 기능사 자격 취득자
4. 초급	가. 관계법령에 따른 중급기술자·중급기술인·중급감리원 또는 중급전기공사기술자로서 1년 6개월 이상 철도의 해당 기술 분야에 종사한 경력이 있는 사람 나. 관계법령에 따른 초급기술자·초급기술인·초급감리원·감리사보 또는 초급전기공사 기술자로서 다음의 어느 하나에 해당하는 사람 1) 「국가기술자격법」에 따른 철도의 해당 기술 분야의 기사, 산업기사 또는 기능사 자격 취득자 2) 3년 이상 철도의 해당 기술 분야에 종사한 경력이 있는 사람 다. 국토교통부령으로 정하는 철도의 해당 기술 분야의 설계·감리·시공·안전점검 관련 교육과정을 수료하고 수료 시 시행하는 검정시험에 합격한 사람 라. 「국가기술자격법」에 따른 용접자격을 취득한 사람으로서 국토교통부장관이 지정한 전문기관 또는 단체의 레일용접인정자격시험에 합격한 사람 마. 별표 1의2에 따른 4등급 철도차량정비기술자로서 경력에 포함되는 기술자격의 종목과 관련된 기사, 산업기사 또는 기능사 자격 취득자

(7) 철도안전 전문인력의 교육훈련

① 철도안전 전문인력의 교육훈련(규칙 별표24)

대상자	교육시간	교육내용	교육시기
철도운행 안전 관리자	120시간(3주) - 직무관련 : 100시간 - 교양교육 : 20시간	- 열차운행의 통제와 조정 - 안전관리 일반 - 관계법령 - 비상 시 조치 등	- 철도운행안전관리자로 인정받으려는 경우
철도안전 전문 기술자 (초급)	120시간(3주) - 직무관련 : 100시간 - 교양교육 : 20시간	- 기초전문 직무교육 - 안전관리 일반 - 관계법령 - 실무실습	- 철도안전전문 초급기술자로 인정받으려는 경우

② 교육훈련의 방법·절차 등에 관하여 필요한 세부사항은 국토교통부장관이 정한다(규칙 제91조 제2항).

(8) 철도안전 전문인력의 자격부여 절차 등

① 자격을 부여받으려는 사람은 국토교통부령으로 정하는 바에 따라 국토교통부장관에게 자격부여 신청을 하여야 한다(영 제60조의2 제1항).
② 국토교통부장관은 자격부여 신청을 한 사람이 해당 자격기준에 적합한 경우에는 전문인력의 구분에 따라 자격증명서를 발급하여야 한다(영 제60조의2 제2항).
③ 국토교통부장관은 자격부여 신청을 한 사람이 해당 자격기준에 적합한지를 확인하기 위하여 그가 소속된 기관이나 업체 등에 관계 자료 제출을 요청할 수 있다(영 제60조의2 제3항).
④ 국토교통부장관은 철도안전 전문인력의 자격부여에 관한 자료를 유지·관리하여야 한다(영 제60조의2 제4항).
⑤ 자격부여 절차와 방법, 자격증명서 발급 및 자격의 관리 등에 필요한 사항은 국토교통부령으로 정한다(영 제60조의2 제5항).

(9) 철도안전 전문인력 자격부여 절차의 세부사항

① 철도안전 전문인력의 자격을 부여받으려는 자는 철도안전 전문인력 자격부여(증명서 재발급) 신청서에 다음의 서류를 첨부하여 지정받은 안전전문기관에 제출하여야 한다(규칙 제92조 제1항).
㉠ 경력을 확인할 수 있는 자료

㉡ 교육훈련 이수증명서(해당자에 한정한다)
㉢ 전기공사 기술자, 전력기술인, 정보통신기술자 경력수첩 또는 건설기술경력증 사본(해당자에 한정한다)
㉣ 국가기술자격증 사본(해당자에 한정한다)
㉤ 이 법에 따른 철도차량정비경력증 사본(해당자에 한정한다)
㉥ 사진(3.5센티미터×4.5센티미터)

② 안전전문기관은 신청인이 자격기준에 적합한 경우에는 철도안전 전문인력 자격증명서를 신청인에게 발급하여야 한다(규칙 제92조 제2항).

③ 철도안전 전문인력 자격증명서를 발급받은 사람이 철도안전 전문인력 자격증명서를 잃어버렸거나 헐어 못 쓰게 된 때에는 안전전문기관에 철도안전 전문인력 자격증명서의 재발급을 신청하고, 안전전문기관은 자격부여 사실을 확인한 후 철도안전 전문인력 자격증명서 신청인에게 재발급하여야 한다(규칙 제92조 제3항).

④ 안전전문기관은 해당 분야 자격 취득자의 자격증명서 발급 등에 관한 자료를 유지・관리하여야 한다(규칙 제92조 제4항).

(10) 안전전문기관의 전문인력의 양성 및 자격관리 등

국토교통부장관은 철도안전에 관한 전문기관(안전전문기관)을 지정하여 철도안전 전문인력의 양성 및 자격관리 등의 업무를 수행하게 할 수 있다(법 제69조 제5항).

(11) 안전전문기관의 지정기준, 지정절차 등

안전전문기관의 지정기준, 지정절차 등에 관하여 필요한 사항은 대통령령으로 정한다(법 제69조 제6항).

(12) 안전전문기관 지정기준

① 안전전문기관으로 지정받을 수 있는 기관이나 단체는 다음의 어느 하나와 같다(영 제60조의3 제1항).
㉠ 철도안전과 관련된 업무를 수행하는 학회・기관이나 단체
㉡ 철도안전과 관련된 업무를 수행하는 「민법」 제32조에 따라 국토교통부장관의 허가를 받아 설립된 비영리법인

② **안전전문기관의 지정기준**(영 제60조의3 제2항)
㉠ 업무수행에 필요한 상설 전담조직을 갖출 것

ⓒ 분야별 교육훈련을 수행할 수 있는 전문인력을 확보할 것
ⓒ 교육훈련 시행에 필요한 사무실·교육시설과 필요한 장비를 갖출 것
ⓔ 안전전문기관 운영 등에 관한 업무규정을 갖출 것

③ 국토교통부장관은 필요하다고 인정하는 경우에는 국토교통부령으로 정하는 바에 따라 분야별로 구분하여 안전전문기관을 지정할 수 있다(영 제60조의3 제3항).

④ 안전전문기관의 세부 지정기준은 국토교통부령으로 정한다(영 제60조의3 제4항).

(13) 분야별 안전전문기관 지정

국토교통부장관은 다음의 분야별로 구분하여 전문기관을 지정할 수 있다(규칙 제92조의2).

① 철도운행안전 분야
② 전기철도 분야
③ 철도신호 분야
④ 철도궤도 분야
⑤ 철도차량 분야

(14) 안전전문기관의 세부 지정기준 등

① 안전전문기관의 세부 지정기준(규칙 별표25)

안전전문기관의 세부 지정기준(규칙 별표25)

1. 기술인력의 기준
   가. 자격기준

등급	기술자격자	학력 및 경력자
교 육 책임자	1) 철도 관련 해당 분야 기술사 또는 이와 같은 수준 이상의 자격을 취득한 사람으로서 10년 이상 철도 관련 분야에 근무한 경력이 있는 사람 2) 철도 관련 해당 분야 기사 자격을 취득한 사람으로서 15년 이상 철도 관련 분야에 근무한 경력이 있는 사람 3) 철도 관련 해당 분야 산업기사 자격을 취득한 사람으로서 20년 이상 철도 관련 분야에 근무한 경력이 있는 사람 4) 「근로자직업능력 개발법」 제33조에 따라 직업능력개발훈련교사자격증을 취득한 사람으로서 철도 관련 분야 재직경력이 10년 이상인 사람	1) 철도 관련 분야 박사학위를 취득한 사람으로서 10년 이상 철도 관련 분야에 근무한 경력이 있는 사람 2) 철도 관련 분야 석사학위를 취득한 사람으로서 15년 이상 철도 관련 분야에 근무한 경력이 있는 사람 3) 철도 관련 분야 학사학위를 취득한 사람으로서 20년 이상 철도 관련 분야에 근무한 경력이 있는 사람 4) 관련 분야 4급 이상 공무원 경력자 또는 이와 같은 수준 이상의 경력자로서 철도 관련 분야 재직경력이 10년 이상인 사람

이론 교관	1) 철도 관련 해당분야 기술사 또는 이와 같은 수준 이상의 자격을 취득한 사람 2) 철도 관련 해당분야 기사 자격을 취득한 사람으로서 10년 이상 철도 관련 분야에 근무한 경력이 있는 사람 3) 철도 관련 해당 분야 산업기사 자격을 취득한 사람으로서 15년 이상 철도 관련 분야에 근무한 경력이 있는 사람	1) 철도 관련 분야 박사학위를 취득한 사람으로서 5년 이상 철도 관련 분야에 근무한 경력이 있는 사람 2) 철도 관련 분야 석사학위를 취득한 사람으로서 10년 이상 철도 관련 분야에 근무한 경력이 있는 사람 3) 철도 관련 분야 학사학위를 취득한 사람으로서 15년 이상 철도 관련 분야에 근무한 경력이 있는 사람 4) 철도 관련 분야 6급 이상의 공무원 경력자 또는 이와 같은 수준 이상의 경력자로서 철도 관련 분야 재직경력이 10년 이상인 사람
기능 교관	1) 철도 관련 해당 분야 기사 이상의 자격을 취득한 사람으로서 2년 이상 철도 관련 분야에 근무한 경력이 있는 사람 2) 철도 관련 해당 분야 산업기사 이상의 자격을 취득한 사람으로서 3년 이상 철도 관련 분야에 근무한 경력이 있는 사람	1) 철도 관련 분야 석사학위를 취득한 사람으로서 2년 이상 철도 관련 분야에 근무한 경력이 있는 사람 2) 철도 관련 분야 학사학위를 취득한 사람으로서 3년 이상 철도 관련 분야에 근무한 경력이 있는 사람 3) 철도 관련 분야 7급 이상의 공무원 경력자 또는 이와 같은 수준 이상의 경력자로서 철도 관련 분야 재직 경력이 10년 이상인 사람

비고 :

1. 박사·석사·학사 학위는 학위수여학과에 관계없이 학위 취득 시 학위논문 제목에 철도 관련 연구임이 명확하게 기록되어야 함.
2. “철도 관련 분야”란 철도안전, 철도차량 운전, 관제, 전기철도, 신호, 궤도, 통신 및 철도차량 분야를 말한다.

나. 보유기준

1) 최소보유기준 : 교육책임자 1명, 이론교관 3명, 기능교관을 2명 이상 확보하여야 한다.
2) 1회 교육생 30명을 기준으로 교육인원이 10명 추가될 때마다 이론교관을 1명 이상 추가로 확보하여야 한다. 다만 추가로 확보하여야 하는 이론교관은 비전임으로 할 수 있다.
3) 이론교관 중 기능교관 자격을 갖춘 사람은 기능교관을 겸임할 수 있다.
4) 안전점검 업무를 수행하는 경우에는 영 제59조에 따른 분야별 철도안전 전문인력 8명(특급 3명, 고급 이상 2명, 중급 이상 3명) 이상, 열차운행 분야의 경우에는 철도운행안전관리자 3명 이상을 확보할 것

2. 시설·장비의 기준

가. 강의실 : 60m^2 이상(의자, 탁자 및 교육용 비품을 갖추고 1㎡당 수용인원이 1명을 초과하지 않도록 한다)

나. 실습실 : 125m^2(20명 이상이 동시에 실습할 수 있는 실습실 및 실습 장비를 갖추어야

한다) 이상이어야 한다. 다만, 철도운행안전관리자의 경우 60m^2 이상으로 할 수 있으며, 강의실에 실습 장비를 함께 설치하여 활용할 수 있는 경우는 제외한다.

다. 시청각 기자재 : 텔레비전 · 비디오 1세트, 컴퓨터 1세트, 빔 프로젝터 1대 이상

라. 철도차량 운행, 전기철도, 신호, 궤도 및 철도안전 등 관련 도서 100권 이상

마. 그 밖에 교육훈련에 필요한 사무실 · 집기류 · 편의시설 등을 갖추어야 한다.

바. 전기철도 · 신호 · 궤도분야의 경우 다음과 같은 교육 설비를 확보하여야 한다.

1) 전기철도 분야 : 모터카 진입이 가능한 궤도와 전차선로 600m^2 이상의 실습장을 확보하여 절연 구분장치, 브래킷, 스팬선, 스프링밸런서, 균압선, 행거, 드롭퍼, 콘크리트 및 H형 강주 등이 설치되어 전차선가선 시공기술을 반복하여 실습할 수 있는 설비를 확보할 것

2) 철도신호 분야 : 계전연동장치, 신호기장치, 자동폐색장치, 궤도회로장치, 선로전환장치, 신호용 전력공급장치, ATS장치 등을 갖춘 실습장을 확보하여 신호보안장치 시공기술을 반복하여 실습할 수 있는 설비를 확보할 것

3) 궤도 분야 : 표준 궤간의 철도선로 200m 이상과 평탄한 광장 90m^2 이상의 실습장을 확보하여 장대레일 재설정, 받침목다짐, GAS압접, 테르밋용접 등을 반복하여 실습할 수 있는 설비를 확보할 것

사. 장비 및 자재기준

1) 전기철도 분야 : 교육을 실시할 수 있는 사다리차, 전선크램프, 도르레, 절연저항측정기, 전차선 가선측정기, 특고압 검전기, 접지걸이, 장선기, 가스누설 측정기, 활선용 피뢰기 진단기, 적외선 온도측정기, 콘크리트 강도 측정기, 아연도금 피막 측정기, 토오크 측정기, 슬리브 압축기, 애자 인장기, 자분 탐상기, 초저항 측정기, 접지저항 측정기, 초음파 측정기 등 장비와 실습용으로 사용할 수 있는 크램프, 금구, 급전선, 행거이어, 조가선, 애자, 드롭퍼용 전선, 슬리브, 완철, 전차선, 구분장치, 브래킷, 밴드, 장력조정장치, 표지, 전기철도자재 샘플보드 등 자재를 보유할 것

2) 신호 분야 : 오실로스코프(전압의 변화를 화면으로 보여주는 장치), 접지저항계, 절연저항계, 클램프미터, 습도계(Hygrometer), 멀티미터(Mulimeter), 선로전환기 전환력 측정기, 전기회로시험기, 인터그레터, ATS지상자 측정기 등 장비를 보유할 것

3) 궤도 분야 : 레일 절단기, 레일 연마기, 레일 다지기, 양로기, 레일 가열기, 샤링머신, 연마기, 그라인더, 얼라이먼트, 가스압접기, 테르밋 용접기, 고압펌프, 압력평행기, 발전기, 단면기, 초음파 탐상기, 레일단면 측정기 등 장비와 레일 온도계, 팬드롤바, 크램프척, 버너(불판) 등 공구를 보유할 것

4) 철도운행안전관리자는 열차운행선 공사(작업) 시 안전조치에 관한 교육을 실시할 수 있는 무전기 등 장비와 단락용 동선 등 교육자재를 갖출 것

5) 철도차량 분야 : 절연저항측정기, 내전압시험기, 온도측정기, 습도계, 전기측정기(AC/DC 전류, 전압, 주파수 등), 차상신호장치 시험기, 자분탐상기, 초음파 탐상기, 음향측정기, 다채널 데이터 측정기(소음, 진동 등), 거리측정기(비접촉), 속도측정기, 윤중(輪重 : 철도차량 바퀴에 의하여 철도선로에 수직으로 가해지는 중량) 동시 측정기, 제동압력 시험기 등의 장비·공구를 확보하여 철도차량 설계·제작·개조·개량·정밀안전진단 안전점검 기술을 반복하여 실습할 수 있는 설비를 갖출 것

② 안전전문기관의 변경사항 통지는 별지 제11호의2 서식에 따른다(규칙 제92조의3 제2항).

(15) 준용규정

안전전문기관의 지정취소 및 업무정지 등에 관하여는 운전적성검사 및 운전적성검사기관의 지정취소 및 업무정지를 준용한다. 이 경우 "운전적성검사기관"은 "안전전문기관"으로, "운전적성검사 업무"는 "안전교육훈련 업무"로, "제15조 제5항"은 "제69조 제6항"으로, "운전적성검사 판정서"는 "안전교육훈련 수료증 또는 자격증명서"로 본다(법 제69조 제7항).

(16) 안전전문기관의 변경사항 통지

① 안전전문기관은 그 명칭·소재지나 그 밖에 안전전문기관의 업무수행에 중대한 영향을 미치는 사항의 변경이 있는 경우에는 해당 사유가 발생한 날부터 15일 이내에 국토교통부장관에게 그 사실을 알려야 한다(영 제60조의5 제1항).
② 국토교통부장관은 통지를 받은 경우에는 그 사실을 관보에 고시하여야 한다(영 제60조의5 제2항).

(17) 철도운행안전관리자의 배치

철도운영자등이 자체적으로 작업 또는 공사 등을 시행하는 경우 등 대통령령으로 정하는 경우란 다음의 어느 하나에 해당하는 경우를 말한다(영 제60조의6).

① 철도운영자등이 선로 점검 작업 등 3명 이하의 인원으로 할 수 있는 소규모 작업 또는 공사 등을 자체적으로 시행하는 경우
② 천재지변 또는 철도사고 등 부득이한 사유로 긴급 복구 작업 등을 시행하는 경우

(18) 보고 및 검사

① 국토교통부장관 또는 관계 지방자치단체의 장은 보고 또는 자료의 제출을 명할 때에는 7일 이상의 기간을 주어야 한다. 다만, 공무원이 철도사고 등이 발생한 현장에 출동하는 등 긴급한 상황인 경우에는 그러하지 아니하다(영 제61조 제1항).
② 국토교통부장관은 검사 등의 업무를 효율적으로 수행하기 위하여 특히 필요하다고 인정하는 경우에는 철도안전에 관한 전문가를 위촉하여 검사 등의 업무에 관하여 자문에 응하게 할 수 있다(영 제61조 제2항).

(19) 안전전문기관 지정절차 등

① 안전전문기관으로 지정을 받으려는 자는 국토교통부령으로 정하는 바에 따라 철도안전 전문기관 지정신청서를 제출하여야 한다(영 제60조의4 제1항).

② 국토교통부장관은 안전전문기관의 지정 신청을 받은 경우에는 다음의 사항을 종합적으로 심사한 후 지정 여부를 결정하여야 한다(영 제60조의4 제2항).

㉠ 지정기준에 관한 사항

㉡ 안전전문기관의 운영계획

㉢ 철도안전 전문인력 등의 수급에 관한 사항

㉣ 그 밖에 국토교통부장관이 필요하다고 인정하는 사항

③ 국토교통부장관은 안전전문기관을 지정하였을 경우에는 국토교통부령으로 정하는 바에 따라 철도안전 전문기관 지정서를 발급하고 그 사실을 관보에 고시하여야 한다(영 제60조의4 제3항).

(20) 안전전문기관 지정 신청 등

① 안전전문기관으로 지정받으려는 자는 철도안전 전문기관 지정신청서(전자문서를 포함한다)에 다음의 서류를 첨부하여 국토교통부장관에게 제출하여야 한다(규칙 제92조의4 제1항).

㉠ 안전전문기관 운영 등에 관한 업무규정

㉡ 교육훈련이 포함된 운영계획서(교육훈련평가계획을 포함한다)

㉢ 정관이나 이에 준하는 약정(법인 그 밖의 단체의 경우만 해당한다)

㉣ 교육훈련, 철도시설 및 철도차량의 점검 등 안전업무를 수행하는 사람의 자격·학력·경력 등을 증명할 수 있는 서류

㉤ 교육훈련, 철도시설 및 철도차량의 점검에 필요한 강의실 등 시설·장비 등 내역서

㉥ 안전전문기관에서 사용하는 직인의 인영

② 철도안전 전문기관 지정서는 별지 제47호의3 서식에 따른다(규칙 제92조의4 제2항).

(21) 안전전문기관의 지정취소·업무정지 등

① **안전전문기관의 지정취소 및 업무정지의 기준**(규칙 별표26)

위반사항	해당 법조문	처분기준			
		1차 위반	2차 위반	3차 위반	4차 위반
1. 거짓이나 그 밖의 부정한 방법으로 지정을 받은 경우	법 제15조의2 제1항 제1호 및 제69조 제7항	지정취소			
2. 업무정지 명령을 위반하여 그 정지기간 중 안전교육훈련업무를 한 경우	법 제15조의2 제1항 제2호 및 제69조 제7항	지정취소			
3. 법 제69조 제6항에 따른 지정기준에 맞지 아니하게 된 경우	법 제15조의2 제1항 제3호 및 제69조 제7항	경고 또는 보완명령	업무정지 1개월	업무정지 3개월	지정취소
4. 정당한 사유 없이 안전교육훈련업무를 거부한 경우	법 제15조의2 제1항 제4호 및 제69조 제7항	경고	업무정지 1개월	업무정지 3개월	지정취소
5. 법 제15조 제6항을 위반하여 거짓이나 그 밖의 부정한 방법으로 안전교육훈련 수료증 또는 자격증명서를 발급한 경우	법 제15조의2 제1항 제5호 및 제69조 제7항	업무정지 1개월	업무정지 3개월	지정취소	

비고 :

1. 위반행위가 둘 이상인 경우로서 그에 해당하는 각각의 처분기준이 다른 경우에는 그 중 무거운 처분기준에 따르며, 위반행위가 둘 이상인 경우로서 그에 해당하는 각각의 처분기준이 같은 경우에는 무거운 처분기준의 2분의 1까지 가중할 수 있되, 각 처분기준을 합산한 기간을 초과할 수 없다.
2. 위반행위의 횟수에 따른 행정처분의 가중된 부과기준은 최근 1년간 같은 위반행위로 행정처분을 받은 경우에 적용한다. 이 경우 기간의 계산은 위반행위에 대하여 행정처분을 받은 날과 그 처분 후 다시 같은 위반행위를 하여 적발된 날을 기준으로 한다.
3. 비고 제2호에 따라 가중된 행정처분을 하는 경우 가중처분의 적용 차수는 그 위반행위 전 부과처분 차수(비고 제2호에 따른 기간 내에 행정처분이 둘 이상 있었던 경우에는 높은 차수를 말한다)의 다음 차수로 한다.
4. 처분권자는 위반행위의 동기·내용 및 위반의 정도 등 다음 각 목에 해당하는 사유를 고려하여 그 처분을 감경할 수 있다. 이 경우 그 처분이 업무정지인 경우에는 그 처분기준의 2분의 1 범위에서 감경할 수 있고, 지정취소인 경우(거짓이나 그 밖의 부정한 방법으로 지정을 받은 경우나 업무정지 명령을 위반하여 그 정지기간 중 안전교육훈련업무를 한 경우는 제외한다)에는 3개월의 업무정지 처분으로 감경할 수 있다.
   가. 위반행위가 고의나 중대한 과실이 아닌 사소한 부주의나 오류로 인한 것으로 인정되는 경우
   나. 위반의 내용·정도가 경미하여 이해관계인에게 미치는 피해가 적다고 인정되는 경우

② 국토교통부장관은 안전전문기관의 지정을 취소하거나 업무정지의 처분을 한 경우에는 지체 없이 그 안전전문기관에 지정기관 행정처분서를 통지하고 그 사실을 관보

에 고시하여야 한다(규칙 제92조의5 제2항).

(22) 철도운행안전관리자의 배치기준 등

① 철도운행안전관리자의 배치기준 등(규칙 별표27)

철도운행안전관리자의 배치기준 등(규칙 별표27)

1. 철도운영자등은 작업 또는 공사가 다음 각 목의 어느 하나에 해당하는 경우에는 작업 또는 공사 구간 별로 철도운행안전관리자를 1명 이상 별도로 배치해야 한다. 다만, 열차의 운행 빈도가 낮아 위험이 적은 경우에는 국토교통부장관과 사전 협의를 거쳐 작업책임자가 철도운행안전관리자 업무를 수행하게 할 수 있다.
   가. 도급 및 위탁 계약 방식의 작업 또는 공사
      1) 철도운영자등이 도급(공사)계약 방식으로 시행하는 작업 또는 공사
      2) 철도운영자등이 자체 유지・보수 작업을 전문용역업체 등에 위탁하여 6개월 이상 장기간 수행하는 작업 또는 공사
   나. 철도운영자등이 직접 수행하는 작업 또는 공사로서 4명 이상의 직원이 수행하는 작업 또는 공사

2. 철도운영자등은 작업 또는 공사의 효율적인 수행을 위해서는 제1호에도 불구하고 제1호 가목2) 및 같은 호 나목에 따른 작업 또는 공사에 대해 철도운행안전관리자를 작업 또는 공사를 수행하는 직원으로 지정할 수 있고, 제1호 각 목에 따른 작업 또는 공사에 대해 철도운행안전관리자 2명 이상이 3개 이상의 인접한 작업 또는 공사 구간을 관리하게 할 수 있다.

② 철도운행안전관리자는 배치된 기간 중에 수행한 업무에 대하여 근무상황일지를 작성하여 철도운영자등에게 제출해야 한다(규칙 제92조의6 제2항).

(23) 철도안전 전문인력의 정기교육

① 철도안전 전문인력에 대한 정기교육의 주기, 교육 내용, 교육 절차(규칙 별표28)

철도안전 전문인력의 정기교육(규칙 별표28)

1. 정기교육의 주기 : 3년
2. 정기교육 시간 : 15시간 이상
3. 교육 내용 및 절차

가. 철도운행안전관리자

교육과목	교육내용	교육절차
직무전문 교육	철도운행선 안전관리자로서 전문지식과 업무수행능력 배양 1) 열차운행선 지장작업의 순서와 절차 및 철도운행안전협의사항, 기타 안전조치 등에 관한 사항 2) 선로지장작업 관련 사고사례 분석 및 예방 대책 3) 철도인프라(정거장, 선로, 전철전력시스템, 열차제어시스템) 4) 일반 안전 및 직무 안전관리 등	강의 및 토의
철도안전 관련법령	철도안전법령 및 관련규정의 이해 1) 철도안전 정책 2) 철도안전법 및 관련 규정 3) 열차운행선 지장작업에 따른 관련 규정 및 취급절차 등 4) 운전취급관련 규정 등	강의 및 토의
실무실습	철도운행안전관리자의 실무능력 배양 1) 열차운행조정 협의 2) 선로작업의 시행 절차 3) 작업시행 전 작업원 안전교육(작업원, 건널목임시관리원, 열차감시원, 전기철도안전관리자) 4) 이례운전취급에 따른 안전조치 요령 등	토의 및 실습

나. 전기철도분야 안전전문기술자

교육과목	교육내용	교육절차
직무전문 교육	전기철도에 대한 직무전문지식의 습득과 전문운용능력 배양 1) 전기철도공학 및 전기철도구조물공학 2) 철도 송·변전 및 철도배전설비 3) 전기철도 설계기준 및 급전제어규정 4) 전기철도 급전계통 특성 이해 5) 전기철도 고장장애 복구·대책 수립 6) 전기철도 사고사례 및 안전관리 등	강의 및 토의
철도안전 관련법령	철도안전법령 및 관련 행정규칙의 준수 및 이해도 향상 1) 철도안전정책 2) 철도안전법령 및 행정규칙 3) 열차운행선로 지장작업 업무 요령	강의 및 토의
실무실습	전기철도설비의 운용 및 안전확보를 위한 전문실무실습 1) 가공·강체전차선로 시공 및 유지보수 2) 철도 송·변전 및 철도배전설비 시공 및 유지보수 3) 전기철도 시설물 점검방법 등	현장실습

다. 철도신호분야 안전전문기술자

교육과목	교육내용	교육절차
직무전문 교육	철도신호에 대한 직무전문지식의 습득과 운용능력 배양 1) 신호기장치, 선로전환기장치, 궤도회로 및 연동장치 등 2) 신호 설계기준 및 신호설비 유지보수 세칙 3) 선로전환기 동작계통 및 연동도표 이해 4) 철도신호 장애 복구·대책 수립 요령 5) 철도신호 품질안전 및 안전관리 등	강의 및 토의
철도안전 관련법령	철도안전법령 및 관련 행정규칙의 준수 및 이해도 향상 1) 철도안전 정책 2) 철도안전 법령 및 행정규칙 3) 열차운행선로 지장작업 업무요령	강의 및 토의
실무실습	철도신호 설비의 운용 및 안전 확보를 위한 전문실무실습 1) 신호기, 선로전환기, 궤도회로 및 연동장치 유지보수 실습 2) 철도신호 시설물 점검요령 실습	현장실습

라. 철도시설분야 안전전문기술자

교육과목	교육내용	교육절차
직무전문 교육	철도시설(궤도)에 대한 전문지식의 습득과 운용능력 배양 1) 철도공학 : 궤도보수, 궤도장비, 궤도역학 2) 선로일반 : 궤도구조, 궤도재료, 인접분야인터페이스 3) 궤도설계 : 궤도설계기준, 궤도구조, 궤도재료, 궤도설계기법, 궤도와 구조물인터페이스 4) 용접이론 : 레일용접 관련지침 및 공법해설 5) 시설안전·재해업무 관련 규정 6) 사고사례 및 안전관리 등	강의 및 토의
철도안전 관련법령	철도안전법령 및 관련 행정규칙의 준수 및 이해도 향상 1) 철도안전법령 및 행정규칙 2) 선로지장취급절차, 열차 방호 요령 3) 철도차량 운전규칙, 열차운전 취급절차 규정 4) 선로유지관리지침 및 보선작업지침 해설	강의 및 토의
실무실습	철도시설의 운용 및 안전 확보를 위한 전문실무실습 1) 선로시공 및 보수 일반 2) 중대형 보선장비 제원 및 작업 견학	현장실습

마. 철도차량분야 안전전문기술자

교육과목	교육내용	교육절차
직무전문 교육	철도차량에 대한 직무전문지식의 습득과 운용능력 배양 1) 철도차량시스템 일반 2) 철도차량 신뢰성 및 품질관리 3) 철도차량 리스크(위험도) 평가 4) 철도차량 시험 및 검사 5) 철도 사고 사례 및 안전관리 등	강의 및 토의
철도안전 관련법령	철도안전법령 및 관련 행정규칙의 준수 및 이해도 향상 1) 철도안전 정책 2) 철도안전 법령 및 행정규칙 3) 철도차량 관련 표준 및 정비관련 규정	강의 및 토의
실무실습	철도차량의 운용 및 안전 확보를 위한 전문실무실습 1) 철도차량의 안전조치(작업 전/작업 후) 2) 철도차량 기능검사 및 응급조치 3) 철도차량 기술검토, 제작검사	현장실습

비고
1. 정기교육은 철도안전 전문인력의 분야별 자격을 취득한 날 또는 종전의 정기교육 유효기간 만료일부터 3년이 되는 날 전 1년 이내에 받아야 한다. 이 경우 그 정기교육의 유효기간은 자격 취득 후 3년이 되는 날 또는 종전 정기교육 유효기간 만료일의 다음 날부터 기산한다.
2. 철도안전 전문인력이 제1호 전단에 따른 기간이 지난 후에 정기교육을 받은 경우 그 정기교육의 유효기간은 정기교육을 받은 날부터 기산한다.

② 철도안전 전문인력의 정기교육은 안전전문기관에서 실시한다(규칙 제92조의7 제2항).

③ 철도안전 전문인력의 정기교육에 필요한 세부사항은 국토교통부장관이 정하여 고시한다(규칙 제92조의7 제3항).

(24) 철도운행안전관리자의 자격 취소·정지

① 철도운행안전관리자 자격의 취소 또는 효력정지 처분의 세부기준(규칙 별표29)

철도운행안전관리자 자격취소·효력정지 처분의 세부기준(규칙 별표29)

1. 일반기준
   가. 위반행위가 둘 이상인 경우로서 그에 해당하는 각각의 처분기준이 다른 경우에는 그 중 무거운 처분기준에 따르며, 위반행위가 둘 이상인 경우로서 그에 해당하는 각각의 처분기준이 같은 경우에는 무거운 처분기준의 2분의 1까지 가중하되, 각 처분기준을 합산한 기간을 초과할 수 없다.
   나. 위반행위의 횟수에 따른 행정처분의 기준은 최근 1년간 같은 위반행위로 행정처분을

받은 경우에 적용한다. 이 경우 행정처분 기준의 적용은 같은 위반행위에 대하여 최초로 행정처분을 한 날과 그 처분 후의 위반행위가 다시 적발된 날을 기준으로 한다.

2. 개별기준

위반사항 및 내용	근거 법조문	처분기준		
		1차 위반	2차 위반	3차 위반
가. 거짓이나 그 밖의 부정한 방법으로 철도운행안전관리자 자격을 받은 경우	법 제69조의4 제1항 제1호	자격취소		
나. 철도운행안전관리자 자격의 효력정지 기간 중 철도운행안전관리자 업무를 수행한 경우	법 제69조의4 제1항 제2호	자격취소		
다. 철도운행안전관리자 자격을 다른 사람에게 대여한 경우	법 제69조의4 제1항 제3호	자격취소		
라. 철도운행안전관리자의 업무 수행 중 고의 또는 중과실로 인한 철도사고가 일어난 경우	법 제69조의4 제1항 제4호			
1) 사망자가 발생한 경우		자격취소		
2) 부상자가 발생한 경우		효력정지 6개월	자격취소	
3) 1천만 원 이상 물적 피해가 발생한 경우		효력정지 3개월	효력정지 6개월	자격취소
마. 법 제41조 제1항을 위반한 경우	법 제69조의4 제1항 제5호			
1) 법 제41조 제1항을 위반하여 약물을 사용한 상태에서 철도운행안전관리자 업무를 수행한 경우		자격취소		
2) 법 제41조 제1항을 위반하여 술에 만취한 상태(혈중 알코올농도 0.1퍼센트 이상)에서 철도운행안전관리자 업무를 수행한 경우		자격취소		
3) 법 제41조 제1항을 위반하여 술을 마신 상태의 기준(혈중 알코올농도 0.03퍼센트 이상)을 넘어서 철도운행안전관리자 업무를 하다가 철도사고를 일으킨 경우		자격취소		
4) 법 제41조 제1항을 위반하여 술을 마신 상태(혈중 알코올농도 0.03퍼센트 이상 0.1퍼센트 미만)에서 철도운행안전관리자 업무를 수행한 경우		효력정지 3개월	자격취소	
바. 법 제41조 제2항을 위반하여 술을 마시거나 약물을 사용한 상태에서 업무를 하였다고 인정할 만한 상당한 이유가 있음에도 불구하고 확인이나 검사 요구에 불응한 경우	법 제69조의4 제1항 제6호	자격취소		

② 철도운행안전관리자 자격의 취소 및 효력정지 처분의 통지 등에 관하여는 운전면허의 규정을 준용한다. 이 경우 "운전면허"는 "철도운행안전관리자 자격"으로, "철도차량 운전면허 취소·효력정지 처분 통지서"는 "철도운행안전관리자 자격 취소·효력정지 처분 통지서"로, "운전면허시험기관"은 "안전전문기관"으로, "한국교통안전공단"은 "해당 안전전문기관"으로, "운전면허증"은 "철도운행안전관리자 자격증명서"로 본다(규칙 제92조의8 제2항).

3. 철도운행안전관리자의 배치 등

(1) 철도운행안전관리자 배치

철도운영자등은 철도차량의 운행선로 또는 그 인근에서 철도시설의 건설 또는 관리와 관련한 작업을 시행할 경우 철도운행안전관리자를 배치하여야 한다. 다만, 철도운영자등이 자체적으로 작업 또는 공사 등을 시행하는 경우 등 대통령령으로 정하는 경우에는 그러하지 아니하다(법 제69조의2 제1항).

(2) 철도운행안전관리자의 배치기준, 방법 등

철도운행안전관리자의 배치기준, 방법 등에 관하여 필요한 사항은 국토교통부령으로 정한다(법 제69조의2 제2항).

4. 철도안전 전문인력의 정기교육

(1) 정기교육

철도안전 전문인력의 분야별 자격을 부여받은 사람은 직무 수행의 적정성 등을 유지할 수 있도록 정기적으로 교육을 받아야 한다(법 제69조의3 제1항).

(2) 정기교육 미필자 업무종사금지

철도운영자등은 정기교육을 받지 아니한 사람을 관련 업무에 종사하게 하여서는 아니 된다(법 제69조의3 제2항).

(3) 정기교육의 주기, 교육 내용, 교육 절차 등

철도안전 전문인력에 대한 정기교육의 주기, 교육 내용, 교육 절차 등에 관하여 필요한 사항은 국토교통부령으로 정한다(법 제69조의3 제3항).

5. 철도안전 전문인력 분야별 자격의 대여 등 금지

누구든지 제69조 제3항에 따른 철도안전 전문인력 분야별 자격을 다른 사람에게 빌려주거나 빌리거나 이를 알선하여서는 아니 된다.

6. 철도안전 전문인력 분야별 자격의 취소 · 정지

(1) 자격의 취소 · 정지

국토교통부장관은 철도운행안전관리자가 다음의 어느 하나에 해당할 때에는 철도운행안전관리자 자격을 취소하거나 1년 이내의 기간을 정하여 철도운행안전관리자 자격을 정지시킬 수 있다. 다만, ①부터 ③까지의 규정에 해당할 때에는 철도운행안전관리자 자격을 취소하여야 한다.

① 거짓이나 그 밖의 부정한 방법으로 철도운행안전관리자 자격을 받았을 때
② 철도운행안전관리자 자격의 효력정지기간 중에 철도운행안전관리자 업무를 수행하였을 때
③ 철도운행안전관리자 자격을 다른 사람에게 빌려주었을 때
④ 철도운행안전관리자의 업무 수행 중 고의 또는 중과실로 인한 철도사고가 일어났을 때
⑤ 술을 마시거나 약물을 사용한 상태에서 철도운행안전관리자 업무를 하였을 때
⑥ 술을 마시거나 약물을 사용한 상태에서 업무를 하였다고 인정할 만한 상당한 이유가 있음에도 불구하고 국토교통부장관 또는 시 · 도지사의 확인 또는 검사를 거부하였을 때

(2) 자격 취소

국토교통부장관은 철도안전전문기술자가 제69조의4를 위반하여 철도안전전문기술자 자격을 다른 사람에게 빌려주었을 때에는 그 자격을 취소하여야 한다.

(3) 운전면허 규정준용

제1항에 따른 철도운행안전관리자 자격의 취소 또는 효력정지의 기준 및 절차 등에 관하여는 제20조 제2항부터 제6항까지를 준용한다. 이 경우 "운전면허"는 "철도운행안전관리자 자격"으로, "운전면허증"은 "철도운행안전관리자 자격증명서"로 본다.

7. 철도안전 지식의 보급 등

국토교통부장관은 철도안전에 관한 지식의 보급과 철도안전의식을 고취하기 위하여 필요한 시책을 마련하여 추진하여야 한다(법 제70조).

8. 철도안전 정보의 종합관리 등

(1) 철도안전에 관한 정보 종합관리

국토교통부장관은 이 법에 따른 철도안전시책을 효율적으로 추진하기 위하여 철도안전에 관한 정보를 종합관리하고, 관계 지방자치단체의 장 또는 철도운영자등, 운전적성검사기관, 관제적성검사기관, 운전교육훈련기관, 관제교육훈련기관, 인증기관, 시험기관, 안전전문기관 및 업무를 위탁받은 기관 또는 단체(철도관계기관 등)에 그 정보를 제공할 수 있다(법 제71조 제1항).

(2) 자료제출 요청

국토교통부장관은 정보의 종합관리를 위하여 관계 지방자치단체의 장 또는 철도관계기관등에 필요한 자료의 제출을 요청할 수 있다. 이 경우 요청을 받은 자는 특별한 이유가 없으면 요청에 응하여야 한다(법 제71조 제2항).

9. 재정지원

정부는 다음의 기관 또는 단체에 보조 등 재정적 지원을 할 수 있다(법 제72조).

① 운전적성검사기관, 관제적성검사기관 또는 정밀안전진단기관
② 운전교육훈련기관, 관제교육훈련기관 또는 정비교육훈련기관
③ 인증기관, 시험기관, 안전전문기관 및 철도안전에 관한 단체
④ 업무를 위탁받은 기관 또는 단체

10. 철도횡단교량 개축 · 개량 지원

(1) 철도횡단교량 개축 · 개량 지원

국가는 철도의 안전을 위하여 철도횡단교량의 개축 또는 개량에 필요한 비용의 일부를 지원할 수 있다(법 제72조의2 제1항).

(2) 지원대상, 지원조건 및 지원비율 등

개축 또는 개량의 지원대상, 지원조건 및 지원비율 등에 관하여 필요한 사항은 대통령령으로 정한다(법 제72조의2 제2항).

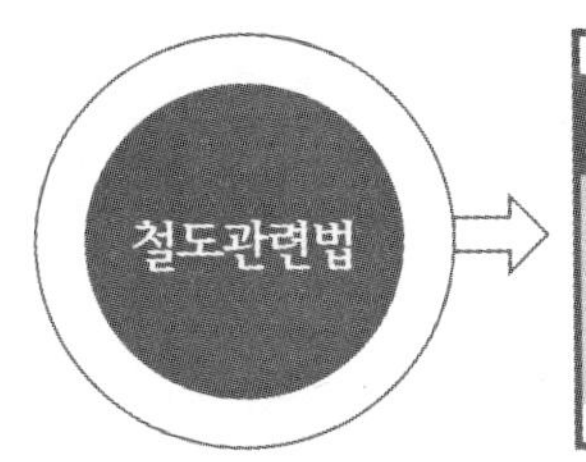

제7장 철도안전기반 구축

기출 및 예상문제

01 철도안전에 관한 기술의 진흥을 위하여 연구・개발의 촉진 및 그 성과의 보급 등 필요한 시책을 마련하여 추진하여야 하는 자는?

㉮ 국토교통부장관
㉯ 관할 시・도지사
㉰ 철도운영자등
㉱ 한국교통안전공단

|해설|
국토교통부장관은 철도안전에 관한 기술의 진흥을 위하여 연구・개발의 촉진 및 그 성과의 보급 등 필요한 시책을 마련하여 추진하여야 한다(법 제68조).

02 다음 철도안전 전문기관 등의 육성에 관한 내용으로 틀린 것은?

㉮ 국토교통부장관은 철도안전에 관한 전문기관 또는 단체를 지도・육성하여야 한다.
㉯ 국토교통부장관은 철도시설의 건설, 운영 및 관리와 관련된 안전점검업무 등 대통령령으로 정하는 철도안전업무에 종사하는 전문인력(철도안전 전문인력)을 원활하게 확보할 수 있도록 시책을 마련하여 추진하여야 한다.
㉰ 국토교통부장관은 철도안전 전문인력의 분야별 자격을 철도운행안전관리자, 철도안전전문기술자로 구분하여 부여할 수 있다.
㉱ 철도안전 전문인력의 분야별 자격기준, 자격부여 절차 및 자격을 받기 위한 안전교육훈련 등에 관하여 필요한 사항은 국토교통부장관이 정하여 고시한다.

|해설|
철도안전 전문인력의 분야별 자격기준, 자격부여 절차 및 자격을 받기 위한 안전교육훈련 등에 관하여 필요한 사항은 대통령령으로 정한다(법 제69조 제4항).

Answer 01. ㉮ 02. ㉱

03 다음 철도안전업무에 종사하는 전문인력이 아닌 자는?

㉮ 철도운행안전관리자
㉯ 철도승무 분야 철도안전전문기술자
㉰ 전기철도 분야 철도안전전문기술자
㉱ 철도신호 분야 철도안전전문기술자

|해설|

철도안전업무에 종사하는 전문인력(영 제59조 제1항)
1. 철도운행안전관리자
2. 철도안전전문기술자
   ㉠ 전기철도 분야 철도안전전문기술자
   ㉡ 철도신호 분야 철도안전전문기술자
   ㉢ 철도궤도 분야 철도안전전문기술자
   ㉣ 철도차량 분야 철도안전전문기술자

04 다음 철도운행안전관리자의 업무로 바르지 않은 것은?

㉮ 철도차량의 운행선로나 그 인근에서 철도시설의 건설 또는 관리와 관련한 작업을 수행하는 경우에 작업일정의 조정 또는 작업에 필요한 안전장비·안전시설 등의 점검
㉯ 작업이 수행되는 선로를 운행하는 열차가 있는 경우 해당 열차의 운행일정 조정
㉰ 철도차량의 설계·제작·개조·시험검사·정밀안전진단·안전점검 등에 관한 품질관리 및 감리 등의 업무
㉱ 열차접근경보시설이나 열차접근감시인의 배치에 관한 계획 수립·시행과 확인

|해설|

철도운행안전관리자의 업무
1. 철도차량의 운행선로나 그 인근에서 철도시설의 건설 또는 관리와 관련한 작업을 수행하는 경우에 작업일정의 조정 또는 작업에 필요한 안전장비·안전시설 등의 점검
2. 작업이 수행되는 선로를 운행하는 열차가 있는 경우 해당 열차의 운행일정 조정
3. 열차접근경보시설이나 열차접근감시인의 배치에 관한 계획 수립·시행과 확인
4. 철도차량 운전자나 관제업무종사자와 연락체계 구축 등

05 다음 전기철도 분야, 철도신호 분야, 철도궤도 분야의 철도안전전문기술자의 업무인 것은?

㉮ 해당 철도시설의 건설이나 관리와 관련된 설계·시공·감리·안전점검 업무나 레일용접 등의 업무
㉯ 철도차량의 설계·제작·개조·시험검사·정밀안전진단·안전점검 등에 관한 품질관리 및 감리 등의 업무
㉰ 철도차량 운전자나 관제업무종사자와 연락체계 구축 등
㉱ 열차접근경보시설이나 열차접근감시인의 배치에 관한 계획 수립·시행과 확인

|해설|

철도안전전문기술자의 업무

1. 전기철도 분야, 철도신호 분야, 철도궤도 분야의 철도안전전문기술자 : 해당 철도시설의 건설이나 관리와 관련된 설계·시공·감리·안전점검 업무나 레일용접 등의 업무
2. 철도차량 분야의 철도안전전문기술자 : 철도차량의 설계·제작·개조·시험검사·정밀안전진단·안전점검 등에 관한 품질관리 및 감리 등의 업무

06 철도안전 전문인력의 자격을 부여받으려는 자가 철도안전 전문인력 자격부여(증명서 재발급) 신청서에 첨부하여야 할 서류가 아닌 것은?

㉮ 경력을 확인할 수 있는 자료
㉯ 교육훈련 이수증명서(해당자에 한정한다)
㉰ 국가기술자격증 사본(해당자에 한정한다)
㉱ 여권용 사진(3.5센티미터×4.5센티미터)

|해설|

철도안전 전문인력의 자격을 부여받으려는 자는 철도안전 전문인력 자격부여(증명서 재발급) 신청서에 다음의 서류를 첨부하여 지정받은 안전전문기관에 제출하여야 한다(규칙 제92조 제1항).

1. 경력을 확인할 수 있는 자료
2. 교육훈련 이수증명서(해당자에 한정한다)
3. 전기공사 기술자, 전력기술인, 정보통신기술자 경력수첩 또는 건설기술경력증 사본(해당자에 한정한다)
4. 국가기술자격증 사본(해당자에 한정한다)
5. 이 법에 따른 철도차량정비경력증 사본(해당자에 한정한다)
6. 사진(3.5센티미터×4.5센티미터)

Answer 03. ㉯ 04. ㉰ 05. ㉮ 06. ㉱

07 다음 철도운행안전관리자의 자격을 부여받으려는 사람의 자격기준으로 적절한 것은?

㉮ 관제업무에 종사한 경력이 6개월 이상일 것
㉯ 관제업무에 종사한 경력이 9개월 이상일 것
㉰ 관제업무에 종사한 경력이 1년 이상일 것
㉱ 국토교통부령으로 정하는 교육훈련을 수료

|해설|

철도운행안전관리자의 자격을 부여받으려는 사람은 국토교통부장관이 인정한 교육훈련기관에서 국토교통부령으로 정하는 교육훈련을 수료하여야 한다(영 제60조 제1항).

08 다음 철도운행안전관리자가 이수하여야 할 교육시간은?

㉮ 100시간(3주)
㉯ 120시간(3주)
㉰ 150시간(3주)
㉱ 180시간(3주)

|해설|

교육시간(규칙 별표24) : 120시간(3주)
1. 직무관련 : 100시간
2. 교양교육 : 20시간

09 다음 철도운행안전관리자가 받아야 할 교육내용이 아닌 것은?

㉮ 열차운행의 통제와 조정
㉯ 안전관리 일반
㉰ 관계법령
㉱ 실무수습

|해설|

철도운행안전관리자의 교육내용(규칙 별표24)
1. 열차운행의 통제와 조정
2. 안전관리 일반
3. 관계법령
4. 비상 시 조치 등

10 다음 철도운행안전관리자에 대한 교육시기는?

㉮ 철도운행안전관리자로 인정받으려는 경우
㉯ 철도안전전문 초급기술자로 인정받으려는 경우
㉰ 철도안전전문 중급기술자로 인정받으려는 경우
㉱ 철도안전전문 고급기술자로 인정받으려는 경우

|해설|

교육시기(규칙 별표24) : 철도운행안전관리자로 인정받으려는 경우

11 다음 철도안전 전문 기술자(초급)가 받아야 할 교육시간은?

㉮ 100시간(3주) ㉯ 120시간(3주)
㉰ 150시간(3주) ㉱ 180시간(3주)

|해설|

교육시간(규칙 별표24) : 120시간(3주)
1. 직무관련 : 100시간
2. 교양교육 : 20시간

12 다음 철도안전 전문인력의 자격부여 절차 등에 관한 설명으로 틀린 것은?

㉮ 자격을 부여받으려는 사람은 국토교통부령으로 정하는 바에 따라 철도안전기술위원회에 자격부여 신청을 하여야 한다.
㉯ 국토교통부장관은 자격부여 신청을 한 사람이 해당 자격기준에 적합한 경우에는 전문인력의 구분에 따라 자격증명서를 발급하여야 한다.
㉰ 국토교통부장관은 자격부여 신청을 한 사람이 해당 자격기준에 적합한지를 확인하기 위하여 그가 소속된 기관이나 업체 등에 관계 자료 제출을 요청할 수 있다.
㉱ 국토교통부장관은 철도안전 전문인력의 자격부여에 관한 자료를 유지·관리하여야 한다.

|해설|

자격을 부여받으려는 사람은 국토교통부령으로 정하는 바에 따라 국토교통부장관에게 자격부여 신청을 하여야 한다(영 제60조의2 제1항).

Answer 07. ㉱ 08. ㉯ 09. ㉱ 10. ㉮ 11. ㉯ 12. ㉮

13 다음 철도안전 전문인력 자격부여 절차의 세부사항에 관한 내용으로 바르지 않은 것은?

㉮ 철도안전 전문인력의 자격을 부여받으려는 자는 철도안전 전문인력 자격부여(증명서 재발급) 신청서에 관련 서류를 첨부하여 지정받은 안전전문기관에 제출하여야 한다.

㉯ 국토교통부장관은 신청인이 자격기준에 적합한 경우에는 철도안전 전문인력 자격증명서를 신청인에게 발급하여야 한다.

㉰ 철도안전 전문인력 자격증명서를 발급받은 사람이 철도안전 전문인력 자격증명서를 잃어버렸거나 헐어 못 쓰게 된 때에는 안전전문기관에 철도안전 전문인력 자격증명서의 재발급을 신청하고, 안전전문기관은 자격부여 사실을 확인한 후 철도안전 전문인력 자격증명서 신청인에게 재발급하여야 한다.

㉱ 안전전문기관은 해당 분야 자격 취득자의 자격증명서 발급 등에 관한 자료를 유지·관리하여야 한다.

|해설|

안전전문기관은 신청인이 자격기준에 적합한 경우에는 철도안전 전문인력 자격증명서를 신청인에게 발급하여야 한다(규칙 제92조 제2항).

14 다음 안전전문기관 지정기준에 관한 설명으로 틀린 것은?

㉮ 국토교통부장관은 철도안전에 관한 전문기관(안전전문기관)을 지정하여 철도안전 전문인력의 양성 및 자격관리 등의 업무를 수행하게 할 수 있다.

㉯ 안전전문기관의 지정기준, 지정절차 등에 관하여 필요한 사항은 국토교통부장관이 정하여 고시한다.

㉰ 국토교통부장관은 필요하다고 인정하는 경우에는 국토교통부령으로 정하는 바에 따라 분야별로 구분하여 안전전문기관을 지정할 수 있다.

㉱ 안전전문기관의 세부 지정기준은 국토교통부령으로 정한다.

|해설|

안전전문기관의 지정기준, 지정절차 등에 관하여 필요한 사항은 대통령령으로 정한다(법 제69조 제6항).

15 다음 철도안전 전문 기술자(초급)가 받아야 할 교육내용이 아닌 것은?

㉮ 기초전문 직무교육　㉯ 안전관리 일반
㉰ 실무실습　㉱ 열차운행의 통제와 조정

|해설|

철도안전 전문 기술자(초급)의 교육내용(규칙 별표24)
1. 기초전문 직무교육
2. 안전관리 일반
3. 관계법령
4. 실무실습

16 다음 안전전문기관의 지정기준으로 바르지 않은 것은?

㉮ 업무수행에 필요한 상설 전담조직을 갖출 것
㉯ 분야별 교육훈련을 수행할 수 있는 전문인력을 확보할 것
㉰ 안전전문기관을 운영할 수 있는 자본력을 갖출 것
㉱ 안전전문기관 운영 등에 관한 업무규정을 갖출 것

|해설|

안전전문기관의 지정기준(영 제60조의3 제2항)
1. 업무수행에 필요한 상설 전담조직을 갖출 것
2. 분야별 교육훈련을 수행할 수 있는 전문인력을 확보할 것
3. 교육훈련 시행에 필요한 사무실 · 교육시설과 필요한 장비를 갖출 것
4. 안전전문기관 운영 등에 관한 업무규정을 갖출 것

17 다음 지정받을 수 있는 분야별 전문기관이 아닌 분야는?

㉮ 철도승무 분야　㉯ 철도운행안전 분야
㉰ 전기철도 분야　㉱ 철도궤도 분야

|해설|

국토교통부장관은 다음의 분야별로 구분하여 전문기관을 지정할 수 있다(규칙 제92조의2).
1. 철도운행안전 분야
2. 전기철도 분야
3. 철도신호 분야
4. 철도궤도 분야
5. 철도차량 분야

Answer 13. ㉯ 14. ㉯ 15. ㉱ 16. ㉰ 17. ㉮

18 다음 안전전문기관으로 지정받을 수 있는 기관이나 단체가 아닌 것은?

㉮ 철도안전과 관련된 업무를 수행하는 조합

㉯ 철도안전과 관련된 업무를 수행하는 학회

㉰ 철도안전과 관련된 업무를 수행하는 단체

㉱ 철도안전과 관련된 업무를 수행하는 「민법」 제32조에 따라 국토교통부장관의 허가를 받아 설립된 비영리법인

|해설|

안전전문기관으로 지정받을 수 있는 기관이나 단체는 다음의 어느 하나와 같다(영 제60조의3 제1항).

1. 철도안전과 관련된 업무를 수행하는 학회 · 기관이나 단체
2. 철도안전과 관련된 업무를 수행하는 「민법」 제32조에 따라 국토교통부장관의 허가를 받아 설립된 비영리법인

19 다음 안전전문기관의 변경사항, 보고 및 검사에 관한 내용으로 틀린 것은?

㉮ 안전전문기관은 그 명칭 · 소재지나 그 밖에 안전전문기관의 업무수행에 중대한 영향을 미치는 사항의 변경이 있는 경우에는 해당 사유가 발생한 날부터 15일 이내에 국토교통부장관에게 그 사실을 알려야 한다.

㉯ 국토교통부장관은 통지를 받은 경우에는 그 사실을 관보에 고시하여야 한다.

㉰ 국토교통부장관 또는 관계 지방자치단체의 장은 보고 또는 자료의 제출을 명할 때에는 즉시 제출하도록 하여야 한다.

㉱ 국토교통부장관은 검사 등의 업무를 효율적으로 수행하기 위하여 특히 필요하다고 인정하는 경우에는 철도안전에 관한 전문가를 위촉하여 검사 등의 업무에 관하여 자문에 응하게 할 수 있다.

|해설|

국토교통부장관 또는 관계 지방자치단체의 장은 보고 또는 자료의 제출을 명할 때에는 7일 이상의 기간을 주어야 한다. 다만, 공무원이 철도사고 등이 발생한 현장에 출동하는 등 긴급한 상황인 경우에는 그러하지 아니하다(영 제61조 제1항).

20 안전전문기관이 명칭 · 소재지가 변경이 있는 해당 사유가 발생한 날부터 며칠 이내에 국토교통부장관에게 그 사실을 알려야 하는가?

㉮ 해당 사유가 발생한 날부터 7일 이내
㉯ 해당 사유가 발생한 날부터 15일 이내
㉰ 해당 사유가 발생한 날부터 20일 이내
㉱ 해당 사유가 발생한 날부터 30일 이내

|해설|
안전전문기관은 그 명칭 · 소재지나 그 밖에 안전전문기관의 업무수행에 중대한 영향을 미치는 사항의 변경이 있는 경우에는 해당 사유가 발생한 날부터 15일 이내에 국토교통부장관에게 그 사실을 알려야 한다(영 제60조의5 제1항).

21 다음 안전전문기관 지정절차 등에 관한 내용으로 바르지 않은 것은?

㉮ 안전전문기관으로 지정을 받으려는 자는 국토교통부령으로 정하는 바에 따라 철도안전 전문기관 지정신청서를 제출하여야 한다.
㉯ 국토교통부장관은 안전전문기관의 지정 신청을 받은 경우에는 철도안전기술위원회의 심사를 거쳐 지정 여부를 결정하여야 한다.
㉰ 국토교통부장관은 안전전문기관을 지정하였을 경우에는 국토교통부령으로 정하는 바에 따라 철도안전 전문기관 지정서를 발급하고 그 사실을 관보에 고시하여야 한다.
㉱ 안전전문기관으로 지정받으려는 자는 철도안전 전문기관 지정신청서(전자문서를 포함한다)에 관련 서류를 첨부하여 국토교통부장관에게 제출하여야 한다.

|해설|
국토교통부장관은 안전전문기관의 지정 신청을 받은 경우에는 지정기준에 관한 사항 등을 종합적으로 심사한 후 지정 여부를 결정하여야 한다(영 제60조의4 제2항).

Answer 18. ㉮ 19. ㉰ 20. ㉯ 21. ㉯

22 국토교통부장관이 안전전문기관의 지정 신청을 받은 경우에 종합적으로 심사할 사항이 아닌 것은?

㉮ 지정기준에 관한 사항

㉯ 안전전문기관의 운영계획

㉰ 철도안전 전문인력 등의 수급에 관한 사항

㉱ 여객열차의 수요에 관한 사항

|해설|

국토교통부장관은 안전전문기관의 지정 신청을 받은 경우에는 다음의 사항을 종합적으로 심사한 후 지정 여부를 결정하여야 한다(영 제60조의4 제2항).

1. 지정기준에 관한 사항
2. 안전전문기관의 운영계획
3. 철도안전 전문인력 등의 수급에 관한 사항
4. 그 밖에 국토교통부장관이 필요하다고 인정하는 사항

23 안전전문기관으로 지정받으려는 자가 철도안전 전문기관 지정신청서(전자문서를 포함한다)에 첨부하여야 할 서류가 아닌 것은?

㉮ 법인 등록증

㉯ 안전전문기관 운영 등에 관한 업무규정

㉰ 교육훈련, 철도시설 및 철도차량의 점검 등 안전업무를 수행하는 사람의 자격·학력·경력 등을 증명할 수 있는 서류

㉱ 교육훈련, 철도시설 및 철도차량의 점검에 필요한 강의실 등 시설·장비 등 내역서

|해설|

안전전문기관으로 지정받으려는 자는 철도안전 전문기관 지정신청서(전자문서를 포함한다)에 다음의 서류를 첨부하여 국토교통부장관에게 제출하여야 한다(규칙 제92조의4 제1항).

1. 안전전문기관 운영 등에 관한 업무규정
2. 교육훈련이 포함된 운영계획서(교육훈련평가계획을 포함한다)
3. 정관이나 이에 준하는 약정(법인 그 밖의 단체의 경우만 해당한다)
4. 교육훈련, 철도시설 및 철도차량의 점검 등 안전업무를 수행하는 사람의 자격·학력·경력 등을 증명할 수 있는 서류
5. 교육훈련, 철도시설 및 철도차량의 점검에 필요한 강의실 등 시설·장비 등 내역서
6. 안전전문기관에서 사용하는 직인의 인영

24 거짓이나 그 밖의 부정한 방법으로 안전전문기관의 지정을 받은 경우 1차 위반 시 처분기준은?

㉮ 경고 ㉯ 업무정지 1개월
㉰ 업무정지 3개월 ㉱ 지정취소

|해설|
거짓이나 그 밖의 부정한 방법으로 지정을 받은 경우(규칙 별표26) : 지정취소

25 안전전문기관이 정당한 사유 없이 안전교육훈련업무를 거부한 경우 1차 위반 시 처분기준은?

㉮ 경고 ㉯ 업무정지 1개월
㉰ 업무정지 3개월 ㉱ 지정취소

|해설|
정당한 사유 없이 안전교육훈련업무를 거부한 경우(규칙 별표26)
1. 1차 위반 : 경고
2. 2차 위반 : 업무정지 1개월
3. 3차 위반 : 업무정지 3개월
4. 4차 위반 : 지정취소

26 철도안전 전문인력의 정기교육 주기는?

㉮ 1년 ㉯ 2년
㉰ 3년 ㉱ 5년

|해설|
정기교육의 주기(규칙 별표28) : 3년

27 철도안전 전문인력의 정기교육 시간은?

㉮ 10시간 이상 ㉯ 15시간 이상
㉰ 20시간 이상 ㉱ 30시간 이상

|해설|
정기교육 시간(규칙 별표28) : 15시간 이상

Answer 22. ㉱ 23. ㉮ 24. ㉱ 25. ㉮ 26. ㉰ 27. ㉯

28 철도안전 전문인력의 정기교육에 관한 내용으로 틀린 것은?

㉮ 철도안전 전문인력의 정기교육은 한국교통안전공단에서 실시한다.
㉯ 정기교육의 주기는 3년이다.
㉰ 직무전문교육은 강의와 토의로 이루어진다.
㉱ 철도안전 전문인력의 정기교육에 필요한 세부사항은 국토교통부장관이 정하여 고시한다.

|해설|
철도안전 전문인력의 정기교육은 안전전문기관에서 실시한다(규칙 제92조의7 제2항).

29 철도운행안전관리자 자격의 효력정지 기간 중 철도운행안전관리자 업무를 수행한 경우 1차 위반에 대한 처분은?

㉮ 경고
㉯ 자격취소
㉰ 효력정지 1개월
㉱ 효력정지 3개월

|해설|
철도운행안전관리자 자격의 효력정지 기간 중 철도운행안전관리자 업무를 수행한 경우 1차 위반에 대한 처분(규칙 별표29) : 자격취소

30 철도차량의 운행선로 또는 그 인근에서 철도시설의 건설 또는 관리와 관련한 작업을 시행할 경우 철도운행안전관리자를 배치하여야 하는 자는?

㉮ 국토교통부장관
㉯ 철도운영자등
㉰ 소유자등
㉱ 한국교통안전공단

|해설|
철도운영자등은 철도차량의 운행선로 또는 그 인근에서 철도시설의 건설 또는 관리와 관련한 작업을 시행할 경우 철도운행안전관리자를 배치하여야 한다. 다만, 철도운영자 등이 자체적으로 작업 또는 공사 등을 시행하는 경우 등 대통령령으로 정하는 경우에는 그러하지 아니하다(법 제69조의2 제1항).

31 다음 설명 중 바르지 않은 것은?

㉮ 국토교통부장관은 안전전문기관의 지정을 취소하거나 업무정지의 처분을 한 경우에는 지체 없이 그 안전전문기관에 지정기관 행정처분서를 통지하고 그 사실을 관보에 고시하여야 한다.

㉯ 철도운영자등은 철도차량의 운행선로 또는 그 인근에서 철도시설의 건설 또는 관리와 관련한 작업을 시행할 경우 철도운행안전관리자를 배치하여야 한다.

㉰ 철도운영자등이 자체적으로 작업 또는 공사 등을 시행하는 경우 등 대통령령으로 정하는 경우에는 철도운행안전관리자를 배치하지 아니 할 수 있다.

㉱ 철도운행안전관리자의 배치기준, 방법 등에 관하여 필요한 사항은 안전전문기관이 정한다.

|해설|

철도운행안전관리자의 배치기준, 방법 등에 관하여 필요한 사항은 국토교통부령으로 정한다(법 제69조의2 제2항).

32 다음 철도안전 전문인력의 정기교육 등에 관한 내용으로 틀린 것은?

㉮ 철도안전 전문인력의 분야별 자격을 부여받은 사람은 직무 수행의 적정성 등을 유지할 수 있도록 정기교육과 수시교육을 받아야 한다.

㉯ 철도운영자등은 정기교육을 받지 아니한 사람을 관련 업무에 종사하게 하여서는 아니 된다.

㉰ 철도안전 전문인력에 대한 정기교육의 주기, 교육 내용, 교육 절차 등에 관하여 필요한 사항은 국토교통부령으로 정한다.

㉱ 철도운행안전관리자의 배치기준, 방법 등에 관하여 필요한 사항은 국토교통부령으로 정한다.

|해설|

철도안전 전문인력의 분야별 자격을 부여받은 사람은 직무 수행의 적정성 등을 유지할 수 있도록 정기적으로 교육을 받아야 한다(법 제69조의3 제1항).

Answer 28. ㉮ 29. ㉯ 30. ㉯ 31. ㉱ 32. ㉮

33 국토교통부장관이 철도운행안전관리자에 대하여 자격정지를 시킬 수 있는 기간은?

㉮ 6개월 이내　　㉯ 1년 이내
㉰ 2년 이내　　㉱ 3년 이내

|해설|

국토교통부장관은 철도운행안전관리자가 취소 및 정지사유에 해당할 때에는 철도운행안전관리자 자격을 취소하거나 1년 이내의 기간을 정하여 철도운행안전관리자 자격을 정지시킬 수 있다(법 제69조의4 제1항).

34 국토교통부장관이 철도운행안전관리자에 대하여 자격취소 및 자격정지 시킬 수 있는 사유가 아닌 것은?

㉮ 거짓이나 그 밖의 부정한 방법으로 철도운행안전관리자 자격을 받았을 때
㉯ 철도운행안전관리자 자격을 다른 사람에게 빌려주었을 때
㉰ 술을 마시거나 약물을 사용한 상태에서 철도운행안전관리자 업무를 하였을 때
㉱ 철도운행안전관리자가 업무를 태만히 하였을 때

|해설|

철도안전전문인력 분야별 자격의 취소·정지
국토교통부장관은 철도운행안전관리자가 다음의 어느 하나에 해당할 때에는 철도운행안전관리자 자격을 취소하거나 1년 이내의 기간을 정하여 철도운행안전관리자 자격을 정지시킬 수 있다. 다만, 1.부터 3.까지의 규정에 해당할 때에는 철도운행안전관리자 자격을 취소하여야 한다(법 제69조의5 제1항).

1. 거짓이나 그 밖의 부정한 방법으로 철도운행안전관리자 자격을 받았을 때
2. 철도운행안전관리자 자격의 효력정지기간 중에 철도운행안전관리자 업무를 수행하였을 때
3. 철도운행안전관리자 자격을 다른 사람에게 빌려주었을 때
4. 철도운행안전관리자의 업무 수행 중 고의 또는 중과실로 인한 철도사고가 일어났을 때
5. 술을 마시거나 약물을 사용한 상태에서 철도운행안전관리자 업무를 하였을 때
6. 술을 마시거나 약물을 사용한 상태에서 업무를 하였다고 인정할 만한 상당한 이유가 있음에도 불구하고 국토교통부장관 또는 시·도지사의 확인 또는 검사를 거부하였을 때

35 철도안전에 관한 지식의 보급과 철도안전의식을 고취하기 위하여 필요한 시책을 마련하여 추진하여야 하는 자는?

㉮ 철도안전기관　　㉯ 한국교통안전공단
㉰ 국토교통부장관　　㉱ 철도운영자등

|해설|
국토교통부장관은 철도안전에 관한 지식의 보급과 철도안전의식을 고취하기 위하여 필요한 시책을 마련하여 추진하여야 한다(법 제70조).

36 국토교통부장관이 철도안전시책을 효율적으로 추진하기 위하여 철도안전에 관한 정보를 제공할 수 있는 기관이나 단체가 아닌 것은?

㉮ 운전적성검사기관　　㉯ 한국교통안전공단
㉰ 관제교육훈련기관　　㉱ 철도운영자등

|해설|
국토교통부장관은 이 법에 따른 철도안전시책을 효율적으로 추진하기 위하여 철도안전에 관한 정보를 종합관리하고, 관계 지방자치단체의 장 또는 철도운영자등, 운전적성검사기관, 관제적성검사기관, 운전교육훈련기관, 관제교육훈련기관, 인증기관, 시험기관, 안전전문기관 및 업무를 위탁받은 기관 또는 단체(철도관계기관 등)에 그 정보를 제공할 수 있다(법 제71조 제1항).

37 국토교통부장관이 정보의 종합관리를 위하여 필요한 자료의 제출을 요청할 수 있는 곳은?

㉮ 관계 지방자치단체의 장
㉯ 철도운영자등
㉰ 한국교통안전공단
㉱ 안전전문기관 및 업무를 위탁받은 기관

|해설|
국토교통부장관은 정보의 종합관리를 위하여 관계 지방자치단체의 장 또는 철도관계기관 등에 필요한 자료의 제출을 요청할 수 있다. 이 경우 요청을 받은 자는 특별한 이유가 없으면 요청에 응하여야 한다(법 제71조 제2항).

Answer 33. ㉯ 34. ㉱ 35. ㉰ 36. ㉯ 37. ㉮

38 정부가 보조 등 재정적 지원을 할 수 있는 기관 또는 단체가 아닌 곳은?

㉮ 운전적성검사기관, 관제적성검사기관 또는 정밀안전진단기관

㉯ 운전교육훈련기관, 관제교육훈련기관 또는 정비교육훈련기관

㉰ 철도운영자등, 소유자등, 한국교통안전공단

㉱ 업무를 위탁받은 기관 또는 단체

|해설|

정부는 다음의 기관 또는 단체에 보조 등 재정적 지원을 할 수 있다(법 제72조).

1. 운전적성검사기관, 관제적성검사기관 또는 정밀안전진단기관
2. 운전교육훈련기관, 관제교육훈련기관 또는 정비교육훈련기관
3. 인증기관, 시험기관, 안전전문기관 및 철도안전에 관한 단체
4. 업무를 위탁받은 기관 또는 단체

39 철도의 안전을 위하여 철도횡단교량의 개축 또는 개량에 필요한 비용의 일부를 지원할 수 있는 자는?

㉮ 국토교통부장관 ㉯ 국가

㉰ 관할 지방자치단체의 장 ㉱ 한국교통안전공단

|해설|

국가는 철도의 안전을 위하여 철도횡단교량의 개축 또는 개량에 필요한 비용의 일부를 지원할 수 있다(법 제72조의2 제1항).

Answer 38. ㉰ 39. ㉯

제8장 보 칙

1. 보고 및 검사

(1) 보고 및 자료제출 명령

국토교통부장관이나 관계 지방자치단체는 다음의 어느 하나에 해당하는 경우 대통령령으로 정하는 바에 따라 철도관계기관등에 대하여 필요한 사항을 보고하게 하거나 자료의 제출을 명할 수 있다(법 제73조 제1항).

① 철도안전 종합계획 또는 시행계획의 수립 또는 추진을 위하여 필요한 경우
② 철도안전투자의 공시가 적정한지를 확인하려는 경우
③ 점검·확인을 위하여 필요한 경우
④ 안전관리 수준평가를 위하여 필요한 경우
⑤ 운전적성검사기관, 관제적성검사기관, 운전교육훈련기관, 관제교육훈련기관, 안전전문기관, 정비교육훈련기관, 정밀안전진단기관, 인증기관 또는 시험기관의 업무 수행 또는 지정기준 부합 여부에 대한 확인이 필요한 경우
⑥ 철도운영자등의 철도종사자 관리의무 준수 여부에 대한 확인이 필요한 경우
⑦ 조치의무 준수 여부를 확인하려는 경우
⑧ 검토를 위하여 필요한 경우
⑨ 준수사항 이행 여부를 확인하려는 경우
⑩ 철도운영자가 열차운행을 일시 중지한 경우로서 그 결정 근거 등의 적정성에 대한 확인이 필요한 경우
⑪ 철도운영자의 안전조치 등이 적정한지에 대한 확인이 필요한 경우
⑫ 보고와 관련하여 사실 확인 등이 필요한 경우
⑬ 시책을 마련하기 위하여 필요한 경우
⑭ 비용의 지원을 결정하기 위하여 필요한 경우

(2) 질문 및 서류검사

국토교통부장관이나 관계 지방자치단체는 (1)의 어느 하나에 해당하는 경우 소속 공무원으로 하여금 철도관계기관 등의 사무소 또는 사업장에 출입하여 관계인에게 질문하게 하거나 서류를 검사하게 할 수 있다(법 제73조 제2항).

(3) 증표제시

출입·검사를 하는 공무원은 국토교통부령으로 정하는 바에 따라 그 권한을 표시하는 증표를 지니고 이를 관계인에게 보여주어야 한다(법 제73조 제3항).

(4) 증표에 관하여 필요한 사항

증표에 관하여 필요한 사항은 국토교통부령으로 정한다(법 제73조 제4항).

2. 수수료

(1) 수수료 납부

이 법에 따른 교육훈련, 면허, 검사, 진단, 성능인증 및 성능시험 등을 신청하는 자는 국토교통부령으로 정하는 수수료를 내야 한다. 다만, 이 법에 따라 국토교통부장관의 지정을 받은 운전적성검사기관, 관제적성검사기관, 운전교육훈련기관, 관제교육훈련기관, 정비교육훈련기관, 정밀안전진단기관, 인증기관, 시험기관 및 안전전문기관(대행기관) 또는 업무를 위탁받은 기관(수탁기관)의 경우에는 대행기관 또는 수탁기관이 정하는 수수료를 대행기관 또는 수탁기관에 내야 한다(법 제74조 제1항).

(2) 국토교통부장관 승인

수수료를 정하려는 대행기관 또는 수탁기관은 그 기준을 정하여 국토교통부장관의 승인을 받아야 한다. 승인받은 사항을 변경하려는 경우에도 또한 같다(법 제74조 제2항).

(3) 수수료의 결정절차

① 대행기관 또는 수탁기관이 수수료에 대한 기준을 정하려는 경우에는 해당 기관의 인터넷 홈페이지에 20일간 그 내용을 게시하여 이해관계인의 의견을 수렴하여야 한다. 다만, 긴급하다고 인정하는 경우에는 인터넷 홈페이지에 그 사유를 소명하고 10일간 게시할 수 있다(규칙 제94조 제1항).

② 대행기관 또는 수탁기관이 수수료에 대한 기준을 정하여 국토교통부장관의 승인을 얻은 경우에는 해당 기관의 인터넷 홈페이지에 그 수수료 및 산정내용을 공개하여야 한다(규칙 제94조 제2항).

3. 청 문

국토교통부장관은 다음의 어느 하나에 해당하는 처분을 하는 경우에는 청문을 하여야 한다(법 제75조).

① 안전관리체계의 승인 취소
② 운전적성검사기관의 지정취소
③ 운전면허의 취소 및 효력정지
④ 관제자격증명의 취소 또는 효력정지
⑤ 철도차량정비기술자의 인정 취소
⑥ 형식승인의 취소
⑦ 제작자승인의 취소
⑧ 인증정비조직의 인증 취소
⑨ 정밀안전진단기관의 지정 취소
⑩ 시험기관의 지정 취소
⑪ 철도운행안전관리자의 자격 취소
⑫ 철도안전전문기술자의 자격 취소

4. 벌칙 적용에서 공무원 의제

다음의 어느 하나에 해당하는 사람은 「형법」 제129조(수뢰, 사전수뢰)부터 제132조(알선수뢰)까지의 규정을 적용할 때에는 공무원으로 본다(법 제76조).

① 운전적성검사 업무에 종사하는 운전적성검사기관의 임직원 또는 관제적성검사 업무에 종사하는 관제적성검사기관의 임직원
② 운전교육훈련 업무에 종사하는 운전교육훈련기관의 임직원 또는 관제교육훈련 업무에 종사하는 관제교육훈련기관의 임직원
③ 정비교육훈련 업무에 종사하는 정비교육훈련기관의 임직원
④ 정밀안전진단 업무에 종사하는 정밀안전진단기관의 임직원
⑤ 성능시험 업무에 종사하는 시험기관의 임직원 및 성능인증·점검 업무에 종사하는 인증기관의 임직원
⑥ 철도안전 전문인력의 양성 및 자격관리 업무에 종사하는 안전전문기관의 임직원
⑦ 위탁업무에 종사하는 철도안전 관련 기관 또는 단체의 임직원

5. 권한의 위임·위탁

(1) 소속 기관의 장 또는 시·도지사에게 위임

국토교통부장관은 이 법에 따른 권한의 일부를 대통령령으로 정하는 바에 따라 소속 기

관의 장 또는 시·도지사에게 위임할 수 있다(법 제77조 제1항).

(2) 권한의 위임

① 국토교통부장관은 해당 특별시·광역시·특별자치시·도 또는 특별자치도의 소관 도시철도(도시철도 또는 도시철도건설사업 또는 도시철도운송사업을 위탁받은 법인이 건설·운영하는 도시철도를 말한다)에 대한 다음의 권한을 해당 시·도지사에게 위임한다(영 제62조 제1항).

㉠ 이동·출발 등의 명령과 운행기준 등의 지시, 조언·정보의 제공 및 안전조치 업무

㉡ 과태료의 부과·징수

② 국토교통부장관은 다음의 권한을 철도특별사법경찰대장에게 위임한다(영 제62조 제2항).

㉠ 술을 마셨거나 약물을 사용하였는지에 대한 확인 또는 검사

㉡ 철도보안정보체계의 구축·운영

㉢ 과태료의 부과·징수

(3) 철도안전 관련 기관 또는 단체에 위탁

국토교통부장관은 이 법에 따른 업무의 일부를 대통령령으로 정하는 바에 따라 철도안전 관련 기관 또는 단체에 위탁할 수 있다(법 제77조 제2항).

(4) 업무의 위탁

① 국토교통부장관은 다음의 업무를 한국교통안전공단에 위탁한다(영 제63조 제1항).

- 안전관리기준에 대한 적합 여부 검사
- 기술기준의 제정 또는 개정을 위한 연구·개발
- 안전관리체계에 대한 정기검사 또는 수시검사
- 철도운영자등에 대한 안전관리 수준평가
- 운전면허시험의 실시
- 운전면허증 또는 관제자격증명서의 발급과 운전면허증 또는 관제자격증명서의 재발급이나 기재사항의 변경
- 운전면허증 또는 관제자격증명서의 갱신 발급과 운전면허 또는 관제자격증명 갱신에 관한 내용 통지
- 운전면허증 또는 관제자격증명서의 반납의 수령 및 보관
- 운전면허 또는 관제자격증명의 발급·갱신·취소 등에 관한 자료의 유지·관리
- 관제자격증명시험의 실시

- 철도차량정비기술자의 인정 및 철도차량정비경력증의 발급・관리
- 철도차량정비기술자 인정의 취소 및 정지에 관한 사항
- 종합시험운행 결과의 검토
- 철도차량의 이력관리에 관한 사항
- 철도차량 정비조직의 인증 및 변경인증의 적합 여부에 관한 확인
- 정비조직운영기준의 작성
- 철도안전에 관한 지식 보급과 철도안전에 관한 정보의 종합관리를 위한 정보체계 구축 및 관리
- 철도차량정비기술자의 인정 취소에 관한 청문

② 국토교통부장관은 다음의 업무를 한국철도기술연구원에 위탁한다(영 제63조 제2항).

㉠ 기술기준의 제정 또는 개정을 위한 연구・개발

㉡ 정기검사 또는 수시검사

㉢ 철도차량・철도용품 표준규격의 제정・개정 등에 관한 업무 중 다음의 업무

ⓐ 표준규격의 제정・개정・폐지에 관한 신청의 접수

ⓑ 표준규격의 제정・개정・폐지 및 확인 대상의 검토

ⓒ 표준규격의 제정・개정・폐지 및 확인에 대한 처리결과 통보

ⓓ 표준규격서의 작성

ⓔ 표준규격서의 기록 및 보관

㉣ 철도차량 개조승인검사

③ 국토교통부장관은 철도보호지구 관리에 관한 다음의 업무를 국가철도공단에 위탁한다(영 제63조 제3항).

㉠ 철도보호지구에서의 행위의 신고 수리, 같은 조 제2항에 따른 노면전차 철도보호지구의 바깥쪽 경계선으로부터 20미터 이내의 지역에서의 행위의 신고 수리 및 같은 조 제3항에 따른 행위 금지・제한이나 필요한 조치명령

㉡ 손실보상과 손실보상에 관한 협의

④ 국토교통부장관은 다음의 업무를 국토교통부장관이 지정하여 고시하는 철도안전에 관한 전문기관이나 단체에 위탁한다(영 제63조 제4항).

㉠ 자격부여 등에 관한 업무 중 자격부여신청 접수, 자격증명서 발급, 관계 자료 제출 요청 및 자격부여에 관한 자료의 유지・관리 업무

6. 민감정보 및 고유식별정보의 처리

국토교통부장관(국토교통부장관의 권한을 위탁받은 자를 포함한다), 의료기관과 운전적

성검사기관, 운전교육훈련기관, 관제적성검사기관 및 관제교육훈련기관은 다음의 사무를 수행하기 위하여 불가피한 경우 건강에 관한 정보나 따른 주민등록번호 또는 여권번호가 포함된 자료를 처리할 수 있다(영 제63조의2).

① 운전면허의 신체검사에 관한 사무
② 운전적성검사에 관한 사무
③ 운전교육훈련에 관한 사무
④ 운전면허시험에 관한 사무
⑤ 관제자격증명의 신체검사에 관한 사무
⑥ 관제적성검사에 관한 사무
⑦ 관제교육훈련에 관한 사무
⑧ 관제자격증명시험에 관한 사무
⑨ 철도차량정비기술자의 인정에 관한 사무
⑩ ①부터 ⑨까지의 규정에 따른 사무를 수행하기 위하여 필요한 사무

7. 규제의 재검토

(1) 3년마다 재검토

국토교통부장관은 다음의 사항에 대하여 다음의 기준일을 기준으로 3년마다(매 3년이 되는 해의 기준일과 같은 날 전까지를 말한다) 그 타당성을 검토하여 개선 등의 조치를 하여야 한다(영 제63조의3).

① 탁송 및 운송 금지 위험물 등 : 2017년 1월 1일
② 철도안전 전문인력의 자격기준 : 2017년 1월 1일

(2) 규제의 재검토

국토교통부장관은 다음의 사항에 대하여 2020년 1월 1일을 기준으로 3년마다(매 3년이 되는 해의 1월 1일 전까지를 말한다) 그 타당성을 검토하여 개선 등의 조치를 하여야 한다(규칙 제96조).

① 신체검사 방법 · 절차 · 합격기준 등
② 적성검사 방법 · 절차 및 합격기준 등
③ 위해물품의 종류 등
④ 안전전문기관의 세부 지정기준 등

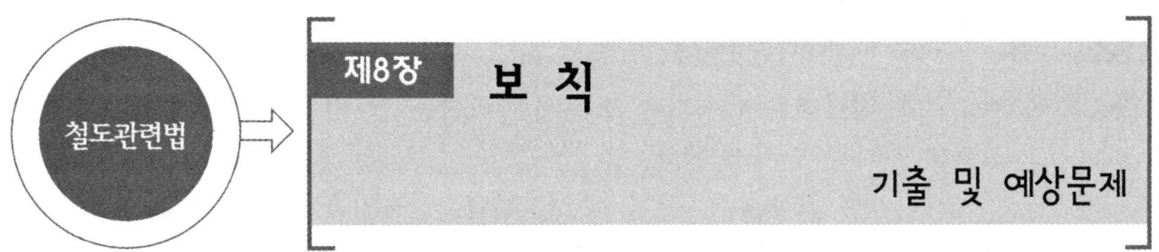

01 국토교통부장관이나 관계 지방자치단체가 철도관계기관등에 대하여 필요한 사항을 보고하게 하거나 자료의 제출을 명할 수 있는 경우가 아닌 것은?

㉮ 철도안전 종합계획 또는 시행계획의 수립 또는 추진을 위하여 필요한 경우

㉯ 철도관련인력의 증원을 위하여 필요한 경우

㉰ 철도안전투자의 공시가 적정한지를 확인하려는 경우

㉱ 안전관리 수준평가를 위하여 필요한 경우

|해설|

국토교통부장관이나 관계 지방자치단체는 다음의 어느 하나에 해당하는 경우 대통령령으로 정하는 바에 따라 철도관계기관등에 대하여 필요한 사항을 보고하게 하거나 자료의 제출을 명할 수 있다(법 제73조 제1항).

1. 철도안전 종합계획 또는 시행계획의 수립 또는 추진을 위하여 필요한 경우
2. 철도안전투자의 공시가 적정한지를 확인하려는 경우
3. 점검 · 확인을 위하여 필요한 경우
4. 안전관리 수준평가를 위하여 필요한 경우
5. 운전적성검사기관, 관제적성검사기관, 운전교육훈련기관, 관제교육훈련기관, 안전전문기관, 정비교육훈련기관, 정밀안전진단기관, 인증기관 또는 시험기관의 업무 수행 또는 지정기준 부합 여부에 대한 확인이 필요한 경우
6. 철도운영자등의 철도종사자 관리의무 준수 여부에 대한 확인이 필요한 경우
7. 조치의무 준수 여부를 확인하려는 경우
8. 검토를 위하여 필요한 경우
9. 준수사항 이행 여부를 확인하려는 경우
10. 철도운영자가 열차운행을 일시 중지한 경우로서 그 결정 근거 등의 적정성에 대한 확인이 필요한 경우
11. 철도운영자의 안전조치 등이 적정한지에 대한 확인이 필요한 경우
12. 보고와 관련하여 사실 확인 등이 필요한 경우
13. 시책을 마련하기 위하여 필요한 경우
14. 비용의 지원을 결정하기 위하여 필요한 경우

Answer 01. ㉯

02 다음 수수료에 관한 설명으로 바르지 않은 것은?

㉮ 수수료를 정하려는 대행기관 또는 수탁기관은 그 기준을 정하여 국토교통부장관의 허가를 받아야 한다.

㉯ 이 법에 따른 교육훈련, 면허, 검사, 진단, 성능인증 및 성능시험 등을 신청하는 자는 국토교통부령으로 정하는 수수료를 내야 한다.

㉰ 대행기관 또는 수탁기관이 수수료에 대한 기준을 정하려는 경우에는 해당 기관의 인터넷 홈페이지에 20일간 그 내용을 게시하여 이해관계인의 의견을 수렴하여야 한다.

㉱ 대행기관 또는 수탁기관이 수수료에 대한 기준을 정하여 국토교통부장관의 승인을 얻은 경우에는 해당 기관의 인터넷 홈페이지에 그 수수료 및 산정내용을 공개하여야 한다.

|해설|

수수료를 정하려는 대행기관 또는 수탁기관은 그 기준을 정하여 국토교통부장관의 승인을 받아야 한다. 승인받은 사항을 변경하려는 경우에도 또한 같다(법 제74조 제2항).

03 국토교통부장관이 처분을 하는 경우 반드시 청문을 하여야 하는 경우에 해당하지 않는 것은?

㉮ 철도차량정비기술자의 인정 취소
㉯ 품질인증의 취소
㉰ 운전면허의 취소 및 효력정지
㉱ 정밀안전진단기관의 지정 취소

|해설|

국토교통부장관은 다음의 어느 하나에 해당하는 처분을 하는 경우에는 청문을 하여야 한다(법 제75조).

1. 안전관리체계의 승인 취소
2. 운전적성검사기관의 지정취소
3. 운전면허의 취소 및 효력정지
4. 관제자격증명의 취소 또는 효력정지
5. 철도차량정비기술자의 인정 취소
6. 형식승인의 취소
7. 제작자승인의 취소
8. 인증정비조직의 인증 취소
9. 정밀안전진단기관의 지정 취소
10. 시험기관의 지정 취소
11. 철도운행안전관리자의 자격 취소
12. 철도안전전문기술자의 자격 취소

04 다음 보고 및 검사에 관한 내용으로 틀린 것은?

㉮ 국토교통부장관이나 관계 지방자치단체는 철도안전 종합계획 또는 시행계획의 수립 또는 추진을 위하여 필요한 경우 등에 해당하는 경우 대통령령으로 정하는 바에 따라 철도관계기관 등에 대하여 필요한 사항을 보고하게 하거나 자료의 제출을 명할 수 있다.

㉯ 국토교통부장관이나 관계 지방자치단체는 보고 및 검사의 사유에 해당하는 경우 소속 공무원으로 하여금 철도관계기관 등의 사무소 또는 사업장에 출입하여 관계인에게 질문하게 하거나 서류를 검사하게 할 수 있다.

㉰ 출입·검사를 하는 공무원은 국토교통부령으로 정하는 바에 따라 그 권한을 표시하는 증표를 내주어야 한다.

㉱ 증표에 관하여 필요한 사항은 국토교통부령으로 정한다.

|해설|

출입·검사를 하는 공무원은 국토교통부령으로 정하는 바에 따라 그 권한을 표시하는 증표를 지니고 이를 관계인에게 보여주어야 한다(법 제73조 제3항).

05 대행기관 또는 수탁기관이 수수료에 대한 기준을 정하려는 경우에 해당 기관의 인터넷 홈페이지에 며칠간 그 내용을 게시하여 이해관계인의 의견을 수렴하여야 하는가?

㉮ 5일간

㉯ 7일간

㉰ 10일간

㉱ 20일간

|해설|

대행기관 또는 수탁기관이 수수료에 대한 기준을 정하려는 경우에는 해당 기관의 인터넷 홈페이지에 20일간 그 내용을 게시하여 이해관계인의 의견을 수렴하여야 한다. 다만, 긴급하다고 인정하는 경우에는 인터넷 홈페이지에 그 사유를 소명하고 10일간 게시할 수 있다(규칙 제94조 제1항).

Answer 02. ㉮ 03. ㉯ 04. ㉰ 05. ㉱

06 다음 벌칙 적용에서 공무원 의제하는 사람이 아닌 사람은?

㉮ 정비교육훈련 업무에 종사하는 정비교육훈련기관의 임직원

㉯ 위탁업무에 종사하는 철도안전 관련 기관 또는 단체의 임직원

㉰ 한국교통안전공단의 임직원

㉱ 철도안전 전문인력의 양성 및 자격관리 업무에 종사하는 안전전문기관의 임직원

|해설|

다음의 어느 하나에 해당하는 사람은 「형법」 제129조(수뢰, 사전수뢰)부터 제132조(알선수뢰)까지의 규정을 적용할 때에는 공무원으로 본다(법 제76조).

1. 운전적성검사 업무에 종사하는 운전적성검사기관의 임직원 또는 관제적성검사 업무에 종사하는 관제적성검사기관의 임직원
2. 운전교육훈련 업무에 종사하는 운전교육훈련기관의 임직원 또는 관제교육훈련 업무에 종사하는 관제교육훈련기관의 임직원
3. 정비교육훈련 업무에 종사하는 정비교육훈련기관의 임직원
4. 정밀안전진단 업무에 종사하는 정밀안전진단기관의 임직원
5. 성능시험 업무에 종사하는 시험기관의 임직원 및 성능인증·점검 업무에 종사하는 인증기관의 임직원
6. 철도안전 전문인력의 양성 및 자격관리 업무에 종사하는 안전전문기관의 임직원
7. 위탁업무에 종사하는 철도안전 관련 기관 또는 단체의 임직원

07 다음 권한의 위임·위탁에 관한 내용으로 바르지 않은 것은?

㉮ 국토교통부장관은 이 법에 따른 권한의 일부를 대통령령으로 정하는 바에 따라 소속 기관의 장 또는 시·도지사에게 위임하여야 한다.

㉯ 국토교통부장관은 해당 특별시·광역시·특별자치시·도 또는 특별자치도의 소관 도시철도에 대한 과태료의 부과·징수 등의 권한을 해당 시·도지사에게 위임한다.

㉰ 국토교통부장관은 철도보안정보체계의 구축·운영 등의 권한을 철도특별사법경찰대장에게 위임한다.

㉱ 국토교통부장관은 이 법에 따른 업무의 일부를 대통령령으로 정하는 바에 따라 철도안전 관련 기관 또는 단체에 위탁할 수 있다.

|해설|

국토교통부장관은 이 법에 따른 권한의 일부를 대통령령으로 정하는 바에 따라 소속 기관의 장 또는 시·도지사에게 위임할 수 있다(법 제77조 제1항).

08 다음 국토교통부장관이 한국교통안전공단에 위탁하는 업무가 아닌 것은?

㉮ 철도운영자등에 대한 안전관리 수준평가
㉯ 과태료의 부과·징수
㉰ 안전관리기준에 대한 적합 여부 검사
㉱ 관제자격증명시험의 실시

09 국토교통부장관이 시·도지사에게 위임하는 업무가 아닌 것은?

㉮ 이동·출발 등의 명령
㉯ 운행기준 등의 지시, 조언·정보의 제공
㉰ 안전조치 업무
㉱ 철도운영자등에 대한 안전관리 수준평가

|해설|

국토교통부장관은 해당 특별시·광역시·특별자치시·도 또는 특별자치도의 소관 도시철도(도시철도 또는 도시철도건설사업 또는 도시철도운송사업을 위탁받은 법인이 건설·운영하는 도시철도를 말한다)에 대한 다음의 권한을 해당 시·도지사에게 위임한다(영 제62조 제1항).

1. 이동·출발 등의 명령과 운행기준 등의 지시, 조언·정보의 제공 및 안전조치 업무
2. 과태료의 부과·징수

10 다음 국토교통부장관이 한국철도기술연구원에 위탁하는 업무가 아닌 것은?

㉮ 철도차량 형식승인검사
㉯ 기술기준의 제정 또는 개정을 위한 연구·개발
㉰ 표준규격의 제정·개정·폐지 및 확인에 대한 처리결과 통보
㉱ 철도차량 개조승인검사

Answer 06. ㉰ 07. ㉮ 08. ㉯ 09. ㉱ 10. ㉮

11 국토교통부장관이 철도특별사법경찰대장에게 위임하는 권한이 아닌 것은?

㉮ 운행기준 등의 지시, 조언・정보의 제공

㉯ 술을 마셨거나 약물을 사용하였는지에 대한 확인 또는 검사

㉰ 철도보안정보체계의 구축・운영

㉱ 준수사항을 위반한 자에 따른 과태료의 부과・징수

|해설|

국토교통부장관은 다음의 권한을 철도특별사법경찰대장에게 위임한다(영 제62조 제2항).

1. 술을 마셨거나 약물을 사용하였는지에 대한 확인 또는 검사
2. 철도보안정보체계의 구축 · 운영
3. 과태료의 부과 · 징수

12 국토교통부장관이 주민등록번호 또는 여권번호가 포함된 자료를 처리할 수 있는 사무가 아닌 것은?

㉮ 운전적성검사에 관한 사무

㉯ 관제자격증명의 신체검사에 관한 사무

㉰ 자격부여신청을 접수하는 사무

㉱ 운전면허의 신체검사에 관한 사무

|해설|

국토교통부장관(국토교통부장관의 권한을 위탁받은 자를 포함한다), 의료기관과 운전적성검사기관, 운전교육훈련기관, 관제적성검사기관 및 관제교육훈련기관은 다음의 사무를 수행하기 위하여 불가피한 경우 건강에 관한 정보나 따른 주민등록번호 또는 여권번호가 포함된 자료를 처리할 수 있다(영 제63조의2).

1. 운전면허의 신체검사에 관한 사무
2. 운전적성검사에 관한 사무
3. 운전교육훈련에 관한 사무
4. 운전면허시험에 관한 사무
5. 관제자격증명의 신체검사에 관한 사무
6. 관제적성검사에 관한 사무
7. 관제교육훈련에 관한 사무
8. 관제자격증명시험에 관한 사무
9. 철도차량정비기술자의 인정에 관한 사무
10. 1.부터 9.까지의 규정에 따른 사무를 수행하기 위하여 필요한 사무

13 다음 국토교통부장관이 국가철도공단에 위탁하는 철도보호지구 관리에 관한 업무가 아닌 것은?

㉮ 철도보호지구에서의 행위의 신고 수리
㉯ 노면전차 철도보호지구의 바깥쪽 경계선으로부터 20미터 이내의 지역에서의 행위의 신고 수리
㉰ 종합시험운행 결과의 검토
㉱ 손실보상과 손실보상에 관한 협의

14 다음 국토교통부장관이 철도안전에 관한 전문기관이나 단체에 위탁하는 업무는?

㉮ 자격증명서 발급
㉯ 과태료의 부과 · 징수
㉰ 표준규격서의 기록 및 보관
㉱ 철도차량 정비조직의 인증 및 변경인증의 적합 여부에 관한 확인

15 국토교통부장관이 3년마다 그 타당성을 검토하여 개선 등의 조치를 하여야 하는 내용이 아닌 것은?

㉮ 신체검사 방법 · 절차 · 합격기준 등
㉯ 운전면허 시험기관의 지정 등
㉰ 적성검사 방법 · 절차 및 합격기준 등
㉱ 안전전문기관의 세부 지정기준 등

|해설|

국토교통부장관은 다음의 사항에 대하여 2020년 1월 1일을 기준으로 3년마다(매 3년이 되는 해의 1월 1일 전까지를 말한다) 그 타당성을 검토하여 개선 등의 조치를 하여야 한다(규칙 제96조).

1. 신체검사 방법 · 절차 · 합격기준 등
2. 적성검사 방법 · 절차 및 합격기준 등
3. 위해물품의 종류 등
4. 안전전문기관의 세부 지정기준 등

Answer 11. ㉮ 12. ㉰ 13. ㉰ 14. ㉮ 15. ㉯

제9장 벌 칙

1. 벌 칙

(1) 무기징역 또는 5년 이상의 징역 등의 벌칙

① 무기징역 또는 5년 이상의 징역(법 제78조 제1항)
  ㉠ 사람이 탑승하여 운행 중인 철도차량에 불을 놓아 소훼(燒燬)한 사람
  ㉡ 사람이 탑승하여 운행 중인 철도차량을 탈선 또는 충돌하게 하거나 파괴한 사람
② 철도시설 또는 철도차량을 파손하여 철도차량 운행에 위험을 발생하게 한 사람은 10년 이하의 징역 또는 1억원 이하의 벌금에 처한다(법 제78조 제2항).
③ 과실로 ①의 죄를 지은 사람은 1년 이하의 징역 또는 1천만원 이하의 벌금에 처한다(법 제78조 제3항).
④ 과실로 ②의 죄를 지은 사람은 1천만원 이하의 벌금에 처한다(법 제78조 제4항).
⑤ 업무상 과실이나 중대한 과실로 ①의 죄를 지은 사람은 3년 이하의 징역 또는 3천만원 이하의 벌금에 처한다(법 제78조 제5항).
⑥ 업무상 과실이나 중대한 과실로 ②의 죄를 지은 사람은 2년 이하의 징역 또는 2천만원 이하의 벌금에 처한다(법 제78조 제6항).
⑦ ① 및 ②의 미수범은 처벌한다(법 제78조 제7항).

(2) 5년 이하의 징역 또는 5천만원 이하의 벌금

폭행·협박으로 철도종사자의 직무집행을 방해한 자는 5년 이하의 징역 또는 5천만원 이하의 벌금에 처한다(법 제79조 제1항).

(3) 3년 이하의 징역 또는 3천만원 이하의 벌금(법 제79조 제2항)

① 안전관리체계의 승인을 받지 아니하고 철도운영을 하거나 철도시설을 관리한 자
② 철도차량 제작자승인을 받지 아니하고 철도차량을 제작한 자
③ 철도용품 제작자승인을 받지 아니하고 철도용품을 제작한 자
④ 개조승인을 받지 아니하고 철도차량을 임의로 개조하여 운행한 자
⑤ 적정 개조능력이 있다고 인정되지 아니한 자에게 철도차량 개조 작업을 수행하게 한 자
⑥ 국토교통부장관의 운행제한 명령을 따르지 아니하고 철도차량을 운행한 자
⑦ 철도사고 등 발생 시 사람을 사상(死傷)에 이르게 하거나 철도차량 또는 철도시설을

파손에 이르게 한 자
⑧ 술을 마시거나 약물을 사용한 상태에서 업무를 한 사람
⑨ 운송 금지 위험물의 운송을 위탁하거나 운송한 자
⑩ 위험물을 운송한 자
⑪ **다음의 금지행위를 한 자**(법 제48조)
㉠ 철도시설 또는 철도차량을 파손하여 철도차량 운행에 위험을 발생하게 하는 행위
㉡ 철도차량을 향하여 돌이나 그 밖의 위험한 물건을 던져 철도차량 운행에 위험을 발생하게 하는 행위
㉢ 궤도의 중심으로부터 양측으로 폭 3미터 이내의 장소에 철도차량의 안전 운행에 지장을 주는 물건을 방치하는 행위

(4) 2년 이하의 징역 또는 2천만원 이하의 벌금(법 제79조 제3항)

① 거짓이나 그 밖의 부정한 방법으로 안전관리체계의 승인을 받은 자
② 철도운영이나 철도시설의 관리에 중대하고 명백한 지장을 초래한 자
③ 거짓이나 그 밖의 부정한 방법으로 운전적성검사기관, 운전교육훈련기관, 관제적성검사기관, 관제교육훈련기관, 정비교육훈련기관, 정밀안전진단기관 또는 안전전문기관에 따른 지정을 받은 자
④ 업무정지 기간 중에 해당 업무를 한 자
⑤ 거짓이나 그 밖의 부정한 방법으로 형식승인을 받은 자
⑥ 형식승인을 받지 아니한 철도차량을 운행한 자
⑦ 거짓이나 그 밖의 부정한 방법으로 제작자승인을 받은 자
⑧ 거짓이나 그 밖의 부정한 방법으로 제작자승인의 면제를 받은 자
⑨ 완성검사를 받지 아니하고 철도차량을 판매한자
⑩ 업무정지 기간 중에 철도차량 또는 철도용품을 제작한 자
⑪ 형식승인을 받지 아니한 철도용품을 철도시설 또는 철도차량 등에 사용한 자
⑫ 중지명령에 따르지 아니한 자
⑬ 종합시험운행을 실시하지 아니하거나 실시한 결과를 국토교통부장관에게 보고하지 아니하고 철도노선을 정상운행한 자
⑭ 철도차량정비가 되지 않은 철도차량임을 알면서 운행한 자
⑮ 철도차량정비 또는 원상복구 명령에 따르지 아니한 자
⑯ 거짓이나 그 밖의 부정한 방법으로 철도차량 정비조직의 인증을 받은 자
⑰ 고의 또는 중대한 과실로 철도사고 또는 중대한 운행장애를 발생시킨 자

⑱ 정밀안전진단을 받지 아니하거나 정밀안전진단 결과 계속 사용이 적합하지 아니하다고 인정된 철도차량을 운행한 자
⑲ 특별한 사유 없이 열차운행을 중지하지 아니한 자
⑳ 철도종사자에게 불이익한 조치를 한 자
㉑ 철도차량정비가 되지 않은 철도차량임을 알면서 운행한 자
㉒ 철도차량정비 또는 원상복구 명령에 따르지 아니한 자
㉓ 거짓이나 그 밖의 부정한 방법으로 철도차량 정비조직의 인증을 받은 자
㉔ 고의 또는 중대한 과실로 철도사고 또는 중대한 운행장애를 발생시킨 자
㉕ 정밀안전진단을 받지 아니하거나 정밀안전진단 결과 계속 사용이 적합하지 아니하다고 인정된 철도차량을 운행한 자
㉖ 특별한 사유 없이 열차운행을 중지하지 아니한 자
㉗ 철도종사자에게 불이익한 조치를 한 자
㉘ 술을 마셨거나 약물을 사용하였는지 확인 또는 검사에 불응한 자
㉙ 정당한 사유 없이 위해물품을 휴대하거나 적재한 사람
㉚ 신고를 하지 아니하거나 명령에 따르지 아니한 자
㉛ 운행 중 비상정지버튼을 누르거나 승강용 출입문을 여는 행위를 한 사람
㉜ 철도안전 자율보고를 한 사람에게 불이익한 조치를 한 자

(5) 1년 이하의 징역 또는 1천만원 이하의 벌금(법 제79조 제4항)

① 운전면허를 받지 아니하고(운전면허가 취소되거나 그 효력이 정지된 경우를 포함한다) 철도차량을 운전한 사람
② 거짓이나 그 밖의 부정한 방법으로 운전면허를 받은 사람
②의2. 거짓이나 그 밖의 부정한 방법으로 관제자격증명을 받은 사람
②의3. 거짓이나 그 밖의 부정한 방법으로 철도차량정비기술자로 인정받은 사람
②의4. 운전면허증을 다른 사람에게 빌려주거나 빌리거나 이를 알선한 사람
③ 실무수습을 이수하지 아니하고 철도차량의 운전업무에 종사한 사람
③의2. 운전면허를 받지 아니하거나(제20조에 따라 운전면허가 취소되거나 그 효력이 정지된 경우를 포함한다) 실무수습을 이수하지 아니한 사람을 철도차량의 운전업무에 종사하게 한 철도운영자등
③의3. 관제자격증명을 받지 아니하고(관제자격증명이 취소되거나 그 효력이 정지된 경우를 포함한다) 관제업무에 종사한 사람
③의4. 관제자격증명서를 다른 사람에게 빌려주거나 빌리거나 이를 알선한 사람
④ 실무수습을 이수하지 아니하고 관제업무에 종사한 사람

④의2. 관제자격증명을 받지 아니하거나(관제자격증명이 취소되거나 그 효력이 정지된 경우를 포함한다) 실무수습을 이수하지 아니한 사람을 관제업무에 종사하게 한 철도운영자등

⑤ 신체검사와 적성검사를 받지 아니하거나 신체검사와 적성검사에 합격하지 아니하고 업무를 한 사람 및 그로 하여금 그 업무에 종사하게 한 자

⑤의2. 다음의 어느 하나에 해당하는 사람

㉠ 다른 사람에게 자기의 성명을 사용하여 철도차량정비 업무를 수행하게 하거나 자신의 철도차량정비경력증을 빌려 준 사람

㉡ 다른 사람의 성명을 사용하여 철도차량정비 업무를 수행하거나 다른 사람의 철도차량정비경력증을 빌린 사람

㉢ ㉠ 및 ㉡의 행위를 알선한 사람

⑥ 형식승인을 받지 아니한 철도차량 또는 철도용품을 판매한 자

⑥의2. 이행 명령에 따르지 아니한 자

⑦ 종합시험운행 결과를 허위로 보고한 자

⑦의2. 정비조직의 인증을 받지 아니하고 철도차량정비를 한 자

⑧ 지시를 따르지 아니한 자

⑨ 설치 목적과 다른 목적으로 영상기록장치를 임의로 조작하거나 다른 곳을 비춘 자 또는 운행기간 외에 영상기록을 한 자

⑩ 영상기록을 목적 외의 용도로 이용하거나 다른 자에게 제공한 자

⑪ 안전성 확보에 필요한 조치를 하지 아니하여 영상기록장치에 기록된 영상정보를 분실·도난·유출·변조 또는 훼손당한 자

⑫ 술을 마시거나 약물을 복용하고 다른 사람에게 위해를 주는 행위를 한 사람

⑬ 거짓이나 부정한 방법으로 철도운행안전관리자 자격을 받은 사람

⑭ 철도운행안전관리자를 배치하지 아니하고 철도시설의 건설 또는 관리와 관련한 작업을 시행한 철도운영자

⑮ 정기교육을 받지 아니하고 업무를 한 사람 및 그로 하여금 그 업무에 종사하게 한 자

⑯ 철도안전 전문인력의 분야별 자격을 다른 사람에게 빌려주거나 빌리거나 이를 알선한 사람

(6) 500만원 이하의 벌금(법 제79조 제5항)

철도종사자와 여객 등에게 성적 수치심을 일으키는 행위를 위반한 자는 500만원 이하의 벌금에 처한다.

2. 형의 가중

(1) 무기징역 또는 5년 이상의 징역에 해당하는 죄의 가중

무기징역 또는 5년 이상의 징역에 해당하는 죄를 지어 사람을 사망에 이르게 한 자는 사형, 무기징역 또는 7년 이상의 징역에 처한다(법 제80조 제1항).

(2) 형의 2분의 1까지 가중

폭행·협박으로 철도종사자의 직무집행을 방해한 자, 위해물품을 휴대하거나 적재한 사람 또는 신고를 하지 아니하거나 명령에 따르지 아니한 죄를 범하여 열차운행에 지장을 준 자는 그 죄에 규정된 형의 2분의 1까지 가중한다(법 제80조 제2항).

(3) 5년 이하의 징역 또는 5천만원 이하의 벌금

위해물품을 휴대하거나 적재한 사람 또는 신고를 하지 아니하거나 명령에 따르지 아니한 죄를 범하여 사람을 사상에 이르게 한 자는 5년 이하의 징역 또는 5천만원 이하의 벌금에 처한다(법 제80조 제3항).

3. 양벌규정

법인의 대표자나 법인 또는 개인의 대리인, 사용인, 그 밖의 종업원이 그 법인 또는 개인의 업무에 관하여 3년 이하의 징역 또는 3천만원 이하의 벌금에 해당하는 죄, 2년 이하의 징역 또는 2천만원 이하의 벌금에 해당하는 죄(위해물품을 휴대하거나 적재한 사람은 제외한다) 및 1년 이하의 징역 또는 1천만원 이하의 벌금에 해당하는 죄(거짓이나 그 밖의 부정한 방법으로 운전면허를 받은 사람은 제외한다) 또는 형의 가중(신고를 하지 아니하거나 명령에 따르지 아니한 죄의 가중죄를 범한 경우만 해당한다)의 어느 하나에 해당하는 위반행위를 하면 그 행위자를 벌하는 외에 그 법인 또는 개인에게도 해당 조문의 벌금형을 과(科)한다. 다만, 법인 또는 개인이 그 위반행위를 방지하기 위하여 해당 업무에 관하여 상당한 주의와 감독을 게을리하지 아니한 경우에는 그러하지 아니하다(법 제80조).

4. 과태료

(1) 1천만원 이하의 과태료(법 제81조 제1항)

① 안전관리체계의 변경승인을 받지 아니하고 안전관리체계를 변경한 자

② 정당한 사유 없이 시정조치 명령에 따르지 아니한 자
③ 변경승인을 받지 아니한 자
④ 승계의 신고를 하지 아니한 자
⑤ 형식승인표시를 하지 아니한 자
⑥ 조사·열람·수거 등을 거부, 방해 또는 기피한 자
⑦ 시정조치계획을 제출하지 아니하거나 시정조치의 진행 상황을 보고하지 아니한 자
⑧ 개선·시정 명령을 따르지 아니한 자
⑨ 다음의 어느 하나에 해당하는 자
　㉠ 이력사항을 고의로 입력하지 아니한 자
　㉡ 이력사항을 위조·변조하거나 고의로 훼손한 자
　㉢ 이력사항을 무단으로 외부에 제공한 자
⑩ 변경인증을 받지 아니하거나 변경신고를 하지 아니하고 변경한 자
⑪ 인증정비조직의 준수사항을 지키지 아니한 자
⑫ 정밀안전진단 명령을 따르지 아니한 자
⑬ 안전조치를 따르지 아니한 자
⑭ 영상기록장치를 설치·운영하지 아니한 자
⑮ 국토교통부장관의 성능인증을 받은 보안검색장비를 사용하지 아니한 자
⑯ 철도종사자의 직무상 지시에 따르지 아니한 사람
⑰ 철도사고 등 보고를 하지 아니하거나 거짓으로 보고한 자
⑱ 국토교통부장관이나 관계 지방자치단체에 보고를 하지 아니하거나 거짓으로 보고한 자
⑲ 국토교통부장관이나 관계 지방자치단체에 자료제출을 거부, 방해 또는 기피한 자
⑳ 소속 공무원의 출입·검사를 거부, 방해 또는 기피한 자

(2) 500만원 이하의 과태료(법 제81조 제2항)

① 안전관리체계의 변경신고를 하지 아니하고 안전관리체계를 변경한 자
② 안전교육을 실시하지 아니한 자 또는 직무교육을 실시하지 아니한 자
②의2. 안전교육 실시 여부를 확인하지 아니하거나 안전교육을 실시하도록 조치하지 아니한 철도운영자등
③ 변경신고를 하지 아니한 자
④ 개조신고를 하지 아니하고 개조한 철도차량을 운행한 자
⑤ 이력사항을 과실로 입력하지 아니한 자
⑥ 변경신고를 하지 아니한 자

⑦ 준수사항을 위반한 자
⑧ 여객출입 금지장소에 출입하거나 물건을 여객열차 밖으로 던지는 행위를 한 사람
⑧의2. 여객열차에서의 금지행위에 관한 사항을 안내하지 아니한 자
⑨ 철도시설(선로는 제외한다)에 승낙 없이 출입하거나 통행한 사람
⑩ 철도시설에 유해물 또는 오물을 버리거나 열차운행에 지장을 준 사람
⑪ 보안검색장비의 성능인증을 위한 기준·방법·절차 등을 위반한 인증기관 및 시험기관
⑫ 보고를 하지 아니하거나 거짓으로 보고한 자

(3) 300만원 이하의 과태료(법 제81조 제3항)

① 우수운영자로 지정되었음을 나타내는 표시를 하거나 이와 유사한 표시를 한 자
② 운전면허증을 반납하지 아니한 사람

(4) 100만원 이하의 과태료(법 제81조 제4항)

① 여객열차에서 흡연을 한 사람
② 선로에 승낙 없이 출입하거나 통행한 사람

(4) 50만원 이하의 과태료(법 제81조 제5항)

① 철도보호구역안에서 나무를 식재하여 조치명령을 따르지 아니한 사람
② 공중이나 여객에게 위해를 끼치는 행위를 한 사람

(5) 부과·징수

과태료는 대통령령으로 정하는 바에 따라 국토교통부장관 또는 시·도지사가 부과·징수한다(법 제81조 제5항).

(6) 과태료 부과기준(영 별표6)

과태료 부과기준(영 별표6)

1. 일반기준
   가. 위반행위의 횟수에 따른 과태료의 가중된 부과기준은 최근 1년간 같은 위반행위로 과태료 부과처분을 받은 경우에 적용한다. 이 경우 기간의 계산은 위반행위에 대하여 과태료 부과처분을 받은 날과 그 처분 후 다시 같은 위반행위를 하여 적발된 날을 기준으로 한다.

나. 가목에 따라 가중된 부과처분을 하는 경우 가중처분의 적용 차수는 그 위반행위 전 부과처분 차수(가목에 따른 기간 내에 과태료 부과처분이 둘 이상 있었던 경우에는 높은 차수를 말한다)의 다음 차수로 한다.

다. 하나의 행위가 둘 이상의 위반행위에 해당하는 경우에는 그 중 무거운 과태료의 부과기준에 따른다.

라. 부과권자는 다음의 어느 하나에 해당하는 경우에는 제2호에 따른 과태료 금액의 2분의 1 범위에서 그 금액을 줄일 수 있다. 다만, 과태료를 체납하고 있는 위반행위자의 경우에는 그렇지 않다.

1) 삭제 〈2020. 10. 8.〉
2) 위반행위가 사소한 부주의나 오류로 인한 것으로 인정되는 경우
3) 위반행위자가 법 위반상태를 시정하거나 해소하기 위해 노력한 것이 인정되는 경우
4) 그 밖에 위반행위의 정도, 위반행위의 동기와 그 결과 등을 고려하여 과태료를 줄일 필요가 있다고 인정되는 경우

마. 부과권자는 다음의 어느 하나에 해당하는 경우에는 제2호의 개별기준에 따른 과태료 금액의 2분의 1 범위에서 그 금액을 늘릴 수 있다. 다만, 법 제82조 제1항부터 제5항까지의 규정에 따른 과태료 금액의 상한을 넘을 수 없다.

1) 위반의 내용·정도가 중대하여 공중(公衆)에게 미치는 피해가 크다고 인정되는 경우
2) 그 밖에 위반행위의 정도, 위반행위의 동기와 그 결과 등을 고려하여 늘릴 필요가 있다고 인정되는 경우

2. 개별기준

위반행위	근거 법조문	과태료 금액 (단위 : 만원)		
		1회 위반	2회 위반	3회 이상 위반
가. 법 제7조 제3항(법 제26조의8 및 제27조의2 제4항에서 준용하는 경우를 포함한다)을 위반하여 안전관리체계의 변경승인을 받지 않고 안전관리체계를 변경한 경우	법 제82조 제1항 제1호	300	600	900
나. 법 제7조 제3항(법 제26조의8 및 제27조의2 제4항에서 준용하는 경우를 포함한다)을 위반하여 안전관리체계의 변경신고를 하지 않고 안전관리체계를 변경한 경우	법 제82조 제2항 제1호	150	300	450
다. 법 제8조 제3항(법 제26조의8 및 제27조의2 제4항에서 준용하는 경우를 포함한다)을 위반하여 정당한 사유 없이 시정조치 명령에 따르지 않은 경우	법 제82조 제1항 제2호	300	600	900

라. 법 제9조의4 제3항을 위반하여 우수운영자로 지정되었음을 나타내는 표시를 하거나 이와 유사한 표시를 한 경우	법 제82조 제3항 제1호	90	180	270
마. 법 제9조의4 제4항을 위반하여 시정조치 명령을 따르지 않은 경우	법 제82조 제1항 제2호의2	300	600	900
바. 법 제20조 제3항(법 제21조의11 제2항에서 준용하는 경우를 포함한다)을 위반하여 운전면허증을 반납하지 않은 경우	법 제82조 제3항 제4호	90	180	270
사. 법 제24조 제1항을 위반하여 안전교육을 실시하지 않거나 같은 조 제2항을 위반하여 직무교육을 실시하지 않은 경우	법 제82조 제2항 제2호	150	300	450
아. 법 제24 제3항을 위반하여 철도운영자등이 안전교육 실시 여부를 확인하지 않거나 안전교육을 실시하도록 조치하지 않은 경우	법 제82조 제2항 제2호의2	150	300	450
자. 법 제26조 제2항 본문(법 제27조 제4항에서 준용하는 경우를 포함한다)을 위반하여 변경승인을 받지 않은 경우	법 제82조 제1항 제4호	300	600	900
차. 법 제26조 제2항 단서(법 제27조 제4항에서 준용하는 경우를 포함한다)를 위반하여 변경신고를 하지 않은 경우	법 제82조 제2항 제3호	150	300	450
카. 법 제26조의5 제2항(법 제27조의2 제4항에서 준용하는 경우를 포함한다)에 따른 신고를 하지 않은 경우	법 제82조 제1항 제5호	300	600	900
타. 법 제27조의2 제3항을 위반하여 형식승인표시를 하지 않은 경우	법 제82조 제1항 제6호	300	600	900
파. 법 제31조 제2항을 위반하여 조사·열람·수거 등을 거부, 방해 또는 기피한 경우	법 제82조 제1항 제7호	300	600	900
하. 법 제32조 제2항 또는 제4항을 위반하여 시정조치계획을 제출하지 않거나 시정조치의 진행 상황을 보고하지 않은 경우	법 제82조 제1항 제8호	300	600	900
거. 법 제38조 제2항에 따른 개선·시정 명령을 따르지 않은 경우	법 제82조 제1항 제9호	300	600	900
너. 법 제38조의2 제2항 단서를 위반하여 개조신고를 하지 않고 개조한 철도차량을 운행한 경우	법 제82조 제2항 제4호	150	300	450

더. 제38조의5 제3항을 위반한 다음의 어느 하나에 해당하는 경우 1) 이력사항을 고의로 입력하지 않은 경우 2) 이력사항을 위조·변조하거나 고의로 훼손한 경우 3) 이력사항을 무단으로 외부에 제공한 경우	법 제82조 제1항 제9호의2	300	600	900
러. 법 제38조의5 제3항 제1호를 위반하여 이력사항을 과실로 입력하지 않은 경우	법 제82조 제2항 제5호	150	300	450
머. 법 제38조의7 제2항을 위반하여 변경인증을 받지 않은 경우	법 제82조 제1항 제9호의3	300	600	900
버. 법 제38조의7 제2항을 위반하여 변경신고를 하지 않은 경우	법 제82조 제2항 제6호	150	300	450
서. 법 제38조의9에 따른 준수사항을 지키지 않은 경우	법 제82조 제1항 제9호의4	300	600	900
어. 법 제38조의12 제2항에 따른 정밀안전진단 명령을 따르지 않은 경우	법 제82조 제1항 제9호의5	300	600	900
저. 법 제39조의2 제3항에 따른 안전조치를 따르지 않은 경우	법 제82조 제1항 제10호	300	600	900
처. 법 제39조의3 제1항을 위반하여 영상기록장치를 설치·운영하지 않은 경우	법 제82조 제1항 제10호의2	300	600	900
커. 법 제40조의2에 따른 준수사항을 위반한 경우	법 제82조 제2항 제7호	150	300	450
터. 법 제45조 제4항을 위반하여 조치명령을 따르지 않은 경우	법 제82조 제5항 제1호	15	30	45
퍼. 법 제47조 제1항 제1호 또는 제3호를 위반하여 여객출입 금지장소에 출입하거나 물건을 여객열차 밖으로 던지는 행위를 한 경우	법 제82조 제2항 제8호	150	300	450
허. 법 제47조 제1항 제4호를 위반하여 여객열차에서 흡연을 한 경우	법 제82조 제4항 제1호	30	60	90
고. 법 제47조 제1항 제7호를 위반하여 공중이나 여객에게 위해를 끼치는 행위를 한 경우	법 제82조 제5항 제2호	15	30	45
노. 법 제48조 제5호를 위반하여 철도시설(선로는 제외한다)에 승낙 없이 출입하거나 통행한 경우	법 제82조 제2항 제9호	150	300	450

도. 법 제48조 제5호를 위반하여 선로에 승낙 없이 출입하거나 통행한 경우	법 제82조 제4항 제2호	30	60	90
로. 법 제48조 제7호·제9호 또는 제10호를 위반하여 철도시설에 유해물 또는 오물을 버리거나 열차운행에 지장을 준 경우	법 제82조 제2항 제10호	150	300	450
모. 법 제48조의3 제1항을 위반하여 국토교통부장관의 성능인증을 받은 보안검색장비를 사용하지 않은 경우	법 제82조 제1항 제13호의2	300	600	900
보. 인증기관 및 시험기관이 법 제48조의3 제2항에 따른 보안검색장비의 성능인증을 위한 기준·방법·절차 등을 위반한 경우	법 제82조 제2항 제11호	150	300	450
소. 법 제49조 제1항을 위반하여 철도종사자의 직무상 지시에 따르지 않은 경우	법 제82조 제1항 제14호	300	600	900
오. 법 제61조 제1항에 따른 보고를 하지 않거나 거짓으로 보고한 경우	법 제82조 제1항 제15호	300	600	900
조. 법 제61조 제2항에 따른 보고를 하지 않거나 거짓으로 보고한 경우	법 제82조 제2항 제12호	150	300	450
초. 법 제61조의2 제1항·제2항에 따른 보고를 하지 않거나 거짓으로 보고한 경우	법 제82조 제1항 제15호	300	600	900
코. 법 제73조 제1항에 따른 보고를 하지 않거나 거짓으로 보고한 경우	법 제82조 제1항 제16호	300	600	900
토. 법 제73조 제1항에 따른 자료제출을 거부, 방해 또는 기피한 경우	법 제82조 제1항 제17호	300	600	900
포. 법 제73조 제2항에 따른 소속 공무원의 출입·검사를 거부, 방해 또는 기피한 경우	법 제82조 제1항 제18호	300	600	900

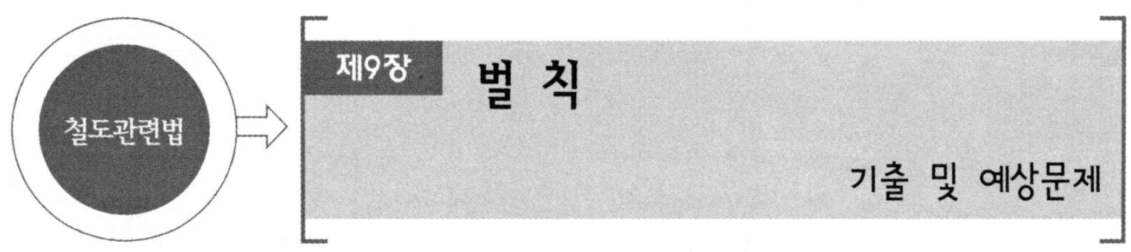

01 사람이 탑승하여 운행 중인 철도차량을 탈선 또는 충돌하게 하거나 파괴한 사람에 대한 벌칙은?

㉮ 무기징역 또는 5년 이상의 징역
㉯ 5년 이하의 징역 또는 5천만원 이하의 벌금
㉰ 3년 이하의 징역 또는 3천만원 이하의 벌금
㉱ 1년 이하의 징역 또는 1천만원 이하의 벌금

02 다음 3년 이하의 징역 또는 3천만원 이하의 벌금에 해당하지 않는 것은?

㉮ 철도차량 제작자승인을 받지 아니하고 철도차량을 제작한 자
㉯ 개조승인을 받지 아니하고 철도차량을 임의로 개조하여 운행한 자
㉰ 업무정지 기간 중에 해당 업무를 한 자
㉱ 술을 마시거나 약물을 사용한 상태에서 업무를 한 사람

03 다음 2년 이하의 징역 또는 2천만원 이하의 벌금에 해당하지 않는 것은?

㉮ 거짓이나 그 밖의 부정한 방법으로 형식승인을 받은 자
㉯ 폭행·협박으로 철도종사자의 직무집행을 방해한 자
㉰ 완성검사를 받지 아니하고 철도차량을 판매한 자
㉱ 형식승인을 받지 아니한 철도용품을 철도시설 또는 철도차량 등에 사용한 자

Answer 01. ㉮ 02. ㉰ 03. ㉯

04 다음 1년 이하의 징역 또는 1천만원 이하의 벌금에 해당하지 않는 것은?

㉮ 거짓이나 그 밖의 부정한 방법으로 운전면허를 받은 사람

㉯ 실무수습을 이수하지 아니하고 철도차량의 운전업무에 종사한 사람

㉰ 실무수습을 이수하지 아니하고 관제업무에 종사한 사람

㉱ 철도종사자와 여객 등에게 성적 수치심을 일으키는 행위를 위반한 자

|해설|

1. 운전면허를 받지 아니하고(운전면허가 취소되거나 그 효력이 정지된 경우를 포함한다) 철도차량을 운전한 사람
2. 거짓이나 그 밖의 부정한 방법으로 운전면허를 받은 사람

2의2. 거짓이나 그 밖의 부정한 방법으로 관제자격증명을 받은 사람

2의3. 거짓이나 그 밖의 부정한 방법으로 철도차량정비기술자로 인정받은 사람

2의4. 운전면허증을 다른 사람에게 빌려주거나 빌리거나 이를 알선한 사람

3. 실무수습을 이수하지 아니하고 철도차량의 운전업무에 종사한 사람

3의2. 운전면허를 받지 아니하거나(제20조에 따라 운전면허가 취소되거나 그 효력이 정지된 경우를 포함한다) 실무수습을 이수하지 아니한 사람을 철도차량의 운전업무에 종사하게 한 철도운영자등

3의3. 관제자격증명을 받지 아니하고(관제자격증명이 취소되거나 그 효력이 정지된 경우를 포함한다) 관제업무에 종사한 사람

3의4. 관제자격증명서를 다른 사람에게 빌려주거나 빌리거나 이를 알선한 사람

4. 실무수습을 이수하지 아니하고 관제업무에 종사한 사람

4의2. 관제자격증명을 받지 아니하거나(관제자격증명이 취소되거나 그 효력이 정지된 경우를 포함한다) 실무수습을 이수하지 아니한 사람을 관제업무에 종사하게 한 철도운영자등

5. 신체검사와 적성검사를 받지 아니하거나 신체검사와 적성검사에 합격하지 아니하고 업무를 한 사람 및 그로 하여금 그 업무에 종사하게 한 자

5의2. 다음의 어느 하나에 해당하는 사람

㉠ 다른 사람에게 자기의 성명을 사용하여 철도차량정비 업무를 수행하게 하거나 자신의 철도차량정비경력증을 빌려 준 사람

㉡ 다른 사람의 성명을 사용하여 철도차량정비 업무를 수행하거나 다른 사람의 철도차량정비경력증을 빌린 사람

㉢ ㉠ 및 ㉡의 행위를 알선한 사람

6. 형식승인을 받지 아니한 철도차량 또는 철도용품을 판매한 자

6의2. 이행 명령에 따르지 아니한 자

7. 종합시험운행 결과를 허위로 보고한 자

7의2. 정비조직의 인증을 받지 아니하고 철도차량정비를 한 자

8. 지시를 따르지 아니한 자
9. 설치 목적과 다른 목적으로 영상기록장치를 임의로 조작하거나 다른 곳을 비춘 자 또는 운행기간 외에 영상기록을 한 자
10. 영상기록을 목적 외의 용도로 이용하거나 다른 자에게 제공한 자
11. 안전성 확보에 필요한 조치를 하지 아니하여 영상기록장치에 기록된 영상정보를 분실 · 도난 · 유출 · 변조 또는 훼손당한 자
12. 술을 마시거나 약물을 복용하고 다른 사람에게 위해를 주는 행위를 한 사람
13. 거짓이나 부정한 방법으로 철도운행안전관리자 자격을 받은 사람

14. 철도운행안전관리자를 배치하지 아니하고 철도시설의 건설 또는 관리와 관련한 작업을 시행한 철도운영자
15. 정기교육을 받지 아니하고 업무를 한 사람 및 그로 하여금 그 업무에 종사하게 한 자
16. 철도안전 전문인력의 분야별 자격을 다른 사람에게 빌려주거나 빌리거나 이를 알선한 사람

05 폭행 · 협박으로 철도종사자의 직무집행을 방해한 자에 대한 벌칙은?

㉮ 5년 이하의 징역 또는 5천만원 이하의 벌금
㉯ 3년 이하의 징역 또는 3천만원 이하의 벌금
㉰ 2년 이하의 징역 또는 2천만원 이하의 벌금
㉱ 1년 이하의 징역 또는 1천만원 이하의 벌금

|해설|
폭행 · 협박으로 철도종사자의 직무집행을 방해한 자는 5년 이하의 징역 또는 5천만원 이하의 벌금에 처한다(법 제79조 제1항).

06 위해물품을 휴대하거나 적재한 사람 또는 신고를 하지 아니하거나 명령에 따르지 아니한 죄를 범하여 사람을 사상에 이르게 한 자에 대한 벌칙은?

㉮ 5년 이하의 징역 또는 5천만원 이하의 벌금
㉯ 4년 이하의 징역 또는 4천만원 이하의 벌금
㉰ 3년 이하의 징역 또는 3천만원 이하의 벌금
㉱ 2년 이하의 징역 또는 2천만원 이하의 벌금

|해설|
위해물품을 휴대하거나 적재한 사람 또는 신고를 하지 아니하거나 명령에 따르지 아니한 죄를 범하여 사람을 사상에 이르게 한 자는 5년 이하의 징역 또는 5천만원 이하의 벌금에 처한다(법 제80조 제3항).

Answer 04. ㉱ 05. ㉮ 06. ㉮

07 다음 중 형의 2분의 1까지 가중할 수 없는 자는?

㉮ 폭행·협박으로 철도종사자의 직무집행을 방해한 자
㉯ 정기교육을 받지 아니하고 업무를 한 사람 및 그로 하여금 그 업무에 종사하게 한 자
㉰ 위해물품을 휴대하거나 적재한 사람
㉱ 위해물품 신고를 하지 아니하거나 명령에 따르지 아니한 죄를 범하여 열차운행에 지장을 준 자

|해설|

폭행·협박으로 철도종사자의 직무집행을 방해한 자, 위해물품을 휴대하거나 적재한 사람 또는 신고를 하지 아니하거나 명령에 따르지 아니한 죄를 범하여 열차운행에 지장을 준 자는 그 죄에 규정된 형의 2분의 1까지 가중한다(법 제80조 제2항).

08 철도종사자와 여객 등에게 성적 수치심을 일으키는 행위를 위반한 자에 대한 벌칙은?

㉮ 100만원 이하의 벌금
㉯ 300만원 이하의 벌금
㉰ 500만원 이하의 벌금
㉱ 1,000만원 이하의 벌금

|해설|

철도종사자와 여객 등에게 성적 수치심을 일으키는 행위를 위반한 자는 500만원 이하의 벌금에 처한다(법 제79조 제5항).

09 다음 중 1천만원 이하의 과태료에 해당하지 않은 것은?

㉮ 정당한 사유 없이 시정조치 명령에 따르지 아니한 자
㉯ 철도보호구역안에서 나무를 식재하여 조치명령을 따르지 아니한 사람
㉰ 안전관리체계의 변경승인을 받지 아니하고 안전관리체계를 변경한 자
㉱ 정밀안전진단 명령을 따르지 아니한 자

10 다음 중 300만원 이하의 과태료에 해당하는 것은?

㉮ 공중이나 여객에게 위해를 끼치는 행위를 한 사람
㉯ 개조신고를 하지 아니하고 개조한 철도차량을 운행한 자
㉰ 국토교통부장관의 성능인증을 받은 보안검색장비를 사용하지 아니한 자
㉱ 우수운영자로 지정되었음을 나타내는 표시를 하거나 이와 유사한 표시를 한 자

11 철도보호구역안에서 나무를 식재하여 조치명령을 따르지 아니한 자에 대한 과태료는?

㉮ 50만원 이하의 과태료　　㉯ 70만원 이하의 과태료
㉰ 80만원 이하의 과태료　　㉱ 100만원 이하의 과태료

|해설|
철도보호구역안에서 나무를 식재하여 조치명령을 따르지 아니한 자에게는 50만원 이하의 과태료를 부과한다(법 제82조 제5항).

12 위반행위의 횟수에 따른 과태료의 가중된 부과기준은?

㉮ 최근 6개월간 같은 위반행위로 과태료 부과처분을 받은 경우
㉯ 최근 1년간 같은 위반행위로 과태료 부과처분을 받은 경우
㉰ 최근 2년간 같은 위반행위로 과태료 부과처분을 받은 경우
㉱ 최근 3년간 같은 위반행위로 과태료 부과처분을 받은 경우

|해설|
위반행위의 횟수에 따른 과태료의 가중된 부과기준은 최근 1년간 같은 위반행위로 과태료 부과처분을 받은 경우에 적용한다(영 별표6).

13 안전관리체계의 변경승인을 받지 않고 안전관리체계를 변경한 경우 1차 위반 시 처분기준은?

㉮ 100만원　　㉯ 150만원
㉰ 200만원　　㉱ 300만원

Answer 07. ㉯ 08. ㉰ 09. ㉯ 10. ㉱ 11. ㉮ 12. ㉯ 13. ㉱

|해설|

안전관리체계의 변경승인을 받지 않고 안전관리체계를 변경한 경우(영 별표6)

1. 1차 위반 : 300만원
2. 2차 위반 : 600만원
3. 3차 위반 : 900만원

14 우수운영자로 지정되었음을 나타내는 표시를 하거나 이와 유사한 표시를 한 경우 1차 위반 시 처분기준은?

㉮ 90만원
㉯ 110만원
㉰ 150만원
㉱ 180만원

|해설|

우수운영자로 지정되었음을 나타내는 표시를 하거나 이와 유사한 표시를 한 경우(영 별표6)

1. 1차 위반 : 90만원
2. 2차 위반 : 180만원
3. 3차 위반 : 270만원

15 소속 공무원의 출입·검사를 거부·방해 또는 기피한 경우 1차 위반 시 처분기준은?

㉮ 100만원
㉯ 200만원
㉰ 300만원
㉱ 600만원

|해설|

소속 공무원의 출입·검사를 거부·방해 또는 기피한 경우(영 별표6)

1. 1차 위반 : 300만원
2. 2차 위반 : 600만원
3. 3차 위반 : 900만원

16 여객열차에서 흡연을 한 경우 2차 위반 시 처분기준은?

㉮ 60만원
㉯ 90만원
㉰ 120만원
㉱ 150만원

|해설|

여객열차에서 흡연을 한 경우(영 별표6)

1. 1차 위반 : 30만원

2. 2차 위반 : 60만원
3. 3차 위반 : 90만원

17 이력사항을 무단으로 외부에 제공한 경우 2차 위반 시 처분기준은?

㉮ 300만원 ㉯ 600만원
㉰ 900만원 ㉱ 1000만원

|해설|

이력사항을 무단으로 외부에 제공한 경우(영 별표6)
1. 1차 위반 : 300만원
2. 2차 위반 : 600만원
3. 3차 위반 : 900만원

Answer 14. ㉮ 15. ㉰ 16. ㉮ 17. ㉯

제2편 철도차량운전규칙

제1장 총 칙

1. 목 적

이 규칙은 열차의 편성, 철도차량의 운전 및 신호방식 등 철도차량의 안전운행에 관하여 필요한 사항을 정함을 목적으로 한다(제1조).

2. 용어의 정의

(1) 정거장

여객의 승강(여객 이용시설 및 편의시설을 포함한다), 화물의 적하(積下), 열차의 조성(組成, 철도차량을 연결하거나 분리하는 작업을 말한다), 열차의 교차운행 또는 대피를 목적으로 사용되는 장소를 말한다(제2조 제1호).

(2) 본 선

열차의 운전에 상용하는 선로를 말한다(제2조 제2호).

(3) 측 선

본선이 아닌 선로를 말한다(제2조 제3호).

(4) 차 량

열차의 구성부분이 되는 1량의 철도차량을 말한다(제2조 제6호).

(5) 전차선로

전차선 및 이를 지지하는 공작물을 말한다(제2조 제7호).

(6) 완급차(緩急車)

관통제동기용 제동통·압력계·차장변(車掌弁) 및 수(手)제동기를 장치한 차량으로서 열차승무원이 집무할 수 있는 차실이 설비된 객차 또는 화차를 말한다(제2조 제8호).

(7) 철도신호

신호・전호(傳號) 및 표지를 말한다(제2조 제9호).

(8) 진행지시신호

진행신호・감속신호・주의신호・경계신호・유도신호 및 차내신호(정지신호를 제외한다) 등 차량의 진행을 지시하는 신호를 말한다(제2조 제10호).

(9) 폐 색

일정 구간에 동시에 2 이상의 열차를 운전시키지 아니하기 위하여 그 구간을 하나의 열차의 운전에만 점용시키는 것을 말한다(제2조 제11호).

(10) 구내운전

정거장내 또는 차량기지 내에서 입환신호에 의하여 열차 또는 차량을 운전하는 것을 말한다(제2조 제12호).

(11) 입환(入換)

사람의 힘에 의하거나 동력차를 사용하여 차량을 이동・연결 또는 분리하는 작업을 말한다(제2조 제13호).

(12) 조차장(操車場)

차량의 입환 또는 열차의 조성을 위하여 사용되는 장소를 말한다(제2조 제14호).

(13) 신호소

상치신호기 등 열차제어시스템을 조작・취급하기 위하여 설치한 장소를 말한다(제2조 제15호).

(14) 동력차

기관차(機關車), 전동차(電動車), 동차(動車) 등 동력발생장치에 의하여 선로를 이동하는 것을 목적으로 제조한 철도차량을 말한다(제2조 제16호).

(15) 위험물(제2조 제17호)

① 철도운송 중 폭발할 우려가 있는 것
② 마찰·충격·흡습(吸濕) 등 주위의 상황으로 인하여 발화할 우려가 있는 것
③ 인화성·산화성 등이 강하여 그 물질 자체의 성질에 따라 발화할 우려가 있는 것
④ 용기가 파손될 경우 내용물이 누출되어 철도차량·레일·기구 또는 다른 화물 등을 부식시키거나 침해할 우려가 있는 것
⑤ 유독성 가스를 발생시킬 우려가 있는 것
⑥ 그 밖에 화물의 성질상 철도시설·철도차량·철도종사자·여객 등에 위해나 손상을 끼칠 우려가 있는 것

(16) 무인운전

사람이 열차 안에서 직접 운전하지 아니하고 관제실에서의 원격조종에 따라 열차가 자동으로 운행되는 방식을 말한다(제2조 제18호).

3. 적용범위

철도에서의 철도차량의 운행에 관하여는 다른 법령에 특별한 규정이 있는 경우를 제외하고는 이 규칙이 정하는 바에 의한다(제3조).

4. 업무규정의 제정·개정 등

(1) 열차운행의 안전관리 및 운영에 필요한 세부기준 및 절차 제정

철도운영자 및 철도시설관리자(이하 "철도운영자등"이라 한다)는 이 규칙에서 정하지 아니한 사항이나 지역별로 상이한 사항 등 열차운행의 안전관리 및 운영에 필요한 세부기준 및 절차를 이 규칙의 범위 안에서 따로 정할 수 있다(제4조 제1항).

(2) 사전협의

철도운영자등은 다음의 경우에는 이와 관련된 다른 철도운영자등과 사전에 협의해야 한다(제4조 제2항).

① 다른 철도운영자등이 관리하는 구간에서 열차를 운행하려는 경우
② 열차 운행과 관련하여 업무규정을 제정·개정하는 경우

5. 철도운영자등의 책무

철도운영자등은 열차 또는 차량을 운행함에 있어 철도사고를 예방하고 여객과 화물을 안전하고 원활하게 운송할 수 있도록 필요한 조치를 하여야 한다(제5조).

제2장 철도종사자 등

1. 교육 및 훈련 등

(1) 철도종사자 업무능력의 확인

철도운영자등은 다음의 어느 하나에 해당하는 사람에게 「철도안전법」 등 관계 법령에 따라 필요한 교육을 실시해야 하고, 해당 철도종사자 등이 업무 수행에 필요한 지식과 기능을 보유한 것을 확인한 후 업무를 수행하도록 해야 한다(제6조 제1항).

① 철도차량의 운전업무에 종사하는 사람(운전업무종사자)
② 철도차량운전업무를 보조하는 사람(운전업무보조자)
③ 철도차량의 운행을 집중 제어·통제·감시하는 업무에 종사하는 사람(관제업무종사자)
④ 여객에게 승무 서비스를 제공하는 사람(여객승무원)
⑤ 운전취급담당자
⑥ 철도차량을 연결·분리하는 업무를 수행하는 사람
⑦ 원격제어가 가능한 장치로 입환 작업을 수행하는 사람

(2) 안전관리체계 수립

철도운영자등은 운전업무종사자, 운전업무보조자 및 여객승무원이 철도차량에 탑승하기 전 또는 철도차량의 운행중에 필요한 사항에 대한 보고·지시 또는 감독 등을 적절히 수행할 수 있도록 안전관리체계를 갖추어야 한다(제6조 제2항).

(3) 과로 등 업무금지

철도운영자 등은 업무를 수행하는 자가 과로 등으로 인하여 당해 업무를 적절히 수행하기 어렵다고 판단되는 경우에는 그 업무를 수행하도록 하여서는 아니된다(제6조 제3항).

2. 열차에 탑승하여야 하는 철도종사자

(1) 안내, 방호, 조작, 전호를 수행하는 자의 탑승

열차에는 운전업무종사자와 여객승무원을 탑승시켜야 한다. 다만, 해당 선로의 상태, 열차에 연결되는 차량의 종류, 철도차량의 구조 및 장치의 수준 등을 고려하여 열차운행의 안전에 지장이 없다고 인정되는 경우에는 운전업무종사자 외의 다른 철도종사자를 탑승시키지 않거나 인원을 조정할 수 있다(제7조 제1항).

(2) 예 외

무인운전의 경우에는 운전업무종사자를 탑승시키지 않을 수 있다(제7조 제2항).

제3장 적재제한 등

1. 차량의 적재 제한 등

① 차량에 화물을 적재할 경우에는 차량의 구조와 설계강도 등을 고려하여 허용할 수 있는 최대적재량을 초과하지 않도록 해야 한다(제8조 제1항).
② 차량에 화물을 적재할 경우에는 중량의 부담을 균등히 해야 하며, 운전 중의 흔들림으로 인하여 무너지거나 넘어질 우려가 없도록 해야 한다(제8조 제2항).
③ 차량에는 차량한계(차량의 길이, 너비 및 높이의 한계)를 초과하여 화물을 적재·운송해서는 안 된다. 다만, 열차의 안전운행에 필요한 조치를 하는 경우에는 차량한계를 초과하는 화물(특대화물)을 운송할 수 있다(제8조 제3항).
④ 차량의 화물 적재 제한 등에 필요한 세부사항은 국토교통부장관이 정하여 고시한다(제8조 제4항).

2. 특대화물의 수송

철도운영자등은 특대화물을 운송하려는 경우에는 사전에 해당 구간에 열차운행에 지장을 초래하는 장애물이 있는지 등을 조사·검토한 후 운송해야 한다(제9조).

제4장 열차의 운전

1. 열차의 조성

(1) 열차의 최대연결차량수 등

열차의 최대연결차량수는 이를 조성하는 동력차의 견인력, 차량의 성능·차체(Frame) 등 차량의 구조 및 연결장치의 강도와 운행선로의 시설현황에 따라 이를 정하여야 한다(제10조).

(2) 동력차의 연결위치

열차의 운전에 사용하는 동력차는 열차의 맨 앞에 연결하여야 한다. 다만, 다음의 어느 하나에 해당하는 경우에는 그러하지 아니하다(제11조).

① 기관차를 2 이상 연결한 경우로서 열차의 맨 앞에 위치한 기관차에서 열차를 제어하는 경우
② 보조기관차를 사용하는 경우
③ 선로 또는 열차에 고장이 있는 경우
④ 구원열차·제설열차·공사열차 또는 시험운전열차를 운전하는 경우
⑤ 정거장과 그 정거장 외의 본선 도중에서 분기하는 측선과의 사이를 운전하는 경우
⑥ 그 밖에 특별한 사유가 있는 경우

(3) 여객열차의 연결제한

① 여객열차에는 화차를 연결할 수 없다. 다만, 회송의 경우와 그 밖에 특별한 사유가 있는 경우에는 그러하지 아니하다(제12조 제1항).
② 화차를 연결하는 경우에는 화차를 객차의 중간에 연결하여서는 아니된다(제12조 제2항).
③ 파손차량, 동력을 사용하지 아니하는 기관차 또는 2차량 이상에 무게를 부담시킨 화물을 적재한 화차는 이를 여객열차에 연결하여서는 아니된다(제12조 제3항).

(4) 열차의 운전위치

① 열차는 운전방향 맨 앞 차량의 운전실에서 운전하여야 한다(제13조 제1항).
② 다음의 어느 하나에 해당하는 경우에는 운전방향 맨 앞 차량의 운전실 외에서도 열

차를 운전할 수 있다(제13조 제2항).

㉠ 철도종사자가 차량의 맨 앞에서 전호를 하는 경우로서 그 전호에 의하여 열차를 운전하는 경우
㉡ 선로·전차선로 또는 차량에 고장이 있는 경우
㉢ 공사열차·구원열차 또는 제설열차를 운전하는 경우
㉣ 정거장과 그 정거장 외의 본선 도중에서 분기하는 측선과의 사이를 운전하는 경우
㉤ 철도시설 또는 철도차량을 시험하기 위하여 운전하는 경우
㉥ 사전에 정한 특정한 구간을 운전하는 경우
㉦ 무인운전을 하는 경우
㉧ 그 밖에 부득이한 경우로서 운전방향 맨 앞 차량의 운전실에서 운전하지 아니하여도 열차의 안전한 운전에 지장이 없는 경우

(5) 열차의 제동장치

2량 이상의 차량으로 조성하는 열차에는 모든 차량에 연동하여 작용하고 차량이 분리되었을 때 자동으로 차량을 정차시킬 수 있는 제동장치를 구비하여야 한다. 다만, 다음의 어느 하나에 해당하는 경우에는 그러하지 아니하다(제14조).

① 정거장에서 차량을 연결·분리하는 작업을 하는 경우
② 차량을 정지시킬 수 있는 인력을 배치한 구원열차 및 공사열차의 경우
③ 그 밖에 차량이 분리된 경우에도 다른 차량에 충격을 주지 아니하도록 안전조치를 취한 경우

(6) 열차의 제동력

① 열차는 선로의 굴곡정도 및 운전속도에 따라 충분한 제동능력을 갖추어야 한다(제15조 제1항).
② 철도운영자등은 연결축수(연결된 차량의 차축 총수를 말한다)에 대한 제동축수(소요 제동력을 작용시킬 수 있는 차축의 총수를 말한다)의 비율(제동축비율)이 100이 되도록 열차를 조성하여야 한다. 다만, 긴급상황 발생 등으로 인하여 열차를 조성하는 경우 등 부득이한 사유가 있는 경우에는 그러하지 아니하다(제15조 제2항).
③ 열차를 조성하는 경우에는 모든 차량의 제동력이 균등하도록 차량을 배치하여야 한다. 다만, 고장 등으로 인하여 일부 차량의 제동력이 작용하지 아니하는 경우에는 제동축비율에 따라 운전속도를 감속하여야 한다(제15조 제3항).

(7) 완급차의 연결

① 관통제동기를 사용하는 열차의 맨 뒤(추진운전의 경우에는 맨 앞)에는 완급차를 연결하여야 한다. 다만, 화물열차에는 완급차를 연결하지 아니할 수 있다(제16조 제1항).

② 군전용열차 또는 위험물을 운송하는 열차 등 열차승무원이 반드시 탑승하여야 할 필요가 있는 열차에는 완급차를 연결하여야 한다(제16조 제2항).

(8) 제동장치의 시험

열차를 조성하거나 열차의 조성을 변경한 경우에는 당해 열차를 운행하기 전에 제동장치를 시험하여 정상작동여부를 확인하여야 한다(제17조).

2. 열차의 운전

(1) 철도신호와 운전의 관계

철도차량은 신호・전호 및 표지가 표시하는 조건에 따라 운전하여야 한다(제18조).

(2) 정거장의 경계

철도운영자등은 정거장 내・외에서 운전취급을 달리하는 경우 이를 내・외로 구분하여 운영하고 그 경계지점과 표시방식을 지정하여야 한다(제19조).

(3) 열차의 운전방향 지정 등

① 철도운영자등은 상행선・하행선 등으로 노선이 구분되는 선로의 경우에는 열차의 운행방향을 미리 지정하여야 한다(제20조 제1항).

② 다음의 어느 하나에 해당되는 경우에는 지정된 선로의 반대선로로 열차를 운행할 수 있다(제20조 제2항).

㉠ 철도운영자등과 상호 협의된 방법에 따라 열차를 운행하는 경우
㉡ 정거장내의 선로를 운전하는 경우
㉢ 공사열차・구원열차 또는 제설열차를 운전하는 경우
㉣ 정거장과 그 정거장 외의 본선 도중에서 분기하는 측선과의 사이를 운전하는 경우
㉤ 입환운전을 하는 경우
㉥ 선로 또는 열차의 시험을 위하여 운전하는 경우
㉦ 퇴행(退行)운전을 하는 경우
㉧ 양방향 신호설비가 설치된 구간에서 열차를 운전하는 경우

㉾ 철도사고 또는 운행장애(이하 "철도사고등"이라 한다)의 수습 또는 선로보수공사 등으로 인하여 부득이하게 지정된 선로방향을 운행할 수 없는 경우

③ 철도운영자등은 반대선로로 운전하는 열차가 있는 경우 후속 열차에 대한 운행통제 등 필요한 안전조치를 하여야 한다(제20조 제3항).

(4) 정거장외 본선의 운전

차량은 이를 열차로 하지 아니하면 정거장외의 본선을 운전할 수 없다. 다만, 입환작업을 하는 경우에는 그러하지 아니하다(제21조).

(5) 열차의 정거장외 정차금지

열차는 정거장외에서는 정차하여서는 아니된다. 다만, 다음의 어느 하나에 해당하는 경우에는 그러하지 아니하다(제22조).

① 경사도가 1000분의 30 이상인 급경사 구간에 진입하기 전의 경우
② 정지신호의 현시(現示)가 있는 경우
③ 철도사고 등이 발생하거나 철도사고 등의 발생 우려가 있는 경우
④ 그 밖에 철도안전을 위하여 부득이 정차하여야 하는 경우

(6) 열차의 운행시각

철도운영자등은 정거장에서의 열차의 출발·통과 및 도착의 시각을 정하고 이에 따라 열차를 운행하여야 한다. 다만, 긴급하게 임시열차를 편성하여 운행하는 경우 등 부득이한 경우에는 그러하지 아니하다(제23조).

(7) 운전정리

철도사고 등의 발생 등으로 인하여 열차가 지연되어 열차의 운행일정의 변경이 발생하여 열차운행상 혼란이 발생한 때에는 열차의 종류·등급·목적지 및 연계수송 등을 고려하여 운전정리를 행하고, 정상운전으로 복귀되도록 하여야 한다(제24조).

(8) 열차 출발시의 사고방지

철도운영자등은 열차를 출발시키는 경우 여객이 객차의 출입문에 끼었는지의 여부, 출입문의 닫힘 상태 등을 확인하는 등 여객의 안전을 확보할 수 있는 조치를 하여야 한다(제25조).

(9) 열차의 퇴행 운전

① 열차는 퇴행하여서는 아니된다. 다만, 다음의 어느 하나에 해당하는 경우에는 그러하지 아니하다(제26조 제1항).
㉠ 선로·전차선로 또는 차량에 고장이 있는 경우
㉡ 공사열차·구원열차 또는 제설열차가 작업상 퇴행할 필요가 있는 경우
㉢ 뒤의 보조기관차를 활용하여 퇴행하는 경우
㉣ 철도사고 등의 발생 등 특별한 사유가 있는 경우
② 퇴행하는 경우에는 다른 열차 또는 차량의 운전에 지장이 없도록 조치를 취하여야 한다(제26조 제2항).

(10) 열차의 재난방지

철도운영자등은 폭풍우·폭설·홍수·지진·해일 등으로 열차에 재난 또는 위험이 발생할 우려가 있는 경우에는 그 상황을 고려하여 열차운전을 일시 중지하거나 운전속도를 제한하는 등의 재난·위험방지 조치를 강구해야 한다(제27조).

(11) 열차의 동시 진출·입 금지

2 이상의 열차가 정거장에 진입하거나 정거장으로부터 진출하는 경우로서 열차 상호간 그 진로에 지장을 줄 염려가 있는 경우에는 2 이상의 열차를 동시에 정거장에 진입시키거나 진출시킬 수 없다. 다만, 다음의 어느 하나에 해당하는 경우에는 그러하지 아니하다(제28조).

① 안전측선·탈선선로전환기·탈선기가 설치되어 있는 경우
② 열차를 유도하여 서행으로 진입시키는 경우
③ 단행기관차로 운행하는 열차를 진입시키는 경우
④ 다른 방향에서 진입하는 열차들이 출발신호기 또는 정차위치로부터 200미터(동차·전동차의 경우에는 150미터) 이상의 여유거리가 있는 경우
⑤ 동일방향에서 진입하는 열차들이 각 정차위치에서 100미터 이상의 여유거리가 있는 경우

(12) 열차의 긴급정지 등

철도사고 등이 발생하여 열차를 급히 정지시킬 필요가 있는 경우에는 지체없이 정지신호를 표시하는 등 열차정지에 필요한 조치를 취하여야 한다(제29조).

(13) 선로의 일시 사용중지

① 선로의 개량 또는 보수 등으로 열차의 운행에 지장을 주는 작업이나 공사가 진행 중인 구간에는 작업이나 공사 관계 차량 외의 열차 또는 철도차량을 진입시켜서는 안 된다(제30조 제1항).

② 작업 또는 공사가 완료된 경우에는 열차의 운행에 지장이 없는 지를 확인하고 열차를 운행시켜야 한다(제30조 제2항).

(14) 구원열차 요구 후 이동금지

① 철도사고 등의 발생으로 인하여 정거장외에서 열차가 정차하여 구원열차를 요구하였거나 구원열차 운전의 통보가 있는 경우에는 당해 열차를 이동하여서는 아니된다. 다만, 다음의 어느 하나에 해당하는 경우에는 그러하지 아니하다(제31조 제1항).

㉠ 철도사고 등이 확대될 염려가 있는 경우

㉡ 응급작업을 수행하기 위하여 다른 장소로 이동이 필요한 경우

② 철도종사자는 열차나 철도차량을 이동시키는 경우에는 지체없이 구원열차의 운전업무종사자와 관제업무종사자 또는 운전취급담당자에게 그 이동 내용과 이동 사유를 통보하고, 열차의 방호를 위한 정지수신호 등 안전조치를 취해야 한다(제31조 제2항).

(15) 화재발생시의 운전

① 열차에 화재가 발생한 경우에는 조속히 소화의 조치를 하고 여객을 대피시키거나 화재가 발생한 차량을 다른 차량에서 격리시키는 등의 필요한 조치를 하여야 한다(제32조 제1항).

② 열차에 화재가 발생한 장소가 교량 또는 터널 안인 경우에는 우선 철도차량을 교량 또는 터널 밖으로 운전하는 것을 원칙으로 하고, 지하구간인 경우에는 가장 가까운 역 또는 지하구간 밖으로 운전하는 것을 원칙으로 한다(제32조 제2항).

(16) 무인운전 시의 안전확보 등

열차를 무인운전하는 경우에는 다음의 사항을 준수해야 한다(제32조의2).

① 철도운영자등이 지정한 철도종사자는 차량을 차고에서 출고하기 전 또는 무인운전 구간으로 진입하기 전에 운전방식을 무인운전 모드(mode)로 전환하고, 관제업무종사자로부터 무인운전 기능을 확인받을 것

② 관제업무종사자는 열차의 운행상태를 실시간으로 감시하고 필요한 조치를 할 것

③ 관제업무종사자는 열차가 정거장의 정지선을 지나쳐서 정차한 경우 다음의 조치를 할 것
  ㉠ 후속 열차의 해당 정거장 진입 차단
  ㉡ 철도운영자등이 지정한 철도종사자를 해당 열차에 탑승시켜 수동으로 열차를 정지선으로 이동
  ㉢ ㉡의 조치가 어려운 경우 해당 열차를 다음 정거장으로 재출발
④ 철도운영자등은 여객의 승하차 시 안전을 확보하고 시스템 고장 등 긴급상황에 신속하게 대처하기 위하여 정거장 등에 안전요원을 배치하거나 순회하도록 할 것

(17) 특수목적열차의 운전

철도운영자등은 특수한 목적으로 열차의 운행이 필요한 경우에는 당해 특수목적열차의 운행계획을 수립·시행하여야 한다(제33조).

3. 열차의 운전속도

(1) 열차의 운전 속도

① 열차는 선로 및 전차선로의 상태, 차량의 성능, 운전방법, 신호의 조건 등에 따라 안전한 속도로 운전하여야 한다(제34조 제1항).
② 철도운영자등은 다음을 고려하여 선로의 노선별 및 차량의 종류별로 열차의 최고속도를 정하여 운용하여야 한다(제34조 제2항).
  ㉠ 선로에 대하여는 선로의 굴곡의 정도 및 선로전환기의 종류와 구조
  ㉡ 전차선에 대하여는 가설방법별 제한속도

(2) 운전방법 등에 의한 속도제한

철도운영자등은 다음의 어느 하나에 해당하는 경우에는 열차 또는 차량의 운전제한속도를 따로 정하여 시행하여야 한다(제35조).

① 서행신호 현시구간을 운전하는 경우
② 추진운전을 하는 경우(총괄제어법에 따라 열차의 맨 앞에서 제어하는 경우를 제외한다)
③ 열차를 퇴행운전을 하는 경우
④ 쇄정(鎖錠)되지 않은 선로전환기를 대향(對向)으로 운전하는 경우
⑤ 입환운전을 하는 경우
⑥ 전령법(傳令法)에 의하여 열차를 운전하는 경우

⑦ 수신호 현시구간을 운전하는 경우
⑧ 지령운전을 하는 경우
⑨ 무인운전 구간에서 운전업무종사자가 탑승하여 운전하는 경우
⑩ 그 밖에 철도안전을 위하여 필요하다고 인정되는 경우

(3) 열차 또는 차량의 정지

① 열차 또는 차량은 정지신호가 현시된 경우에는 그 현시지점을 넘어서 진행할 수 없다. 다만, 다음의 어느 하나에 해당하는 경우에는 그러하지 아니하다(제36조 제1항).
㉠ 수신호에 의하여 정지신호의 현시가 있는 경우
㉡ 신호기 고장 등으로 인하여 정지가 불가능한 거리에서 정지신호의 현시가 있는 경우
② 자동폐색신호기의 정지신호에 의하여 일단 정지한 열차 또는 차량은 정지신호 현시중이라도 운전속도의 제한 등 안전조치에 따라 서행하여 그 현시지점을 넘어서 진행할 수 있다(제36조 제2항).
③ 서행허용표지를 추가하여 부설한 자동폐색신호기가 정지신호를 현시하는 때에는 정지신호 현시중이라도 정지하지 아니하고 운전속도의 제한 등 안전조치에 따라 서행하여 그 현시지점을 넘어서 진행할 수 있다(제36조 제3항).

(4) 열차 또는 차량의 진행

열차 또는 차량은 진행을 지시하는 신호가 현시된 때에는 신호종류별 지시에 따라 지정속도 이하로 그 지점을 지나 다음 신호가 있는 지점까지 진행할 수 있다(제37조).

(5) 열차 또는 차량의 서행

① 열차 또는 차량은 서행신호의 현시가 있을 때에는 그 속도를 감속하여야 한다(제38조 제1항).
② 열차 또는 차량이 서행해제신호가 있는 지점을 통과한 때에는 정상속도로 운전할 수 있다(제38조 제2항).

4. 입 환

(1) 입 환

① 철도운영자등은 입환작업을 하려면 다음의 사항을 포함한 입환작업계획서를 작성하여 기관사, 운전취급담당자, 입환작업자에게 배부하고 입환작업에 대한 교육을 실시

하여야 한다. 다만, 단순히 선로를 변경하기 위하여 이동하는 입환의 경우에는 입환작업계획서를 작성하지 아니할 수 있다(제39조 제1항).

㉠ 작업 내용
㉡ 대상 차량
㉢ 입환 작업 순서
㉣ 작업자별 역할
㉤ 입환전호 방식
㉥ 입환 시 사용할 무선채널의 지정
㉦ 그 밖에 안전조치사항

② 입환작업자(기관사를 포함한다)는 차량과 열차를 입환하는 경우 다음의 기준에 따라야 한다(제39조 제2항).

㉠ 차량과 열차가 이동하는 때에는 차량을 분리하는 입환작업을 하지 말 것
㉡ 입환 시 다른 열차의 운행에 지장을 주지 않도록 할 것
㉢ 여객이 승차한 차량이나 화약류 등 위험물을 적재한 차량에 대하여는 충격을 주지 않도록 할 것

(2) 선로전환기의 쇄정 및 정위치 유지

① 본선의 선로전환기는 이와 관계된 신호기와 그 진로내의 선로전환기를 연동쇄정하여 사용하여야 한다. 다만, 상시 쇄정되어 있는 선로전환기 또는 취급회수가 극히 적은 배향(背向)의 선로전환기의 경우에는 그러하지 아니하다(제40조 제1항).

② 쇄정되지 아니한 선로전환기를 대향으로 통과할 때에는 쇄정기구를 사용하여 텅레일(Tongue Rail)을 쇄정하여야 한다(제40조 제2항).

③ 선로전환기를 사용한 후에는 지체없이 미리 정하여진 위치에 두어야 한다(제40조 제3항).

(3) 차량의 정차시 조치

차량을 측선 등에 정차시켜 두는 경우에는 차량이 움직이지 아니하도록 필요한 조치를 하여야 한다(제41조).

(4) 열차의 진입과 입환

① 다른 열차가 정거장에 진입할 시각이 임박한 때에는 다른 열차에 지장을 줄 수 있는 입환을 할 수 없다. 다만, 다른 열차가 진입할 수 없는 경우 등 긴급하거나 부득이한 경우에는 그러하지 아니하다(제42조 제1항).

② 열차의 도착 시각이 임박한 때에는 그 열차가 정차 예정인 선로에서는 입환을 할 수 없다. 다만, 열차의 운전에 지장을 주지 아니하도록 안전조치를 한 후에는 그러하지 아니하다(제42조 제2항).

(5) 정거장외 입환

다른 열차가 인접정거장 또는 신호소를 출발한 후에는 그 열차에 대한 장내신호기의 바깥쪽에 걸친 입환을 할 수 없다. 다만, 특별한 사유가 있는 경우로서 충분한 안전조치를 한 때에는 그러하지 아니하다(제43조).

(6) 인력입환

본선을 이용하는 입력입환은 관제업무종사자 또는 운전취급담당자의 승인을 받아야 하며, 운전취급담당자는 그 작업을 감시해야 한다(제45조).

제5장 열차간의 안전확보

1. 총 칙

(1) 열차간의 안전 확보

① 열차는 열차간의 안전을 확보할 수 있도록 다음의 어느 하나의 방법으로 운전해야 한다. 다만, 정거장 내에서 철도신호의 현시·표시 또는 그 정거장의 운전을 관리하는 사람의 지시에 따라 운전하는 경우에는 그렇지 않다(제46조 제1항).
   ㉠ 폐색에 의한 방법
   ㉡ 열차간의 간격을 확보하는 장치(열차제어장치)에 의한 방법
   ㉢ 시계운전에 의한 방법

② 단선구간에서 폐색을 한 경우 상대역의 열차가 동시에 당해 구간에 진입하도록 하여서는 아니된다(제46조 제2항).

③ 구원열차를 운전하는 경우 또는 공사열차가 있는 구간에서 다른 공사열차를 운전하는 등의 특수한 경우로서 열차운행의 안전을 확보할 수 있는 조치를 취한 경우에는 ① 및 ②의 규정에 의하지 아니할 수 있다(제46조 제3항).

(2) 진행지시신호의 금지

열차 또는 차량의 진로에 지장이 있는 경우에는 이에 대하여 진행을 지시하는 신호를 현시할 수 없다(제47조).

(3) 열차의 방호

① 철도운영자등은 철도사고등이 발생하여 인접 선로의 열차 운행에 지장을 주는 등 다른 열차의 정차가 필요한 경우에는 방호 조치를 해야 한다(제47조의2 제1항).
② 운전업무종사자는 다른 열차의 방호 조치를 확인한 경우 즉시 열차를 정차해야 한다다(제47조의2 제2항).

2. 폐색에 의한 방법

(1) 폐색에 의한 방법

폐색에 의한 방법을 사용하는 경우에는 당해 열차의 진로상에 있는 폐색구간의 조건에 따라 신호를 현시하거나 다른 열차의 진입을 방지할 수 있어야 한다(제48조).

(2) 폐색에 의한 열차 운행

① 폐색에 의한 방법으로 열차를 운행하는 경우에는 본선을 폐색구간으로 분할하여야 한다. 다만, 정거장내의 본선은 이를 폐색구간으로 하지 아니할 수 있다(제49조 제1항).
② 하나의 폐색구간에는 둘 이상의 열차를 동시에 운행할 수 없다. 다만, 다음에 해당하는 경우에는 그렇지 않다(제49조 제2항).
　㉠ 열차를 진입시키려는 경우
　㉡ 고장열차가 있는 폐색구간에 구원열차를 운전하는 때
　㉢ 선로가 불통된 구간에 공사열차를 운전하는 때
　㉣ 폐색구간에서 뒤의 보조기관차를 열차로부터 떼었을 때
　㉤ 열차가 정차되어 있는 폐색구간으로 다른 열차를 유도하는 때
　㉥ 폐색에 의한 방법으로 운전을 하고 있는 열차를 자동열차제어장치에 의한 방법 또는 시계운전이 가능한 노선에서 열차를 서행하여 운전하는 때
　㉦ 그 밖에 특별한 사유가 있는 때

(3) 폐색방식의 구분(제50조)

① **상용(常用)폐색방식** : 자동폐색식 · 연동폐색식 · 차내신호폐색식 · 통표폐색식

② 대용(代用)폐색방식 : 통신식 · 지도통신식 · 지도식 · 지령식

(4) 자동폐색장치의 기능

자동폐색식을 시행하는 폐색구간의 폐색신호기 · 장내신호기 및 출발신호기는 다음의 기능을 갖추어야 한다(제51조).

① 폐색구간에 열차 또는 차량이 있을 때에는 자동으로 정지신호를 현시할 것
② 폐색구간에 있는 선로전환기가 정당한 방향으로 개통되지 아니한 때 또는 분기선 및 교차점에 있는 차량이 폐색구간에 지장을 줄 때에는 자동으로 정지신호를 현시할 것
③ 폐색장치에 고장이 있을 때에는 자동으로 정지신호를 현시할 것
④ 단선구간에 있어서는 하나의 방향에 대하여 진행을 지시하는 신호를 현시한 때에는 그 반대방향의 신호기는 자동으로 정지신호를 현시할 것

(5) 연동폐색장치의 구비조건

연동폐색식을 시행하는 폐색구간 양끝의 정거장 또는 신호소에는 다음의 기능을 갖춘 연동폐색기를 설치해야 한다(제52조).

① 신호기와 연동하여 자동으로 다음의 표시를 할 수 있을 것
 ㉠ 폐색구간에 열차 있음
 ㉡ 폐색구간에 열차 없음
② 열차가 폐색구간에 있을 때에는 그 구간의 신호기에 진행을 지시하는 신호를 현시할 수 없을 것
③ 폐색구간에 진입한 열차가 그 구간을 통과한 후가 아니면 "폐색구간에 열차 있음"의 표시를 변경할 수 없을 것
④ 단선구간에 있어서 하나의 방향에 대하여 폐색이 이루어지면 그 반대방향의 신호기는 자동으로 정지신호를 현시할 것

(6) 열차를 연동폐색구간에 진입시킬 경우의 취급

① 열차를 폐색구간에 진입시키려는 경우에는 폐색구간에 열차 없음 표시를 확인하고 전방의 정거장 또는 신호소의 승인을 받아야 한다(제53조 제1항).
② 승인은 폐색구간에 열차 있음의 표시로 해야 한다(제53조 제2항).
③ 폐색구간에 열차 또는 차량이 있을 때에는 승인을 할 수 없다(제53조 제3항).

(7) 차내신호폐색장치의 기능

차내신호폐색식을 시행하는 구간의 차내신호는 다음의 경우에는 자동으로 정지신호를 현시하는 기능을 갖추어야 한다(제54조).

① 폐색구간에 열차 또는 다른 차량이 있는 경우
② 폐색구간에 있는 선로전환기가 정당한 방향에 있지 아니한 경우
③ 다른 선로에 있는 열차 또는 차량이 폐색구간을 진입하고 있는 경우
④ 열차제어장치의 지상장치에 고장이 있는 경우
⑤ 열차 정상운행선로의 방향이 다른 경우

(8) 통표폐색장치의 기능 등

① 통표폐색식을 시행하는 폐색구간 양끝의 정거장 또는 신호소에는 다음의 기능을 갖춘 통표폐색장치를 설치해야 한다(제55조 제1항).
  ㉠ 통표는 폐색구간 양끝의 정거장 또는 신호소에서 협동하여 취급하지 아니하면 이를 꺼낼 수 없을 것
  ㉡ 폐색구간 양끝에 있는 통표폐색기에 넣은 통표는 1개에 한하여 꺼낼 수 있으며, 꺼낸 통표를 통표폐색기에 넣은 후가 아니면 다른 통표를 꺼내지 못하는 것일 것
  ㉢ 인접 폐색구간의 통표는 넣을 수 없는 것일 것
② 통표폐색기에는 그 구간 전용의 통표만을 넣어야 한다(제55조 제2항).
③ 인접폐색구간의 통표는 그 모양을 달리하여야 한다(제55조 제3항).
④ 열차는 당해 구간의 통표를 휴대하지 아니하면 그 구간을 운전할 수 없다. 다만, 특별한 사유가 있는 경우에는 그러하지 아니하다(제55조 제4항).

(9) 열차를 통표폐색구간에 진입시킬 경우의 취급

① 열차를 통표폐색구간에 진입시키려는 경우에는 폐색구간에 열차가 없는 것을 확인하고 운행하려는 방향의 정거장 또는 신호소 운전취급담당자의 승인을 받아야 한다(제56조 제1항).
② 열차의 운전에 사용하는 통표는 통표폐색기에 넣은 후가 아니면 이를 다른 열차의 운전에 사용할 수 없다. 다만, 고장열차가 있는 폐색구간에 구원열차를 운전하는 경우 등 특별한 사유가 있는 경우에는 그러하지 아니하다(제56조 제2항).

(10) 통신식 대용폐색 방식의 통신장치

통신식을 시행하는 구간에는 전용의 통신설비를 설치하여야 한다. 다만, 다음의 어느

하나에 해당하는 경우에는 다른 통신설비로서 이를 대신할 수 있다(제57조).

① 운전이 한산한 구간인 경우
② 전용의 통신설비에 고장이 있는 경우
③ 철도사고 등의 발생 그 밖에 부득이한 사유로 인하여 전용의 통신설비를 설치할 수 없는 경우

(11) 열차를 통신식 폐색구간에 진입시킬 경우의 취급

① 열차를 통신식 폐색구간에 진입시키려는 경우에는 관제업무종사자 또는 운전취급담당자의 승인을 받아야 한다(제58조 제1항).
② 관제업무종사자 또는 운전취급담당자는 폐색구간에 열차 또는 차량이 없음을 확인한 경우에만 열차의 진입을 승인할 수 있다(제58조 제2항).

(12) 지도통신식의 시행

① 지도통신식을 시행하는 구간에는 폐색구간 양끝의 정거장 또는 신호소의 통신설비를 사용하여 서로 협의한 후 시행한다(제59조 제1항).
② 지도통신식을 시행하는 경우 폐색구간 양끝의 정거장 또는 신호소가 서로 협의한 후 지도표를 발행하여야 한다(제59조 제2항).
③ 지도표는 1폐색구간에 1매로 한다(제59조 제3항).

(13) 지도표와 지도권의 사용구별

① 지도통신식을 시행하는 구간에서 동일방향의 폐색구간으로 진입시키고자 하는 열차가 하나뿐인 경우에는 지도표를 교부하고, 연속하여 2 이상의 열차를 동일방향의 폐색구간으로 진입시키고자 하는 경우에는 최후의 열차에 대하여는 지도표를, 나머지 열차에 대하여는 지도권을 교부한다(제60조 제1항).
② 지도권은 지도표를 가지고 있는 정거장 또는 신호소에서 서로 협의를 한 후 발행하여야 한다(제60조 제2항).

(14) 열차를 지도통신식 폐색구간에 진입시킬 경우의 취급

열차는 당해구간의 지도표 또는 지도권을 휴대하지 아니하면 그 구간을 운전할 수 없다. 다만, 고장열차가 있는 폐색구간에 구원열차를 운전하는 경우 등 특별한 사유가 있는 경우에는 그러하지 아니하다(제61조).

(15) 지도표 · 지도권의 기입사항

① 지도표에는 그 구간 양끝의 정거장명 · 발행일자 및 사용열차번호를 기입하여야 한다(제62조 제1항).

② 지도권에는 사용구간 · 사용열차 · 발행일자 및 지도표 번호를 기입하여야 한다(제62조 제2항).

(16) 지도식의 시행

지도식은 철도사고등의 수습 또는 선로보수공사 등으로 현장과 가장 가까운 정거장 또는 신호소간을 1폐색구간으로 하여 열차를 운전하는 경우에 후속열차를 운전할 필요가 없을 때에 한하여 시행한다(제63조).

(17) 지도표의 발행

① 지도식을 시행하는 구간에는 지도표를 발행하여야 한다(제64조 제1항).

② 지도표는 1폐색구간에 1매로 하며, 열차는 당해구간의 지도표를 휴대하지 아니하면 그 구간을 운전할 수 없다(제64조 제2항).

(18) 지령식의 시행

① 지령식은 폐색 구간이 다음의 요건을 모두 갖춘 경우 관제업무종사자의 승인에 따라 시행한다(제64조의2 제1항).

㉠ 관제업무종사자가 열차 운행을 감시할 수 있을 것

㉡ 운전용 통신장치 기능이 정상일 것

② 관제업무종사자는 지령식을 시행하는 경우 다음 각 호의 사항을 준수해야 한다(제64조의2 제2항).

㉠ 지령식을 시행할 폐색구간의 경계를 정할 것

㉡ 지령식을 시행할 폐색구간에 열차나 철도차량이 없음을 확인할 것

㉢ 지령식을 시행하는 폐색구간에 진입하는 열차의 기관사에게 승인번호, 시행구간, 운전속도 등 주의사항을 통보할 것

3. 열차제어장치에 의한 방법

(1) 열차제어장치에 의한 방법

열차간의 간격을 자동으로 확보하는 열차제어장치는 운행하는 열차와 동일 진로상의 다

른 열차와의 간격 및 선로 등의 조건에 따라 자동으로 해당 열차를 감속시키거나 정지시킬 수 있어야 한다(제65조).

(2) 열차제어장치의 종류

열차제어장치는 다음과 같이 구분한다(제66조).

① 열차자동정지장치(ATS, Automatic Train Stop)
② 열차자동제어장치(ATC, Automatic Train Control)
③ 열차자동방호장치(ATP, Automatic Train Protection)

(3) 열차제어장치의 기능

① 열차자동정지장치는 열차의 속도가 지상에 설치된 신호기의 현시 속도를 초과하는 경우 열차를 자동으로 정지시킬 수 있어야 한다(제67조 제1항).
② 열차자동제어장치 및 열차자동방호장치는 다음의 기능을 갖추어야 한다(제67조 제2항).
  ㉠ 운행 중인 열차를 선행열차와의 간격, 선로의 굴곡, 선로전환기 등 운행 조건에 따라 제어정보가 지시하는 속도로 자동으로 감속시키거나 정지시킬 수 있을 것
  ㉡ 장치의 조작 화면에 열차제어정보에 따른 운전 속도와 열차의 실제 속도를 실시간으로 나타내 줄 것
  ㉢ 열차를 정지시켜야 하는 경우 자동으로 제동장치를 작동하여 정지목표에 정지할 수 있을 것

4. 시계운전에 의한 방법

(1) 시계운전에 의한 방법

① 시계운전에 의한 방법은 신호기 또는 통신장치의 고장 등으로 상용폐색방식 및 대용폐색방식 외의 방법으로 열차를 운전할 필요가 있는 경우에 한하여 시행하여야 한다(제70조 제1항).
② 철도차량의 운전속도는 전방 가시거리 범위 내에서 열차를 정지시킬 수 있는 속도 이하로 운전하여야 한다(제70조 제2항).
③ 동일 방향으로 운전하는 열차는 선행 열차와 충분한 간격을 두고 운전하여야 한다(제70조 제2항).

(2) 단선구간에서의 시계운전

단선구간에서는 하나의 방향으로 열차를 운전하는 때에 반대방향의 열차를 운전시키지 아니하는 등 사고예방을 위한 안전조치를 하여야 한다(제71조).

(3) 시계운전에 의한 열차의 운전

시계운전에 의한 열차운전은 다음의 어느 하나의 방법으로 시행해야 한다. 다만, 협의용 단행기관차의 운행 등 철도운영자등이 특별히 따로 정한 경우에는 그렇지 않다(제72조).

① 복선운전을 하는 경우
   ㉠ 격시법
   ㉡ 전령법

② 단선운전을 하는 경우
   ㉠ 지도격시법(指導隔時法)
   ㉡ 전령법

(4) 격시법 또는 지도격시법의 시행

① 격시법 또는 지도격시법을 시행하는 경우에는 최초의 열차를 운전시키기 전에 폐색구간에 열차 또는 차량이 없음을 확인하여야 한다(제73조 제1항).

② 격시법은 폐색구간의 한끝에 있는 정거장 또는 신호소의 운전취급담당자가 시행한다(제73조 제2항).

③ 지도격시법은 폐색구간의 한끝에 있는 정거장 또는 신호소의 운전취급담당자가 적임자를 파견하여 상대의 정거장 또는 신호소 운전취급담당자와 협의한 후 시행해야 한다. 다만, 지도통신식을 시행 중인 구간에서 통신두절이 된 경우 지도표를 가지고 있는 정거장 또는 신호소에서 출발하는 최초의 열차에 대해서는 적임자를 파견하지 않고 시행할 수 있다(제73조 제3항).

(5) 전령법의 시행

① 열차 또는 차량이 정차되어 있는 폐색구간에 다른 열차를 진입시킬 때에는 전령법에 의하여 운전하여야 한다(제74조 제1항).

② 전령법은 그 폐색구간 양끝에 있는 정거장 또는 신호소의 운전취급담당자가 협의하여 이를 시행해야 한다. 다만, 다음의 어느 하나에 해당하는 경우에는 협의하지 않

고 시행할 수 있다(제74조 제2항).
㉠ 선로고장 등으로 지도식을 시행하는 폐색구간에 전령법을 시행하는 경우
㉡ 전화불통으로 협의를 할 수 없는 경우
③ ㉡에 해당하는 경우에는 당해 열차 또는 차량이 정차되어 있는 곳을 넘어서 열차 또는 차량을 운전할 수 없다(제74조 제3항).

(6) 전령자

① 전령법을 시행하는 구간에는 전령자를 선정하여야 한다(제75조 제1항).
② 전령자는 1폐색구간 1인에 한한다(제75조 제2항).
③ 전령법을 시행하는 구간에서는 당해구간의 전령자가 동승하지 아니하고는 열차를 운전할 수 없다(제75조 제4항).

제6장 철도신호

1. 총 칙

(1) 철도신호

철도의 신호는 다음과 같이 구분하여 시행한다(제76조).

① 신호는 모양·색 또는 소리 등으로 열차나 차량에 대하여 운행의 조건을 지시하는 것으로 할 것
② 전호는 모양·색 또는 소리 등으로 관계직원 상호간에 의사를 표시하는 것으로 할 것
③ 표지는 모양 또는 색 등으로 물체의 위치·방향·조건 등을 표시하는 것으로 할 것

(2) 주간 또는 야간의 신호 등

주간과 야간의 현시방식을 달리하는 신호·전호 및 표지의 경우 일출 후부터 일몰 전까지는 주간 방식으로, 일몰 후부터 다음 날 일출 전까지는 야간 방식으로 한다. 다만, 일출 후부터 일몰 전까지의 경우에도 주간 방식에 따른 신호·전호 또는 표지를 확인하기 곤란한 경우에는 야간 방식에 따른다(제77조).

(3) 지하구간 및 터널 안의 신호

지하구간 및 터널 안의 신호·전호 및 표지는 야간의 방식에 의하여야 한다. 다만, 길이가 짧아 빛이 통하는 지하구간 또는 조명시설이 설치된 터널 안 또는 지하 정거장 구내의 경우에는 그러하지 아니하다(제78조).

(4) 제한신호의 추정

① 신호를 현시할 소정의 장소에 신호의 현시가 없거나 그 현시가 정확하지 아니할 때에는 정지신호의 현시가 있는 것으로 본다(제79조 제1항).
② 상치신호기 또는 임시신호기와 수신호가 각각 다른 신호를 현시한 때에는 그 운전을 최대로 제한하는 신호의 현시에 의하여야 한다. 다만, 사전에 통보가 있을 때에는 통보된 신호에 의한다(제79조 제2항).

(5) 신호의 겸용금지

하나의 신호는 하나의 선로에서 하나의 목적으로 사용되어야 한다. 다만, 진로표시기를 부설한 신호기는 그러하지 아니하다(제80조).

2. 상치신호기

(1) 상치신호기

상치신호기는 일정한 장소에서 색등(色燈) 또는 등열(燈列)에 의하여 열차 또는 차량의 운전조건을 지시하는 신호기를 말한다(제81조).

(2) 상치신호기의 종류

상치신호기의 종류와 용도는 다음과 같다(제82조).

① 주신호기

㉠ 장내신호기 : 정거장에 진입하려는 열차에 대하여 신호를 현시하는 것
㉡ 출발신호기 : 정거장을 진출하려는 열차에 대하여 신호를 현시하는 것
㉢ 폐색신호기 : 폐색구간에 진입하려는 열차에 대하여 신호를 현시하는 것
㉣ 엄호신호기 : 특히 방호를 요하는 지점을 통과하려는 열차에 대하여 신호를 현시하는 것
㉤ 유도신호기 : 장내신호기에 정지신호의 현시가 있는 경우 유도를 받을 열차에 대

하여 신호를 현시하는 것

ⓑ 입환신호기 : 입환차량 또는 차내신호폐색식을 시행하는 구간의 열차에 대하여 신호를 현시하는 것

② 종속신호기

㉠ 원방신호기 : 장내신호기·출발신호기·폐색신호기 및 엄호신호기에 종속하여 열차에 주 신호기가 현시하는 신호의 예고신호를 현시하는 것

㉡ 통과신호기 : 출발신호기에 종속하여 정거장에 진입하는 열차에 신호기가 현시하는 신호를 예고하며, 정거장을 통과할 수 있는지에 대한 신호를 현시하는 것

㉢ 중계신호기 : 장내신호기·출발신호기·폐색신호기 및 엄호신호기에 종속하여 열차에 주 신호기가 현시하는 신호의 중계신호를 현시하는 것

③ 신호부속기

㉠ 진로표시기 : 장내신호기·출발신호기·진로개통표시기 및 입환신호기에 부속하여 열차 또는 차량에 대하여 그 진로를 표시하는 것

㉡ 진로예고기 : 장내신호기·출발신호기에 종속하여 다음 장내신호기 또는 출발신호기에 현시하는 진로를 열차에 대하여 예고하는 것

㉢ 진로개통표시기 : 차내신호기를 사용하는 본 선로의 분기부에 설치하여 진로의 개통상태를 표시하는 것

④ **차내신호** : 동력차 내에 설치하여 신호를 현시하는 것

(3) 차내신호

차내신호의 종류 및 그 제한속도는 다음과 같다(제83조).

① **정지신호** : 열차운행에 지장이 있는 구간으로 운행하는 열차에 대하여 정지하도록 하는 것

② **15신호** : 정지신호에 의하여 정지한 열차에 대한 신호로서 1시간에 15킬로미터 이하의 속도로 운전하게 하는 것

③ **야드신호** : 입환차량에 대한 신호로서 1시간에 25킬로미터 이하의 속도로 운전하게 하는 것

④ **진행신호** : 열차를 지정된 속도 이하로 운전하게 하는 것

(4) 신호현시방식

상치신호기의 현시방식은 다음과 같다(제84조).

① 장내신호기・출발신호기・폐색신호기 및 엄호신호기

종 류	신호현시방식					
	5현시	4현시	3현시	2현시		
	색등식	색등식	색등식	색등식	완목식	
					주간	야간
정지신호	적색등	적색등	적색등	적색등	완・수평	적색등
경계신호	상위 : 등황색등 하위 : 등황색등					
주의신호	등황색등	등황색등	등황색등			
감속신호	상위 : 등황색등 하위 : 녹색등	상위 : 등황색등 하위 : 녹색등				
진행신호	녹색등	녹색등	녹색등	녹색등	완・좌하향 45도	녹색등

② 유도신호기(등열식) : 백색등열 좌・하향 45도

③ 입환신호기

종 류	신호현시방식		
	등열식	색등식	
		차내신호폐색구간	그 밖의 구간
정지신호	백색등열 수평 무유도등 소등	적색등	적색등
진행신호	백색 등열 좌하향 45도 무유도등 점등	등황색등	청색등 무유도등 점등

④ 원방신호기(통과신호기를 포함한다)

종 류		신호현시방식		
		색등식	완목식	
			주간	야간
주신호기가 정지신호를 할 경우	주의신호	등황색등	완・수평	등황색등
주신호기가 진행을 지시하는 신호를 할 경우	진행신호	녹색등	완・좌하향 45도	녹색등

⑤ 중계신호기

종 류	등열식		색등식
주신호기가 정지신호를 할 경우	정지중계	백색등열(3등) 수평	적색등
주신호기기 진행을 지시하는 신호를 할 경우	제한중계	백색등열(3등) 좌하향 45도	주신획가 진행을 지시하는 색등
	진행중계	백색등열(3등) 수직	

⑥ 차내신호

종 류	신호현시방식
정지신호	적색사각형등 점등
15신호	적색원형등 점등("15" 지시)
야드신호	노란색 직사각형등과 적색원형등(25등신호) 점등
진행신호	적색원형등(해당신호등) 점등

(5) 신호현시의 기본원칙

① 별도의 작동이 없는 상태에서의 상치신호기의 기본원칙은 다음과 같다(제85조 제1항).
 ㉠ 장내신호기 : 정지신호
 ㉡ 출발신호기 : 정지신호
 ㉢ 폐색신호기(자동폐색신호기를 제외한다) : 정지신호
 ㉣ 엄호신호기 : 정지신호
 ㉤ 유도신호기 : 신호를 현시하지 아니한다.
 ㉥ 입환신호기 : 정지신호
 ㉦ 원방신호기 : 주의신호
② 자동폐색신호기 및 반자동폐색신호기는 진행을 지시하는 신호를 현시함을 기본으로 한다. 다만, 단선구간의 경우에는 정지신호를 현시함을 기본으로 한다(제85조 제2항).
③ 차내신호는 진행신호를 현시함을 기본으로 한다(제85조 제3항).

(6) 배면광 설비

상치신호기의 현시를 후면에서 식별할 필요가 있는 경우에는 배면광(背面光)을 설비하여야 한다(제86조).

(7) 신호의 배열

기둥 하나에 같은 종류의 신호 2 이상을 현시할 때에는 맨 위에 있는 것을 맨 왼쪽의 선로에 대한 것으로 하고, 순차적으로 오른쪽의 선로에 대한 것으로 한다(제87조).

(8) 신호현시의 순위

원방신호기는 그 주된 신호기가 진행신호를 현시하거나, 3위식 신호기는 그 신호기의 배면쪽 제1의 신호기에 주의 또는 진행신호를 현시하기 전에 이에 앞서 진행신호를 현시할 수 없다(제88조).

(9) 신호의 복위

열차가 상치신호기의 설치지점을 통과한 때에는 그 지점을 통과한 때마다 유도신호기는 신호를 현시하지 아니하며 원방신호기는 주의신호를, 그 밖의 신호기는 정지신호를 현시하여야 한다(제89조).

3. 임시신호기

(1) 임시신호기

선로의 상태가 일시 정상운전을 할 수 없는 상태인 경우에는 그 구역의 바깥쪽에 임시신호기를 설치하여야 한다(제90조).

(2) 임시신호기의 종류

임시신호기의 종류와 용도는 다음과 같다(제91조).

① **서행신호기** : 서행운전할 필요가 있는 구간에 진입하려는 열차 또는 차량에 대하여 당해구간을 서행할 것을 지시하는 것

② **서행예고신호기** : 서행신호기를 향하여 진행하려는 열차에 대하여 그 전방에 서행신호의 현시 있음을 예고하는 것

③ **서행해제신호기** : 서행구역을 진출하려는 열차에 대하여 서행을 해제할 것을 지시하는 것

④ **서행발리스**(Balise) : 서행운전할 필요가 있는 구간의 전방에 설치하는 송·수신용 안테나로 지상 정보를 열차로 보내 자동으로 열차의 감속을 유도하는 것

(3) 신호현시방식

① 임시신호기의 신호현시방식은 다음과 같다(제92조 제1항).

종 류	신호현시방식	
	주간	야간
서행신호	백색테두리를 한 등황색 원판	등황색등 또는 반사재
서행예고신호	흑색삼각형 3개를 그린 백색삼각형	흑색삼각형 3개를 그린 백색등 또는 반사재
서행해제신호	백색테두리를 한 녹색원판	녹색등 또는 반사재

② 서행신호기 및 서행예고신호기에는 서행속도를 표시하여야 한다(제92조 제2항).

4. 수신호

(1) 수신호의 현시방법

신호기를 설치하지 아니하거나 이를 사용하지 못하는 경우에 사용하는 수신호는 다음과 같이 현시한다(제93조).

① 정지신호

㉠ 주간 : 적색기. 다만, 적색기가 없을 때에는 양팔을 높이 들거나 또는 녹색기외의 것을 급히 흔든다.

㉡ 야간 : 적색등. 다만, 적색등이 없을 때에는 녹색등 외의 것을 급히 흔든다.

② 서행신호

㉠ 주간 : 적색기와 녹색기를 모아쥐고 머리 위에 높이 교차한다.

㉡ 야간 : 깜박이는 녹색등

③ 진행신호

㉠ 주간 : 녹색기. 다만, 녹색기가 없을 때는 한 팔을 높이 든다.

㉡ 야간 : 녹색등

(2) 선로에서 정상 운행이 어려운 경우의 조치

선로에서 정상적인 운행이 어려워 열차를 정지하거나 서행시켜야 하는 경우로서 임시신호기를 설치할 수 없는 경우에는 다음의 구분에 따른 조치를 해야 한다. 다만, 열차의 무선전화로 열차를 정지하거나 서행시키는 조치를 한 경우에는 다음의 구분에 따른 조치를 생략할 수 있다(제94조).

① 열차를 정지시켜야 하는 경우 : 철도사고등이 발생한 지점으로부터 200미터 이상의 앞 지점에서 정지 수신호를 현시할 것
② 열차를 서행시켜야 하는 경우 : 서행구역의 시작지점에서 서행수신호를 현시하고 서행구역이 끝나는 지점에서 진행수신호를 현시할 것

5. 전 호

(1) 전호현시

열차 또는 차량에 대한 전호는 전호기로 현시하여야 한다. 다만, 전호기가 설치되어 있지 아니하거나 고장이 난 경우에는 수전호 또는 무선전화기로 현시할 수 있다(제98조).

(2) 출발전호

열차를 출발시키고자 할 때에는 출발전호를 하여야 한다(제99조).

(3) 기적전호

다음의 어느 하나에 해당하는 경우에는 기관사는 기적전호를 하여야 한다(제100조).

① 위험을 경고하는 경우
② 비상사태가 발생한 경우

(4) 입환전호 방법

① 입환작업자(기관사를 포함한다)는 서로 맨눈으로 확인할 수 있도록 다음의 방법으로 입환전호해야 한다(제101조 제1항).
　㉠ 오너라전호
　　ⓐ 주간 : 녹색기를 좌우로 흔든다. 다만, 부득이한 경우에는 한 팔을 좌우로 움직임으로써 이를 대신할 수 있다.
　　ⓑ 야간 : 녹색등을 좌우로 흔든다.
　㉡ 가거라전호
　　ⓐ 주간 : 녹색기를 위·아래로 흔든다. 다만, 부득이한 경우에는 한 팔을 위·아래로 움직임으로써 이를 대신할 수 있다.
　　ⓑ 야간 : 녹색등을 위·아래로 흔든다.

㉢ 정지전호
　ⓐ 주간 : 적색기. 다만, 부득이한 경우에는 두 팔을 높이 들어 이를 대신할 수 있다.
　ⓑ 야간 : 적색등

② 다음의 어느 하나에 해당하는 경우에는 무선전화를 사용하여 입환전호를 할 수 있다(제101조 제2항).
　㉠ 무인역 또는 1인이 근무하는 역에서 입환하는 경우
　㉡ 1인이 승무하는 동력차로 입환하는 경우
　㉢ 신호를 원격으로 제어하여 단순히 선로를 변경하기 위하여 입환하는 경우
　㉣ 지형 및 선로여건 등을 고려할 때 입환전호하는 작업자를 배치하기가 어려운 경우
　㉤ 원격제어가 가능한 장치를 사용하여 입환하는 경우

(5) 작업전호

다음의 어느 하나에 해당하는 때에는 전호의 방식을 정하여 그 전호에 따라 작업을 하여야 한다(제102조).

① 여객 또는 화물의 취급을 위하여 정지위치를 지시할 때
② 퇴행 또는 추진운전시 열차의 맨 앞 차량에 승무한 직원이 철도차량운전자에 대하여 운전상 필요한 연락을 할 때
③ 검사·수선연결 또는 해방을 하는 경우에 당해 차량의 이동을 금지시킬 때
④ 신호기 취급직원 또는 입환전호를 하는 직원과 선로전환기취급 직원간에 선로전환기의 취급에 관한 연락을 할 때
⑤ 열차의 관통제동기의 시험을 할 때

6. 표 지

(1) 열차의 표지

열차 또는 입환 중인 동력차는 표지를 게시하여야 한다(제103조).

(2) 안전표지

열차 또는 차량의 안전운전을 위하여 안전표지를 설치하여야 한다(제104조).

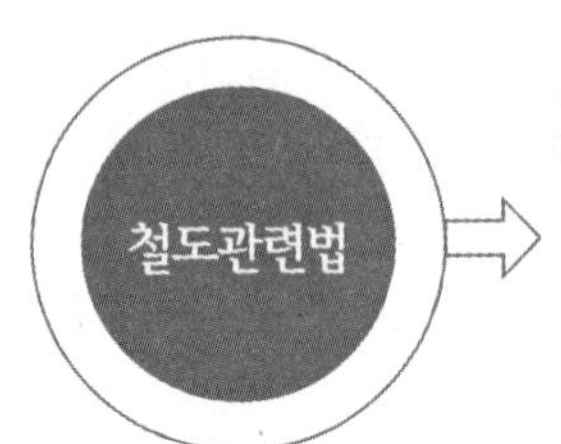

제2편 철도차량운전규칙

기출 및 예상문제

01 다음 철도차량운전규칙의 목적으로 볼 수 없는 것은?

㉮ 열차의 편성
㉯ 철도차량의 운전 및 신호방식
㉰ 철도차량의 안전운행
㉱ 철도산업의 발전

|해설|
이 규칙은 열차의 편성, 철도차량의 운전 및 신호방식 등 철도차량의 안전운행에 관하여 필요한 사항을 정함을 목적으로 한다(제1조).

02 다음 정거장의 목적이 아닌 것은?

㉮ 여객의 승강 ㉯ 승객의 대피
㉰ 열차의 교차운행 ㉱ 화물의 적하(積下)

|해설|
여객의 승강(여객 이용시설 및 편의시설을 포함한다), 화물의 적하(積下), 열차의 조성(組成, 철도차량을 연결하거나 분리하는 작업을 말한다), 열차의 교차운행 또는 대피를 목적으로 사용되는 장소를 말한다(제2조 제1호).

03 다음 철도신호가 아닌 것은?

㉮ 신호 ㉯ 전호(傳號)
㉰ 표지 ㉱ 선로

|해설|
철도신호 : 신호 · 전호(傳號) 및 표지를 말한다(제2조 제9호).

04 다음 열차의 운전에 상용하는 선로는?

㉮ 본선 ㉯ 측선
㉰ 정거장 ㉱ 전차선로

|해설|

㉯ 측선 : 본선이 아닌 선로를 말한다(제2조 제3호).
㉰ 정거장 : 여객의 승강(여객 이용시설 및 편의시설을 포함한다), 화물의 적하(積下), 열차의 조성(組成, 철도차량을 연결하거나 분리하는 작업을 말한다), 열차의 교차운행 또는 대피를 목적으로 사용되는 장소를 말한다(제2조 제1호).
㉱ 전차선로 : 전차선 및 이를 지지하는 공작물을 말한다(제2조 제7호).

05 다음 열차의 운전에 상용하는 선로는?

㉮ 차량 ㉯ 본선
㉰ 전차선로 ㉱ 측선

|해설|

㉮ 차량 : 열차의 구성부분이 되는 1량의 철도차량을 말한다(제2조 제6호).
㉰ 전차선로 : 전차선 및 이를 지지하는 공작물을 말한다(제2조 제7호).
㉱ 측선 : 본선이 아닌 선로를 말한다(제2조 제3호).

06 다음 완급차에 장치한 것이 아닌 것은?

㉮ 제동통 ㉯ 압력계
㉰ 전호(傳號) ㉱ 차장변(車掌弁)

|해설|

완급차(緩急車) : 관통제동기용 제동통 · 압력계 · 차장변(車掌弁) 및 수(手)제동기를 장치한 차량으로서 열차승무원이 집무할 수 있는 차실이 설비된 객차 또는 화차를 말한다(제2조 제8호).

Answer 01. ㉱ 02. ㉯ 03. ㉱ 04. ㉮ 05. ㉯ 06. ㉰

07 상치신호기 등 열차제어시스템을 조작 · 취급하기 위하여 설치한 장소는?

㉮ 신호소 ㉯ 조차장
㉰ 입환 ㉱ 폐색

|해설|

㉯ 조차장 : 차량의 입환 또는 열차의 조성을 위하여 사용되는 장소를 말한다(제2조 제14호).
㉰ 입환 : 사람의 힘에 의하거나 동력차를 사용하여 차량을 이동 · 연결 또는 분리하는 작업을 말한다(제2조 제13호).
㉱ 폐색 : 일정 구간에 동시에 2 이상의 열차를 운전시키지 아니하기 위하여 그 구간을 하나의 열차의 운전에만 점용시키는 것을 말한다(제2조 제11호).

08 일정 구간에 동시에 2 이상의 열차를 운전시키지 아니하기 위하여 그 구간을 하나의 열차의 운전에만 점용시키는 것은?

㉮ 폐색 ㉯ 입환(入換)
㉰ 조성(組成) ㉱ 측선

|해설|

㉯ 입환(入換) : 사람의 힘에 의하거나 동력차를 사용하여 차량을 이동 · 연결 또는 분리하는 작업을 말한다(제2조 제13호).
㉰ 조성(組成) : 철도차량을 연결하거나 분리하는 작업을 말한다(제2조 제1호).
㉱ 측선 : 본선이 아닌 선로를 말한다(제2조 제3호).

09 다음 구내운전은 무엇을 말하는가?

㉮ 일정 구간에 동시에 2 이상의 열차를 운전시키지 아니하기 위하여 그 구간을 하나의 열차의 운전에만 점용시키는 것
㉯ 사람의 힘에 의하거나 동력차를 사용하여 차량을 이동 · 연결 또는 분리하는 작업
㉰ 차량의 입환 또는 열차의 조성을 위하여 사용되는 장소
㉱ 정거장내 또는 차량기지 내에서 입환신호에 의하여 열차 또는 차량을 운전하는 것

|해설|

㉮ 폐색, ㉯ 입환, ㉰ 조차장

10 다음 동력차에 해당하지 않은 것은?

㉮ 기관차 ㉯ 무게차
㉰ 전동차 ㉱ 동차

|해설|

동력차 : 기관차, 전동차, 동차 등 동력발생장치에 의하여 선로를 이동하는 것을 목적으로 제조한 철도차량을 말한다(제2조 제16호).

11 다음 진행지시신호가 아닌 것은?

㉮ 감속신호 ㉯ 정지신호
㉰ 주의신호 ㉱ 유도신호

|해설|

진행지시신호 : 진행신호 · 감속신호 · 주의신호 · 경계신호 · 유도신호 및 차내신호(정지신호를 제외한다) 등 차량의 진행을 지시하는 신호를 말한다(제2조 제10호).

12 다음 위험물에 속하지 않은 것은?

㉮ 철도운송 중 폭발할 우려가 있는 것
㉯ 마찰 · 충격 · 흡습(吸濕) 등 주위의 상황으로 인하여 발화할 우려가 있는 것
㉰ 유독성 가스를 발생시킬 우려가 있는 것
㉱ 누수, 부패의 우려가 있는 것

|해설|

위험물(제2조 제17호)

1. 철도운송 중 폭발할 우려가 있는 것
2. 마찰 · 충격 · 흡습(吸濕) 등 주위의 상황으로 인하여 발화할 우려가 있는 것
3. 인화성 · 산화성 등이 강하여 그 물질 자체의 성질에 따라 발화할 우려가 있는 것
4. 용기가 파손될 경우 내용물이 누출되어 철도차량 · 레일 · 기구 또는 다른 화물 등을 부식시키거나 침해할 우려가 있는 것
5. 유독성 가스를 발생시킬 우려가 있는 것
6. 그 밖에 화물의 성질상 철도시설 · 철도차량 · 철도종사자 · 여객 등에 위해나 손상을 끼칠 우려가 있는 것

Answer 07. ㉮ 08. ㉮ 09. ㉱ 10. ㉯ 11. ㉯ 12. ㉱

13 사람이 열차 안에서 직접 운전하지 아니하고 관제실에서의 원격조종에 따라 열차가 자동으로 운행되는 방식은?

㉮ 안전운전 ㉯ 무인운전
㉰ 모범운전 ㉱ 원격운전

|해설|
무인운전 : 사람이 열차 안에서 직접 운전하지 아니하고 관제실에서의 원격조종에 따라 열차가 자동으로 운행되는 방식을 말한다(제2조 제18호).

14 열차운행의 안전관리 및 운영에 필요한 세부기준 및 절차를 정할 수 있는 자는?

㉮ 국토교통부장관
㉯ 소유자등
㉰ 철도운영자등
㉱ 철도안전기술위원회

|해설|
철도운영자 및 철도시설관리자(이하 "철도운영자등"이라 한다)는 이 규칙에서 정하지 아니한 사항이나 지역별로 상이한 사항 등 열차운행의 안전관리 및 운영에 필요한 세부기준 및 절차를 이 규칙의 범위 안에서 따로 정할 수 있다(제4조 제1항).

15 다음 철도운영자등의 책무가 아닌 것은?

㉮ 철도사고 예방
㉯ 여객을 안전하고 원활하게 운송
㉰ 화물을 안전하고 원활하게 운송
㉱ 신속한 승객의 운송

|해설|
철도운영자등은 열차 또는 차량을 운행함에 있어 철도사고를 예방하고 여객과 화물을 안전하고 원활하게 운송할 수 있도록 필요한 조치를 하여야 한다(제5조).

16 철도운영자등이 관계법령에 따라 필요한 교육을 실시하여야 하고 해당 업무 수행에 필요한 지식과 기능을 보유한 것을 확인해야 하는 철도종사자가 아닌 자는?

㉮ 철도승차권의 판매에 종사하는 사람

㉯ 운전업무보조자

㉰ 운전취급담당자

㉱ 운전업무종사자

|해설|

철도운영자등은 다음의 어느 하나에 해당하는 사람에게 「철도안전법」 등 관계 법령에 따라 필요한 교육을 실시해야 하고, 해당 철도종사자 등이 업무 수행에 필요한 지식과 기능을 보유한 것을 확인한 후 업무를 수행하도록 해야 한다(제6조 제1항).

1. 철도차량의 운전업무에 종사하는 사람(운전업무종사자)
2. 철도차량운전업무를 보조하는 사람(운전업무보조자)
3. 철도차량의 운행을 집중 제어 · 통제 · 감시하는 업무에 종사하는 사람(관제업무종사자)
4. 여객에게 승무 서비스를 제공하는 사람(여객승무원)
5. 운전취급담당자
6. 철도차량을 연결 · 분리하는 업무를 수행하는 사람
7. 원격제어가 가능한 장치로 입환 작업을 수행하는 사람

17 철도차량에 탑승하기 전 또는 철도차량의 운행중에 필요한 사항에 대한 보고 · 지시 또는 감독 등을 적절히 수행할 수 있도록 안전관리체계를 갖추어야 하는 자는?

㉮ 국토교통부장관　　㉯ 철도안전관리자

㉰ 철도운영자등　　㉱ 소유자등

|해설|

철도운영자등은 운전업무종사자, 운전업무보조자 및 여객승무원이 철도차량에 탑승하기 전 또는 철도차량의 운행중에 필요한 사항에 대한 보고 · 지시 또는 감독 등을 적절히 수행할 수 있도록 안전관리체계를 갖추어야 한다(제6조 제2항).

Answer 13. ㉯ 14. ㉰ 15. ㉱ 16. ㉮ 17. ㉰

18 열차에 탑승하여야 하는 철도종사자가 아닌 자는?

㉮ 운전업무종사자
㉯ 열차 내 청소업무를 수행하는 자
㉰ 여객승무원
㉱ 열차에 승무하여 여객에 대한 안내를 하는 사람

|해설|
열차에는 운전업무종사자와 여객승무원을 탑승시켜야 한다. 다만, 해당 선로의 상태, 열차에 연결되는 차량의 종류, 철도차량의 구조 및 장치의 수준 등을 고려하여 열차운행의 안전에 지장이 없다고 인정되는 경우에는 운전업무종사자 외의 다른 철도종사자를 탑승시키지 않거나 인원을 조정할 수 있다(제7조 제1항).

19 다음 차량의 적재 제한 등에 관한 내용으로 틀린 것은?

㉮ 차량에 화물을 적재할 경우에는 차량의 구조와 설계강도 등을 고려하여 허용할 수 있는 최대적재량의 20%를 초과하지 않도록 해야 한다.
㉯ 차량에 화물을 적재할 경우에는 중량의 부담을 균등히 해야 하며, 운전 중의 흔들림으로 인하여 무너지거나 넘어질 우려가 없도록 해야 한다.
㉰ 차량에는 차량한계를 초과하여 화물을 적재・운송해서는 안 된다.
㉱ 열차의 안전운행에 필요한 조치를 하고 차량한계 및 건축한계를 초과하는 화물을 운송하는 경우에는 차량한계를 초과하여 화물을 운송할 수 있다.

|해설|
차량에 화물을 적재할 경우에는 차량의 구조와 설계강도 등을 고려하여 허용할 수 있는 최대적재량을 초과하지 않도록 해야 한다(제8조 제1항).

20 사전에 당해 구간에 열차운행에 지장을 초래하는 장애물이 있는지의 여부 등을 조사・검토한 후 운송하여야 화물은?

㉮ 포장화물 ㉯ 소형화물
㉰ 특대화물 ㉱ 규격화물

|해설|
철도운영자등은 특대화물을 운송하려는 경우에는 사전에 해당 구간에 열차운행에 지장을 초래하는 장애물이 있는지 등을 조사・검토한 후 운송해야 한다(제9조).

21 철도차량운전자를 탑승시키지 아니할 수 있는 경우는?

㉮ 무인운전의 경우　　㉯ 구원열차를 운전하는 경우
㉰ 여객열차를 운전하는 경우　　㉱ 화물열차를 운전하는 경우

|해설|
무인운전의 경우에는 철도차량운전자를 탑승시키지 아니한다(제7조 제2항).

22 열차의 최대연결차량수를 정할 때 고려하여야 하는 사항이 아닌 것은?

㉮ 동력차의 견인력　　㉯ 승객의 수
㉰ 차량의 성능　　㉱ 차체(Frame)

|해설|
열차의 최대연결차량수는 이를 조성하는 동력차의 견인력, 차량의 성능 · 차체(Frame) 등 차량의 구조 및 연결장치의 강도와 운행선로의 시설현황에 따라 이를 정하여야 한다(제10조).

23 열차의 운전에 사용하는 동력차를 열차의 맨 앞에 연결하지 않아도 되는 경우가 아닌 것은?

㉮ 기관차를 2 이상 연결한 경우로서 열차의 맨 앞에 위치한 기관차에서 열차를 제어하는 경우
㉯ 보조기관차를 사용하는 경우
㉰ 구원열차 · 제설열차 · 공사열차 또는 시험운전열차를 운전하는 경우
㉱ 여객열차를 운전하는 경우

|해설|
열차의 운전에 사용하는 동력차는 열차의 맨 앞에 연결하여야 한다. 다만, 다음의 어느 하나에 해당하는 경우에는 그러하지 아니하다(제11조).
1. 기관차를 2 이상 연결한 경우로서 열차의 맨 앞에 위치한 기관차에서 열차를 제어하는 경우
2. 보조기관차를 사용하는 경우
3. 선로 또는 열차에 고장이 있는 경우
4. 구원열차 · 제설열차 · 공사열차 또는 시험운전열차를 운전하는 경우
5. 정거장과 그 정거장 외의 본선 도중에서 분기하는 측선과의 사이를 운전하는 경우
6. 그 밖에 특별한 사유가 있는 경우

Answer　18. ㉯　19. ㉮　20. ㉰　21. ㉮　22. ㉯　23. ㉱

24 다음 여객열차의 연결제한에 관한 내용으로 틀린 것은?

㉮ 여객열차에는 화차를 연결할 수 없다.

㉯ 회송의 경우와 그 밖에 특별한 사유가 있는 경우에는 여객열차에는 화차를 연결할 수 있다.

㉰ 화차를 연결하는 경우에는 화차를 객차의 중간에 연결할 수 있다.

㉱ 파손차량, 동력을 사용하지 아니하는 기관차 또는 2차량 이상에 무게를 부담시킨 화물을 적재한 화차는 이를 여객열차에 연결하여서는 아니된다.

|해설|

화차를 연결하는 경우에는 화차를 객차의 중간에 연결하여서는 아니된다(제12조 제2항).

25 다음 운전방향 맨 앞 차량의 운전실 외에서도 열차를 운전할 수 있는 경우가 아닌 것은?

㉮ 선로·전차선로 또는 차량에 고장이 있는 경우

㉯ 공사열차·구원열차 또는 제설열차를 운전하는 경우

㉰ 사전에 정한 특정한 구간을 운전하는 경우

㉱ 여객열차를 운전하는 경우

|해설|

다음의 어느 하나에 해당하는 경우에는 운전방향 맨 앞 차량의 운전실 외에서도 열차를 운전할 수 있다(제13조 제2항).

1. 철도종사자가 차량의 맨 앞에서 전호를 하는 경우로서 그 전호에 의하여 열차를 운전하는 경우
2. 선로·전차선로 또는 차량에 고장이 있는 경우
3. 공사열차·구원열차 또는 제설열차를 운전하는 경우
4. 정거장과 그 정거장 외의 본선 도중에서 분기하는 측선과의 사이를 운전하는 경우
5. 철도시설 또는 철도차량을 시험하기 위하여 운전하는 경우
6. 사전에 정한 특정한 구간을 운전하는 경우
7. 무인운전을 하는 경우
8. 그 밖에 부득이한 경우로서 운전방향 맨 앞 차량의 운전실에서 운전하지 아니하여도 열차의 안전한 운전에 지장이 없는 경우

26 다음 열차의 운전위치로 바른 것은?

㉮ 운전방향 맨 뒤 차량의 운전실
㉯ 운전방향 맨 앞 차량의 운전실
㉰ 운전방향 중간 차량의 운전실
㉱ 운전 반대방향 맨 앞 차량의 운전실

|해설|

열차는 운전방향 맨 앞 차량의 운전실에서 운전하여야 한다(제13조 제1항).

27 차량이 분리되었을 때 자동으로 차량을 정차시킬 수 있는 제동장치를 구비하여야 하는 경우는?

㉮ 정거장에서 차량을 연결·분리하는 작업을 하는 경우
㉯ 대형화물을 적재하여 운전하는 경우
㉰ 차량을 정지시킬 수 있는 인력을 배치한 구원열차 및 공사열차의 경우
㉱ 그 밖에 차량이 분리된 경우에도 다른 차량에 충격을 주지 아니하도록 안전조치를 취한 경우

|해설|

2량 이상의 차량으로 조성하는 열차에는 모든 차량에 연동하여 작용하고 차량이 분리되었을 때 자동으로 차량을 정차시킬 수 있는 제동장치를 구비하여야 한다. 다만, 다음의 어느 하나에 해당하는 경우에는 그러하지 아니하다(제14조).

1. 정거장에서 차량을 연결·분리하는 작업을 하는 경우
2. 차량을 정지시킬 수 있는 인력을 배치한 구원열차 및 공사열차의 경우
3. 그 밖에 차량이 분리된 경우에도 다른 차량에 충격을 주지 아니하도록 안전조치를 취한 경우

Answer 24. ㉰ 25. ㉱ 26. ㉯ 27. ㉯

28 다음 열차의 제동력에 관한 설명으로 틀린 것은?

㉮ 열차는 선로의 굴곡정도 및 운전속도에 따라 충분한 제동능력을 갖추어야 한다.

㉯ 철도운영자등은 연결축수에 대한 제동축수의 비율이 100이 되도록 열차를 조성하여야 한다.

㉰ 긴급상황 발생 등으로 인하여 열차를 조성하는 경우 등 부득이한 사유가 있는 경우에는 그러하지 아니하다.

㉱ 열차를 조성하는 경우에는 모든 차량의 제동력이 서로 다르게 차량을 배치하여야 한다.

|해설|

열차를 조성하는 경우에는 모든 차량의 제동력이 균등하도록 차량을 배치하여야 한다. 다만, 고장 등으로 인하여 일부 차량의 제동력이 작용하지 아니하는 경우에는 제동축비율에 따라 운전속도를 감속하여야 한다(제15조 제3항).

29 다음 완급차를 연결하는 곳은?

㉮ 관통제동기를 사용하는 열차의 맨 뒤

㉯ 관통제동기를 사용하는 열차의 맨 앞

㉰ 관통제동기를 사용하는 열차의 중간

㉱ 관통제동기를 사용하는 열차의 맨 앞과 뒤

|해설|

관통제동기를 사용하는 열차의 맨 뒤(추진운전의 경우에는 맨 앞)에는 완급차를 연결하여야 한다(제16조 제1항).

30 완급차를 연결하지 아니할 수 있는 열차는?

㉮ 군전용열차 ㉯ 화물열차

㉰ 여객열차 ㉱ 전용열차

|해설|

관통제동기를 사용하는 열차의 맨 뒤(추진운전의 경우에는 맨 앞)에는 완급차를 연결하여야 한다. 다만, 화물열차에는 완급차를 연결하지 아니할 수 있다(제16조 제1항).

31 다음 열차의 운전에 관한 설명으로 틀린 것은?

㉮ 철도차량은 신호·전호 및 표지가 표시하는 조건에 따라 운전하여야 한다.

㉯ 철도운영자등은 정거장 내·외에서 운전취급을 달리하는 경우 이를 내·외로 구분하여 운영하고 그 경계지점과 표시방식을 지정하여야 한다.

㉰ 국토교통부장관은 상행선·하행선 등으로 노선이 구분되는 선로의 경우에는 열차의 운행방향을 미리 지정하여야 한다.

㉱ 철도운영자등은 반대선로로 운전하는 열차가 있는 경우 후속 열차에 대한 운행통제 등 필요한 안전조치를 하여야 한다.

|해설|

철도운영자등은 상행선·하행선 등으로 노선이 구분되는 선로의 경우에는 열차의 운행방향을 미리 지정하여야 한다(제20조 제1항).

32 다음 지정된 선로의 반대선로로 열차를 운행할 수 있는 경우가 아닌 것은?

㉮ 입환운전을 하는 경우

㉯ 철도운영자등과 상호 협의된 방법에 따라 열차를 운행하는 경우

㉰ 공사열차·구원열차 또는 제설열차를 운전하는 경우

㉱ 위험물을 적재하여 열차를 운행하는 경우

|해설|

다음의 어느 하나에 해당되는 경우에는 지정된 선로의 반대선로로 열차를 운행할 수 있다(제20조 제2항).

1. 철도운영자등과 상호 협의된 방법에 따라 열차를 운행하는 경우
2. 정거장내의 선로를 운전하는 경우
3. 공사열차·구원열차 또는 제설열차를 운전하는 경우
4. 정거장과 그 정거장 외의 본선 도중에서 분기하는 측선과의 사이를 운전하는 경우
5. 입환운전을 하는 경우
6. 선로 또는 열차의 시험을 위하여 운전하는 경우
7. 퇴행(退行)운전을 하는 경우
8. 양방향 신호설비가 설치된 구간에서 열차를 운전하는 경우
9. 철도사고 또는 운행장애(철도사고 등)의 수습 또는 선로보수공사 등으로 인하여 부득이하게 지정된 선로방향을 운행할 수 없는 경우

Answer 28. ㉱ 29. ㉮ 30. ㉯ 31. ㉰ 32. ㉱

33 열차가 정거장 외에 정차할 수 있는 경우가 아닌 것은?

㉮ 경사도가 1000분의 10 이상인 급경사 구간에 진입하기 전의 경우
㉯ 정지신호의 현시(現示)가 있는 경우
㉰ 철도사고 등이 발생하거나 철도사고 등의 발생 우려가 있는 경우
㉱ 그 밖에 철도안전을 위하여 부득이 정차하여야 하는 경우

|해설|

열차는 정거장외에서는 정차하여서는 아니된다. 다만, 다음의 어느 하나에 해당하는 경우에는 그러하지 아니하다(제22조).

1. 경사도가 1000분의 30 이상인 급경사 구간에 진입하기 전의 경우
2. 정지신호의 현시(現示)가 있는 경우
3. 철도사고 등이 발생하거나 철도사고 등의 발생 우려가 있는 경우
4. 그 밖에 철도안전을 위하여 부득이 정차하여야 하는 경우

34 다음 열차의 운전 등에 관한 내용으로 틀린 것은?

㉮ 철도운영자등은 정거장에서의 열차의 출발·통과 및 도착의 시각을 정하고 이에 따라 열차를 운행하여야 한다.
㉯ 철도사고 등의 발생 등으로 인하여 열차가 지연되어 열차의 운행일정의 변경이 발생하여 열차운행상 혼란이 발생한 때에는 열차의 종류·등급·목적지 및 연계수송 등을 고려하여 운전정리를 행하고, 정상운전으로 복귀되도록 하여야 한다.
㉰ 철도운영자등은 열차가 출발한 경우 여객이 객차의 출입문에 끼었는지의 여부, 출입문의 닫힘 상태 등을 확인하는 등 여객의 안전을 확보할 수 있는 조치를 하여야 한다.
㉱ 퇴행하는 경우에는 다른 열차 또는 차량의 운전에 지장이 없도록 조치를 취하여야 한다.

|해설|

철도운영자등은 열차를 출발시키는 경우 여객이 객차의 출입문에 끼었는지의 여부, 출입문의 닫힘 상태 등을 확인하는 등 여객의 안전을 확보할 수 있는 조치를 하여야 한다(제25조).

35 다음 열차의 퇴행운전을 할 수 있는 경우가 아닌 것은?

㉮ 선로 · 전차선로 또는 차량에 고장이 있는 경우

㉯ 다른 열차와 교차운행하기 위한 경우

㉰ 뒤의 보조기관차를 활용하여 퇴행하는 경우

㉱ 철도사고 등의 발생 등 특별한 사유가 있는 경우

|해설|

열차는 퇴행하여서는 아니된다. 다만, 다음의 어느 하나에 해당하는 경우에는 그러하지 아니하다(제26조 제1항).

1. 선로 · 전차선로 또는 차량에 고장이 있는 경우
2. 공사열차 · 구원열차 또는 제설열차가 작업상 퇴행할 필요가 있는 경우
3, 뒤의 보조기관차를 활용하여 퇴행하는 경우
4. 철도사고 등의 발생 등 특별한 사유가 있는 경우

36 다음 설명 중 바르지 않은 것은?

㉮ 폭풍우 · 폭설 · 홍수 · 지진 · 해일 등으로 열차에 재난 또는 위험이 발생할 우려가 있는 때에는 그 상황을 고려하여 열차운전을 일시 중지하거나 운전속도를 제한하는 등의 재난 · 위험방지조치를 강구하여야 한다.

㉯ 2 이상의 열차가 정거장에 진입하거나 정거장으로부터 진출하는 경우로서 열차 상호간 그 진로에 지장을 줄 염려가 있는 경우에는 2 이상의 열차를 동시에 정거장에 진입시키거나 진출시킬 수 없다.

㉰ 철도사고 등이 발생하여 열차를 급히 정지시킬 필요가 있는 경우에는 지체없이 정지신호를 표시하는 등 열차정지에 필요한 조치를 취하여야 한다.

㉱ 선로의 개량 또는 보수 등으로 열차의 운행에 지장을 주는 작업 또는 공사가 시행중인 구간에 열차가 진입할 경우 속도를 늦추어야 한다.

|해설|

선로의 개량 또는 보수 등으로 열차의 운행에 지장을 주는 작업이나 공사가 진행 중인 구간에는 작업이나 공사 관계 차량 외의 열차 또는 철도차량을 진입시켜서는 안 된다(제30조 제1항).

Answer 33. ㉮ 34. ㉰ 35. ㉯ 36. ㉱

37 다음 정거장 외 본선을 운전할 수 있는 경우는?

㉮ 선로보수공사를 하는 경우

㉯ 입환작업을 하는 경우

㉰ 퇴행(退行)운전을 하는 경우

㉱ 지정된 선로방향을 운행할 수 없는 경우

|해설|

차량은 이를 열차로 하지 아니하면 정거장외의 본선을 운전할 수 없다. 다만, 입환작업을 하는 경우에는 그러하지 아니하다(제21조).

38 다음 2 이상의 열차를 동시에 정거장에 진입시키거나 진출시킬 수 있는 경우가 아닌 것은?

㉮ 동일방향에서 진입하는 열차들이 각 정차위치에서 50m 이상의 거리가 있는 경우

㉯ 안전측선・탈선선로전환기・탈선기가 설치되어 있는 경우

㉰ 열차를 유도하여 서행으로 진입시키는 경우

㉱ 단행기관차로 운행하는 열차를 진입시키는 경우

|해설|

2 이상의 열차가 정거장에 진입하거나 정거장으로부터 진출하는 경우로서 열차 상호간 그 진로에 지장을 줄 염려가 있는 경우에는 2 이상의 열차를 동시에 정거장에 진입시키거나 진출시킬 수 없다. 다만, 다음의 어느 하나에 해당하는 경우에는 그러하지 아니하다(제28조).

1. 안전측선 · 탈선선로전환기 · 탈선기가 설치되어 있는 경우
2. 열차를 유도하여 서행으로 진입시키는 경우
3. 단행기관차로 운행하는 열차를 진입시키는 경우
4. 다른 방향에서 진입하는 열차들이 출발신호기 또는 정차위치로부터 200미터(동차 · 전동차의 경우에는 150미터) 이상의 여유거리가 있는 경우
5. 동일방향에서 진입하는 열차들이 각 정차위치에서 100미터 이상의 여유거리가 있는 경우

39 다음 구원열차 요구 후 이동금지에 관한 서술로 바르지 않은 것은?

㉮ 철도사고 등의 발생으로 인하여 정거장외에서 열차가 정차하여 구원열차를 요구하였거나 구원열차 운전의 통보가 있는 경우에는 당해 열차를 이동하여서는 아니된다.

㉯ 철도사고 등이 확대될 염려가 있는 경우에도 당해 열차를 이동할 수 없다.

㉰ 철도종사자는 열차나 철도차량을 이동시키는 경우에는 지체없이 구원열차의 운전업무종사자와 관제업무종사자 또는 운전취급담당자에게 그 이동 내용과 이동 사유를 통보하여야 한다.

㉱ 상당거리를 이동시킨 때에는 정지수신호 등 안전조치를 취하여야 한다.

|해설|

철도사고 등의 발생으로 인하여 정거장외에서 열차가 정차하여 구원열차를 요구하였거나 구원열차 운전의 통보가 있는 경우에는 당해 열차를 이동하여서는 아니된다. 다만, 다음의 어느 하나에 해당하는 경우에는 그러하지 아니하다(제31조 제1항).

1. 철도사고 등이 확대될 염려가 있는 경우
2. 응급작업을 수행하기 위하여 다른 장소로 이동이 필요한 경우

40 다음 화재발생시의 운전에 관한 내용으로 틀린 것은?

㉮ 열차에 화재가 발생한 경우에는 조속히 소화의 조치를 하여야 한다.

㉯ 열차에 화재가 발생한 경우에는 여객을 대피시키거나 화재가 발생한 차량을 다른 차량에서 격리시키는 등의 필요한 조치를 하여야 한다.

㉰ 열차에 화재가 발생한 장소가 교량 또는 터널 안인 경우에는 우선 철도차량을 교량 또는 터널 안으로 운전하는 것을 원칙으로 한다.

㉱ 열차에 화재가 발생한 장소가 지하구간인 경우에는 가장 가까운 역 또는 지하구간 밖으로 운전하는 것을 원칙으로 한다.

|해설|

열차에 화재가 발생한 장소가 교량 또는 터널 안인 경우에는 우선 철도차량을 교량 또는 터널 밖으로 운전하는 것을 원칙으로 하고, 지하구간인 경우에는 가장 가까운 역 또는 지하구간 밖으로 운전하는 것을 원칙으로 한다(제32조 제2항).

Answer 37. ㉯ 38. ㉮ 39. ㉯ 40. ㉰

41 다음 열차를 무인운전하는 경우의 준수사항이 아닌 것은?

㉮ 철도운영자등이 지정한 철도종사자는 차량을 차고에서 출고하기 전 또는 무인운전 구간으로 진입하기 전에 운전방식을 무인운전 모드(mode)로 전환하고, 관제업무종사자로부터 무인운전 기능을 확인받을 것

㉯ 관제업무종사자는 열차 운행상태의 감시를 해제하는 조치를 할 것

㉰ 관제업무종사자는 열차가 정거장의 정지선을 지나쳐서 정차한 경우 후속 열차의 해당 정거장 진입 차단 등의 조치를 할 것

㉱ 철도운영자등은 여객의 승하차 시 안전을 확보하고 시스템 고장 등 긴급상황에 신속하게 대처하기 위하여 정거장 등에 안전요원을 배치하거나 순회하도록 할 것

|해설|

열차를 무인운전하는 경우에는 다음의 사항을 준수해야 한다(제32조의2).

1. 철도운영자등이 지정한 철도종사자는 차량을 차고에서 출고하기 전 또는 무인운전 구간으로 진입하기 전에 운전방식을 무인운전 모드(mode)로 전환하고, 관제업무종사자로부터 무인운전 기능을 확인받을 것
2. 관제업무종사자는 열차의 운행상태를 실시간으로 감시하고 필요한 조치를 할 것
3. 관제업무종사자는 열차가 정거장의 정지선을 지나쳐서 정차한 경우 다음의 조치를 할 것
   ㉠ 후속 열차의 해당 정거장 진입 차단
   ㉡ 철도운영자등이 지정한 철도종사자를 해당 열차에 탑승시켜 수동으로 열차를 정지선으로 이동
   ㉢ ㉡의 조치가 어려운 경우 해당 열차를 다음 정거장으로 재출발
4. 철도운영자등은 여객의 승하차 시 안전을 확보하고 시스템 고장 등 긴급상황에 신속하게 대처하기 위하여 정거장 등에 안전요원을 배치하거나 순회하도록 할 것

42 특수목적열차의 운행계획을 수립 · 시행하여야 하는 자는?

㉮ 철도안전운전관리자 ㉯ 소유자등

㉰ 국토교통부장관 ㉱ 철도운영자등

|해설|

철도운영자등은 특수한 목적으로 열차의 운행이 필요한 경우에는 당해 특수목적열차의 운행계획을 수립 · 시행하여야 한다(제33조).

43 철도운영자등이 열차 또는 차량의 운전제한속도를 따로 정하여 시행하여야 하는 경우가 아닌 것은?

㉮ 열차를 퇴행운전을 하는 경우

㉯ 서행신호 현시구간을 운전하는 경우

㉰ 지령운전을 하는 경우

㉱ 여객을 승차시켜 정상적으로 운전하는 경우

|해설|

철도운영자등은 다음의 어느 하나에 해당하는 때에는 열차 또는 차량의 운전제한속도를 따로 정하여 시행하여야 한다(제35조).

1. 서행신호 현시구간을 운전하는 경우
2. 추진운전을 하는 경우(총괄제어법에 따라 열차의 맨 앞에서 제어하는 경우를 제외한다)
3. 열차를 퇴행운전을 하는 경우
4. 쇄정(鎖錠)되지 아니한 선로전환기를 대향(對向)으로 운전하는 경우
5. 입환운전을 하는 경우
6. 전령법(傳令法)에 의하여 열차를 운전하는 경우
7. 수신호 현시구간을 운전하는 경우
8. 지령운전을 하는 경우
9. 무인운전 구간에서 운전업무종사자가 탑승하여 운전하는 경우
10. 그 밖에 철도안전을 위하여 필요하다고 인정되는 경우

44 열차 또는 차량은 정지신호가 현시된 경우에는 그 현시지점을 넘어서 진행할 수 있는 경우는?

㉮ 신호기 고장으로 인하여 정지가 불가능한 거리에서 정지신호의 현시가 있는 경우

㉯ 자동폐색신호기의 정지신호에 의하여 일단 정지한 열차 또는 차량의 경우

㉰ 수신호에 의하여 정지신호의 현시가 있는 경우

㉱ 신호기 고장 등으로 인하여 정지가 불가능한 거리에서 정지신호의 현시가 있는 경우

|해설|

열차 또는 차량은 정지신호가 현시된 경우에는 그 현시지점을 넘어서 진행할 수 없다. 다만, 다음의 어느 하나에 해당하는 경우에는 그러하지 아니하다(제36조 제1항).

1. 수신호에 의하여 정지신호의 현시가 있는 경우
2. 신호기 고장 등으로 인하여 정지가 불가능한 거리에서 정지신호의 현시가 있는 경우

Answer 41. ㉯ 42. ㉱ 43. ㉱ 44. ㉯

45 다음 열차의 운전속도에 관한 내용으로 틀린 것은?

㉮ 열차는 선로 및 전차선로의 상태, 차량의 성능, 운전방법, 신호의 조건 등에 따라 안전한 속도로 운전하여야 한다.

㉯ 철도안전운전관리자는 선로의 노선별 및 차량의 종류별로 열차의 최고속도를 정하여 운용하여야 한다.

㉰ 철도운영자등은 입환운전을 하는 때 등에 해당하는 때에는 열차 또는 차량의 운전제한속도를 따로 정하여 시행하여야 한다.

㉱ 열차 또는 차량은 정지신호가 현시된 경우에는 그 현시지점을 넘어서 진행할 수 없다.

|해설|

철도운영자등은 다음을 고려하여 선로의 노선별 및 차량의 종류별로 열차의 최고속도를 정하여 운용하여야 한다(제34조 제2항).

1. 선로에 대하여는 선로의 굴곡의 정도 및 선로전환기의 종류와 구조
2. 전차선에 대하여는 가설방법별 제한속도

46 다음 열차 또는 차량의 진행 등에 관한 내용으로 틀린 것은?

㉮ 열차 또는 차량은 진행을 지시하는 신호가 현시된 때에는 신호종류별 지시에 따라 지정속도 이하로 그 지점을 지나 다음 신호가 있는 지점까지 진행할 수 있다.

㉯ 열차 또는 차량은 서행신호의 현시가 있을 때에는 그 속도를 감속하여야 한다.

㉰ 열차 또는 차량이 서행해제신호가 있는 지점을 통과한 때에는 속도를 감속하여야 한다.

㉱ 서행허용표지를 추가하여 부설한 자동폐색신호기가 정지신호를 현시하는 때에는 정지신호 현시중이라도 정지하지 아니하고 운전속도의 제한 등 안전조치에 따라 서행하여 그 현시지점을 넘어서 진행할 수 있다.

|해설|

열차 또는 차량이 서행해제신호가 있는 지점을 통과한 때에는 정상속도로 운전할 수 있다(제38조 제2항).

47 철도운영자등이 입환작업계획서를 작성하여 배부하여야 할 대상자가 아닌 자는?

㉮ 철도안전관리자
㉯ 기관사
㉰ 운전취급담당자
㉱ 입환작업자

|해설|
철도운영자등은 입환작업을 하려면 작업 내용 등의 사항을 포함한 입환작업계획서를 작성하여 기관사, 운전취급담당자, 입환작업자에게 배부하고 입환작업에 대한 교육을 실시하여야 한다(제39조 제1항).

48 다음 입환작업계획서에 포함되어야 할 사항이 아닌 것은?

㉮ 입환 작업 순서
㉯ 입환전호 방식
㉰ 입환작업자의 성명
㉱ 입환 시 사용할 무선채널의 지정

|해설|
철도운영자등은 입환작업을 하려면 다음의 사항을 포함한 입환작업계획서를 작성하여 기관사, 운전취급담당자, 입환작업자에게 배부하고 입환작업에 대한 교육을 실시하여야 한다. 다만, 단순히 선로를 변경하기 위하여 이동하는 입환의 경우에는 입환작업계획서를 작성하지 아니할 수 있다(제39조 제1항).
1. 작업 내용
2. 대상 차량
3. 입환 작업 순서
4. 작업자별 역할
5. 입환전호 방식
6. 입환 시 사용할 무선채널의 지정
7. 그 밖에 안전조치사항

Answer 45. ㉯ 46. ㉰ 47. ㉮ 48. ㉰

49 입환작업자가 차량과 열차를 입환하는 경우 따라야 하는 기준이 아닌 것은?

㉮ 차량과 열차가 이동하는 때에는 차량을 분리하는 입환작업을 하지 말 것

㉯ 열차가 이동하는 시간에는 입환작업을 하지 말 것

㉰ 입환 시 다른 열차의 운행에 지장을 주지 않도록 할 것

㉱ 여객이 승차한 차량이나 화약류 등 위험물을 적재한 차량에 대하여는 충격을 주지 않도록 할 것

|해설|

입환작업자(기관사를 포함한다)는 차량과 열차를 입환하는 경우 다음의 기준에 따라야 한다(제39조 제2항).

1. 차량과 열차가 이동하는 때에는 차량을 분리하는 입환작업을 하지 말 것
2. 입환 시 다른 열차의 운행에 지장을 주지 않도록 할 것
3. 여객이 승차한 차량이나 화약류 등 위험물을 적재한 차량에 대하여는 충격을 주지 않도록 할 것

50 다음 선로전환기의 쇄정 및 정위치 유지에 관한 내용으로 바르지 않은 것은?

㉮ 본선의 선로전환기는 이와 관계된 신호기와 그 진로내의 선로전환기를 연동쇄정하여 사용하여야 한다.

㉯ 상시 쇄정되어 있는 선로전환기 또는 취급회수가 극히 적은 배향(背向)의 선로전환기의 경우에도 연동쇄정하여 사용하여야 한다.

㉰ 쇄정되지 아니한 선로전환기를 대향으로 통과할 때에는 쇄정기구를 사용하여 텅레일(Tongue Rail)을 쇄정하여야 한다.

㉱ 선로전환기를 사용한 후에는 지체없이 미리 정하여진 위치에 두어야 한다.

|해설|

본선의 선로전환기는 이와 관계된 신호기와 그 진로내의 선로전환기를 연동쇄정하여 사용하여야 한다. 다만, 상시 쇄정되어 있는 선로전환기 또는 취급회수가 극히 적은 배향(背向)의 선로전환기의 경우에는 그러하지 아니하다(제40조 제1항).

51 다음 입환에 관한 내용으로 바르지 않은 것은?

㉮ 차량을 측선 등에 정차시켜 두는 경우에는 차량이 움직이지 아니하도록 필요한 조치를 하여야 한다.

㉯ 다른 열차가 정거장에 진입할 시각이 임박한 때에는 다른 열차에 지장을 줄 수 있는 입환을 할 수 없다.

㉰ 열차의 도착 시각이 임박한 때에는 그 열차가 정차 예정인 선로에서는 입환을 할 수 없다.

㉱ 다른 열차가 인접정거장 또는 신호소를 출발한 후에는 그 열차에 대한 장내신호기의 바깥쪽에 걸친 입환을 할 수 있다.

|해설|

다른 열차가 인접정거장 또는 신호소를 출발한 후에는 그 열차에 대한 장내신호기의 바깥쪽에 걸친 입환을 할 수 없다. 다만, 특별한 사유가 있는 경우로서 충분한 안전조치를 한 때에는 그러하지 아니하다(제43조).

52 다음 열차간의 안전확보에 관한 내용으로 틀린 것은?

㉮ 열차 또는 차량의 진로에 지장이 있는 경우에는 이에 대하여 진행을 지시하는 신호를 현시할 수 있다.

㉯ 단선구간에서 폐색을 한 경우 상대역의 열차가 동시에 당해 구간에 진입하도록 하여서는 아니된다.

㉰ 열차는 열차간의 안전을 확보할 수 있도록 폐색에 의한 방법 등의 방법으로 운전하여야 한다.

㉱ 정거장 내에서 철도신호의 현시·표시 또는 그 정거장의 운전을 관리하는 자의 지시에 따라 운전하는 경우에는 폐색에 의한 방법 등의 방법으로 아니할 수 있다.

|해설|

열차 또는 차량의 진로에 지장이 있는 경우에는 이에 대하여 진행을 지시하는 신호를 현시할 수 없다(제47조).

Answer 49. ㉯ 50. ㉯ 51. ㉱ 52. ㉮

53 열차간의 안전을 확보할 수 있도록 하는 운전방법이 아닌 것은?

㉮ 폐색에 의한 방법

㉯ 열차간의 간격을 확보하는 장치(열차제어장치)에 의한 방법

㉰ 오랜 습관에 의한 방법

㉱ 시계운전에 의한 방법

|해설|

열차는 열차간의 안전을 확보할 수 있도록 다음의 어느 하나의 방법으로 운전해야 한다. 다만, 정거장 내에서 철도신호의 현시 · 표시 또는 그 정거장의 운전을 관리하는 사람의 지시에 따라 운전하는 경우에는 그렇지 않다(제46조 제1항).

1. 폐색에 의한 방법
2. 열차간의 간격을 확보하는 장치(열차제어장치)에 의한 방법
3. 시계운전에 의한 방법

54 하나의 폐색구간에는 둘 이상의 열차를 동시에 운전할 수 있는 때가 아닌 것은?

㉮ 열차를 진입시키려는 경우

㉯ 열차가 정상적으로 운전하고 있을 경우

㉰ 고장열차가 있는 폐색구간에 구원열차를 운전하는 경우

㉱ 폐색구간에서 뒤의 보조기관차를 열차로부터 떼었을 경우

|해설|

하나의 폐색구간에는 둘 이상의 열차를 동시에 운행할 수 없다. 다만, 다음에 해당하는 경우에는 그렇지 않다(제49조 제2항).

1. 열차를 진입시키려는 경우
2. 고장열차가 있는 폐색구간에 구원열차를 운전하는 경우
3. 선로가 불통된 구간에 공사열차를 운전하는 경우
4. 폐색구간에서 뒤의 보조기관차를 열차로부터 떼었을 경우
5. 열차가 정차되어 있는 폐색구간으로 다른 열차를 유도하는 경우
6. 폐색에 의한 방법으로 운전을 하고 있는 열차를 자동열차제어장치에 의한 방법 또는 시계운전이 가능한 노선에서 열차를 서행하여 운전하는 경우
7. 그 밖에 특별한 사유가 있는 경우

55 다음 폐색에 의한 방법에 관한 내용으로 틀린 것은?

㉮ 폐색에 의한 방법을 사용하는 경우에는 당해 열차의 진로상에 있는 폐색구간의 조건에 따라 신호를 현시하거나 다른 열차의 진입을 방지할 수 있어야 한다.

㉯ 폐색에 의한 방법으로 열차를 운행하는 경우에는 본선을 폐색구간으로 분할하여야 한다.

㉰ 하나의 폐색구간에는 둘 이상의 열차를 동시에 운전할 수 있어야 한다.

㉱ 자동폐색식을 시행하는 폐색구간의 폐색신호기·장내신호기 및 출발신호기는 조건을 구비하여야 한다.

|해설|

하나의 폐색구간에는 둘 이상의 열차를 동시에 운행할 수 없다(제49조 제2항).

56 자동폐색식을 시행하는 폐색구간의 폐색신호기·장내신호기 및 출발신호기의 구비조건이 아닌 것은?

㉮ 폐색구간에 열차 또는 차량이 있을 때에는 자동으로 정지신호를 현시할 것

㉯ 폐색구간에 있는 선로전환기가 정당한 방향으로 개통되지 아니한 때 또는 분기선 및 교차점에 있는 차량이 폐색구간에 지장을 줄 때에는 자동으로 정지신호를 현시할 것

㉰ 폐색장치에 고장이 있을 때에는 수동으로 정지신호를 현시할 것

㉱ 단선구간에 있어서는 하나의 방향에 대하여 진행을 지시하는 신호를 현시한 때에는 그 반대방향의 신호기는 자동으로 정지신호를 현시할 것

|해설|

자동폐색식을 시행하는 폐색구간의 폐색신호기·장내신호기 및 출발신호기는 다음의 기능을 갖추어야 한다(제51조).

1. 폐색구간에 열차 또는 차량이 있을 때에는 자동으로 정지신호를 현시할 것
2. 폐색구간에 있는 선로전환기가 정당한 방향으로 개통되지 아니한 때 또는 분기선 및 교차점에 있는 차량이 폐색구간에 지장을 줄 때에는 자동으로 정지신호를 현시할 것
3. 폐색장치에 고장이 있을 때에는 자동으로 정지신호를 현시할 것
4. 단선구간에 있어서는 하나의 방향에 대하여 진행을 지시하는 신호를 현시한 때에는 그 반대방향의 신호기는 자동으로 정지신호를 현시할 것

Answer 53. ㉰ 54. ㉯ 55. ㉰ 56. ㉰

57 다음 상용폐색방식이 아닌 것은?

㉮ 자동폐색식 ㉯ 연동폐색식
㉰ 통표폐색식 ㉱ 통신식

|해설|

폐색방식의 구분(제50조)
1. 상용(常用)폐색방식 : 자동폐색식 · 연동폐색식 · 차내신호폐색식 · 통표폐색식
2. 대용(代用)폐색방식 : 통신식 · 지도통신식 · 지도식 · 지령식

58 다음 연동폐색장치의 구비조건으로 바르지 않은 것은?

㉮ 신호기와 연동하여 자동으로 열차폐색구간에 있음, 없음 표시를 할 수 없을 것
㉯ 열차가 폐색구간에 있을 때에는 그 구간의 신호기에 진행을 지시하는 신호를 현시할 수 없을 것
㉰ 폐색구간에 진입한 열차가 그 구간을 통과한 후가 아니면 "폐색구간에 열차 있음"의 표시를 변경할 수 없을 것
㉱ 단선구간에 있어서 하나의 방향에 대하여 폐색이 이루어지면 그 반대방향의 신호기는 자동으로 정지신호를 현시할 것

|해설|

연동폐색식을 시행하는 폐색구간 양끝의 정거장 또는 신호소에는 다음의 기능을 갖춘 연동폐색기를 설치해야 한다(제52조).
1. 신호기와 연동하여 자동으로 다음의 표시를 할 수 있을 것
   ㉠ 폐색구간에 열차 있음
   ㉡ 폐색구간에 열차 없음
2. 열차가 폐색구간에 있을 때에는 그 구간의 신호기에 진행을 지시하는 신호를 현시할 수 없을 것
3. 폐색구간에 진입한 열차가 그 구간을 통과한 후가 아니면 "열차폐색구간에 있음"의 표시를 변경할 수 없을 것
4. 단선구간에 있어서 하나의 방향에 대하여 폐색이 이루어지면 그 반대방향의 신호기는 자동으로 정지신호를 현시할 것

59 다음 열차를 연동폐색구간에 진입시킬 경우의 취급에 관한 설명으로 틀린 것은?

㉮ 열차를 폐색구간에 진입시키려는 경우에는 "폐색구간에 열차 없음"의 표시를 확인하고 전방의 정거장 또는 신호소의 승인을 얻어야 한다.

㉯ 승인은 "폐색구간에 열차 있음"의 표시로써 하여야 한다.

㉰ 폐색구간에 열차가 있을 때에는 승인을 할 수 없다.

㉱ 폐색구간에 차량이 있을 때에는 승인을 할 수 있다.

|해설|

폐색구간에 열차 또는 차량이 있을 때에는 승인을 할 수 없다(제53조 제3항).

60 다음 차내신호폐색식을 시행하는 구간의 차내신호를 자동으로 정지신호를 현시하지 않아도 되는 것은?

㉮ 폐색구간에 열차 또는 다른 차량이 있는 경우

㉯ 폐색구간에 있는 선로전환기가 정당한 방향에 있지 아니한 경우

㉰ 열차 정상운행선로의 방향이 같은 경우

㉱ 열차제어장치의 지상장치에 고장이 있는 경우

|해설|

차내신호폐색식을 시행하는 구간의 차내신호는 다음의 경우에는 자동으로 정지신호를 현시하는 기능을 갖추어야 한다(제54조).

1. 폐색구간에 열차 또는 다른 차량이 있는 경우
2. 폐색구간에 있는 선로전환기가 정당한 방향에 있지 아니한 경우
3. 다른 선로에 있는 열차 또는 차량이 폐색구간을 진입하고 있는 경우
4. 열차제어장치의 지상장치에 고장이 있는 경우
5. 열차 정상운행선로의 방향이 다른 경우

Answer 57. ㉱ 58. ㉮ 59. ㉱ 60. ㉰

61 다음 통표폐색장치의 구비조건에 관한 내용으로 틀린 것은?

㉮ 통표폐색식을 시행하는 폐색구간 양끝의 정거장 또는 신호소에는 기능을 갖춘 통표폐색장치를 설치해야 한다.
㉯ 통표폐색기에는 그 구간 전용의 통표만을 넣어야 한다.
㉰ 인접폐색구간의 통표는 그 모양을 달리하여야 한다.
㉱ 열차는 당해 구간의 통표를 휴대하지 아니하더라도 그 구간을 운전할 수 있다.

|해설|

열차는 당해 구간의 통표를 휴대하지 아니하면 그 구간을 운전할 수 없다. 다만, 특별한 사유가 있는 경우에는 그러하지 아니하다(제55조 제4항).

62 다음 자동열차제어장치에 의한 방법에 관한 내용으로 틀린 것은?

㉮ 열차간의 간격을 자동으로 확보하는 자동열차제어장치는 운행하는 열차와 동일 진로상의 다른 열차와의 간격 및 선로 등의 조건에 따라 자동적으로 당해 열차를 감속시키거나 정지시킬 수 있는 것이어야 한다.
㉯ 지상제어식 자동열차제어장치의 지상설비는 열차에 대하여 당해 열차의 진로 상에 있는 선행열차와의 간격 또는 선로 등의 조건에 따라 운전속도를 지시하는 제어정보를 연속하여 전송하여야 한다.
㉰ 1단 제동 제어식 자동열차제어장치의 지상설비는 선로 굴곡, 선로전환기 등 선로의 조건에 따라 운전속도를 지시하는 제어정보를 전송하여 열차의 운전속도를 수동으로 감속할 수 있어야 한다.
㉱ 1단 제동제어식 자동열차제어장치의 차상(車上)설비는 기준에 적합하여야 한다.

|해설|

1단 제동 제어식 자동열차제어장치의 지상설비는 선로 굴곡, 선로전환기 등 선로의 조건에 따라 운전속도를 지시하는 제어정보를 전송하여 열차의 운전속도를 자동적으로 1단으로 감속할 수 있어야 한다(제68조 제1항).

63 통신식을 시행하는 구간에는 전용의 통신설비를 설치하여야 하는데 다른 통신설비를 대신할 수 있는 경우가 아닌 것은?

㉮ 전용 통신설비가 있는 경우

㉯ 운전이 한산한 구간인 경우

㉰ 전용의 통신설비에 고장이 있는 경우

㉱ 철도사고 등의 발생 그 밖에 부득이한 사유로 인하여 전용의 통신설비를 설치할 수 없는 경우

|해설|

통신식을 시행하는 구간에는 전용의 통신설비를 설치하여야 한다. 다만, 다음의 어느 하나에 해당하는 경우에는 다른 통신설비로서 이를 대신할 수 있다(제57조).

1. 운전이 한산한 구간인 경우
2. 전용의 통신설비에 고장이 있는 경우
3. 철도사고 등의 발생 그 밖에 부득이한 사유로 인하여 전용의 통신설비를 설치할 수 없는 경우

64 다음 통신식 대용폐색 방식의 통신장치에 관한 내용으로 틀린 것은?

㉮ 통신식을 시행하는 구간에는 전용의 통신설비를 설치하여야 한다.

㉯ 운전이 한산한 구간인 경우 다른 통신설비로서 이를 대신할 수 있다.

㉰ 열차를 통신식 폐색구간에 진입시키려는 경우에는 관제업무종사자 또는 운전취급담당자의 승인을 받아야 한다.

㉱ 관제업무종사자 또는 운전취급담당자는 폐색구간에 열차 또는 차량이 없음을 확인하지 아니하고서도 열차의 진입을 승인할 수 있다.

|해설|

관제업무종사자 또는 운전취급담당자는 폐색구간에 열차 또는 차량이 없음을 확인한 경우에만 열차의 진입을 승인할 수 있다(제58조 제2항).

Answer 61. ㉱ 62. ㉰ 63. ㉮ 64. ㉱

65 다음 지도통신식에 관한 내용으로 틀린 것은?

㉮ 지도통신식을 시행하는 구간에는 폐색구간 양끝의 정거장 또는 신호소의 통신설비를 사용하여 서로 협의한 후 시행한다.

㉯ 지도통신식을 시행하는 경우 폐색구간 양끝의 정거장 또는 신호소가 서로 협의한 후 지도표를 발행하여야 한다.

㉰ 지도표는 1폐색구간에 2매로 한다.

㉱ 지도권은 지도표를 가지고 있는 정거장 또는 신호소에서 서로 협의를 한 후 발행하여야 한다.

|해설|

지도표는 1폐색구간에 1매로 한다(제59조 제3항).

66 다음 지도표 등에 관한 내용으로 바르지 않은 것은?

㉮ 지도표에는 그 구간 양끝의 정거장명·발행일자 및 사용열차번호를 기입하여야 한다.

㉯ 지도표는 1폐색구간에 1매로 하며, 열차는 당해구간의 지도표를 휴대하지 않아도 그 구간을 운전할 수 있다.

㉰ 지도식은 철도사고등의 수습 또는 선로보수공사 등으로 현장과 가장 가까운 정거장 또는 신호소간을 1폐색구간으로 하여 열차를 운전하는 경우에 후속 열차를 운전할 필요가 없을 때에 한하여 시행한다.

㉱ 지도식을 시행하는 구간에는 지도표를 발행하여야 한다.

|해설|

지도표는 1폐색구간에 1매로 하며, 열차는 당해구간의 지도표를 휴대하지 아니하면 그 구간을 운전할 수 없다(제64조 제2항).

67 관제업무종사자가 지령식을 시행하는 경우 준수하여야 할 사항이 아닌 것은?

㉮ 지령식을 시행할 폐색구간의 경계를 정할 것
㉯ 지령식을 시행할 폐색구간에 열차나 철도차량이 없음을 확인할 것
㉰ 지령식을 시행하는 폐색구간에 진입하는 열차의 기관사에게 승인번호, 시행구간, 운전속도 등 주의사항을 통보할 것
㉱ 지령식을 시행하는 폐색구간에 진입하는 열차의 기관사에게 승인번호는 통보하지 않아도 된다.

|해설|

관제업무종사자가 지령식을 시행하는 경우 준수하여야 할 사항(제64조의2 제2항)
1. 지령식을 시행할 폐색구간의 경계를 정할 것
2. 지령식을 시행할 폐색구간에 열차나 철도차량이 없음을 확인할 것
3. 지령식을 시행하는 폐색구간에 진입하는 열차의 기관사에게 승인번호, 시행구간, 운전속도 등 주의사항을 통보할 것

68 다음 시계운전에 의한 방법에 관한 내용으로 틀린 것은?

㉮ 시계운전에 의한 방법은 신호기 또는 통신장치의 고장 등으로 상용폐색방식 및 대용폐색방식 외의 방법으로 열차를 운전할 필요가 있는 경우에 한하여 시행하여야 한다.
㉯ 철도차량의 운전속도는 전방 가시거리 범위 내에서 열차를 정지시킬 수 있는 속도 이하로 운전하여야 한다.
㉰ 동일 방향으로 운전하는 열차는 선행 열차와 간격을 좁혀서 운전하여야 한다.
㉱ 단선구간에서는 하나의 방향으로 열차를 운전하는 때에 반대방향의 열차를 운전시키지 아니하는 등 사고예방을 위한 안전조치를 하여야 한다.

|해설|

동일 방향으로 운전하는 열차는 선행 열차와 충분한 간격을 두고 운전하여야 한다(제70조 제2항).

Answer 65. ㉰ 66. ㉯ 67. ㉱ 68. ㉰

69 다음 열차제어장치의 구분내용이 아닌 것은?

㉮ 차동제어식 자동열차제어장치

㉯ 열차자동정지장치(ATS, Automatic Train Stop)

㉰ 열차자동제어장치(ATC, Automatic Train Control)

㉱ 열차자동방호장치(ATP, Automatic Train Protection)

| 해설 |

열차제어장치의 종류

열차제어장치는 다음과 같이 구분한다(제66조).

1. 열차자동정지장치(ATS, Automatic Train Stop)
2. 열차자동제어장치(ATC, Automatic Train Control)
3. 열차자동방호장치(ATP, Automatic Train Protection)

70 다음 격시법 또는 지도격시법의 시행에 관한 설명으로 틀린 것은?

㉮ 격시법 또는 지도격시법을 시행하는 경우에는 최초의 열차를 운전시키기 전에 폐색구간에 열차 또는 차량이 없음을 확인하여야 한다.

㉯ 격시법은 폐색구간의 한끝에 있는 정거장 또는 신호소의 철도종사자가 시행한다.

㉰ 지도격시법은 폐색구간의 한끝에 있는 정거장 또는 신호소의 운전취급담당자가 적임자를 파견하여 상대의 정거장 또는 신호소 운전취급담당자와 협의한 후 이를 시행해야 한다.

㉱ 지도통신식을 시행 중인 구간에서 통신두절이 된 경우 지도표를 가지고 있는 정거장 또는 신호소에서 최초의 열차를 운행하는 때에는 그러하지 않다.

| 해설 |

격시법은 폐색구간의 한끝에 있는 정거장 또는 신호소의 차량운전취급책임자가 시행한다(제73조 제2항).

71 다음 시계운전에 의한 열차 운전하는 방법이 아닌 것은?

㉮ 직시법 ㉯ 격시법

㉰ 전령법 ㉱ 지도격시법

|해설|

시계운전에 의한 열차운전은 다음의 어느 하나의 방법으로 시행하여야 한다. 다만, 협의용 단행기관차의 운행 등 철도운영자등이 특별히 따로 정한 경우에는 그러하지 아니하다(제72조).

1. 복선운전을 하는 경우
   ㉠ 격시법
   ㉡ 전령법
2. 단선운전을 하는 경우
   ㉠ 지도격시법
   ㉡ 전령법

72 다음 전령법의 시행에 관한 설명 중 틀린 것은?

㉮ 열차 또는 차량이 정차되어 있는 폐색구간에 다른 열차를 진입시킬 때에는 지도격시법에 의하여 운전하여야 한다.

㉯ 전령법은 그 폐색구간 양끝에 있는 정거장 또는 신호소의 차량운전취급책임자가 협의하여 이를 시행해야 한다.

㉰ 전화불통으로 협의를 할 수 없는 경우 당해 열차 또는 차량이 정차되어 있는 곳을 넘어서 열차 또는 차량을 운전할 수 없다.

㉱ 전령법을 시행하는 구간에는 전령자를 선정하여야 한다.

|해설|

열차 또는 차량이 정차되어 있는 폐색구간에 다른 열차를 진입시킬 때에는 전령법에 의하여 운전하여야 한다(제74조 제1항).

Answer 69. ㉮ 70. ㉯ 71. ㉮ 72. ㉮

73 다음 전령자에 대한 서술로 틀린 것은?

㉮ 전령법을 시행하는 구간에는 전령자를 선정하여야 한다.
㉯ 전령자는 1폐색구간 1인에 한한다.
㉰ 전령자는 노란 바탕에 검은 글씨로 전령자임을 표시한 완장을 착용하여야 한다.
㉱ 전령법을 시행하는 구간에서는 당해구간의 전령자가 동승하지 아니하고는 열차를 운전할 수 없다.

|해설|

전령자는 완장을 착용할 의무가 없다.

74 다음 철도신호의 구분으로 바르지 않은 것은?

㉮ 신호는 모양·색 또는 소리 등으로 열차나 차량에 대하여 운행의 조건을 지시하는 것으로 할 것
㉯ 전호는 모양·색 또는 소리 등으로 관계직원 상호간에 의사를 표시하는 것으로 할 것
㉰ 표지는 모양 또는 색 등으로 물체의 위치·방향·조건 등을 표시하는 것으로 할 것
㉱ 표식은 모양 또는 색 등으로 물체의 위치·방향·조건 등을 표시하는 것으로 할 것

|해설|

철도의 신호는 다음과 같이 구분하여 시행한다(제76조).
1. 신호는 모양·색 또는 소리 등으로 열차나 차량에 대하여 운행의 조건을 지시하는 것으로 할 것
2. 전호는 모양·색 또는 소리 등으로 관계직원 상호간에 의사를 표시하는 것으로 할 것
3. 표지는 모양 또는 색 등으로 물체의 위치·방향·조건 등을 표시하는 것으로 할 것

75 다음 철도신호에 관한 내용으로 틀린 것은?

㉮ 주간과 야간의 현시방식을 달리하는 신호·전호 및 표지는 일출부터 일몰까지는 주간의 방식, 일몰부터 일출까지는 야간의 방식에 의하여야 한다.
㉯ 하나의 신호는 둘 이상의 선로에서 하나의 목적으로 사용되어야 한다.
㉰ 신호를 현시할 소정의 장소에 신호의 현시가 없거나 그 현시가 정확하지 아니할 때에는 정지신호의 현시가 있는 것으로 본다.
㉱ 지하구간 및 터널 안의 신호·전호 및 표지는 야간의 방식에 의하여야 한다.

|해설|

하나의 신호는 하나의 선로에서 하나의 목적으로 사용되어야 한다. 다만, 진로표시기를 부설한 신호기는 그러하지 아니하다(제80조).

76 다음 주신호기 중 정거장을 진출하려는 열차에 대하여 신호를 현시하는 것은?

㉮ 장내신호기
㉯ 폐색신호기
㉰ 출발신호기
㉱ 엄호신호기

|해설|

주신호기(제82조 제1호)

1. 장내신호기 : 정거장에 진입하려는 열차에 대하여 신호를 현시하는 것
2. 출발신호기 : 정거장을 진출하려는 열차에 대하여 신호를 현시하는 것
3. 폐색신호기 : 폐색구간에 진입하려는 열차에 대하여 신호를 현시하는 것
4. 엄호신호기 : 특히 방호를 요하는 지점을 통과하려는 열차에 대하여 신호를 현시하는 것
5. 유도신호기 : 장내신호기에 정지신호의 현시가 있는 경우 유도를 받을 열차에 대하여 신호를 현시하는 것
6. 입환신호기 : 입환차량 또는 차내신호폐색식을 시행하는 구간의 열차에 대하여 신호를 현시하는 것

Answer 73. ㉰ 74. ㉱ 75. ㉯ 76. ㉰

77 다음 종속신호기 중 장내신호기·출발신호기 및 폐색신호기에 종속하여 열차에 대하여 주 신호기가 현시하는 신호를 중계하는 신호를 현시하는 것은?

㉮ 원방신호기

㉯ 중계신호기

㉰ 통과신호기

㉱ 유도신호기

|해설|

종속신호기(제82조 제2호)

1. 원방신호기 : 장내신호기·출발신호기·폐색신호기 및 엄호신호기에 종속하여 열차에 주 신호기가 현시하는 신호의 예고신호를 현시하는 것
2. 통과신호기 : 출발신호기에 종속하여 정거장에 진입하는 열차에 신호기가 현시하는 신호를 예고하며, 정거장을 통과할 수 있는지의 여부에 대한 신호를 현시하는 것
3. 중계신호기 : 장내신호기·출발신호기·폐색신호기 및 엄호신호기에 종속하여 열차에 주 신호기가 현시하는 신호의 중계신호를 현시하는 것

78 다음 신호부속기 중 차내신호기를 사용하는 본 선로의 분기부에 설치하여 진로의 개통상태를 표시하는 것은?

㉮ 진로개통표시기

㉯ 진로표시기

㉰ 진로예고기

㉱ 입환신호기

|해설|

신호부속기(제82조 제3호)

1. 진로표시기 : 장내신호기·출발신호기·진로개통표시기 및 입환신호기에 부속하여 열차 또는 차량에 대하여 그 진로를 표시하는 것
2. 진로예고기 : 장내신호기·출발신호기에 종속하여 다음 장내신호기 또는 출발신호기에 현시하는 진로를 열차에 대하여 예고하는 것
3. 진로개통표시기 : 차내신호를 사용하는 열차가 운행하는 본선의 분기부에 설치하여 진로의 개통 상태를 표시하는 것

79 다음 차내신호의 종류 및 그 제한속도로 틀린 것은?

㉮ 정지신호 : 열차운행에 지장이 있는 구간으로 운행하는 열차에 대하여 정지하도록 하는 것

㉯ 15신호 : 정지신호에 의하여 정지한 열차에 대한 신호로서 1시간에 15km 이하의 속도로 운전하게 하는 것

㉰ 야드신호 : 입환차량에 대한 신호로서 1시간에 100km 이하의 속도로 운전하게 하는 것

㉱ 진행신호 : 열차를 지정된 속도 이하로 운전하게 하는 것

|해설|

야드신호(제83조 제3호) : 입환차량에 대한 신호로서 1시간에 25킬로미터 이하의 속도로 운전하게 하는 것

80 별도의 작동이 없는 상태에서의 상치신호기의 정위(正位)로 틀린 것은?

㉮ 장내신호기 : 정지신호

㉯ 출발신호기 : 정지신호

㉰ 원방신호기 : 주의신호

㉱ 유도신호기 : 정지신호

|해설|

별도의 작동이 없는 상태에서의 상치신호기의 정위(正位)는 다음과 같다(제85조 제1항).

1. 장내신호기 : 정지신호
2. 출발신호기 : 정지신호
3. 폐색신호기(자동폐색신호기를 제외한다) : 정지신호
4. 엄호신호기 : 정지신호
5. 유도신호기 : 신호를 현시하지 아니한다.
6. 입환신호기 : 정지신호
7. 원방신호기 : 주의신호

Answer 77. ㉯ 78. ㉮ 79. ㉰ 80. ㉱

81 다음 신호에 관한 설명으로 틀린 것은?

㉮ 상치신호기의 현시를 후면에서 식별할 필요가 있는 경우에는 배면광(背面光)을 설비하여야 한다.

㉯ 기둥 하나에 같은 종류의 신호 2 이상을 현시할 때에는 맨 위에 있는 것을 맨 오른쪽의 선로에 대한 것으로 하고, 순차적으로 왼쪽의 선로에 대한 것으로 한다.

㉰ 원방신호기는 그 주된 신호기가 진행신호를 현시하거나, 3위식 신호기는 그 신호기의 배면쪽 제1의 신호기에 주의 또는 진행신호를 현시하기 전에 이에 앞서 진행신호를 현시할 수 없다.

㉱ 열차가 상치신호기의 설치지점을 통과한 때에는 그 지점을 통과한 때마다 유도신호기는 신호를 현시하지 아니하며 원방신호기는 주의신호를, 그 밖의 신호기는 정지신호를 현시하여야 한다.

|해설|

기둥 하나에 같은 종류의 신호 2 이상을 현시할 때에는 맨 위에 있는 것을 맨 왼쪽의 선로에 대한 것으로 하고, 순차적으로 오른쪽의 선로에 대한 것으로 한다(제87조).

82 다음 임시신호기가 아닌 것은?

㉮ 서행신호기

㉯ 서행예고신호기

㉰ 엄호신호기

㉱ 서행해제신호기

|해설|

임시신호기의 종류와 용도는 다음과 같다(제91조).

1. 서행신호기 : 서행운전할 필요가 있는 구간에 진입하려는 열차 또는 차량에 대하여 당해구간을 서행할 것을 지시하는 것
2. 서행예고신호기 : 서행신호기를 향하여 진행하려는 열차에 대하여 그 전방에 서행신호의 현시 있음을 예고하는 것
3. 서행해제신호기 : 서행구역을 진출하려는 열차에 대하여 서행을 해제할 것을 지시하는 것
4. 서행발리스(Balise) : 서행운전할 필요가 있는 구간의 전방에 설치하는 송·수신용 안테나로 지상 정보를 열차로 보내 자동으로 열차의 감속을 유도하는 것

83 다음 수신호에 관한 내용으로 틀린 것은?

㉮ 정지신호는 주간에는 적색기이다.

㉯ 서행신호는 야간에 깜박이는 녹색등이다.

㉰ 진행신호는 야간에 녹색등이다.

㉱ 정지신호는 야간에 녹색등이 없을 때에는 적색등 외의 것을 급히 흔든다.

|해설|

정지신호(제93조 제1호)

1. 주간 : 적색기. 다만, 적색기가 없을 때에는 양팔을 높이 들거나 또는 녹색기외의 것을 급히 흔든다.
2. 야간 : 적색등. 다만, 적색등이 없을 때에는 녹색등 외의 것을 급히 흔든다.

84 다음 특수신호에 관한 내용으로 틀린 것은?

㉮ 기상상태로 정지신호를 확인하기 곤란한 경우 또는 예고하지 아니한 지점에 열차를 정지시키는 경우에는 신호뇌관의 폭음으로 정지신호를 현시하여야 한다.

㉯ 신호뇌관은 상당한 거리를 두고 5개 이상 장치하여야 한다.

㉰ 예고하지 아니한 지점에 열차를 정지시킬 경우에는 신호염관의 적색화염으로 정지신호를 현시하여야 한다.

㉱ 특별신호에 의한 정지신호의 현시가 있을 때에는 즉시 열차 또는 차량을 정지하여야 한다.

|해설|

신호뇌관은 상당한 거리를 두고 2개 이상 장치하여야 한다(제95조 제2항).

Answer 81. ㉯ 82. ㉰ 83. ㉱ 84. ㉯

85 다음 전호에 관한 내용으로 틀린 것은?

㉮ 열차 또는 차량에 대한 전호는 전호기로 현시하여야 한다.

㉯ 전호기가 설치되어 있지 아니하거나 고장이 난 경우에는 수전호 또는 무선전화기로 현시할 수 있다.

㉰ 열차를 출발시키고자 할 때에는 출발전호를 하여야 한다.

㉱ 위험을 경고하는 경우 기관사는 기적전호할 수 있다.

|해설|

다음의 어느 하나에 해당하는 경우에는 기관사는 기적전호를 하여야 한다(제100조).
1. 위험을 경고하는 경우
2. 비상사태가 발생한 경우

86 다음 입환전호 방법 중 바르지 않은 것은?

㉮ 오너라전호는 주간에 녹색기를 좌우로 흔든다.

㉯ 가거라전호는 야간에 녹색등을 위·아래로 흔든다.

㉰ 정지전호는 야간에는 적색기이다.

㉱ 무인역 또는 1인이 근무하는 역에서 입환하는 경우 무선전화기를 사용하여 입환전호를 할 수 있다.

|해설|

정지전호(제101조 제1항)
1. 주간 : 적색기. 다만, 부득이한 경우에는 두 팔을 높이 들어 이를 대신할 수 있다.
2. 야간 : 적색등

Answer 85. ㉱ 86. ㉰

도시철도운전규칙

제1장 총 칙

1. 목 적

이 규칙은 「도시철도법」 제18조에 따라 도시철도의 운전과 차량 및 시설의 유지·보전에 필요한 사항을 정하여 도시철도의 안전운전을 도모함을 목적으로 한다(제1조).

2. 적용범위

도시철도의 운전에 관하여 이 규칙에서 정하지 아니한 사항이나 도시교통권역별로 서로 다른 사항은 법령의 범위에서 도시철도운영자가 따로 정할 수 있다(제2조).

3. 용어의 정의

(1) 정거장

여객의 승차·하차, 열차의 편성, 차량의 입환(入換) 등을 위한 장소를 말한다(제3조 제1호).

(2) 선 로

궤도 및 이를 지지하는 인공구조물을 말하며, 열차의 운전에 상용되는 본선과 그 외의 측선으로 구분된다(제3조 제2호).

(3) 열 차

본선에서 운전할 목적으로 편성되어 열차번호를 부여받은 차량을 말한다(제3조 제3호).

(4) 차 량

선로에서 운전하는 열차 외의 전동차·궤도시험차·전기시험차 등을 말한다(제3조 제4호).

(5) 운전보안장치

열차 및 차량(열차 등)의 안전운전을 확보하기 위한 장치로서 폐색장치, 신호장치, 연동장치, 선로전환장치, 경보장치, 열차자동정지장치, 열차자동제어장치, 열차자동운전장치, 열차종합제어장치 등을 말한다(제3조 제5호).

(6) 폐색(閉塞)

선로의 일정구간에 둘 이상의 열차를 동시에 운전시키지 아니하는 것을 말한다(제3조 제6호).

(7) 전차선로

전차선 및 이를 지지하는 인공구조물을 말한다(제3조 제7호).

(8) 운전사고

열차 등의 운전으로 인하여 사상자(死傷者)가 발생하거나 도시철도시설이 파손된 것을 말한다(제3조 제8호).

(9) 운전장애

열차 등의 운전으로 인하여 그 열차 등의 운전에 지장을 주는 것 중 운전사고에 해당하지 아니하는 것을 말한다(제3조 제9호).

(10) 노면전차

도로면의 궤도를 이용하여 운행되는 열차를 말한다(제3조 제10호).

(11) 무인운전

사람이 열차 안에서 직접 운전하지 아니하고 관제실에서의 원격조종에 따라 열차가 자동으로 운행되는 방식을 말한다(제3조 제11호).

(12) 시계운전

사람의 맨눈에 의존하여 운전하는 것을 말한다(제3조 제12호).

4. 직원 교육

(1) 교육 후 업무종사

도시철도운영자는 도시철도의 안전과 관련된 업무에 종사하는 직원에 대하여 적성검사와 정해진 교육을 하여 도시철도 운전 지식과 기능을 습득한 것을 확인한 후 그 업무에 종사하도록 하여야 한다. 다만, 해당 업무와 관련이 있는 자격을 갖춘 사람에 대해서는 적성검사나 교육의 전부 또는 일부를 면제할 수 있다(제4조 제1항).

(2) 국내연수 또는 국외연수 교육

도시철도운영자는 소속직원의 자질 향상을 위하여 적절한 국내연수 또는 국외연수 교육을 실시할 수 있다(제4조 제2항).

5. 안전조치 및 유지 · 보수 등

(1) 안전조치

도시철도운영자는 열차 등을 안전하게 운전할 수 있도록 필요한 조치를 하여야 한다(제5조 제1항).

(2) 도시철도시설의 안전점검 등

도시철도운영자는 재해를 예방하고 안전성을 확보하기 위하여 「시설물의 안전 및 유지관리에 관한 특별법」에 따라 도시철도시설의 안전점검 등 안전조치를 하여야 한다(제5조 제2항).

6. 응급복구용 기구 및 자재 등의 정비

도시철도운영자는 차량, 선로, 전력설비, 운전보안장치, 그 밖에 열차운전을 위한 시설에 재해 · 고장 · 운전사고 또는 운전장애가 발생할 경우에 대비하여 응급복구에 필요한 기구 및 자재를 항상 적당한 장소에 보관하고 정비하여야 한다(제6조).

7. 안전운전계획의 수립 등

도시철도운영자는 안전운전과 이용승객의 편의 증진을 위하여 장기 · 단기계획을 수립하여 시행하여야 한다(제8조).

8. 신설구간 등에서의 시험운전

도시철도운영자는 선로·전차선로 또는 운전보안장치를 신설·이설(移設) 또는 개조한 경우 그 설치상태 또는 운전체계의 점검과 종사자의 업무 숙달을 위하여 정상운전을 하기 전에 60일 이상 시험운전을 하여야 한다. 다만, 이미 운영하고 있는 구간을 확장·이설 또는 개조한 경우에는 관계 전문가의 안전진단을 거쳐 시험운전 기간을 줄일 수 있다(제9조).

제2장 선로 및 설비의 보전

1. 선 로

(1) 선로의 보전

선로는 열차 등이 도시철도운영자가 정하는 속도(지정속도)로 안전하게 운전할 수 있는 상태로 보전하여야 한다(제10조 제1항).

(2) 선로의 점검·정비

① 선로는 매일 한 번 이상 순회점검 하여야 하며, 필요한 경우에는 정비하여야 한다(제11조 제1항).
② 선로는 정기적으로 안전점검을 하여 안전운전에 지장이 없도록 유지·보수하여야 한다(제11조 제2항).

(3) 공사 후의 선로 사용

선로를 신설·개조 또는 이설하거나 일시적으로 사용을 중지한 경우에는 이를 검사하고 시험운전을 하기 전에는 사용할 수 없다. 다만, 경미한 정도의 개조를 한 경우에는 그러하지 아니하다(제12조).

2. 전력설비

(1) 전력설비의 보전

전력설비는 열차 등이 지정속도로 안전하게 운전할 수 있는 상태로 보전하여야 한다(제13조).

(2) 전차선로의 점검

전차선로는 매일 한 번 이상 순회점검을 하여야 한다(제14조).

(3) 전력설비의 검사

전력설비의 각 부분은 도시철도운영자가 정하는 주기에 따라 검사를 하고 안전운전에 지장이 없도록 정비하여야 한다(제15조).

(4) 공사 후의 전력설비 사용

전력설비를 신설・이설・개조 또는 수리하거나 일시적으로 사용을 중지한 경우에는 이를 검사하고 시험운전을 하기 전에는 사용할 수 없다. 다만, 경미한 정도의 개조 또는 수리를 한 경우에는 그러하지 아니하다(제16조).

3. 통신설비

(1) 통신설비의 보전

통신설비는 항상 통신할 수 있는 상태로 보전하여야 한다(제17조).

(2) 통신설비의 검사 및 사용

① 통신설비의 각 부분은 일정한 주기에 따라 검사를 하고 안전운전에 지장이 없도록 정비하여야 한다(제18조 제1항).
② 신설・이설・개조 또는 수리한 통신설비는 검사하여 기능을 확인하기 전에는 사용할 수 없다(제18조 제2항).

4. 운전보안장치

(1) 운전보안장치의 보전

운전보안장치는 완전한 상태로 보전하여야 한다(제19조).

(2) 운전보안장치의 검사 및 사용

① 운전보안장치의 각 부분은 일정한 주기에 따라 검사를 하고 안전운전에 지장이 없도록 정비하여야 한다(제20조 제1항).
② 신설・이설・개조 또는 수리한 운전보안장치는 검사하여 기능을 확인하기 전에는 사용할 수 없다(제20조 제2항).

5. 건축한계 안의 물품유치 금지

(1) 물품유치 금지

차량 운전에 지장이 없도록 궤도상에 설정한 건축한계 안에는 열차 등 외의 다른 물건을 둘 수 없다. 다만, 열차 등을 운전하지 아니하는 시간에 작업을 하는 경우에는 그러하지 아니하다(제21조).

(2) 선로 등 검사에 관한 기록보존

선로・전력설비・통신설비 또는 운전보안장치의 검사를 하였을 때에는 검사자의 성명・검사상태 및 검사일시 등을 기록하여 일정 기간 보존하여야 한다(제22조).

제3장 열차 등의 보전

1. 열차 등의 보전

열차 등은 안전하게 운전할 수 있는 상태로 보전하여야 한다(제23조).

2. 차량의 검사 및 시험운전

(1) 차량의 검사 후 운전

제작 · 개조 · 수선 또는 분해검사를 한 차량과 일시적으로 사용을 중지한 차량은 검사하고 시험운전을 하기 전에는 사용할 수 없다. 다만, 경미한 정도의 개조 또는 수선을 한 경우에는 그러하지 아니하다(제24조 제1항).

(2) 주행 및 분해검사

차량의 각 부분은 일정한 기간 또는 주행거리를 기준으로 하여 그 상태와 작용에 대한 검사와 분해검사를 하여야 한다(제24조 제2항).

(3) 절연저항시험 및 절연내력시험

검사를 할 때 차량의 전기장치에 대해서는 절연저항시험 및 절연내력시험을 하여야 한다(제24조 제3항).

3. 편성차량의 검사

열차로 편성한 차량의 각 부분은 검사하여 안전운전에 지장이 없도록 하여야 한다(제25조).

4. 검사 및 시험의 기록

검사 또는 시험을 하였을 때에는 검사 종류, 검사자의 성명, 검사 상태 및 검사일 등을 기록하여 일정 기간 보존하여야 한다(제27조).

제4장 운 전

1. 열차의 편성

(1) 열차의 편성

열차는 차량의 특성 및 선로 구간의 시설 상태 등을 고려하여 안전운전에 지장이 없도록 편성하여야 한다(제28조).

(2) 열차의 비상제동거리

열차의 비상제동거리는 600미터 이하로 하여야 한다(제29조).

(3) 열차의 제동장치

열차에 편성되는 각 차량에는 제동력이 균일하게 작용하고 분리 시에 자동으로 정차할 수 있는 제동장치를 구비하여야 한다(제30조).

(4) 열차의 제동장치시험

열차를 편성하거나 편성을 변경할 때에는 운전하기 전에 제동장치의 기능을 시험하여야 한다(제31조).

2. 열차의 운전

(1) 열차 등의 운전

① 열차 등의 운전은 열차 등의 종류에 따라 운전면허를 소지한 사람이 하여야 한다. 다만, 무인운전의 경우에는 그러하지 아니하다(제32조 제1항).
② 차량은 열차에 함께 편성되기 전에는 정거장 외의 본선을 운전할 수 없다. 다만, 차량을 결합·해체하거나 차선을 바꾸는 경우 또는 그 밖에 특별한 사유가 있는 경우에는 그러하지 아니하다(제32조 제2항).

(2) 무인운전 시의 안전 확보 등

도시철도운영자가 열차를 무인운전으로 운행하려는 경우에는 다음의 사항을 준수하여야 한다(제32조의2).

① 관제실에서 열차의 운행상태를 실시간으로 감시 및 조치할 수 있을 것
② 열차 내의 간이운전대에는 승객이 임의로 다룰 수 없도록 잠금장치가 설치되어 있을 것
③ 간이운전대의 개방이나 운전 모드(mode)의 변경은 관제실의 사전 승인을 받을 것
④ 운전 모드를 변경하여 수동운전을 하려는 경우에는 관제실과의 통신에 이상이 없음을 먼저 확인할 것
⑤ 승차·하차 시 승객의 안전 감시나 시스템 고장 등 긴급상황에 대한 신속한 대처를 위하여 필요한 경우에는 열차와 정거장 등에 안전요원을 배치하거나 안전요원이 순회하도록 할 것
⑥ 무인운전이 적용되는 구간과 무인운전이 적용되지 아니하는 구간의 경계 구역에서의 운전 모드 전환을 안전하게 하기 위한 규정을 마련해 놓을 것
⑦ 열차 운행 중 다음의 긴급상황이 발생하는 경우 승객의 안전을 확보하기 위한 조치 규정을 마련해 놓을 것
   ㉠ 열차에 고장이나 화재가 발생하는 경우
   ㉡ 선로 안에서 사람이나 장애물이 발견된 경우
   ㉢ 그 밖에 승객의 안전에 위험한 상황이 발생하는 경우

(3) 열차의 운전위치

열차는 맨 앞의 차량에서 운전하여야 한다. 다만, 추진운전, 퇴행운전 또는 무인운전을 하는 경우에는 그러하지 아니하다(제33조).

(4) 열차의 운전 시각

열차는 도시철도운영자가 정하는 열차시간표에 따라 운전하여야 한다. 다만, 운전사고, 운전장애 등 특별한 사유가 있는 경우에는 그러하지 아니하다(제34조).

(5) 운전 정리

도시철도운영자는 운전사고, 운전장애 등으로 열차를 정상적으로 운전할 수 없을 때에는 열차의 종류, 도착지, 접속 등을 고려하여 열차가 정상운전이 되도록 운전 정리를 하여야 한다(제35조).

(6) 운전 진로

① 열차의 운전방향을 구별하여 운전하는 한 쌍의 선로에서 열차의 운전 진로는 우측으로 한다. 다만, 좌측으로 운전하는 기존의 선로에 직통으로 연결하여 운전하는 경우에는 좌측으로 할 수 있다(제36조 제1항).

② 다음의 어느 하나에 해당하는 경우에는 운전 진로를 달리할 수 있다(제36조 제2항).

㉠ 선로 또는 열차에 고장이 발생하여 퇴행운전을 하는 경우
㉡ 구원열차(救援列車)나 공사열차(工事列車)를 운전하는 경우
㉢ 차량을 결합·해체하거나 차선을 바꾸는 경우
㉣ 구내운전(構內運轉)을 하는 경우
㉤ 시험운전을 하는 경우
㉥ 운전사고 등으로 인하여 일시적으로 단선운전(單線運轉)을 하는 경우
㉦ 그 밖에 특별한 사유가 있는 경우

(7) 폐색구간

① 본선은 폐색구간으로 분할하여야 한다. 다만, 정거장 안의 본선은 그러하지 아니하다(제37조 제1항).

② 폐색구간에서는 둘 이상의 열차를 동시에 운전할 수 없다. 다만, 다음의 어느 하나에 해당하는 경우에는 그러하지 아니하다(제37조 제2항).

㉠ 고장난 열차가 있는 폐색구간에서 구원열차를 운전하는 경우
㉡ 선로 불통으로 폐색구간에서 공사열차를 운전하는 경우
㉢ 다른 열차의 차선 바꾸기 지시에 따라 차선을 바꾸기 위하여 운전하는 경우
㉣ 하나의 열차를 분할하여 운전하는 경우

(8) 추진운전과 퇴행운전

① 열차는 추진운전이나 퇴행운전을 하여서는 아니 된다. 다만, 다음의 어느 하나에 해당하는 경우에는 그러하지 아니하다(제38조 제1항).

㉠ 선로나 열차에 고장이 발생한 경우
㉡ 공사열차나 구원열차를 운전하는 경우
㉢ 차량을 결합·해체하거나 차선을 바꾸는 경우
㉣ 구내운전을 하는 경우
㉤ 시설 또는 차량의 시험을 위하여 시험운전을 하는 경우
㉥ 그 밖에 특별한 사유가 있는 경우

② 노면전차를 퇴행운전하는 경우에는 주변 차량 및 보행자들의 안전을 확보하기 위한 대책을 마련하여야 한다(제38조 제2항).

(9) 열차의 동시출발 및 도착의 금지

둘 이상의 열차는 동시에 출발시키거나 도착시켜서는 아니 된다. 다만, 열차의 안전운전에 지장이 없도록 신호 또는 제어설비 등을 완전하게 갖춘 경우에는 그러하지 아니하다(제39조).

(10) 정거장 외의 승차ㆍ하차금지

정거장 외의 본선에서는 승객을 승차ㆍ하차시키기 위하여 열차를 정지시킬 수 없다. 다만, 운전사고 등 특별한 사유가 있을 때에는 그러하지 아니하다(제40조).

(11) 선로의 차단

도시철도운영자는 공사나 그 밖의 사유로 선로를 차단할 필요가 있을 때에는 미리 계획을 수립한 후 그 계획에 따라야 한다. 다만, 긴급한 조치가 필요한 경우에는 운전업무를 총괄하는 사람(관제사)의 지시에 따라 선로를 차단할 수 있다(제41조).

(12) 열차 등의 정지

① 열차 등은 정지신호가 있을 때에는 즉시 정지시켜야 한다(제42조 제1항).
② 정차한 열차 등은 진행을 지시하는 신호가 있을 때까지는 진행할 수 없다. 다만, 특별한 사유가 있는 경우 관제사의 속도제한 및 안전조치에 따라 진행할 수 있다(제42조 제2항).

(13) 열차 등의 서행

① 열차 등은 서행신호가 있을 때에는 지정속도 이하로 운전하여야 한다(제43조 제1항).
② 열차 등이 서행해제신호가 있는 지점을 통과한 후에는 정상속도로 운전할 수 있다(제43조 제2항).

(14) 열차 등의 진행

열차 등은 진행을 지시하는 신호가 있을 때에는 지정속도로 그 표시지점을 지나 다음

신호기까지 진행할 수 있다(제44조).

(15) 노면전차의 시계운전

시계운전을 하는 노면전차의 경우에는 다음의 사항을 준수하여야 한다(제44조의2).

① 운전자의 가시거리 범위에서 신호 등 주변상황에 따라 열차를 정지시킬 수 있도록 적정 속도로 운전할 것
② 앞서가는 열차와 안전거리를 충분히 유지할 것
③ 교차로에서 앞서가는 열차를 따라서 동시에 통과하지 않을 것

3. 차량의 결합·해체 등

(1) 차량의 결합·해체 등

① 차량을 결합·해체하거나 차량의 차선을 바꿀 때에는 신호에 따라 하여야 한다(제45조 제1항).
② 본선을 이용하여 차량을 결합·해체하거나 열차 등의 차선을 바꾸는 경우에는 다른 열차등과의 충돌을 방지하기 위한 안전조치를 하여야 한다(제45조 제2항).

(2) 차량결합 등의 장소

정거장이 아닌 곳에서 본선을 이용하여 차량을 결합·해체하거나 차선을 바꾸어서는 아니 된다. 다만, 충돌방지 등 안전조치를 하였을 때에는 그러하지 아니하다(제46조).

4. 선로전환기의 쇄정 및 정위치 유지

(1) 신호장치와 연동쇄정(聯動鎖錠) 사용

본선의 선로전환기는 이와 관계있는 신호장치와 연동쇄정(聯動鎖錠)을 하여 사용하여야 한다(제47조 제1항).

(2) 선로전환기의 정위치

선로전환기를 사용한 후에는 지체 없이 미리 정하여진 위치에 두어야 한다(제47조 제2항).

(3) 선로전환기 작동

노면전차의 경우 도로에 설치하는 선로전환기는 보행자 안전을 위해 열차가 충분히 접근하였을 때에 작동하여야 하며, 운전자가 선로전환기의 개통 방향을 확인할 수 있어야 한다(제47조 제3항).

5. 운전속도

(1) 운전속도

① 도시철도운영자는 열차 등의 특성, 선로 및 전차선로의 구조와 강도 등을 고려하여 열차의 운전속도를 정하여야 한다(제48조 제1항).
② 내리막이나 곡선선로에서는 제동거리 및 열차등의 안전도를 고려하여 그 속도를 제한하여야 한다(제48조 제2항).
③ 노면전차의 경우 도로교통과 주행선로를 공유하는 구간에서는 「도로교통법」에 따른 최고속도를 초과하지 않도록 열차의 운전속도를 정하여야 한다(제48조 제3항).

(2) 속도제한

도시철도운영자는 다음의 어느 하나에 해당하는 경우에는 운전속도를 제한하여야 한다(제49조).

① 서행신호를 하는 경우
② 추진운전이나 퇴행운전을 하는 경우
③ 차량을 결합·해체하거나 차선을 바꾸는 경우
④ 쇄정(鎖錠)되지 아니한 선로전환기를 향하여 진행하는 경우
⑤ 대용폐색방식으로 운전하는 경우
⑥ 자동폐색신호의 정지신호가 있는 지점을 지나서 진행하는 경우
⑦ 차내신호의 "0" 신호가 있은 후 진행하는 경우
⑧ 감속·주의·경계 등의 신호가 있는 지점을 지나서 진행하는 경우
⑨ 그 밖에 안전운전을 위하여 운전속도제한이 필요한 경우

6. 차량의 구름 방지

(1) 구름방지 조치

차량을 선로에 두는 경우에는 저절로 구르지 않도록 필요한 조치를 하여야 한다(제50조 제1항).

(2) 동력 가진 차량의 구름방지 조치

동력을 가진 차량을 선로에 두는 경우에는 그 동력으로 움직이는 것을 방지하기 위한 조치를 마련하여야 하며, 동력을 가진 동안에는 차량의 움직임을 감시하여야 한다(제50조 제2항).

제5장 폐색방식

1. 폐색방식의 구분

(1) 폐색방법

열차를 운전하는 경우의 폐색방식은 일상적으로 사용하는 폐색방식(상용폐색방식)과 폐색장치의 고장이나 그 밖의 사유로 상용폐색방식에 따를 수 없을 때 사용하는 폐색방식(대용폐색방식)에 따른다(제51조 제1항).

(2) 폐색방법 외의 운전

폐색방식에 따를 수 없을 때에는 전령법(傳令法)에 따르거나 무폐색운전을 한다(제51조 제2항).

2. 상용폐색방식

(1) 상용폐색방식

상용폐색방식은 자동폐색식 또는 차내신호폐색식에 따른다(제52조).

(2) 자동폐색식

자동폐색구간의 장내신호기, 출발신호기 및 폐색신호기에는 다음의 구분에 따른 신호를 할 수 있는 장치를 갖추어야 한다(제53조).

① 폐색구간에 열차 등이 있을 때 : 정지신호
② 폐색구간에 있는 선로전환기가 올바른 방향으로 되어 있지 아니할 때 또는 분기선

및 교차점에 있는 다른 열차 등이 폐색구간에 지장을 줄 때 : 정지신호

③ 폐색장치에 고장이 있을 때 : 정지신호

(3) 차내신호폐색식

차내신호폐색식에 따르려는 경우에는 폐색구간에 있는 열차 등의 운전상태를 그 폐색구간에 진입하려는 열차의 운전실에서 알 수 있는 장치를 갖추어야 한다(제54조).

3. 대용폐색방식

(1) 대용폐색방식

대용폐색방식은 다음의 구분에 따른다(제55조).

① 복선운전을 하는 경우 : 지령식 또는 통신식

② 단선운전을 하는 경우 : 지도통신식

(2) 지령식 및 통신식

① 폐색장치 및 차내신호장치의 고장으로 열차의 정상적인 운전이 불가능할 때에는 관제사가 폐색구간에 열차의 진입을 지시하는 지령식에 따른다(제56조 제1항).

② 상용폐색방식 또는 지령식에 따를 수 없을 때에는 폐색구간에 열차를 진입시키려는 역장 또는 소장이 상대 역장 또는 소장 및 관제사와 협의하여 폐색구간에 열차의 진입을 지시하는 통신식에 따른다(제56조 제2항).

③ 지령식 또는 통신식에 따르는 경우에는 관제사 및 폐색구간 양쪽의 역장 또는 소장은 전용전화기를 설치·운용하여야 한다. 다만, 부득이한 사유로 전용전화기를 설치할 수 없거나 전용전화기에 고장이 발생하였을 때에는 다른 전화기를 이용할 수 있다(제56조 제3항).

(3) 지도통신식

① 지도통신식에 따르는 경우에는 지도표 또는 지도권을 발급받은 열차만 해당 폐색구간을 운전할 수 있다(제57조 제1항).

② 지도표와 지도권은 폐색구간에 열차를 진입시키려는 역장 또는 소장이 상대 역장 또는 소장 및 관제사와 협의하여 발행한다(제57조 제2항).

③ 역장이나 소장은 같은 방향의 폐색구간으로 진입시키려는 열차가 하나뿐인 경우에는

지도표를 발급하고, 연속하여 둘 이상의 열차를 같은 방향의 폐색구간으로 진입시키려는 경우에는 맨 마지막 열차에 대해서는 지도표를, 나머지 열차에 대해서는 지도권을 발급한다(제57조 제3항).

④ 지도표와 지도권에는 폐색구간 양쪽의 역 이름 또는 소(所) 이름, 관제사, 명령번호, 열차번호 및 발행일과 시각을 적어야 한다(제57조 제4항).

⑤ 열차의 기관사는 발급받은 지도표 또는 지도권을 폐색구간을 통과한 후 도착지의 역장 또는 소장에게 반납하여야 한다(제57조 제5항).

4. 전령법

(1) 전령법의 시행

① 열차 등이 있는 폐색구간에 다른 열차를 운전시킬 때에는 그 열차에 대하여 전령법을 시행한다(제58조 제1항).

② 전령법을 시행할 경우에는 이미 폐색구간에 있는 열차 등은 그 위치를 이동할 수 없다(제58조 제2항).

(2) 전령자의 선정 등

① 전령법을 시행하는 구간에는 한 명의 전령자를 선정하여야 한다(제59조 제1항).

② 전령자는 백색 완장을 착용하여야 한다(제59조 제2항).

③ 전령법을 시행하는 구간에서는 그 구간의 전령자가 탑승하여야 열차를 운전할 수 있다. 다만, 관제사가 취급하는 경우에는 전령자를 탑승시키지 아니할 수 있다(제59조 제3항).

제6장 신 호

1. 통 칙

(1) 신호의 종류

도시철도의 신호의 종류는 다음과 같다(제60조).

① **신호** : 형태·색·음 등으로 열차 등에 대하여 운전의 조건을 지시하는 것
② **전호**(傳號) : 형태·색·음 등으로 직원 상호간에 의사를 표시하는 것
③ **표지** : 형태·색 등으로 물체의 위치·방향·조건을 표시하는 것

(2) 주간 또는 야간의 신호

① 주간과 야간의 신호방식을 달리하는 경우에는 일출부터 일몰까지는 주간의 방식, 일몰부터 다음날 일출까지는 야간방식에 따라야 한다. 다만, 일출부터 일몰까지의 사이에 기상상태로 인하여 상당한 거리로부터 주간방식에 따른 신호를 확인하기 곤란할 때에는 야간방식에 따른다(제61조 제1항).
② 차내신호방식 및 지하구간에서의 신호방식은 야간방식에 따른다(제61조 제2항).

(3) 제한신호의 추정

① 신호가 필요한 장소에 신호가 없을 때 또는 그 신호가 분명하지 아니할 때에는 정지신호가 있는 것으로 본다(제62조 제1항).
② 상설신호기 또는 임시신호기의 신호와 수신호가 각각 다를 때에는 열차 등에 가장 많은 제한을 붙인 신호에 따라야 한다. 다만, 사전에 통보가 있었을 때에는 통보된 신호에 따른다(제62조 제2항).

(4) 신호의 겸용금지

하나의 신호는 하나의 선로에서 하나의 목적으로 사용되어야 한다. 다만, 진로표시기를 부설한 신호기는 그러하지 아니하다(제63조).

2. 상설신호기

(1) 상설신호기

상설신호기는 일정한 장소에서 색등 또는 등열에 의하여 열차등의 운전조건을 지시하는 신호기를 말한다(제64조).

(2) 상설신호기의 종류

상설신호기의 종류와 기능은 다음과 같다(제65조).

① 주신호기

㉠ 차내신호기 : 열차 등의 가장 앞쪽의 운전실에 설치하여 운전조건을 지시하는 신호기

㉡ 장내신호기 : 정거장에 진입하려는 열차 등에 대하여 신호기 뒷방향으로의 진입이 가능한지를 지시하는 신호기

㉢ 출발신호기 : 정거장에서 출발하려는 열차 등에 대하여 신호기 뒷방향으로의 진입이 가능한지를 지시하는 신호기

㉣ 폐색신호기 : 폐색구간에 진입하려는 열차 등에 대하여 운전조건을 지시하는 신호기

㉤ 입환신호기 : 차량을 결합·해체하거나 차선을 바꾸려는 차량에 대하여 신호기 뒷방향으로의 진입이 가능한지를 지시하는 신호기

② 종속신호기

㉠ 원방신호기 : 장내신호기 및 폐색신호기에 종속되어 그 신호상태를 예고하는 신호기

㉡ 중계신호기 : 주신호기에 종속되어 그 신호상태를 중계하는 신호기

③ 신호부속기

㉠ 진로표시기 : 장내신호기, 출발신호기, 진로개통표시기 또는 입환신호기에 부속되어 열차등에 대하여 그 진로를 표시하는 것

㉡ 진로개통표시기 : 차내신호기를 사용하는 본선로의 분기부에 설치하여 진로의 개통상태를 표시하는 것

(3) 상설신호기의 종류 및 신호 방식

상설신호기는 계기·색등 또는 등열(燈列)로써 다음의 방식으로 신호하여야 한다(제66조).

① 주신호기

㉠ 차내신호기

주간·야간별 \ 신호의 종류	정지신호	진행신호
주간 및 야간	"0"속도를 표시	지령속도를 표시

㉡ 장내신호기, 출발신호기 및 폐색신호기

방식	주간·야간별 \ 신호의 종류	정지신호	경계신호	주의신호	감속신호	진행신호
색등식	주간 및 야간	적색등	상하위 등황색등	등황색등	상위는 등황색등 하위는 녹색등	녹색등

㉢ 입환신호기

방식	주간·야간별 \ 신호의 종류	정지신호	진행신호
색등식	주간 및 야간	적색등	등황색등

② 종속신호기

㉠ 원방신호기

방식	주간·야간별 \ 신호의 종류	주신호기가 정지신호를 할 경우	주신호기가 진행을 지시하는 신호를 할 경우
색등식	주간 및 야간	등황색등	녹색등

㉡ 중계신호기

방식	주간·야간별 \ 신호의 종류	주신호기가 정지신호를 할 경우	주신호기가 진행을 지시하는 신호를 할 경우
색등식	주간 및 야간	적색등	주신호기가 한 진행을 지시하는 색등

③ 신호부속기

㉠ 진로표시기

방식	개통방향 / 주간·야간별	좌측진로	중앙진로	우측진로
색등식	주간 및 야간	흑색바탕에 좌측 방향 백색화살표 ←	흑색바탕에 수직 방향 백색화살표 ↑	흑색바탕에 우측 방향 백색화살표 →
문자식	주간 및 야간	4각 흑색바탕에 문자 🅰 ❶		

㉡ 진로개통표시기

방식	개통방향 / 주간·야간별	진로가 개통되었을 경우		진로가 개통되지 아니한 경우	
색등식	주간 및 야간	등황색등	● ○	적색등	○ ●

3. 임시신호기

(1) 임시신호기의 설치

선로가 일시 정상운전을 하지 못하는 상태일 때에는 그 구역의 앞쪽에 임시신호기를 설치하여야 한다(제67조).

(2) 임시신호기의 종류(제68조)

① **서행신호기** : 서행운전을 필요로 하는 구역에 진입하는 열차등에 대하여 그 구간을 서행할 것을 지시하는 신호기

② **서행예고신호기** : 서행신호기가 있을 것임을 예고하는 신호기

③ **서행해제신호기** : 서행운전구역을 지나 운전하는 열차 등에 대하여 서행 해제를 지시하는 신호기

(3) 임시신호기의 신호방식

① 임시신호기의 형태・색 및 신호방식은 다음과 같다(제69조 제1항).

신호의 종류 / 주간・야간별	서행신호	서행예고신호	서행해제신호
주간	백색 테두리의 황색 원판	흑색 삼각형 무늬 3개를 그린 3각형판	백색 테두리의 녹색 원판
야간	등황색등	흑색 삼각형 무늬 3개를 그린 백색등	녹색등

② 임시신호기 표지의 배면(背面)과 배면광(背面光)은 백색으로 하고, 서행신호기에는 지정속도를 표시하여야 한다(제69조 제2항).

4. 수신호

(1) 수신호방식

신호기를 설치하지 아니한 경우 또는 신호기를 사용하지 못할 경우에는 다음의 방식으로 수신호를 하여야 한다(제70조).

① 정지신호

㉠ 주간 : 적색기. 다만, 부득이한 경우에는 두 팔을 높이 들거나 또는 녹색기 외의 물체를 급격히 흔드는 것으로 대신할 수 있다.

㉡ 야간 : 적색등. 다만, 부득이한 경우에는 녹색등 외의 등을 급격히 흔드는 것으로 대신할 수 있다.

② 진행신호

㉠ 주간 : 녹색기. 다만, 부득이한 경우에는 한 팔을 높이 드는 것으로 대신할 수 있다.

㉡ 야간 : 녹색등

③ 서행신호

㉠ 주간 : 적색기와 녹색기를 머리 위로 높이 교차한다. 다만, 부득이한 경우에는 양 팔을 머리 위로 높이 교차하는 것으로 대신할 수 있다.

㉡ 야간 : 명멸(明滅)하는 녹색등

(2) 선로 지장 시의 방호신호

선로의 지장으로 인하여 열차 등을 정지시키거나 서행시킬 경우, 임시신호기에 따를 수 없을 때에는 지장지점으로부터 200미터 이상의 앞 지점에서 정지수신호를 하여야 한다(제71조).

5. 전 호

(1) 출발전호

열차를 출발시키려 할 때에는 출발전호를 하여야 한다. 다만, 승객안전설비를 갖추고 차장을 승무시키지 아니한 경우에는 그러하지 아니하다(제72조).

(2) 기적전호

다음의 어느 하나에 해당하는 경우에는 기적전호를 하여야 한다(제73조).

① 비상사고가 발생한 경우
② 위험을 경고할 경우

(3) 입환전호

입환전호방식은 다음과 같다(제74조).

① 접근전호
  ㉠ 주간 : 녹색기를 좌우로 흔든다. 다만, 부득이한 경우에는 한 팔을 좌우로 움직이는 것으로 대신할 수 있다.
  ㉡ 야간 : 녹색등을 좌우로 흔든다.

② 퇴거전호
  ㉠ 주간 : 녹색기를 상하로 흔든다. 다만, 부득이한 경우에는 한 팔을 상하로 움직이는 것으로 대신할 수 있다.
  ㉡ 야간 : 녹색등을 상하로 흔든다.

③ 정지전호
  ㉠ 주간 : 적색기를 흔든다. 다만, 부득이한 경우에는 두 팔을 높이 드는 것으로 대신할 수 있다.
  ㉡ 야간 : 적색등을 흔든다.

6. 표지의 설치

도시철도운영자는 열차 등의 안전운전에 지장이 없도록 운전관계표지를 설치하여야 한다(제75조).

7. 노면전차 신호기의 설계

노면전차의 신호기는 다음의 요건에 맞게 설계하여야 한다(제76조).

① 도로교통 신호기와 혼동되지 않을 것
② 크기와 형태가 눈으로 볼 수 있도록 뚜렷하고 분명하게 인식될 것

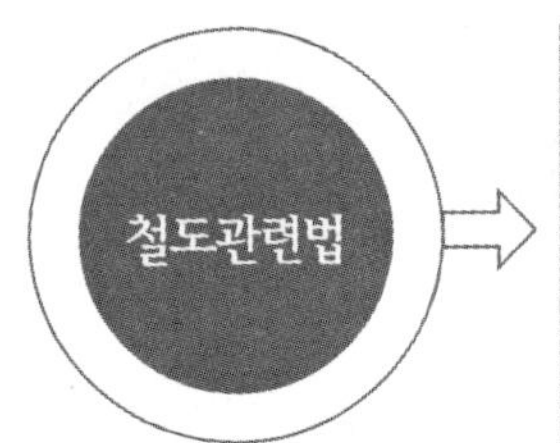

제3편 도시철도운전규칙

기출 및 예상문제

01 다음 이 규칙의 궁극적인 목적은?

㉮ 도시철도의 안전운전 도모
㉯ 철도의 신속한 운행
㉰ 더 많은 승객의 수송
㉱ 철도산업의 발전

|해설|
이 규칙은 「도시철도법」 제18조에 따라 도시철도의 운전과 차량 및 시설의 유지 · 보전에 필요한 사항을 정하여 도시철도의 안전운전을 도모함을 목적으로 한다(제1조).

02 이 규칙에서 정하지 아니한 사항이나 도시교통권역별로 서로 다른 사항을 법령의 범위 내에서 따라 정할 수 있는 자는?

㉮ 국토교통부장관
㉯ 철도운영자등
㉰ 도시철도운영자
㉱ 철도안전기술위원회

|해설|
도시철도의 운전에 관하여 이 규칙에서 정하지 아니한 사항이나 도시교통권역별로 서로 다른 사항은 법령의 범위에서 도시철도운영자가 따로 정할 수 있다(제2조).

03 다음 정거장의 용도가 아닌 것은?

㉮ 여객의 승차 · 하차
㉯ 여객의 휴식
㉰ 열차의 편성
㉱ 차량의 입환(入換)

|해설|
정거장 : 여객의 승차 · 하차, 열차의 편성, 차량의 입환(入換) 등을 위한 장소를 말한다(제3조 제1호).

04 본선에서 운전할 목적으로 편성되어 열차번호를 부여받은 차량은?

㉮ 차량 ㉯ 선로
㉰ 폐색 ㉱ 열차

| 해설 |

㉮ 차량 : 선로에서 운전하는 열차 외의 전동차 · 궤도시험차 · 전기시험차 등을 말한다(제3조 제4호).
㉯ 선로 : 궤도 및 이를 지지하는 인공구조물을 말하며, 열차의 운전에 상용되는 본선과 그 외의 측선으로 구분된다(제3조 제2호).
㉰ 폐색 : 선로의 일정구간에 둘 이상의 열차를 동시에 운전시키지 아니하는 것을 말한다(제3조 제6호).

05 다음 차량에 해당하지 않는 것은?

㉮ 전동차 ㉯ 동차
㉰ 궤도시험차 ㉱ 전기시험차

| 해설 |

차량 : 선로에서 운전하는 열차 외의 전동차 · 궤도시험차 · 전기시험차 등을 말한다(제3조 제4호).

06 다음 운전보안장치가 아닌 것은?

㉮ 방송장치 ㉯ 선로전환장치
㉰ 경보장치 ㉱ 열차자동제어장치

| 해설 |

운전보안장치 : 열차 및 차량(열차 등)의 안전운전을 확보하기 위한 장치로서 폐색장치, 신호장치, 연동장치, 선로전환장치, 경보장치, 열차자동정지장치, 열차자동제어장치, 열차자동운전장치, 열차종합제어장치 등을 말한다(제3조 제5호).

Answer 01. ㉮ 02. ㉰ 03. ㉯ 04. ㉱ 05. ㉯ 06. ㉮

07 다음 전차선 및 이를 지지하는 인공구조물은?

㉮ 선로 ㉯ 전차선로
㉰ 폐색 ㉱ 운전보안장치

|해설|

㉮ 선로 : 궤도 및 이를 지지하는 인공구조물을 말하며, 열차의 운전에 상용되는 본선과 그 외의 측선으로 구분된다(제3조 제2호).
㉰ 폐색 : 선로의 일정구간에 둘 이상의 열차를 동시에 운전시키지 아니하는 것을 말한다(제3조 제6호).
㉱ 운전보안장치 : 열차 및 차량(열차 등)의 안전운전을 확보하기 위한 장치로서 폐색장치, 신호장치, 연동장치, 선로전환장치, 경보장치, 열차자동정지장치, 열차자동제어장치, 열차자동운전장치, 열차종합제어장치 등을 말한다(제3조 제5호).

08 사람의 육안에 의존하여 운전하는 것은?

㉮ 무인운전 ㉯ 안전운전
㉰ 시계운전 ㉱ 운전장애

|해설|

㉮ 무인운전 : 사람이 열차 안에서 직접 운전하지 아니하고 관제실에서의 원격조종에 따라 열차가 자동으로 운행되는 방식을 말한다(제3조 제11호).
㉱ 운전장애 : 열차 등의 운전으로 인하여 그 열차 등의 운전에 지장을 주는 것 중 운전사고에 해당하지 아니하는 것을 말한다(제3조 제9호).

09 다음 도로면의 궤도를 이용하여 운행되는 열차는?

㉮ 노면전차 ㉯ 전차선로
㉰ 차량 ㉱ 선로

|해설|

㉯ 전차선로 : 전차선 및 이를 지지하는 인공구조물을 말한다(제3조 제7호).
㉰ 차량 : 선로에서 운전하는 열차 외의 전동차 · 궤도시험차 · 전기시험차 등을 말한다(제3조 제4호).
㉱ 선로 : 궤도 및 이를 지지하는 인공구조물을 말하며, 열차의 운전에 상용되는 본선과 그 외의 측선으로 구분된다(제3조 제2호).

10 도시철도의 안전과 관련된 업무에 종사하는 직원에 대하여 적성검사나 교육의 전부 또는 일부를 면제될 수 있는 사람은?

㉮ 신입 종사자
㉯ 경력직 종사자
㉰ 도시철도에 관한 교육을 받은 사람
㉱ 해당 업무와 관련이 있는 자격을 갖춘 사람

|해설|

도시철도운영자는 도시철도의 안전과 관련된 업무에 종사하는 직원에 대하여 적성검사와 정해진 교육을 하여 도시철도 운전 지식과 기능을 습득한 것을 확인한 후 그 업무에 종사하도록 하여야 한다. 다만, 해당 업무와 관련이 있는 자격을 갖춘 사람에 대해서는 적성검사나 교육의 전부 또는 일부를 면제할 수 있다(제4조 제1항).

11 소속직원의 자질 향상을 위하여 적절한 국내연수 또는 국외연수 교육을 실시할 수 있는 자는?

㉮ 철도운영자등
㉯ 도시철도운영자
㉰ 국토교통부장관
㉱ 소유자등

|해설|

도시철도운영자는 소속직원의 자질 향상을 위하여 적절한 국내연수 또는 국외연수 교육을 실시할 수 있다(제4조 제2항).

12 도시철도운영자가 신설구간 등에서의 시험운전을 하여야 기간은?

㉮ 60일 이상 시험운전
㉯ 90일 이상 시험운전
㉰ 150일 이상 시험운전
㉱ 250일 이상 시험운전

|해설|

도시철도운영자는 선로 · 전차선로 또는 운전보안장치를 신설 · 이설(移設) 또는 개조한 경우 그 설치상태 또는 운전체계의 점검과 종사자의 업무 숙달을 위하여 정상운전을 하기 전에 60일 이상 시험운전을 하여야 한다. 다만, 이미 운영하고 있는 구간을 확장 · 이설 또는 개조한 경우에는 관계 전문가의 안전진단을 거쳐 시험운전 기간을 줄일 수 있다(제9조).

Answer 07. ㉯ 08. ㉰ 09. ㉮ 10. ㉱ 11. ㉯ 12. ㉮

13 다음 설명 중 바르지 않은 것은?

㉮ 도시철도운영자는 열차 등을 안전하게 운전할 수 있도록 필요한 조치를 하여야 한다.

㉯ 도시철도운영자는 안전운전과 이용승객의 편의 증진을 위하여 장기·단기계획을 수립하여 시행하여야 한다.

㉰ 도시철도운영자는 재해를 예방하고 안전성을 확보하기 위하여 「철도안전법」에 따라 도시철도시설의 안전점검 등 안전조치를 하여야 한다.

㉱ 도시철도운영자는 차량, 선로, 전력설비, 운전보안장치, 그 밖에 열차운전을 위한 시설에 재해·고장·운전사고 또는 운전장애가 발생할 경우에 대비하여 응급복구에 필요한 기구 및 자재를 항상 적당한 장소에 보관하고 정비하여야 한다.

|해설|

도시철도운영자는 재해를 예방하고 안전성을 확보하기 위하여 「시설물의 안전 및 유지관리에 관한 특별법」에 따라 도시철도시설의 안전점검 등 안전조치를 하여야 한다(제5조 제2항).

14 다음 선로에 대한 설명으로 틀린 것은?

㉮ 선로는 열차 등이 도시철도운영자가 정하는 속도(지정속도)로 안전하게 운전할 수 있는 상태로 보전하여야 한다.

㉯ 선로는 매월 한 번 이상 순회점검 하여야 하며, 필요한 경우에는 정비하여야 한다.

㉰ 선로는 정기적으로 안전점검을 하여 안전운전에 지장이 없도록 유지·보수하여야 한다.

㉱ 선로를 신설·개조 또는 이설하거나 일시적으로 사용을 중지한 경우에는 이를 검사하고 시험운전을 하기 전에는 사용할 수 없다.

|해설|

선로는 매일 한 번 이상 순회점검 하여야 하며, 필요한 경우에는 정비하여야 한다(제11조 제1항).

15 다음 전력설비에 대한 설명으로 틀린 것은?

㉮ 전력설비는 열차 등이 지정속도로 안전하게 운전할 수 있는 상태로 보전하여야 한다.

㉯ 전차선로는 매일 한 번 이상 순회점검을 하여야 한다.

㉰ 전력설비의 각 부분은 도시철도운영자가 정하는 주기에 따라 검사를 하고 안전운전에 지장이 없도록 정비하여야 한다.

㉱ 전력설비를 일시적으로 사용을 중지한 경우에는 이를 검사하고 시험운전을 하기 전에 사용할 수 있다.

|해설|

전력설비를 신설 · 이설 · 개조 또는 수리하거나 일시적으로 사용을 중지한 경우에는 이를 검사하고 시험운전을 하기 전에는 사용할 수 없다. 다만, 경미한 정도의 개조 또는 수리를 한 경우에는 그러하지 아니하다(제16조).

16 다음 통신설비에 대한 설명으로 바르지 않은 것은?

㉮ 통신설비는 항상 통신할 수 있는 상태로 보전하여야 한다.

㉯ 통신설비의 각 부분은 일정한 주기에 따라 검사를 하고 안전운전에 지장이 없도록 정비하여야 한다.

㉰ 수리한 통신설비는 검사하여 기능을 확인하기 전에도 사용할 수 있다.

㉱ 신설 · 이설 · 개조한 통신설비는 검사하여 기능을 확인하기 전에는 사용할 수 없다.

|해설|

신설 · 이설 · 개조 또는 수리한 통신설비는 검사하여 기능을 확인하기 전에는 사용할 수 없다(제18조 제2항).

Answer 13. ㉰ 14. ㉯ 15. ㉱ 16. ㉰

17 다음 설명 중 바르지 않은 것은?

㉮ 궤도상에 설정한 건축한계 안에는 열차 등 외의 필요한 물건을 둘 수 있다.
㉯ 운전보안장치의 각 부분은 일정한 주기에 따라 검사를 하고 안전운전에 지장이 없도록 정비하여야 한다.
㉰ 신설·이설·개조 또는 수리한 운전보안장치는 검사하여 기능을 확인하기 전에는 사용할 수 없다.
㉱ 운전보안장치는 완전한 상태로 보전하여야 한다.

|해설|
차량 운전에 지장이 없도록 궤도상에 설정한 건축한계 안에는 열차 등 외의 다른 물건을 둘 수 없다. 다만, 열차 등을 운전하지 아니하는 시간에 작업을 하는 경우에는 그러하지 아니하다(제21조).

18 다음 열차 등의 보전에 관한 내용으로 틀린 것은?

㉮ 열차 등은 안전하게 운전할 수 있는 상태로 보전하여야 한다.
㉯ 제작·개조·수선 또는 분해검사를 한 차량과 일시적으로 사용을 중지한 차량은 검사하고 시험운전을 하기 전에는 사용할 수 없다.
㉰ 차량의 각 부분은 일정한 기간 또는 주행거리를 기준으로 하여 그 상태와 작용에 대한 검사를 하고 분해검사를 하여서는 아니 된다.
㉱ 검사를 할 때 차량의 전기장치에 대해서는 절연저항시험 및 절연내력시험을 하여야 한다.

|해설|
차량의 각 부분은 일정한 기간 또는 주행거리를 기준으로 하여 그 상태와 작용에 대한 검사와 분해검사를 하여야 한다(제24조 제2항).

19 다음 차량을 검사 또는 시험하였을 때 기록하여야 할 사항이 아닌 것은?

㉮ 검사 종류 ㉯ 검사 장소
㉰ 검사자의 성명 ㉱ 검사 상태 및 검사일

|해설|
검사 또는 시험을 하였을 때에는 검사 종류, 검사자의 성명, 검사 상태 및 검사일 등을 기록하여 일정 기간 보존하여야 한다(제27조).

20 다음 열차의 편성에 관한 설명으로 틀린 것은?

㉮ 열차는 차량의 특성 및 선로 구간의 시설 상태 등을 고려하여 안전운전에 지장이 없도록 편성하여야 한다.

㉯ 열차에 편성되는 각 차량에는 제동력이 균일하게 작용하고 분리 시에 자동으로 정차할 수 있는 제동장치를 구비하여야 한다.

㉰ 열차를 편성하거나 편성을 변경할 때에는 운전하기 전에 제동장치의 기능을 시험하여야 한다.

㉱ 열차의 비상제동거리는 1,500m 이하로 하여야 한다.

|해설|

열차의 비상제동거리는 600미터 이하로 하여야 한다(제29조).

21 다음 열차의 운전에 관한 서술로 틀린 것은?

㉮ 열차는 맨 앞의 차량에서 운전하여야 한다. 다만, 추진운전, 퇴행운전 또는 무인운전을 하는 경우에는 그러하지 아니하다.

㉯ 열차는 도시철도운영자가 정하는 열차시간표에 따라 운전하여야 한다.

㉰ 도시철도운영자는 운전사고, 운전장애 등으로 열차를 정상적으로 운전할 수 없을 때에는 열차의 종류, 도착지, 접속 등을 고려하여 열차가 정상운전이 되도록 운전 정리를 하여야 한다.

㉱ 열차의 운전방향을 구별하여 운전하는 한 쌍의 선로에서 열차의 운전 진로는 좌측으로 한다.

|해설|

열차의 운전방향을 구별하여 운전하는 한 쌍의 선로에서 열차의 운전 진로는 우측으로 한다. 다만, 좌측으로 운전하는 기존의 선로에 직통으로 연결하여 운전하는 경우에는 좌측으로 할 수 있다(제36조 제1항).

Answer 17. ㉮ 18. ㉰ 19. ㉯ 20. ㉱ 21. ㉱

22 다음 열차 등의 운전에 관한 내용으로 바르지 않은 것은?

㉮ 열차 등의 운전은 열차 등의 종류에 따라 운전면허를 소지한 사람이 하여야 한다.
㉯ 무인운전의 경우에는 운전면허를 소지한 사람이 하여야 한다.
㉰ 차량은 열차에 함께 편성되기 전에는 정거장 외의 본선을 운전할 수 없다.
㉱ 차량을 결합·해체하거나 차선을 바꾸는 경우 또는 그 밖에 특별한 사유가 있는 경우에는 정거장 외의 본선을 운전할 수 있다.

|해설|

열차 등의 운전은 열차 등의 종류에 따라 운전면허를 소지한 사람이 하여야 한다. 다만, 무인운전의 경우에는 그러하지 아니하다(제32조 제1항).

23 도시철도운영자가 열차를 무인운전으로 운행하려는 경우에 준수하여야 할 사항이 아닌 것은?

㉮ 열차 내의 간이운전대에는 승객이 임의로 다룰 수 있을 것
㉯ 관제실에서 열차의 운행상태를 실시간으로 감시 및 조치할 수 있을 것
㉰ 간이운전대의 개방이나 운전 모드(mode)의 변경은 관제실의 사전 승인을 받을 것
㉱ 무인운전이 적용되는 구간과 무인운전이 적용되지 아니하는 구간의 경계 구역에서의 운전 모드 전환을 안전하게 하기 위한 규정을 마련해 놓을 것

|해설|

도시철도운영자가 열차를 무인운전으로 운행하려는 경우에는 다음의 사항을 준수하여야 한다(제32조의2).

1. 관제실에서 열차의 운행상태를 실시간으로 감시 및 조치할 수 있을 것
2. 열차 내의 간이운전대에는 승객이 임의로 다룰 수 없도록 잠금장치가 설치되어 있을 것
3. 간이운전대의 개방이나 운전 모드(mode)의 변경은 관제실의 사전 승인을 받을 것
4. 운전 모드를 변경하여 수동운전을 하려는 경우에는 관제실과의 통신에 이상이 없음을 먼저 확인할 것
5. 승차·하차 시 승객의 안전 감시나 시스템 고장 등 긴급상황에 대한 신속한 대처를 위하여 필요한 경우에는 열차와 정거장 등에 안전요원을 배치하거나 안전요원이 순회하도록 할 것
6. 무인운전이 적용되는 구간과 무인운전이 적용되지 아니하는 구간의 경계 구역에서의 운전 모드 전환을 안전하게 하기 위한 규정을 마련해 놓을 것
7. 열차 운행 중 다음의 긴급상황이 발생하는 경우 승객의 안전을 확보하기 위한 조치 규정을 마련해 놓을 것
   ㉠ 열차에 고장이나 화재가 발생하는 경우
   ㉡ 선로 안에서 사람이나 장애물이 발견된 경우
   ㉢ 그 밖에 승객의 안전에 위험한 상황이 발생하는 경우

24 다음 열차의 운전진로를 달리 할 수 있는 경우가 아닌 것은?

㉮ 차량을 결합 · 해체하거나 차선을 바꾸는 경우

㉯ 시험운전을 하는 경우

㉰ 무인운전을 하는 경우

㉱ 운전사고 등으로 인하여 일시적으로 단선운전을 하는 경우

|해설|

다음의 어느 하나에 해당하는 경우에는 운전 진로를 달리할 수 있다(제36조 제2항).

1. 선로 또는 열차에 고장이 발생하여 퇴행운전을 하는 경우
2. 구원열차나 공사열차를 운전하는 경우
3. 차량을 결합 · 해체하거나 차선을 바꾸는 경우
4. 구내운전을 하는 경우
5. 시험운전을 하는 경우
6. 운전사고 등으로 인하여 일시적으로 단선운전을 하는 경우
7. 그 밖에 특별한 사유가 있는 경우

25 다음 폐색구간에서 둘 이상의 열차를 동시에 운전할 수 있는 경우가 아닌 것은?

㉮ 고장난 열차가 있는 폐색구간에서 구원열차를 운전하는 경우

㉯ 시험운전을 하는 경우

㉰ 선로 불통으로 폐색구간에서 공사열차를 운전하는 경우

㉱ 다른 열차의 차선 바꾸기 지시에 따라 차선을 바꾸기 위하여 운전하는 경우

|해설|

폐색구간에서는 둘 이상의 열차를 동시에 운전할 수 없다. 다만, 다음의 어느 하나에 해당하는 경우에는 그러하지 아니하다(제37조 제2항).

1. 고장난 열차가 있는 폐색구간에서 구원열차를 운전하는 경우
2. 선로 불통으로 폐색구간에서 공사열차를 운전하는 경우
3. 다른 열차의 차선 바꾸기 지시에 따라 차선을 바꾸기 위하여 운전하는 경우
4. 하나의 열차를 분할하여 운전하는 경우

Answer 22. ㉯ 23. ㉮ 24. ㉰ 25. ㉯

26 다음 열차가 추진운전이나 퇴행운전을 할 수 있는 경우가 아닌 것은?

㉮ 무인운전을 하는 경우

㉯ 선로나 열차에 고장이 발생한 경우

㉰ 공사열차나 구원열차를 운전하는 경우

㉱ 차량을 결합·해체하거나 차선을 바꾸는 경우

|해설|

열차는 추진운전이나 퇴행운전을 하여서는 아니 된다. 다만, 다음의 어느 하나에 해당하는 경우에는 그러하지 아니하다(제38조 제1항).

1. 선로나 열차에 고장이 발생한 경우
2. 공사열차나 구원열차를 운전하는 경우
3. 차량을 결합·해체하거나 차선을 바꾸는 경우
4. 구내운전을 하는 경우
5. 시설 또는 차량의 시험을 위하여 시험운전을 하는 경우
6. 그 밖에 특별한 사유가 있는 경우

27 다음 설명 중 바르지 않은 것은?

㉮ 정거장 외의 본선에서는 승객을 승차·하차시키기 위하여 열차를 정지시킬 수 없다.

㉯ 둘 이상의 열차는 동시에 출발시키거나 도착시킬 수 있다.

㉰ 도시철도운영자는 공사나 그 밖의 사유로 선로를 차단할 필요가 있을 때에는 미리 계획을 수립한 후 그 계획에 따라야 한다.

㉱ 긴급한 조치가 필요한 경우에는 운전업무를 총괄하는 사람(관제사)의 지시에 따라 선로를 차단할 수 있다.

|해설|

둘 이상의 열차는 동시에 출발시키거나 도착시켜서는 아니 된다. 다만, 열차의 안전운전에 지장이 없도록 신호 또는 제어설비 등을 완전하게 갖춘 경우에는 그러하지 아니하다(제39조).

28 다음 폐색구간, 추진운전과 퇴행운전에 관한 내용으로 틀린 것은?

㉮ 본선은 폐색구간으로 분할하여야 한다.

㉯ 폐색구간에서는 둘 이상의 열차를 동시에 운전할 수 없다.

㉰ 열차는 추진운전을 할 수 있으나 퇴행운전을 하여서는 아니 된다.

㉱ 노면전차를 퇴행운전하는 경우에는 주변 차량 및 보행자들의 안전을 확보하기 위한 대책을 마련하여야 한다.

|해설|

열차는 추진운전이나 퇴행운전을 하여서는 아니 된다(제38조 제1항).

29 다음 열차의 정지 및 서행에 관한 내용으로 틀린 것은?

㉮ 열차 등은 정지신호가 있을 때에는 서행하여 정지시켜야 한다.

㉯ 정차한 열차 등은 진행을 지시하는 신호가 있을 때까지는 진행할 수 없다.

㉰ 열차 등은 서행신호가 있을 때에는 지정속도 이하로 운전하여야 한다.

㉱ 열차 등이 서행해제신호가 있는 지점을 통과한 후에는 정상속도로 운전할 수 있다.

|해설|

열차 등은 정지신호가 있을 때에는 즉시 정지시켜야 한다(제42조 제1항).

30 폐색장치의 고장이나 그 밖의 사유로 상용폐색방식에 따를 수 없을 때 사용하는 폐색방식은?

㉮ 대용폐색방식　　㉯ 전령법

㉰ 폐색준용법　　㉱ 전용폐색방식

|해설|

열차를 운전하는 경우의 폐색방식은 일상적으로 사용하는 폐색방식(상용폐색방식)과 폐색장치의 고장이나 그 밖의 사유로 상용폐색방식에 따를 수 없을 때 사용하는 폐색방식(대용폐색방식)에 따른다(제51조 제1항).

Answer 26. ㉮ 27. ㉯ 28. ㉰ 29. ㉮ 30. ㉮

31 시계운전을 하는 노면전차가 준수하여야 할 사항이 아닌 것은?

㉮ 운전자의 가시거리 범위에서 신호 등 주변상황에 따라 열차를 정지시킬 수 있도록 적정 속도로 운전할 것

㉯ 앞서가는 열차와 안전거리를 충분히 유지할 것

㉰ 교차로에서 앞서가는 열차를 따라서 동시에 통과하지 않을 것

㉱ 교차로가 번잡할 경우 신속히 통과하도록 할 것

|해설|

시계운전을 하는 노면전차의 경우에는 다음의 사항을 준수하여야 한다(제44조의2).

1. 운전자의 가시거리 범위에서 신호 등 주변상황에 따라 열차를 정지시킬 수 있도록 적정 속도로 운전할 것
2. 앞서가는 열차와 안전거리를 충분히 유지할 것
3. 교차로에서 앞서가는 열차를 따라서 동시에 통과하지 않을 것

32 다음 도시철도운영자가 운전속도를 제한하여야 하는 경우가 아닌 것은?

㉮ 추진운전이나 퇴행운전을 하는 경우

㉯ 차량을 결합·해체하거나 차선을 바꾸는 경우

㉰ 노면전차를 운전하는 경우

㉱ 대용폐색방식으로 운전하는 경우

|해설|

도시철도운영자는 다음의 어느 하나에 해당하는 경우에는 운전속도를 제한하여야 한다(제49조).

1. 서행신호를 하는 경우
2. 추진운전이나 퇴행운전을 하는 경우
3. 차량을 결합·해체하거나 차선을 바꾸는 경우
4. 쇄정(鎖錠)되지 아니한 선로전환기를 향하여 진행하는 경우
5. 대용폐색방식으로 운전하는 경우
6. 자동폐색신호의 정지신호가 있는 지점을 지나서 진행하는 경우
7. 차내신호의 "0" 신호가 있은 후 진행하는 경우
8. 감속·주의·경계 등의 신호가 있는 지점을 지나서 진행하는 경우
9. 그 밖에 안전운전을 위하여 운전속도제한이 필요한 경우

33 다음 차량의 결합·해체 등에 관한 설명으로 틀린 것은?

㉮ 차량을 결합·해체하거나 차량의 차선을 바꿀 때에는 신호에 따라지 아니할 수 있다.

㉯ 본선을 이용하여 차량을 결합·해체하거나 열차 등의 차선을 바꾸는 경우에는 다른 열차 등과의 충돌을 방지하기 위한 안전조치를 하여야 한다.

㉰ 정거장이 아닌 곳에서 본선을 이용하여 차량을 결합·해체하거나 차선을 바꾸어서는 아니 된다.

㉱ 충돌방지 등 안전조치를 하였을 때에는 차량을 결합·해체하거나 차선을 바꿀 수 있다.

|해설|

차량을 결합·해체하거나 차량의 차선을 바꿀 때에는 신호에 따라 하여야 한다(제45조 제1항).

34 다음 선로전환기의 쇄정 및 정위치 유지에 관한 설명으로 틀린 것은?

㉮ 본선의 선로전환기는 이와 관계있는 신호장치와 연동쇄정(聯動鎖錠)을 하여 사용하여야 한다.

㉯ 선로전환기를 사용한 후에는 지체 없이 미리 정하여진 위치에 두어야 한다.

㉰ 노면전차의 경우 도로에 설치하는 선로전환기는 보행자 안전을 위해 열차가 충분히 접근하였을 때에 작동하여야 한다.

㉱ 선로전환기는 운전자가 개통 방향을 알 수 없어야 한다.

|해설|

노면전차의 경우 도로에 설치하는 선로전환기는 보행자 안전을 위해 열차가 충분히 접근하였을 때에 작동하여야 하며, 운전자가 선로전환기의 개통 방향을 확인할 수 있어야 한다(제47조 제3항).

Answer 31. ㉱ 32. ㉰ 33. ㉮ 34. ㉱

35 다음 운전속도에 관한 내용으로 틀린 것은?

㉮ 도시철도운영자는 열차 등의 특성, 선로 및 전차선로의 구조와 강도 등을 고려하여 열차의 운전속도를 정하여야 한다.
㉯ 내리막이나 곡선선로에서는 제동거리 및 열차 등의 안전도를 고려하여 그 속도를 제한할 수 있다.
㉰ 노면전차의 경우 도로교통과 주행선로를 공유하는 구간에서는 「도로교통법」에 따른 최고속도를 초과하지 않도록 열차의 운전속도를 정하여야 한다.
㉱ 도시철도운영자는 서행신호를 하는 경우에는 운전속도를 제한하여야 한다.

|해설|
내리막이나 곡선선로에서는 제동거리 및 열차등의 안전도를 고려하여 그 속도를 제한하여야 한다(제48조 제2항).

36 폐색방식에 따를 수 없을 때의 방법은?

㉮ 격시법
㉯ 지도격시법
㉰ 폐색준용법
㉱ 전령법

|해설|
폐색방식에 따를 수 없을 때에는 전령법(傳令法)에 따르거나 무폐색운전을 한다(제51조 제2항).

37 다음 상용폐색방식에 대한 설명으로 틀린 것은?

㉮ 상용폐색방식은 수동폐색식 또는 폐색준용법에 따른다.
㉯ 폐색구간에 열차 등이 있을 때에는 정지신호를 한다.
㉰ 폐색장치에 고장이 있을 때에는 정지신호를 한다.
㉱ 차내신호폐색식에 따르려는 경우에는 폐색구간에 있는 열차 등의 운전상태를 그 폐색구간에 진입하려는 열차의 운전실에서 알 수 있는 장치를 갖추어야 한다.

|해설|
상용폐색방식은 자동폐색식 또는 차내신호폐색식에 따른다(제52조).

38 다음 단선운전을 하는 경우 대용폐색방식은?

㉮ 통신식 ㉯ 지령식
㉰ 지도통신식 ㉱ 전령법

|해설|

대용폐색방식은 다음의 구분에 따른다(제55조).
1. 복선운전을 하는 경우 : 지령식 또는 통신식
2. 단선운전을 하는 경우 : 지도통신식

39 다음 지령식 및 통신식에 관한 내용으로 바르지 않은 것은?

㉮ 폐색장치 및 차내신호장치의 고장으로 열차의 정상적인 운전이 불가능할 때에는 관제사가 폐색구간에 열차의 진입을 지시하는 지령식에 따른다.
㉯ 상용폐색방식 또는 지령식에 따를 수 없을 때에는 폐색구간에 열차를 진입시키려는 역장 또는 소장이 상대 역장 또는 소장 및 관제사와 협의하여 폐색구간에 열차의 진입을 지시하는 통신식에 따른다.
㉰ 지령식 또는 통신식에 따르는 경우에는 관제사 및 폐색구간 양쪽의 역장 또는 소장은 전용전화기를 설치·운용하여야 한다.
㉱ 부득이한 사유로 전용전화기를 설치할 수 없거나 무선전화기를 이용할 수 있다.

|해설|

지령식 또는 통신식에 따르는 경우에는 관제사 및 폐색구간 양쪽의 역장 또는 소장은 전용전화기를 설치·운용하여야 한다. 다만, 부득이한 사유로 전용전화기를 설치할 수 없거나 전용전화기에 고장이 발생하였을 때에는 다른 전화기를 이용할 수 있다(제56조 제3항).

40 다음 주신호기가 아닌 것은?

㉮ 원방신호기 ㉯ 차내신호기
㉰ 출발신호기 ㉱ 입환신호기

|해설|

주신호기(제65조 1호) : 차내신호기, 장내신호기, 출발신호기, 폐색신호기, 입환신호기

Answer 35. ㉯ 36. ㉱ 37. ㉮ 38. ㉰ 39. ㉱ 40. ㉮

41 다음 전령법에 관한 설명으로 틀린 것은?

㉮ 열차 등이 있는 폐색구간에 다른 열차를 운전시킬 때에는 그 열차에 대하여 전령법을 시행한다.
㉯ 전령법을 시행할 경우에는 이미 폐색구간에 있는 열차 등은 그 위치를 이동할 수 없다.
㉰ 전령법을 시행하는 구간에는 한 명의 전령자를 선정하여야 한다.
㉱ 전령자는 적색 완장을 착용하여야 한다.

|해설|

전령자는 백색 완장을 착용하여야 한다(제59조 제2항).

42 다음 도시철도 신호의 종류가 아닌 것은?

㉮ 신호 ㉯ 표시
㉰ 전호 ㉱ 표지

|해설|

도시철도의 신호의 종류는 다음과 같다(제60조).
1. 신호 : 형태 · 색 · 음 등으로 열차 등에 대하여 운전의 조건을 지시하는 것
2. 전호(傳號) : 형태 · 색 · 음 등으로 직원 상호간에 의사를 표시하는 것
3. 표지 : 형태 · 색 등으로 물체의 위치 · 방향 · 조건을 표시하는 것

43 다음 신호에 관한 내용으로 바르지 않은 것은?

㉮ 주간과 야간의 신호방식을 달리하는 경우에는 일출부터 일몰까지는 주간의 방식, 일몰부터 다음날 일출까지는 야간방식에 따라야 한다.
㉯ 차내신호방식 및 지하구간에서의 신호방식은 야간방식에 따른다.
㉰ 상설신호기 또는 임시신호기의 신호와 수신호가 각각 다를 때에는 열차 등에 가장 많이 사용하는 신호에 따라야 한다.
㉱ 하나의 신호는 하나의 선로에서 하나의 목적으로 사용되어야 한다.

|해설|

상설신호기 또는 임시신호기의 신호와 수신호가 각각 다를 때에는 열차 등에 가장 많은 제한을 붙인 신호에 따라야 한다. 다만, 사전에 통보가 있었을 때에는 통보된 신호에 따른다(제62조 제2항).

44 다음 지도통신식에 관한 설명으로 틀린 것은?

㉮ 지도통신식에 따르는 경우에는 지도표 또는 지도권을 발급받지 않은 열차도 해당 폐색구간을 운전할 수 있다.

㉯ 지도표와 지도권은 폐색구간에 열차를 진입시키려는 역장 또는 소장이 상대 역장 또는 소장 및 관제사와 협의하여 발행한다.

㉰ 지도표와 지도권에는 폐색구간 양쪽의 역 이름 또는 소(所) 이름, 관제사, 명령번호, 열차번호 및 발행일과 시각을 적어야 한다.

㉱ 열차의 기관사는 발급받은 지도표 또는 지도권을 폐색구간을 통과한 후 도착지의 역장 또는 소장에게 반납하여야 한다.

|해설|

지도통신식에 따르는 경우에는 지도표 또는 지도권을 발급받은 열차만 해당 폐색구간을 운전할 수 있다(제57조 제1항).

45 폐색구간에 진입하려는 열차 등에 대하여 운전조건을 지시하는 신호기는?

㉮ 장내신호기 ㉯ 폐색신호기

㉰ 출발신호기 ㉱ 입환신호기

|해설|

주신호기

1. 차내신호기 : 열차 등의 가장 앞쪽의 운전실에 설치하여 운전조건을 지시하는 신호기
2. 장내신호기 : 정거장에 진입하려는 열차 등에 대하여 신호기 뒷방향으로의 진입이 가능한지를 지시하는 신호기
3. 출발신호기 : 정거장에서 출발하려는 열차 등에 대하여 신호기 뒷방향으로의 진입이 가능한지를 지시하는 신호기
4. 폐색신호기 : 폐색구간에 진입하려는 열차 등에 대하여 운전조건을 지시하는 신호기
5. 입환신호기 : 차량을 결합·해체하거나 차선을 바꾸려는 차량에 대하여 신호기 뒷방향으로의 진입이 가능한지를 지시하는 신호기

Answer 41. ㉱ 42. ㉯ 43. ㉰ 44. ㉮ 45. ㉯

46 다음 전호에 관한 내용으로 틀린 것은?

㉮ 열차를 출발시킨 때에는 출발전호를 하여야 한다.
㉯ 비상사고가 발생한 경우 기적전호를 하여야 한다.
㉰ 승객안전설비를 갖추고 차장을 승무시키지 아니한 경우에는 출발신호를 하지 않아도 된다.
㉱ 위험을 경고할 경우 기적전호를 하여야 한다.

|해설|

열차를 출발시키려 할 때에는 출발전호를 하여야 한다. 다만, 승객안전설비를 갖추고 차장을 승무시키지 아니한 경우에는 그러하지 아니하다(제72조).

47 다음 임시신호기가 아닌 것은?

㉮ 서행신호기 ㉯ 서행예고신호기
㉰ 서행해제신호기 ㉱ 출발신호기

|해설|

임시신호기의 종류(제68조)
1. 서행신호기 : 서행운전을 필요로 하는 구역에 진입하는 열차등에 대하여 그 구간을 서행할 것을 지시하는 신호기
2. 서행예고신호기 : 서행신호기가 있을 것임을 예고하는 신호기
3. 서행해제신호기 : 서행운전구역을 지나 운전하는 열차 등에 대하여 서행 해제를 지시하는 신호기

48 다음 수신호에 관한 내용으로 틀린 것은?

㉮ 정지신호는 주간에 적색기이다.
㉯ 진행신호는 야간에 녹색기이다.
㉰ 서행신호는 야간에 명멸(明滅)하는 녹색등이다.
㉱ 선로의 지장으로 인하여 열차 등을 정지시키거나 서행시킬 경우, 임시신호기에 따를 수 없을 때에는 지장지점으로부터 200m 이상의 앞 지점에서 정지수신호를 하여야 한다.

|해설|

진행신호(제70조 제2호)
1. 주간 : 녹색기. 다만, 부득이한 경우에는 한 팔을 높이 드는 것으로 대신할 수 있다.
2. 야간 : 녹색등

49 장내신호기 및 폐색신호기에 종속되어 그 신호상태를 예고하는 신호기는?

㉮ 원방신호기 ㉯ 폐색신호기
㉰ 중계신호기 ㉱ 출발신호기

|해설|

종속신호기
1. 원방신호기 : 장내신호기 및 폐색신호기에 종속되어 그 신호상태를 예고하는 신호기
2. 중계신호기 : 주신호기에 종속되어 그 신호상태를 중계하는 신호기

50 다음 입환전호 방식으로 바르지 않은 것은?

㉮ 접근전호는 야간에 녹색등을 좌우로 흔든다.
㉯ 퇴거전호는 주간에 녹색기를 상하로 흔든다.
㉰ 정지전호는 주간에 적색등을 흔든다.
㉱ 퇴거전호는 야간에 녹색등을 상하로 흔든다.

|해설|

정지전호(제74조 제3호)
1. 주간 : 적색기를 흔든다. 다만, 부득이한 경우에는 두 팔을 높이 드는 것으로 대신할 수 있다.
2. 야간 : 적색등을 흔든다.

51 다음 노면전차 신호기의 설계요건에 맞는 것은?

㉮ 도로교통 신호기와 혼동되지 않을 것
㉯ 여러 가지 색으로 보기 좋게 할 것
㉰ 도로교통 신호기와 같이 할 것
㉱ 도로의 노면에 설치할 것

|해설|

노면전차의 신호기는 다음의 요건에 맞게 설계하여야 한다(제76조).
1. 도로교통 신호기와 혼동되지 않을 것
2. 크기와 형태가 눈으로 볼 수 있도록 뚜렷하고 분명하게 인식될 것

Answer 46. ㉮ 47. ㉱ 48. ㉯ 49. ㉮ 50. ㉰ 51. ㉮

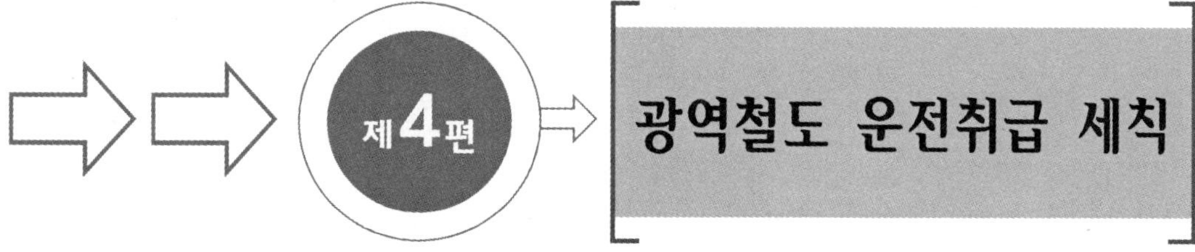

제4편 광역철도 운전취급 세칙

제1장 총 칙

제1조(목적)

이 세칙은 「운전취급 규정」(이하 "규정"이라 한다.)에서 위임된 사항과 광역철도를 운행하는 열차 및 차량의 안전운행에 필요한 사항을 정함을 목적으로 한다.

제2조(적용 범위)

전동열차 또는 전동차량의 운전은 법령 및 사규("고장처리지침"을 포함한다.)에서 따로 정한 경우를 제외하고는 이 세칙이 정한 바에 따른다.

제3조(정의)

① 이 세칙에서 사용하는 용어의 뜻은 다음 각 호와 같다.

1. "광역철도"란 「대도시권 광역교통 관리에 관한 특별법」 제2조 제2호의 나목에 따라 둘 이상의 시·도에 걸쳐 운행되는 도시철도 또는 철도로서 대통령령으로 정하는 요건에 해당하는 도시철도 또는 철도를 말한다.
2. "반응표시등"이란 곡선이나 시설물 등으로 상치신호기의 신호현시 상태를 확인할 수 없는 개소에 설치하여 신호기의 현시상태를 확인할 수 있도록 설치한 등을 말한다.
3. "승강장비상정지버튼"이란 전동차 운행구간의 승강장에서 여객의 선로추락 등 위급상황 발생 시 승강장을 향하여 진행하는 열차 또는 차량에 대하여 경고등을 현시하고 비상정지 시킬 수 있는 승강장 안전버튼을 말한다.
4. "운전실 단말기"란 차량상태, 운행정보 및 그 밖의 조치사항을 화면으로 확인할 수 있도록 운전실에 설치된 기기를 말한다.
5. "확인운전"이란 ATC 구간에서 차내신호가 "STOP"신호 현시 있을 때 우선 멈춘 후 15신호에 따라 운전할 경우 또는 자동폐색신호기 정지신호(R1)구간을 운전 후 재차 정지신호(R0)구간을 진입할 경우에 15km/h 이하의 속도로 주의운전하는 것을 말한다.
6. "진로개통표시기"란 차내신호기를 사용하는 본선로의 분기부에 설치하여 진로의 개통상태를 표시하는 것을 말한다.
7. "지시속도"란 ATC 차내신호에 의해 지시하는 최대 허용속도를 말한다.
8. "승강장 CCTV"란 운전취급담당자 및 운전관계승무원이 여객의 승하차 및 승강장

상태를 확인할 수 있는 영상장치를 말한다.
9. "차내영상장치"란 승강장내 여객의 승하차상태를 모니터로 확인할 수 있는 운전실 내 설비를 말한다.
10. "고장처리지침"이란 차량고장 및 각종 이례상황 시 조치절차를 제시한 운전실 단말기, 광역전철 업무매뉴얼(기관사, 전철차장), 응급조치매뉴얼(차종별, 사고유형별)을 말한다.
11. "지령운전"이란 정거장 밖에서 ATC 차내신호장치가 고장 났을 때 ATC 기능을 차단하고 관제사의 지령에 따른 운전방식을 말한다.
12. "야드(Yard)운전"이란 야드구간 운전(입환운전) 방식으로서 야드신호 있을 때 운전속도를 25km/h 이하로 운전하는 방식을 말한다.
13. "출발반응표지"란 승강장안전문 승무원조작반에 설치하며 출발신호기 또는 입환표지(입환신호기 포함)에 진행지시신호를 현시하는 경우 이와 연동하여 녹색등을 현시하는 표지를 말한다.

② 제1항 이외의 용어의 뜻은 규정에 따른다.

제2장 운 전

1. 통 칙

제4조(전동열차 운행속도)

전동열차의 최고속도는 110km/h로 한다.

제5조(출입문 취급)

규정 제25조 제2항에 따라 전동열차 출입문의 열고 닫음은 전철차장이 뒤 운전실에서 취급하여야 한다. 다만, 전철차장 승무 생략열차 또는 뒤 운전실에서 열고 닫음이 불가능한 경우에는 기관사가 취급한다.

제6조(제동시험 및 제동감도시험)

① 규정 제24조 제1항 및 제26조 제1항에 따라 기관사는 다음 각 호의 어느 하나의 경우에는 제동기능 시험을 하고 운전하여야 한다.
1. 운전개시 전 기능점검
2. 차량 또는 편성을 교체하였을 때

3. 운전실을 교환하였을 때
4. 다른 차량과 합병하였을 때

② 기관사는 제1항의 제동시험 결과 제동기능이 불완전하여 운전에 지장이 있다고 판단될 때에는 차량사업소 또는 차량기지 구내에서는 검사책임자에게 조치를 의뢰하고 그 밖의 경우에는 역장 또는 관제사에게 보고하여 그 지시에 따라야 한다.

제7조(주박열차의 인수인계 및 보고)

① 기관사는 주박지에서 차량을 유치 할 때에는 기동정지절차에 따라야 하며 구름방지 조치 후 차량의 이상 유무를 역장 또는 관제사에게 보고하여야 한다.

② 관제사는 혹한기에 축전지 방전이나 기기가 동결될 우려가 있다고 판단되면 기동상태를 유지하여야 한다.

제8조(입환신호기 반응표시등 설치된 경우의 구내운전)

입환신호기 반응표시등이 설치된 선로에서 구내운전을 하는 경우에는 다음 각 호에 따라 운행할 수 있다.

1. 전동열차가 종착역에 도착한 다음 다른 선로로 이동할 때에 전철차장은 입환신호기 반응표시등의 점등을 확인하고 기관사에게 시동전호(버저전호 보통 1회)를 하여야 한다. 다만, 전철차장이 승무하지 않은 열차의 기관사는 차내영상장치 및 승강장 CCTV로서 승강장 상태를 확인하고 입환신호기 현시조건에 따른다.
2. 인상선에서 출발선으로 이동하는 경우에 기관사는 입환신호기 현시조건을 확인하고 운전취급담당자의 무선전호에 따른다.

제9조(구내운전 속도 예외의 지정)

규정 제76조 제6항의 단서에 따른 구내운전속도 중 부평역 및 대곡역에서 전동열차의 구내운전은 35km/h 이하로 운전할 수 있다.

제10조(정지위치를 지나 정차한 열차의 퇴행운전)

① 전동열차의 정지위치 조정을 위한 퇴행운전은 다음 각 호에 따른다. 〈개정 2020.06.26.〉

1. 전동열차가 정지위치를 지나 승강장 내 정차한 경우에는 규정 제35조 제2항에 불구하고 전철차장과 협의하여 정지위치를 조정할 수 있으며 조정 후 역장 또는 관제사에게 즉시 보고하여야 한다.
2. 전동열차가 승강장을 완전히 벗어난 경우에는 관제사가 후속열차와의 운행간격 및 마지막 열차 등 운행상황을 감안하여 승인한 경우 퇴행할 수 있다.

② 기관사는 전호가 없는 경우 반대쪽 운전실로 이동하여 퇴행운전을 하여야 한다. 〈개정 2020.06.26.〉

제11조(여객이 승차한 전동열차의 입환)

규정 제68조 제3항 단서에 따라 여객이 승차한 전동열차의 입환은 반복운전을 위하여 구내운전방식에 따라 시행하는 다른 선로로 이동하는 입환에 한정한다. 〈개정 2020.06.26.〉

제12조(열차제어장치 차단운전)

① 규정 제10조 제2항의 사유로 열차제어장치(ATC, ATP, ATS)의 기능을 차단운전 할 경우에 기관사는 관제사의 승인을 받아야 한다.

② 관제사의 차단운전 승인을 받고 열차제어장치의 기능을 차단하여 운전한 기관사는 운전상황기록부에 기록하고, 사업을 마치면 사업소장에게 보고하여야 한다.

2. ATC운전취급

(1) 열차의 운전

제13조(ATC구간의 운전방식)

ATC구간의 운전방식은 다음 각 호와 같다.

1. ATC운전
2. 지령운전
3. 야드(Yard)운전
4. 확인운전

제14조(ATC/ATS 경계구간 운전)

기관사는 ATS구간에서 운행하던 열차 또는 차량이 ATC구간으로 진입하는 경우에 ATC 예고표지 표시지점을 지난 후 운전선택스위치를 ATC위치로 전환하여야 한다. 또한, ATC구간에서 ATS구간으로 진입하는 경우에 ATS 예고표지 지점을 지나 열차정지위치표지 설치지점에 정차 후 ATS위치로 전환하여야 한다.

제15조(ATC장치의 고장 시 취급)

① 기관사는 ATC장치 고장의 경우 즉시 정차 후 그 고장내용을 역장 또는 관제사에게 보고하고 운전에 대한 지시를 받아야 한다. 다만, 지시를 받을 수 없는 경우에는 다음 각 호에 따른다.

  1. 차상장치가 고장이 났을 때는 통신 가능한 지점까지 확인운전으로 이동하며 통신을 시도할 것
  2. 지상장치가 고장이 났을 때는 그 구간을 확인운전 할 것

② 차상장치의 고장보고를 받은 관제사는 진행방향 가장 가까운 정거장까지 지령운전을

지시할 수 있으며, 이후 회송조치 하여야 한다. 다만, 승강장의 혼잡 등으로 이에 의할 수 없는 경우에는 운행구간을 연장할 수 있다.

(2) 운전속도

제16조(ATC 신호 속도코드 제한)

ATC구간의 전동열차 또는 차량의 신호 속도코드는 차량 또는 선로최고속도에 불구하고 "100"신호 이하로 하여야 한다.

제17조(하구배 속도제한)

ATC구간의 전동열차 또는 차량의 하구배 속도제한 및 ATC 송출신호 제한은 별표 1과 같다.

제18조(곡선의 속도제한)

곡선선로에서 열차 또는 차량의 속도제한 및 ATC송출신호 제한은 별표 2와 같다. 다만, ATC 송출신호가 선로제한속도보다 10km/h 이상 낮은 경우에는 바로 상위의 ATC 신호를 송출할 수 있으며, 이 경우의 운전속도는 선로제한속도를 초과할 수 없다.

제19조(분기기에 의한 속도제한)

분기기가 설치된 경우 갈라지는 방향으로 운전하는 열차 또는 차량의 속도제한 및 ATC 송출신호 제한은 별표 3과 같다. 다만, ATC 송출신호가 선로제한속도보다 10km/h 이상 낮은 경우에는 바로 상위의 ATC 신호를 송출할 수 있으며 이 경우의 운전속도는 분기기 제한속도를 초과할 수 없다.

제20조(각종 속도제한)

ATC구간을 운행하는 열차 또는 차량은 별표 4에 정한 제한을 넘는 속도로 운전할 수 없다.

제21조(차내신호 현시에 따른 운전속도)

① 차내폐색식 신호의 종류와 지시속도(km/h)는 다음 각 호와 같다.
1. "Stop"신호 : 정지. 일단정차 후 "15"신호 현시에 따라 운전
2. "15"신호 : 15
3. "Yard"신호 : 25
4. "25"신호 : 25
5. "40"신호 : 40
6. "60"신호 : 60

7. "70"신호 : 70
8. "80"신호 : 80
9. "100"신호 : 100

② 신호의 현시가 변화한 직후 그 차내신호기의 지시속도를 넘는 경우에 기관사는 신속히 지시속도 이하로 감속시켜야 한다.

③ 본 선로에 부대한 선로전환기 또는 곡선 등으로 속도를 제한하는 경우 ATC 송출신호에 의한 차내신호로 이를 제한할 수 있다.

④ 입환신호 진행신호 현시 시 제한속도는 다음 각 호와 같다.
1. 야드모드가 설정된 구간 : 25km/h 이하
2. 제1호 이외의 본선구간 : 차내신호 현시 속도 이하
3. 제2호의 구간 중 장내수신호 대용 시 : 25km/h 이하

(3) 이례사항 발생 시 운전취급 방법

제22조(ATC장치를 차단한 경우의 운전취급)

기관사는 ATC장치를 차단하고 대용폐색방식에 의하여 운전하는 경우에는 다음 각 호의 취급을 하여야 한다.

1. 관제사가 지정한 정거장까지 운전할 것. 다만, 진로개통표시기가 개통을 현시하지 않은 경우 진로개통표시기 앞에 일단정차 하여 관제사에게 보고하고 그 지시에 따른다.
2. ATC장치를 차단하고 운전하는 열차가 정거장에 도착한 경우 ATC기능을 복귀하여 차내신호에 의한 운전가능여부를 확인할 것

제23조(지령운전취급)

① 전동열차 출발 전 또는 정거장간의 도중에서 궤도회로 장애나 차내신호장치 고장 등으로 상용폐색방식을 사용할 수 없는 경우에는 관제사의 승인에 따라 지령운전에 의할 수 있다.

② 지령운전 구간은 사유발생 장소에서 가장 가까운 정거장까지 또는 정거장에서 정거장까지로 한다.

③ 관제사는 지령운전을 승인하는 경우에는 다음 각 호에 따라야 한다.
1. 지령운전 시행구간에 열차 또는 차량 없음을 반드시 확인하여야 한다.
2. 지령운전의 구간 및 승인은 무선전화기를 사용하여 기관사에게 직접 지시하여야 한다. 다만, 통화가 불가능한 경우 인접 운전취급역장에게 운전명령으로 지시할 수 있다.
3. 정거장을 연이어 지령운전으로 운전하는 경우 제1호와 제2호의 취급을 반복하여

야 한다.

④ 관제사 또는 역장으로부터 지령운전을 지시받은 기관사는 운전명령사항을 승무일지에 기록하여야 하며 앞쪽 선로에 지장 있을 것을 예상하고 45km/h 이하의 속도로 주의 운전하여야 한다.

⑤ 지령운전 시행구간의 각 역과 사업소는 지령운전열차의 통신에 방해가 발생하지 않도록 운전용통신장치의 사용을 최소화하여야 한다.

제24조(임시속도 코드)

① 열차운행 혼란으로 운행간격을 조정할 필요가 있거나 열차를 서행시킬 필요가 있을 때는 역 운전 조작반에 레버식 임시속도코드를 설치하여 운용할 수 있다.

② 임시속도 코드의 사용은 관제사의 지시에 따라 역장이 시행한다.

③ 임시속도코드에 의한 속도제한은 그 구간을 "Stop" 또는 25km/h 이하의 속도코드를 송신하는 것으로 한다.

제25조(통과할 열차를 임시로 정차시킬 경우의 취급)

① 차내신호폐색식을 시행하는 구간에서 정거장 통과열차를 임시로 정차시킬 경우 역장은 관제사에게 보고하고 승인을 받아야 한다.

② 관제사 승인을 받은 역장은 무선전화기로 기관사에게 이를 통보하고 출발경계표지 바깥쪽 적당한 지점에서 정지수신호 현시를 하여야 한다.

③ 관제사 승인을 받았으나 열차무선전화 고장 등으로 이를 통보할 수 없는 경우 또는 관제사의 승인을 받을 수 없는 긴급한 사유 있을 때에는 출발경계표지 안쪽에 궤도회로를 단락하고 출발정지 수신호를 현시하여 열차를 정차시킬 수 있다.

④ 제2항 및 제3항의 경우 진로개통표시기에 정지신호를 현시하였을 경우에는 정지수신호 현시를 생략할 수 있다.

제26조(보수장비 운전금지)

① 전동열차가 운행 중인 시간대에는 모터카 등 보수장비는 ATC구간의 본선을 운전할 수 없다. 다만, 긴급 사고복구 등으로 관제사의 지시에 의할 경우에는 그러하지 아니하다.

② 제1항 단서에 의해 운행하는 보수장비로서 궤도회도를 단락할 수 없을 때에는 이를 운전시킬 수 없다.

제27조(사고 복구차량 운전 시 폐색방식)

ATC구간에서 사고복구 기타로 ATC장치가 설치되지 않은 보수장비나 사고복구 차량을 긴급히 운행하여야 할 경우에 그 장비 또는 차량은 대용폐색방식 또는 폐색준용법으로 운전하여야 한다.

제28조(입환시동전호)

① ATC구간의 정거장 구내에서 차량을 다른 선로로 이동할 때의 시동전호는 차내 버저 전호로 전철차장이 시행하여야 한다.
② 전철차장 승무 생략열차의 경우에는 역장이 시행하고 시동전호는 무선전화기에 의할 수 있다.
③ 역장은 시동전호를 시행하기 전 해당진로와 차량유치 여부를 확인하여야 한다.

제29조(입환운전방식)

① 차량의 입환은 야드방식으로 운전하여야 한다. 다만, 차량기지 이외의 구간에서는 ATC신호모드 방식으로 할 수 있다.
② 차량의 입환을 야드방식에 의할 수 없는 사유가 있을 때에는 관제사의 승인에 따라 차단운전 할 수 있다. 다만, 차량기지의 경우에는 관제사의 승인을 받지 않을 수 있다.

3. ATS 운전취급

(1) 통 칙

제30조(ATS 구간의 운전)

전동열차가 운행하는 ATS구간의 지상장치 종류는 다음 각 호와 같으며, 종류별 설치구간은 「열차운전시행세칙」에 따로 정한다.

1. 속도조사식(4현시 구간 전동차용)
2. 속도조사식(5현시 구간 전동차용)

(2) 이례사항 발생 시 운전취급 방법

제31조(폐색신호기 정지신호일 경우의 운전)

자동폐색신호기에 정지신호를 현시한 구간으로 진입할 열차의 ATS 취급 및 운전은 다음 각 호에 따라야 한다.

1. 신호기 바깥쪽에 일단정차
2. 정지신호구간의 경우 15km/h 이하 운전. 다만, 관제사의 승인이 있을 경우 특수스위치 취급 후 45km/h(최초열차 25km/h) 이하 운전

제32조(15km/h 스위치의 취급지정)

15km/h 스위치를 취급하고 운전하는 경우는 다음 각 호와 같다.

1. 정지신호(R1) 자동폐색신호기를 넘어서 운전할 경우
2. 폐색신호기가 소등된 구간을 운전할 경우
3. 정지신호(R1) 자동폐색신호기를 넘어서 정지한 경우

제33조(특수스위치 취급지정)

① 특수스위치를 취급하고 운전하는 경우는 다음 각 호와 같다.
  1. 수신호에 따라 운전할 경우 및 유도신호에 따라 운전할 경우
  2. 입환신호기의 정지신호 현시구간을 넘어서 운전할 필요 있을 경우
  3. 정지신호(R0) 자동폐색신호기를 넘어서 운전할 필요 있을 경우
  4. 정지신호(R0) 자동폐색신호기를 넘어서 정지한 경우
  5. 지상장치가 고장일 경우
  6. 상치신호기 지상자가 설치된 입환표지(입환신호기 포함)의 개통구간을 운전할 경우(입환신호와 연동된 상치신호기 지상자는 제외)
  8. 구내폐색신호기 정지신호 현시구간을 넘어서 운전할 필요 있을 경우

② 특수스위치를 취급하고 운전 중 다음의 자동폐색신호기에 정지신호가 있을 경우에는 그 때마다 관제사의 지시를 받아 특수스위치를 투입하고 운전하여야 한다.

제34조(ATS에 의한 비상제동체결 시 취급)

열차운전 중 ATS 작동으로 비상제동이 체결되었을 경우에는 즉시 제동변 또는 제동제어기를 취거위치(비상제동 위치)로 하여 열차를 정차시킨 후 다음 각 호의 취급을 하여야 한다.

1. ATS의 "25" 또는 "45"의 표시가 있는 경우 : 제동변 또는 제동제어기를 완해위치로 하여 신호기가 지시하는 속도 이하로 운전
2. ATS의 "R_1"의 표시가 있는 경우 : 15km/h 스위치를 투입하고, 제동변 또는 제동제어기를 완해위치 후 15km/h 이하로 운전
3. 장내·출발·자동폐색 신호기의 정지신호(Ro)를 무시하고 진행하여 비상제동이 작용한 경우에는 관제사 또는 역장의 승인 및 지시를 받을 것

4. ATP 운전취급

(1) 통 칙

제35조(신호의 적용)

① 광역철도 내 상치신호기의 정위는 규정 제174조에 따른다. 다만, 출발신호기 정지정

위 미시행구간의 경우는 제외한다.

② ATP 운용구간 내 ATS에 의해 속도제어를 받지 못하는 상치신호기를 설치한 경우 차내신호를 우선으로 한다.

제36조(ATP구간의 운전취급)

광역철도의 ATP구간을 운전하는 열차 또는 차량은 「운전취급규정」 제121조에 의하고, 이 세칙에서 별도로 정하지 않은 사항은 운전보안장치취급 내규에 따른다. 다만, ATP 차상장치가 설치되지 않은 열차 또는 차량의 운전은 그러하지 아니하다.

(2) 이례사항 발생 시 운전취급 방법

제37조(열차제어장치 고장의 경우 운전취급)

열차제어장치 고장 등으로 차단운전이 불가피한 경우 운전보안장치취급내규 제34조에 따라 관제사 승인에 의해 감시자 승차 등 안전조치 후 상치신호기 현시조건에 따라 운행할 수 있다.

제38조(정지신호를 통과하기 위한 운전취급)

차내신호 또는 지상신호의 정지신호에 의해 정차한 열차는 규정 제40조의 단서에 따라 다음 각 호의 절차에 따라야 한다. 다만, 지상신호가 진행지시신호를 현시하는 경우 완해속도 이하로 해당 신호를 지나 정상운행 할 수 있다.

1. 자동폐색신호기에 정지신호가 현시된 구간은 일단정차 후 레벨 1의 특수운전모드(오버라이드)로 전환하고 25km/h 이하의 속도로 운전할 수 있다.
2. 관제사 승인을 받은 경우 특수운전모드(오버라이드)로 전환하여 최초열차는 25km/h 이하 속도로 그 구간을 운행하고, 이후 열차는 책임모드로 전환되면 45km/h 이하의 속도로 운전할 수 있다.

제39조(정지신호를 통과한 경우의 운전취급)

① 경강선 구간의 전동열차는 상치신호기 정지 또는 정지신호 발리스를 통과하였을 때는 즉시 비상 정차하여야 한다.

② 비상 정차한 전동열차의 기관사는 이후 운전취급에 대하여 관제사 지시에 따라야 하며, 계속 운전할 경우에는 차상장치를 '트립 후 모드'로 전환하고, 퇴행할 경우에는 운전보안장치취급내규 제47조의 절차에 따라야 한다.

제3장 폐 색

1. 통 칙

제40조(폐색방식의 종류)

① 상용폐색방식의 종류는 다음과 같다.
  1. 복선구간 : 자동폐색식, 차내신호폐색식
  2. 단선구간 : 자동폐색식

② 대용폐색방식의 종류는 다음과 같다.
  1. 복선운전을 할 때 : 지령식, 통신식
  2. 단선운전을 할 때 : 지령식, 지도통신식

제41조(폐색방식의 변경요인과 종별)

① 복선구간에서 상용폐색방식 시행중 대용폐색방식으로 변경하여 시행할 경우에는 다음 각 호에 의한다.
  1. 관제사가 CTC표시반으로 열차의 운행상황을 확인할 수 있고 열차무선전화기로 직접통화 또는 관계역장으로 하여금 통보할 수 있을 때에는 지령식
  2. 관제사가 CTC표시반에 의해 열차의 운행상황을 확인할 수 없을 경우에는 통신식

② 복선구간에서 일시 단선운전의 경우 및 단선구간에서 상용폐색방식을 변경하여 대용폐색방식을 시행할 경우에는 다음 각 호에 의한다.
  1. 관제사가 CTC표시반에 의해 열차의 운행상황을 확인할 수 있고 해당 기관사와 열차무선전화기로 직접통화 또는 관계역장으로 하여금 통보할 수 있을 때에는 지령식
  2. 관제사가 CTC표시반에 의해 열차의 운행상황을 확인할 수 없을 경우에는 지도통신식

③ 복선구간에서 1개 선로에 신호기 고장이나 기타의 사유로 인하여 대용폐색방식을 시행할 때 정상 방향 선로에는 상용폐색방식을 시행할 수 있다.

2. 대용폐색방식

제42조(복선구간에서 대용폐색방식의 시행)

① 복선구간에서 복선운전을 할 수 있는 경우로서 신호장치 고장이나 그 밖의 사유로

상용폐색방식을 시행할 수 없는 경우 또는 정거장 외로부터 퇴행할 열차를 운전시키는 선로에 대하여는 대용폐색방식을 시행하여야 한다. 다만, 다음 각 호의 경우에는 차내폐색식에 따라 열차를 운전할 수 있다.

1. 정거장 내 ATC 지상장치 고장인 경우
2. 출발경계표지 안쪽의 ATC 지상장치 고장인 경우. 다만, 출발 경계표지가 방호하는 구간으로서 그 폐색구간에 열차 또는 차량 없음을 확인할 수 있는 경우에 한함

② 복선구간에서 일시 단선운전을 할 경우에는 단선구간에서의 대용폐색방식을 시행하여야 한다. 이 경우 열차가 정상방향으로 운전할 경우 차내신호에 의할 수 있을 때에는 이에 따라야 한다.

제43조(지령식구간의 열차운전)

① 관제사는 제40조에 따라 지령식을 시행할 경우 지령식 시행구간에 대해 열차나 차량 없음 및 관계진로에 이상 없음을 확인한 후 기관사에게 출발지시를 하여야 한다.

② 관제사는 지령식 시행 중 장내신호기 또는 진로개통표시기 바깥쪽에 정차한 열차를 수신호 생략으로 그 안쪽에 진입시킬 경우 진로의 이상 유무를 기관사에게 통보하여야 한다.

③ 관제사는 지령식 시행구간에 선로전환기가 있을 때에는 선로전환기의 잠금 상태를 확인한 후 시행하여야 한다. 다만, 키볼트로 상시 잠겨있는 선로전환기의 경우에는 이를 생략할 수 있다.

④ ATC구간을 지령식으로 운행하는 전동열차로서 열차제어장치 차단운전의 경우에는 45㎞/h 이하의 속도로 운전하여야 한다.

3. 폐색준용법

제44조(전령법 시행하는 경우의 열차운전)

① ATC구간에서 전령법 시행 시 열차운전취급은 다음 각 호에 따라야 한다.

1. 상용폐색방식 시행 중 전령법 시행 시
   가. 열차 정상방향의 출발역에서 현장까지의 운전
      1) 차내신호 현시에 따라 운전
      2) “Stop”신호 현시 있을 때 일단 정차 후 “15”신호에 따라 구원요구 열차 50m 전방까지 15km/h 이하로 운전하여 일단 정차할 것
      3) 구원요구 열차 50m 전방부터 전령자의 전호에 따를 것
   나. “가”목의 현장에서 출발역으로 돌아올 때에는 전령자의 유도로 운전

다. "가"목의 현장을 넘어서는 추진 운전
   1) 양 열차의 기관사는 열차운전에 관한 협의 및 그 내용을 전령자에게 통보
   2) 지시 있을 때까지 기관사 교대하지 않고 운전
   3) 전령자는 열차의 맨 앞 운전실에서 유도
   4) 운전방식은 추진운전

라. 열차 정상방향의 반대 방향역에서 출발하여 현장까지의 운전
   1) 구원요구 열차 앞쪽 1km 지점까지 45km/h 이하 속도로 운전할 것
   2) 구원요구 열차 앞쪽 50m 지점까지 15km/h 이하 속도로 운전하여 일단 정차할 것
   3) 구원요구 열차 앞쪽 50m 지점부터 전령자의 전호에 따를 것
   4) 현장을 넘어서 상대역까지의 열차운전은 "다"목에 따를 것

마. "라"목의 현장에서 출발역으로 돌아올 때의 운전
   1) 차내신호 현시에 따라 운전
   2) 총괄제동 불능 시 25km/h 이하로 주의운전
   3) 전령자는 맨 앞 운전실에서 유도

2. 대용폐색방식 시행중 전령법 시행 시 : 전령자의 유도로 25km/h 이하로 주의운전
3. 전령자 생략의 경우 구원열차의 유도전호는 구원요구열차의 운전관계승무원이 시행한다.

② ATC 이외의 구간에서 전령법 시행은 규정에 따른다.

제4장 신 호

1. 신 호

제45조(ATC 차내신호의 현시)

① 차내신호의 진행신호조건은 속도계의 당해 속도에 해당하는 적색등(이하 "지시신호"라 한다)을 점등(막대식은 해당 숫자 지시)하여 그 위치의 속도(이하 "지시속도"라 한다)까지 운전을 허용하는 것으로 한다. 다만, 열차가 폐색구간에 진입하였으나 후방 폐색구간보다 현재의 지시속도가 낮을 경우 열차의 속도를 지시속도 이하로 즉시 조절하여야 한다.

② 차내신호는 적색원형램프·암버속도 그래프·디지털 속도계·Stop등·Yard등을 포

함하고, 다음 각 호 1의 경우에는 이의 사용을 정지하고 차내신호의 고장 있는 경우의 취급을 하여야 한다.

1. 적색원형램프의 소등 또는 2등 이상 점등된 경우
2. 암버속도그래프(막대식은 속도지시그래프) 고장 또는 소등된 경우

③ 차내신호에 의하여 운행 중 다음 각 호의 고장은 관제사의 지시에 의하며 정상운전할 수 있다. 다만, 지시를 받을 수 없는 경우에는 차내신호 고장인 경우의 취급을 준용한다.

1. 디지털속도계는 고장이나 암버속도그래프에 이상이 없는 경우
2. "Stop"신호는 고장이나 경보에 이상이 없고 "15"신호가 점등된 경우
3. 야드구간에서 "YARD"신호는 소등되었으나, "25"신호가 점등된 경우

제46조(ATC 차내신호폐색식 시행구간에서 신호현시 없는 경우의 조치)

① 차내신호폐색식 시행구간에서 차내신호의 현시 없는 경우 기관사는 즉시 열차를 정차시키고 역장 또는 관제사에게 이를 보고하고 운전에 대한 지시를 받아야 한다. 다만, 지시를 받을 수 없을 경우에는 "15"신호에 따라 운전할 수 있다.

② 제1항의 보고를 받은 관제사는 상황에 따른 운전방식을 지시하여야 한다.

제47조(ATC 차내신호 진행신호와 정지수신호 현시 있는 경우의 취급)

① 차내신호폐색식 시행구간에서 차내신호 진행신호 현시에 따라 열차운행 중 예고 없이 정지수신호의 현시 있음을 발견한 기관사는 속히 열차를 정차시키고 그 사유를 확인한 후 관제사 및 열차승무원에게 이를 알려야 한다.

② 정거장 내에서 제1항의 정지수신호 현시 있음을 발견한 경우 차내신호 진행신호 현시에 불구하고 열차는 출발 또는 진입할 수 없다. 다만, 정지수신호 현시의 사유가 없어졌음을 통보받은 경우에는 그러하지 아니하다.

제48조(ATC 차내신호 현시에 따른 운전)

① 열차 또는 차량은 차내신호 현시에 따른 지시속도이하로 운전하여야 한다. 다만, "Stop"신호의 현시 있는 경우에는 일단정차 후 "15"신호 현시를 확인하고 15km/h 이하로 확인운전 할 수 있다.

② 제1항 단서에 따라 운행하는 열차가 다음 폐색경계표지를 지났으나, "15"신호의 변경이 없을 때 기관사는 열차를 일단정차하고 관제사의 지시에 따라야 한다. 다만, 지시를 받을 수 없을 때에는 15km/h 이하로 확인운전 할 수 있다.

③ "15"신호에 따라 운전하는 열차 또는 차량이 선행열차에 접근하였을 때에는 선행열차와 50미터 이상 떨어진 지점에 일단정차 후 관제사의 지시를 받아야 한다.

④ 절연구간 진입 전에 "15"신호의 현시 있을 때에는 일단정차 후 관제사의 지시에 따라야 한다.

제49조(ATC 차내신호 고장인 경우의 취급)

① 기관사는 열차 또는 차량운행 중 차내신호의 고장인 경우에는 일단정차 후 관제사의 지시를 받아야 한다. 다만, 통신 불능 등으로 지시를 받을 수 없는 경우 15km/h 이하로 관제사의 지시를 받을 수 있는 곳까지 운전할 수 있다.
② 차내신호 고장이 복구되었을 경우에는 관제사에게 이를 보고하고 지시에 따라 운전하여야 한다. 다만, 지시를 받을 수 없을 경우에는 차내신호에 의하여 운전하고 사후 보고할 수 있다.

제50조(ATC 15신호로 운전하는 열차의 장내진입 또는 진출 시 취급)

① 정거장 외에서 "15"신호로 운전하는 열차가 정거장으로 진입하는 경우에는 ATC장치를 차단한 경우의 운전취급에 따른다.
② 정거장 내에서 진출하는 열차에 "15"신호의 현시 있는 경우에는 관제사의 지시를 받아야 한다.

제51조(임시신호기)

① ATC구간 임시신호기의 설치위치 중 서행해제신호기는 서행구역에서 전동열차 편성길이(6량 : 120m, 10량 : 200m)를 지난 지점에 설치하여야 한다.
② 기관사는 열차의 앞부분이 서행해제신호기 지점에 도달하였을 때 서행을 해제하여야 한다.

제52조(진로개통표시기의 표시방식)

① 차내신호폐색식 구간(기지구내 제외)에서 선로전환기 진로 및 개통방향을 표시할 때는 진로개통표시기에 의한다.
② 진로개통표시기의 표시방식 및 형상은 별표 5와 같다.

제53조(진로개통표시기의 정위 및 취급)

① 진로개통표시기는 진로개통이 되지 않았을 경우에는 정지신호를 정위로 한다.
② 상시로컬취급역을 제외한 진로개통표시기는 관제사가 취급하여야 하며 운전취급담당자가 로컬취급하는 경우에는 관제사의 승인에 의하여 취급하고 사유 소멸시 관제사에게 보고 후 CTC로 전환하여야 한다.

제54조(진로개통표시기를 이용한 입환)

① ATC 구간에서 전동열차 또는 차량 입환은 진로개통표시기에 의하며 관제사 또는 역

장은 진로개통표시기의 진로 및 신호현시상태를 확인한 후 기관사에게 통보하여야 한다.

② 제1항의 통보를 받은 기관사는 입환에 앞서 진로개통표시기의 진로 및 신호현시상태를 확인하여야 한다.

제55조(진로개통표시기를 사용할 수 없을 때의 취급)

역장은 진로개통표시기를 사용할 수 없을 때에는 즉시 관제사 및 유지보수소속장에게 보고하고 운전취급에 대해서는 관제사의 지시를 받아야 한다.

제56조(진로개통표시기 고장시 취급)

① 기관사는 진로개통표시기에 정지신호가 현시되었거나, 소등되었을 경우는 차내신호에 진행신호가 현시되더라도 진로개통표시기 설치지점을 지나 진입할 수 없다.

② 역장은 제1항의 경우에 관제사 승인에 의해 진행수신호를 현시하여야 한다. 다만, 선로전환기 잠금 및 관계진로에 지장이 없을 경우에는 진행수신호 생략승인에 의해 열차를 진입시키거나 진출시킬 수 있다.

2. 전 호

제57조(열차의 출발전호 시행)

① 전철차장은 전동열차를 정거장에서 출발시키는 경우 기관사에게 버저전호로서 출발전호를 시행하여야 한다. 다만, 버저불량의 경우에는 열차무선전화기(차내통화장치 포함)나 차내방송장치로 출발전호를 통보할 수 있다.

② 기관사는 여객이 타고내린 다음 제1항의 전호에 따라 출발할 때는 운전실 출입문 담힘 표시등 켜진 것과 안전문의 발차 지시등 또는 거리 측정기 녹색등이 켜진 것을 확인하여야 한다. 다만, 전철차장 승무생략 열차의 출발전호 확인과 설치되지 않은 발차지시등 및 거리측정기의 확인은 예외로 한다.

③ 안전문 발차지시등 고장의 경우에는 제72조(승강장 안전문 고장시 취급)에 따른다.

④ 규정 제209조 제1항 단서의 경우로서 기관사의 열차출발 전 출발신호기의 현시상태 통보는 전동열차 시발역에 한하여 시행한다.

제58조(열차의 출발전호 생략)

전철차장 승무생략열차로서 출발전호를 생략하고 출발하는 경우 기관사는 다음 각 호를 확인하여야 한다.

1. 발차지시등 점등을 확인

2. 고장 출입문의 잠금(발차지시등 점등) 및 감시자 승차 확인

3. 표 지

제59조(각종 안전표지의 형상)

각종 안전표지의 형상은 별표 6과 같다.

제60조(장내경계표지)

① 차내신호폐색식 구간에서 정거장 내로 진입하는 열차에 대하여 장내진로의 경계를 표시하기 위하여 장내진로 시작 지점에 장내경계표지를 설치하여야 한다.
② 장내경계표지는 선로좌측 또는 우측에 설치하여야 하며 지하구간에는 벽면에 설치할 수 있다.

제61조(출발경계표지)

차내신호폐색식 구간의 정거장 내에서 진출하는 열차에 대하여 출발진로의 경계를 표시하기 위하여 출발진로 시작 지점에 출발경계표지를 설치하여야 한다.

제62조(폐색경계표지)

① 차내신호폐색식 구간을 운행하는 열차에 대하여 폐색구간의 경계를 표시할 경우에는 폐색구간 시작지점에 폐색경계표지를 설치하여야 한다.
② 폐색경계표지는 정거장간 도착역에서 출발역 방향으로 장내경계표지 다음의 폐색경계표지를 1호로 하고 이하 순차적으로 다음 번호를 표시하여야 한다.

제63조(열차제어장치 경계 및 예고표지)

전동열차 운행구간의 열차제어장치 전환지점에는 규정에 따라 열차제어장치 예고 및 경계표지를 설치하여야 한다.

제64조(속도제한표지 및 해제표지)

① 속도제한표지는 운행속도를 제한할 필요 있는 구역의 시작 지점에 설치하여야 한다.
② 속도제한해제표지는 운행속도를 제한할 구역의 끝 지점에 설치하여야 한다. 다만, 차내폐색식 구간에서는 속도제한 구역 끝 지점에서 그 구간 운행 열차의 최대 열차장을 더한 지점에 설치할 수 있다.
③ 기관사는 열차의 맨 뒤가 속도제한해제표지 설치지점을 지났을 때에 속도제한을 해제하여야 한다. 다만, 차내폐색식 구간에서는 열차의 앞부분이 속도제한해제표지 지점에 도달한 때에 해제하여야 한다.

제5장 사고의 조치

1. 통 칙

제65조(열차고장 시 조치)

① 기관사는 열차 또는 차량을 정거장 밖에서 운전 중 차량고장 등으로 계속운전 할 수 없는 경우에 역장 또는 관제사에게 보고하고 지시를 받아야 한다. 다만, 지시를 받을 수 없는 경우에는 뒤 따르는 열차의 기관사와 협의하여 연결하고 진행방향과 가장 가까운 정거장까지 추진운전 할 수 있으며 이후의 운전은 관제사의 지시에 따라야 한다.

② 담당사령은 차량고장 발생 시 기관사 및 관제사에게 기술지원을 시행하여야 한다.

③ 기관사는 차량고장으로 견인력이 떨어져 오르막 경사에서 출발이 곤란한 경우(견인비율 : 견인차량 당 3량 이상 견인)에는 역장 또는 관제사에게 보고하고 지시를 받아야 한다.

④ 관제사는 제3항의 경우에는 다음 각 호의 선구별 운행선로의 경사를 고려하여야 한다.

1. 분당선 : 압구정로데오, 영통, 보정, 오리, 도곡, 선정릉, 서울숲역
2. 경의선 : 가좌~DMC역, 용산~공덕역

제66조(운전실 이석시 조치)

① 기관사는 응급조치를 위해 운전실을 떠날 경우에는 역장 또는 관제사에게 사유를 보고하여야 하며 차량의 구름방지를 하고 주간제어기의 열쇠를 휴대하여야 한다.

② 전철차장은 기관사의 운전실 이석에 따른 열차지연 안내방송을 수시로 시행하여야 한다.

2. 열차방호

제67조(열차방호)

① 다음 각 호의 어느 하나에 해당하는 경우에는 열차방호를 하여야 한다. 〈개정 2020. 06.26〉

1. 선로(전차선로 포함)의 고장이나 시설물 파손 등으로 운행선로를 지장하거나 지장할 우려 있는 경우
2. 신호장치 고장구간에 차량고장 등으로 열차가 도중에 정차한 경우
3. 열차사고로 궤도회로를 단락시키지 못하는 경우
4. 고장열차 있는 구간에 구원열차나 비상복구열차를 운행하는 경우

② 제1항의 경우 인접한 선로를 운행하는 열차에 지장이 있다고 판단되는 경우에는 인접한 선로에 대해서도 열차방호를 하여야 한다.
③ 타 운영기관의 운영구간을 운행하는 전동열차의 운전관계승무원은 해당 기관의 방호방법 및 조치에 따라야 하며 관계소속은 이를 운전작업내규에 명시하여야 한다.

제68조(지하구간에서의 열차방호)

① 지하구간에서의 열차방호는 다음 각 호에 따른다.
  1. 기관사 또는 전철차장은 방호사유가 발생한 경우 관제사에게 사유보고 및 무선전화기 방호를 요청하여야 한다.
  2. 관제사는 관계열차 기관사에게 무선전화기방호 통보(정차지점 및 사유)와 유지보수소속장에게 신속한 조치를 통보하여야 한다.
  3. 관제사와 무선전화기 통신이 불가한 경우에 전철차장(전철차장 승무 생략열차는 기관사)은 정지수신호 방호 또는 궤도회로 단락용 동선을 설치하여 후속 열차를 정차시킨 후 기관사에게 그 사유를 통보하여야 한다.
  4. 무선전화기 방호를 통보받은 기관사는 현장 정차하여야 하며 관제사의 운행지시에 따라야 한다.
② 방호사유가 없어진 경우 기관사는 그 사실을 관제사에게 보고 후 방호를 해제하고 지시를 받아야 한다.
  1. 관제사는 관계열차에게 방호해제 및 정상운행을 통보하여야 하며 운전정리에 노력하여야 한다.
  2. 구원열차나 공사열차를 운행할 경우에는 방호할 열차의 정차지점에서 접근열차에 대하여 확인이 쉽도록 정지수신호를 현시하여야 하며 전조등 명멸로 이에 대신할 수 있다.
③ 타 운영기관의 구간에서는 해당 운영기관에 정한 열차방호를 시행하여야 하며 관계소속에서는 운전작업내규에 방호절차를 반영하여야 한다.

3. 사고 및 장애발생 시 조치

제69조(신호기 및 진로표시기 불량시의 취급)

① 기관사는 신호기 및 진로표시기가 불량할 때에는 역장 또는 관제사에게 그 사실을 보고하여야 한다.
② 역장 또는 관제사는 신호기의 불량여부를 신속히 확인하여야 하며 그 신호기가 방호하는 구간에 관계 선로전환기가 이상 없고 그 구간에 열차 또는 차량이 없는 것을

확인하였을 때에는 그 신호기의 내방으로 진입을 지시할 수 있다.

③ 진로표시기가 고장이 나거나 다른 사유로 사용할 수 없을 때 관제사나 역장은 그 사실을 기관사에게 알려야 한다. 다만, 선로전환기의 개통은 정상이지만 고장을 연락받지 못한 진로표시기에 진로의 표시가 없을 때 기관사는 최대한 제한을 받는 진로의 표시로 보고 진입하여야 한다.

제70조(폐색신호기의 불량구간에 열차를 진입시키는 경우)

① 폐색신호기 상태가 불량하다는 보고를 받은 관제사는 이를 확인하는 동안 폐색방식을 변경하지 않고 그 구간에 열차를 진입시키는 경우 기관사에게 해당 신호기 불량상태를 통고하여야 한다.

② 통고받은 기관사는 해당 신호기의 상태 확인 및 주의운전 하여야 한다.

제71조(출입문 고장 시 취급)

① 전동열차 운행 중 출입문 고장 시 관제사의 승인을 받아 다음 각 호와 같이 취급한다.

1. 편성 중 1개 출입문이 고장인 경우 수동취급으로 잠금 조치가 가능하면 고장안내문을 부착하고 차량을 교체할 수 있는 역까지 운행한다. 다만, 잠금조치를 할 수 없는 경우에는 회송조치 할 것
2. 편성 중 2개 이상의 출입문이 고장인 경우 회송조치 하여야 한다.
3. 제1호 및 제2호에서 출입문 잠금조치 할 수 없는 마지막 열차의 경우에는 다음 각 목에 따라 취급하며 차량을 교체할 수 있는 역까지 운행한다.
   가. 역무원 등 출입문 감시자를 승차시킬 것
   나. 감시자는 다른 객차로 여객을 유도하고 해당 객차의 출입문을 잠글 것, 다만, 잠글 수 없을 때는 폐쇄막을 설치할 것.
   다. 전철차장은 감시자로부터 출입문 잠금조치 및 폐쇄막 설치 요청을 받은 경우 이에 협조할 것. 다만, 전철차장 승무생략열차는 기관사가 대신 할 수 있다.
   라. 출입문 감시자를 승차시킬 수 없는 위탁역 등에서 출입문이 고장난 경우에는 전철차장이 감시자 역할을 하고, 전철차장 승무생략 열차는 관제사가 인접역의 역무원을 파견하여 승차시킬 것
   마. 라목에 따라 전철차장이 감시하는 경우에는 최근 정거장에서 역무원을 승차시킬 것

② 전동열차의 출입문을 열고 닫음에는 이상이 없으나 불량 차량의 위치를 확인할 수 없는 경우와 운전실 출입문 표시등의 꺼짐 원인을 알 수 없는 경우에는 회송조치 하여야 한다.

③ 출입문 개폐스위치가 고장 난 경우에 기관사는 차종별 매뉴얼에 따라 취급하며, 전

철차장은 기관사가 출입문을 열고 닫을 때 여객의 타고 내림상태 및 출입문 차측표 시등 상태를 확인한 후 출발전호를 할 것

제72조(승강장안전문고장시취급)

안전문 고장 등으로 정상 동작하지 않을 경우 전철차장은 다음 각 호에 따라야 하며 전철차장 승무 생략열차의 경우 기관사가 이를 시행한다.

1. 전철차장은 안내방송을 하고 역장 또는 관제사에게 고장의 내용을 보고하여야 한다.
2. 역장 또는 관제사는 관계직원에게 해당 승강장으로 출동을 지시하고, 고장조치 완료 시까지 해당 승강장 접근열차에 고장내용을 알려야 한다.
3. 출동한 직원은 눈으로 확인이 곤란한 곡선 승강장일 경우 여객이 타고 내리는데 이상 없는지 확인하고 전철차장에게 알려야 한다.
4. 전철차장은 여객이 타고 내리는 것을 확인하였거나, 관계직원의 '승하차 이상 없음'을 연락받은 후 출발전호를 하여야 한다.
5. 승강장 안전문이 고장 났을 때 세부조치는 관련 분야별 매뉴얼에 따른다.

제73조(승강장 CCTV 및 차내 영상모니터 고장 시 취급)

승강장 CCTV 및 차내 영상모니터 고장의 경우에는 다음 각 호에 따른다. 〈개정 2020.06.26.〉

1. 기관사 또는 전철차장은 역장 또는 관제사에게 고장 내용을 보고하여야 한다.
2. 역장 또는 관제사는 관계직원을 해당 승강장에 출동시켜야 하며, 출동한 직원은 여객의 승하차 이상 유무를 확인하고 기관사 또는 전철차장에게 통보하여야 한다.
3. 관계직원의 출동 지연이 예상되는 경우 고장발생 전동열차의 기관사 또는 전철차장은 직접 눈으로 여객 승하차 이상 없음을 확인하고 출발하여야 한다.
4. 기관사 또는 전철차장은 제2호의 관계직원으로부터 '여객 승하차 이상없음'의 통보를 받고 출발하여야 한다.
5. 전철차장은 안전문 설치 역에서 승강장 CCTV가 고장 났을 경우 역장 또는 관제사에게 보고하여야 하며, 여객 승하차 확인과 승무원 조작반의 발차지시등 및 출발반응표지 확인 후 출발전호를 하여야 한다.

제6장 특수역 운전취급

1. 용산역 운전취급

제74조(용산역 신호취급)

① 경부 제3본선에서 경원선으로 운전하는 열차는 개통대기·대피 등의 사유로 용산삼각선 내에 열차를 정차시키는 취급은 할 수 없다.

② 용산삼각선을 경유하는 열차에 대하여 진행 지시신호를 현시하는 경우에는 용산역 2번선 출발신호기에서 제55호 선로전환기 사이에 열차 없음을 확인 후 취급하여야 한다.

③ 용산역 2번선 하출발신호기(4B)에 노량진 방면으로 진행 지시신호를 현시하는 경우에는 경부 하3본선 제3출발신호기에 진행 지시신호 또는 TTB(진행정위진로구성취급버튼) 취급을 확인하여야 한다.

제75조(용산역 도착열차의 입환)

① 전동열차를 입환하는 경우에 전철차장은 입환신호기 반응표지가 점등된 것을 확인 후 시동전호를 하여야 한다. 다만, 전철차장 승무 생략열차는 기관사가 입환신호기 진행신호가 현시된 것을 확인 후 역장의 시동전호 없이 출발할 수 있다.

② 각 선별 시종착 전동열차를 다른 선로로 이동하는 경우에는 다음 각 호에 따른다.

1. 경인선 또는 경부선 열차는 3번선 도착 후 2번 인상선 또는 3번 인상선을 이용하여 2번선으로 이동 할 것. 다만, 전동열차 반복시간이 부족한 경우에는 2번선 도착 후 출발시킬 수 있다.
2. 경원, 경춘선 열차는 1번선에 도착하여 1번 인상선(G1, ZA진로) 및 경부3본선(21호 분기는 제외)을 이용하여 특1번선으로 이동 할 것. 다만, 경부3본선(K진로, 21호 분기 포함)을 이용하여 입환을 할 때에는 역장의 시동전호에 의한다. 또한, 전동열차의 반복시간이 부족한 경우에는 특1번선에 도착 또는 출발시킬 수 있다.

③ 3번선에서 입환신호기에 따라 인상하는 전동열차는 10량의 열차정지목표 지점에 정차하여야 한다.

제76조(용산삼각선 운전속도)

용산삼각선으로 운전하는 열차의 운전속도는 30km/h 이하로 한다.

2. 금천구청~광명역간 연결선 운전취급

제77조(금천구청~광명역간 폐색방식)

① 폐색방식의 종류는 다음 각 호와 같다.
  1. 상용폐색방식 : 자동폐색식
  2. 대용폐색방식 : 지령식

② 자동폐색방식을 시행할 수 없는 경우에는 다음 각 호에 따라 대용폐색방식을 시행하여야 한다.
  1. 대용폐색방식은 지령식을 시행하며 자동폐색방식에 의할 수 있는 정상방향의 열차는 지령식과 자동폐색방식을 병용하여 운행하여야 한다.
  2. 일반관제사와 고속관제사가 상호 협의하여 시행하고, 관제사 운전명령번호에 의하여 시행방식, 시행구간, 시행사유를 고속관제사는 기관사에게 일반관제사는 금천구청역장에게 통보 할 것
  3. 제2호의 통보를 받은 기관사는 승무일지에 기록 유지 할 것

③ 대용폐색방식을 시행할 수 없는 경우에는 폐색준용법으로 전령법을 시행하여야 한다.

제78조(금천구청역 운전취급)

① 금천구청역장은 고속선으로 전동열차를 출발시키는 경우에는 다음 각 호에 따른다. 〈개정 2020.06.26〉
  1. 경부 하2선 출발신호기에 감속신호 이상의 진행 지시신호를 현시하여야 하며 열차번호 및 진로구성을 확인할 것. 다만, 신호기 고장 등으로 대용폐색방식에 의하는 경우에는 그러하지 아니하다.
  2. 고속열차, 전동열차, 일반열차가 경합될 때에는 관제사의 지시에 따라 취급 할 것

② 고속선으로 진입하는 전동열차 기관사는 경부 하2선 출발신호기에 감속신호 이상의 진행 지시신호 및 진로표시기의 "고속" 진로를 확인하고 출발하여야 한다. 〈개정 2020.06.26.〉

제79조(광명역 운전취급)

① 고속관제사는 전동열차를 광명역에 도착시키는 경우에는 T7번선으로 취급하여야 한다. 다만, 부득이 하게 T7번선에 열차를 도착시키지 못하는 경우에는 다음 각 호에 따른다.
  1. 상행열차의 운행에 지장이 없음을 확인하고 T8번선으로 취급할 것
  2. 기관사에게 도착선 및 사유를 사전에 통보 할 것

② 고속관제사는 전동열차를 광명역에서 금천구청역 방향으로 출발시키는 경우에는 T8

번선에서 취급하여야 한다. 다만, 부득이 하게 T8번선에서 열차를 출발시키지 못하는 경우에는 다음 각 호에 따른다.

1. 상행·하행열차의 운행에 지장이 없음을 확인하고 T7번선에서 취급할 것
2. 기관사에게 출발선 및 사유를 사전에 통보 할 것

③ 제1항 및 제2항의 통보를 받은 기관사는 열차승무원에게 도착선 또는 출발선을 통보하여야 한다. 다만, 열차승무원이 승차하지 않은 열차의 경우에는 그러하지 아니하다.

④ 금천구청~광명역간 하장내신호기(0201)는 전동열차의 운전취급에 한하여 적용한다.

제80조(광명역~광명주박기지간 운전취급)

고속관제사는 광명역에서 광명주박기지 또는 광명주박기지에서 광명역으로 열차를 출발시키는 경우에는 광명역~광명주박기지간 열차 없음을 확인하고 출발신호기에 진행 지시신호를 현시하여야 한다.

제81조(금천구청~광명역간 선로전환기 수동취급)

① 고속관제사는 선로전환기를 수동취급 할 사유가 발생하였을 때에는 취급자를 지정하여, 고속철도운전취급세칙 운전명령서식 제701호(선로전환기 수동전환)에 따라 지시를 하고, 지시 받은 취급자는 신속한 조치를 하여야 한다.

② 제1항에 따라 선로전환기 수동전환 지시를 받은 전동열차 기관사는 25km/h 이하로 고속관제사가 지시한 선로전환기 지점까지 운행할 수 있으며, 선로전환기 수동전환은 고속선 선로전환기 수동취급 방법에 따라야 한다.

3. 경부선 서정리~평택역간 절연구간 운전취급

제82조(서정리~평택역간 상·하1선 전동열차 절연구간 취급)

① 집전장치(팬터그래프) 설치 차량을 연속 연결(M'+M')한 전동열차가 경부선 서정리~평택간 상·하1선의 절연구간을 통과할 경우 반드시 팬터그래프를 하강한 상태로 운행하여야 한다.

② 제1항의 절연구간 통과취급은 관계표지에 따라 다음과 같이 취급하여야 한다.

1. 가선절연구간예고표지 : 주간제어기(MC) '0'위치
2. 타행표지 : 비상팬터그래프하강스위치 취급(팬터그래프 하강)
3. 가선절연구간표지(교교절연구간) : 타력운행
4. 역행표지(전기동차용) : 역행표지 통과 후 일단정차, 비상팬터그래프하강스위치 복귀, 기동요령에 의한 기동 후 정상운행

제83조(서정리~평택역간 상·하1선 운행시 통보)

① 제82조 제1항의 전동열차가 경부선 서정리~평택역간 상·하1선으로 운행할 경우 절연구간 진입역장은 관계 전동열차의 기관사에게 '절연구간 팬터그래프 내림'의 무선통보를 하여야 한다.

② 절연구간 팬터그래프 내림 통보를 받은 기관사는 그 사실을 환호 응답하여야 한다.

[별표 1] 하구배 속도제한(제17조 관련)

하구배	제한속도(km/h)	ATC 송출신호 제한 (ATC에 의한 속도제한 시)
30/1000 미만	100	100신호
30/1000 이상	80	80신호

[별표 2] 곡선의 속도제한(제18조 관련)

구분 곡선반경(m)	분기기에 부대하지 않는 곡선속도(km/h)	ATC송출신호 제한(ATC에 의한 속도제한 시)	분기기 부대 곡선속도(km/h)	ATC송출신호 제한(ATC에 의한 속도 제한 시)
130-134	35	25 신호	20	15 신호
135-139	35	25 〃	20	15 〃
140-149	35	25 〃	20	15 〃
150-199	40	40 〃	20	15 〃
200-249	50	40 〃	30	25 〃
250-299	55	40 〃	30	25 〃
300-349	60	60 〃	35	25 〃
350-399	65	60 〃	40	40 〃
400-499	75	70 〃	45	40 〃
500-699	80	80 〃	45	40 〃
700 이상	100	100 〃	60	60 〃

[별표 3] 분기기에 의한 속도제한(제19조 관련)

구분 철차번호	선로전환기 편개의 경우 제한속도(km/h)	ATC송출신호 제한(ATC에 의한 속도제한 시)	선로전환기 양개의 경우 제한속도(km/h)	ATC송출신호 제한(ATC에 의한 속도제한 시)
8	25	25 신호	35	25 신호
10	35	25 〃	45	40 〃
12	45	40 〃	55	60 〃
15	55	40 〃	70	60 〃

[별표 4] ATC구간의 각종 속도제한(제20조 관련)

속도를 제한하는 사항	제한속도(km/h)	예외사항	비 고
1. 진행수신호에 의할 때	25		다음 차내신호 진행신호 있을 때까지
2. 승강장 통과속도	60	정차열차 제외	
3. ATC 확인운전	15		
4. ATC 차상장치 고장 시	15	지령운전 시 45km/h	도중에서 최근역까지 운행하고 이후 회송조치
5. ATC 지상장치 고장 시	15	지령운전 시 45km/h	고장구간이 계속될 경우 관제사지시에 의하여 운전
6. 지령운전	45		
7. AC⇒AC 교교절연구간 통과운전	100		
8. AC⇒DC 교직절연구간 통과운전	60		
9. DC⇒AC 직교절연구간 통과운전	60		

[별표 5] 진로개통표시기의 형상 및 표시방식(제52조 관련)

구분 \ 조건	진로가 개통되었을 경우		진로가 개통되지 않았을 경우	
개 통 표 시	황색등		적색등	
진 로 표 시	화살표로 방향표시		소 등	

방식	주·야간별 \ 개통방향	왼쪽진로	중앙진로	오른쪽진로
색등식	주간 및 야간	흑색바탕에 왼쪽방향 백색화살표 ←	흑색바탕에 수직방향 백색화살표 ↑	흑색바탕에 오른쪽방향 백색화살표 →
자호식	주간 및 야간	4각 흑색바탕에 자호	A	본선

① 진로표시기의 표시방식은 화살표, 숫자, 문자로 표시한다.
② 동일선로에서 분기하는 2 이상의 선로에 진로개통표시기를 같이 사용할 때는 진로개통표시기의 진로표지에 의하여 그 개통방향 선로를 표시한다.

[별표 6] 안전표지의 형상(제59조 관련)

장내경계표지 (제60조)	출발경계표지 (제61조)	폐색경계표지 (제62조)	ATC · ATS 경계표지 (제63조)	ATC · ATS 예고표지 (제63조)
240 장 240	220 출 220	220 1	600 600 ATC 600 ATS 600	600 600 ATC 예고 600 ATS 예고 600
분기기용 속도제한표지 (제64조)	속도제한해제표지 일반용 (제64조)	속도제한해제표지 분기기용 (제64조)		
400 35km/h 200 74 200	220 6량 220	220 400 6		

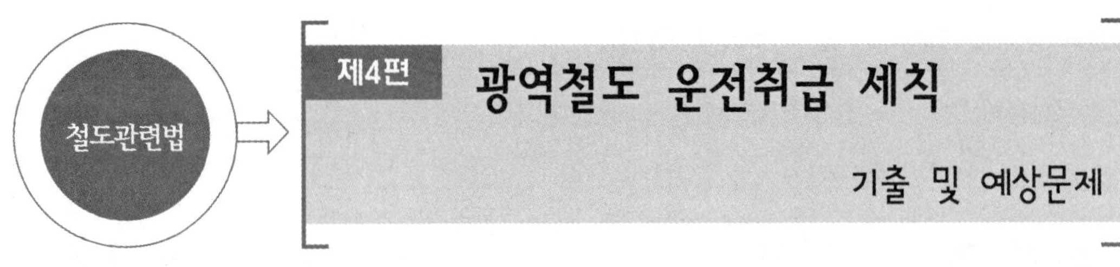

01 광역철도 운전취급 세칙에서 사용하는 용어의 뜻으로 옳지 않은 것은?

㉮ "광역철도"란 「대도시권 광역교통 관리에 관한 특별법」 제2조 제2호의 나목에 따라 둘 이상의 시・도에 걸쳐 운행되는 도시철도 또는 철도로서 대통령령으로 정하는 요건에 해당하는 도시철도 또는 철도를 말한다.

㉯ "승강장비상정지버튼"이란 전동차 운행구간의 승강장에서 여객의 선로추락 등 위급상황 발생 시 승강장을 향하여 진행하는 열차 또는 차량에 대하여 경고등을 현시하고 비상정지 시킬 수 있는 승강장 안전버튼을 말한다.

㉰ "확인운전"이란 ATC 구간에서 차내신호가 "STOP"신호 현시 있을 때 우선 멈춘 후 15신호에 따라 운전할 경우 또는 자동폐색신호기 정지신호(R1)구간을 운전 후 재차 정지신호(R0)구간을 진입할 경우에 15km/h 이하의 속도로 주의운전하는 것을 말한다.

㉱ 지령운전이란 야드구간 운전(입환운전) 방식으로서 야드신호 있을 때 운전속도를 25km/h 이하로 운전하는 방식을 말한다.

|해설|

1. "광역철도"란 「대도시권 광역교통 관리에 관한 특별법」 제2조 제2호의 나목에 따라 둘 이상의 시・도에 걸쳐 운행되는 도시철도 또는 철도로서 대통령령으로 정하는 요건에 해당하는 도시철도 또는 철도를 말한다.
2. "반응표시등"이란 곡선이나 시설물 등으로 상치신호기의 신호현시 상태를 확인할 수 없는 개소에 설치하여 신호기의 현시상태를 확인할 수 있도록 설치한 등을 말한다.
3. "승강장비상정지버튼"이란 전동차 운행구간의 승강장에서 여객의 선로추락 등 위급상황 발생 시 승강장을 향하여 진행하는 열차 또는 차량에 대하여 경고등을 현시하고 비상정지 시킬 수 있는 승강장 안전버튼을 말한다.
4. "운전실 단말기"란 차량상태, 운행정보 및 그 밖의 조치사항을 화면으로 확인할 수 있도록 운전실에 설치된 기기를 말한다.
5. "확인운전"이란 ATC 구간에서 차내신호가 "STOP" 신호 현시 있을 때 우선 멈춘 후 15신호에 따라 운전할 경우 또는 자동폐색신호기 정지신호(R1)구간을 운전 후 재차 정지신호(R0)구간을 진입할 경우에 15km/h 이하의 속도로 주의운전하는 것을 말한다.
6. "진로개통표시기"란 차내신호기를 사용하는 본선로의 분기부에 설치하여 진로의 개통상태를 표시하는 것을 말한다.
7. "지시속도"란 ATC 차내신호에 의해 지시하는 최대 허용속도를 말한다.

8. "승강장 CCTV"란 운전취급담당자 및 운전관계승무원이 여객의 승하차 및 승강장 상태를 확인할 수 있는 영상장치를 말한다.
9. "차내영상장치"란 승강장내 여객의 승하차상태를 모니터로 확인할 수 있는 운전실 내 설비를 말한다.
10. "고장처리지침"이란 차량고장 및 각종 이례상황 시 조치절차를 제시한 운전실 단말기, 광역전철 업무매뉴얼(기관사, 전철차장), 응급조치매뉴얼(차종별, 사고유형별)을 말한다.
11. "지령운전"이란 정거장 밖에서 ATC 차내신호장치가 고장 났을 때 ATC 기능을 차단하고 관제사의 지령에 따른 운전방식을 말한다.
12. "야드(Yard)운전"이란 야드구간 운전(입환운전) 방식으로서 야드신호 있을 때 운전속도를 25km/h 이하로 운전하는 방식을 말한다.
13. "출발반응표지"란 승강장안전문 승무원조작반에 설치하며 출발신호기 또는 입환표지(입환신호기 포함)에 진행지시신호를 현시하는 경우 이와 연동하여 녹색등을 현시하는 표지를 말한다.

② 제1항 이외의 용어의 뜻은 규정에 따른다(광역철도 운전취급 세칙 제2조).

02 다음 중 전동열차 운행의 최고속도로 옳은 것은?

㉮ 100km/h　　㉯ 110km/h

㉰ 120km/h　　㉱ 130km/h

|해설|

전동열차의 최고속도는 110km/h로 한다(광역철도 운전취급 세칙 제4조).

03 다음 보기 중 제동기능시험을 하고 운전하여야 하는 경우로 옳은 것은?

㉮ 운전개시 전 기능점검　　㉯ 차량 또는 편성을 교체하였을 때

㉰ 다른 차량과 합병하였을 때　　㉱ 기관사를 교체하였을 때

|해설|

규정 제24조 제1항 및 제26조 제1항에 따라 기관사는 다음 각 호의 어느 하나의 경우에는 제동기능시험을 하고 운전하여야 한다(광역철도 운전취급 세칙 제6조 제1항).

1. 운전개시 전 기능점검
2. 차량 또는 편성을 교체하였을 때
3. 운전실을 교환하였을 때
4. 다른 차량과 합병하였을 때

Answer 01. ㉱ 02. ㉯ 03. ㉱

04 다음 중 전동열차가 정지위치를 지나 정차한 열차의 정지위치 조정을 위한 퇴행운전에 대한 설명으로 틀린 것은?

㉮ 기관사는 전호가 없는 경우 반대쪽 운전실로 이동하여 퇴행운전을 하여야 한다.
㉯ 전철차장과 협의하여 정지위치를 조정할 수 있다.
㉰ 전동열차가 승강장을 완전히 벗어난 경우에는 관제사가 후속열차와의 운행 간격 및 마지막 열차 등, 운행상황을 감안하여 퇴행할 수 없다.
㉱ 정지위치 조정 후 역장 또는 관제사에게 즉시 보고하여야 한다.

|해설|

정지위치를 지나 정차한 열차의 퇴행운전(광역철도 운전취급 세칙 제10조)
① 전동열차의 정지위치 조정을 위한 퇴행운전은 다음 각 호에 따른다.
  1. 전동열차가 정지위치를 지나 승강장 내 정차한 경우에는 규정 제35조 제2항에 불구하고 전철차장과 협의하여 정지위치를 조정할 수 있으며 조정 후 역장 또는 관제사에게 즉시 보고하여야 한다.
  2. 전동열차가 승강장을 완전히 벗어난 경우에는 관제사가 후속열차와의 운행간격 및 마지막 열차 등 운행상황을 감안하여 승인한 경우 퇴행할 수 있다.
② 기관사는 전호가 없는 경우 반대쪽 운전실로 이동하여 퇴행운전을 하여야 한다.

05 다음 중 ATC구간의 운전방식으로 옳지 않은 것은?

㉮ ATC운전 ㉯ 지령운전
㉰ 구내운전 ㉱ 확인운전

|해설|

ATC구간의 운전방식(광역철도 운전취급 세칙 제13조)
• ATC운전 • 지령운전 • 야드(Yard)운전 • 확인운전

06 ATC구간의 각종 속도제한으로 옳지 않은 것은?

㉮ 진행수신호에 의할 때 25km/h로 다음 차내신호 진행신호 있을 때까지 진행한다.
㉯ ATC 차상장치 고장 시 15km/h로 도중에서 최근역까지 운행하고 이후 회송조치
㉰ 지령운전은 60km/h로 운전한다.
㉱ ATC 지상장치 고장 시 15km/h로 고장구간이 계속될 경우 관제사지시에 의하여 운전

|해설|

ATC구간의 각종 속도제한

속도를 제한하는 사항	제한속도(km/h)	예외사항	비 고
1. 진행수신호에 의할 때	25		다음 차내신호 진행신호 있을 때까지
2. 승강장 통과속도	60	정차열차 제외	
3. ATC 확인운전	15		
4. ATC 차상장치 고장 시	15	지령운전 시 45km/h	도중에서 최근역까지 운행하고 이후 회송조치
5. ATC 지상장치 고장 시	15	지령운전 시 45km/h	고장구간이 계속될 경우 관제사지시에 의하여 운전
6. 지령운전	45		
7. AC⇒AC 교교절연구간 통과운전	100		
8. AC⇒DC 교직절연구간 통과운전	60		
9. DC⇒AC 직교절연구간 통과운전	60		

(광역철도 운전취급 세칙 제20조)

07 ATC구간의 전동열차 또는 차량의 신호 속도코드는 몇 신호 이하로 하여야 하는가?

㉮ "25"신호 ㉯ "80"신호

㉰ "60"신호 ㉱ "100"신호

|해설|

ATC 신호 속도코드 제한

ATC구간의 전동열차 또는 차량의 신호 속도코드는 차량 또는 선로최고속도에 불구하고 "100"신호 이하로 하여야 한다.(광역철도 운전취급 세칙 제16조)

08 다음 중 차내폐색식 신호의 종류와 지시속도로 옳지 않은 것은?

㉮ "40"신호 : 40km/h ㉯ "Yard"신호 : 15km/h

㉰ "100"신호 : 100km/h ㉱ "60"신호 : 60km/h

Answer 04. ㉰ 05. ㉰ 06. ㉰ 07. ㉱ 08. ㉯

|해설|

차내신호 현시에 따른 운전속도

① 차내폐색식 신호의 종류와 지시속도(km/h)는 다음 각 호와 같다.

1. "Stop"신호 : 정지. 일단정차 후 "15"신호 현시에 따라 운전
2. "15"신호 : 15
3. "Yard"신호 : 25
4. "25"신호 : 25
5. "40"신호 : 40
6. "60"신호 : 60
7. "70"신호 : 70
8. "80"신호 : 80
9. "100"신호 : 100

(광역철도 운전취급 세칙 제21조)

09 다음 중 입환신호 진행신호 현시 시 제한속도로 옳지 않은 것은?

㉮ 야드모드가 설정된 구간 : 25km/h 이하

㉯ 제1호 이외의 본선구간 : 차내신호 현시 속도 이하

㉰ 제2호의 구간 중 장내수신호 대용 시 : 25km/h 이하

㉱ 야드모드가 설정된 구간 : 45km/h 이하

|해설|

④ 입환신호 진행신호 현시 시 제한속도는 다음 각 호와 같다.

1. 야드모드가 설정된 구간 : 25km/h 이하
2. 제1호 이외의 본선구간 : 차내신호 현시 속도 이하
3. 제2호의 구간 중 장내수신호 대용 시 : 25km/h 이하

10 지령운전취급에 대한 내용 중 관제사가 승인하는 경우로 옳지 않은 것은?

㉮ 지령운전 시행구간에 열차 또는 차량 없음을 반드시 확인하여야 한다.

㉯ 지령운전의 구간 및 승인은 무선전화기를 사용하여 기관사에게 직접 지시하여야 한다. 다만, 통화가 불가능한 경우 인접 운전취급역장에게 운전명령으로 지시할 수 있다.

㉰ 지령운전을 지시받은 기관사는 30km/h 이하의 속도로 주의 운전하여야 한다.

㉱ 정거장을 연이어 지령운전으로 운전하는 경우 제1호와 제2호의 취급을 반복하여야 한다.

|해설|

지령운전취급

① 전동열차 출발 전 또는 정거장간의 도중에서 궤도회로 장애나 차내신호장치 고장 등으로 상용폐색방식을 사용할 수 없는 경우에는 관제사의 승인에 따라 지령운전에 의할 수 있다.

② 지령운전 구간은 사유발생 장소에서 가장 가까운 정거장까지 또는 정거장에서 정거장까지로 한다.

③ 관제사는 지령운전을 승인하는 경우에는 다음 각 호에 따라야 한다.

1. 지령운전 시행구간에 열차 또는 차량 없음을 반드시 확인하여야 한다.
2. 지령운전의 구간 및 승인은 무선전화기를 사용하여 기관사에게 직접 지시하여야 한다. 다만, 통화가 불가능한 경우 인접 운전취급역장에게 운전명령으로 지시할 수 있다.
3. 정거장을 연이어 지령운전으로 운전하는 경우 제1호와 제2호의 취급을 반복하여야 한다.

④ 관제사 또는 역장으로부터 지령운전을 지시받은 기관사는 운전명령사항을 승무일지에 기록하여야 하며 앞쪽 선로에 지장 있을 것을 예상하고 45km/h 이하의 속도로 주의운전하여야 한다.

⑤ 지령운전 시행구간의 각 역과 사업소는 지령운전열차의 통신에 방해가 발생하지 않도록 운전용통신장치의 사용을 최소화하여야 한다.

(광역철도 운전취급 세칙 제23조)

11 다음 중 통과할 열차를 임시로 정차시킬 경우의 취급할 경우가 아닌 것은?

㉮ 차내신호폐색식을 시행하는 구간에서 정거장 통과열차를 임시로 정차시킬 경우 역장은 관제사에게 보고하고 승인을 받아야 한다.

㉯ 관제사 승인을 받은 역장은 무선전화기로 기관사에게 이를 통보하고 출발경계표지 바깥쪽 적당한 지점에서 정지수신호 현시를 하여야 한다.

㉰ 관제사 승인을 받았으나 열차무선전화 고장 등으로 이를 통보할 수 없는 경우 또는 관제사의 승인을 받을 수 없는 긴급한 사유 있을 때에는 출발경계표지 안쪽에 궤도회로를 단락하고 출발정지 수신호를 현시하여 열차를 정차시킬 수 있다.

㉱ 제2항 및 제3항의 경우 진로개통표시기에 정지신호를 현시하였을 경우에는 정지수신호 현시를 생략할 수 없다.

|해설|

통과할 열차를 임시로 정차시킬 경우의 취급

① 차내신호폐색식을 시행하는 구간에서 정거장 통과열차를 임시로 정차시킬 경우 역장은 관제사에게 보고하고 승인을 받아야 한다.

Answer 09. ㉱ 10. ㉰ 11. ㉱

② 관제사 승인을 받은 역장은 무선전화기로 기관사에게 이를 통보하고 출발경계표지 바깥쪽 적당한 지점에서 정지수신호 현시를 하여야 한다.
③ 관제사 승인을 받았으나 열차무선전화 고장 등으로 이를 통보할 수 없는 경우 또는 관제사의 승인을 받을 수 없는 긴급한 사유 있을 때에는 출발경계표지 안쪽에 궤도회로를 단락하고 출발정지 수신호를 현시하여 열차를 정차시킬 수 있다.
④ 제2항 및 제3항의 경우 진로개통표시기에 정지신호를 현시하였을 경우에는 정지수신호 현시를 생략할 수 있다.
(광역철도 운전취급 세칙 제25조)

12 차내신호폐색식을 시행하는 구간에서 정거장 통과열차를 임시로 정차시킬 경우 누구에게 보고하고 승인받아야 하는가?

㉮ 역장 ㉯ 관제사
㉰ 기관사 ㉱ 열차승무원

|해설|
차내신호폐색식을 시행하는 구간에서 정거장 통과열차를 임시로 정차시킬 경우 역장은 관제사에게 보고하고 승인을 받아야 한다(광역철도 운전취급 세칙 제25조 제1항).

13 다음 중 입환시동전호 사용으로 옳지 않은 것은?

㉮ ATC구간의 정거장 구내에서 차량을 다른 선로로 이동할 때의 시동전호는 차내 버저전호로 전철차장이 시행하여야 한다.
㉯ 전철차장 승무 생략열차의 경우에는 역장이 시행하고 시동전호는 무선전화기에 의할 수 있다.
㉰ 역장은 시동전호를 시행하기 전 해당진로와 차량유치 여부를 확인하여야 한다.
㉱ 역장은 시동전호를 시행하기 전 해당진로와 차량유치 여부를 확인하지 않아도 된다.

|해설|
입환시동전호
① ATC구간의 정거장 구내에서 차량을 다른 선로로 이동할 때의 시동전호는 차내 버저전호로 전철차장이 시행하여야 한다.
② 전철차장 승무 생략열차의 경우에는 역장이 시행하고 시동전호는 무선전화기에 의할 수 있다.
③ 역장은 시동전호를 시행하기 전 해당진로와 차량유치 여부를 확인하여야 한다.

14 다음 중 폐색신호기 정지신호일 경우의 운전으로 옳지 않은 것은?

㉮ 신호기 바깥쪽에 일단정차

㉯ 정지신호구간의 경우 15km/h 이하 운전.

㉰ 관제사의 승인이 있을 경우 특수스위치 취급 후 45km/h(최초열차 25km/h) 이하 운전

㉱ 정지신호구간의 경우 45km/h 이하 운전.

|해설|

폐색신호기 정지신호일 경우의 운전
자동폐색신호기에 정지신호를 현시한 구간으로 진입할 열차의 ATS 취급 및 운전은 다음 각 호에 따라야 한다.
1. 신호기 바깥쪽에 일단정차
2. 정지신호구간의 경우 15km/h 이하 운전. 다만, 관제사의 승인이 있을 경우 특수스위치 취급 후 45km/h(최초열차 25km/h) 이하 운전
(광역철도 운전취급 세칙 제31조)

15 ATS운전취급으로 운전 시 15km/h 스위치를 취급하고 운전하는 경우로 옳지 않은 것은?

㉮ 폐색신호기가 소등된 구간을 운전할 경우

㉯ 정지신호(R1) 자동폐색신호기를 넘어서 운전할 경우

㉰ 지상장치가 고장일 경우

㉱ 정지신호(R1) 자동폐색신호기를 넘어서 정지한 경우

|해설|

15km/h 스위치의 취급지정
15km/h 스위치를 취급하고 운전하는 경우는 다음 각 호와 같다.
1. 정지신호(R1) 자동폐색신호기를 넘어서 운전할 경우
2. 폐색신호기가 소등된 구간을 운전할 경우
3. 정지신호(R1) 자동폐색신호기를 넘어서 정지한 경우
(광역철도 운전취급 세칙 제32조)

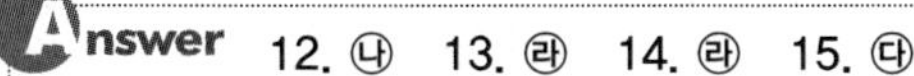

Answer 12. ㉯ 13. ㉱ 14. ㉱ 15. ㉰

16 ATS운전취급으로 운전 시 특수스위치를 취급하고 운전하는 경우로 옳지 않은 것은?

㉮ 수신호에 따라 운전할 경우 및 유도신호에 따라 운전할 경우

㉯ 정지신호(R0) 자동폐색신호기를 넘어서 정지한 경우

㉰ 폐색신호기가 소등된 구간을 운전할 경우

㉱ 구내폐색신호기 정지신호 현시구간을 넘어서 운전할 필요 있을 경우

|해설|

특수스위치 취급지정

① 특수스위치를 취급하고 운전하는 경우는 다음 각 호와 같다.
   1. 수신호에 따라 운전할 경우 및 유도신호에 따라 운전할 경우
   2. 입환신호기의 정지신호 현시구간을 넘어서 운전할 필요 있을 경우
   3. 정지신호(R0) 자동폐색신호기를 넘어서 운전할 필요 있을 경우
   4. 정지신호(R0) 자동폐색신호기를 넘어서 정지한 경우
   5. 지상장치가 고장일 경우
   6. 상치신호기 지상자가 설치된 입환표지(입환신호기 포함)의 개통구간을 운전할 경우 (입환신호와 연동된 상치신호기 지상자는 제외)
   8. 구내폐색신호기 정지신호 현시구간을 넘어서 운전할 필요 있을 경우

② 특수스위치를 취급하고 운전 중 다음의 자동폐색신호기에 정지신호가 있을 경우에는 그 때마다 관제사의 지시를 받아 특수스위치를 투입하고 운전하여야 한다.

(광역철도 운전취급 세칙 제33조)

17 열차운전 중 ATS 작동으로 비상제동체결 시 열차를 정차시킨 후 취급하는 경우로 옳지 않은 것은?

㉮ ATS의 “25” 또는 “45”의 표시가 있는 경우 : 제동변 또는 제동제어기를 완해위치로 하여 신호기가 지시하는 속도 이하로 운전

㉯ ATS의 “R_1”의 표시가 있는 경우 : 15km/h 스위치를 투입하고, 제동변 또는 제동제어기를 완해위치 후 15km/h 이하로 운전

㉰ 특수스위치를 취급하고 운전 중 다음의 자동폐색신호기에 정지신호가 있을 경우에는 그 때마다 관제사의 지시를 받아 특수스위치를 투입하고 운전하여야 한다.

㉱ 장내·출발·자동폐색 신호기의 정지신호(Ro)를 무시하고 진행하여 비상제동이 작용한 경우에는 관제사 또는 역장의 승인 및 지시를 받을 것

|해설|

ATS에 의한 비상제동체결 시 취급
열차운전 중 ATS 작동으로 비상제동이 체결되었을 경우에는 즉시 제동변 또는 제동제어기를 취거위치(비상제동 위치)로 하여 열차를 정차시킨 후 다음 각 호의 취급을 하여야 한다.

1. ATS의 "25" 또는 "45"의 표시가 있는 경우 : 제동변 또는 제동제어기를 완해위치로 하여 신호기가 지시하는 속도 이하로 운전
2. ATS의 "R_1"의 표시가 있는 경우 : 15km/h 스위치를 투입하고, 제동변 또는 제동제어기를 완해위치 후 15km/h 이하로 운전
3. 장내 · 출발 · 자동폐색 신호기의 정지신호(Ro)를 무시하고 진행하여 비상제동이 작용한 경우에는 관제사 또는 역장의 승인 및 지시를 받을 것

(광역철도 운전취급 세칙 제34조)

18 ATP 운전취급 시 열차제어장치 고장 등으로 차단운전이 불가피한 경우 운전취급으로 옳은 것은?

㉮ 즉시 비상 정차하고, 비상 정차한 전동열차의 기관사는 이후 운전취급에 대하여 관제사 지시에 따라야 한다.

㉯ 일단정차 후 레벨 1의 특수운전모드(오버라이드)로 전환하고 25km/h 이하의 속도로 운전할 수 있다.

㉰ 관제사 승인을 받은 경우 특수운전모드(오버라이드)로 전환하여 최초열차는 25km/h 이하 속도로 그 구간을 운행한다.

㉱ 관제사 승인에 의해 감시자 승차 등 안전조치 후 상치신호기 현시조건에 따라 운행할 수 있다.

|해설|

열차제어장치 고장의 경우 운전취급
열차제어장치 고장 등으로 차단운전이 불가피한 경우 운전보안장치취급내규 제34조에 따라 관제사 승인에 의해 감시자 승차 등 안전조치 후 상치신호기 현시조건에 따라 운행할 수 있다.
(광역철도 운전취급 세칙 제37조)

Answer 16. ㉰ 17. ㉰ 18. ㉱

19 ATP 운전취급 시 차상신호의 정지신호에 의한 정차한 열차가 정지신호를 통과하기 위한 운전취급으로 옳지 않은 것은?

㉮ 지상신호가 진행지시신호를 현시하는 경우 완해속도 이하로 해당 신호를 지나 정상운행 할 수 있다.

㉯ 자동폐색신호기에 정지신호가 현시된 구간은 일단정차 후 레벨 1의 특수운전모드(오버라이드)로 전환하고 25km/h 이하의 속도로 운전할 수 있다.

㉰ 관제사 승인을 받은 경우 특수운전모드(오버라이드)로 전환하여 최초열차는 25km/h 이하 속도로 그 구간을 운행한다.

㉱ 관제사 승인에 의해 감시자 승차 등 안전조치 후 상치신호기 현시조건에 따라 운행할 수 있다.

|해설|

정지신호를 통과하기 위한 운전취급
차내신호 또는 지상신호의 정지신호에 의해 정차한 열차는 규정 제40조의 단서에 따라 다음 각 호의 절차에 따라야 한다. 다만, 지상신호가 진행지시신호를 현시하는 경우 완해속도 이하로 해당 신호를 지나 정상운행 할 수 있다.
1. 자동폐색신호기에 정지신호가 현시된 구간은 일단정차 후 레벨 1의 특수운전모드(오버라이드)로 전환하고 25km/h 이하의 속도로 운전할 수 있다.
2. 관제사 승인을 받은 경우 특수운전모드(오버라이드)로 전환하여 최초열차는 25km/h 이하 속도로 그 구간을 운행하고, 이후 열차는 책임모드로 전환되면 45km/h 이하의 속도로 운전할 수 있다.
(광역철도 운전취급 세칙 제38조)

20 다음의 폐색방식의 종류 중 상용폐색방식으로 옳지 않은 것은?

㉮ 상용폐색방식-복선구간-자동폐색식

㉯ 상용폐색방식-복선구간-차내신호폐색식

㉰ 상용폐색방식-단선구간-자동폐색식

㉱ 상용폐색방식-단선구간-차내신호폐색식

|해설|

폐색방식의 종류(광역철도 운전취급 세칙 제40조)
① 상용폐색방식의 종류는 다음과 같다.
  1. 복선구간 : 자동폐색식, 차내신호폐색식
  2. 단선구간 : 자동폐색식
② 대용폐색방식의 종류는 다음과 같다.
  1. 복선운전을 할 때 : 지령식, 통신식
  2. 단선운전을 할 때 : 지령식, 지도통신식

21 다음의 폐색방식의 종류 중 대용폐색방식의 종류가 아닌 것은?

㉮ 자동폐색식　　㉯ 통신식
㉰ 지령식　　㉱ 지도통신식

|해설|

대용폐색방식의 종류는 다음과 같다.(광역철도 운전취급 세칙 제40조)
1. 복선운전을 할 때 : 지령식, 통신식
2. 단선운전을 할 때 : 지령식, 지도통신식

22 다음 지령식구간의 열차운전으로 볼 수 없는 것은?

㉮ 관제사는 지령식 시행 중 장내신호기 또는 진로개통표시기 바깥쪽에 정차한 열차를 수신호 생략으로 그 안쪽에 진입시킬 경우 진로의 이상 유무를 기관사에게 통보하여야 한다.

㉯ 관제사는 지령식 시행구간에 선로전환기가 있을 때에는 선로전환기의 잠금 상태를 확인한 후 시행하여야 한다. 다만, 키볼트로 상시 잠겨있는 선로전환기의 경우에는 이를 생략할 수 있다.

㉰ ATC구간을 지령식으로 운행하는 전동열차로서 열차제어장치 차단운전의 경우에는 15km/h 이하의 속도로 운전하여야 한다.

㉱ 관제사는 지령식을 시행할 경우 지령식 시행구간에 대해 열차나 차량 없음 및 관계진로에 이상 없음을 확인한 후 기관사에게 출발지시를 하여야 한다.

|해설|

지령식구간의 열차운전
① 관제사는 제40조에 따라 지령식을 시행할 경우 지령식 시행구간에 대해 열차나 차량 없음 및 관계진로에 이상 없음을 확인한 후 기관사에게 출발지시를 하여야 한다.
② 관제사는 지령식 시행 중 장내신호기 또는 진로개통표시기 바깥쪽에 정차한 열차를 수신호 생략으로 그 안쪽에 진입시킬 경우 진로의 이상 유무를 기관사에게 통보하여야 한다.
③ 관제사는 지령식 시행구간에 선로전환기가 있을 때에는 선로전환기의 잠금 상태를 확인한 후 시행하여야 한다. 다만, 키볼트로 상시 잠겨있는 선로전환기의 경우에는 이를 생략할 수 있다.
④ ATC구간을 지령식으로 운행하는 전동열차로서 열차제어장치 차단운전의 경우에는 45km/h 이하의 속도로 운전하여야 한다.
(광역철도 운전취급 세칙 제43조)

Answer 19. ㉱ 20. ㉱ 21. ㉮ 22. ㉰

23 다음 중 ATC구간에서 전령법 시행 시 열차운전취급으로 틀린 것은?

㉮ 상용폐색방식 시행 중 전령법 시행 시 열차 정상방향의 출발역에서 현장까지의 운전

㉯ 대용폐색방식 시행중 전령법 시행 시 : 전령자의 유도로 25km/h 이하로 주의운전

㉰ 전령자 생략의 경우 구원열차의 유도전호는 구원요구열차의 운전관계승무원이 시행한다.

㉱ 대용폐색방식 시행중 전령법 시행 시 : 전령자의 유도로 45km/h 이하로 주의운전

|해설|

전령법 시행하는 경우의 열차운전

① ATC구간에서 전령법 시행 시 열차운전취급은 다음 각 호에 따라야 한다.

1. 상용폐색방식 시행 중 전령법 시행 시
   - 가. 열차 정상방향의 출발역에서 현장까지의 운전
     - 1) 차내신호 현시에 따라 운전
     - 2) "Stop"신호 현시 있을 때 일단 정차 후 "15"신호에 따라 구원요구 열차 50m 전방까지 15km/h 이하로 운전하여 일단 정차할 것
     - 3) 구원요구 열차 50m 전방부터 전령자의 전호에 따를 것
   - 나. "가"목의 현장에서 출발역으로 돌아올 때에는 전령자의 유도로 운전
   - 다. "가"목의 현장을 넘어서는 추진 운전
     - 1) 양 열차의 기관사는 열차운전에 관한 협의 및 그 내용을 전령자에게 통보
     - 2) 지시 있을 때까지 기관사 교대하지 않고 운전
     - 3) 전령자는 열차의 맨 앞 운전실에서 유도
     - 4) 운전방식은 추진운전
   - 라. 열차 정상방향의 반대 방향역에서 출발하여 현장까지의 운전
     - 1) 구원요구 열차 앞쪽 1km 지점까지 45km/h 이하 속도로 운전할 것
     - 2) 구원요구 열차 앞쪽 50m 지점까지 15km/h 이하 속도로 운전하여 일단 정차할 것
     - 3) 구원요구 열차 앞쪽 50m 지점부터 전령자의 전호에 따를 것
     - 4) 현장을 넘어서 상대역까지의 열차운전은 "다"목에 따를 것
   - 마. "라"목의 현장에서 출발역으로 돌아올 때의 운전
     - 1) 차내신호 현시에 따라 운전
     - 2) 총괄제동 불능 시 25km/h 이하로 주의운전
     - 3) 전령자는 맨 앞 운전실에서 유도
2. 대용폐색방식 시행중 전령법 시행 시 : 전령자의 유도로 25km/h 이하로 주의운전
3. 전령자 생략의 경우 구원열차의 유도전호는 구원요구열차의 운전관계승무원이 시행한다.

② ATC 이외의 구간에서 전령법 시행은 규정에 따른다.

(광역철도 운전취급 세칙 제44조)

24 ATC 차내신호에 의하여 운행 중 발생한 다음의 고장 중 관제사의 지시에 의하며 정상운행을 할 수 있다. 아닌 것은?

㉮ 적색원형램프의 소등 또는 2등 이상 점등된 경우

㉯ 야드구간에서 "YARD"신호는 소등되었으나, "25"신호가 점등된 경우

㉰ 디지털속도계는 고장이나 암버속도그래프에 이상이 없는 경우

㉱ "Stop"신호는 고장이나 경보에 이상이 없고 "15"신호가 점등된 경우

|해설|

관제사의 지시에 의하여 정상운행을 할 수 있는 경우에 해당한다.

③ 차내신호에 의하여 운행 중 다음 각 호의 고장은 관제사의 지시에 의하며 정상운전 할 수 있다. 다만, 지시를 받을 수 없는 경우에는 차내신호 고장인 경우의 취급을 준용한다.
  1. 디지털속도계는 고장이나 암버속도그래프에 이상이 없는 경우
  2. "Stop"신호는 고장이나 경보에 이상이 없고 "15"신호가 점등된 경우
  3. 야드구간에서 "YARD"신호는 소등되었으나, "25"신호가 점등된 경우

(광역철도 운전취급 세칙 제45조 제3항)

25 다음 중 ATC 차내신호폐색식 시행구간에서 신호현시가 없는 경우의 조치로 옳지 않은 것은?

㉮ 기관사는 속히 열차를 정차시키고 그 사유를 확인한 후 관제사 및 열차승무원에게 이를 알려야 한다.

㉯ 지시를 받을 수 없을 경우에는 "15"신호에 따라 운전할 수 있다.

㉰ 정거장 내에서 발견한 경우 열차는 출발 또는 진입할 수 없다.

㉱ 보고를 받은 관제사는 상황에 따른 운전방식을 지시하여야 한다.

|해설|

ATC 차내신호폐색식 시행구간에서 신호현시 없는 경우의 조치

① 차내신호폐색식 시행구간에서 차내신호의 현시 없는 경우 기관사는 즉시 열차를 정차시키고 역장 또는 관제사에게 이를 보고하고 운전에 대한 지시를 받아야 한다. 다만, 지시를 받을 수 없을 경우에는 "15"신호에 따라 운전할 수 있다.

② 제1항의 보고를 받은 관제사는 상황에 따른 운전방식을 지시하여야 한다.

(광역철도 운전취급 세칙 제46조)

Answer 23. ㉱ 24. ㉮ 25. ㉰

26 다음 중 열차의 출발전호 시행으로 틀린 것은?

㉮ 전철차장은 전동열차를 정거장에서 출발시키는 경우 기관사에게 버저전호로서 출발전호를 시행하여야 한다.

㉯ 기관사의 열차출발 전 출발신호기의 현시상태 통보는 전동열차 도착역에 한하여 시행한다.

㉰ 기관사는 여객이 타고내린 다음 출발할 때는 운전실 출입문 닫힘 표시등 켜진 것과 안전문의 발차 지시등 또는 거리 측정기 녹색등이 켜진 것을 확인하여야 한다.

㉱ 전철차장 승무생략 열차의 출발전호 확인과 설치되지 않은 발차지시등 및 거리측정기의 확인은 예외로 한다.

|해설|

열차의 출발전호 시행(광역철도 운전취급 세칙 제57조)

① 전철차장은 전동열차를 정거장에서 출발시키는 경우 기관사에게 버저전호로서 출발전호를 시행하여야 한다. 다만, 버저불량의 경우에는 열차무선전화기(차내통화장치 포함)나 차내방송장치로 출발전호를 통보할 수 있다.
② 기관사는 여객이 타고내린 다음 제1항의 전호에 따라 출발할 때는 운전실 출입문 닫힘 표시등 켜진 것과 안전문의 발차 지시등 또는 거리 측정기 녹색등이 켜진 것을 확인하여야 한다. 다만, 전철차장 승무생략 열차의 출발전호 확인과 설치되지 않은 발차지시등 및 거리측정기의 확인은 예외로 한다.
③ 안전문 발차지시등 고장의 경우에는 제72조(승강장 안전문 고장시 취급)에 따른다.
④ 규정 제209조 제1항 단서의 경우로서 기관사의 열차출발 전 출발신호기의 현시상태 통보는 전동열차 시발역에 한하여 시행한다.

27 다음의 보기의 안전경계표지가 아닌 것은?

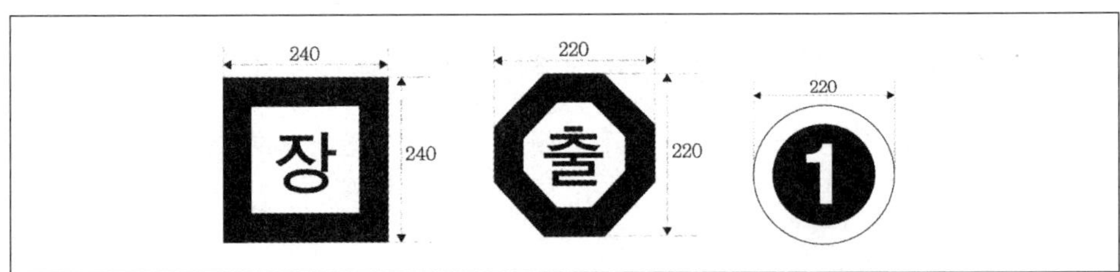

㉮ 출발경계표시　　㉯ 폐색경계표지

㉰ 장내경계표시　　㉱ 진로가 개통되었을 경우

28 속도제한표시와 속도제한해제표지의 설치지점은 어느 부분에 설치하여야 하는 것으로 틀린 것은?

㉮ 속도제한표지는 운행속도를 제한할 필요 있는 구역의 시작 지점

㉯ 속도제한해제표지는 운행속도를 제한할 구역의 끝 지점

㉰ 차내폐색식 구간에서는 속도제한 구역 끝 지점

㉱ 속도제한해제표지 설치지점을 지났을 때도 속도제한을 해야 한다.

|해설|

속도제한표지 및 해제표지(광역철도 운전취급 세칙 제64조)

① 속도제한표지는 운행속도를 제한할 필요 있는 구역의 시작 지점에 설치하여야 한다.

② 속도제한해제표지는 운행속도를 제한할 구역의 끝 지점에 설치하여야 한다. 다만, 차내폐색식 구간에서는 속도제한 구역 끝 지점에서 그 구간 운행 열차의 최대 열차장을 더한 지점에 설치할 수 있다.

③ 기관사는 열차의 맨 뒤가 속도제한해제표지 설치지점을 지났을 때에 속도제한을 해제하여야 한다. 다만, 차내폐색식 구간에서는 열차의 앞부분이 속도제한해제표지 지점에 도달한 때에 해제하여야 한다.

29 다음 중 사고의 조치로 열차고장 시 조치에 대한 내용으로 옳지 않은 것은?

㉮ 기관사는 차량고장으로 견인력이 떨어져 오르막 경사에서 출발이 곤란한 경우에는 역장 또는 관제사에게 보고하고 지시를 받아야 한다.

㉯ 역장 또는 관제사의 지시를 받을 수 없는 경우에는 뒤 따르는 열차의 기관사와 협의하여 뒤 따르는 열차를 정거장 안에서 정차하도록 하여야 한다.

㉰ 지시를 받을 수 없는 경우에는 뒤 따르는 열차의 기관사와 협의하여 연결하고 진행방향과 가장 가까운 정거장까지 추진운전 할 수 있으며 이후의 운전은 관제사의 지시에 따라야 한다.

㉱ 기관사는 열차 또는 차량을 정거장 밖에서 운전 중 차량고장 등으로 계속운전 할 수 없는 경우에 역장 또는 관제사에게 보고하고 지시를 받아야 한다.

|해설|

열차고장 시 조치(광역철도 운전취급 세칙 제65조)

① 기관사는 열차 또는 차량을 정거장 밖에서 운전 중 차량고장 등으로 계속운전 할 수 없는 경우에 역장 또는 관제사에게 보고하고 지시를 받아야 한다. 다만, 지시를 받을 수 없는 경우에는 뒤 따르는 열차의 기관사와 협의하여 연결하고 진행방향과 가장 가까운 정거장까지 추진운전 할 수 있으며 이후의 운전은 관제사의 지시에 따라야 한다.

② 담당사령은 차량고장 발생 시 기관사 및 관제사에게 기술지원을 시행하여야 한다.

Answer 26. ㉯ 27. ㉱ 28. ㉱ 29. ㉯

③ 기관사는 차량고장으로 견인력이 떨어져 오르막 경사에서 출발이 곤란한 경우(견인비율 : 견인차량 당 3량 이상 견인)에는 역장 또는 관제사에게 보고하고 지시를 받아야 한다.
④ 관제사는 제3항의 경우에는 다음 각 호의 선구별 운행선로의 경사를 고려하여야 한다.
1. 분당선 : 압구정로데오, 영통, 보정, 오리, 도곡, 선정릉, 서울숲역
2. 경의선 : 가좌 ~ DMC역, 용산 ~ 공덕역
기관사는 열차 또는 차량을 정거장 밖에서 운전 중 차량고장 등으로 계속운전 할 수 없는 경우에 역장 또는 관제사에게 보고하고 지시를 받아야 한다. 다만, 지시를 받을 수 없는 경우에는 뒤 따르는 열차의 기관사와 협의하여 연결하고 진행방향과 가장 가까운 정거장까지 추진운전 할 수 있으며 이후의 운전은 관제사의 지시에 따라야 한다.

30 다음 중 열차방호를 하여야 하는 경우에 해당하지 않는 것은?

㉮ 신호장치 고장구간에 차량고장 등으로 열차가 도중에 정차한 경우
㉯ 열차사고로 궤도회로를 단락시키지 못하는 경우
㉰ 신호장치 통과구간에 차량고장 등으로 열차가 도중에 정차한 경우
㉱ 고장열차 있는 구간에 구원열차나 비상복구열차를 운행하는 경우

|해설|

다음 각 호의 어느 하나에 해당하는 경우에는 열차방호를 하여야 한다(광역철도 운전취급 세칙 제67조 제1항).
1. 선로(전차선로 포함)의 고장이나 시설물 파손 등으로 운행선로를 지장하거나 지장할 우려 있는 경우
2. 신호장치 고장구간에 차량고장 등으로 열차가 도중에 정차한 경우
3. 열차사고로 궤도회로를 단락시키지 못하는 경우
4. 고장열차 있는 구간에 구원열차나 비상복구열차를 운행하는 경우

31 다음 중 지하구간에서의 열차방호로 옳지 않은 것은?

㉮ 방호사유가 없어진 경우 기관사는 그 사실을 관제사에게 보고 후 방호를 해제하고 지시를 받지 않아도 된다.
㉯ 기관사 또는 전철차장은 방호사유가 발생한 경우 관제사에게 사유보고 및 무선전화기 방호를 요청하여야 한다.
㉰ 관제사와 무선전화기 통신이 불가한 경우에 전철차장(전철차장 승무 생략열차는 기관사)은 정지수신호 방호 또는 궤도회로 단락용 동선을 설치하여 후속 열차를 정차시킨 후 기관사에게 그 사유를 통보하여야 한다.
㉱ 무선전화기 방호를 통보받은 기관사는 현장 정차하여야 하며 관제사의 운행지시에 따라야 한다.

|해설|

지하구간에서의 열차방호(광역철도 운전취급 세칙 제68조)

① 지하구간에서의 열차방호는 다음 각 호에 따른다.

1. 기관사 또는 전철차장은 방호사유가 발생한 경우 관제사에게 사유보고 및 무선전화기 방호를 요청하여야 한다.
2. 관제사는 관계열차 기관사에게 무선전화기방호 통보(정차지점 및 사유)와 유지보수 소속장에게 신속한 조치를 통보하여야 한다.
3. 관제사와 무선전화기 통신이 불가한 경우에 전철차장(전철차장 승무 생략열차는 기관사)은 정지수신호 방호 또는 궤도회로 단락용 동선을 설치하여 후속 열차를 정차시킨 후 기관사에게 그 사유를 통보하여야 한다.
4. 무선전화기 방호를 통보받은 기관사는 현장 정차하여야 하며 관제사의 운행지시에 따라야 한다.

② 방호사유가 없어진 경우 기관사는 그 사실을 관제사에게 보고 후 방호를 해제하고 지시를 받아야 한다.

1. 관제사는 관계열차에게 방호해제 및 정상운행을 통보하여야 하며 운전정리에 노력하여야 한다.
2. 구원열차나 공시열차를 운행할 경우에는 방호할 열차의 정차지점에서 접근열차에 대하여 확인이 쉽도록 정지수신호를 현시하여야 하며 전조등 명멸로 이에 대신할 수 있다.

③ 타 운영기관의 구간에서는 해당 운영기관에 정한 열차방호를 시행하여야 하며 관계소속에서는 운전작업내규에 방호절차를 반영하여야 한다.

32 신호기 및 진로표시기 불량 시의 취급방법으로 옳지 않은 것은?

㉮ 기관사는 신호기 및 진로표시기가 불량할 때에는 역장 또는 관제사에게 그 사실을 보고하여야 한다.

㉯ 역장 또는 관제사는 신호기의 불량여우를 신속히 확인하여야 하며 그 신호기가 방호하는 구간에 관계 선로전환기가 이상 없고 그 구간에 열차 또는 차량이 없는 것을 확인하였을 때에는 그 신호기의 내방으로 진입을 지시할 수 있다.

㉰ 진로표시기가 고장이 나거나 다른 사유로 사용할 수 없을 때 관제사나 역장은 그 사실을 기관사에게 알려야 한다.

㉱ 선로전환기의 개통은 정상이지만 고장을 연락받지 못한 진로표시기에 진로의 표시가 없을 때 기관사는 즉시 정차하여야 한다.

Answer 30. ㉰ 31. ㉮ 32. ㉱

|해설|

신호기 및 진로표시기 불량시의 취급(광역철도 운전취급 세칙 제69조)

① 기관사는 신호기 및 진로표시기가 불량할 때에는 역장 또는 관제사에게 그 사실을 보고하여야 한다.

② 역장 또는 관제사는 신호기의 불량여부를 신속히 확인하여야 하며 그 신호기가 방호하는 구간에 관계 선로전환기가 이상 없고 그 구간에 열차 또는 차량이 없는 것을 확인하였을 때에는 그 신호기의 내방으로 진입을 지시할 수 있다.

③ 진로표시기가 고장이 나거나 다른 사유로 사용할 수 없을 때 관제사나 역장은 그 사실을 기관사에게 알려야 한다. 다만, 선로전환기의 개통은 정상이지만 고장을 연락받지 못한 진로표시기에 진로의 표시가 없을 때 기관사는 최대한 제한을 받는 진로의 표시로 보고 진입하여야 한다.

㉱ 선로전환기의 개통은 정상이지만 고장을 연락받지 못한 진로표시기에 진로의 표시가 없을 때 기관사는 최대한 제한을 받는 진로의 표시를 보고 진입하여야 한다.

33 전동열차 운행 중 출입문 고장 시 취급하는 방법으로 옳은 것은?

㉮ 편성 중 1개 출입문이 고장인 경우 수동취급으로 잠금 조치가 가능하면 고정안내문을 부착하고 차량을 교체할 수 있는 역까지 운행한다.

㉯ 편성 중 2개 이하의 출입문이 고장인 경우 수동취급으로 잠금 조치가 가능하면 고장안내문을 부착하고 차량을 교체할 수 있는 역까지 운행한다.

㉰ 편성 중 2개 이상의 출입문이 고장인 경우 회송조치 하여야 한다.

㉱ 잠금조치를 할 수 없는 경우에는 회송조치 할 것

|해설|

출입문 고장 시 취급(광역철도 운전취급 세칙 제71조)

① 전동열차 운행 중 출입문 고장 시 관제사의 승인을 받아 다음 각 호와 같이 취급한다.

1. 편성 중 1개 출입문이 고장인 경우 수동취급으로 잠금 조치가 가능하면 고장안내문을 부착하고 차량을 교체할 수 있는 역까지 운행한다. 다만, 잠금조치를 할 수 없는 경우에는 회송조치 할 것
2. 편성 중 2개 이상의 출입문이 고장인 경우 회송조치 하여야 한다.
3. 제1호 및 제2호에서 출입문 잠금조치 할 수 없는 마지막 열차의 경우에는 다음 각 목에 따라 취급하며 차량을 교체할 수 있는 역까지 운행한다.
   가. 역무원 등 출입문 감시자를 승차시킬 것
   나. 감시자는 다른 객차로 여객을 유도하고 해당 객차의 출입문을 잠글 것. 다만, 잠글 수 없을 때는 폐쇄막을 설치할 것.
   다. 전철차장은 감시자로부터 출입문 잠금조치 및 폐쇄막 설치 요청을 받은 경우 이에 협조할 것. 다만, 전철차장 승무생략열차는 기관사가 대신 할 수 있다.
   라. 출입문 감시자를 승차시킬 수 없는 위탁역 등에서 출입문이 고장난 경우에는 전철차장이 감시자 역할을 하고, 전철차장 승무생략 열차는 관제사가 인접역의 역무원을 파견하여 승차시킬 것
   마. 라목에 따라 전철차장이 감시하는 경우에는 최근 정거장에서 역무원을 승차시킬 것

② 전동열차의 출입문을 열고 닫음에는 이상이 없으나 불량 차량의 위치를 확인할 수 없는 경우와 운전실 출입문 표시등의 꺼짐 원인을 알 수 없는 경우에는 회송조치 하여야 한다.
③ 출입문 개폐스위치가 고장 난 경우에 기관사는 차종별 매뉴얼에 따라 취급하며, 전철차장은 기관사가 출입문을 열고 닫을 때 여객의 타고 내림상태 및 출입문 차측표시등 상태를 확인한 후 출발전호를 할 것

34 다음 중 승강장안전문고장 시 취급으로 전철차장이 따라야 하는 것으로 맞지 않은 것은?

㉮ 전철차장은 안내방송을 하고 역장 또는 관제사에게 고장의 내용을 보고하여야 한다.
㉯ 역장 또는 관제사는 관계직원에게 해당 승강장으로 출동을 지시하고, 고장조치 완료 시까지 해당 승강장 접근열차에 고장내용을 알려야 한다.
㉰ 전철차장은 여객이 타고 내리는 것을 확인하였거나, 관계직원의 '승하차 이상 없음'을 연락 받은 후 출발전호를 하여야 한다.
㉱ 출동한 직원은 눈으로 확인이 가능한 경우 여객이 타고 내리는데 이상 없는지 확인하고 전철차장에게 알려야 한다.

|해설|

승강장안전문고장 시 취급(광역철도 운전취급 세칙 제72조)
안전문 고장 등으로 정상 동작하지 않을 경우 전철차장은 다음 각 호에 따라야 하며 전철차장 승무 생략열차의 경우 기관사가 이를 시행한다.
1. 전철차장은 안내방송을 하고 역장 또는 관제사에게 고장의 내용을 보고하여야 한다.
2. 역장 또는 관제사는 관계직원에게 해당 승강장으로 출동을 지시하고, 고장조치 완료 시까지 해당 승강장 접근열차에 고장내용을 알려야 한다.
3. 출동한 직원은 눈으로 확인이 곤란한 곡선 승강장일 경우 여객이 타고 내리는데 이상 없는지 확인하고 전철차장에게 알려야 한다.
4. 전철차장은 여객이 타고 내리는 것을 확인하였거나, 관계직원의 '승하차 이상 없음'을 연락받은 후 출발전호를 하여야 한다.
5. 승강장 안전문이 고장 났을 때 세부조치는 관련 분야별 매뉴얼에 따른다.

Answer 33. ㉯ 34. ㉱

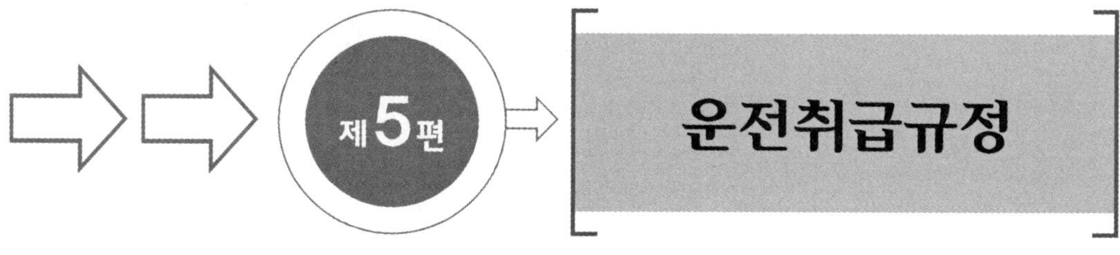
제5편
운전취급규정

제5편 운전취급규정

1. 열차승강문의 취급 (제25조)

① 열차의 승강문은 열차가 정지위치에 완전히 정차한 다음에 열고 닫아야 한다.
② 열차별 승강문 취급의 세부절차는 관련 세칙에 따른다.

2. 공기제동기 시험 및 시행자 (제24조)

열차 또는 차량이 출발하기 전에 공기 제동기 시험을 시행하는 경우는 다음의 어느 하나와 같다. 다만, 차량 특성별 추가 시험기준은 관련 세칙에 따로 정한다.

① 시발역에서 열차를 조성한 경우. 다만, 각종 고정편성 열차는 기능점검 시 시행한다.
② 도중 역에서 열차의 맨 뒤에 차량을 연결하는 경우
③ 제동장치를 차단 및 복귀하는 경우
④ 구원열차 연결 시
⑤ 기관사가 열차의 제동기능에 이상이 있다고 인정하는 경우

3. 공기제동기 제동감도 시험 및 생략 (제26조)

기관사는 다음의 경우에 45km/h 이하 속도에서 제동감도 시험을 하여야 한다.

① 열차를 시발역 또는 도중역에서 인수하여 출발하는 경우
② 도중역에서 조성이 변경되어 공기제동기 시험을 한 경우

4. 구내운전의 방식 (제76조)

구내운전구간의 운전속도는 차량 입환속도에 준한다. 다만, 구내운전 속도를 넘어 운전할 수 있는 경우는 관련 세칙에 따로 정한다.

5. 열차의 퇴행운전 (제35조)

퇴행운전은 관제사의 승인을 받아야 하며 다음에 따라 조치하여야 한다.

① 관제사는 열차의 퇴행운전으로 그 뒤쪽 신호기에 현시된 신호가 변화되면 뒤따르는 열차에 지장이 없도록 조치할 것
② 열차승무원 또는 부기관사는 퇴행운전 할 때는 추진운전전호를 하여야 한다. 다만, 고정편성열차로서 뒤 운전실에서 운전할 경우는 예외로 한다.

6. 입환 제한(제68조)

여객이 승차한 객차의 입환은 할 수 없다. 다만, 부득이 여객이 승차한 객차의 입환을 할 경우는 관련 세칙에 따로 정한다.

7. 정거장 외 본선의 운전(제10조)

관제사는 다음 어느 하나에 해당하는 경우에는 열차제어장치 차단운전 승인번호를 부여하여 열차를 운행시킬 수 있다.

① 열차제어장치의 고장인 경우
② 퇴행운전이나 추진운전을 하는 경우
③ 대용폐색방식이나 전령법 시행으로 열차제어장치 차단운전이 필요한 경우
④ 사고나 그 밖에 필요하다고 인정하는 경우
⑤ ②와 ③에 대한 승인번호는 운전명령번호를 적용한다.

8. 상치신호기의 정위(제174조)

상치신호기는 별도의 신호취급을 하지 않은 상태에서 현시하는 신호의 정위는 다음과 같다.

① 장내·출발 신호기 : 정지신호. 다만 CTC열차운행스케줄 설정에 따라 진행지시신호를 현시하는 경우에는 그러하지 아니하다.
② 엄호신호기 : 정지신호
③ 유도신호기 : 신호를 현시하지 않음
④ 입환신호기 : 정지신호
⑤ 원방신호기 : 주의신호
⑥ 폐색신호기
  ㉠ 복선구간 : 진행 지시신호
  ㉡ 단선구간 : 정지신호

9. 자동폐색식 (제121조)

폐색구간에 설치한 궤도회로를 이용하여 열차 또는 차량의 점유에 따라 자동적으로 폐색 및 신호를 제어하여 열차를 운행시키는 폐색방식을 말하며, 다음의 어느 하나에 해당하는 경우에는 자동으로 정지신호를 현시하여야 한다.

① 폐색구간에 열차 또는 차량이 있는 경우
② 폐색장치에 고장이 있는 경우
③ 폐색구간에 있는 선로전환기가 정당한 방향으로 개통되지 아니한 경우
④ 분기하는 선, 교차점에 있는 열차 또는 차량이 폐색구간을 지장한 경우
⑤ 단선구간에서 한쪽 방향의 정거장 또는 신호소에서 진행 지시신호를 현시한 후 그 반대방향의 경우

10. 정지신호의 지시 (제40조)

① 열차 또는 차량은 신호기에 정지신호 또는 차내 신호에 정지신호(목표속도 “0”) 현시의 경우에는 그 현시지점을 지나 진행할 수 없다. 다만, 정지신호 현시지점을 지나 진행할 수 있는 경우는 관련 세칙에 따로 정한다.
② 열차 또는 차량이 운행 중 앞쪽의 신호기에 갑자기 정지신호가 현시된 경우에는 신속히 정차조치를 하여야 한다.

11. 열차의 출발전호 방식

기관사는 열차출발 전 출발신호기가 진행지시신호를 현시하는 경우 열차승무원에게 “철도 00열차 출발00(신호현시상태). 기관사 이상”이라 통보하고, 열차승무원은 “제00열차 열차승무원 수신양호 이상”이라고 응답하여야 한다. 다만, 관련세칙에 따로 정한 경우에는 그러하지 아니하다.

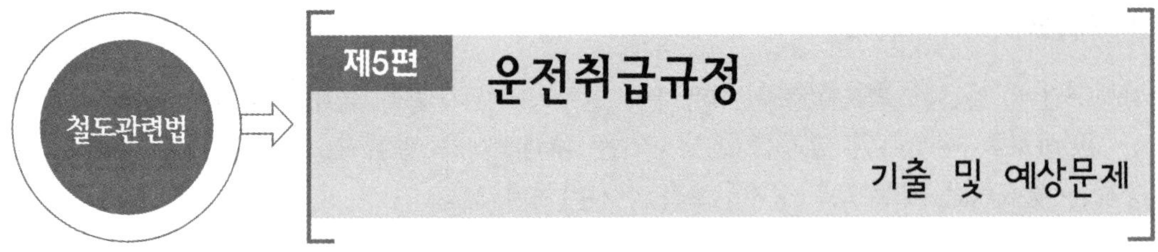

01 다음 열차의 승강문을 열고 닫아야 하는 시점은?

㉮ 열차가 정차하기 위해 속도를 늦추는 시점
㉯ 열차가 속도를 올리는 시점
㉰ 열차가 정지위치에 완전히 정차한 시점
㉱ 열차가 규정속도에 이른 시점

|해설|
열차의 승강문은 열차가 정지위치에 완전히 정차한 다음에 열고 닫아야 한다(제25조 제1항).

02 열차 또는 차량이 출발하기 전에 공기 제동기 시험을 시행하는 경우가 아닌 경우는?

㉮ 제동장치를 차단 및 복귀하는 경우
㉯ 승무원이 열차의 제동기능에 이상이 있다고 인정하는 경우
㉰ 도중 역에서 열차의 맨 뒤에 차량을 연결하는 경우
㉱ 시발역에서 열차를 조성한 경우

|해설|
열차 또는 차량이 출발하기 전에 공기 제동기 시험을 시행하는 경우는 다음의 어느 하나와 같다. 다만, 차량 특성별 추가 시험기준은 관련 세칙에 따로 정한다(제24조).
1. 시발역에서 열차를 조성한 경우. 다만, 각종 고정편성 열차는 기능점검 시 시행한다.
2. 도중 역에서 열차의 맨 뒤에 차량을 연결하는 경우
3. 제동장치를 차단 및 복귀하는 경우
4. 구원열차 연결 시
5. 기관사가 열차의 제동기능에 이상이 있다고 인정하는 경우

03 기관사가 열차를 시발역 또는 도중역에서 인수하여 출발하는 경우 제동감도 시험의 속도는?

㉮ 45km/h 이하　　㉯ 55km/h 이하
㉰ 65km/h 이하　　㉱ 85km/h 이하

|해설|
기관사는 다음의 경우에 45km/h 이하 속도에서 제동감도 시험을 하여야 한다(제26조).
1. 열차를 시발역 또는 도중역에서 인수하여 출발하는 경우
2. 도중역에서 조성이 변경되어 공기제동기 시험을 한 경우

04 열차의 퇴행운전은 누구의 승인을 얻어야 하는가?

㉮ 열차승무원　　㉯ 역장
㉰ 관제사　　㉱ 철도교통안전관리자

|해설|
퇴행운전은 관제사의 승인을 받아야 한다(제35조).

05 열차의 퇴행운전에 관한 내용으로 옳지 않은 것은?

㉮ 퇴행운전은 관제사의 승인을 받아야 한다.
㉯ 관제사는 열차의 퇴행운전으로 그 뒤쪽 신호기에 현시된 신호가 변화되면 뒤따르는 열차에 지장이 없도록 조치를 하여야 한다.
㉰ 열차승무원 또는 부기관사는 퇴행운전 할 때는 추진운전전호를 하여야 한다.
㉱ 고정편성열차로서 뒤 운전실에서 운전할 경우는 추진운전전호를 하여야 한다.

|해설|
열차승무원 또는 부기관사는 퇴행운전 할 때는 추진운전전호를 하여야 한다. 다만, 고정편성열차로서 뒤 운전실에서 운전할 경우는 예외로 한다(제35조).

Answer 01. ㉰ 02. ㉯ 03. ㉮ 04. ㉰ 05. ㉱

06 다음 입환을 할 수 없는 객차는?

㉮ 여객이 승차한 객차의 입환
㉯ 컨테이너를 적재한 객차의 입환
㉰ 시멘트를 적재한 객차의 입환
㉱ 일반화물을 적재한 객차의 입환

|해설|
여객이 승차한 객차의 입환은 할 수 없다. 다만, 부득이 여객이 승차한 객차의 입환을 할 경우는 관련 세칙에 따로 정한다(제68조).

07 관제사가 열차제어장치 차단운전 승인번호를 부여하여 열차를 운행시킬 수 있는 경우가 아닌 것은?

㉮ 열차제어장치의 고장인 경우
㉯ 열차의 운행이 지연된 경우
㉰ 퇴행운전이나 추진운전을 하는 경우
㉱ 사고나 그 밖에 필요하다고 인정하는 경우

|해설|
관제사는 다음 어느 하나에 해당하는 경우에는 열차제어장치 차단운전 승인번호를 부여하여 열차를 운행시킬 수 있다(제10조).
1. 열차제어장치의 고장인 경우
2. 퇴행운전이나 추진운전을 하는 경우
3. 대용폐색방식이나 전령법 시행으로 열차제어장치 차단운전이 필요한 경우
4. 사고나 그 밖에 필요하다고 인정하는 경우
5. 2.와 3.에 대한 승인번호는 운전명령번호를 적용한다.

08 상치신호기가 별도의 신호취급을 하지 않은 상태에서 현시하는 신호의 정위로 옳지 않은 것은?

㉮ 장내·출발 신호기 : 정지신호
㉯ 입환신호기 : 정지신호
㉰ 원방신호기 : 주의신호
㉱ 유도신호기 : 정지신호

|해설|

유도신호기 : 신호를 현시하지 않음(제174조)

09 별도의 신호취급을 하지 않은 상태에서 복선구간 폐색신호기의 정위는?

㉮ 정지신호
㉯ 주의신호
㉰ 진행 지시신호
㉱ 신호를 현시하지 않음

|해설|

폐색신호기(제174조)
1. 복선구간 : 진행 지시신호
2. 단선구간 : 정지신호

10 자동으로 정지신호를 현시하여야 경우가 아닌 것은?

㉮ 폐색구간에 열차 또는 차량이 없는 경우
㉯ 폐색구간에 열차 또는 차량이 있는 경우
㉰ 폐색장치에 고장이 있는 경우
㉱ 폐색구간에 있는 선로전환기가 정당한 방향으로 개통되지 아니한 경우

|해설|

다음의 어느 하나에 해당하는 경우에는 자동으로 정지신호를 현시하여야 한다(제121조).
1. 폐색구간에 열차 또는 차량이 있는 경우
2. 폐색장치에 고장이 있는 경우
3. 폐색구간에 있는 선로전환기가 정당한 방향으로 개통되지 아니한 경우
4. 분기하는 선, 교차점에 있는 열차 또는 차량이 폐색구간을 지장한 경우
5. 단선구간에서 한쪽 방향의 정거장 또는 신호소에서 진행 지시신호를 현시한 후 그 반대 방향의 경우

Answer 06. ㉮ 07. ㉯ 08. ㉱ 09. ㉰ 10. ㉮

11 정지신호의 지시에 관한 내용으로 옳지 않은 것은?

㉮ 열차는 신호기에 정지신호 또는 차내 신호에 정지신호 현시의 경우에는 그 현시지점을 지나 진행할 수 없다.

㉯ 차량은 신호기에 정지신호 또는 차내 신호에 정지신호 현시의 경우에는 그 현시지점을 지나 진행할 수 없다.

㉰ 열차가 운행 중 앞쪽의 신호기에 갑자기 정지신호가 현시된 경우에는 신속히 통과하여야 한다.

㉱ 차량이 운행 중 앞쪽의 신호기에 갑자기 정지신호가 현시된 경우에는 신속히 정차조치를 하여야 한다.

|해설|

열차 또는 차량이 운행 중 앞쪽의 신호기에 갑자기 정지신호가 현시된 경우에는 신속히 정차조치를 하여야 한다(제40조).

Answer 11. ㉰

철도관련법

2020년 1월 5일 인쇄
2020년 1월 10일 발행
2021년 5월 20일 개정판
2022년 1월 10일 개정판2쇄

편 저 (재)한국산업교육원 철도법연구회
발행인 이 종 의

발행처 도서출판 **범 론 사**
주 소 서울특별시 영등포구 대림로27가길 12-1
전 화 02)847-3507
팩 스 02)845-9079
등 록 1979년 4월 3일 제1-181호
http://www.ekoin.co.kr

정가 28,000원